국가기술자격검정, 손해평가사 원예작물학

원예
기능사

최신
개정판

필기·실기 필답형

리뉴얼   제2차 실기시험 필답형 원예재배관리실무

기출 · 예상문제 수록

CRAFTSMAN HORTICULTURE   CRAFTSMAN HORTICULTURE

- 2008년~2016년 최근 9년간
  기출문제 완벽해설 및 철저분석
- CBT용 최신 기출복원문제 수록
- 실기시험 필답형 예상 및 기출문제

부민문화사
www.bumin33.co.kr

| 원예기능사 검정 안내 |

1. 시행목적

원예는 정상적인 시기에 관련 원예작물을 재배해서는 경영에 큰 도움이 되지 못하는 특성이 있어 시기를 앞당기거나 늦출 수 있는 시설재배에 대한 기술, 지식을 이해하고 실제 관리에 이용하거나 적용할 수 있는 능력이 요구된다. 이에 따라 과학적이고 경제성 있는 채소, 화훼, 과수, 시설원예작물 재배를 위한 제반 지식과 기능을 갖춘 기능 인력을 양성하고자 자격제도가 제정되었다.

2. 수행직무

원예작물에 관한 기초지식과 숙련기능을 가지고 원예작물의 종묘생산, 재배관리, 수확, 저장 및 출하하는 직무를 수행한다.

3. 진로 및 전망

원예재배 자영업, 관련 연구소, 종자 관련 회사, 농약 관련 회사, 학교 등으로 진출할 수 있다. 국민소득이 높아지고 식품의 안정성에 대한 관심이 많아짐에 따라 신선한 원예작물류의 수요가 급격히 증대되고 있다. 신선한 채소, 과수, 화훼 등의 생산, 온실 등 고정식 농업용 시설원예 설비를 이용하여 연중 생산이 가능하므로, 원예작물의 고소득을 올릴 수 있는 성장 가능 분야이다.

4. 취득방법

① 시행처 : 한국산업인력공단
② 관련학과 : 특성화고등학교 원예과, 도시원예과, 생활원예과, 농업경영과, 농학과 등
③ 시험과목
  – 필기 : 1. 채소 2. 과수 3. 화훼 4. 시설원예 5. 원예생리장해 및 방제
  – 실기 : 원예재배관리 실무
④ 검정방법
  – 필기 : 객관식 4지 택일형, 60문항(60분)
  – 실기 : 필답형(2시간)
⑤ 합격기준
  – 필기 : 100점 만점에 60점 이상 득점자
  – 실기 : 100점 만점에 60점 이상 득점자

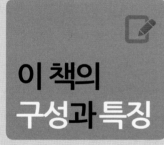

이 책의
구성과 특징

단원별 내용

출제기준의 주요항목, 세부항목, 세세항목의 내용을 다양한
그림과 함께 제시하였다.

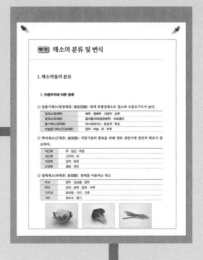

단원별 기출문제

원예기능사 기출문제를 출제기준의 주요항목에 맞게 선별한 다음
자세한 해설을 첨부하여 제시하였다.

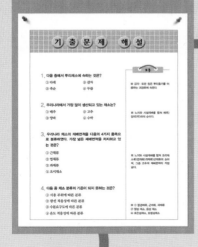

기출·종합문제

2008년부터 2016년까지의 원예기능사 필기시험 기출문제,
필기시험 CBT 기출·복원문제, 실기시험 필답형 예상 및
기출문제와 모의고사를 제시하였다.

I 채소

Ⅱ 과수

01 과수의 품종 및 번식

02 과수의 생리

03 원예작물의 수확 후 품질관리

III 화훼

01 화훼의 분류

02 화훼의 번식

03 화훼의 재배

04 화훼의 수확 후 관리

시설원예

원예생리장해 및 방제

원예기능사 기출·종합문제

01 필기시험 기출문제

02 필기시험 CBT 기출·복원문제

03 실기시험 필답형 예상 및 기출문제

I 채 소

제1장 채소의 분류 및 번식

1. 채소작물의 분류

1. 이용부위에 따른 분류

① 잎줄기채소(엽경채류; 葉莖菜類): 대개 호랭성채소로 질소와 수분요구도가 높다.

잎채소(엽채류)	배추 · 양배추 · 시금치 · 상추
꽃채소(화채류)	콜리플라워(꽃양배추) · 브로콜리
줄기채소(경채류)	아스파라거스 · 토당귀 · 죽순
비늘줄기채소(인경채류)	양파 · 마늘 · 파 · 부추

② 뿌리채소(근채류; 根菜類): 저장기관의 발육을 위해 생육 전반기에 엽면적 확보가 중요하다.

직근류	무 · 당근 · 우엉
괴근류	고구마 · 마
괴경류	감자 · 토란
근경류	생강 · 연근

③ 열매채소(과채류; 果菜類): 열매를 이용하는 채소

두과	완두 · 강낭콩 · 잠두
박과	오이 · 호박 · 참외 · 수박
가지과	토마토 · 가지 · 고추
기타	옥수수 · 딸기

콜리플라워

브로콜리

아스파라거스

2. 생존연한 및 재배법에 따른 분류

① 재배방법에 따른 분류 – THOMPSON KELLY의 분류

① 다년생(多年生)채소: 아스파라거스 · 토당귀 · 식용대황 등
② 자식(煮食)채소: 시금치 · 근대 · 갓 · 케일 등
③ 샐러드채소: 상추 · 셀러리 · 파슬리 등
④ 양배추류: 양배추 · 꽃양배추 · 배추
⑤ 근채류: 무 · 당근 · 순무 · 비트 · 우엉 · 마
⑥ 파류: 파 · 마늘 · 양파 · 쪽파 · 부추

② 자연분류법

식물학적인 유연관계를 바탕으로 분류하는 것으로 가장 과학적이고 합리적이다. 과, 종,
변종으로 분류한다.
① 담자균류
  • 송이과: 양송이 · 표고
② 단자엽식물
  • 화본과: 옥수수 · 죽순　　• 토란: 토란 · 구약　　• 백합과: 양파 · 마늘
  • 마과: 마　　　　　　　　• 생강과: 생강
③ 쌍자엽식물
  • 명아주과: 근대 · 시금치　• 십자화과: 양배추 · 배추 · 무
  • 콩과: 콩 · 녹두 · 팥　　　• 아욱과: 아욱 · 오크라
  • 산형화과: 셀러리 · 당근　• 메꽃과: 고구마　　　• 가지과: 고추 · 토마토
  • 박과: 수박 · 오이　　　　• 국화과: 상추　　　　• 도라지과: 도라지

표고　　　　　　　　　　　　양파　　　　　　　　　　　　고구마

③ 광선에 대한 적응성에 따른 분류

① 양성(陽性)채소: 강한 광선을 요구하며, 박과 · 콩과 · 가지과 · 무 · 배추 · 결구상추 · 당근 등이 있다.
② 음성(陰性)채소: 어느 정도 그늘에서도 잘 견디며, 토란 · 아스파라거스 · 부추 · 마늘 · 비결구성 잎채소 등이 있다.

3. 생육 온도에 따른 분류

채소는 생육적온에 따라 25℃ 정도의 비교적 높은 온도에서 생육이 잘 되는 호온성 채소와 20℃ 정도의 서늘한 온도에서 생육이 잘 되는 호랭성 채소로 구분한다.
① 호온성(好溫性) 채소: 대부분의 열매채소(토마토 · 고추 · 참외 · 오이 · 가지 · 호박 등)가 속하고, 완두 · 잠두 · 딸기는 제외된다.
② 호랭성(好冷性) 채소: 대부분의 엽근채류(배추 · 무 · 파 · 마늘 · 시금치 · 상추 등)가 속하고, 고구마 · 토란 · 마 등은 제외된다.

> 연구 **호랭성 채소의 특징**
> - 발아온도가 낮고 서리에 견디는 힘이 강하다.
> - 식물체가 작고 근군분포가 얕다.
> - 질소 비효가 크다.
> - 수분을 많이 요구한다.
> - 저장 온도가 비교적 낮다.

> 연구 **채소류 전체(노지+시설) 생산량(천톤) 및 재배면적(천ha)** —— 2022. 농림축산식품통계연보
> - 총 생산량(8,724)
>   조미채소류(2,675) 〉 엽채류(2,555) 〉 과채류(1,761) 〉 근채류(1,284)
>   배추(2,017) 〉 양파(1,576) 〉 무(1,172) 〉 파(493)
> - 총 재배면적(259) − 노지(197), 시설(62)
>   조미채소류(99) 〉 엽채류(45) 〉 과채류(40) 〉 근채류(23)
>   고추(37) 〉 배추(29) 〉 마늘(21) 〉 무(20)

2. 채소의 번식방법

채소의 번식방법에는 종자로 번식하는 종자번식(유성번식, 실생번식)과 종자가 아닌 식물체의 일부분을 이용하여 번식하는 영양번식(무성번식)이 있다. 원예식물의 경우 재배를 위해서는 접목, 삽목 등의 영양번식을 이용하고, 육종이나 대목생산 등에는 종자번식을 많이 이용한다.

1. 종자번식

① 종자번식의 의의

① 종자번식은 방법이 간단하고 한 번에 많은 개체를 얻을 수 있을 뿐만 아니라 저장·수송이 간편하나, 변이가 발생할 위험이 있다.
② 종자번식에 이용하는 채소 종자는 1대 잡종을 이용한다.
③ 종자는 우량한 유전형질을 가진 것, 종자가 충실하고 균일하며 발아율이 높고 발아력이 좋은 것을 선택한다.
④ 발아율은 종자의 저장조건 및 채종시의 환경과 성숙도와 관계가 있다.

연구 **교잡률에 의한 종자번식식물의 분류**

자가수정식물	토마토, 상추, 완두, 강낭콩
타가수정식물	배추, 무, 파, 양파, 당근, 시금치, 대부분의 과수

② 종자번식의 장점

① 번식방법이 쉽고 다수의 모를 생산할 수 있다.
② 품종개량을 목적으로 우량종의 개발이 가능하다.
③ 영양번식과 비교하면 일반적으로 발육이 왕성하고 수명이 길다.
④ 종자의 수송이 용이하며 원거리 이동이 안전·용이하다.
⑤ 육묘비가 저렴하다.

③ 종자번식의 단점

① 육종된 품종에서는 변이가 일어나며 대부분 좋지 못한 것이 많이 나온다.
② 불임성(不稔性)과 단위결과성 식물의 번식이 어렵다.
③ 목본류는 개화까지의 시간이 장기간 걸리는 수가 많다.

2. 영양번식

① 영양번식의 분류

① 자연영양번식법: 고구마의 덩이뿌리나 감자의 덩이줄기처럼 모체에서 자연적으로 생성 분리된 영양기관을 번식에 이용하는 것이다.
② 인공영양번식법: 포도·사과 등과 같이 영양체의 재생·분생의 기능을 이용하여 인공적으로 영양체를 분할해서 번식시키는 것으로 접목·삽목·분주·취목 등의 방식이 있다.

② 영양번식의 장점

① 모체와 유전적으로 완전히 동일한 개체를 얻을 수 있다.
② 종자번식이 불가능한 경우의 유일한 번식수단으로 마늘, 바나나, 무화과, 감귤류 등은 영양번식만이 가능하다.
③ 초기생장이 좋고 조기결과의 효과가 있다.
④ 암수의 어느 한쪽 그루만을 재배할 때 이용한다.

③ 영양번식의 단점

① 바이러스에 감염되면 제거가 불가능하다.
② 종자번식한 식물에 비해 저장과 운반이 어렵다.
③ 종자번식에 비하여 증식률이 낮다.

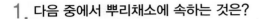

기출문제 해설

1. 다음 중에서 뿌리채소에 속하는 것은?

   ① 다래   ② 감자

   ③ 죽순   ④ 두릅

2. 우리나라에서 가장 많이 생산되고 있는 채소는?

   ① 배추   ② 고추

   ③ 양파   ④ 수박

3. 우리나라 채소의 재배면적을 다음의 4가지 품목으로 분류하였다. 가장 넓은 재배면적을 차지하고 있는 것은?

   ① 근채류

   ② 엽채류

   ③ 과채류

   ④ 조미채소

4. 다음 중 채소 분류의 기준이 되지 못하는 것은?

   ① 식용 부위에 따른 분류

   ② 광선 적응성에 따른 분류

   ③ 수분요구도에 따른 분류

   ④ 온도 적응성에 따른 분류

보충

■ 감자·토란 등은 뿌리줄기를 이용하는 괴경류에 속한다.

■ 노지와 시설재배를 합쳐 배추〉양파〉무〉파의 순이다.

■ 노지와 시설재배를 합쳐 조미채소류〉엽채류〉과채류〉근채류의 순이며, 그중 고추의 재배면적이 가장 넓다.

■ ① 엽경채류, 근채류, 과채류
② 양성 채소, 음성 채소
④ 호온성채소, 호랭성채소

---

01 ②   02 ①   03 ④   04 ③

5. 다음 중 채소를 생태적 특성에 따라 분류한 것은?

① 엽채류, 근채류

② 호온성채소, 호랭성채소

③ 가지과채소, 박과채소

④ 인경채류, 양성채류

■ 생태적 특성에 따른 분류는 온도, 광, 수분 등 환경요인에 대한 적응 특성에 따라 분류하는 것이다.

6. 다음 중 잎이나 줄기를 이용하는 채소는?

① 시금치, 양파 　　② 고추, 옥수수

③ 무, 생강 　　④ 딸기, 마늘

■ 잎이나 줄기를 이용하는 채소는 엽경채류이다.

> 채소는 이용부위에 따라 크게 과채류, 엽경채류, 근채류로 분류한다.
> ① 엽경채류: 잎이나 줄기, 꽃을 이용하는 채소(㉠ 엽채류: 배추, 시금치, 셀러리 ㉡ 경채류: 아스파라거스, 죽순 ㉢ 인경채류: 양파, 파, 마늘, 부추 ㉣ 화채류: 콜리플라워, 브로콜리)
> ② 근채류: 지하에서 발달하는 부위를 이용하는 채소(㉠ 직근류: 무, 당근, 우엉 ㉡ 괴근류: 고구마, 마 ㉢ 괴경류: 감자, 토란 ㉣ 근경류: 생강, 연근)
> ③ 과채류: 열매를 이용하는 채소(㉠ 가지과: 토마토, 고추, 가지 ㉡ 박과: 수박, 참외, 오이, 호박)

7. 꽃받침이 비대 발달한 부위를 이용하는 채소는?

① 토마토 　　② 수박

③ 딸기 　　④ 호박

■ 딸기의 이용부위는 꽃받침이 비대 발달한 것이다.

8. 잎줄기채소에 대한 설명 중에서 틀린 것은?

① 대부분이 호랭성채소이다.

② 수분요구량이 많다.

③ 토란과 생강은 잎줄기채소이다.

④ 비료의 3요소 중 N(질소)의 요구도가 크다.

■ 토란과 생강은 뿌리채소이다.

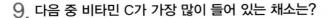
9. 다음 중 비타민 C가 가장 많이 들어 있는 채소는?

① 토마토

② 딸기

③ 수박

④ 옥수수

■ 채소의 비타민 C 함량은 딸기〉토마토〉옥수수〉수박의 순이고, 녹색이 진한 부분에 많다.

10. 다음 중 비타민 A의 함량이 가장 높은 채소는?

① 시금치

② 당근

③ 부추

④ 쑥갓

■ 당근〉시금치〉부추〉쑥갓의 순으로 비타민 A의 함량이 높다.

11. 인체에 중요한 무기질성분 중 주로 채소로부터 섭취하는 것은?

① 마그네슘(Mg)과 나트륨(Na)

② 칼륨(K)과 인산(P)

③ 칼슘(Ca)과 철(Fe)

④ 구리(Cu)와 아연(Zn)

■ 칼슘과 철의 대부분을 채소로부터 섭취하며, 특히 이 성분은 채소의 녹색 잎에 풍부히 들어 있다.

12. 뿌리채소의 식용부분에 대한 설명 중 틀린 것은?

① 생육 후반기에 잎이 잘 자라도록 해주어야 좋다.

② 일종의 저장기관이다.

③ 비대 발육을 위해서는 생육 전반기에 엽면적의 확보가 중요하다.

④ 온도 조건이 유리할 때 광합성이 최대가 되도록 비배 관리해야 좋다.

■ 생육 후반기에는 잎이 무성하게 자라지 않도록 주의해야 한다.

09 ② 10 ② 11 ③ 12 ①

13. 다음 채소 중 뿌리를 먹는 채소는?

① 파   ② 우엉

③ 브로콜리   ④ 토당귀

■ 파는 비늘줄기, 브로콜리는 꽃, 토당귀는 어린 순을 식용한다.

14. 다음 중 다년생 채소끼리 짝지어진 것은?

① 미나리 – 아스파라거스

② 고 추 – 오크라

③ 셀러리 – 파슬리

④ 양배추 – 근대

■ 다년생 채소: 아스파라거스, 토당귀, 식용대황, 미나리 등

15. 호랭성채소가 호온성채소에 비하여 다른 점을 바르게 설명한 것은?

① 식물체가 크고 근군의 분포가 깊다.

② 저장 온도가 비교적 높다.

③ 질소질 비료의 효과가 크다.

④ 수분의 요구량이 비교적 작다.

■ ① 호온성채소: 25℃ 정도의 비교적 따뜻한 기후조건에서 생육이 잘 되는 대부분의 열매채소
② 호랭성채소: 17~20℃ 정도의 비교적 서늘한 기후조건에서 생육이 잘 되는 대부분 영양기관을 이용하는 채소

16. 다음 채소 중 호랭성채소에 속하는 것은?

① 수박   ② 딸기

③ 멜론   ④ 토마토

■ 열매채소는 대부분 호온성이나 열매채소 중 완두, 잠두, 딸기는 호랭성채소이다.

17. 다음 중 자가수정을 주로 하는 채소는?

① 토마토, 상추

② 무, 배추

③ 파, 양파

④ 수박, 참외

■ 종자로 번식하는 식물에는 한 꽃 안에서 수정이 되는 자가수정식물과 다른 개체에 있는 꽃가루에 의해 수정이 되는 타가수정식물이 있다.
① 자가수정식물: 토마토, 상추, 완두, 강낭콩
② 타가수정식물: 배추, 무, 파, 양파, 당근, 시금치

13 ② 　14 ① 　15 ③ 　16 ② 　17 ①

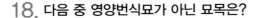

18. 다음 중 영양번식묘가 아닌 묘목은?

① 삽목묘

② 취목묘

③ 접목묘

④ 실생묘

19. 영양번식의 특징을 잘못 설명한 것은?

① 어버이의 형질이 그대로 보존된다.

② 동일품종의 증식이 가능하다.

③ 개화, 결과기가 연장된다.

④ 접목, 꺾꽂이, 포기나누기 등이 있다.

20. 다음 중 무성번식을 설명하고 있는 것은?

① 영양기관을 이용하여 독립적인 모를 생산한다.

② 주로 종자를 이용하여 모를 생산한다.

③ 포자를 이용하여 모를 생산한다.

④ 뿌리나 잎을 이용하지 않는다.

18 ④   19 ③   20 ①

제2장 채소의 생리

1. 채소작물의 발육생리

1. 종자의 발아

1 종자의 구조

① 씨껍질(種皮, seed coat): 배주를 싸고 있는 주피(珠皮)가 변화해서 이루어진 것으로 성숙한 종자에는 배꼽, 배꼽줄, 씨구멍 등이 있다.
② 배젖(胚乳, endosperm): 2개의 극핵과 꽃가루관에서 온 정핵의 하나가 수정을 한 다음 세포분열을 거듭하고 그 속에 많은 저장물질이 축적되어 만들어진 것이다.
③ 배(胚, embryo): 배낭 속의 난핵과 꽃가루관에서 온 정핵의 하나가 수정한 결과 생긴 것으로 장차 식물체가 되는 부분이다.

연구 **배유종자와 무배유종자**

배유종자	배와 배유의 두 부분으로 형성되며, 배유에는 양분이 저장되어 있고, 배는 잎 · 생장점 · 줄기 · 뿌리 등의 어린 조직이 모두 구비되어 있다. 벼, 밀 등의 외떡잎식물이나 뽕나무종자
무배유종자	저장양분이 자엽에 저장되어 있고 배는 유아 · 배축 · 유근의 세 부분으로 형성되어 있다. 콩, 완두, 앨팰퍼, 클로버 등 콩과작물의 종자

2 종자의 생성

① 종자가 생성되려면 원칙적으로 수정(授精, fertilization)이 필요하다. 즉 화분과 배낭이 형성되고 생식세포가 만들어져 자웅 양핵(雌雄兩核)이 유합해야 종자가 생긴다. 꽃가루가 암술머리에 떨어지는 현상을 수분, 정핵과 난핵이 합쳐지는 현상을 수정이라고 한다.
② 속씨식물은 보통 중복수정을 한다. 중복수정이란 제1정핵과 난핵이 접하여 2n의 배(胚)가 되고, 제2정핵은 2개의 극핵과 유합하여 3n의 배유(胚乳)가 되는 것이다.

③ 수정을 완료한 배 및 배유의 원핵은 분열을 일으켜 발육하게 되며 차차 수분이 줄어들고 주피(珠皮)는 종피(種皮)가 되며 드디어 모체의 생활기능에서 분리되어 독립하게 되는데 이것을 종자라고 한다.

> **연구 종자와 과실의 식물학적 의미**
>
> 식물학에서는 배주(胚珠)가 수정하여 자란 것을 종자, 수정 후 자방(子房)과 그 관련기관이 비대한 것을 과실(果實)이라 한다. 따라서 무·배추·오이·토마토 등은 농학상의 종자와 식물학상의 종자가 일치하나 상추·우엉·미나리·당근 등은 농학상의 종자가 식물학적으로는 과실에 해당되며, 이처럼 과육이 여윈 과실을 수과(瘦果)라 한다.

③ 종자의 수명

① 종자가 발아력을 보유하고 있는 기간을 종자의 수명이라 한다. 일반 실내저장의 경우 종자수명은 다음과 같다.

단명종자(1~2년)	고추·양파·당근·시금치 등
상명종자(2~3년)	무·완두·수박·배추 등
장명종자(4~6년 또는 그 이상)	토마토·녹두·오이·호박·가지 등

② 저장 중에 종자가 발아력을 상실하는 원인은 원형질단백의 응고, 효소의 활력저하, 저장양분의 소모 등이며, 종자의 수명에는 종자의 수분함량·저장습도가 가장 크게 영향을 미치고, 저장온도와 통기상태도 관련한다.

④ 종자의 품질

1 외적조건

① 우량종자는 그 종이나 품종 고유의 순수종자 이외의 불순물 즉 이형종자, 잡초종자, 기타 협잡물(돌, 흙, 잎, 줄기 등)이 포함되지 않아야 한다. 전체종자에 대한 순정종자(純正種子)의 중량비를 순도(純度, purity)라고 하며, 순도가 높을수록 종자의 품질은 향상된다.
② 종자의 크기가 크고 무거운 것이 발아와 그 후의 생육이 좋으므로 우량종자라고 볼 수 있다. 종자의 크기는 보통 1,000립중(千粒重) 또는 100립중으로 표시하고, 종자의 무게는 1L중 또는 비중으로 표시한다.

③ 품종 고유의 색택과 신선한 냄새를 가진 것이 생리적으로 건전 충실하고 발아와 생육이 좋다. 종자의 색깔이나 냄새는 수확기에 날씨가 불순하거나, 수확기가 너무 빠르거나 늦거나, 저장이 불량하거나, 병충해를 받으면 불량해진다.

④ 종자의 수분함량이 낮을수록 좋다. 저장 중에 변질, 감량, 부패 및 발아력 상실 등의 원인은 수분함량에 크게 영향받는다.

⑤ 오염, 변질, 변색이 없고 탈곡 중의 기계적 손상이 없어 외형적으로 건전한 종자가 우량하다.

2 내적 조건

① 유전성: 우량품종에 속하는 종자(우수성, 균일성, 영속성 및 광지역적응성)이며 이형 종자의 혼입이 없어 유전적으로 순수한 것이어야 한다.

② 발아력: 종자의 발아율이 높고 발아세가 빠른 종자가 우량하다. 종자의 용가 또는 진가는 순도와 발아율에 의해 결정되며, 종자의 용가가 높은 것이 우량종자이다.

$$\text{종자의 용가(진가)} = \frac{\text{발아율(\%)} \times \text{순도(\%)}}{100}$$

5 우량종자를 얻기 위한 조건

① 원종이 유전적으로 순수해야 한다.

② 채종과정에서 다른 꽃가루에 의한 오염수분이 일어나지 않아야 한다.

③ 최적환경에서 적정한 비배 · 병충해방제로 건강한 종자를 생산해야 한다.

④ 수확 후에 건조 · 조제 · 선별 · 저장을 잘하여 종자의 생명력과 발아력을 오래 보존해야 하며 잡초 등의 이물질을 최소화하여야 한다. 특히 당근 종자는 채종 시 종자의 숙도에 차이가 심하여 미성숙 종자가 섞이기 쉬우므로 주의한다.

6 종자의 발아 조건

종자에서 유아 · 유근이 출현하는 것을 발아라고 하며, 발아에는 적당한 조건이 갖추어져야 한다.

① 수분: 모든 종자는 어느 정도의 수분을 흡수해야만 발아한다. 종자가 수분을 흡수하면 종피가 찢어지기 쉽게 되고, 가스교환이 용이해지며, 각종 효소들의 작용이 활발해진다. 수분은 종자의 발아에 필요한 가장 중요한 조건이며, 발아에 필요한 수분의 흡수량은 각 작물에 따라 다르다.

② 산소: 많은 종자는 산소가 충분히 공급되어 호기호흡(好氣呼吸)이 잘 이루어져야 발아가 잘 되지만, 상추 종자처럼 산소가 없을 경우에는 무기호흡에 의하여 발아에 필요한 에너지를 얻을 수 있는 것도 있다. 종자가 수중에서 발아되는 상태를 보고 종자의 발아에 필요한 산소요구도를 파악할 수 있다.

수중에서 발아하지 못하는 종자	무 · 배추 · 가지 · 고추
수중에서 발아가 감퇴하는 종자	토마토
수중에서 발아가 잘 되는 종자	상추 · 당근 · 셀러리

③ 온도: 발아 중의 생리활동도 온도에 크게 지배된다. 발아의 최저온도는 0~10℃, 최적온도는 20~30℃, 최고온도는 35~40℃인데 저온작물은 고온작물에 비하여 발아온도가 낮다. 일반적으로 파종기의 기온이나 지온은 발아의 최저온도보다는 높고 최적온도보다는 낮다.

저온에서 발아하는 종자	시금치 · 상추 · 셀러리 · 부추
고온에서 발아하는 종자	박과채소 · 토마토 · 가지 · 고추

④ 광선: 대부분의 종자는 광선이 발아에 무관하지만 종류에 따라서는 광선에 의해서 조장되는 것도 있고, 반대로 억제되는 것도 있다.

호광성종자	상추 · 우엉 · 셀러리
혐광성종자	호박 · 토마토 · 고추 · 양파 · 가지 · 오이
광무관계종자	옥수수 · 대부분의 콩과작물 등

⑤ 종자의 발아력 검정: 테트라졸륨(TTC, triphenyl tetrazolium chloride) 용액은 배가 호흡에 의해 방출하는 수소이온과 결합하여 배를 적색으로 물들인다. 종자의 활력측정에 사용되며 물에 담갔던 종자를 0.1~1%의 테트라졸륨 용액에 넣어 35℃ 정도의 항온기에서 착색되도록 한다.

⑦ 발아의 기구

① 종자가 발아에 필요한 조건을 얻게 되면 생장기능을 발휘하기 시작하여 생장점이 종
자의 외부에 나타나게 된다. 이때 유근과 유아의 출현순서는 수분의 다소에 따라 다르
지만 보통의 경우에는 유근이 먼저 나온다.
② 종자가 수분을 흡수하면 팽창해서 가스교환이 용이해지고 찢어지기도 쉽다. 한편 배
유와 자엽에 저장된 전분 · 단백질 · 지방 등은 효소작용을 받아 호흡기질로 쓰인다.

> **연구 종자의 발아 과정**
>
> 수분의 흡수 → 효소의 활성 → 배의 생장개시 → 종피의 파열 → 유묘의 출아

2. 영양기관의 발달

① 엽구(葉球)의 형성

① 결구와 비결구
  ㉮ 결구(結球): 결구성 잎채소가 자라다가 생육의 어느 시기에 이르면 안쪽의 잎들이
    위로 서기 시작하고 이어 내측으로 굽어 구(球)를 형성한다. 배추, 양배추, 결구상추
    등은 온도가 높으면 결구가 잘 되지 않는다.
  ㉯ 비결구(非結球): 잎이 로제트상으로 자라지만 구를 형성치 않는 것(시금치 등)
② 결구의 형태
  ㉮ 포합형(抱合形): 결구엽이 포기의 중심에서 맞닿을 정도로 포합하는 것(지부배추)
  ㉯ 포피형(抱被形): 양배추의 결구엽과 같이 잎끝이 중심을 넘어서 감싸는 것(양배추,
    결구상추)

포합형	대체로 만생이고 잎이 길고 결구부도 길다. 저장과 수송에 적합하고 품질은 우수한 편이다.
포피형	대체로 조생이고 잎과 결구부가 짧다. 수분이 많아 저장과 수송에 부적합하다.

③ 엽구의 충실화(엽수의 증가형과 잎의 비대발육형)

　㉮ 엽중형(葉重形): 포두련계 배추나 Great Lakes 상추와 같이 엽수가 어느 정도만 확보되면 대형구가 되는 형(외엽일수록 대형이고 무겁다)

　㉯ 엽수형(葉數形): 지부계 배추나 Wayahead, New York 상추와 같이 엽수가 많을수록 대형구가 되는 형(엽구의 엽위별 크기와 중량의 변화 완만)

④ 엽형의 변화

　㉮ 비결구엽인 외엽은 엽폭에 비해 엽장이 길고 엽병(葉柄)도 길다.

　㉯ 내측의 결구엽은 외엽에 비해 엽형지수(엽장/엽폭)가 작다.

　㉰ 엽형의 변화는 결구기로의 이행을 의미하고 잎이 서는 것은 결구태세에 들어갔다고 하는데, 잎이 되는 것은 엽병의 기부에서 외측의 세포가 내측의 세포보다 크게 자라므로 일어난다.

⑤ 내엽의 굴곡작용에 영향을 미치는 요인

　㉮ 광: 차광은 결구를 촉진(내생호르몬의 변화로), IAA는 굴곡을 유도한다.

　㉯ 습도

　㉰ 식물영양: 질소 과다는 결구를 지연시킨다.

　㉱ 온도: 잎의 분화 및 발달에 적당한 온도가 좋다.

2 인경(鱗莖)의 형성

① 엽구와 다른 점: 엽구형성의 생리적 기구도 다르며, 구가 지하부에서 이루어진다. 인경은 인엽이라는 특수한 잎이 분화 발달한 것이다.

② 장일조건이 인경의 비대에 가장 중요한 요소이며, 온도는 17~25℃가 적당하다. 장일에 감응할 수 있는 식물체의 크기는 잎 수가 2~3장인 유묘 때부터이다. 장일조건이 되면 초장이 급속하게 신장되고, 이어서 엽신의 신장이 정지하면서 엽초가 비후하기 시작한다. 뒤이어 내부에 인엽이 형성되고 구의 비대가 가속화된다.

③ 엽초의 두께는 세포의 수와 크기에 의해서 결정되며, 엽수가 많고 엽신의 면적이 클수록 큰 인엽을 형성한다.

④ 구의 크기는 뿌리의 활력, 잎의 활력, 엽수와 엽면적, 온도와 광 등에 의해 결정된다.

⑤ 저위도지방에서는 비교적 짧은 일장에서 비대하는 품종(조생종)을 선택하며, 고위도지방에서는 대체로 긴 일장에서 비대하는 품종(만생종)을 선택한다.

③ 덩이줄기의 비대

① 감자의 덩이줄기(塊莖)는 땅에 묻힌 주경의 마디에서 생긴 포복지의 선단이 비대 발육한 것으로 비대는 유관속 내 형성층에서의 왕성한 세포분열과 전류해온 탄수화물의 축적으로 이루어진다.

② 감자의 덩이줄기는 바이러스병에 감염되거나 생육기의 온도가 높으면 충실하지 못하게 된다. 따라서 8월의 평균기온이 21℃ 이하인 고랭지에서 씨감자를 생산한다.

③ 괴경 형성에 관여하는 요인

온도와 일장	10~14℃의 저온, 8~9시간의 단일조건에서 촉진
광도	광도가 높을수록 좋다.
호르몬	IAA와 지베렐린은 억제, 시토키닌은 촉진
시비	인산, 칼륨이 충분할 때 촉진

④ 뿌리의 비대

① 고구마 괴근의 비대: 낮과 밤의 온도차가 클수록 비대에 유리하며 IAA는 비대를 촉진한다.

② 직근류(直根類)의 비대: 식용 부위는 배축과 유근의 윗부분이 비대한 것이다.

㉮ 횡단면에 따른 종류

목부비대형	목질부가 대부분인 것: 무, 순무, 우엉
사부비대형	사관부와 피층이 대부분인 것: 당근
환상비대형	형성층륜이 다환상으로 생겨나는 것: 비트

㉯ 비대의 특징: 일반식물보다 형성층의 활동이 왕성하고 지속적이다. 유세포의 분열이 왕성하며 2차분열조직이 발달한다.

㉰ 광, 온도, 토양 등이 비대에 영향을 주는 요인으로 직근류의 재배에는 흙이 부드러우며 보수력과 배수가 잘 되는 토양이 적합하다.

③ 기근(岐根)과 열근(裂根)의 발생

기근	뿌리가 긴 품종에서 많다. 종자의 활력이 약해 발아가 늦은 것, 초기생육이 더딘 것에 많다. 돌, 나무조각, 단단한 점토층에서도 기근이 많이 생긴다. 썩지 않은 퇴비층이나 심한 건조, 직근 선단의 기계적 파괴, 해충의 피해 등으로도 발생한다.
열근	상하 또는 방사상, 가로 방향으로 갈라지는 것 등이 있다. 건조로 세포가 목질화되고 주피가 굳어진 후에 다습하면 심하게 발생한다.

④ 바람들이 현상

㉮ 증상: 뿌리 내부의 일부 유조직세포가 세포질을 상실하여 기공이 생기고 희게 보인다(품질 저하).

㉯ 많이 발생하는 조건: 조직의 당(糖) 함량이 낮을 때, 저장온도가 높을 때, 비대속도가 빠를 때 심하며 뿌리의 크기와도 관계가 깊다.

㉰ 방지법: 파종기를 조절하고 수확기가 되면 빨리 수확한다. 수확 후에는 고온과 건조가 없도록 얼지 않을 정도의 흙을 덮는다.

3. 꽃눈분화와 추대

1 화아분화

① 식물의 생장점 또는 엽액에 꽃으로 발달할 원기가 생겨나는 현상으로 영양생장에서 생식생장으로의 전환을 의미한다(생육상의 전환).

② 화아분화가 시작되면 잎줄기채소는 잎의 수가 늘지 않고 생장속도가 둔화되며, 뿌리채소는 뿌리의 비대가 불량해진다.

③ 잎줄기채소와 뿌리채소는 영양기관을 수확의 대상으로 하므로 화아분화는 바람직하지 못하며, 열매채소는 꽃에서 나온 열매를 목적으로 하므로 적극적으로 화아분화를 유도할 필요가 있다.

④ 영양기관을 목적으로 하는 채소의 경우 채종을 위한 목적이면 화아분화가 적극적으로 요청된다.

2 춘화작용(春化作用)

① 작물의 개화를 유도 · 촉진하기 위해서 생육의 일정시기(주로 초기)에 일정기간 인위적인 온도처리(주로 저온처리)를 하는 것을 버널리제이션(vernalization) 또는 춘화처리라고 한다. 버널리제이션은 저온에 의해서 작물의 감온상(感溫相)을 경과시키는 것이다.

② 춘화처리는 각 작물의 종류와 품종에 따라 차이가 있으나 보통 5℃ 정도에서 가장 효과적이다. 단, 상추는 고온에 의해 화아분화가 촉진된다.

③ 버널리제이션(춘화형)의 구분

저온춘화형	월년생 장일식물은 비교적 저온인 0∼10℃의 처리가 유효
고온춘화형	단일식물은 비교적 고온인 10∼30℃의 처리가 유효
종자춘화형	종자의 시기에 저온에 감응하는 작물로 완두 · 잠두 · 무 · 배추 등
녹식물춘화형	어느 정도 생장한 후부터 저온에 감응하는 작물로 양배추 · 양파 · 당근
단일춘화형	본잎 1매 정도의 녹체기에 약 한달 동안의 단일처리는 저온처리의 대치적 효과
화학적 춘화형	화학물질(GA · IAA · IBA)의 처리에 의해서 버널리제이션의 효과가 완전히 대체되거나 또는 크게 보강되는 것

> 연구 **춘화처리**
>
> - 종자나 어린 식물에 일정한 저온을 처리하여 화성의 유도를 촉진시켜 개화를 촉진하는 것
> - 개화촉진을 위하여 저온에서 식물의 감온성을 경과시키는 것
> - 어린 식물을 저온 처리하여 추파성을 춘파성으로 변화시키는 것
> - 식물체 저온 춘화처리의 감응부위는 생장점이다.

③ 화아분화에 영향을 주는 환경조건

1 일장(日長)

일장의 장단(長短)은 식물의 생육상 전환이나 동화생산량, 온도 등에 영향을 줄 수 있으며, 특수한 경우 외에는 단독으로 화아분화를 유기시키지 않는다.

① 광주성(光周性)에 따른 채소별 차이점

시금치	장일조건에서 화아의 분화와 발육이 촉진된다.
무, 배추	일정한 저온에 의해 화아가 형성된다.
딸기	잎이 최소한 3매 이상 전개된 상태에서 저온과 단일조건에 의해 화아가 분화된다. 한편 단일은 화아분화를 촉진하나 고온조건에서는 단일의 효과가 없고, 저온조건에서는 장일을 처리해도 화아분화가 일어난다.

② 일장감응부위

㉮ 일장의 자극을 받아들이는 기관은 잎이다.

㉯ 자극에 대한 감수성은 충분히 전개한 젊은 잎이 가장 예민하고 노엽(老葉)이나 미성엽은 둔하며 떡잎도 받아들일 수 있으나 단독으로 충분한지는 밝혀지지 않았다.

㉪ 화성물질의 이행: 일장의 자극을 받은 잎에서 생성된 화성물질이 사부를 통해서 생장점으로 이동되어 간다.

㉭ 한 장의 잎을 화성에 적당한 조건을 두고 다른 부분을 부적당한 조건에 두어도 화성이 유도된다.

② 온 도

① 감응부위: 온도의 자극을 받아들이는 기관은 생장점(싹틔우기 종자는 배) 또는 세포분열이 왕성하게 일어나는 부위이다.

② 생육단계와 감온(感溫): 무, 배추 등의 종자춘화형채소와 양배추, 양파 등의 녹식물춘화형채소가 있다.

③ 춘화처리의 적온과 일수

적온	1~8℃ 범위(5℃가 가장 효과적), 녹식물춘화형은 종자춘화형보다 감응 적온이 약간 높고, 채소의 종류와 품종에 따라서 차이가 있다.
일수	보통 적온조건에서 15~30일 정도이고, 적온의 범위를 벗어날수록 오래 걸린다.

④ 일장과 온도와의 관계

㉮ 일장과 온도는 서로 밀접한 관계에 있다.

㉯ 시금치는 생육온도가 낮으면 한계일장보다도 낮은 일장에서도 추대 개화하며 딸기는 저온하에서는 단일 요구가 사라진다.

③ 호르몬의 작용

① 옥신: 종자춘화 시 저농도이면 촉진적이고 고농도이면 억제적이다.

② 안티옥신: 종자춘화형식물에 억제적, 녹식물춘화형식물에서는 촉진적이다.

③ 지베렐린: 저온에 대해서 보조적으로 작용한다.

④ 추 대

① 화아분화 이후 조건이 적당하여 화경(花梗)이 자라 나오는 현상이며, 잎줄기채소의 상품성을 상실하게 한다.

② 가지과의 토마토와 고추, 박과의 오이와 호박 등은 화아분화와 추대에 온도나 일장 등 특별한 환경조건을 요구하지 않는다. 단, 이러한 환경조건은 착과절위나 착과수 등에 영향을 미친다.

③ 화아분화와 추대

㉮ 화아분화의 조건은 채소의 종류에 따라서 다르나 추대를 일으키고 이를 촉진하는 환경조건은 공통적이다.

㉯ 화아분화의 유기 조건과 이것이 발육하고 추대하는 조건은 반드시 같지는 않다.

㉰ 화성이 유기되고 나면 영양생장이 잘 되는 조건하에서 화아의 발육과 추대가 촉진 된다.

④ 추대의 환경요인

온도	저온감응성인 무, 배추 등은 감응이 완료된 후 온난 · 장일상태에서 화아의 분화와 발육이 촉진되고 추대도 빨라진다. 추대의 적온은 25∼30℃이고 고온일수록 빨라지며 30℃ 이상에서는 화기가 불건전해진다.
일장	분화한 화아의 발육에는 장일조건이 촉진적으로 작용하며 고온과 장일이면 더욱 촉진된다. 장일은 12시간보다 길수록 촉진적이지만 24시간 연속 조명하에서는 화경이 가늘고 쇠약해진다.
토양 조건	사질토양이 점질토양에서보다 빠르며, 비옥하면 늦어지고 척박하면 빨라진다. 토양의 건습은 큰 영향이 없다.

4. 꽃과 과실의 발달

1 꽃의 기본 구조

① 식물의 꽃은 꽃잎, 꽃받침, 수술과 암술로 되어 있으며 꽃눈(花芽)은 꽃받침 · 꽃잎 · 수술 · 암술의 순으로 안쪽으로 분화해 들어간다.

② 양성화: 암술과 수술이 함께 있는 것을 말하며, 따로 있는 것은 단성화라 한다.

③ 자웅동주: 암꽃과 수꽃이 동일한 개체에 있는 경우를 말하며, 암꽃과 수꽃이 서로 다른 개체에 있는 경우를 자웅이주라 한다.

자웅동주 채소	무, 배추, 양배추, 양파
자웅이화동주 채소	오이, 호박, 참외, 수박 등
자웅이주 채소	시금치, 아스파라거스

2 수정과 결실 및 과실의 비대

① 수분방식(授粉方式)

가지과 채소	자가수분이 주가 된다.
박과 채소	곤충에 의한 타가수분이 주가 된다.
콩과 채소	개화 전에 자가수분된다.
단위결과	오이 등을 제외하고는 바람직하지 못하다.

② 수정 후의 변화

㉮ 이층(離層)의 발달이 억제되고 자방이 비대 · 발달하기 시작한다.

㉯ 자방의 비대는 개화기까지 분열된 세포의 신장에 의하나 호박 · 수박 등에서는 개화 후에도 세포분열이 계속된다.

③ 단위결과와 과실

㉮ 단위결과란 정상적인 수분이나 수정 과정이 없어도 과실이 비대발육하는 현상으로, 종자가 형성되지 않은 채 과실이 생겨난다.

㉯ 오이 등을 제외하고는 단위결과(單爲結果)에 의해서 정상과가 되지 못하므로 과실의 비대발육에는 수정과 종자의 발달, 그리고 착과제처리 등의 과정이 필수적이다.

㉰ 보통 종자수와 과실의 무게는 정(正)의 관계가 성립된다.

④ 수정이 착과 및 과실 비대를 유도하는 작용

㉮ 화분호르몬에 의한 이층 발달 억제와 세포의 신장 및 분열을 촉진한다.

㉯ 수정에 의한 종자의 발달은 호르몬 생성에 관여하고 영양의 흡수중심 역할을 한다.

3 착과제(着果劑)의 처리

① 착과제의 처리 목적은 수분 및 수정이 불확실할 때 단위결과를 유기시키는 것이다.

② 대부분의 과실은 수정의 결과 이루어지는 종자의 형성과 더불어 발육하지만 때로는 수정이 되지 않고도 자방(子房)이 발육하여 과실을 형성하는 단위결과가 발생하기도 한다.

③ 씨가 없는 과실은 상품가치를 높일 수 있으며, 포도 · 수박 등에서는 단위결과를 유도하여 씨 없는 과실을 생산하고 있다. 포도에서는 지베렐린 처리, 수박에서는 콜히친을 이용하여 3배체를 생산한다.

④ 토마토의 재배에는 착과제 토마토톤의 처리가 실용화되어 있으나 속이 비어 있는 공동과(空胴果)의 발생이 증가하는 폐단이 있다.

연구 토마토의 착과제 처리

1. 보통 토마토톤 100~150배액을 사용한다.
2. 화방 중의 두 번째 꽃이 피었을 때 화방 전체에 분무한다.
3. 화방을 진동시켜 수정을 돕는 것이 좋다.
4. 기온이 낮을 때는 농도를 조금 진하게 하는 것이 효과적이며 농도가 너무 진하면 공동과가 발생할 우려가 있다.
5. 토마토톤에 지베렐린을 혼용하여 살포하면 공동과 발생이 줄어드나 과실의 비대에는 좋지 않다.

---

④ 과실의 비대와 양분의 경합

① 양분의 저장기관인 과실의 비대
　㉮ 과실의 성분은 거의 대부분이 잎과 뿌리에서 전류(轉流)해 온 것이다.
　㉯ 과실의 비대에 관여하는 식물호르몬에는 옥신, 지베렐린, 시토키닌 등이 있다.
② 양분의 경합
　㉮ 여러 개의 과실이 동시에 착과한 경우에는 과실 상호간에 경합이 일어나 착과주기가 생긴다. 착과주기란 먼저 착과한 과실이 비대하는 동안에 개화한 과실이 자라지 못하는 것으로 한 개체 안에서 착과의 주기가 반복되는 것을 말한다.
　㉯ 영양기관과 과실 사이에서도 경합이 일어나며 스트레스 상태(건조, 과도한 건조 등)에서는 과실이 영양 배분에 있어서 불리해진다.
　㉰ 경엽의 과다한 번무는 낙과나 비대불량을 초래한다.
　㉱ 과다한 착과 등은 영양기관의 발달을 억제하기 때문에 오이, 가지 등의 첫 열매는 조기에 따버린다.
　㉲ 과채류의 재배에 있어서는 영양생장과 생식생장의 균형이 중요하다.

5. 생장조절제의 이용

① 식물호르몬

① 식물체 내에는 어떤 기관이나 조직에서 생합성되어 체내를 이동하면서 다른 조직이나 기관에 대하여 미량으로도 형태적 · 생리적 특수변화를 일으키는 화학물질이 존재하는데 이를 식물호르몬이라 한다.

② 식물호르몬에는 옥신(auxins), 지베렐린(gibberellin), 시토키닌(cytokinin), 플로리겐(florigen) 등이 있다. 식물의 생장 · 발육에 적은 분량으로도 큰 영향을 끼치는 합성된 호르몬성인 화학물질을 총칭하여 식물생장조절제(plant growth regulators)라고 한다.

③ 식물호르몬을 이용할 때는 사용목적, 약제의 선택, 사용농도, 처리시기, 처리방법, 약해 및 부작용 등에 유의하며 처리시 작물체의 상태, 고온 · 저온 · 강우 등의 환경, 약효, 혼용가능성, 처리부위 등을 고려한다.

② 옥 신(auxin)

① 옥신은 세포 신장에 관여하여 식물의 생장을 촉진하는 호르몬으로, 줄기나 뿌리의 선단에서 생성되어 체내를 이동하면서 주로 세포의 신장촉진을 통하여 조직이나 기관의 생장을 조장한다.

② 정아(頂芽)에서 생성된 옥신이 정아의 생장을 촉진하나 아래로 확산하여 측아(側芽)의 발달을 억제하는 현상을 정아우세라고 한다. 줄기에 정아우세를 보일 경우 정아를 제거하면 측아는 발달한다.

③ 고구마의 괴근은 옥신(NAA) 함량이 많아야 비대가 촉진되고, 감자의 괴경은 옥신 함량이 적어야 비대가 촉진된다.

④ 옥신의 재배적 이용: 발근촉진 · 접목에서의 활착촉진 · 가지의 굴곡유도 · 개화촉진 · 적화 및 적과 · 낙과방지 · 과실의 비대와 성숙의 촉진 · 단위결과의 유도 · 증수효과 · 제초제로서의 이용 등

연구 **옥신의 종류**

체내에서 합성되는 천연호르몬	IAA
합성호르몬	NAA · IBA · PCPA · 2,4,5-T · 2,4,5-Tp · 2,4-D · BNOA
4-CPA	착과제 토마토톤의 주성분

[3] 지베렐린(gibberellin)

① 지베렐린의 생리작용: 식물체 내에서 생합성되어 모든 기관에 널리 분포하며 특히 미숙종자에 많이 함유되어 있다. 지베렐린은 극성(極性)이 없으며 식물체의 어느 부분에 공급하더라도 자유로이 이동하여 다면적인 생리작용을 나타낸다.

② 지베렐린의 처리법: 작물에 지베렐린을 처리하는 방법은 여러 요인에 의해 다르지만 주요 처리법으로 주사법, 수정법, 도말법, 침지법, 적하법, 살포법 등이 있다.

③ 포도의 무핵과 처리: 지베렐린의 1차처리는 씨를 없애기 위해, 2차처리는 포도알의 비대 및 성숙촉진을 위해 보통 100ppm의 농도로 실시한다.

연구 **지베렐린의 재배적 이용**

발아촉진	종자의 휴면 타파 및 호광성종자의 암발아 유도
화성의 촉진	저온이나 장일을 대체하여 화성을 유도·촉진
경엽의 신장촉진	왜성식물 등에서 효과
단위결과의 유도	포도의 무핵과 형성을 유도
수량증대	채소, 가을씨감자

[4] 생장억제물질

① 체내 생장촉진호르몬의 생합성 과정을 방해하여 식물의 생장을 억제하는 화학물질로, 자연상태의 식물체에서는 발견되지 않는다.

② 식물을 왜화시켜 도복을 방지하거나 분화화훼의 미적 가치를 높이는 데 많이 이용한다.

연구 **생장억제물질의 재배적 이용**

B-9	신장 억제 및 왜화작용
Phosfon-D	줄기의 길이 단축, 토양에 사용한다.
CCC	절간신장 억제 및 토마토의 개화 촉진
Amo-1618	국화의 왜화 및 개화 지연
MH	저장 중 감자, 양파의 발아 억제

③ B-9, Phosfon-D, CCC 등은 지베렐린의 기능과 반대되는 Antigibberellin이고, MH는 옥신의 기능과 반대되는 Antiauxin이다.

5 그 밖의 생장조절제

1 시토키닌(cytokinin)

① 세포분열을 촉진하며, 식물체 내에서 충분히 생성된다.
② 시토키닌은 주로 뿌리에서 합성되어 물관을 통해 지상부의 다른 기관으로 전류된다.
③ 조직배양에서 많이 이용하며, 옥신과 함께 존재해야 그 효력을 발휘할 수 있다.
④ 시토키닌의 재배적 이용: 작물의 내한성 촉진, 발아 촉진, 잎의 생장 촉진, 호흡 억제, 엽록소와 단백질의 분해 억제, 노화 방지, 저장 중 신선도 유지, 기공의 개폐 촉진 등

2 ABA(abscisic acid)

① 대표적인 생장억제물질로 건조, 무기양분의 부족 등 식물체가 스트레스를 받는 상태에서 발생이 증가된다.
② ABA는 IAA와 지베렐린에 의해 일어나는 신장을 저해하는 등 다른 생장촉진호르몬과 상호 및 길항작용을 한다.
③ ABA의 재배적 이용: 잎의 노화, 낙엽 촉진, 휴면 유도, 발아 억제, 화성 촉진, 내한성 증진 등

3 에틸렌(ethylene)

① 과실의 성숙을 촉진한다.
② 식물체는 마찰이나 압력 등 기계적 자극이나 병 · 해충의 피해를 받으면 에틸렌의 생성이 증가되어 식물체의 길이가 짧아지고 굵어지는 형태적인 변화가 나타난다.
③ 에세폰(에스렐): 액상의 물질을 식물에 살포하면 분해되어 에틸렌을 발생시키는 약제로, pH 7 이상의 알칼리에서 에틸렌이 발생한다.
④ 에틸렌의 재배적 이용: 발아 촉진, 정아우세현상 타파, 꽃눈이 많아짐, 낙엽 촉진, 성숙 촉진, 건조 효과 등

6. 휴면생리

1 휴면의 정의

① 휴면(休眠)은 작물이 일시적으로 생장활동을 멈추는 생리현상을 말하며 작물은 대부분 휴면한다. 휴면은 식물 자신이 처한 불량환경의 극복수단이다.

② 성숙한 종자에 적당한 발아조건을 주어도 일정 기간 동안 발아하지 않을 경우를 휴면을 하고 있다고 하며, 휴면은 생육의 일시적인 정지상태라고 볼 수 있다.

③ 자발적 휴면: 외적 조건이 생육에 부적당하지 않을 때에도 내적 원인에 의해서 유발되는 진정한 휴면이다.

④ 타발적 휴면: 발아력을 가진 종자라도 외적 조건이 부적당하기 때문에 유발되는 휴면이다.

> **연구** **1차휴면과 2차휴면**
> 자발적 휴면과 타발적 휴면을 합쳐 1차휴면이라고 하며, 성숙한 종자가 불리한 환경조건에 장기간 보존되어 휴면이 새로 생기는 것을 2차휴면이라고 한다.

2 종자휴면의 원인

① 경실(硬實): 종피가 수분의 투과를 저해하기 때문에 장기간 발아하지 않는 종자를 경실이라고 한다. 자운영·고구마·연 등은 경실이다.

② 종피의 산소흡수 저해: 보리·귀리 등에서는 종피의 불투기성 때문에 발아하지 못하고 휴면한다.

③ 종피의 기계적 저항: 잡초종자에서는 종피가 기계적 저항을 갖기 때문에 배의 늘어남이 억제되어 종자가 물을 함유한 상태로 휴면하는 것이 있다.

④ 배의 미숙: 장미과식물에서는 종자가 모주를 이탈할 때 배가 미숙상태여서 발아하지 못하는 경우가 있으나 수 주일 또는 수 개월이 경과하면 배가 완전히 발육하고 생리적 변화를 완성하여 발아할 수 있게 된다. 이 과정을 후숙(後熟)이라 하며 후숙의 촉진 조건은 종자의 수분 함량 조절, 고온, 다량의 산소, 저농도의 CO_2 등이다.

⑤ 식물호르몬의 불균형: 식물호르몬 ABA는 종자의 휴면에 관여하는 것으로 알려져 있다. 생장억제물질인 ABA와 생장촉진물질인 지베렐린의 함량비에 의해 휴면이 유기되기도 하고 타파되기도 한다.

③ 휴면 타파와 발아 촉진

① 경실의 발아촉진법
  ㉮ 종피파상법: 경실의 발아촉진을 위하여 종피에 상처를 내는 방법이다. 자운영 등의 경실종자는 모래와 섞어 절구에 가볍게 찧어서 상처를 내고, 고구마의 종자는 손톱깎기를 이용한다.
  ㉯ 생장조절제 처리: 지베렐린, 시토키닌, 에틸렌, 질산칼륨(KNO_3), 티오요소(thio urea), 키네틴(Kinetin), 황함유물 등으로 휴면을 타파할 수 있다.
② 배 휴면을 하는 종자는 습한 모래나 이끼를 종자와 엇바꾸어 층상으로 쌓아 올려 저온에 두고 휴면을 타파하는 층적법을 이용한다.

> 연구 **배휴면**
> 배(胚) 자체의 생리적 원인에 의해 일어나는 휴면으로 장미 · 사과나무 · 복숭아나무 · 배나무 등에서 볼 수 있으며 3~4주간의 층적법으로 타파할 수 있다.

③ 오렌지색~적색광에서는 휴면이 타파되었지만 청색광에서는 다시 휴면하고 초적색광에서는 확실히 휴면한다고 보고되었다.
④ 발아촉진물질
  ㉮ 지베렐린은 각종 종자의 휴면타파 또는 발아촉진에 효과가 크다.
  ㉯ 에틸렌 대신에 에스렐을 사용하여 양상추 등의 발아를 촉진시킨다.
  ㉰ 질산염은 화본과목초에서 발아를 촉진한다.
  ㉱ 시토키닌은 정아우세(頂芽優勢)를 억제하고 측아의 생장을 촉진한다. 또한 호광성 종자의 암발아를 유도한다.

7. 채소의 생육 조정

① 적심(摘心): 주경(主莖)이나 주지의 순을 질러서 그 생장을 억제하고 측지의 발생을 많게 하여 개화 · 착과 · 착엽을 조정하는 것으로, 과채류 · 두류 등에서 실시된다. 참외의 경우 손자덩굴에 암꽃이 맺히므로 어미덩굴과 아들덩굴을 적기에 적심하면 손자덩굴이 빨리 발생하여 조기 수확이 가능하다.

> **연구** **적심의 목적**
>
> - 남은 부분의 생장을 왕성하게 한다.
> - 개화결실을 촉진하고, 측지를 많이 발생시킨다.
> - 병든 부위를 제거하여 식물체를 보호한다.

② 적아(摘芽): 눈이 트려고 할 때 필요하지 않은 눈을 손끝으로 따주는 것으로, 포도·토마토 등에서 실시된다.

③ 적엽(摘葉): 하부의 낡은 잎을 따서 통풍·통광을 조장하는 것으로, 토마토·가지 등에서 실시된다.

④ 절상(切傷): 눈이나 가지의 바로 위에 가로로 깊은 칼금을 넣어 그 눈이나 가지의 발육을 조장시키는 것이다.

⑤ 유인(誘引): 지주를 세우고 덩굴을 유인하는 것으로, 자재비와 노력이 많이 들어 생력화가 필요하다. 주로 토마토나 오이 재배에 많이 이용한다.

> **연구** **유인의 장점**
>
> - 토지를 입체적으로 이용하여 밀식·다수재배를 할 수 있다.
> - 수광 태세를 향상시켜 병해 발생과 과실의 부패를 방지한다.
> - 수확의 편리를 도모한다.

2. 육묘 및 정식

재배에 있어서 번식용으로 이용되는 어린 식물 즉 뿌리가 있는 어린 작물을 모(苗)라 하며 초본묘(草本苗)와 목본묘(木本苗), 종자로부터 양성된 실생묘(實生苗), 종자 이외의 식물영양체로부터 분리 양성한 삽목묘·접목묘·취목묘(取木苗)로 구분된다. 종자를 경작지에 직접 뿌리지 않고 이러한 모를 일정기간 시설 등에서 생육시키는 것을 육묘(育苗)라 한다.

1. 육묘의 목적

1 육묘의 목적

① 수확 및 출하기를 앞당길 수 있다.

② 품질향상과 수량증대, 집약적인 관리와 보호가 가능하다.

③ 종자를 절약하고 토지이용도를 높일 수 있다.

④ 직파(直播)가 불리한 딸기, 고구마 등의 재배에 유리하다.

⑤ 과채류의 조기 수확과 증수, 배추·무 등의 추대를 방지할 수 있다.

> **연구 플러그묘의 적정 육묘 일수**
> 배추: 20~30일, 오이·수박·상추: 30~40일, 양배추··브로콜리: 20~40일,
> 토마토: 50~70일, 고추: 45~80일

2 상토의 구비조건

육묘상에 쓰이는 흙을 상토라 하며, pH 6.2 전후가 적당하다.

① 배수가 잘 되고 보수력이 있으며 공기의 유통이 좋아야 하고, 부식질을 많이 함유하며 비옥해야 한다.

② 유효미생물이 많이 번식하고 있으며 무병·무충의 조건이어야 한다.

흙	토양전염성 병원균이나 해충 등이 거의 없는 논흙이나 산흙을 많이 사용한다.
퇴비	상토의 통기성과 보수력의 증대를 위해 사용하며, 볏짚, 낙엽 등을 완전히 썩혀서 사용한다.
모래	상토의 물리성을 좋게 하기 위해 주로 강모래를 사용한다.

2. 육묘의 방식

1 온상육묘(溫床, 加溫育苗)

저온기에 인공적인 가온과 태양열을 최대한 이용하는 묘상으로 이른 봄의 육묘에 이용하며, 가온수단은 양열(醸熱), 전열(電熱), 온수보일러 등이다. 낮에는 온상의 온도를 높여 광합성을 촉진하고, 밤에는 적정 범위 내에서 온도를 낮추어 호흡에 의한 탄수화물의 소모를 억제한다.

양열온상	유기물이 미생물에 의해 분해되는 과정에서 발생하는 열을 이용하는 것으로 온도조절이 어렵고 노력이 많이 들어 이용률이 적다.
전열온상	전류의 저항으로 발생하는 열을 이용하는 것으로 양열온상에 비해 온도조절이 자유롭고 쉬우며 시설이 간단하고 노동력이 적게 든다. 또한 모의 생육이 균일하고 꽃눈분화가 빠르며 육묘일수도 단축시킬 수 있다. 상면적 1㎡당 70~80W의 전력이면 충분하므로 시중에 판매되고 있는 220V, 500W(60~64m) 전열선 1조로서 약 2평(6.6㎡) 정도의 면적에 배선하는 것이 합리적이다.

② 보온육묘(保溫育苗)

인공적인 가온없이 태양열만을 이용하는 육묘방식으로 냉상(冷床)육묘라고도 한다. 보온을 위주로 낮에는 축열(蓄熱)하고 밤에는 보온을 철저히 하여야 하며 봄에 늦게 육묘할 때나 가식상으로 쓰인다.

③ 노지육묘(露地育苗)

기온이 높을 때 노지에서 육묘하는 방식으로 통풍, 관수, 약제 살포에 유의한다.

④ 특수육묘(特殊育苗)

① 접목(接木)육묘: 토양전염병인 덩굴쪼김병을 예방하고, 양수분의 흡수력을 증대시키며, 저온신장성을 강화시키고, 이식성을 향상시키기 위해 실시하며 오이 · 토마토 · 수박 · 멜론 등에 쓰인다.
  ㉮ 대목의 조건: 내병성 · 내서성 · 저온신장성 · 내습성과 친화력이 있어야 한다.
  ㉯ 접목 방법: 쪼개접(割接), 꽂이접(揷接), 맞접(呼接) 등
  ㉰ 오이와 수박은 호박 종류의 대목에 접목육묘하며 오이는 맞접, 수박은 꽂이접, 가지는 쪼개접을 한다.
  ㉱ 맞접은 접수의 종자를 먼저 파종하여 발아 후 떡잎이 전개될 무렵에 대목 종자를 파종하며 접붙이기 작업 후 15~18일에 접수의 뿌리를 절단한다.
  ㉲ 꽂이접은 대목 종자를 먼저 파종한 다음 접수의 종자를 파종하는 것으로 맞접보다 작업이 간단하고 능률적이지만 접수의 뿌리가 없어 활착할 때까지 세심한 관리가 필요하다.

② 삽목육묘: 박과채소에서 발아 후에 배축을 절단하여 삽목하고 부정근을 발생시켜 육묘하는 방법으로 도장한 모를 활용할 수 있고, 뿌리가 굵고 튼튼한 모를 얻을 수 있다.

③ 양액(養液)육묘: 작물의 생육에 필요한 모든 영양소를 지닌 배양액을 이용하여 모종을 가꾸는 방법이다.

㉮ 이점: 상토육묘보다 발근 등의 생육이 빠르다, 노력과 자재 절감, 병·해충의 위험이 적다, 운반 등 육묘조작 간편, 동질 대량육묘 가능, 생력육묘(省力育苗)

㉯ 단점: 건물률이 낮다, 정식 후 활착이 느리다, 도장하기 쉽다.

3. 옮겨심기

작물을 현재 자라고 있는 곳으로부터 다른 장소로 옮겨 심는 일을 총칭하여 이식(移植, transplanting)이라고 한다.

가식(假植)	정식할 때까지 잠정적으로 이식해 두는 것으로 가식의 이점은 불량묘 도태, 이식성 향상, 도장(徒長)의 방지 등이다.
정식(定植)	수확기까지 그대로 둘 장소(본포)에 옮겨 심는 것

① 가식의 시기: 오이, 호박 등 박과채소는 발아한 떡잎 때 제1회 가식을 하고 가지, 토마토 및 그밖의 채소는 본잎이 2~3장 나왔을 때 첫 가식을 한다.

종 류	제1회	제2회	제3회
가 지	본잎 2~3장 때	본잎 4~5장 때	–
토마토	본잎 2~3장 때	본잎 5~6장 때	–
오 이	떡잎 때	본잎 2~3장 때	본잎 4~5장 때
호 박	떡잎 때	본잎 2~3장 때	본잎 4~5장 때

② 마지막 가식으로부터 정식할 때까지의 기간이 길면 뿌리가 너무 길게 뻗어나가 정식할 때 뿌리가 많이 끊어지므로 정식 7~10일 전 모의 자리를 바꾸어 활착을 돕는다.

③ 모종을 자리바꿈하는 이유는 마지막 가식으로부터 정식할 때까지의 기간이 길면 모종이 너무 커질 뿐만 아니라 뿌리가 길게 뻗어나가 정식할 때 뿌리가 많이 끊어져서 활착이 느리기 때문이다.

④ 이식의 시기: 과수 등의 다년생 목본식물은 싹이 움트기 전에 봄에 이식하거나 낙엽이 진 뒤 가을에 이식하며 일반작물이나 채소는 파종기를 지배하는 요인들에 의해서 이식기가 지배된다. 토마토·가지는 첫 꽃이 피었을 정도의 모가 이식 후의 활착과 생육이 좋으며, 토양수분이 넉넉하고 바람이 없고 흐린 날에 이식한다. 지온이 충분하고 동상해의 우려가 없는 시기이어야 한다.

⑤ 이식의 장단점

장점	• 생육기간의 연장에 의한 발육 조장으로 증수 기대 • 초기생육의 촉진으로 수확기가 빨라져 경제적으로 유리 • 본포(本圃)에 전작물이 있을 경우 경영의 집약화 가능 • 채소의 경우 도장 방지, 숙기 및 결구 촉진
단점	• 무, 당근, 우엉 등의 직근류는 이식시 뿌리가 다치면 상품성 저하 • 수박, 참외, 결구배추 등은 뿌리가 절단되면 발육에 지장 • 벼의 한랭지 이앙재배는 생육이 늦고 임실이 불량함

⑥ 묘상에서 흙에 묻혔던 깊이로 이식하는 것을 원칙으로 하되 토양이 건조하면 좀더 깊게 심는다. 표토를 속에 넣고, 심토를 겉으로 덮는다. 이식 후의 몸살을 방지하려면 지온을 높이고 충분히 관수한 다음 흙을 많이 붙여서 이식한다.

⑦ 이식 후의 관리: 잘 진압하고 충분히 관수한다. 건조가 심한 경우에는 식물체나 지표면을 피복해 주며, 쓰러질 우려가 있을 때는 지주를 세운다.

⑧ 정식을 위한 모의 준비: 포장에 정식하기 전 외부 환경에 견딜 수 있도록 모종을 굳히는 것을 경화(硬化, hardening)라 하며 관수량을 줄이고 온도를 낮추어 서서히 직사광선을 받게 한다.

> **연구 경화(모종 굳히기) 이유**
>
> 저온·건조 등 자연환경에 대한 저항성 증대, 흡수력 증대, 착근이 빨라짐, 엽육이 두꺼워짐, 건물량 증가, 뿌리의 발달 촉진, 내한성 증가, 왁스피복 증가

보충

1. 다음 중 종자가 발아하여 처음 출현하는 잎을 무엇이라고 하는가?

    ① 보통잎   ② 자엽

    ③ 복엽   ④ 단엽

■ 자엽이라고 하며 단자엽식물은 1장, 쌍자엽식물은 2장이다.

2. 수분과 수정 완료 후 자방 내의 배주(胚珠)가 발달하여 형성된 것은?

    ① 꽃   ② 줄기

    ③ 과실   ④ 종자

■ 과실은 수정 후 종자가 발달하면서 주위 부속기관이 함께 발달한 것이다.

3. 화분관이 자라 주공을 통해 배낭 속으로 들어가 극핵 및 난핵과 결합하는 과정을 무엇이라 하는가?

    ① 수분

    ② 화분관 신장

    ③ 단위생식

    ④ 수정

■ 수정은 1개의 정핵이 난핵과 만나 배($2n$)를 형성하고, 다른 1개의 정핵은 2개의 극핵과 만나 배유($3n$)를 형성하는 것이다.

4. 식물의 수정에 필요한 정핵 및 난세포와 같은 생식세포는 어떤 분열과정을 거친 후 생성되는가?

    ① 감수분열

    ② 체세포 분열

    ③ 영양생식

    ④ 단위생식

■ 정핵 및 난세포와 같은 생식세포는 감수분열하여 핵상이 n 상태이다.

01 ②   02 ④   03 ④   04 ①

5. 피자식물이 가지는 중복수정에서 염색체의 조성은?

① 배 n, 배유 n ② 배 n, 배유 2n

③ 배 2n, 배유 3n ④ 배 2n, 배유 2n

6. 다음 중 무배유(無胚乳) 종자를 가장 바르게 설명한 것은?

① 쌍떡잎 식물의 종자를 말하는 것이다.

② 배유는 흔적기관으로만 남고 대신 떡잎(자엽)이 잘 발달되어 있다.

③ 단자엽식물의 종자가운데서 배유가 없는 종자를 말한다.

④ 내배유와 외배유 중에서 하나가 발달하지 않은 종자이다.

7. 식물학적으로 볼 때 과실에 해당하는 종자는?

① 시금치 ② 오이

③ 사과 ④ 딸기

8. 다음 중 상추 종자를 식물학적으로 과실이라고 부르는 이유는?

① 종피에 과육이 말라 붙어 있기 때문이다.

② 종자 모양이 과실처럼 생겼기 때문이다.

③ 배유가 과육과 같은 기능을 하기 때문이다.

④ 종자 안에 과육이 들어 있기 때문이다.

9. 종자가 발아하기에 필요한 필수조건으로 구성된 것은?

① 비료, 수분, 산소

② 온도, 비료, 광선

③ 수분, 온도, 비료

④ 수분, 온도, 산소

■ 종자 발아의 필수조건은 수분, 산소, 온도, 광선 등이다.

10. 종자가 발아하는 순서 중 제일 먼저 일어나는 과정은?

① 수분의 흡수

② 효소의 활성

③ 씨눈의 생장 개시

④ 종피의 파열

■ 모든 종자는 일정량의 수분을 흡수해야만 발아할 수 있다.

11. 종자 발아에 가장 크게 영향을 미치는 제일 중요한 환경 요인은?

① 수분   ② 공기

③ 바람   ④ 햇빛

■ 종자가 물을 흡수하면 체내 호르몬과 효소가 활성화되어 발아가 시작된다.

12. 다음 중 저장 수명이 가장 짧은 종자는?

① 양파   ② 배추

③ 수박   ④ 토마토

■ 고추 · 양파 · 당근 · 시금치 등은 단명종자이다.

13. 다음 종자 중 경제적 수명이 가장 긴 것은?

① 고추   ② 가지

③ 당근   ④ 시금치

■ 토마토 · 녹두 · 오이 · 호박 · 가지는 장명종자이다.

09 ④   10 ①   11 ①   12 ①   13 ②

14. 종자의 수명에 가장 영향을 적게 미치는 조건은?

① 종자의 수분함량

② 저장습도

③ 저장온도

④ 광선

■ 종자의 수명에 영향을 미치는 요인: 내부요인, 상대습도와 온도, 종자내의 수분, 저장고내의 가스, 유전적 요인, 기계적 손상

15. 저장 중인 종자가 수명을 잃는 주된 원인은?

① 원형질 구성 단백질의 응고

② 저장양분의 증가

③ 휴면 유도

④ 종자의 산도 저하

■ 저장 중인 종자가 수명을 잃는 주된 원인은 원형질 구성 단백질의 응고, 효소의 활력 저하, 저장양분의 소모 등이다.

16. 종자의 저장방법으로 가장 좋은 것은?

① 온도가 높고 건조한 상태

② 온도가 낮고 건조한 상태

③ 온도가 높고 다습한 상태

④ 온도가 낮고 다습한 상태

■ 종자는 온도와 습도가 낮고 건조한 상태로 저장하는 것이 좋다.

17. 종자 보관 시 데시케이터에 사용하는 건조제는?

① 염화나트륨   ② 모래

③ 염화칼슘   ④ 질석

■ 종자 보관 시에는 종자건조제인 실리카겔, 염화칼슘 등이 이용된다.

18. 다음 화학물질 중 종자의 발아촉진과 가장 관계가 깊은 것은?

① 질산칼륨(KNO_3)   ② 에틸렌

③ 수크로오스   ④ ABA

■ 질산칼륨은 종자의 발아촉진에 널리 이용되고 있으며, 보통 0.1~1.0% 농도로 처리한다.

14 ④ 15 ① 16 ② 17 ③ 18 ①

19. 다음 채소에서 호광성종자는?

① 상추　　　　　② 가지

③ 토마토　　　　④ 양파

20. 다음 중 물속에서도 발아가 잘 되는 종자는?

① 고추　　　　　② 상추

③ 가지　　　　　④ 콩

21. 다음 중 광발아 종자인 것은?

① 호박　　　　　② 가지

③ 상추　　　　　④ 토마토

22. 다음 중 고온에서 발아가 불량한 채소는?

① 시금치　　　　② 토마토

③ 가지　　　　　④ 고추

23. 발아적온이 가장 높은 채소는?

① 양배　　　　　② 시금치

③ 상추　　　　　④ 고추

24. 종자의 숙도에 차이가 심하여 발아가 일반적으로 고르지 못한 것은?

① 양파　　　　　② 참외

③ 당근　　　　　④ 가지

19 ①　20 ②　21 ③　22 ①　23 ④　24 ③

25. 우량 종자의 선택 기준을 옳게 말한 것은?

① 발아율이 높고 발아세는 낮을 것

② 발아율이 높고 발아세도 높을 것

③ 발아율이 낮고 유전순도는 높을 것

④ 발아율이 높고 유전순도는 낮을 것

■ 종자의 발아율이 높고 발아세가 빠른 종자가 우량종자이다.

26. 종자의 발아력을 오래 유지시킬 수 있는 저장조건이 아닌 것은?

① 온도는 가급적 낮게

② 종자의 함수율은 낮게

③ 산소는 낮고 탄산가스는 높게

④ 산소는 높고 탄산가스는 낮게

■ 산소의 농도는 낮게, 탄산가스의 농도는 높게 유지하여 호흡을 억제한다.

27. 종자의 발아에 관여하는 내적 요인이 아닌 것은?

① 유전성의 차이

② 온도

③ 육종에 의한 발아력의 향상

④ 종자의 성숙도

■ 종자 발아의 내적 요인: 유전성의 차이, 육종에 의한 발아력향상, 선발효과, 종자의 성숙도
종자 발아의 외적 요인: 수분, 공기, 온도, 광, 화학물질

28. 양파의 비늘줄기가 비대하는 조건으로 볼 수 있는 것은?

① 일장(日長)과 온도

② 30℃ 이상의 온도 지속

③ 붕소가 부족할 때

④ 철분을 과다하게 줄 때

■ 장일조건이 인경의 비대에 가장 중요한 요소이다.

25 ② 26 ④ 27 ② 28 ①

29. 종자의 발아력 검정을 위한 TTC 테스트에서 활력이 있는 종자의 반응은?

① 배가 적색으로 변한다.

② 종피가 갈색으로 변한다.

③ 배유가 청색으로 변한다.

④ 종자가 즉시 발아한다.

■ TTC(triphenyl tetrazolium chloride): 종자의 배가 호흡에 의해 방출하는 수소이온과 결합하여 배를 적색으로 물들인다.

30. 배추의 결구에 관여하는 가장 중요한 원인은?

① 일장   ② 수분

③ 양분   ④ 온도

■ 배추, 양배추, 결구상추 등은 온도가 높으면 결구가 잘 되지 않는다.

31. 마늘, 양파 등의 인경이 비대하는 환경조건은?

① 저온 단일   ② 고온 장일

③ 저온 장일   ④ 고온 단일

■ 마늘, 양파 등은 고온 장일조건에서 인경이 비대함과 동시에 휴면에 들어간다.

32. 고구마 괴근의 비대 촉진에 관여하는 식물호르몬은?

① 옥신   ② IAA

③ 지베렐린   ④ ABA

■ 고구마의 괴근은 IAA의 함량이 많아야 비대하고, 감자의 괴경은 IAA의 함량이 적어야 비대한다.

33. 무의 바람들이 현상이 생기는 시기는?

① 수확 직전부터 생긴다.

② 저장 중에 일어난다.

③ 추대하는 경우에 주로 일어난다.

④ 최대 생장시기 직후에 시작된다.

■ 바람들이 현상은 뿌리의 비대가 왕성할 때나 수확기가 늦어져 동화양분인 탄수화물이 부족하여 세포가 텅 비고 세포막이 찢어지거나 구멍이 생기는 것이다. 알맞은 품종을 선택하고 지나친 밀식을 피하며, 생육 후반기에 과습하지 않도록 관리하는 것이 중요하다.

29 ①   30 ④   31 ②   32 ②   33 ④

34. 다음 중 식물의 영양생장기간은?

① 종자형성에서 발아까지

② 맹아에서 발아까지

③ 발아에서 화아분화 전까지

④ 발아에서 결실까지

■ 화아분화는 영양생장에서 생식 생장으로 전환되는 기점이다.

35. 다음 영양생장 과정 중 가장 핵심적인 것은?

① 잎의 분화

② 줄기의 분화

③ 화아분화

④ 종자의 발달

■ 영양생장 과정의 핵심은 화아분화이며, 화아분화를 전환점으로 하여 영양생장에서 생식생장으로 전환한다.

36. 다음 중 화아분화의 설명으로 잘못된 것은?

① 생육상의 전환이다.

② 생장점이나 엽액에서 꽃으로 될 원기가 생겨나는 현상이다.

③ 열매채소는 화아분화를 유도하면 경제적 가치가 크게 감소한다.

④ 뿌리채소의 화아분화는 바람직하지 못하다.

■ 열매채소는 과실이 수확대상이기 때문에 화아분화가 적극적으로 요구되는 반면, 잎줄기채소나 뿌리채소는 화아분화로 상품가치를 상실하게 된다.

37. 영양기관을 수확하고자 하는 엽·근채류에서 화아분화의 불리한 점이 아닌 것은?

① 엽채류는 큰 포기를 얻지 못한다.

② 근채류는 뿌리 비대에 불리하다.

③ 상품가치가 저하된다.

④ 종자를 얻을 수 있다.

■ 종자를 얻으면 영양기관을 얻지 못한다.

34 ③   35 ③   36 ③   37 ④

38. 잎채소 재배에 있어 화아분화 및 추대가 재배목적에 배치되는 가장 큰 이유는?

① 잎의 크기가 작아진다.

② 잎의 수가 늘지 않는다.

③ 잎의 품질이 나빠진다.

④ 쓴 맛이 생긴다.

■ 화아분화가 시작되면 잎의 수가 늘지 않고 생장속도도 둔화된다.

39. 채소의 화아분화에 미치는 저온처리효과를 가장 잘 설명한 것은?

① 화아분화는 반드시 저온을 경과해야 이루어진다.

② 종자춘화형 채소는 종자 때부터 저온에 감응한다.

③ 작물의 저온 감응 부위는 새로 전개되는 잎이다.

④ 녹식물춘화형은 식물체의 크기에 관계 없이 저온에 감응한다.

■ 화아분화는 광 및 작물의 유전적인 요인과 관계가 있으며, 저온 감응부위는 생장점이다. 녹식물춘화형은 식물체가 일정한 크기에 달한 후에 저온에 감응한다.

40. 종자를 형성하려면 우선 꽃눈분화를 유도하여 개화시켜야 하는데 저온에 의해서 꽃눈분화를 유도시키는 것을 무엇이라 하는가?

① 발아촉진   ② 화아유도

③ 춘화처리   ④ 이화유도

■ 종자나 어린 식물에 일정한 저온을 처리하여 화성의 유도를 촉진시켜 개화를 빠르게 하는 것을 춘화처리라 한다.

41. 다음 중 식물체 저온 춘화처리의 감응부위는 어디인가?

① 잎   ② 줄기

③ 뿌리   ④ 생장점

■ 식물의 온도 감응부위는 생장점이다.

---

38 ②   39 ②   40 ③   41 ④

42. 춘화처리(vernalization)란 무슨 뜻인가?

　① 작물의 종자를 일장처리를 함으로써 개화가 촉진된다는 뜻

　② 작물의 종자를 고온처리를 함으로써 종자의 발아를 촉진시킨다는 뜻

　③ 작물의 종자를 저온처리 함으로써 추파형이 춘파형으로 변한다는 뜻

　④ 개화에 소요되는 기간을 단축시킨다는 뜻

■ 춘화처리란 개화촉진을 위해 저온에서 식물의 감온성을 경과시키는 것이다.

43. 당근의 꽃눈이 분화하는 조건에 해당하는 것은?

　① 식물체가 어느 정도 커진 다음 단일이 되었을 때

　② 식물체가 어느 정도 커진 다음 저온에 감응하였을 때

　③ 식물체 크기와 관계없이 장일에 감응하였을 때

　④ 식물체 크기와 관계없이 단일이 되었을 때

■ 당근의 꽃눈이 분화하는 조건은 저온이다.

44. 작물 재배에 있어서 춘화현상(vernalization)의 주요 기능은?

　① 발아 유도　　　　② 개화 촉진

　③ 휴면 타파　　　　④ 생장 억제

■ 춘화현상은 작물이 개화를 위해 생육의 일정한 시기에 저온을 경과하는 것이다.

45. 무나 배추의 꽃눈분화를 일으키는 데 가장 민감하게 영향을 주는 조건은?

　① 저온　　　　　　② 고온

　③ 장일　　　　　　④ 단일

■ 무와 배추는 일정한 저온에 의해 화아가 형성된다.

42 ③　43 ②　44 ②　45 ①

46. 식물체가 어느 정도 커진 다음 저온에 감응하는 채소는?

① 무
② 순무
③ 배추
④ 양배추

■ 양배추, 꽃양배추, 파, 양파, 우엉, 당근 등은 식물체가 어느 정도 커진 다음에 저온에 감응하여 화아분화를 일으키는 녹식물춘화형채소이다.

47. 다음 저온 감응성 채소에서 종자가 수분을 흡수하여 씨눈이 움직이기 시작하면서 그 뒤 아무 때나 저온에 감응할 수 있는 작물은?

① 양배추
② 양파
③ 당근
④ 무

■ 무는 종자춘화형채소로 종자의 시기에 저온에 감응한다.

48. 다음 중 무, 배추 등에서 화아가 분화되고 화경(花莖)이 길게 신장되는 현상은?

① 개화
② 추대
③ 성숙
④ 춘화

■ 추대는 화아분화 이후 조건이 화경의 신장에 적당하면 화경이 빠른 속도로 자라나는 것이다.

49. 로제트(rossete) 현상이란 무엇인가?

① 생장 조절제에 의해 키가 자라지 않는 현상
② 가지가 사방으로 퍼져서 둥그렇게 자라는 현상
③ 영양생장기간에 줄기의 자람이 멈추고 있는 현상
④ 휴면에 의해 발아가 늦어지는 현상

■ 로제트 현상은 줄기 부분, 즉 마디 사이가 극도로 단축되어 있는 것으로 배추, 상추, 무, 당근 등에서 볼 수 있다.

50. 춘화(vernalization)와 추대(bolting) 현상이 모두 나타나는 작물은?

① 딸기, 감자, 구근류
② 인경류, 무, 구근류
③ 배추, 수박
④ 무, 고추

■ 마늘, 양파 등의 인경류와 무, 구근류 등은 춘화와 추대현상이 모두 나타난다.

46 ④ 47 ④ 48 ② 49 ③ 50 ②

51. 엽채류에서 추대의 회피와 결구의 유도에 대한 설명 중 틀린 것은?

① 결구채소는 화아분화의 시작과 잎의 분화가 동시에 일어난다.

② 파종기가 늦어 엽수를 확보하지 못하면 결구하지 못한다.

③ 봄배추는 저온을 경과하면 추대한다.

④ 상추는 고온에 의해서 추대가 촉진된다.

■ 엽채류는 화아분화 시작과 동시에 잎의 분화는 정지되므로 조기에 화아분화가 시작되면 결구하지 못하고 추대하게 된다.

52. 딸기의 꽃눈 분화에 있어서 단일조건에 감응 받을 수 있는 최소의 잎수는?

① 1매   ② 3매

③ 5매   ④ 7매

■ 딸기는 잎이 최소한 3매 이상 전개된 상태에서 저온과 단일조건에 의해 화아가 분화된다.

53. 꽃눈 형성이나 추대현상 때문에 상품가치가 크게 떨어지는 채소는?

① 호박   ② 배추

③ 고추   ④ 수박

■ 배추, 상추 등의 잎채소와 무, 당근 등의 뿌리채소는 꽃눈 형성이나 추대현상을 회피하는 것이 중요하다.

54. 상추의 화아분화 및 추대에 영향이 가장 큰 환경 조건은?

① 장일   ② 단일

③ 고온   ④ 저온

■ 무, 배추, 양배추, 당근, 양파 등은 저온에 의해 화아분화 및 추대가 유기되지만 상추는 고온에 의한다.

51 ①   52 ②   53 ②   54 ③

55. 꽃눈분화와 추대의 환경조건 중 온도와 일장에 영향을 크게 받지 않는 것은?

① 딸기   ② 토마토
③ 배추   ④ 무

56. 분화된 꽃눈의 발생순서가 맞는 것은?

① 암술 → 수술 → 꽃받침 → 꽃잎
② 꽃받침 → 꽃잎 → 수술 → 암술
③ 수술 → 암술 → 꽃받침 → 꽃잎
④ 꽃잎 → 꽃받침 → 암술 → 수술

57. 다음 중 꽃의 구조에 대한 설명으로 올바른 것은?

① 양성화는 암술과 수술이 딴 꽃에 있다.
② 단성화는 대부분 박과채소에서 발견된다.
③ 양성화는 작물에 관계없이 꽃잎의 수, 색, 모양 등이 같다.
④ 오이, 시금치는 양성화이다.

58. 다음 중 식물과 화기구조상의 특징을 짝지은 것으로 잘못된 것은?

① 배추: 자웅이주
② 오이: 자웅이화
③ 시금치: 자웅이주
④ 옥수수: 자웅이화

55 ②   56 ②   57 ②   58 ①

59. 착과촉진제로 쓰이는 토마토톤에 대한 설명으로 옳지 않은 것은?

① 토마토, 호박, 참외 등 열매채소의 착과촉진을 위해 사용된다.

② 보통 100~150배액을 사용한다.

③ 화방을 진동시켜 수정을 돕는 것이 좋다.

④ 기온이 낮을 때는 농도를 조금 흐리게 하여 살포한다.

■ 기온이 낮을 때는 농도를 조금 진하게 하면 효과적이나, 농도가 너무 진하면 공동과가 발생할 우려가 있다.

60. 착과 보조와 비대 촉진을 위한 토마토톤 처리 시기는?

① 착뢰 전　　② 착뢰 초기

③ 개화 초기　　④ 낙화 후

■ 화방 중의 두 번째 꽃이 피었을 때 화방 전체에 분무한다.

61. 다음 중 단위결과성 과실의 가장 중요한 특징은?

① 과실비대에 종자가 반드시 필요하다.

② 체내의 옥신함량이 상대적으로 높다.

③ 수정이 반드시 이루어져야 과실이 맺힌다.

④ 재배 중에 반드시 착과제를 사용해야 한다.

■ 단위결과: 정상적인 수분이나 수정 과정이 없어도 과실이 비대발육하는 현상
단위결과성 과실의 체내에는 옥신의 함량이 높으며, 종류에 따라서는 착과제가 불필요한 과실도 있다.

62. 원예식물의 화학조절을 가장 잘 설명하고 있는 것은?

① 농약의 올바른 사용으로 저공해 농산물을 생산하는 것

② 생장조절제를 이용하여 생육을 조절하는 것

③ 각종 화학물질로 잡초를 방제하는 것

④ 환경조절로 원예식물 내의 화학반응을 조절하는 것

■ 인위적으로 합성된 식물호르몬 또는 그와 유사한 화학물질을 이용하여 식물의 생육을 조절하는 것

59 ④　60 ③　61 ②　62 ②

63. 지베렐린, 나프탈렌초산, MH 등의 농약이 지니는 공통 명칭은?

① 살균제

② 살충제

③ 식물생장조정제

④ 제초제

■ 식물호르몬은 넓게는 식물의 생육을 조절하는 모든 화학물질을, 좁게는 극미량으로 식물의 생육을 조절하는 양분 이외의 유기 · 무기화합물을 의미한다.

64. 다음 중 식물체 내에서 합성되는 천연호르몬 옥신은?

① NAA

② 2, 4 – D

③ IAA

④ IBA

■ ①②④는 인공적으로 합성한 합성호르몬이다.

65. 다음 중 합성옥신(auxin)이 아닌 것은?

① NAA(naphthalene acetic acid)

② PCPA(p−chlorophenoxy acetic acid)

③ BOH(β−hydroxyethyl hydrazine)

④ BNOA(β−naphthoxy acetic acid)

■ 합성옥신에는 NAA · IBA · PCPA · 2,4,5−T · 2,4,5−Tp · 2,4−D · BNOA 등이 있다.

66. 다음 중 옥신의 재배적 이용과 거리가 먼 것은?

① 발근 촉진

② 과실의 비대와 성숙 촉진

③ 정아우세현상의 타파

④ 단위결과의 유도

■ 옥신의 재배적 이용: 발근 및 개화 촉진, 낙과 방지, 과실의 비대와 성숙 촉진, 가지의 굴곡 및 단위결과 유도 등에 효과가 있다.

63 ③　64 ③　65 ③　66 ③

67. 고구마의 괴근과 감자의 괴경에 NAA를 엽면살포
할 경우 비대에 관련된 식물호르몬의 작용으로 옳은
것은?

① 고구마의 괴근은 비대가 촉진되고, 감자의 괴경은 비
대가 억제된다.

② 고구마의 괴근은 비대가 억제되고, 감자의 괴경은 비
대가 촉진된다.

③ 고구마의 괴근과 감자의 괴경 모두 비대가 촉진된다.

④ 고구마의 괴근과 감자의 괴경 모두 비대가 억제된다.

■ 고구마의 괴근은 옥신 함량이 많
아야 비대가 촉진되고, 감자의 괴경
은 옥신 함량이 적어야 비대가 촉진
된다.

68. 토마토의 착과를 좋게 하기 위하여 꽃송이에 처
리하는 물질은?

① 옥신   ② 리코핀

③ 캡사이신   ④ 비나인

■ 토마토의 착과제로 널리 사용되
는 토마토톤의 주성분은 옥신이다.

69. 다음 중 저온 · 장일의 조건이 화성에 필요한 식
물에서 저온처리나 장일조건의 환경을 대신할 수 있
는 것은?

① 지베렐린   ② 옥신

③ 시토키닌   ④ 에세폰

■ 지베렐린은 저온이나 장일을 대
체하여 화성을 유도 · 촉진하는 기
능이 있다.

70. 지베렐린의 생리작용이 아닌 것은?

① 꽃눈 형성 및 개화를 억제한다.

② 포도의 단위결과를 촉진한다.

③ 종자의 휴면을 타파하고 발아를 촉진한다.

④ 신장의 생장을 촉진한다.

■ 지베렐린은 꽃눈 형성 및 개화를
촉진한다.

67 ①   68 ①   69 ①   70 ①

71. 감자의 휴면타파에 이용하는 식물호르몬은?

① 에틸렌   ② 옥신

③ 시토키닌   ④ 지베렐린

■ 지베렐린은 감자의 휴면을 타파하여 발아를 촉진하는 등 수량의 증대를 가져온다.

72. 식물의 세포분열을 촉진하는 호르몬은?

① 옥신   ② 지베렐린

③ 시토키닌   ④ ABA

■ 시토키닌은 세포분열 촉진, 내한성 증대, 노화방지, 저장 중 신선도 증진의 효과가 있다.

73. 세포분열을 촉진하는 시토키닌은 주로 어디에서 합성되는가?

① 생장점   ② 잎

③ 줄기   ④ 뿌리

■ 주로 뿌리에서 합성되어 물관을 통해 지상부의 다른 기관으로 전류된다.

74. 불량환경이나 스트레스조건에서 많이 생성되는 식물호르몬은?

① 옥신

② 지베렐린

③ 시토키닌

④ ABA

■ ABA는 식물체가 스트레스를 받는 상태(건조, 무기양분의 부족) 또는 식물체가 노쇠하거나 생육이 지연 혹은 정지되는 과정에서 많이 생성된다.

75. 식물호르몬 ABA의 생리적 작용이 아닌 것은?

① 휴면의 유도 및 유지

② 노화 및 탈리 촉진

③ 수분대사 조절

④ 신장생장 촉진

■ ABA(abscisic acid): 대표적인 생장억제물질로 잎의 노화, 휴면 유도, 낙엽 촉진, 발아 억제 등의 효과가 있다.

71 ④   72 ③   73 ④   74 ④   75 ④

76. 식물 생장에 있어서 바람이나 물리적 접촉자극을 주면 신장이 억제되는데, 다음 중 어느 호르몬과 관련되는가?

① 지베렐린　　　　② 옥신

③ ABA　　　　　　④ 에틸렌

■ 식물체는 마찰이나 압력 등 기계적 자극이나 병·해충의 피해를 받으면 에틸렌의 생성이 증가되어 식물체의 길이가 짧아지고 굵어지는 형태적인 변화가 나타난다.

77. 고추에 에세폰을 처리하는 이유로 맞는 것은?

① 개화 촉진　　　　② 착색 촉진

③ 착과 촉진　　　　④ 수량 증가

■ 에세폰은 에틸렌을 발생시키는 생장조절제로 오이, 호박의 암꽃 증가, 고추 미숙과의 착색 촉진, 토마토의 착색 및 성숙 촉진의 효과가 있다.

78. 암상태에서도 발아촉진 효과를 보일 수 있는 식물호르몬은?

① 옥신, 지베렐린

② 옥신, 시토키닌

③ 지베렐린, 시토키닌

④ 시토키닌, 에틸렌

■ 지베렐린과 시토키닌은 호광성 종자의 발아를 촉진한다.

79. 옥신 계통인 IAA의 생성을 억제하는 생장억제제는?

① B-9　　　　　　② MH

③ CCC　　　　　　④ Phosfon-D

■ Antiauxin: MH
Antigibberellin: B-9, Phosfon-D, CCC

80. 식물의 생장을 억제하는 물질이 아닌 것은?

① MH　　　　　　② B-9

③ NAA　　　　　　④ CCC

■ NAA는 세포 신장에 관여하여 식물의 생장을 촉진하는 옥신의 한 종류이다.

76 ④　77 ②　78 ③　79 ②　80 ③

81. 다음 중 휴면의 정의를 바르게 나타낸 것은?

① 작물이 화아분화를 위해서 필요로 하는 저온의 정도

② 작물이 일시적으로 생장활동을 멈추는 생리현상

③ 작물이 종자를 형성하고 고사하기까지의 상태

④ 종자가 형성된 후부터 발아까지의 생육정지 현상

■ 원예식물은 대부분 휴면하며, 휴면은 식물 자신이 처한 불량환경의 극복수단이다.

82. 종자 휴면의 원인으로 거리가 먼 것은?

① 종피의 산소흡수 저해

② 발아억제물질의 존재

③ 배의 미숙   ④ 후숙

■ 종자휴면의 원인: 종피의 불투과성, 발아억제물질의 존재, 배의 미성숙(후숙과정을 통해 종자가 성숙할 때까지 기다려야 함) 등

83. 종자의 휴면성을 설명한 것 중 틀린 것은?

① 수분, 온도, 광이 적당한 상태에 있어도 오랫동안 발아가 지연된다.

② 배(胚)의 생장이나 대사작용이 일시적으로 정지된다.

③ 종자뿐만 아니라 괴경, 지하경 또는 목본식물의 눈에서도 볼 수 있다.

④ 휴면은 종자에서만 발생한다.

■ 종자 이외의 괴경이나 괴근으로 번식하는 작물에서도 휴면이 발생한다.

84. 종자의 휴면 기작에 대한 설명으로 잘못된 것은?

① 배 휴면은 배 자체 내의 휴면 문제이다.

② 종피휴면은 저온습윤처리 등의 방법으로 타파할 수 있다.

③ 종피휴면은 배를 에워싸고 있는 종피에 의하여 휴면이 일어나는 경우이다.

④ 어떤 식물의 종자에서는 두 가지 휴면이 동시에 복합적으로 나타나기도 한다.

■ 배 휴면은 습한 모래나 이끼를 종자와 엇바꾸어 쌓아 올려 저온에 두는 층적법으로, 종피휴면은 종피억제물질의 제거 등으로 타파할 수 있다.

81 ② 82 ④ 83 ④ 84 ②

85. 배(胚) 휴면을 하는 종자의 휴면타파에 흔히 사용하는 방법은?

① 종피파상법   ② 층적법

③ 종피제거법   ④ 진탕법

■ 층적법은 습한 모래나 이끼를 종자와 엇바꾸어 쌓아 올려 저온에 두는 방법이다.

86. 종자 발아검사시 작물에 따라 종자를 예랭하거나 질산칼륨(KNO₃) 등으로 처리하는 주된 이유는?

① 종자 소독   ② 종자 춘화처리

③ 발아 균일화   ④ 휴면타파

■ 종자의 휴면타파법은 종피에 상처를 내는 방법, 예랭, 생장조절제 처리 방법, 온도처리 방법 등이다.

87. 종자의 발아시험 시 종자 휴면타파에 이용되지 않는 약제는?

① 티오요소(thio urea)   ② 질산칼륨(KNO₃)

③ 키네틴(Kinetin)

④ 아브시스산(abscisic acid)

■ ABA(abscisic acid)는 대표적인 생장억제물질이다.

88. 작물에서 생육형태 조절 방법이 아닌 것은?

① 절상   ② 적심

③ 전정   ④ 멀칭

■ 생육형태 조절방법에는 정지, 전정, 적심, 적아, 환상박피, 적엽, 절상 등이 있다.

89. 다음 중 적심의 영향이 아닌 것은?

① 생장을 억제시킨다.

② 측지(側枝)의 발생을 많게 한다.

③ 개화나 착과(着果) 수를 적게 한다.

④ 목화나 두류에서도 효과가 크다.

■ 적심(순지르기)의 목적
① 개화 결실을 촉진한다.
② 측지의 발육을 촉진시킨다.
③ 고사한 부분과 병·해충에 감염된 부분을 제거하여 식물체를 보호한다.

85 ②   86 ④   87 ④   88 ④   89 ③

90. 일반적으로 가지고르기를 하지 않고 방임재배하는 것은?

① 가지
② 고추
③ 호박
④ 참외

■ 호박은 다른 열매채소에 비해 특별한 재배기술을 필요로 하지 않는다.

91. 과채류를 온상에서 육묘하는 주된 목적은?

① 품질 향상
② 추대 촉진
③ 조기 생산
④ 발아 균일

■ 과채류는 조기에 육묘해서 이식하면 수확기가 빨라져서 유리하다.

92. 채소를 육묘(育苗)해서 심는 목적이 아닌 것은?

① 수확을 빨리한다.
② 추대를 촉진한다.
③ 여러 재해를 막을 수 있다.
④ 품질향상과 수량증대가 가능하다.

■ 육묘의 목적: 조기수확, 추대방지, 토지이용도의 증대, 종자절약 등

93. 딸기를 8월 중에 고랭지에서 육묘하는 이유는?

① 내건성 강화
② 화아분화 촉진
③ 런너발생 억제
④ 휴면 타파

■ 딸기의 화아분화 조건은 저온, 단일이므로 고랭지가 적당하다.

94. 다음 채소작물 가운데 가장 육묘기간이 짧은 작물은?

① 토마토
② 배추
③ 양배추
④ 고추

■ 플러그묘의 적정 육묘 일수
배추: 20~30일
오이 · 수박 · 상추: 30~40일
양배추 · 브로콜리: 20~40일
토마토: 50~70일
고추: 45~80일

90 ③ 91 ③ 92 ② 93 ② 94 ②

95. 야간의 상온(床溫)을 낮게 하는 야랭육묘를 실시하는 이유가 아닌 것은?

① 모의 도장 방지
② 탄수화물의 소모 촉진
③ 열매채소의 화아 발달
④ 건묘(健苗)의 육성

■ 야간의 고온은 모를 도장시키며, 호흡작용이 심해져서 탄수화물을 많이 소모해 버리므로 모가 충실하게 자라지 못한다.

96. 상토의 재료로 부적당한 것은?

① 식물이 생육할 수 있는 여러 양분이 함유되어야 한다.
② 보수가 양호하고 통기성이 좋아야 한다.
③ 흙과 퇴비의 혼합률은 1 : 2로 표토가 굳어야 한다.
④ 흙이 점토질일 때는 모래를 혼합한다.

■ 상토의 구비조건: 배수가 잘 되고 보수력이 있으며 공기의 유통이 좋아야 한다. 부식질을 많이 함유하며 비옥해야 한다. 유효미생물이 많이 번식하며 무병·무충의 조건이어야 한다.

97. 상토를 조제할 때 알맞은 조성은?

① 밭의 겉흙, 완숙 퇴비, 강 모래
② 논흙, 완숙 퇴비, 강 모래
③ 밭의 겉흙, 미숙 퇴비, 바다 모래
④ 논흙, 미숙 퇴비, 바다 모래

■ 상토의 조제에는 논흙, 완숙 퇴비, 강 모래와 약간의 비료가 필요하다.

98. 속성으로 상토를 만들 때 유기물의 분해를 촉진시키기 위하여 사용되는 것은?

① 붕소
② 석회
③ 황산마그네슘
④ 깻묵

■ 유기물의 분해를 촉진시키기 위해 석회나 효소제를 사용한다.

95 ②   96 ③   97 ②   98 ②

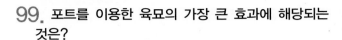
보충

99. 포트를 이용한 육묘의 가장 큰 효과에 해당되는 것은?

① 정식시 관수하기가 쉽다.
② 비료가 적게 소요된다.
③ 정식 후 활착이 빠르다.
④ 육묘자재를 절감할 수 있다.

■ 플라스틱이나 종이를 이용한 포트에서 육묘하면 정식 후의 활착이 빠르다.

100. 접목육묘의 장점만을 나타낸 것은?

① 토양전염성병 예방, 활착력 지연
② 양수분의 흡수력 증대, 토질개선
③ 저온신장성 강화, 이식성 향상
④ 이식성 향상, 저온신장성 억제

■ 접목육묘의 장점: 토양전염성병 예방, 초세 강화, 재배기간의 연장, 저온신장성 강화

101. 수박을 접목 육묘하는 가장 큰 목적은?

① 수확을 빨리 하기 위해서
② 과실을 크게 하기 위해서
③ 수박의 품질을 좋게 하기 위해서
④ 병을 막기 위해서

■ 수박의 접목육묘는 덩굴쪼김병(만할병)을 막기 위해 실시한다.

102. 여름철 오이 재배의 접목용 대목으로 가장 적당한 것은?

① 박
② 신토좌호박
③ 백국자호박
④ 흑종호박

■ 오이를 호박 종류의 대목에 접목하는 이유: 덩굴쪼김병 방지, 저온기 생장력 증대, 뿌리의 활력 강화

99 ③　100 ③　101 ④　102 ②

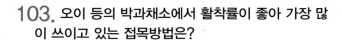

103. 오이 등의 박과채소에서 활착률이 좋아 가장 많이 쓰이고 있는 접목방법은?

① 꽂이접

② 쪼개접

③ 맞접

④ 안장접

■ 오이는 호박 종류의 대목에 접목 육묘하며 주로 맞접(호접)이 이용된다.

104. 오이, 수박, 가지의 접목육묘 방법이 바르게 연결된 것은?

① 오이: 쪼개접, 수박: 꽂이접, 가지: 맞접

② 오이: 맞접, 수박: 쪼개접, 가지: 꽂이접

③ 오이: 맞접, 수박: 꽂이접, 가지: 쪼개접

④ 오이: 꽂이접, 수박: 맞접, 가지: 쪼개접

■ 오이와 수박은 호박 종류의 대목에, 가지는 붉은가지 대목에 접목육묘한다.

105. 수박 접목 재배에서 호접(맞접법)의 요령을 기술한 것 중 옳지 않은 것은?

① 접수와 대목을 동시에 파종한다.

② 접붙이는 시기는 대목의 떡잎이 벌어지면 실시한다.

③ 줄기 굵기의 1/2 정도를 자른다.

④ 줄기의 동공을 막아준다.

■ 맞접은 접수의 종자를 먼저 파종하고 발아 후 떡잎이 전개될 무렵에 대목 종자를 파종한다.

106. 삽목(揷木)육묘에 대한 설명으로 잘못된 것은?

① 박과 채소에 많이 쓰인다.

② 부정근(不定根)을 발생시켜 육묘한다.

③ 도장(徒長)한 모를 사용할 수 없다.

④ 뿌리가 굵고 튼튼한 모를 얻을 수 있다.

■ 삽목육묘는 박과채소에서 발아 후에 배축을 절단하여 삽목하고 부정근을 발생시켜 육묘하는 방법으로, 도장한 모를 활용할 수 있다.

103 ③   104 ③   105 ①   106 ③

107. 양액(養液)육묘의 장점으로 볼 수 없는 것은?

① 연작장해를 심하게 받는다.

② 청정재배가 가능하다.

③ 관리작업을 대폭적으로 자동화할 수 있다.

④ 생육이 빨라 연간 생산량이 많다.

■ 양액육묘는 병에 걸리지 않은 균일한 모를 대량으로 생산할 수 있다.

108. 육묘상에 가식하는 이유로 가장 타당한 것은?

① 병·해충을 방지하기 위하여

② 토지 이용률을 높이기 위하여

③ 노력을 절감하기 위하여

④ 도장을 방지하기 위하여

■ 가식의 목적: 모종의 웃자람 방지, 이식성 증대, 불량 모종 도태 및 균일한 모종 생산

109. 육묘 중 모종의 자리바꿈을 실시하는 이유는?

① 이식성 향상

② 밀식에 의한 도장 방지

③ 내병충성 강화

④ 생육기간 단축

■ 모종의 자리바꿈 이유: 마지막 가식으로부터 정식할 때까지의 기간이 길면 모종이 너무 커질 뿐만 아니라 뿌리가 길게 뻗어나가 정식할 때 뿌리가 많이 끊어져서 활착이 더디기 때문이다.

110. 다음 중 모종 자리바꿈의 시기로 적당한 것은?

① 정식 2~3일 전 ② 정식 3~4일 후

③ 정식 7~10일 전 ④ 정식 15일 후

■ 보통 정식 7~10일 전에 실시하여 몸살을 방지한다.

111. 이식이 가장 어려운 종류는?

① 오이 ② 토마토

③ 참외 ④ 고추

■ 참외, 수박, 멜론 등은 뿌리의 발달이 엉성하고, 뿌리의 회복력이 작기 때문에 이식이 매우 어렵다.

107 ① 108 ④ 109 ① 110 ③ 111 ③

제3장 채소의 재배환경

1. 광 환경

1. 광합성과 생육

1 광의 강도와 식물의 생장

① 광의 강도는 식물이 영위하는 광합성작용의 강도와 밀접한 관계가 있으며 동화물질의 생산량을 통해서 생장에 큰 영향을 미친다. 따라서 광의 강도가 약하면 일반적으로 식물의 생장이 둔하고 수확량이 준다.

② 광의 강도는 동화물질생산량을 통해서 생장에 영향을 주는 동시에 식물의 형태에 대해서도 영향을 미친다. 즉 강한 광은 줄기의 신장을 억제하고 잎면적을 줄이며 약한 광은 반대로 줄기의 도장(徒長)을 가져오고 잎면적을 늘린다.

2 광의 성질과 식물의 생장

작물의 생장에 대한 광의 작용은 광을 구성하는 파장(波長)에 따라 달라지며 적외선, 가시광선, 자외선 중 가시광선의 영향이 가장 크다.

① 광합성: 녹색식물은 광을 받아서 엽록소를 형성하고 광합성을 수행하여 유기물을 생성한다. 광합성에는 675nm을 중심으로 한 650~700nm의 적색부분과 450nm을 중심으로 한 400~500nm의 청색 부분이 가장 효과적이다. 자외선 같이 짧은 파장의 광은 식물의 신장을 억제시킨다.

연구 광의 파장별 분류

자외선(紫外線)	400nm 이하
가시광선(可視光線)	400nm~700nm
적외선(赤外線)	700nm 이상

② 증산작용: 광이 있는 조건에서는 증산작용이 조장된다. 즉, 광합성에 의한 동화물질의 축적은 공변세포의 삼투압을 높여 기공을 열게 한다.

③ 호흡작용: 광은 호흡기질의 생성을 조장하여 호흡을 증대시킨다.

④ 굴광현상(屈光現象): 식물이 광의 방향에 반응하여 굴곡반응(向光性과 背光性)을 나타내는 것을 말하며, 이에는 440~480nm의 청색광이 가장 유효하다. 식물체가 한 쪽에 광을 받으면 그 부분의 옥신 농도가 낮아지고, 반대쪽의 옥신 농도가 높아진다.

> [연구] **굴광성과 배광성**
>
> 줄기에서는 옥신의 농도가 높은 쪽이 생장속도가 빨라지기 때문에 광을 향하여 구부러지는 현상(굴광성, 향광성)이 나타나지만, 뿌리에서는 그 반대현상(배광성)이 나타난다.

⑤ 착색(着色): 광이 없으면 엽록소의 형성이 저해되고 에티올린이란 담황색 색소가 형성되어 황백화현상을 일으킨다. 엽록소 형성에 효과적인 광파장은 450nm정도의 청색광역과 650nm 정도의 적색광역이다. 사과·포도·딸기 등은 광을 잘 받을 때 착색이 좋아지며 이는 안토시아닌의 생성이 조장되기 때문이다.

⑥ 신장 및 개화: 자외선과 같은 단파장의 광은 신장을 억제하지만, 광이 부족하거나 자외선의 투과가 적은 환경에서는 웃자라기 쉽다. 광을 잘 받으면 C/N율이 높아져서 화성이 촉진된다. 한편, 대부분의 식물은 낮에 개화하는데 이것은 광의 영향보다는 온도의 영향인 것으로 알려졌으나 수수처럼 광이 없을 때 개화하는 식물도 있다.

> [연구] **C/N율**
>
> 1. 식물체 내의 탄수화물(C)과 질소(N)의 비율을 C/N율(carbon/nitrogen ratio)이라 하며 식물의 생육·화성(花成)·결실을 지배하는 기본요인이 된다.
> 2. C/N율이 높을 경우에는 화성을 유도하고 C/N율이 낮을 경우에는 영양생장이 계속된다.
> 3. C/N율은 과수의 환상박피나 고구마 순을 나팔꽃 대목에 접목하면 지상부의 탄수화물 축적이 많아져 개화·결실이 조장되는 등의 예로 설명될 수 있다.
> 4. C와 N의 비율이 개화·결실에 알맞은 상태라 하여도 C와 N의 절대량이 적을 때는 개화·결실이 모두 불량해지며 C와 N의 비율보다는 C와 N의 절대량이 함께 증가하여야만 개화·결실이 촉진된다.
> 5. C/N율의 개념
>   ① 작물의 양분이 풍부해도 탄수화물의 공급이 불충분할 경우 생장이 미약하고 화성 및 결실도 불량하다.
>   ② 탄수화물의 공급이 풍부하고 무기양분 중 특히 질소의 공급이 풍부하면 생육은 왕성하지만 화성 및 결실은 불량하다.
>   ③ 탄수화물의 공급이 질소공급보다 풍부하면 생육은 다소 감퇴하나 화성 및 결실은 양호하다.
>   ④ 탄수화물과 질소의 공급이 더욱 감소될 경우 생육이 감퇴되고 화아형성도 불량해진다.

③ 광도와 광합성

① 광도는 일차적으로 광합성에 결정적인 영향을 미치며 다른 조건이 충족될 경우 광합성 량은 광량에 비례한다. 광합성을 위한 CO_2의 흡수량과 호흡작용에 의한 방출량이 같게 되는 광도를 광보상점이라 한다.

② 광도가 계속 증대되어 어느 한계에 도달하게 되면 그 이상으로 광도가 증대되어도 광합성이 증가하지 않는 광도를 광포화점이라 한다. 같은 작물이라도 저광도에서 생육한 식물의 광보상점과 광포화점은 낮고 강한 광선을 요구하는 수박, 토마토 등은 광포화 점이 높다.

③ 낮잠현상: 점심 때쯤에 광합성 속도가 현저히 저하되었다가 회복되는 현상으로 동화 생산물의 축적, 기공의 폐쇄, 탄산가스의 농도 부족 등이 원인이다.

연구 **채소작물의 광포화점과 광보상점**

채소작물	광포화점	광보상점
수 박	80 Klux	4.0 Klux
토마토	70 Klux	0.5~1.5 Klux
오 이	55 Klux	0.5~1.5 Klux
배 추	40 Klux	1.5~2.0 Klux
고 추	30 Klux	1.5 Klux
상 추	25 Klux	1.5~2.0 Klux

2. 일장효과

① 일장효과

① 일장(日長, 光周性): 생물에 적합한 광주기에서 여러가지 생육반응이 일어나는 것을 광주반응 또는 일장반응이라 한다. 일장은 위도와 계절에 따라 크게 변동하며, 이에 따라 개화, 인경 및 괴경 형성, 성표현의 변화, 줄기의 생장 변화, 색소형성 등의 생육반응을 나타낸다.

장일성식물	장일상태에서 개화가 유도·촉진되는 시금치, 상추, 무, 당근, 양배추 등
단일성식물	단일상태에서 개화가 유도·촉진되는 딸기, 강낭콩, 옥수수 등
중성식물	일장에 관계없이 일정 크기가 되면 개화하는 토마토, 고추, 오이, 호박 등

② 일장에 감응하는 식물의 부위는 전개된 성숙한 잎이며, 잎에서 감응하여 만들어진 꽃눈 형성 물질이 생장점으로 이행하여 개화에 이르게 된다.

② 일장효과의 재배적 이용

① 재배법 개선: 우리나라는 중위도에 위치하여 봄·여름의 장일기와 여름·가을의 단일기가 분화되어 있으므로 더욱 유리하게 자연일장에 적응할 수 있도록 재배법이 개선되어야 한다. 시금치는 장일에 감응하여 추대·개화하는 장일식물이므로 추대 전에 영양생장량을 증대시키기 위해 월동 전에 추파하고 있다.
② 육종상의 이용: 개화기가 다른 두 품종을 교배할 때는 일장처리에 의해서 그 중 한 품종의 개화기를 촉진 또는 지연시켜 두 품종의 개화기를 일치시킨 다음 교배한다.

> **연구 기타 일장효과**
>
> 장일: 양파 인경(비늘줄기)의 발육촉진, 오이·호박의 수꽃 수 증가
> 단일: 고구마 괴근(덩이뿌리)과 감자 괴경(덩이줄기)의 발육 촉진, 오이·호박의 암꽃 수 증가, 딸기의 화아분화 촉진, 수목의 휴면유도 등

2. 온도 환경

1. 온도와 생육

① 식물의 유효 온도

① 유효온도(有效溫度, effective temperature): 작물의 생장과 생육이 효과적으로 이루어지는 온도를 말하며, 작물은 어느 일정 범위 안의 온도에서만 생장할 수 있으며 또한 그 범위 안의 온도에 있어서도 생장속도가 다르다. 작물생육이 가능한 가장 낮은 온도를 최저온도(minimum temperature), 작물생육이 가능한 가장 높은 온도를 최고온도(maximum temperature), 생육이 가장 왕성한 온도를 최적온도(optimum temperature)라고 한다. 이와 같은 최저·최적·최고의 3온도를 주요온도(主要溫度, cardinal temperature)라 한다.

② 적산온도(積算溫度): 작물이 일생을 마치는 데 소요되는 총온량(總溫量)을 표시하는 것으로, 이것은 식물의 발아로부터 성숙에 이르기까지 0℃ 이상의 일평균기온을 합산하여 구한다. 식물의 적산온도는 생육시기와 생육기간에 따라서 차이가 있는데 같은 과수 품종인데도 생산지에 따라 성숙시기가 다른 이유는 적산온도가 지역에 따라 다르기 때문이다.

> **연구 최적온도**
>
> 열대원산인 고추, 토마토, 수박 등의 최적온도는 약 25℃, 온대원산인 배추, 상추, 딸기 등의 최적온도는 17~20℃로 열대원산의 작물이 온대원산의 작물보다 최적온도가 높다. 최적온도는 식물의 전생육과정을 통하여 최고의 광합성과 정상적인 호흡작용이 일어나 다량의 탄수화물이 생육에 이용되어 최대 수량을 거둘 수 있는 온도 범위이다.

② 온도와 식물의 생리작용

① 광합성(光合成): 온도는 광합성 작용에 크게 영향을 미친다. 온도의 상승에 따라 광합성 속도도 증가하나 온도가 식물의 생육적온보다 높으면 광합성이 둔화되고 반면에 호흡은 급격히 증가한다.

② 동화물질(同化物質)의 전류(轉流): 잎으로부터의 동화물질의 전류는 적온까지는 온도가 높아질수록 조장된다. 식물의 결실기에 과도한 냉온(冷溫)이 닥쳐오면 결실이 저해된다.

③ 호흡: 보통 30℃까지는 호흡이 증가하나, 32~35℃에서는 감소하기 시작하고 50℃ 부근에서는 호흡이 정지된다.

④ 양수분의 흡수 및 이행: 지온이 높아지면 양수분의 흡수 및 이행속도가 증대한다.

⑤ 증산작용: 물이 식물체의 표면에서 수증기의 형태로 배출되는 현상으로 대부분 잎의 기공을 통하여 이루어진다. 온도가 상승하면 수분의 흡수 및 잎의 수증기압이 상대적으로 증대하여 공기 중의 포화부족량도 증대하므로 증산작용은 증가한다.

> **연구 증산작용**
>
> 광도가 강할수록, 습도가 낮을수록, 온도가 높을수록, 기공의 개폐가 빈번할수록, 기공이 크고 그 밀도가 높을수록, 어느 범위까지는 엽면적이 증가할수록 증산작용은 왕성하다. 토양이 건조하면 뿌리의 수분흡수력이 증가하여 증산작용이 억제되고 증산작용이 심하면 식물은 위조하여 고사한다.

③ 온도의 일변화(변온)

하루 중에서 기온의 최저는 오전 4시경, 최고는 오후 2시경이며, 오전 10시의 기온은 일평균기온에 가깝다. 변온과 식물생육과의 관계를 정리하면 다음과 같다.

① 발아: 변온은 작물의 발아를 조장하는 경우가 있다(셀러리 등).

② 동화물질의 축적: 밤의 기온이 과도하게 내려가지 않는 범위에서 변온이 어느 정도 큰 것이 동화물질의 축적을 조장한다.

③ 생장: 변온이 작은 것이 작물의 생장을 빠르게 한다.

④ 괴경 및 괴근의 발달: 감자는 10~14℃ 정도로 저하되는 변온이 덩이줄기(괴경)의 발달을 촉진시키고, 고구마는 20~29℃ 정도의 변온에서 덩이뿌리(괴근)의 발달이 조장된다.

⑤ 개화: 맥류에서는 변온이 작은 것이 출수·개화를 촉진하나 일반적으로는 변온이 개화를 촉진한다.

⑥ 결실: 대체로 변온은 작물의 결실을 조장하는데, 특히 가을에 결실하는 작물은 변온에 의해 결실이 조장된다.

2. 채소의 생육 온도

① 생육시기와 온도: 채소는 발아적온에 따라 다음과 같이 나누며 채소 종자에 따라서는 항온보다 변온에서 발아가 더 잘 되는 것도 있다. 생육시기별 적온은 식물에 따라 다르나 대개 생육의 전반기보다 후반기로 갈수록 생육적온은 조금씩 낮아지는 경향이 있다.

저온성 채소(15~20℃)	무, 배추, 상추, 딸기, 시금치, 셀러리, 부추
고온성 채소(20~30℃)	오이, 수박, 토마토, 고추, 가지, 피망, 멜론

② 내한성(耐寒性)과 저온장해: 내한성 정도는 품종간 뿐만 아니라 순화 정도에 따라서도 다르며, 순화가 잘 된 것은 내한성이 크게 증가한다. 저온장해는 조직이 파괴되는 동해와 생리적 장해가 많이 발생한다.

내한성이 강한 것	시금치, 파, 부추, 마늘, 아스파라거스
내한성이 중 정도인 것	배추, 양배추, 무, 완두, 잠두

③ 내서성(耐暑性)과 고온장해: 채소의 종류와 품종에 따라서 내서성에 차이가 있으며 열대 원산인 채소는 보통 내서성이 강하다. 또 지상부가 지하부보다 강하고 지상부 중에서는 줄기〉잎〉꽃받침〉암술〉수술〉꽃잎의 순으로 수분이 적고 당(糖) 함량이 많은 기관이 강하다. 즉, 내서성에 가장 약한 기관은 꽃으로 토마토의 낙화과와 기형과, 오이 · 딸기의 기형과 발생에 주요한 원인이 된다.

④ 지온은 뿌리의 신장과 영양분의 흡수기능에 영향을 미치는데 식물의 종류와 품종 고유의 적온이 있고, 열매채소는 20~30℃의 범위이다. 또 지온이 낮을수록 토양수분 중에 용존하는 산소의 양이 많고 지온이 높을수록 적어지는데, 지온이 너무 높아 이 산소의 절대량이 부족하면 고온과 관수로 인한 습해의 원인이 된다.

⑤ 지온은 기온보다 약 2시간 정도 늦게 전달되며 지온의 최저온도도 대체로 기온보다는 약간 높다. 혹서기에는 기온보다 10℃ 이상이나 높아서 어린식물의 열사를 초래하는 경우도 있다.

3. 토양 환경

1. 토양과 생육

1 토 성

1 토양의 구성

① 토양은 암석 및 그 풍화물 또는 동식물 및 미생물유체 등의 고형물과 이들 고형물 사이를 채우고 있는 공기나 수분(물)으로 되어 있다. 이와 같은 무기물과 유기물의 고상(固相), 토양공기의 기상(氣相) 및 토양수분의 액상(液相)을 토양의 3상이라고 한다.

② 일반적으로 작물생육에 적합한 토양3상의 구성비는 고상비율 50%, 액상비율 25%, 기상비율 25%로 구성된 토양이 보수 · 보비력과 통기성이 좋아 이상적인 것으로 알려져 있다.

2 토성의 분류와 명칭

① 토양 무기물입자의 입경조성에 의한 토양의 분류를 토성(土性, texture, soil class)이라 하며 자갈, 모래(조사, 세사), 미사 및 점토의 함량비로 분류한다.

입자 명칭	입경(알갱이의 지름, mm)
자갈	2.0 이상
조사(거친모래)	2.0 ~ 0.2
세사(가는모래)	0.2 ~ 0.02
미사(고운모래)	0.02 ~ 0.002
점토	0.002 이하

② 토성은 점토 함량이 적은 것을 사토(砂土, 모래흙), 많은 것을 식토(埴土, 진흙), 이 중간의 것을 양토(壤土, 참흙) 또 이들 중간에 속하는 것을 각각 사양토(砂壤土, 모래참흙)나 식양토(埴壤土, 질참흙) 등 점토의 함량을 기준으로 구분하고 있다.

토양의 종류	진흙의 함량(%)	촉감에 의한 판정
사 토(모래땅)	12.5 이하	거의 모래 뿐인 것 같은 촉감
사양토(모래참땅)	12.5~25.0	대부분 모래인 것 같은 촉감
양 토(참땅)	25.0~37.5	반 정도가 모래인 것 같은 촉감
식양토(질참땅)	37.5~50.0	약간의 모래가 있는 것 같은 촉감
식 토(질땅)	50.0 이상	진흙으로만 된 것과 같은 촉감

3 토성과 채소의 생육

① 작토층이 깊고, 유기물을 많이 함유하여 비옥하며, 배수가 잘 되고 적습을 항상 유지하는 양토 내지 사양토가 적지이다.
② 사토는 배수와 통기성이 양호하나, 사질이 더할수록 건조하기 쉽고, 지력이 약하며 생산물의 조직이 엉성하고 저장력이 약하다.
③ 식토는 배수가 나쁘고 지온상승이 늦으나 점질이 더할수록 병·해충에 대한 저항성이 커지고, 생산물의 조직이 치밀해지며 저장성이 좋다.

무	토층이 깊고 배수 및 보수가 잘 되는 땅이 좋다. 조선무 계통을 단단한 점질토양에서 재배하면 뿌리의 비대는 억제되지만 저장성과 품질이 좋은 무가 생산된다.
당근	작토층이 깊고 배수가 좋으며 비옥한 사양토
배추, 양파, 마늘, 양배추 등 결구 채소	유기질이 풍부하고 작토층이 깊은 식양토

② 토양의 구조

① 토양구조

① 토양구조는 토양입자(土粒)의 집단화 또는 결합배열의 상태를 표시하는 것으로 일반 적으로 토양입자가 하나하나 떨어져 있는 것을 단립구조라 하고, 각 입자가 서로 결합 하여 떼를 이룬 것은 입단구조라 한다.
② 단립구조(홑알구조, 單粒構造): 토양입자가 독립적으로 존재하는 것으로 대공극이 많고 소공극이 적으며 수분이나 비료의 보유력은 작다.(모래, 미사 등)
③ 입단구조(떼알구조, 粒團構造): 토양의 여러 입자가 모여 단체를 만들고 이 단체가 다시 모여 입단을 만든 구조로서 공기가 잘 통하고 물을 알맞게 지닌다. 입단구조는 입체적인 배열상태를 이루고 있어 토양수의 이동·보유 및 공기유통에 필요한 공극을 가지게 된다.

② 토양의 입단화 방법

① 입단구조는 여러 개의 무기질입자가 양이온, 무기물, 미생물의 분비물 등과 같은 결합체들의 작용에 의하여 하나의 큰 입자로 뭉쳐진 입단을 형성하고, 다시 입단이 모여서 토양을 구성하는 구조로 작물의 생육에 가장 알맞다.
② 토양의 입단 조성 및 파괴

입단의 조성	입단의 파괴
1. 점토, 유기물, 석회 등 입단구조를 형성하는 인자를 첨가	1. 지나친 경운이나 물이 많은 토양을 경운하면 오히려 입단구조가 파괴
2. 자운영, 헤어리베치 등 콩과 녹비작물 재배	2. 기상에 의한 입단의 팽창 및 수축의 반복
3. 토양피복, 윤작 등 작부체계 개선	3. 비와 바람 등의 기상환경
4. 아크리소일, 크릴륨 등 인공 토양개량제 첨가	4. 토양의 입단구조를 파괴하는 나트륨이온(Na^+)의 첨가

모래   점토   작은 공극(물)   큰 공극(공기)

물과 양분의 용탈   부식이 먹이가 되어 미생물과 지렁이가 번식   공극에 물과 공기 보유

홑알구조   **떼알구조**

③ 토양유기물

토양 중의 유기물은 여러 가지 미생물에 의하여 분해작용을 받아서 유기물의 원형을 잃은 암갈색~흑색의 복잡한 물질로 변화된다. 이것을 부식(腐植, humus)이라고도 하며 토양유기물의 기능은 다음과 같다.

① 유기물이 분해할 때 여러 가지 산을 생성하여 암석의 분해를 촉진시킨다.

② 유기물을 분해하여 작물에 양분을 공급한다.

③ 작물 주변 대기 중에 탄산가스를 공급하여 광합성을 조장한다.

④ 유기물이 분해할 때는 호르몬 · 비타민 · 핵산물질 등의 생장촉진물질을 생성한다.

⑤ 유기물이 분해되어 생기는 부식콜로이드와 미숙부식은 토양입단의 형성을 조장하여 토양의 물리성을 개선한다.

⑥ 입단과 부식콜로이드의 작용에 의해서 토양의 점착성과 가소성을 감소시키고, 통기 · 보수력 · 보비력을 증대시킨다.

⑦ 토양의 완충능을 증대시켜 토양의 물리화학적 · 미생물학적 성질을 개선하며 간접적으로 산성토양을 개량하는 데 도움을 준다.

⑧ 미생물의 영양원이 되어 유용미생물의 번식을 조장한다.

⑨ 토양의 색을 검게 하여 지온을 상승시킨다.

⑩ 토양을 보호하여 토양침식을 적게 한다.

⑪ 구리 · 알루미늄 등 중금속이온의 유해작용을 감소시킨다.

④ 산성토양

1 산성토양의 원인 및 작용

① 산성토양의 생성원인: 비가 많이 와서 칼슘, 칼륨, 마그네슘 등의 염기가 씻겨 나갈 때, 유기산 · 황산 · 부식산이 집적되는 경우, 비료 시용시 황산과 질산의 생성으로 강산의 염을 가하는 경우 등 치환성 염기이온의 탈락과 수소이온의 흡착으로 산성화가 된다.

② 산성토양의 해

㉮ 수소이온(H^+)의 해작용: 수소이온이 과다하면 직접 뿌리로 침입하여 작물의 뿌리에 해를 준다.

④ 알루미늄이온(Al^{+3})과 망간이온(Mn^{+2})의 해작용: 토양이 산성으로 되면 이 이온들이 많이 용출되어 작물에 해작용을 일으킨다.

⑤ 필수원소의 결핍: 인(P)·칼슘(Ca)·마그네슘(Mg)·몰리브덴(Mo)·붕소(B) 등의 유효도가 낮아져서 결핍하게 된다. 특히 몰리브덴(Mo)은 매우 적은 양을 필요로 하는 필수미량원소이지만 산성토양에서는 용해도가 크게 줄어들어 결핍되기 쉽다.

⑥ 토양구조의 악화: 산성토양에서는 석회가 부족하고 토양미생물의 활동이 저해되어 유기물의 분해가 나빠지므로 토양의 입단형성이 저해된다.

⑦ 유용미생물의 활동 저해: 토양의 산성이 강해지면 질소고정균·근류균 등의 활동이 약화된다.

연구 **산성토양과 작물의 저항성**

강한 작물	고구마, 감자, 토란, 수박
보통 작물	무, 토마토, 고추, 가지, 당근, 우엉, 파
약한 작물	시금치, 상추, 양파

2 산성토양의 개량

① 석회물질의 시용에 의한 토양 반응의 교정

㉮ 산성토양을 교정하기 위해서는 우선 석회소요량을 검정하여야 한다. 토양의 pH는 재배되는 작물에 알맞게 교정되어야 하나 일반적으로 식물영양성분의 유효도, 유해성분의 생성과 작물생리적인 면 등을 고려하여 pH 6.5 범위로 교정함이 바람직하다.

㉯ 토양반응의 교정효과가 높은 산성토양개량제로서 석회석분말, 백운석분말, 탄산석회분말, 규회석분말 등이 있는데 이들을 시용할 때에는 분말도, 시용방법에 따라 중화력에 차이가 있으므로 주의해야 한다.

㉰ 석회소요량 검정방법에서는 완충곡선을 작성하고 적정 pH까지 올리는 데 필요한 석회량을 구하는 완충곡선법, 완충용액을 처리하여 침출되는 수소이온을 측정하여 소요석회량을 구하는 완충용액법, 이밖에 치환산도법 및 가수산도법 등이 있다.

② 유기물 시용에 의한 토양의 이화학적 성질의 개선

㉮ 산성토양의 개량은 석회물질 시용으로 토양반응을 직접 교정하나 퇴·구비, 녹비 등 유기물질의 병용이 이루어져야 효과적이다. 산성토양의 이화학적 성질 개선에는 완숙된 것보다 미숙유기물이 효과적이다.

④ 일반적으로 유기물의 시용은 각종 염기와 미량요소 등 결핍성분을 보급하고, 토양의 부식을 증대하여 양이온치환용량과 완충능을 증대하며, 입단화의 도모로 토양의 물리성이 개선될 뿐만 아니라 유용토양미생물의 활동 및 번식이 증진되어 토양의 이화학성을 개선할 수 있다.

③ 이밖에 산성토양의 개량에는 마그네슘, 칼슘 등의 염기나 인산을 시용한다.

2. 토양 공기

① 토양 공기는 일반적으로 대기에 비하여 CO_2의 농도가 높고 O_2의 농도가 낮다. CO_2 함량의 차이는 상대적으로 볼 때 큰 의의가 있는 것으로 토양 공기 중의 CO_2 평균 함량 0.25%는 대기 중 농도의 약 8배가 된다.

② 대기와 토양 공기의 조성

종 류	질소	산소	이산화탄소
대　기(%)	79.0	21.0	0.03
토양 공기(%)	76.2	20.6	0.25

③ 토양 속으로 깊이 들어갈수록 점점 O_2의 농도가 낮아지고 CO_2의 농도가 높아지며, 이것은 식물뿌리의 호흡, 미생물의 활동 등으로 인하여 O_2가 소모되고 호흡으로 CO_2가 생성되기 때문이다. 토양 중의 공기교환은 확산에 의해서 이루어진다.

④ 토양 공기는 대기에 비하여 수분이 많으며 표면 가까이를 제외하고는 대부분 포화되어 있다. 또 유기물의 분해에서 생기는 메탄(CH_4)이나 황화수소(H_2S)와 같은 기체의 농도도 약간 높은 편이다.

⑤ 일반적으로 토양 중에 산소가 많고 이산화탄소가 적은 것이 식물의 생육에 유리하다. 토양 중에 이산화탄소가 많으면 K 〉 N 〉 P 〉 Ca 〉 Mg 순으로 흡수가 억제된다.

산소부족에 강한 채소	상추, 가지, 오이, 토마토, 양배추 등
산소부족에 약한 채소	시금치, 우엉, 무, 고구마 등
산소부족에 가장 약한 채소	꽃양배추, 당근, 피망, 멜론 등

3. 연작장해

1 연작과 기지

① 동일한 포장에 동일작물(또는 근연작물)을 매년 계속해서 재배하는 작부방식을 연작이라 하며, 연작에 의한 피해가 적은 작물(대부분 식용작물)이나 연작의 피해가 크다 하더라도 특히 수익성이 높거나 수요가 큰 작물은 이 작부방식에 의해 재배된다.

② 연작에 의해 토양이 작물에 대해 적합성을 상실하여 일어나는 피해를 기지(忌地, soil sickness)라 하며 기지의 정도는 작물에 따라 차이가 크다.

연구 **작물별 기지 정도**

연작의 해가 적은 작물	무, 양파, 당근, 호박, 아스파라거스
1년간 휴작이 필요한 작물	시금치, 콩, 파, 생강
2~3년간 휴작이 필요한 작물	감자, 오이, 참외, 토란, 강낭콩
5~7년간 휴작이 필요한 작물	수박, 가지, 우엉, 고추, 토마토
10년 이상 휴작이 필요한 작물	인삼, 아마

㉮ 기지의 구체적 원인으로는 특정 작물이 선호하는 비료성분의 소모, 토양전염병원균의 번성, 토양선충의 번성, 유독물질의 축적, 토양 중 염기의 과잉 집적, 토양물리성의 악화, 잡초의 번성 등을 들 수 있다.

㉯ 이와 같은 원인은 단독적 또는 복합적으로 작용하여 작물의 생육장해를 초래시키며 현재까지 알려져 있는 기지대책은 윤작, 답전윤환재배, 저항성 품종 재배, 토양소독, 객토 및 환토, 유독물질의 제거, 지력배양과 결핍성분의 보급 등이다.

2 윤 작

① 윤작은 동일한 재배포장에서 동일한 작물을 연이어 재배하지 않고, 서로 다른 종류의 작물을 순차적으로 조합·배열하는 방식의 작부체계로 작물은 윤작을 통하여 양분을 공급받고 토양전염성 병해가 방지되어 생육과 수량이 안정화된다.

② 윤작조직에 삽입되는 작물은 사료균형 작물, 지력증진 작물, 환원가능 유기물이 많은 작물, 토양보호 작물, 잡초경감 작물, 토지이용도 제고 작물 등이다.

③ 윤작의 원리에 의한 효과를 요약하면 지력의 유지증진, 토양보호, 기지의 경감, 병충해경감, 잡초경감, 수량증대, 토지이용도 제고, 노력배분의 합리화, 농업경영의 안정성 증대 등이라 할 수 있다.

4. 수분 환경

1. 수분과 생육

1 작물체 내 수분의 역할

① 작물체 내에 흡수된 수분이 체내를 이동하여 배출할 때까지 관여하는 생리작용은 생명유지의 근원이다.

② 작물은 생육에 필요한 필요물질을 기체의 상태로 경엽에서 흡수하거나 용해상태로 뿌리에서 흡수한다. 무기양분은 용해상태로 주로 뿌리에서 흡수하는데 CO_2도 그 일부는 뿌리에 의해 용해상태(CO_3-, HCO_3 등의 형태)로 흡수한다. 흡수된 물질은 확산, 이온의 치환 등에 의해서 작물체의 조직과 기관으로 이동하는데 이때도 수분은 용매로서 작용한다.

③ 작물은 수분과 이산화탄소를 원료로 빛에너지를 이용하여 유기물(有機物)을 합성하는 광합성을 수행하며, 수분은 작물체 구성 물질의 형성과 체제 유지에 기여한다

④ 수분은 세포 내에 유리수로서 팽윤상태를 유지하여 세포의 긴장상태를 유지할 뿐만 아니라 화합수로서 작물체의 구성물질이 되어 생장과 체제유지의 요소가 된다.

⑤ 물은 비열이 큰 물질로서 작물체온의 급격한 상승과 하강을 방지하는 역할을 하여 작물의 체온을 조절한다.

2 토양수분의 표시

① 토양수분장력(pF; potential force): 수분이 토양에 의해서 어느 정도의 힘으로 흡착 보유되어 있는가를 표시하기 위하여 이 힘을 수주높이의 절대치로 표시한 것이다.

　㉮ pF = log H(H는 수주의 높이, cm)

　㉯ pF = 3의 수분이란 10^3cm(10m) 수주의 압력으로 토양입자에 흡착된 물임을 의미한다. 1기압은 pF = 3이다.

② 최대용수량(最大容水量, maximum water holding capacity): 토양의 모든 공극에 물이 꽉 찬 상태의 수분 함량

③ 포장용수량(圃場容水量, minimum water holding capacity): 최대용수량에서 중력수가 완전히 제거된 후 모세관에 의해서만 지니고 있는 수분 함량
  ㉮ 포화용수량에서 포장용수량으로 되는 데 걸리는 시간은 2~3일이다.
  ㉯ 포장용수량의 수분장력: 1/3기압 또는 pF 2.7
④ 위조점(萎凋點, wilting point)과 위조계수(萎凋係數, wilting coefficient): 토양수분의 장력이 커서 식물이 흡수하지 못하고 영구히 시들어버리는 점. 이때의 수분함량을 위조계수라 한다(pF 4.2, 15기압).
⑤ 흡습계수(吸濕係數, hygroscopic coefficient): 흡습수의 함량 즉 마른 토양의 수분함량(pF 4.5, 31기압).
⑥ 수분당량(水分當量, moisture equivalent): 물로 포화시킨 토양에 1,000배 상당의 원심력을 작용시킬 때 토양 중에 남아 있는 수분(pF 2.7~3.0).

> **연구** **최대용수량과 포장용수량**
> ● 최대용수량: 모관수가 최대로 포함된 상태 즉, 토양의 모든 공극이 물로 포화된 상태이며 pF값은 0이다. 포화용수량이라고도 한다.
> ● 포장용수량: 식물에게 이용될 수 있는 수분범위의 최대수분함량으로 작물재배상 매우 중요하다. 최소용수량이라고도 하며 pF값은 1.7~2.7이다.

---

③ 유효수분과 무효수분

① 식물이 토양 중에서 흡수이용하는 물을 유효수분이라 한다.
② 식물이 생장할 수 있는 토양의 유효수분은 포장용수량에서부터 영구위조점까지의 범위로 약 pF 2.7~4.2이다.
③ 유효수분은 토양입자가 작을수록 많아진다.
④ 식물생육에 가장 알맞은 최적함수량은 대개 최대용수량의 60~80%의 범위이다.
⑤ 포장용수량 이상의 토양수분은 과습을 유발하고, 영구위조점 이하의 토양수분은 식물이 이용할 수 없다.
⑥ 무효수분(無效水分)은 영구위조점에서 토양에 보유되어 있는 수분으로 고등식물의 생육이나 미생물의 활동에 이상적인 수분이 못된다.

④ 토양수분의 분류

① 결합수(結合水, combined water): 토양의 고체분자를 구성하는 pF 7.0 이상인 물로 식물에는 흡수되지 않으나 화합물의 성질에 영향을 준다.

② 흡습수(吸濕水, hygroscopic water): 토양이 공기 중의 수분을 흡수하여 토양알갱이의 표면에 응축시킨 pF 4.5~7.0 정도의 수분으로 토양알갱이와 매우 굳게 부착되어 작물의 근압으로 흡수 이용할 수 없다.

③ 모관수(毛細管水, capillary water): 작은 공극(모세관)의 모관력에 의하여 유지되는 pF 2.7~4.5 정도의 수분으로 표면장력에 의해 흡수 유지되며 유효수분이다.

④ 중력수(自由水, gravitation water): 토양 공극을 모두 채우고 자체의 중력에 의하여 이동되는 pF 2.5 이하의 수분을 말한다.

연구 토양수분의 분류

종 류	특 징	식물의 흡수 이용도
결합수	토양의 고체분자를 구성하는 수분	없음
흡습수	공기 중의 수증기를 토양입자에 응축시킨 수분	없음
모관수	물분자 사이의 응집력에 의해 유지되는 수분	식물의 유효수분
중력수	중력에 의해 자유로이 이동되는 수분	모관수의 급원

2. 가뭄해 및 습해

① 가뭄해

① 가뭄해(旱害)란 일반적으로 토양수분의 부족으로 작물생육이 저해되고 심하면 위조 · 고사하게 되는 현상을 말하며 넓게는 작물체 내에 수분부족으로 인하여 유발되는 모든 생리적 장해를 의미한다.

② 작물체 내의 수분함량이 감소하면 위조상태에 도달하게 되며 더욱 감소하면 건조고사를 초래한다. 이 같은 위조나 건조사는 작물에 국부적 또는 전체적인 생육장해를 유발하여 수량과 품질을 저하시키며 심할 때는 작물재배의 파멸을 초래한다.

③ 작물이 건조에 견디는 정도를 내건성(耐乾性, 耐旱性)이라 하며, 내건성은 작물의 형태적 특성과 세포적 특성 및 물질대사적 특성에 의해 지배되는 것으로 알려져 있다. 내건성은 생육단계에 따라 달라 생식생장기는 영양생장기보다 약하다.

④ 질소비료의 과용은 경엽이 무성하여 엽면증산량이 과다해지고, 칼륨의 결핍은 세포의 삼투압 저하, 당분농도 저하, 근계발달 저하의 원인이 되어 가뭄해에 약하다. 작물의 밀식은 수분경합을 초래하여 가뭄해에 약하며, 반면 건조한 환경에서 생육한 작물은 경화되어 가뭄해에 강하다.

> **연구 작물의 내건성**
>
> 표면적/체적의 비가 작을수록, 왜소하고 잎이 작을수록, 지상부에 비해 근군(根群)의 발달이 좋을수록, 잎맥과 울타리조직이 발달할수록, 기공이 작거나 적을수록, 기동세포가 발달할수록, 세포가 작을수록, 세포의 수분보류력이 강할수록, 원형질의 점도가 높을수록, 세포액의 삼투압이 높을수록, 원형질의 응고가 덜할수록, 원형질막의 투과성이 클수록 내건성이 강하다.

② 가뭄해의 대책

① 가뭄해의 근본대책은 관개시설을 확충하고 건조기에 관개하는 것이다.
② 가뭄해 상습지에서는 내한성이 강한 작물이나 품종을 재배하는 것이 안전하다.
③ 토양수분의 보류력 증대와 증발 억제를 위해 토양구조의 입단화 조성, 내건농법(耐乾農法)의 적용, 피복, 멀칭, 중경 및 제초에 힘쓴다.

> **연구 밭의 가뭄 대책**
>
> - 뿌림골을 낮게 한다.
> - 뿌림골을 좁히거나 재식밀도를 넓힌다.
> - 질소비료의 과용을 피하고 퇴비, 인산, 칼륨을 증시한다.
> - 봄철에 밭을 밟아준다.

③ 습 해

① 토양수분이 작물의 정상적인 생육을 위한 최적함량보다 과다하여 생장및 수량이 저하되는 피해를 습해(濕害)라고 한다.
② 토양수분이 재배작물의 최적함수량을 넘어 과다하면 생리작용에 필요한 토양산소가 결핍되어 뿌리의 호흡작용이 우선적으로 저해를 받는다. 뿌리의 호흡작용이 저해되면 수분과 무기양분의 흡수가 저하되고 각종 생리작용이 비정상적으로 이루어져 생장이 쇠퇴하여 수량이 감소하게 된다.

③ 일반적으로 작물의 뿌리가 물에 잠기면 흡수작용은 일시적으로 증대하나 수일 후에는 쇠퇴하여 잎이 시들고 황변하여 떨어진다. 잎의 위조 및 황화고사는 아랫잎에서 시작되어 위쪽으로 파급된다. 작물의 토양과습에 의한 생리변화는 당연히 수량의 저하를 초래하며 지하수위가 높은 저습지에서는 낮은 지대에 비해 토양과습과 그에 따른 토양 통기불량에 의한 생육저하와 수량 감소의 영향이 크다.

> **연구 습해의 원인**
>
> 일반적으로 작물의 토양 최적함수량은 최대용수량의 70~80%의 범위이다. 이 함수량을 넘어 과습상태가 지속되면 토양산소가 결핍되고 때로는 각종 환원성 유해물질이 생성되어 각종 작물생리작용이 저해되고 근부·지상부의 황화 및 고사가 초래된다.

④ 내습성

① 습해는 토양조건 외에도 계절에 따른 강수량의 대소에 의해서도 차이가 크며 작물 및 동일작물에 있어서도 품종에 따라서 그 피해 정도가 다르므로 작물 재배시에는 토양조건, 기상조건, 작물 및 품종의 내습성(耐濕性)을 고려하여야 한다.

② 토양과습에 대한 작물 또는 품종의 내습성 차이는 근권토양에 산소가 부족할 때 어느 정도 산소결핍에 견디어 호흡작용을 계속할 수 있는가 또는 근권토양이 환원상태로 되었을 때 생성 집적된 환원성 유해물질에 대하여 어느 정도 견디어 낼 수 있는가에 따라 좌우된다.

③ 작물 또는 품종의 내습성은 통기(通氣)조직의 발달 정도, 근부조직의 목화(木化, lig-nification) 정도, 뿌리의 발달 습성과 발근력, 환원성 유해물질에 대한 저항성 등에 지배된다.

> **연구 작물의 내습성**
>
> 통기조직이 잘 발달된 작물, 뿌리의 피층세포가 직렬)사열, 근부세포 세포막의 목화가 잘 되는 작물, 뿌리 외피 세포막의 목화정도가 심한 작물, 근계가 얕게 발달하는 작물, 부정근의 발근력이 큰 작물, 신근의 발근력이 강한 작물, 과습상태에서 생성·집적되는 아산화철(FeO), 황화수소(H_2S)에 대한 저항성이 큰 작물일수록 강하다.
>
> 채소작물의 내습성 정도
> ● 고추 〉 토마토·오이 〉 시금치·무 〉 당근·양파·파·꽃양배추

5 습해 대책

① 배수: 지하수위가 높고 배수상태가 불량한 저습지나 과습지에서는 배수가 습해의 기본 대책이 된다. 배수방법에는 객토법, 자연배수법(명거배수 · 암거배수), 기계배수법 등이 있다.

② 이랑만들기(作畦): 밭작물의 경우 휴립휴파(이랑을 세우고 이랑에 파종)하여 고휴재배(높은 이랑 만들기)하는 등 이랑과 고랑의 높이를 다르게 한다.

③ 토양개량: 세사(細沙)를 객토하거나 유기물(퇴구비 · 녹비), 토양개량제를 시용하여 입단을 조성하고 토양통기 및 투수성을 양호하게 한다.

④ 시비: 미숙유기물이나 황산근비료(유안, 황산칼륨 등) 시용을 금하고 표층시비하여 뿌리를 지표 가까이 유도하면 산소부족을 경감시킬 수 있으며 질소질비료 다용을 피하고 칼륨과 인산질비료를 충분히 시용해야 한다. 또한 뿌리가 썩어 뿌리의 흡수기능이 저하한 경우는 요소, 미량요소, 칼륨 등을 엽면시비하는 것이 비료경제상 유리할 뿐 아니라 비효도 높아서 증수할 수 있다.

⑤ 과산화석회의 시용: 과산화석회(CaO_2)를 종자에 뿌려서 파종하거나 토양에 시용한다. 과습지에서도 상당 기간 산소가 방출되므로 생육을 조장하여 증수할 수 있다.

⑥ 병충해 방제의 철저: 저습지에서는 토양전염병의 발생이 수반되므로 병충해 방제를 철저히 하는 것도 작물 증수를 위한 방안이 된다.

⑦ 내습성 작물 및 품종의 선택: 작물의 종류와 품종에 따라 내습성의 차이가 크므로 저습지에 있어서는 이를 잘 고려한다. 일반적으로 경엽을 재배 목적으로 하는 채소류는 습해에 강한 편이다.

5. 양분과 생육

1. **양분과 생육**

① 무기양분

① 식물체는 수분과 수분을 건조시켜 제거한 다음에 남는 건물로 구성되어 있으며, 건물의 대부분은 탄소(C), 수소(H) 및 산소(O)의 3원소로 되어 있다. 탄소와 산소는 공기 중의 이산화탄소에서 유래하고 수소는 토양 중의 물(H_2O)에서 공급된 것이다.

② 식물의 정상적인 생장과 발육을 위해서는 이들 성분 외에도 토양 중으로부터 무기양분을 흡수해야 한다.

② 필수원소

① 어떤 원소가 일반적으로 식물의 생육에 필요불가결한 것일 때 이를 필수원소(必須元素)라 하며, 필수원소는 그 원소가 결핍되면 완전한 생육을 완성할 수 없는 것, 다른 원소에 의해서 대용될 수 없는 것, 그 원소의 작용은 다른 원소와의 단순한 상호 작용의 효과에 기인하지 않는 것 등의 필수성의 판정 기준에 부합되어야 한다.

② 필수원소는 식물이 흡수 및 이용할 수 있는 형태로 존재해야 한다. C, H, O는 H_2O와 CO_2의 형태로, N는 NH_4^+, NO_3^-의 형태로 고정되어야 식물이 이용할 수 있다.

③ 필수원소 중에서 토양 중의 함량이 부족하여 인공적으로 보급할 필요가 있는 성분을 비료요소라고 한다. 그중에서 인공적 보급의 필요성이 큰 질소(N), 인산(P), 칼륨(K)을 비료의 3요소라고 하며, 칼슘(Ca)을 합하여 4요소라 하기도 한다.

다량원소(9종) 작물생육 기간 중 대량으로 필요한 원소	탄소(C), 수소(H), 산소(O), 질소(N), 황(S), 칼륨(K), 인(P), 칼슘(Ca), 마그네슘(Mg)
미량원소(7종) 작물생육 기간 중 소량 또는 극미량만 공급되어도 정상생육이 가능한 원소	철(Fe), 망간(Mn), 아연(Zn), 구리(Cu), 몰리브덴(Mo), 붕소(B), 염소(Cl)

③ 무기양분의 흡수 경과

1 채소의 무기양분 흡수 경과에 따른 분류

① A형: 수확기 또는 수확종료 시까지 양분 흡수가 많아져서 이 시기에 이르기 전 30~40일 간의 흡수량이 전흡수량의 60~80%가 된다(과채류, 엽채류).
② B형: 지상부 번무기에 전흡수의 60~80%가 흡수되고 그 뒤는 흡수된 양분이 수요부로 이동하여 뿌리로부터의 흡수는 격감된다(근채류, 파, 양파).
③ 열매채소 중 오이, 애호박 등은 어린 과실을 수확할 때는 A형에 속하지만, 채종재배 시는 B형에 속한다. 잎줄기채소도 채종재배 시는 B형에 속한다.

2 생육단계별 흡수량

① 생육초기에는 질소의 흡수량이 가장 많으나 곧이어 칼륨의 흡수량이 더 많아진다.
② 전생육기의 흡수총량은 칼륨〉칼슘〉질소〉인산〉마그네슘의 순이다. 인산과 마그네슘의 흡수량은 서서히 증가한다.

3 무기양분의 식물체 내 분포

① 질소, 인산, 마그네슘은 체내에 비교적 골고루 분포한다.
② 칼륨은 엽병과 줄기, 과실에 많이 분포한다.
③ 칼슘은 하위엽에는 많으나 수확이 되는 과실, 엽구, 뿌리에는 함유 농도가 낮다.
④ 결핍증과 과잉증: 질소, 인산, 마그네슘과 같이 식물체 내에서 잘 이동하는 성분의 결핍증은 하위엽에 나타나기 쉽고 칼슘, 철, 붕소와 같이 잘 이동하지 않는 성분은 상위엽이나 어린조직에 나타나기 쉽다. 과잉증은 증세가 나타나는 부위가 결핍증과 반대이다.

④ 양분의 결핍증과 과잉증

1 질 소(N)

① 질소는 질산태(NO_3^-)와 암모니아태(NH_4^+) 형태로 식물에 흡수된다.
② 잎: 결핍되면 소형화되고 잎색이 연화 및 황화되며, 안토시아닌색소가 나타나는 것도 있다. 과잉시는 잎색이 진해지고 결구에 지장이 있다.

③ 과실: 부족하면 줄기의 신장억제와 착화수가 감소하고, 결실률이 저하되며 소과(小果)가 된다. 과다시에는 착색이 지연되고 과번무 상태가 되어 생리장해를 일으킨다.

④ 질소를 과용하면 세포벽이 연화되므로 가뭄, 저온, 병·해충에 대한 저항성이 약해진다.

⑤ 질소의 결핍증은 늙은 부위에서 가장 먼저 나타난다.

2 인 산(P)

① 인산은 인산이온(H_2PO_4-, $HPO_4{}^{2-}$)의 형태로 식물에 흡수된다.

② 잎: 결핍되면 말리고 농록색화되며, 갈색 반점이 생기고 고사한다.

③ 뿌리: 결핍하면 뿌리의 생육이 정지하는 등 뿌리채소의 비대에 장해가 크다.

④ 결핍증은 생육초기에 주로 나타나며, 지온이 낮거나 건조하면 흡수가 저해된다.

⑤ 인산을 과용하면 토양 중의 철이나 알루미늄과 결합하여 황화현상을 일으킨다.

3 칼 륨(K)

① 양이온(K^+)의 형태로 이용되며 광합성량 촉진 및 여러 생화학적 기능에 중요한 역할을 한다.

② 잎: 노엽부터 증상이 나타나며, 결핍되면 잎의 끝이나 둘레가 황화하고 갈색으로 변한다.

③ 뿌리: 고구마의 양분이 지하부로 이동하는 것을 촉진하여 덩이뿌리가 굵어지는 것을 좋게 한다.

④ 과실: 결핍되면 비대가 불량할 뿐만 아니라 형상과 품질이 나빠진다.

⑤ 생육후기에 결핍증상이 나타나는 경우가 많고, 질소를 과용해도 결핍될 수 있다. 칼륨을 과용하면 칼슘과 마그네슘의 흡수를 저해하여 결핍증을 일으킨다.

4 칼 슘(Ca)

① 세포막의 구성성분이며, 잎에 함유량이 많다.

② 질소의 흡수를 돕고, 알루미늄의 과잉 흡수를 억제한다.

③ 양파, 양배추, 셀러리, 시금치 등은 칼슘을 많이 요구하고 딸기는 요구도가 낮다.

④ 결핍하면 생장점 등 분열조직의 생장이 감퇴하며, 토마토의 배꼽썩음병을 일으킨다.

5 마그네슘(Mg)

① 결핍하면 늙은 잎에서 황백화현상이 나타난다.

② 마그네슘은 칼륨, 망간 등과 길항작용을 하여 마그네슘의 공급량을 증가시키면 망간의 과잉 흡수를 줄일 수 있다.

③ 지온이 낮아 인산의 흡수가 불량해지면 마그네슘의 흡수도 영향을 받는다.

6 붕 소(B)

① 광범위하게 결핍증상이 나타나는 원소이다.

② 결핍하면 코르크화 등 전반적으로 조직이 거칠고 단단해진다.

③ 무 · 배추 등 십자화과 채소에서 많이 발생하며, 무의 경우 붕소가 결핍되면 뿌리내부가 흑색으로 변하거나 구멍이 생긴다.

2. 비료 및 시비

1 비료의 분류

① 함유 성분에 따른 분류

질소질비료	황산암모늄, 요소 등
인산질비료	과석, 용성인비, 중과석 등
칼륨질비료	황산칼륨, 염화칼륨, 초목회 등
석회질비료	생석회, 소석회 등
미량원소비료	망간, 붕소 등
복합비료	시판용 복합비료, 산림용 · 연초용 복비 등

② 반응에 따른 분류

화학적 산성비료	과인산석회, 중과인산석회(중과석) 등
화학적 중성비료	황산암모늄, 질산칼륨, 질산암모늄, 황산칼륨, 요소
화학적 염기성비료	석회질소, 용성인비, 암모니아수비료 등
생리적 산성비료	황산암모늄, 염화암모늄, 황산칼륨, 염화칼륨 등
생리적 중성비료	질산암모늄, 질산칼륨, 요소 등
생리적 염기성비료	질산나트륨, 질산칼륨, 석회질소, 용성인비, 초목회

③ 효과에 따른 분류

속효성 비료	황산암모늄, 염화칼륨 등 대개의 화학비료
완효성 비료	석회질소, 깻묵, 두엄 등

② 비료의 특성 및 형태

① 질소질비료의 특성 및 형태: 비료에 들어 있는 질소의 형태는 무기화합물인 무기태와 유기화합물인 유기태로 크게 나누며 무기태로 중요한 것은 암모늄태(NH_4^+)와 질산태(NO_3^-), 유기태로 중요한 것은 요소와 단백태 및 시안아미드태 등이다. 식물의 뿌리를 통하여 흡수되는 질소의 형태는 주로 암모늄태와 질산태이다.

② 인산질비료의 특성 및 형태: 비료에 들어 있는 인산의 형태는 무기화합물인 무기태와 유기화합물인 유기태로 크게 나누며 식물의 뿌리를 통하여 흡수되는 인산은 $H_2PO_4^-$와 HPO_4^{-2}의 형태이다.

③ 칼슘질비료(석회질비료)의 특성 및 형태: 석회질비료의 효과는 산성토양의 개량, 염기포화도 증가, 유기물 분해 촉진, 입단구조의 발달, 토양미생물의 활성화, 제염 효과 등이다.

③ 비료의 이용률(흡수율)

① 비료의 이용률은 시용한 비료성분량 중에서 작물이 흡수 이용한 양이 얼마인가를 비율로 표시하는 것으로 질소(N)가 30~50%, 칼륨(K)이 40~60%로 비교적 높고 인산(P)이 10~20%로 가장 낮은 편이다.

② 비료의 이용률을 지배하는 요인은 비료의 주성분, 비료의 화학적 형태, 작물의 종류 및 품종, 토양의 화학적 조건, 시비시기, 시용방법 등이다.

> 연구 **비료의 이용률을 지배하는 요인**
>
> 1. 비료의 화학적 형태: 인산질비료의 경우 수용성과 구용성의 화학적 형태에 따라, 질소질비료의 경우 완효성과 속효성에 따라 이용률이 크게 달라진다.
> 2. 시비시기: 질소질비료를 기비, 추비 등으로 분시하는 것은 이용률을 높이기 위함이다.
> 3. 작물의 종류 및 품종: 동일한 종류의 작물이라 하더라도 품종이 다르면 이용률이 달라지는데 작물별로 각 비료성분(영양소)의 요구량이 다르기 때문이다.
> 4. 토양의 화학적 조건: 산성이나 알칼리성 토양에서 인산의 불용화가 많이 일어날 수 있으므로 중성 부근의 토양에서 인산비료의 이용률이 높게 나타난다.

④ 비료의 감정

① 비료의 이화학적 성질과 불순물의 유무를 조사하여 그 가치를 평가하는 것으로 우선 모양, 색깔, 냄새 등을 살펴보고 확실하지 않을 때는 화학적으로 분석하는 것이 정확한 판단이다.
② 무기질비료의 감정: 비료의 간이 감정법으로 흡습성, 수용성, 반응, 색깔과 모양, 냄새와 맛, 화학적 작용 등을 조사한다.

연구 **비료의 감정 방법**

흡습성(吸濕性)	질산암모늄〉요소〉염화암모늄〉황산암모늄〉염화칼륨〉황산칼륨
수용성	질산암모늄〉염화암모늄〉염화칼륨〉황산칼륨
반응	물에 녹인 비료의 반응으로 산성, 중성, 알칼리성으로 구분
색깔과 모양	황산암모늄, 염화암모늄, 요소: 투명의 결정 석회질소: 검은색 고운 분말 회색 또는 검은색 분말: 용성인비
냄새와 맛	황산암모늄, 염화암모늄, 질산암모늄, 용성인비: 냄새 없음 황산암모늄: 산미(酸味)
화학작용	암모니아기를 함유하는 비료는 석회를 가하여 물을 타고 가열하면 암모니아 냄새가 난다.

⑤ 시비의 시기

① 파종이나 이식을 할 때 주는 비료를 기비(基肥, 밑거름), 생육 도중에 주는 비료를 추비(追肥, 중거름)라 한다.
② 비료를 주는 시기와 횟수는 작물의 종류 · 비료의 종류 · 토양 및 기상조건 · 재배양식 등에 따라 달리한다.

⑥ 시비상의 유의점

① 퇴비 · 깻묵 등 지효성 또는 완효성 비료는 주로 기비로 준다.
② 인산 · 칼륨 · 석회질비료는 주로 기비로 준다.
③ 요소 등의 속효성 질소비료는 생육기간이 극히 짧은 작물을 제외하고는 분시(分施)한다.

④ 생육기간이 길고 시비량이 많은 경우에는 질소의 기비량을 줄이고 추비량을 많게 하며 추비횟수를 늘린다.

⑤ 엽채류와 같이 잎을 수확하는 채소는 질소질비료를 늦게까지 추비로 주어도 좋다.

⑥ 화학비료는 일부는 기비로, 나머지는 추비로 준다.

⑦ 사질토·누수답·온난지 등에서는 비료가 유실되기 쉬우므로 추비량과 추비횟수를 늘린다.

> **연구 작물의 종류별 시비**
>
> 1. 종자 수확: 생식생장기에 인산과 칼륨을 많이 준다.
> 2. 과실 수확: 결실기에 인산과 칼륨을 많이 준다.
> 3. 잎 수확: 속효성비료가 알맞고 질소를 많이 준다.
> 4. 뿌리나 지하경 수확: 양분의 저장이 시작될 때부터는 칼륨을 많이 준다.

7 엽면시비

① 작물은 뿌리뿐만 아니라 잎에서도 비료성분을 흡수할 수 있으므로 필요한 때에는 비료를 용액의 상태로 잎에 뿌려주기도 한다. 이와 같은 것을 비료의 엽면시비(葉面施肥) 또는 엽면살포(葉面撒布)라고 한다.

② 엽면시비에 이용되는 무기염류는 철(Fe), 아연(Zn), 망간(Mn), 칼슘(Ca), 마그네슘(Mg) 등 각종 미량원소와 질소질비료 중 요소 등이 있다.

③ 잎의 표면 또는 이면에 살포된 요소액이 표피를 투과하여 세포 내부에 들어가 일부는 이곳에 머물러 동화되고 다른 일부분은 더욱 내부 세포나 엽맥 속에 들어가 이동한다. 엽면흡수가 뿌리로부터의 흡수와 다른 점은 요소가 분해되지 않고 그대로 잎에서 흡수되는 것이다.

④ 엽면시비의 효과적 이용

급속한 영양회복	동상해·풍수해·병충해 등이 심한 때
뿌리의 흡수력 저하	토양시비보다 엽면시비가 효과적
토양시비가 곤란한 경우	과수원의 초생재배 시 엽면시비가 효과적
미량요소의 공급	미량요소를 엽면시비한다.
영양분의 증가	수확 직전에 요소를 엽면시비하면 작물체 내의 양분을 증대시킨다.
노력절약	비료를 농약과 혼합해서 살포

⑤ 요소의 엽면시비

㉮ 피해가 나타나지 않는 한도 내에서는 살포액의 농도가 높을수록 흡수가 빠르다. 노지작물 0.5~2%, 과수 0.5~1%, 딸기·토마토 0.5% 이하, 오이·수박 1% 이하, 무·양배추 2% 이하이면 안전하다.

㉯ 살포액은 보통 약산성의 상태에서 가장 잘 흡수된다.

㉰ 살포액이 잎에 잘 부착되도록 전착액을 사용하기도 한다.

㉱ 보르도액 등의 농약과 혼용하여 사용하기도 한다.

㉲ 잎의 이면(뒷면)은 살포액의 부착이 좋고 기공 수가 많기 때문에 표면보다 흡수가 잘 된다. 또한 살포액은 오후에 살포하는 것이 좋다.

6. 공기 환경

1. 공기와 생육

① 대기조성

① 대기의 조성: 대기(지상의 공기) 중의 성분은 대체로 일정한 비율을 유지하는데 용량비로 보면 질소가스(N_2) 약 79%, 산소가스(O_2) 약 21%, 이산화탄소(CO_2) 약 0.03%, 기타 연기·먼지·수증기·미생물 등으로 구성된다.

② 질소: 공기 중의 질소는 근류균·Azotobacter 등 질소고정균의 유리 및 질소고정의 재료가 된다.

③ 산소: 대기 중의 산소농도인 21%는 작물이 호흡하는 데 가장 알맞은 농도로 작물의 재배상 크게 문제시 되지 않는다.

④ 이산화탄소: 이산화탄소 농도가 1~5% 이상이면 호흡에 해로우나 보통 대기는 그런 상태에 이르지 않는다. 그러나 대기 중의 이산화탄소 농도인 0.03%는 작물이 충분한 광합성을 수행하기에는 부족한 상태이다.

⑤ 유해가스: 도시 주변이나 공장지대의 대기와 같이 많은 농도의 유해가스가 함유된 공기는 작물의 생리작용에 직접·간접으로 크게 해롭다.

② 이산화탄소

1 광합성

① 대기 중의 이산화탄소 농도가 높아지면 일반적으로 호흡속도는 감소하며 이러한 호흡 억제는 과일이나 채소의 저장에 이용될 수 있다.

② 광합성에 의한 유기물의 생성속도와 호흡에 의한 유기물의 소모속도가 같아지는 이산화탄소 농도를 이산화탄소 보상점이라 하며, 대기 중 농도의 1/10~1/3(0.003~0.01%) 정도이다.

③ 이산화탄소 농도가 증대할수록 광합성 속도도 증대하나 어느 농도에 도달하면 이산화탄소 농도가 그 이상 증대하더라도 광합성 속도는 증대하지 않는 상태에 도달하게 되는데 이 한계점의 이산화탄소 농도를 이산화탄소 포화점이라 하며, 대기 중 농도의 7~10배(0.21~0.3%) 정도이다.

④ 광합성은 어느 한계까지는 온도·광도·이산화탄소의 농도가 높아감에 따라서 증대한다. 즉 온도·광도·이산화탄소 농도의 3자를 알맞게 조절하면 광합성속도와 광포화점을 극히 고도화할 수 있다.

⑤ 작물의 증수(增收)를 위하여 작물 주변의 대기 중에 인공적으로 이산화탄소를 공급해 주는 것을 탄산비료 또는 탄산시비(炭酸施肥)라 한다.

2 이산화탄소의 농도에 관여하는 요인

① 계절: 여름철에는 낮고 상대적으로 가을철에 높아진다.

② 지면과의 거리: 이산화탄소는 무겁기 때문에 지표에 가까울수록 높다.

③ 식생: 식물체가 무성한 곳은 지면에 가까운 공기층의 이산화탄소 농도는 높으나, 지표에서 떨어진 공기층의 이산화탄소 농도는 낮다.

④ 바람: 공기 중 이산화탄소 농도의 불균형상태를 완화한다.

⑤ 미숙유기물의 시용: 미숙퇴비·낙엽·녹비를 시용하면 이산화탄소의 발생이 많아져 탄산시비의 효과를 준다.

2. 바 람

1 연풍(軟風)의 효과

풍속 4~6km/hr 이하의 부드러운 바람을 연풍이라고 하며 작물생육에 많은 영향을 미친다.

① 작물 주위의 이산화탄소 농도를 유지시킨다. 공기의 순환으로 공기의 성분비를 일정하게 유지하여 광합성을 조장한다.

② 대기오염물질의 농도를 낮추어준다. 국부적으로 밀집된 공기 중의 오염물질을 확산시켜 희석시킨다.

③ 잎의 수광량(受光量)을 높여 광합성을 촉진시킨다. 바람은 잎을 계속 움직여 그늘진 곳의 잎이 받는 일사량을 증가시킨다.

④ 습기를 배제하여 수확물의 건조를 촉진하고 다습한 조건에서 많이 발생하는 병해를 경감시킨다.

⑤ 증산작용을 촉진한다. 증산이 활발하게 이루어지면 기공이 계속 열려 이산화탄소 흡수량을 증가시키고 뿌리로부터의 양분흡수를 촉진한다.

⑥ 꽃가루의 매개(媒介)를 돕는다. 풍매화의 경우 바람에 의해 수정이 이루어진다.

⑦ 기온을 낮추고 서리의 피해를 막아준다. 바람은 고온기에 기온과 지온을 낮게 해주고 봄가을에는 서리의 해를 막아 작물을 보호한다.

2 풍해의 기구

보통 4~6km/hr 이상의 강풍(태풍)은 풍해를 유발시키는데 이 속도를 넘어 풍속이 클수록, 공기습도가 낮을수록 풍해는 크다.

① 기계적 장해: 작물의 수분·수정이 장해되어 불임립·쭉정이 등이 발생되고 과수류와 과채류에서는 열상·낙과를 초래한다.

② 생리적 장해: 작물이 강풍에 의해 기계적 도복이나 절손·열상에 의해 상처를 받으면 호흡이 증대하여 저축양분의 소모가 증가하고 상처가 건조하면 광산화반응에 의해 고사한다.

③ 풍식과 조해(潮害): 강풍이나 돌풍은 풍식을 조장하고, 해안지대에서는 염풍이 되어 조해를 유발한다.

③ 풍해의 대책

① 풍식의 대책(風蝕對策): 바람 특히 강풍이나 돌풍으로 토양침식이 심한 지역이나 포장에서는 방풍림조성 및 방풍울타리 설치, 피복작물 재배, 관개담수조치, 풍향과 직각 방향으로 이랑만들기, 토양진압, 작물체 높이베기 등으로 토양침식방지를 위한 토양보전책을 수립하여야 한다.

② 재배적 대책 수립

내풍성 작물 선택	목초, 고구마
내도복성 품종의 선택	키가 작고 대가 강한 품종
작기(作期) 이동	태풍을 피하도록 조기재배
관개담수조치	논물을 깊게 대면 도복과 건조 경감
배토와 지주 및 결속	맥류의 배토, 토마토의 지주, 수수나 옥수수의 결속
비배관리의 합리화	칼륨질비료 증시 및 요소의 엽면시비

3. 대기오염

① 식물과 대기오염

① 대부분의 식물은 대기오염에 민감하며 일부 식물은 특정오염물에 대한 피해 정도에 따라 그 오염정도를 추정할 수 있기 때문에 대기오염의 지표로 사용되기도 한다. 대기오염물질은 좁은 기공을 통해 잎으로 들어가기 때문에 분진보다는 가스상 오염물질에 직접적으로 반응을 나타낸다.

② 지표식물(指標植物)이란 어떤 병에 대하여 고도로 감수성이거나 특이한 병징을 나타내는 식물로 대기오염의 지표식물은 다음과 같다.

연구 **대기오염물질과 지표식물**

아황산가스(SO_2)	알팔파, 상추, 보리 등
이산화질소(NO_2)	토마토, 상추 등
오존(O_3)	무, 토마토, 담배, 시금치, 콩 등
PAN	시금치, 상추, 셀러리 등
염소(Cl_2)	알팔파, 무 등

③ 대기오염은 병적 징후의 판단상태에 따라 가시해(可視害)와 불가시해, 피해 시간에 따라 급성해와 만성해로 구분한다.

④ 반응상태에 따라 유황화합물·질소산화물·유기화합물·할로겐화합물·탄소화합물 등을 1차 대기오염물질, 오존·PAN·산성비 등을 2차 대기오염물질이라 한다.

⑤ 식물에 대한 유해가스의 피해는 보통 "가스농도×접촉시간"에 비례한다.

② 작물에 영향을 미치는 유해가스

① 아황산가스(SO_2): 대기오염에서 가장 대표적인 유해가스이며 배출량도 많고 독성이 강하다. 피해증상은 광합성 속도가 크게 감소되고, 경엽이 퇴색하며, 잎의 가장자리가 황록화하거나 잎 전면이 퇴색 황화한다. 주로 잎에 피해가 잘 나타나며 개화기 때의 피해가 가장 심각하다.

② 불화수소(HF): 독성이 매우 강하여 대기 중에 수 ppb만 존재해도 식물에 피해를 입힌다. 불화수소는 식물의 원형질과 엽록소 등을 분해하여 세포를 괴사시키며, 피해 증상으로서는 잎의 끝이나 가장자리가 백변한다. 식물의 저항성은 아황산가스와 비슷하다.

③ 이산화질소(NO_2): 대기 중에서 일산화질소의 산화에 의해서 발생하며, 휘발성 유기화합물과 반응하여 오존을 생성하는 전구물질의 역할을 한다. 식물세포를 파괴하여 식물의 잎에 갈색이나 흑갈색의 반점이 생기고 회색이나 백색으로 변한다.

④ 오존(O_3): 오존은 대기 중에 배출된 질소산화물과 휘발성 유기화합물 등이 자외선과 광화학 반응을 일으켜 생성된 2차 오염물질이다. 잎이 황백화하며 암갈색의 점상반점이 생기거나 대형괴사가 생긴다. 감수성이 큰 식물에서는 급성해가 나타나며 보통 새 잎보다는 오래된 잎에서 피해가 더 심하다.

⑤ PAN: 질소산화물과 탄화수소류 등이 햇빛과 반응하여 생성된 2차 대기오염물질로 잎 아랫면에 은빛 반점이 나타나고 결국 괴사현상이 일어나 말라 죽는다. PAN의 피해증상은 반드시 광선에 노출될 때 발생하는 것이 특징이다.

기 출 문 제 해 설

1. 광합성에 유효한 광파장 범위는?

① 100~400 nm   ② 400~700 nm

③ 700~1,000 nm   ④ 1,000~1,300 nm

■ 광합성에는 400~500nm의 청색 부분과 650~700nm의 적색 부분이 가장 유효하다.

2. 광합성에 있어서 가장 유효한 광선으로 짝지어진 것은?

① 적색광, 청색광   ② 적색광, 녹색광

③ 청색광, 녹색광   ④ 자외선, 녹색광

■ 녹색, 황색, 주황색광은 대부분 투과 및 반사되어 광합성에 효과가 적다.

3. 다음 중 식물생육에 미치는 자외선의 영향을 바르게 설명한 것은?

① 식물의 키를 작게 한다.

② 광합성을 촉진한다.

③ 식물 체온을 유지시킨다.

④ 특별한 작용이 없다.

■ 식물의 생육과 관련이 깊은 광선은 가시광선이며, 자외선은 생육을 억제하여 식물의 키를 작게 한다.

4. 다음 중 광합성작용에 대한 설명으로 옳은 것은?

① 광합성작용의 환경 요인은 햇빛, 이산화탄소, 수분이다.

② 광포화점에 이르면 산소와 이산화탄소의 가스 교환이 이루어지지 않는다.

③ 광포화점에 이르면 광합성량은 최대에 이른다.

④ 광보상점에 이를 때까지 광합성량은 계속 증가한다.

■ ① 광합성작용의 환경 요인은 햇빛, 이산화탄소, 온도이다.
② 광보상점에 이르면 산소와 이산화탄소의 가스 교환이 이루어지지 않는다.
④ 광포화점에 이를 때까지 광합성량은 계속 증가한다.

01 ②   02 ①   03 ①   04 ③

5. 하루 중 채소의 광합성이 가장 활발하게 이루어지는 시간은?

   ① 아침 해뜬 직후

   ② 오전 11시경

   ③ 오후 3시경

   ④ 저녁 해지기 직전

■ 광합성작용은 보통 해가 뜨면서부터 시작되어 정오경 최고조에 달하고 그 뒤 점차로 떨어진다.

6. 식물의 광포화점에 대하여 바르게 설명하고 있는 것은?

   ① 광포화점에 이르면 광도를 높여도 더 이상 광합성이 증가하지 않는다.

   ② 광포화점과 이산화탄소 포화점은 같은 개념으로 이해할 수 있다.

   ③ 광포화점에 이르면 광합성이 급격히 억제되기 시작한다.

   ④ 재배식물의 광환경은 광포화점 이하가 되도록 관리해야 한다.

■ 광포화점에서는 광합성량〉호흡량이며, 양지식물이 음지식물보다 광포화점이 높다.

7. 다음의 생리작용 중 광과 관련이 없는 것은?

   ① 굴광현상   ② 광합성

   ③ 전류   ④ 착색

■ 작물체 내에서 동화물질 등의 전류는 온도와 관련이 깊다.

8. 광합성작용 중 CO_2는 주로 어디에서 공급되는가?

   ① 물관   ② 뿌리

   ③ 기공   ④ 줄기

■ 광합성은 뿌리에서 흡수된 물과 잎의 기공을 통하여 대기중에서 흡수된 이산화탄소가 엽록체에서 태양에너지에 의해 탄수화물로 합성되는 과정이다.

05 ② 06 ① 07 ③ 08 ③

보충

9. 다음의 채소 중 광포화점이 가장 낮은 작물은?

① 토마토　　　　　② 수박

③ 토란　　　　　　④ 딸기

■ 토마토, 수박, 토란 등 한여름에 재배되는 채소는 광포화점이 70~80klux로 매우 높다.

10. 다음 중 광과 작물의 기본생리작용으로 관계가 먼 것은?

① 광합성　　　　　② 일액현상

③ 호흡작용　　　　④ 굴광작용

■ 일액현상은 잎의 선단이나 가장자리에 있는 수공을 통하여 물이 액체상태로 배출되는 현상이다.

11. 다음 중 중일성식물로 가장 적당한 것은?

① 시금치　　　　　② 고추

③ 딸기　　　　　　④ 콩

■ 시금치는 장일식물, 딸기와 콩은 단일식물이다.

12. 일장이 채소의 생육에 미치는 영향에 관한 설명으로 잘못된 것은?

① 장일은 시금치의 추대를 촉진한다.

② 단일은 마늘의 2차생장을 증가시킨다.

③ 단일은 딸기의 화아분화를 촉진시킨다.

④ 단일은 양파의 인경비대를 촉진시킨다.

■ 양파의 인경은 장일조건에서 촉진된다.

13. 다음 중 일장의 영향이 비교적 적은 것은?

① 박과채소의 성발현

② 양파, 감자 등의 지하부 비대

③ 시금치의 화아분화 및 추대

④ 상추의 화아분화

■ 상추와 옥수수는 고온에 의해 화아가 분화된다.

09 ④　10 ②　11 ②　12 ④　13 ④

14. 장일조건에서 더욱 왕성한 생장을 하여 거대형으로 되는 식물은?

① 단일식물
② 장일식물
③ 중성식물
④ 정일식물

보 충

■ 단일식물이 장일조건에 놓이면 영양생장을 계속하여 거대형이 되고, 장일식물이 단일조건에 놓이면 추대가 이루어지지 않아 줄기가 신장하지 못하고 지표면에서 잎만 출현하는 로제트화 된다.

15. 다음 중 장일성식물에 관한 설명으로 가장 올바른 것은?

① 낮의 길이가 한계일장보다 길어질 때 개화하는 식물
② 낮의 길이가 한계일장보다 짧아질 때 개화하는 식물
③ 낮의 길이에 상관없이 개화하는 식물
④ 낮의 길이가 10시간 이하일 때 개화하는 식물

■ ① 장일성식물 ② 단일성식물 ③ 중성식물

16. 일장의 장단의 영향을 크게 받지 아니하고 영양생장에서 생식생장으로 전환되는 작물은?

① 딸기, 시금치
② 토마토, 고추
③ 딸기, 고추
④ 토마토, 시금치

■ 중성식물은 일장에 관계없이 어느 크기에 도달하면 개화하는 것으로 토마토, 고추, 가지, 오이, 호박 등이 있다.

17. 다음 채소 중 단일성채소는?

① 무
② 양배추
③ 시금치
④ 강낭콩

■ 단일성채소: 강낭콩, 옥수수, 딸기
중일성채소: 가지, 고추, 토마토
장일성채소: 시금치, 상추, 무, 당근, 배추, 양배추, 감자

14 ① 15 ① 16 ② 17 ④

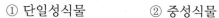

18. 시금치나 배추는 봄에 종자를 뿌려 재배해야 종자의 채종이 가능하다. 어느 일장반응에 속하는 식물인가?

① 단일성식물　　② 중성식물
③ 장일성식물　　④ 정일식물

■ 시금치와 배추는 장일성식물이다.

19. 단일처리를 하여야 화아분화가 촉진되는 것은?

① 딸기　　　　② 상추
③ 양배추　　　④ 무

■ 딸기는 단일성채소이다.

20. 화성을 유도하기 위하여 일장처리를 할 때 한계일장의 길이에 영향을 가장 크게 미치는 조건은?

① 온도
② 빛의 강도
③ 식물체의 영양
④ 공중습도

■ 한계일장은 온도 및 기타 환경조건에 따라 변화할 수 있다.

21. 원예작물에서 나타나는 일장 반응을 맞게 설명한 것은?

① 만생종 양파는 조생종에 비해 인경비대에 요하는 일장이 짧다.
② 장일조건에서 마늘의 2차생장(벌마늘)의 발생이 많아진다.
③ 장일조건에서 오이의 암꽃 착생 비율이 높아진다.
④ 감자의 괴경 형성은 단일에서 촉진된다.

■ ① 만생종 양파는 조생종에 비해 인경비대에 요하는 일장이 길다.
② 단일조건에서 마늘의 2차생장(벌마늘)의 발생이 많아진다.
③ 단일조건에서 오이의 암꽃 착생 비율이 높아진다.

18 ③　19 ①　20 ①　21 ④

22. 식물의 개화에 영향을 가장 크게 미치는 두 요인은?

① 온도와 일장　　② 일장과 수분
③ 수분과 온도　　④ 일장과 양분

■ 식물의 개화에는 일장효과와 춘화작용(온도)이 중요하다.

23. 저위도지방(열대)에서 장일식물이 재배될 경우 개화는?

① 일장이 짧아서 개화가 촉진된다.
② 일장이 짧아서 개화가 불가능하다.
③ 일장이 길고 고온이어서 개화가 촉진된다.
④ 일장과는 관계없이 고온이어서 개화가 지연된다.

■ 저위도지방에서 일장이 짧아서 개화 결실이 불가능하다.

24. 작물은 각각 생육이 가능한 온도의 범위가 있다. 이를 다음 중 무엇이라 하는가?

① 유효온도　　② 주요온도
③ 최적온도　　④ 최저온도

■ 작물의 생장과 생육이 효과적으로 이루어지는 온도를 유효온도라 한다.

25. 작물생육에 있어서 최적온도보다 고온이 계속되면 어떤 현상이 일어나겠는가?

① 생육이 촉진되면서 수량도 증가한다.
② 광합성은 높고 호흡량은 적어 수량이 크게 증가한다.
③ 지온과 수온이 높아 뿌리생육이 왕성해져 수량이 감소되지 않는다.
④ 생장이 억제되고 수량이 크게 감소한다.

■ 고온이 계속되면 생장이 억제되고 광합성량보다 호흡량이 많아져 영양결핍이 발생한다.

22 ①　23 ②　24 ①　25 ④

26. 광합성 물질의 전류에 가장 큰 영향을 주는 환경 요소는?

① 광도　　　　　　② 수분

③ 온도　　　　　　④ 이산화탄소

27. 밤과 낮의 온도차가 원예식물의 생육에 미치는 영향을 가장 잘 설명한 것은?

① 광합성 산물인 녹말의 체내 축적과 저장기관으로의 이동에 영향을 준다.

② 낮의 고온은 광합성을 억제하고 밤의 저온은 호흡을 촉진한다.

③ 식물은 밤과 낮의 온도차가 적어야 광합성 작용이 활발해 진다.

④ 밤과 낮의 온도차이는 식물의 생육에 아무런 영향을 주지 않는다.

28. 채소의 생육과 온도환경과의 관계를 잘못 설명하고 있는 것은?

① 주야간의 변온이 작물의 결실에 유리하다.

② 생육적온은 생육단계별로 다르다.

③ 발아적온은 생육적온보다 다소 높다.

④ 잎채소와 줄기채소는 주로 호온성채소에 속한다.

29. 적정온도가 상대적으로 높은 고온성 채소에 해당되지 않는 것은?

① 가지　　　　　　② 배추

③ 피망　　　　　　④ 오이

26 ③　27 ①　28 ④　29 ②

30. 다음 중 내한성(耐寒性)이 강한 채소가 아닌 것은?

① 시금치, 파   ② 토마토, 고추

③ 마늘, 부추   ④ 배추, 무

■ 열대원산의 채소는 내서성이 강하다.

31. 채소의 내서성(耐暑性)과 고온장해에 관한 설명 중 틀린 것은?

① 열대원산의 채소는 보통 내서성이 강하다.

② 채소의 지상부가 지하부보다 내서성이 강하다.

③ 지상부는 꽃잎〉수술〉암술〉꽃받침〉잎〉줄기의 순으로 내서성이 강하다.

④ 기온이 너무 높으면 각종 생리장해와 병이 발생한다.

■ 지상부에서 내서성에 강한 순서는 ③의 역순이다.

32. 배추, 결구 상추의 재배에 있어서 고온 해에 대한 대표적인 현상은?

① 조기 추대   ② 착과 불량

③ 결구 불량   ④ 종자 발아 불량

■ 배추, 양배추, 결구상추 등은 고온에서 결구가 불량해진다.

33. 채소작물의 생육온도에 대한 설명이 바르게 된 것은?

① 생육적온은 대개 지상부에 비해 지하부가 높다.

② 배추, 마늘, 시금치 등은 호랭성채소로 분류된다.

③ 생육적온은 열대 원산인 작물에 비해 온대 원산인 작물이 높다.

④ 딸기, 토마토 등은 호온성채소로 분류된다.

■ 생육적온은 대개 지하부에 비해 지상부가 높고, 온대 원산인 작물에 비해 열대 원산인 작물이 높다. 딸기 등은 호랭성채소로 분류된다.

---

30 ②   31 ③   32 ③   33 ②

34. 식물 생육에 가장 좋은 토양의 고상:액상:기상의 비율(%)로 가장 적합한 것은?

① 20 : 40 : 40   ② 40 : 30 : 30

③ 50 : 25 : 25   ④ 60 : 35 : 5

■ 작물이 자라는 데 알맞은 토양의 3상구성은 고상 50%(무기물 45%+ 유기물 5%), 기상 25%, 액상 25% 이다.

35. 토양 3상의 상대적 비율을 지배하는 요인이 아닌 것은?

① 부식의 함량

② 토양의 구조

③ 토양의 색

④ 토성

■ 토양3상의 비율은 토양의 종류 뿐만 아니라 기상조건에 따라서도 달라진다.

36. 다음 중 점토가 가장 많이 들어 있는 토양은?

① 식양토   ② 식토

③ 양토   ④ 사양토

■ 토양의 점토 함량: 식토(50% 이상) 〉 식양토(37.5~50%) 〉 양토(25~37.5%) 〉 사양토(12.5~25%)

37. 토성에 대한 설명으로서 옳지 않은 것은?

① 토성을 결정할 때 유기물 함량은 고려하지 않는다.

② 토성은 토양의 물리적 성질은 물론 화학적 성질에도 큰 영향을 미친다.

③ 토성은 토양용액의 수소이온농도에 의존하는 성질이 있다.

④ 토성을 결정할 때 자갈의 함량은 고려할 필요가 없다.

■ 토성은 모래 · 미사 · 점토의 함량비로 분류하며 수소이온농도와는 관계없다.

34 ③ 35 ③ 36 ② 37 ③

38. 토양의 입단(粒團)화를 가장 좋게 하는 것은?

① 땅 밟기를 자주한다.

② 유기물을 시용한다.

③ 물대기를 자주한다.

④ 붕소를 시용한다.

39. 토양의 떼알구조(粒團構造) 발달에 도움이 큰 이온은?

① Ca^{+2} ② K^+

③ Na^+ ④ NH_4^+

40. 토양의 입단구조 발달에 좋은 영향을 주는 요소들이 바르게 짝지어진 것은?

① 유기물, 점토, 석회

② 유기물, 점토, 나트륨

③ 유기물, 석회, 나트륨

④ 점토, 나트륨, 석회

41. 유기물이 토양 특성에 미치는 직접적인 영향 중 가장 거리가 먼 사항은?

① 토양 입단구조를 발달시킨다.

② 보수성을 증대시킨다.

③ 염기치환용량을 증대시킨다.

④ 산성토양을 알칼리토양으로 개량시킨다.

38 ② 39 ① 40 ① 41 ④

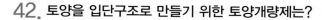

42. 토양을 입단구조로 만들기 위한 토양개량제는?

① OED

② 아크리소일

③ 엔티졸

④ 버미큘라이트

■ 아크리소일, 크릴륨 등이 토양입단화에 유효하다.

43. 산성토양에서 석회물질을 시용하여 얻을 수 있는 혜택과 가장 거리가 먼 것은?

① Ca성분 공급효과

② 토양산도 교정효과

③ 토양생물의 활성증진 효과

④ 토양교질물의 변두리 음전하량 증가효과

■ 석회를 시용하여 토양의 pH를 중성으로 유지하면 잠시적 전하(pH 의존전하)가 증가하는 효과가 있다.

44. 산성토양을 개량하는 옳은 방법은?

① 인분을 거름으로 충분히 준다.

② 밭갈이 때 석회를 토양에 섞어준다.

③ 이어짓기를 한다.

④ 물을 계속 준다.

■ 산성토양은 석회나 유기물을 시용하여 개량한다.

45. 다음 중 채소밭이 산성화되는 원인이 아닌 것은?

① 황산암모늄을 많이 시비한다.

② 퇴비를 많이 시용한다.

③ 질소비료를 많이 시용한다.

④ 자주 관수한다.

■ ①③④는 토양산성화의 원인이며, 자주 관수하면 염기가 물에 씻겨서 산성화를 촉진한다.

42 ②　43 ④　44 ②　45 ②

46. 산성토양에서 식물생육 저해의 원인이 아닌 것은?

① 칼슘(Ca), 마그네슘(Mg) 등의 염기 용탈

② 인산(P)의 불용화

③ 망간(Mn)의 불용화   ④ 유기물의 분해 불량

47. pH 4.8~5.4인 산성토양에서 잘 견디며 생육하는 작물은?

① 당근, 시금치   ② 양배추, 오이

③ 양파, 꽃양배추   ④ 감자, 고구마

48. 토양산도가 pH 6.0 이상에서만 경제적인 재배가 가능한 작물은?

① 배추   ② 시금치

③ 오이   ④ 우엉

49. 토양이 산성화되면 가용성이 높아지면서 과잉흡수되어 작물의 생육을 나쁘게 하는 성분은?

① Mo   ② Al

③ K   ④ Ca

50. 중금속으로 오염된 토양에서 중금속 농도를 줄이기 위한 방법이 아닌 것은?

① 석회를 시용하여 토양의 pH를 높인다.

② 유기물을 시용한다.

③ 토양 중의 유해 중금속을 불용화시킨다.

④ 물을 빼서 논을 말린다.

46 ③　47 ④　48 ②　49 ②　50 ④

51. 비료 유실이 가장 많은 토양은?

① 유기물 함량이 낮은 사질토

② 유기물 함량이 높은 사질토

③ 유기물 함량이 낮은 식토

④ 유기물 함량이 높은 식토

■ 유기물 함량이 낮을수록, 토양의 모래 함량이 많을수록 비료의 유실이 크다.

52. 석회소요량 검정법에 속하지 않는 방법은?

① 완충곡선법　　　② 치환산도법

③ 튜린법　　　　　④ 완충용액법

■ 석회소요량 검정방법에는 완충곡선법, 완충용액법, 치환산도법 및 가수산도법 등이 있다.

53. 다음 중 점질토양에 비하여 사질토양에서 재배된 무에서 잘 나타나는 현상은?

① 바람들이가 촉진된다.

② 기근(岐根) 발생이 많아진다.

③ 뿌리 조직이 치밀하다.

④ 노화가 억제된다.

■ 무를 사질토양에서 재배하면 잔뿌리와 기근이 적은 큰 무가 생산되나 바람들이가 되기 쉽고 저항력이 약하다.

54. 다음 중 조직이 치밀하고 단단한 저장 무 생산에 적합한 토양은?

① 질참흙　　　　　② 모래참흙

③ 모래흙　　　　　④ 참흙

■ 질참흙에서는 뿌리의 비대가 억제되지만 저장성과 품질이 좋은 무가 생산된다.

55. 물주기가 어려운 지역의 사질토양에서 재배가 바람직한 작물은?

① 오이　　　　　　② 땅콩

③ 고추　　　　　　④ 토마토

■ 물주기가 어려운 사질토양에서는 내건성이 강한 땅콩, 고구마 등의 재배가 좋다.

51 ①　52 ③　53 ①　54 ①　55 ②

56. 토양의 완충작용에 대한 설명으로 옳지 않은 것은?

① 점토 함량이 많을수록 크다.

② 유기물 함량이 많을수록 크다.

③ 염기포화도가 클수록 크다.

④ 양이온 교환용량이 클수록 크다.

57. 토양 속 토양유기물의 작용효과가 아닌 것은?

① 토양 유용미생물을 감소시킨다.

② 수분함유량을 높인다.

③ 토양 pH를 높인다.

④ 양분유효도를 높인다.

58. 토양유기물의 특성으로서 옳지 않은 것은?

① 색이 검어 지온을 높인다.

② 흡습성이 크다.

③ 미생물의 활동을 돕는다.

④ 쉽게 분해되어 곧 없어진다.

59. 토양 중의 이산화탄소(CO_2) 함량이 대기보다 많은 이유로 가장 거리가 먼 것은?

① 식물의 뿌리가 호흡할 때 CO_2를 내놓기 때문에

② 미생물의 호흡으로 CO_2가 발생하기 때문에

③ 유기물이 분해될 때 CO_2가 발생하기 때문에

④ 원래 토양중에는 CO_2가 많이 존재하기 때문에

56 ③ 57 ① 58 ④ 59 ④

60. 토양공기의 특징을 가장 잘 나타내고 있는 것은?

① CO_2의 함량이 공기 중의 함량보다 특별히 높다.

② 상대습도가 대기보다 비교적 낮다.

③ O_2의 함량이 공기 중의 함량보다 훨씬 높다.

④ 대기의 오염은 토양공기의 오염과 관계가 없다.

보충

■ 토양공기 중의 CO_2 평균함량 0.25%는 대기 중 CO_2 평균함량의 약 8배 정도이다.

61. 토양 내의 통기성과 산소 부족에 영향을 가장 덜 받는 원예식물은?

① 오이, 당근　　　② 멜론, 배추

③ 가지, 상추　　　④ 감자, 무

■ 정상적인 생육을 위해서는 보통 토양공기의 산소 함량을 2~8%로 유지해야 한다.

62. 연작장해로 인하여 일어나는 기지(忌地)현상의 원인이 아닌 것은?

① 토양물리성의 악화

② 유효미생물의 증가

③ 특정 비료성분의 수탈

④ 유독물질의 축적

■ 기지현상의 원인은 ①③④ 외에 토양선충과 토양전염성병원균의 번성 등이 있다.

63. 연작(連作)의 피해가 비교적 적은 채소는?

① 감자　　　② 고구마

③ 참외　　　④ 토란

■ 연작의 해가 적은 식물: 옥수수, 고구마, 무, 당근, 양파

64. 다음 중 연작의 해가 가장 큰 채소는?

① 무　　　② 배추

③ 파　　　④ 수박

■ 수박은 연작장해의 원인인 덩굴 쪼김병을 방지하기 위해 접목재배를 한다.

60 ①　61 ③　62 ②　63 ②　64 ④

65. 일정한 토지에 토마토를 연작하니 기지의 원인으로 풋마름병이 발생하였다. 다음 중 그 원인으로 가장 알맞은 것은?

① 유독물질의 축적
② 토양 pH의 알칼리화
③ 특정비료성분의 부족
④ 토양전염병의 해

■ 토마토 풋마름병, 수박 덩굴쪼김병 등은 연작에 의한 토양전염병이다.

66. 다음 중 윤작(돌려짓기)의 목적과 효과로 알맞은 것은?

① 토지이용도 향상, 지력증진, 건토효과
② 토지이용도 향상, 지력증진, 병충해경감
③ 지력증진, 비료절감, 토양부식 증가
④ 노력분배 합리화, 잡초감소, 토양오염 경감

■ 윤작의 효과는 지력의 유지 및 증진, 기지현상의 회피, 병해충 및 잡초의 경감, 토지이용도 향상 등 여러 가지가 있다.

67. 윤작(輪作)의 원리에 알맞지 않은 것은?

① 주작물(主作物)은 지역의 사정에 따라서 다양하게 변하고 있다.
② 토지의 이용도를 높이기 위하여 여름작물이나 겨울작물 중 한가지로 통일한다.
③ 지력유지를 위해 콩과작물이나 녹비(綠肥)작물이 포함된다.
④ 잡초의 경감을 위해서 중경작물(中耕作物)이나 피복작물(被覆作物)이 포함된다.

■ 토지의 이용도를 높이기 위해서는 여름작물과 겨울작물이 결합되어야 한다.

65 ④ 66 ② 67 ②

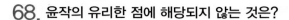

68. 윤작의 유리한 점에 해당되지 않는 것은?

① 토양 중 양분의 최대 이용

② 파종시기의 임의 결정 가능

③ 병충해 발생 감소

④ 수량의 감소 방지

■ 파종시기의 인위적인 결정은 불가능하다.

69. 식물체 내에서 물의 역할 중 가장 거리가 먼 것은?

① 식물의 체형을 유지시킨다.

② 식물의 체온을 조절한다.

③ 화아분화를 조절한다.

④ 광합성 등 화학 반응의 원료가 된다.

■ 화아분화는 온도와 일장에 의해 조절된다.

70. 수분 공급 부족으로 나타나는 현상이 아닌 것은?

① 세포의 비대 억제

② 세포벽의 생성 촉진

③ 광합성률 저하

④ 근채류의 뿌리비대 저하

■ 수분의 공급이 부족하면 단백질과 세포벽의 생성이 억제되어 잎이 작아진다.

71. 토양수분 부족시 광합성이 크게 제한되는 직접적인 원인으로 가장 중요한 것은?

① 기공폐쇄로 CO_2 공급 제한

② 엽온의 상승

③ 호흡의 억제

④ 염분농도의 증가

■ 토양수분이 부족하면 기공이 폐쇄되어 증산작용이 억제되고 이산화탄소의 공급이 제한된다.

68 ② 　69 ③ 　70 ② 　71 ①

72. 다음 중 원예식물이 흡수한 수분을 배출하는 가장 중요한 기관은?

① 잎 선단의 수공
② 잎 표면의 기공
③ 잎의 통도조직
④ 잎줄기의 표피조직

73. 증산작용이 왕성한 조건을 옳게 설명한 것은?

① 광도는 약할수록, 습도는 낮을수록, 온도는 높을수록
② 광도는 약할수록, 습도는 높을수록, 온도는 낮을수록
③ 광도는 강할수록, 습도는 높을수록, 온도는 높을수록
④ 광도는 강할수록, 습도는 낮을수록, 온도는 높을수록

74. pF 값은 무엇을 나타내는 단위인가?

① 토양용액의 산도
② 토양염류의 농도
③ 토양수분장력
④ 토양의 최대용수량

75. 원예 작물의 재배에 있어서 초기위조현상이 발생하는 pF 값은?

① 1.7
② 2.5
③ 3.9
④ 5.6

72 ② 73 ④ 74 ③ 75 ③

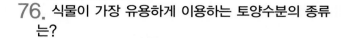

76. 식물이 가장 유용하게 이용하는 토양수분의 종류는?

① 중력수

② 모관수

③ 흡습수

④ 결합수

> ■ 모관수(毛管水): 표면장력에 의하여 토양공극 사이에서 중력에 저항하여 남아있는 수분으로, 지하수가 토양의 모관공극을 상승하여 공급된다. 식물이 주로 이용하는 수분이다.

77. 토양 유효수분의 범위는?

① 최대용수량과 포장용수량 사이

② 최대용수량과 최소용수량 사이

③ 포장용수량과 영구위조점 사이

④ 영구위조점과 흡습수 사이

> ■ 작물이 생장할 수 있는 토양의 유효수분은 포장용수량에서부터 영구위조점까지의 범위이다.

78. pH 6인 토양용액의 수소이온(H^+) 농도는 pH 5인 토양용액의 몇 배인가?

① 1/10 배   ② 1/2 배

③ 10 배   ④ 2 배

> ■ pH 6 = 10^6, pH 5 = 10^5

79. 다음 중 생리적 한해(旱害)의 원인은?

① 강우부족에 의한 한해

② 근계발달 불량에 의한 한해

③ 증산량과다에 의한 한해

④ 포장과습에 의한 한해

> ■ 포장과습으로 산소가 결핍하면 호흡의 저하와 흡수 에너지의 부족으로 오히려 흡수가 저해되어 위조상태에 이르는 경우가 있다.

76 ② 77 ③ 78 ① 79 ④

80. 가뭄해를 오히려 조장시키는 재배조건은?

① 질소다비와 밀식(密植)

② 퇴비 증시와 소식(疏植)

③ 제초와 멀칭

④ 질소감비와 건조농법

■ 질소비료의 과용은 엽면증산량이 과다해지고 작물의 밀식은 수분경합을 초래한다.

81. 내건성이 강한 작물의 형태적 특성이 아닌 것은?

① 잎맥(葉脈)과 울타리조직(柵狀組織)이 발달한다.

② 표면적/체적의 비(比)가 작다.

③ 지상부에 비해 근군(根群)의 발달이 좋다.

④ 잎의 두께가 얇다.

■ 내건성이 강한 작물은 잎조직이 치밀하고 다육화(多肉化)되어 잎이 두꺼운 편이다.

82. 다음 중 가뭄에 비교적 잘 견디는 과수는?

① 복숭아 ② 사과

③ 감 ④ 배

■ 복숭아의 뿌리는 건조에 강한 반면 물에 견디는 힘이 약하다.

83. 생육단계와 재배조건에 따른 내건성의 설명이 잘못된 것은?

① 작물의 내건성은 영양생장기보다 생식생장기에 더 약하다.

② 화곡류는 감수분열기에 가장 약하다.

③ 퇴비, 인산, 칼륨보다 질소를 많이 주고 밀식하였을 경우 내건성이 강해진다.

④ 건조한 환경에서 생육시키면 내건성은 증대한다.

■ 질소비료의 과용은 경엽이 무성하여 엽면증산량이 과다해지고 밀식은 수분경합을 초래하여 내건성이 약해진다.

80 ① 81 ④ 82 ① 83 ③

84. 다음 중 한해(旱害)의 대책으로 가장 적당한 것은?

① 토양입단을 파괴한다.
② 지면을 피복한다.
③ 잡초를 제거하지 않는다.
④ 밭에서는 뿌림골을 높게 한다.

■ 한해의 대책은 토양입단을 조성하고 잡초를 제거하며 밭에서는 뿌림골을 낮게 하는 것이다.

85. 다음 중 내건성 작물의 특성으로 알맞은 것은?

① 세포액의 삼투압이 낮다.
② 원형질의 점도가 높다.
③ 표면적이 크다.
④ 기공이 크다.

■ 작물의 내건성은 세포액의 삼투압이 높을수록, 원형질의 점도가 높을수록, 표면적이 작을수록, 기공이 작을수록 크다.

86. 다음 중 과습의 피해가 나타날 수 있는 상태는?

① 최대용수량
② 포장용수량
③ 수분당량
④ 초기위조점

■ 모관수가 최대로 포함된 상태 즉, 토양의 모든 공극이 물로 포화된 상태를 말한다.

87. 토양수분 과다로 인한 습해의 가장 큰 원인은?

① 입단파괴로 인한 토양구조의 불량
② 토양의 통기불량에 의한 산소부족
③ 식물체를 지지하는 뿌리의 부실
④ 세균의 수월한 번식과 침입

■ 토양산소가 부족하면 작물의 생리작용이 저해되고 유해물질이 발생한다.

84 ② 85 ② 86 ① 87 ②

88. 작물에 습해(濕害)가 일어나는 생리적 원인은?

① 식물체 조직의 해부학적 결함

② 작물의 수분 과잉흡수로 인한 병해

③ 토양중 산소부족에 의한 뿌리의 호흡저해와 환원성 유해물질에 의한 뿌리썩음

④ 작물이 습해에 견디려는 품종 또는 생육시기의 저항성 결여

■ 작물의 토양 최적함수량이 넘어 과습상태가 지속되면 토양산소가 결핍되고 각종 환원성 유해물질이 생성되어 작물의 생리작용이 저해되고 근부·지상부의 황화 및 고사가 초래된다.

89. 습해가 저온인 겨울철보다 고온인 여름에 더 심한 이유는?

① 생장이 왕성하기 때문에

② 증산작용이 저하하기 때문에

③ 뿌리의 호흡이 저해되기 때문에

④ 환원성 유해물질의 생성 때문에

■ 여름철에는 과습으로 인해 황화수소(H_2S), 아산화철(FeO) 등의 환원생성물이 생긴다.

90. 겨울철 습해의 주된 원인은?

① 토양의 통기불량

② 산화환원전위의 저하

③ 유기산의 생성

④ 황화수소의 생성

■ 봄·여름의 습해는 지온의 상승으로 미생물이 활동하여 ②③④의 현상이 일어난다.

91. 다음 중 내습성이 약한 작물은?

① 통기계가 발달되어 있다.

② 뿌리의 피층세포가 직렬이다.

③ 뿌리조직의 목화가 일어나기 어렵다.

④ 환원성 생성물질에 대한 저항성이 크다.

■ 목화된 뿌리는 환원상태의 토양 중에서도 환원생성물의 뿌리로의 침입이 저지되어 뿌리의 썩음에 견딘다. 뿌리 외피 세포막의 목화정도가 심한 작물이 습해에 강하다.

88 ③ 89 ④ 90 ① 91 ③

92. 습해 대책에 해당되지 않는 것은?

① 휴립재배

② 과산화석회 시용

③ 심층시비

④ 토양개량제 시용

93. 식물생육에 영양원이 되는 무기성분 중 미량원소로만 묶여진 것은?

① Fe, Mn, B   ② Ca, Mg, B

③ Mo, P, Ca   ④ N, Mn, B

94. 채소의 전생육기간 중 가장 많이 흡수되는 원소는?

① 질소(N)   ② 인산(P)

③ 칼륨(K)   ④ 석회(Ca)

95. 수확기 또는 수확종료 시에 이르기 30~40일 전의 양분 흡수가 전흡수량의 60% 이상을 차지하는 것은?

① 파   ② 무

③ 당근   ④ 배추

96. 다음 중 식물에 흡수되는 질소의 형태는?

① N, N_2 ② N_2, NH_4^+

③ NH_4^+, NO_3^- ④ NH_4^+, N_2

92 ③   93 ①   94 ③   95 ④   96 ③

97. 다음 중 병의 발생을 특히 많게 하는 것은?

① 규산(Si)
② 칼슘(Ca)
③ 질소(N)
④ 인산(P)

■ 질소가 과다하면 작물체는 수분 함량이 많아지고 세포벽이 얇아지며 병·해충에 대한 저항성이 떨어진다.

98. 잎색이 진하고 과실의 착색이 지연되는 현상이 나타났다면 다음 중 어느 성분의 과다인가?

① 질소(N)
② 인산(P)
③ 칼륨(K)
④ 석회(Ca)

■ 질소(N)가 과다하면 잎색이 진해지고 과실의 착색이 지연된다.

99. 작물체 내에서 이동이 가장 쉬운 양분은?

① 석회(Ca)
② 인산(P)
③ 규소(Si)
④ 철(Fe)

■ 인산(P)은 체내의 이동성이 매우 높다.

100. 다음 비료성분 중 식물의 뿌리발달 촉진과 가장 관계가 깊은 것은?

① 질소(N)
② 인산(P)
③ 칼륨(K)
④ 석회(Ca)

■ 인산(P)은 뿌리의 발육을 촉진하며, 부족하면 뿌리의 성장이 정지하게 된다.

101. 인산질 비료가 질소나 칼륨질보다 이용률이 떨어지는 주된 이유는?

① 빗물에 의하여 쉽게 유실되므로
② 수용성 성분이 적으므로
③ 탈질되기 쉬워서
④ 철이나 알루미늄과 결합하여 고정되므로

■ 인산은 토양 중의 철, 알루미늄과 잘 결합한다.

보충

97 ③   98 ①   99 ②   100 ②   101 ④

102. 식물체 내에 가장 많이 함유되어 있고 중요한 생리적 기능을 하는 양(+)이온은?

① 칼륨(K)　　② 철(Fe)

③ 질소(N)　　④ 붕소(B)

■ 칼륨은 K^+의 형태로 이용되며 광합성 및 생화학적 기능에 중요한 역할을 한다.

103. 고구마 덩이뿌리의 비대에 가장 영향이 큰 성분은?

① 질소(N)　　② 인산(P)

③ 칼륨(K)　　④ 붕소(B)

■ 칼륨(K)이 부족하면 고구마의 덩이뿌리 비대가 불량해진다.

104. 오이의 쓴맛(苦味)이 생기는 원인으로 볼 수 있는 것은?

① 철분결핍이 계속된다.

② 노지 억제재배에서 나타난다.

③ 백다다기계 품종에서 나타난다.

④ 칼륨이 부족하다.

■ 오이의 쓴맛은 엘라테린(elaterin)이라는 알칼로이드의 영향이며, 환경조건이 나쁘거나 칼륨이 부족할 때 생긴다.

105. 다음 중 과실의 비대 생장에 가장 크게 관여하는 것은?

① 인산(P)　　② 마그네슘(Mg)

③ 칼륨(K)　　④ 칼슘(Ca)

■ 칼륨(K)이 부족하면 과실의 비대가 불량할 뿐만 아니라 형상과 품질이 나빠진다.

106. 식물체 내에서 이동이 잘 안되는 원소는?

① 질소(N)　　② 칼륨(K)

③ 칼슘(Ca)　　④ 마그네슘(Mg)

■ 칼슘(Ca)은 보통 식물의 잎에 함유량이 많으며 종자나 과실에는 적고 체내의 이동성이 매우 낮다.

102 ①　103 ③　104 ④　105 ③　106 ③

107. 다음 중 칼슘(Ca)의 요구량이 가장 큰 것은?

① 양파 　　　　　　② 딸기

③ 당근 　　　　　　④ 무

■ 칼슘의 요구량이 가장 큰 채소는 양파, 양배추, 셀러리, 상추, 시금치 등이다.

108. 마그네슘(Mg) 결핍증상과 거리가 먼 증상은?

① 늙은 잎에서 먼저 나타난다.

② 칼륨질 비료의 시용이 지나치게 많을 경우 나타난다.

③ 잎맥 사이의 색이 누렇게 변한다.

④ 잎의 끝과 둘레가 갈색으로 변한다.

■ ④는 칼륨의 결핍증상으로, 칼륨이 부족하면 식물의 생장점이 말라 죽으며 잎의 끝과 둘레가 황화 또는 갈색으로 변한다.

109. 아래 설명에 해당하는 무기양분은?

- 세포벽의 목질화와 관계가 있다.
- 당의 수송과 관련이 깊다.
- 무에서 이 성분이 결핍되면 뿌리내부가 흑색으로 변한다.

① 망간(Mn) 　　　　② 아연(Zn)

③ 붕소(B) 　　　　　④ 구리(Cu)

■ 붕소(B)에 관한 설명이다.

110. 비료의 분류 중 주성분에 따른 분류가 잘못된 것은?

① 질소질비료: 요소, 황산암모늄, 석회질소, 계분

② 인산질비료: 과석, 용성인비, 골분

③ 칼륨질비료: 염화칼륨, 황산칼륨, 초산칼륨

④ 유기질비료: 퇴비, 두엄, 용성인비, 염화칼륨

■ 용성인비, 염화칼륨, 황산암모늄, 과석은 무기질비료이다.

107 ① 　108 ④ 　109 ③ 　110 ④

111. 다음 중 속효성비료에 속하지 않는 것은?

① 요소

② 퇴비

③ 황산암모늄

④ 염화칼륨

■ 속효성비료: 요소, 황산암모늄, 과석, 염화칼륨
지효성비료: 퇴비, 구비

112. 다음 비료 중 생리적 염기성비료는?

① 황산칼륨 ② 황산암모늄

③ 용성인비 ④ 염화암모늄

■ 황산칼륨, 황산암모늄, 염화암모늄은 생리적 산성비료이다.

113. 다음 중 화학적 · 생리적 중성비료는?

① 황산암모늄 ② 염화칼륨

③ 요소 ④ 석회질소

■ 요소, 질산칼륨, 질산암모늄 등은 화학적 · 생리적 중성비료이다.

114. 비료의 흡수율을 지배하는 요인이 아닌 것은?

① 비료의 화학적 형태

② 비료의 부성분

③ 토양조건

④ 시용방법

■ 비료의 주성분이 비료의 흡수율을 지배하는 요인 중 하나이다.

115. 석회물질 100g을 토양에 처리하였을 때 토양의 중화력이 가장 큰 것은?

① 생석회 ② 소석회

③ 탄산석회 ④ 인광석

■ 생석회(CaO)의 칼슘함량은 80%로 소석회 Ca(OH)$_2$: 60%, 탄산석회(CaCO$_3$): 45%에 비해 높은 편이다.

111 ② 112 ③ 113 ③ 114 ② 115 ①

116. 비료의 효과가 오랫동안 지속적으로 나타나는 것이 좋은 경우가 아닌 것은?

① 생육기간이 긴 경우
② 초세를 계속 유지시킬 경우
③ 멀칭재배할 경우
④ 식물을 빨리 수확해야 하는 경우

■ 멀칭재배를 하면 생육 중에 시비가 어려워 한 번 시비한 비료가 서서히 분해되어 전 생육기간에 걸쳐 지속적으로 효과를 나타내는 것이 좋다.

117. 다음 중 작물의 시비시기를 잘못 설명한 것은?

① 인산, 칼륨, 석회질비료는 주로 추비로 준다.
② 퇴비, 깻묵 등 지효성비료는 주로 기비로 준다.
③ 요소, 유안 등 속효성 질소비료는 생육기간이 극히 짧은 작물을 제외하고는 주로 나누어준다.
④ 생육기간이 길고 시비량이 많은 경우일수록 질소의 기비량을 줄이고 추비량을 많게 하여 추비 횟수를 늘린다.

■ 인산, 칼륨, 석회질비료는 주로 기비로 준다.

118. 다음 중 채소의 시비 방법으로 알맞은 것은?

① 인산과 칼륨은 밑거름으로 전량을 주고 질소의 전량은 웃거름으로 준다.
② 가뭄이 계속될 때에 웃거름은 물주기를 겸해서 나누어 준다.
③ 웃거름은 반드시 포기 근처에 주고 흙을 덮지 않는다.
④ 붕소거름은 반드시 엽면시비로만 준다.

■ 인산은 전량을 밑거름으로 주고, 질소와 칼륨은 30~70%를 밑거름으로, 나머지를 웃거름으로 준다. 웃거름은 뿌리에 직접 닿지 않도록 흙과 섞어서 준다.

116 ④   117 ①   118 ②

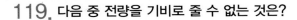

119. 다음 중 전량을 기비로 줄 수 없는 것은?

① 퇴비

② 석회

③ 인산질비료

④ 화학비료

■ 퇴비, 석회, 인산질비료는 전량을 기비로 주고, 화학비료는 일부는 기비, 나머지는 추비로 준다.

120. 비료의 이용률은 여러 가지 요인의 영향을 받는다. 다음 중에서 비료의 이용률에 직접 영향을 미치는 요인이 아닌 것은?

① 비료의 성분함량

② 작물의 종류 및 품종

③ 시비시기

④ 비료의 화학적 형태

■ 비료에 함유되어 있는 특정 성분의 함량 자체는 비료의 이용률에 영향을 미치지 못한다.

121. 과실을 수확하는 작물의 결과기(結果期)에 특히 중요한 비료성분은?

① 인산과 칼륨

② 질소와 인산

③ 질소와 칼륨

④ 질소와 석회

■ 인산과 칼륨은 과실의 발육과 품질향상에 특히 중요한 비료성분이다.

122. 엽면시비가 효과적인 경우는?

① 특정성분이 지나치게 많이 흡수되었을 때

② 초세를 천천히 증가시킬 때

③ 뿌리의 흡수기능이 불량할 때

④ 토양의 수분이 적당할 때

■ 엽면시비가 효과적인 경우: 식물에 미량원소 결핍증이 나타났을 경우, 식물의 영양상태를 급속히 회복시켜야 할 경우, 토양시비로서 뿌리 흡수가 곤란할 경우

119 ④   120 ①   121 ①   122 ③

보충

123. 다음 중 엽면시비의 목적과 거리가 먼 것은?

① 잎의 생장을 촉진시키고자 한다.

② 특정 성분의 결핍을 예방하고자 한다.

③ 영양 부족 상태를 급속히 회복하고자 한다.

④ 토양 시비의 어려움을 극복하고자 한다.

■ 엽면시비는 뿌리의 흡수능력이 약해졌을 때 비료를 용액으로 만들어 잎, 줄기, 엽병 등을 통해 식물에게 공급하는 방법이다.

124. 식물의 엽면시비에 대한 설명으로 적합하지 않은 것은?

① 살포된 무기양분은 주로 기공을 통해 흡수된다.

② 엽면시비에 이용되는 양분은 전부 미량원소이다.

③ 엽면시비는 토양시비의 보조수단으로 이용된다.

④ 영양부족상태를 신속히 회복시키고자 할 때 이용한다.

■ 엽면시비의 살포액은 미량원소뿐만 아니라 질소, 인산, 칼륨 및 농약과의 혼용도 가능하다.

125. 엽면시비에 많이 이용되는 미량원소는?

① C, H, O

② N, P, K

③ Ca, S

④ Ca, Mg

■ 엽면시비에는 Ca와 Mg 등 각종 미량원소와 질소질비료 중 요소가 많이 이용된다.

126. 다음 중 요소의 엽면시비에 대한 설명으로 틀린 것은?

① 잎의 표면보다는 뒷면에서 더욱 잘 흡수된다.

② 살포액은 보통 약알칼리성 상태에서 가장 잘 흡수된다.

③ 일반 노지식물은 0.5~2%의 농도로 살포한다.

④ 피해가 나타나지 않는 범위 내에서는 살포액의 농도가 높을 때 흡수가 빠르다.

■ 엽면흡수에 적당한 살포액의 pH는 식물의 종류에 따라 다르기는 하지만 보통 약산성 상태에서 가장 잘 흡수된다.

123 ① 124 ② 125 ④ 126 ②

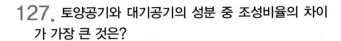

127. 토양공기와 대기공기의 성분 중 조성비율의 차이가 가장 큰 것은?

① 질소   ② 산소

③ 이산화탄소   ④ 수소

■ 대기 중의 이산화탄소는 0.03%, 토양공기중의 이산화탄소는 0.25% 정도로 7~8배의 차이가 난다.

128. 탄산시비(炭酸施肥)를 하는 목적은 무엇인가?

① 호흡작용의 증대를 위해서

② 비료흡수를 돕기 위해서

③ 광합성의 증대를 위해서

④ 증산작용의 증대를 위해서

■ 광합성의 증대를 위해 인공적으로 대기중의 이산화탄소 농도를 높여주는 것을 탄산시비라 한다.

129. 작물이 생육하고 있는 토양 중의 이산화탄소 농도는?

① 나지(裸地)보다 낮다.

② 나지보다 현저히 낮다.

③ 나지보다 높다.

④ 나지와 같다.

■ 토양유기물의 분해와 뿌리의 호흡작용 등으로 토양 중의 이산화탄소 농도는 나지보다 높다.

130. 작물이 재배되는 경지(耕地)의 이산화탄소 농도 변화를 잘못 설명한 것은?

① 야간이 주간보다 높다.

② 겨울철이 여름철보다 높다.

③ 주간에 식물의 군락내부가 대기보다 높다.

④ 퇴비를 시용한 지표면이 식물군락내부보다 높다.

■ 주간에는 식물의 군락내부가 대기보다 낮고, 야간에는 군락내부가 대기보다 높다.

127 ③   128 ③   129 ③   130 ③

131. 원예작물의 재배환경 중 공기에 대한 설명이 옳은 것은?

① 풍속이 4~6m/s에서는 습도가 높아진다.

② 공기 중의 산소는 광합성의 재료가 된다.

③ 이산화탄소는 식물의 호흡 작용에 반드시 필요하다.

④ 연풍은 증산작용을 증가시키고, 이산화탄소를 공급하는 효과가 있다.

■ 풍속 4~6m/s의 연풍은 증산작용을 촉진하며, 공기 중의 이산화탄소는 식물의 광합성에 반드시 필요하다.

132. 다음 중 강풍에 의한 생리적 장해로 볼 수 없는 것은?

① 광합성 저하

② 호흡증가로 양분소모 촉진

③ 도복과 상처로 부패 발생

④ 건조해 유발

■ 강풍에 의한 생리적 장해는 ①②④ 외에 작물의 체온 저하나 토양의 유실 등이 있다. 상처, 도복(倒伏), 낙과(落果), 낙화(落花) 등은 강풍에 의한 기계적 장해이다.

133. 풍해(風害)의 장해현상으로 볼 수 없는 것은?

① 풍속이 강해지면 이산화탄소의 흡수가 증가하여 광합성이 촉진된다.

② 작물이 강풍에 의해 상처를 받으면 호흡이 증대한다.

③ 과수류와 과채류가 풍해를 받으면 열상·낙과를 초래한다.

④ 벼가 풍해를 받으면 수분·수정이 장해되어 불임립·쭉정이 등이 발생된다.

■ 풍속이 강해지면 이산화탄소의 흡수가 감소하여 광합성이 억제된다.

131 ④　132 ③　133 ①

II 과 수

제1장 과수의 품종 및 번식

1. 과수의 분류 및 품종

1. 과수의 특성에 따른 분류

1 재배지의 기후에 의한 분류

① 열대 과수: 바나나, 파인애플 등
② 아열대 과수: 감귤, 비파 등
③ 온대 과수: 배, 포도, 복숭아, 감 등
④ 한랭지 과수: 사과, 나무딸기 등

2 낙엽 상태에 의한 분류

① 상록 과수: 감귤, 비파 등
② 낙엽 과수: 사과, 배, 포도, 복숭아 등

3 과실의 구조 및 형질에 의한 분류

① 인과류(仁果類): 사과, 배, 비파, 마르멜로 등
② 준인과류(準仁果類): 감귤, 감
③ 핵과류(核果類): 복숭아, 자두, 살구, 매실, 대추 등
④ 장과류(漿果類): 포도, 무화과, 나무딸기 등
⑤ 각과류(殼果類): 밤, 호두, 개암 등

4 꽃의 발육 부분에 따른 분류

① 진과(眞果): 암술의 양쪽 벽이 비대된 것으로 감, 포도, 복숭아, 감귤류, 매실, 은행, 자두 등이 있다.
② 위과(僞果): 꽃받침이 발달해서 과실이 되는 경우로 사과, 배, 비파, 무화과 등이 있다.

과실의 형태적 특성

- 인과류: 꽃받침 비대부분이 과육이다.
- 준인과류: 씨방이 자라서 과육이 된다.
- 핵과류: 씨방의 중과피가 비대된 것으로 과실 속에 단단한 핵이 있다.
- 장과류: 씨방의 외과피가 비대한다.
- 각과류: 씨의 자엽부분을 식용한다.

2. 품종의 특성

① 우량품종의 육성 및 보존

품종 중에서 재배적 특성이 우수한 것을 우량품종이라 하며 우량품종이 되려면 기본적으로 다음의 조건을 구비하여야 한다.

① 균일성: 품종 안의 모든 개체들의 특성이 균일해야만 재배 · 이용상 편리하다. 특성이 균일하려면 모든 개체들의 유전질이 균일해야 한다.

② 우수성: 재배적 특성이 다른 품종들보다 우수해야 한다.

③ 영속성: 균일하고 우수한 특성이 대대로 변하지 않고 유지되어야 한다. 특성이 연속되려면 종자번식작물에서는 유전질이 균일하게 고정되어 있어야 한다. 그리고 종자가 유전적 · 생리적 · 병리적으로 퇴화하는 것이 방지되어야 한다.

② 품종의 성립과 변천

① 동일작물 내에서 재배자가 희망하는 방향에 따라 선발을 계속하는 경우 처음에는 형태와 성질이 약간 다른 정도의 것이 선발되지만 긴 세월에 걸쳐서 선발이 계속되는 경우에는 다른 것과 완연히 구별되는 특별한 유형의 것이 품종으로 성립된다.

② 재배분포가 넓고 재배역사가 오래된 것일수록 품종의 수효가 많은 경향이 있다. 오늘날에는 육종사업의 발달로 품종성립의 속도가 급진적으로 되었으며 품종분화는 더욱 세분화되어 가고 있는 실정이다.

③ 품종에 대한 요구조건은 사람의 기호, 일반의 경제사정, 농업기계의 발달 등과 같은 시간적 · 시대적인 흐름에 따라 변화하게 된다.

③ 품종의 퇴화

우량한 신품종이라 하더라도 재배세대가 경과하는 동안에 유전적 · 생리적 · 병리적으로 퇴화하는 것을 품종 또는 종자의 퇴화라 한다.

① 유전적 퇴화: 작물의 종류에 따라 다르나 이형유전자형의 분리, 자연교잡, 돌연변이, 이형종자의 기계적 혼입 등이 있다.

② 생리적 퇴화: 재배환경(토양환경, 기상환경 및 생물환경)과 재배적 조건 등의 불량으로 생리적으로 열세화하여 생산력과 품질의 저하와 그에 따른 우수성이 저하되는 경우이다.

③ 병리적 퇴화: 종자로 전염하는 병해나 바이러스병 등으로 퇴화하는 것을 말한다.

> **연구 감자의 병리적 퇴화**
>
> 씨감자는 진딧물에 의해 전염되는 바이러스병으로 인해 병리적으로 퇴화하기 때문에 무병주 (virus free) 개체의 증식이 가능한 생장점 배양이나 진딧물의 발생이 억제되는 고랭지 재배로 퇴화를 억제해야 한다.

④ 우량품종의 유지

① 종자의 퇴화를 방지하고 품종의 특성을 유지하기 위해서는 육성된 신품종이나 기존우량품종의 종자를 증식을 위한 기본식물종자로 사용한다.

② 품종의 퇴화를 방지하는 동시에 특성을 유지하는 방법

영양번식	영양번식하면 유전적 원인에 의한 퇴화가 방지된다.
격리재배	격리재배하면 자연교잡이 방지된다.
종자의 저온저장	새 품종의 종자를 고도로 건조시켜 밀폐 냉장하여 두고 해마다 종자증식의 기본식물종자로 사용한다.
종자갱신	체계적으로 퇴화를 방지하면서 채종한 종자를 해마다 보급한다.

3. 원예식물의 육종

① 육종의 개요

육종(育種, breeding)이란 현재 재배되고 있는 작물의 유전적 소질을 개량하여 품질이 우수하고 생산성이 높으며 수익성과 이용가치가 더 높은 새로운 품종을 만들어 내는 기술로서 품종개량이라고도 한다.

> **연구 식물의 유전자원**
>
> 1. 식물 유전자원은 변이를 말하며 변이는 오랜 세월동안 돌연변이와 교배, 자연 혹은 인위적 선발과정을 거쳐 축적 및 형성되었다.
> 2. 변이는 육종의 기본 소재가 된다.
> 3. 유전자원의 확보는 앞으로의 육종의 가능범위를 결정한다.
> 4. 식물 유전자원의 수집·보존 및 이용은 인류의 생존을 위하여 필요하다.

② 육종의 목표 및 효과

수량을 증대하고 품질을 향상시키며 내병충·내재해성 등을 높여 수확의 안정성을 높이고 경영의 합리화를 도출하여 농업수입을 증대하는 것을 목표로 한다.

① 신품종의 출현: 우리나라에서는 채소·화훼류를 제외한 모든 작물의 품종은 정부가 직접 육종하여 농가에 분배 보급하고 있다.

② 경제적 효과: 다수성 품종의 보급에 의한 단위면적당 수량 증대 및 저항성 품종의 보급에 의한 생산비절감 등 신품종의 보급으로 얻어지는 경제적 이익은 매우 크다.

③ 재배한계의 확대: 육종에 의해 농작물 재배의 지리적·계절적 한계를 확대시킬 수 있다.

④ 품질의 개선: 과수류·채소류·화훼류 및 공예작물 등에서 현저한 품질 개선의 예를 찾아볼 수 있다.

⑤ 재배안정성의 증대: 냉해·병해·충해 등에 대한 저항성을 향상시킨 신품종의 보급은 작황의 안정성을 높인다.

⑥ 경영의 합리화: 신우량 품종의 육성 보급을 통해서 윤작체계를 합리화시킬 수 있으며 수확·탈곡에 기계를 도입할 수 있다. 따라서 생산비를 절감하여 경영의 합리화를 도모한다.

③ 육종의 방법 및 과정

초기에는 자연돌연변이나 자연교잡으로 생긴 변이 중 종래의 품종보다 우량한 것을 선발·증식하여 재배해 왔으나 현재는 변이개체를 인공적으로 만들어내는 방법과 이들 중에서 좋은 계통을 골라내는 방법이 발달하여 새로운 우량품종들이 많이 육성되고 있다.

1 도입육종법

이미 육성된 품종이나 육종 소재를 외국으로부터 도입하여 그대로 품종이나 육종 재료로 사용하는 방법이다.

① 비용이 적게 들고 단시일내에 신품종을 얻을 수 있는 것이 도입육종법의 장점이다.

② 외국품종을 도입할 때는 식물방역에 주의하고, 직접 재배에 공용할 것은 생태조건이 비슷한 지방으로부터 도입해야 적응성이 크다.

③ 국내에서 품종개량이 어려운 과수나 화훼 품종 등은 외국에서 육종된 품종을 국내적 응시험을 거쳐 사용하는 경우가 있다.

2 분리육종법

교배과정을 거치지 않고 재래종 집단 내에 있는 우수한 개체들을 선발하고 고정하여 품종으로 만드는 방법으로 선발육종법이라고도 한다. 분리육종법은 순계분리법과 계통분리법으로 나눌 수 있으며 마늘과 같이 종자가 전혀 생산되지 않는 경우 거의 유일한 품종개량 방법이다.

① 순계분리법: 기본집단에서 개체선발을 하여 우수한 순계를 가려내는 방법으로 벼·보리·콩 등 자가수정작물에서 주로 이용된다.

② 계통분리법: 기본집단에서 개체별이 아니라 처음부터 집단적인 선발을 계속하여 우수한 계통을 분리하는 것으로서 순계분리법처럼 완전한 순계를 얻기는 힘들다. 타가수정작물에서 주로 이용된다.

3 교잡육종법

교잡에 의해서 유전적 변이를 작성하고 그 중에서 우량한 계통을 선발하여 신품종으로 육성하는 방법으로 멘델의 유전법칙을 근거로 하여 성립하며 가장 널리 사용되고 있는 육종법이다.

① 계통육종법: 계통육종법은 교잡을 한번 시킨 다음 F_2세대(잡종분리세대)부터 순계분리법에 준하여 항상 개체선발과 선발개체의 계통재배를 계속하여 우수한 순계집단을 얻어서 신품종으로 육성하는 방법이며, 자가수정작물에 적용되어 왔다.

② 집단육종법은 계통이 거의 고정되는 F_5~F_6세대까지는 교배조합별로 보통재배를 하여 집단선발을 계속하고, 그 후에 가서는 계통선발법으로 전환시키는 방법이며 초기세대에는 개체선발보다 집단선발이 적당하다는 견해에 근거를 둔 육종법이다.

③ 여교잡법: A품종은 수량, 품질 등이 우수하나 특정 병에 약할 때 그 병에 강한 B품종을 찾아내어 A와 B를 교잡한 후 그 1대잡종(F_1)을 다시 B품종에 교잡하는 것으로 육종의 시간과 경비를 절약할 수 있다.

> **연구 여교잡법의 적용**
>
> 1. 어떤 품종이 소수의 유전자가 관여하는 우량형질(내병성 등)을 가졌을 때 이것을 다른 우량 품종에 도입하고자 할 경우
> 2. 염색체의 수나 구성이 다른 즉 게놈이 다른 타종(他種) 또는 타속(他屬)에 속하는 유전자를 도입하려고 할 경우
> 3. 양적 형질의 경우 두 품종에 나누어져 있는 것을 하나의 새로운 품종에 종합하려고 할 때
> 4. 몇개의 품종에 분산되어 있는 각종 형질을 전부 가지는 신품종을 육성하고자 할 경우
> 5. (A×B)×B 또는 (A×B)×A의 형식이며 한번 교잡시킨 것을 1회친, 두번 이상 교집시킨 것을 반복친이라고 한다.

4 잡종강세육종법

잡종강세가 왕성하게 나타나는 1대잡종(F_1) 그 자체를 품종으로 이용하는 육종법이며, 1대잡종이용법이라고도 한다. 어버이식물을 일정한 상태로 유지하면서 해마다 1대잡종을 만들어서 재배하면 1대잡종도 고정된 품종과 거의 비슷하게 해마다 거의 동일상태의 것을 이용할 수 있다.

> **연구 1대잡종 종자의 선호 이유**
>
> 값이 비싸고 매년 바꾸어 써야 하는 단점이 있으나 다수확성, 균일성, 강건성, 강한 내병성으로 많이 사용하고 있다. 1대 잡종에서 수확한 종자를 다시 심으면 변이가 심하게 일어나 품질과 균일성이 크게 떨어져 계속 사용이 불가능하므로 매년 구입하여 사용하는 것이 좋다.

① 잡종강세 이용의 구비조건

   ⑦ 1회의 교잡에 의해서 많은 종자를 생산할 수 있어야 한다.

   ⑭ 교잡 조작이 용이하여야 한다.

   ⑮ 단위 면적당 재배에서 요하는 종자량이 적어야 한다.

   ⑯ F_1을 재배하는 이익이 F_1을 생산하는 경비보다 커야 한다.

② 잡종강세육종법의 적용식물: 잡종강세는 타가수정작물에서 강하게 나타나지만 실제 이용면에서 보면 그보다도 교배종자를 손쉽게 생산할 수 있는 식물 및 한 교배에서 많은 종자가 생산되는 식물에서 많이 이용된다. 또한 채종능률이 나빠도 불화합성 또는 웅성불임성 등을 이용할 수 있는 식물에 대해서도 이용된다.

연구 잡종강세육종법의 이용

인공교배 이용	토마토, 오이, 가지, 수박 등
자가불화합성 이용	배추, 양배추, 무 등
웅성불임성 이용	양파, 고추, 당근 등
암수 다른 꽃 이용	오이, 수박, 옥수수 등
암수 다른 포기 이용	시금치 등

③ 잡종강세육종법의 종류

   ⑦ 단교잡법: 관여하는 계통이 2개뿐이므로 우량한 조합의 선정이 용이하고 잡종강세 현상이 뚜렷하다. 각 형질이 균일하고 불량형질이 나타나는 일이 별로 없다. 종자의 생산량이 적고, 종자의 발아력이 약하다.

   ⑭ 복교잡법: 단교잡법보다 품질이 균일하지 않으나, 채종량이 많고 종자가 크다.

   ⑮ 자식 또는 근친 교배계통 A, B, C, D가 있는 경우 단교잡법은 A×B · C×D이고, 복교잡법은 (A×B)×(C×D)이다.

연구 수분 및 수정 관련 용어

- 불임성: 수분을 하여도 수정 및 결실이 되지 못하는 현상
- 불화합성: 생식기관이 건전한 것끼리 근연간의 수분을 할 때에도 수정 및 결실되지 못하는 현상
- 자가불화합성: 암술과 수술 모두 정상적인 기능을 갖고 있으나 자기꽃가루받이를 못하는 현상
- 웅성불임: 암술은 건전하지만 수술이 불완전하여 불임성을 나타내는 현상

---

5 배수체육종법

염색체 수를 늘이거나 줄여서 생겨나는 변이를 육종에 이용하는 것으로 우수한 품종을 새로 육성하는 방법이다.

① 배수체를 늘이는 데는 콜히친(colchicine)이라는 약제를 사용한다.

② 수박의 염색체 수는 2n = 22이나 염색체를 배가시켜 4n을 만들고 2n×4n의 방법으로 3배체(3n)의 씨없는 수박을 만들기도 한다.

6 돌연변이육종법

돌연변이는 식물에 없던 형질이 유전자나 염색체 수의 변화에 의해 생겨난 것으로 자연적 돌연변이와 인위적 돌연변이가 있다.

① 자연적 돌연변이는 발생빈도가 낮으나 과수의 아조변이를 육종에 이용하며 인위적 돌연변이는 유전자, 염색체, 세포질 등에 자외선, X선, 감마선, 중성자, 화학약품 등으로 돌연변이를 유발시켜서 새로운 품종으로 육성하는 육종방법이다.

② 작물육종에 이용가능한 변이는 유전적 변이로 교잡변이, 돌연변이, 아조변이 등이 있다.

2. 과수의 번식

원예식물의 번식방법에는 종자로 번식하는 종자번식과 종자가 아닌 식물체의 일부분을 이용하여 번식하는 영양번식이 있다.

과수의 경우에는 주로 어미나무의 눈이나 가지를 다른 나무에 접착시켜 키우는 접목(접붙이기)을 많이 이용하며, 삽목(꺾꽂이)으로 번식되는 종류는 포도나무, 무화과, 사과나무의 대목으로 사용되는 환엽해당 등이다.

1. 접목의 의의

1 접목의 의의

① 접목이란 식물의 한 부분을 다른 식물에 삽입하여 그 조직이 유착(癒着)되어 생리적으로 새로운 개체를 만드는 것으로, 뿌리가 있는 부분을 대목(臺木), 장차 자라서 줄기와 가지가 될 지상부를 접수(接穗)라 한다.
② 접목은 대목과 접수의 특성을 근본적으로 잃어버린 것이 아니기 때문에 접수와 대목의 유전적 성질은 변하지 않는 것이 보통이나 교목으로 자랄 수 있는 성질과 병충해에 대한 저항성 같은 대목의 성질은 접수에 영향을 준다.
③ 접목은 접수와 대목의 형성층이 서로 밀착하도록 접하여 캘러스조직이 생기고 서로 융합되는 것이 가장 중요하며 접수와 대목의 친화력은 동종간 〉 동속이품종간 〉 동과 이속간의 순으로 크다.

2 접목의 효과

① 새로운 품종을 급속히 증식시킬 수 있다.
② 결과연령을 앞당긴다.
③ 병 · 해충에 대한 저항성을 높여준다.
④ 대목의 선택에 따라 수형이 왜성화될 수 있다.
⑤ 고접으로 노목의 품종을 갱신할 수 있다.
⑥ 모수의 특성 계승 등 클론의 보존이 가능하다.
⑦ 수세를 조절하고 수형을 변화시킬 수 있다.

3 접목의 단점

① 접목의 기술적 문제가 수반되므로 숙련공이 필요하다.
② 접수와 대목간의 생리관계를 알아야 한다.
③ 좋은 대목의 양성과 접수 보존 등 어려운 문제가 있다.
④ 일시에 많은 묘목을 얻을 수 없다.

2. 접목의 기술

① 접목유합에 미치는 인자

① 불화합성(不和合性, incompatibility): 상호 접목불화합성은 접목이 전혀 안되거나 접목률이 낮거나 접목이 되더라도 정상개체로서 성장을 못한다. 따라서 접목하기 전에 그 접목 화합성에 관하여 잘 알고 있어야 한다.

② 식물의 종류: 식물의 종류에 따라서 원래 접목이 어려운 것이 있고 또 잘되는 것이 있다. 식물에 따라 가장 알맞은 접목방법이 정해져 있다.

③ 온도와 습도: 접목 후에는 20~40℃의 온도가 유지되어야 캘러스조직의 발달에 유리하다. 특히 호두나무는 25~30℃ 정도의 온도가 유지되어야 접목에 성공할 수 있다. 접목 후에는 습도도 높게 유지되어야 하는데 특히 접수가 잎을 달고 있는 경우에는 높은 관계습도가 요구된다.

④ 대목의 활력: 접목을 할 때 대목의 생리상태가 접목률에 큰 영향을 준다. 특히, 접목 시에는 대목이 왕성한 세포분열을 하고 있을 무렵이 좋다. 또, 생장이 느리고 오래된 결과지에 아접(芽接)하는 것보다는 생장속도가 빠른 1년생의 왕성한 가지에 접을 하는 것이 접목률의 향상에 도움이 된다.

> **[연구] 대목과 접수의 친화력이 떨어지는 수종에서 발생하는 현상**
> - 같은 접목방법을 적용하여도 접목률이 낮거나 활착이 되지 않는다.
> - 처음 유착은 되었지만 1~2년 지나서 죽는다.
> - 수세가 현저하게 약하거나 가을에 일찍 낙엽이 진다.
> - 대목과 접수의 생장속도에 차이가 심하다.

② 대목의 준비

① 대목은 생육이 왕성하고 병충해 및 재해에 강한 묘목으로 접목하고자 하는 수종의 1~3년생 실생묘를 사용한다. 대목은 특히 근부의 발육이 좋은 직경 1~2㎝의 건묘를 사용하며 가급적 접수와 같은 공대를 사용하는 것이 활착률도 높고 불화합성도 낮다.

② 왜성대목를 사용하면 나무가 작아 작업이 편리하여 사과 등의 밀식재배에 많이 이용되고 있다. 왜성대목에는 M9, M27, M26 등이 있으며 최근 M9의 내한성 문제를 보완한 P2 대목이 개발되었다.

③ 일반적으로 대목은 접수와 같은 속이나 과에 속하는 식물을 이용하지만 탱자나무에 감귤을 접목하는 것과 같이 속이 다른 수종의 접목이 가능한 경우도 있다. 접목이 잘 되는 경우라면 가능한한 야생종을 대목으로 사용하는 것이 환경에 견디는 저항성이 높아진다.

연구 주요 수종의 접목용 대목

접 수	대 목	접 수	대 목
사과나무	해 당 화	대추나무	산 조 인
배 나 무	산돌배나무	매실나무	개복숭아

③ 접수의 채취 및 저장

① 접수는 품종이 확실하고 병충해와 동해를 입지 않은 직경 1㎝ 정도의 발육이 왕성한 1년생 가지가 좋다.

② 접수는 봄철에 수액이 유동하기 1~4주 전(2월 하순~3월 상순)에 채취하여 저장 후 사용하는 것이 좋고, 아접용 접수는 접목 직전에 채취한다.

③ 접수는 길이 30㎝ 정도로 잘라 20~50본씩 다발을 묶어서 온도 0~5℃, 공중습도 80%의 저장고 등에 접수 하단을 습한 모래에 묻어서 저장한다. 단, 아접용 접수는 엽병만 남기고 엽을 제거한 후 약제에 침지시키는 것이 좋다.

④ 밤나무, 호두나무 등 장기저장을 해야 하는 접수는 2~3주일 간격으로 온도, 습도, 눈의 발육여부 등을 관찰하여 저장고 바닥의 모래가 건조하지 않도록 주의해야 한다.

④ 접목의 시기

① 수종과 접목방법에 따라 차이가 있으나 대부분의 춘계 접목수종은 일평균기온이 15℃ 전후로 대목의 새 눈이 나오고 본엽이 2개가 되었을 때가 적기이다.

② 봄에는 나무의 눈이 싹트기 2~3주일 전인 3월 중순에서 4월 상순 사이가 적당하다.

③ 대목은 수액이 움직이기 시작하고 접수는 아직 휴면인 상태가 적기이다.

④ 여름접은 8월 상순에서 9월 상순 사이에 한다.

⑤ 접목 후의 관리

① 접목 후에는 접목용 비닐테이프로 접목부를 가볍게 묶고 노출된 접수부위는 접밀을
바른다.

② 접목 후 활착이 이루어져 접수가 생장기에 도달하면 접목 결박재료를 제거하여 접합
부의 이상적 팽대현상이 발생하지 않도록 한다.

③ 눈접이나 복접한 것은 활착된 뒤에 대목의 줄기를 잘라 주어야 하며, 대목에서 발생된
맹아는 수시로 제거하고 접수가 활착되어 발생된 맹아가 2~3개일 때는 충실한 것 1개
만 남기고 나머지는 제거한다.

> **연구 접 밀(接蜜)**
>
> 접밀은 접목 부위에 바르는 점성을 가진 물질로, 말라 죽기 쉬운 접수를 중심으로 대목에까지
> 외부로 증발되는 수분을 막아 접수의 활력을 유지하고 병균의 침입을 막는다. 접밀을 잘 발라
> 야 하는 부위는 접수의 맨 위쪽의 절단면과 대목과 접수가 연결되는 부위이다. 접밀은 송진, 파
> 라핀, 밀랍, 돼지기름을 끓여 이용하였으나 근래에는 수목 전정 후에 수분증발억제와 살균작용
> 을 하는 "발코트"를 구입하여 이용하면 편리하다.

3. 접목의 종류

① 절접(깎기접, 切接)

① 일반적으로 가장 널리 사용되는 방법으로 대목은 지상 약 5~10 ㎝높이에서 절단하
고, 절단면과 수직되게 수피가 평활한 곳을 택하여 목질부가 약간 들어가도록 하여 상
단부에서 밑으로 쪼갠다.

② 접수는 충실한 눈 2~3개를 붙여 4~5㎝의 길이로 잘라 한 쪽면을 1.5~2㎝ 가량 약간
목질부가 들어가도록 평활하게 깎아내고 그 반대면의 하단부를 30°정도로 경사지게 깎
아낸다.

③ 조제된 대목과 접수의 형성층을 맞춘 다음 비닐끈 등으로 묶어 움직이지 않게 고정시
키고 접수 노출부위에 접밀을 발라 접수의 건조를 방지한다.

④ 핵과류는 3월 중순~4월 상순, 사과·배는 3월 하순~4월 상순, 감은 4월 중~하순,
밤·귤은 4월 하순~5월 상순에 실시한다.

② 박 접(剝接)

① 밤나무에 많이 이용되며 접수보다 대목이 굵고 대목의 굵기가 3㎝ 이상인 경우에 적용된다. 일반적으로 저접보다 고접에 많이 쓰인다.
② 작업이 간단하며 활착률도 좋으나, 수액의 유동이 왕성하여 수피가 쉽게 벗겨지는 4월 하순~5월 상순이 적기이다.

③ 복 접(腹接)

① 대목의 중심을 지나지 않도록 대목의 중심부를 향하여 비스듬히 2~4㎝ 정도의 칼집을 내고 접수를 삽입한다.
② 활착이 되면 접붙인 부위의 위쪽 대목의 원줄기를 몇 차례 끊어준다.

④ 할 접(割接)

① 대목을 절단면의 직경방향으로 쪼개고 쐐기모양으로 깎은 접수를 삽입하는 방법으로 대목이 비교적 굵고 접수가 가늘 때 적용된다.
② 소나무류나 낙엽활엽수의 고접에 흔히 사용되며 직경이 큰 나무는 활착이 불량하다.

⑤ 아 접(눈접, 芽接)

① 접수 대신에 눈을 대목의 껍질을 벗기고 끼워 붙이는 방법으로 복숭아나무, 자두나무, 장미 등에 적용된다.
② 핵과류는 7월 하순, 사과ㆍ배는 8월 상순~9월 상순에 실시한다.

⑥ 순 접(綠枝接)

보통 6~7월에 실시하며, 깎기접이나 눈접으로 활착이 잘 되지 않는 호두나무 등의 번식에 이용된다.

⑦ 고접(높접, 高接)

땅 위로부터 높은 곳에 접붙이는 것으로 품종갱신, 수분품종 접목 등의 목적으로 이용한다. 절접, 아접, 순접 등의 방법이 적용된다.

3. 과수의 재식

1. 과수원의 개원

① 품종 선택의 고려사항

① 오랜 기간 수익을 보장받을 수 있는 품종
② 수확되는 시기를 고려하여 단경기 또는 출하량이 적은 시기에 수확하여 판매할 수 있는 품종
③ 시장성을 보장해 줄 수 있는 품종
④ 생력재배가 가능하고 경영규모를 확대할 수 있으며 재배지역의 기후, 토양조건에 적응할 수 있는 품종
⑤ 노동력의 분산을 고려하여 조생종, 중생종, 만생종의 재배비율을 알맞게 확보할 때 경영의 안정화를 기할 수 있다.
⑥ 주산단지간 경쟁 관계를 고려하여 지역 특산품을 목표로 할 것이며, 홍수 출하를 회피한다.
⑦ 국내외에서 처음 발표된 최신품종은 시험재배를 통한 검토를 거친 후 도입 유무를 결정한다.

② 주요 과수의 품종 선택

① 사과의 품종은 조생종(9월 상순) 10%, 중생종(추석용, 10월 중순) 30~40%, 만생종 50~60%로 구성하는 것이 바람직하다. 조생종은 산사 · 서광 · 쓰가루 등이, 중생종은 홍로 · 추광 · 조나골드 등이, 만생종은 후지 · 화홍 · 감홍 등이 있다.
② 사과는 냉량한 지역에서는 과육이 단단하게 되고 품질이 좋아지나, 생육기에 고온이 되면 과육이 연해지고 저장력이 떨어지며 착색 불량, 수확전 낙과가 많으므로 품종 선택 시 유의한다. 단 비교적 고온인 지역이라도 밤기온이 저하되면 착색이 우수하다.
③ 배는 중부지방은 조 · 중생종, 남부지방은 만생종이 유리하다. 조생종은 행수 · 신수 등이, 중생종은 신고 · 장십랑 · 풍수 · 황금배 등이, 만생종은 만삼길 · 금촌추 · 추황배 등이 있다.

④ 배는 수출을 포함한 원거리의 수송에 잘 견딜 수 있고, 판매기간의 확대 및 가공이용 기간의 연장을 위해 수확기가 길고 저장력이 강한 품종이 요구된다.

⑤ 포도는 용도에 따라 생식용과 가공용을 선택하고 저장성을 고려하여 적정 출하기에 공급될 수 있도록 한다. 시장성과 도시 근교의 관광지 등 현지 판매가 가능하고 재배조 건에 알맞은 품종을 선택한다. 재배품종은 캠벨얼리, 거봉, 씨벨, 다노레드, 네오머스 켓, 델라웨어, 새단 등이 있다.

③ 개원(開園)의 조건

① 좋은 품질의 과실을 생산할 수 있는 장소로서 교통이 편리하고 자재와 노력의 공급과 유통이 원활하며 장래성이 있는 곳으로 자연적인 입지조건을 갖춘 곳을 선정한다.

② 물빠짐이 좋고 보수력이 있는 모래참흙으로 토양유기물을 많이 함유한 약산성 내지 중성의 토양이 바람직하다.

③ 경사지에서는 토양유실 방지를 위하여 등고선 식재를 하고 배수로와 초생재배 등 토 양침식 방지에 최선의 방법을 취한다. 경사도가 15° 이하인 경사지는 등고선재배법으 로 토양보전이 가능하나 15~25°인 경사지는 배수로설치재배와 초생재배를 하며, 25° 이상인 경사지는 계단식재배로 토양을 관리하는 것이 효과적이다.

④ 과수재배에 알맞게 개간할 때에는 배수 문제를 고려하여 지하수위가 높은 곳에서는 배수시설을 하여 지하수위를 낮추고 건조하기 쉬운 곳에는 관수시설을 하며 수목을 벌 채하는 경우에는 방풍림을 만들어 바람과 한해의 피해로부터 보호하여야 한다.

⑤ 과수원은 토양의 유실을 막고 배수를 좋게 하며 기계화가 가능하도록 중장비를 이용 하여 조성하면 효과적이며 우기(雨期)가 아닌 가을이나 봄이 개원의 적기이다.

2. 묘목의 준비

① 묘목의 품질

① 우량묘목이란 묘목을 옮겨심거나 산지에 식재하였을 경우 활착과 생장이 잘 되는 형 질과 형태를 구비한 묘목이라고 정의할 수 있다.

② 우량묘목을 생산하자면 좋은 품질의 종자를 사용하고, 재배환경을 적당하게 하며, 훌 륭한 재배기술을 발휘해야 한다.

③ 우량묘목의 조건

  ㉮ 발육이 완전하고 조직이 충실한 것

  ㉯ 줄기가 곧고 굳으며 도장되지 않고 갈라지지 않으며 근원경이 큰 것

  ㉰ 묘목의 가지가 균형있게 뻗고 정아가 완전한 것

  ㉱ 뿌리가 비교적 짧고 세근이 발달하여 근계(根系)가 충실한 것

  ㉲ 묘목의 지상부와 지하부가 균형이 있고 다른 조건이 같다면 T/R률의 값이 적은 것

  ㉳ 가을눈(夏芽枝)이 신장하거나 끝이 도장하지 않은 것

  ㉴ 묘목의 수세(樹勢)가 왕성하고 조직이 충실하며 수종 고유의 색채를 띠고 병충해 기타 피해를 받지 않은 것

  ㉵ 조림지의 입지조건과 같은 환경에서 양묘된 것

  ㉶ 품종이 정확하고 웃자라지 않은 것

> **연구 T/R률**
>
> 1. 식물의 지하부 생장량에 대한 지상부 생장량의 비율을 T/R률(top/root ratio) 또는 S/R률(shoot/root ratio)이라 하며 생육상태의 변동을 나타내는 지표가 될 수 있다. 생장량은 생체 또는 건물(乾物)의 중량으로 표시한다.
> 2. 토양 내에 수분이 많거나 일조 부족, 석회시용 부족 등의 경우는 지상부에 비해 지하부의 생육이 나빠져 T/R률이 커진다.
> 3. 질소를 다량 시비하면 지상부의 질소집적이 많아지고 단백질의 합성이 왕성해지며 탄수화물이 적어져서 지하부로의 전류가 상대적으로 감소하여 뿌리의 생장이 억제되므로 T/R률은 커진다.
> 4. 식물의 T/R률은 대부분 1이며 재배환경이나 관리상태에 따라 차이가 있다.

② 묘목의 연령

① 묘령(苗齡)은 묘목의 성립으로부터 포지에서 경과한 연수를 말한다. 묘령에는 실생묘인 경우와 삽목묘인 경우의 두 가지로 표시되고 있다.

② 묘령은 일반적인 개념 이외에도 각 수종에 대한 특유의 산출(山出) 연도 및 품질 기준의 한 척도로도 사용되며 이에 대한 충분한 이해가 필요하다.

③ 묘목의 묘령은 수종에 따라 차이가 있으며 어릴 때의 생장이 빠른 수종은 1~2년생묘를 생산하고 생장이 느린 수종은 3~5년생묘를 생산한다.

③ 묘목의 굴취(掘取)

① 굴취는 나무를 옮겨심기 위하여 땅으로부터 파내는 것으로 대부분의 묘목은 봄에 굴취하나 낙엽수는 생장이 끝나고 낙엽이 완료된 후인 11~12월에 굴취한다.
② 묘목은 기계굴취기를 사용하여 굴취하며 가능한 한 가식기간을 줄이기 위하여 다음날 산출할 양만큼 또는 옮겨 심을 양만큼 굴취한다.
③ 굴취기는 예리한 것을 사용하여 가급적 깊이 파고 뿌리가 상하지 않도록 한다.
④ 묘목의 굴취는 바람이 없고 흐리며 서늘한 날이 좋으며 비바람이 심하거나 아침이슬이 있는 날은 작업을 피하는 것이 좋다.

④ 묘목의 운반

① 묘목은 포장한 당일 조림지에 운반되도록 한다.
② 운반 중에는 햇빛이나 바람에 노출되어 건조하지 않도록 한다. 또한 비를 맞히지 않으며 너무 많은 양을 겹쳐 쌓아 짓눌리지 않게 한다.

⑤ 묘목의 가식

① 묘목을 굴취하였을 때는 즉시 선묘하여 가식하거나 포장하고 검사포장을 한 후에는 하루 이내에 운반하여 산지에 가식한다.
② 봄에 굴취된 묘목은 동해(凍害)가 발생하기 쉬우므로 배수가 좋은 남향의 사양토나 식양토에 가식하고, 가을에 굴취된 묘목은 건조한 바람과 직사광선을 막는 동북향의 서늘한 곳에 가식한다.
③ 가식할 때에는 반드시 뿌리부분을 부채살 모양으로 열가식한다.

> **연구 가식의 실제**
> - 묘목의 끝이 가을에는 남쪽으로, 봄에는 북쪽으로 45° 경사지게 한다.
> - 지제부가 10㎝ 이상 묻히도록 깊게 가식한다.
> - 단기간 가식할 때는 다발째로, 장기간 가식할 때는 결속된 다발을 풀어서 뿌리 사이에 흙이 충분히 들어가도록 하고 밟아 준다.
> - 비가 올 때나 비가 온 후에는 바로 가식하지 않는다.
> - 동해에 약한 수종은 움가식을 하며 낙엽 및 거적으로 피복한다.
> - 가식지 주변에는 배수로를 설치한다.

3. 묘목 심는 방식

① 식재시기

① 식재시기는 나무를 심은 후 활착의 정도를 가장 크게 좌우하는 요소로 수종과 지역에 따라 차이가 있다.

② 보통 봄철(묘목의 생장 직전)과 가을철(낙엽기부터 서리가 내리기 전까지)에 식재할 수 있으나 가급적 봄철에 식재하는 것이 좋다. 4월 5일 식목일이 지나면 나무에 싹이 터지고 가뭄의 시기가 올 우려도 있으므로 유의해야 한다.

③ 눈이 적게 내리거나 바람이 심한 지역에서는 가을 식재가 좋지 않고, 눈이 많은 지방에서는 노동력의 배분이나 겨울철 적설을 이용하여 묘목을 보호하기 위해 가을식재를 권장한다.

④ 낙엽과수는 가을심기하는 것이 이듬해 생장이 빨라 유리하나 추운 지방에서는 동해의 우려가 있어 봄심기를 하는 것이 안전하며, 상록과수는 발아 직전에 봄심기하는 것이 일반적이다.

연구 **지역별 식재 적기**

지 방	봄철 식재	가을철 식재
온대 남부	2월 하순~3월 중순	10월 하순~11월 중순
온대 중부	3월 중순~4월 초순	10월 중순~11월 초순
고산지대 및 온대 북부	3월 하순~4월 하순	9월 하순~10월 중순

② 식재망

① 식재망은 나무를 일정한 간격에 맞추어 심을 때 형성되는 일정한 모양을 말하며 급경사지·지형이 복잡한 곳을 제외하고는 정조식재(正條植栽)를 하는 것이 좋다.

② 정조식재법에는 정방형(정사각형), 장방형(직사각형), 정삼각형, 이중장방형 식재 등이 있으며 생력화를 위하여 부분밀식 또는 군상식재를 하기도 한다. 정조식재법의 장점은 다음과 같다.

㉮ 묘목이 모두 동일한 생육공간을 차지하며 식재작업이 신속하고 노임이 절약된다.

㉯ 작업이 편리하고 식재묘목의 본수를 산정함이 간단하다.

㉰ 희망하는 혼식비율을 실현할 수 있다.

③ 식재망의 종류 및 계산법: 식재망의 종류에는 정방형(정사각형), 장방형(직사각형), 정삼각형, 이중장방형, 부분밀식형, 3본군상식재형, 5본군상식재형 등이 있다.

연구 묘목의 식재방법

| 정방형식재 | 2열부분밀식형식 | 3본군상식재형식재 | 5본군상식재형식재 |

㉮ 정방형식재: 묘목 사이의 간격과 줄 사이의 간격이 동일한 일반적인 식재방법으로 공간의 이용에 가장 효율적이다. 편백 · 참나무류 등은 ha당 5,000본 기준 1.4m×1.4m 간격으로 식재하고, 잣나무 · 낙엽송 등은 ha당 3,000본 기준 1.8m×1.8m 간격으로 식재한다.

$$N = \frac{A}{a^2}$$

N: 식재할 묘목의 수
A: 조림지 면적
a: 묘목사이의 거리(줄사이의 거리)

㉯ 장방형식재: 묘목 사이 간격과 줄 사이 간격을 서로 다르게 하여 식재하는 방법

$$N = \frac{A}{a \times b}$$

N: 식재할 묘목의 수 A: 조림지 면적
a: 묘목사이의 거리 b: 줄사이의 거리

㉰ 장삼각형식재: 장삼각형의 꼭지점에 심는 것으로 묘목 사이의 간격이 같으며, 정방형식재에 비해 묘목 1본이 차지하는 면적은 86.6%로 약간 감소하고, 식재할 묘목본수는 15.5% 증가한다.

$$N = \frac{A}{a^2 \times 0.866} = 1.155 \times \frac{A}{a^2}$$

N: 식재할 묘목의 수 A: 조림지 면적
a: 묘목사이의 거리(줄사이의 거리)   0.866: 삼각형의 높이

㉑ 군상식재: 묘목을 3~5본씩 모아서 심는 것으로 인력 절감, 작업의 편의성을 위해 다음과 같은 방법으로 식재할 수 있다.

3본군상식재	식재목간 거리 0.6m, 식재군간 거리 3.3m×3.0m로 식재
5본군상식재	식재목간 거리 1.2m, 식재군간 거리 4.1m로 식재
2열부분밀식	식재목간 거리 1m, 식재군간 거리 6.6m로 식재

연구 식재 계산 예시

① 1.5ha에 2m×2m의 간격으로 정방형식재를 하려고 한다. 필요한 묘목본수를 계산하시오.

   1ha = 10,000㎡, 1.5ha = 15,000㎡

   N = 15,000㎡ / 4 = 3,750(본)

② 200만㎡의 정방형 임지에 2m×2.5m의 간격으로 식재하려고 한다. 필요한 묘목본수를 계산하시오.

   N = 2,000,000㎡ / 5 = 400,000(본)

③ 배나무를 5m×5m의 간격으로 3,600본을 정방형식재를 하려고 한다. 소요되는 조림지 면적을 계산하시오.

   3,600 = A / 25,   A = 90,000㎡ = 9ha

③ 식재방법

① 구덩이를 팔 때는 눈금이 표시된 줄을 사용하여 구덩이의 크기보다 넓게 지피물을 벗겨내고, 구덩이의 크기는 수종에 따라 다르지만 규격에 맞게 충분히 판다.

② 겉흙과 속흙을 따로 모아놓고 돌, 낙엽 등을 가려낸 다음 부드러운 겉흙을 5~6cm 정도 넣는다.

③ 묘목의 뿌리를 잘 펴서 곧게 세우고 겉흙부터 구덩이의 3분의 2가 되게 채운 후 묘목을 살며시 위로 잡아 당기면서 밟아준다.

④ 나머지 흙을 모아 주위 지면보다 약간 높게 정리한 후 수분의 증발을 막기 위하여 낙엽이나 풀 등으로 덮어준다.

⑤ 너무 깊거나 얕게 심지 않으며, 다만 건조하거나 바람이 강한 곳에서는 약간 깊게 심는 것이 안전하다.

⑥ 비탈진 곳에 심을 때는 덮은 흙이 비탈지게 하지 않고 수평이 되게 한다.

1. 과일을 보건식품이라고 칭하는 이유는?

① 향기와 단맛 때문이다.

② 신선하고 아름답기 때문이다.

③ 비타민과 무기염류가 많기 때문이다.

④ 수분과 탄수화물이 많기 때문이다.

2. 재배지의 기후에 의한 분류시 온대 과수에 속하는 것은 ?

① 감귤　　　　② 파인애플

③ 나무딸기　　④ 복숭아

3. 다음 중 상록 과수인 것은 ?

① 배　　　　　② 사과

③ 감귤　　　　④ 포도

4. 과수의 분류에서 준인과류는?

① 사과, 배　　② 복숭아, 자두

③ 밤, 호두　　④ 감, 감귤

5. 과실의 구조에 의한 분류에 해당되지 않는 것은?

① 준인과류　　② 핵과류

③ 장과류　　　④ 감귤류

보충

■ 대부분의 과일은 생체 중의 85% 정도가 수분이고 탄수화물은 10% 정도이다. 또한 비타민과 무기염류가 다른 식품에 비해 많아 보건식품이라 부른다.

■ 배, 포도, 복숭아, 감 등은 온대 과수에 속한다.

■ 감귤 · 비파 등은 상록 과수, 사과 · 배 · 포도 · 복숭아 등은 낙엽 과수이다.

■ ① 인과류 ② 핵과류 ③ 각과류

■ 과수는 인과류, 핵과류, 각과류, 장과류, 준인과류로 분류한다.

---

01 ③　02 ④　03 ③　04 ④　05 ④

6. 다음 과수 중 핵과류에 해당되지 않는 것은?

　　① 복숭아　　　　　② 자두

　　③ 매실　　　　　　④ 감

■ 복숭아, 자두, 매실은 핵과류이고, 감은 준인과류이다.

7. 인과류는 어느 부분이 비대하여 식용부가 되었는가?

　　① 씨방벽　　　　　② 꽃받침

　　③ 내과피　　　　　④ 중과피

■ 인과류는 꽃받침이 비대하여 먹는 부분이 된다.

8. 다음 과실 중 진과(眞果)는?

　　① 사과　　　　　　② 복숭아

　　③ 배　　　　　　　④ 무화과

■ 자방이 발육하여 자란 과실을 진과라 하며 감귤류, 복숭아, 포도, 살구, 밤 등이 속한다.

9. 다음 중 위과(거짓과실)에 대해 가장 잘 설명한 것은?

　　① 종자가 없는 과실이다.

　　② 자방만이 비대하여 형성된 과실이다.

　　③ 자방의 일부 또는 그 주변기관이 발달한 과실이다.

　　④ 꽃이 피지 않고 맺힌 과실이다.

■ 꽃받침 등 자방의 일부 또는 그 주변기관이 발달하여 형성된 과실을 위과라 하며 딸기, 사과, 배 등이 속한다.

10. 다음 사과 품종 중 국내에서 육성된 품종은?

　　① 후지

　　② 홍로

　　③ 쓰가루

　　④ 세계일

■ 홍로, 추광, 화홍 등은 국내에서 육성된 품종이다.

06 ④　07 ②　08 ②　09 ③　10 ②

11. 우량품종의 구비조건으로 볼 수 없는 것은?

① 균일성　　　　　② 변이성

③ 우수성　　　　　④ 영속성

■ 우량품종의 구비조건: 균일성, 우수성, 영속성, 광지역성

12. 품종 교체의 요인과 가장 거리가 먼 것은?

① 농업인구의 정체

② 재배방식의 변화

③ 병해충 발생의 증가

④ 농업용 간척지의 개발

■ 품종에 대한 요구조건은 사람의 기호, 일반의 경제사정, 농업기계의 발달 등과 같은 시간적·시대적인 흐름에 따라 변화하게 된다.

13. 신품종의 특성을 유지하기 위하여 취해야 할 조치가 아닌 것은?

① 원원종재배　　　　② 격리재배

③ 영양번식에 의한 보존재배

④ 개화기 조절

■ 신품종의 특성유지방법: 영양번식, 종자의 저온저장, 격리재배, 원원종재배, 종자갱신

14. 새로운 과수 품종의 구비조건으로 적당한 것은?

① 번식이 쉽고 종자가 많아야 한다.

② 경제적이며 접목에 의해 품질이 향상되어야 한다.

③ 품질이 우수하고 균일하며 영속성이 있어야 한다.

④ 형질이 변화가 없고 교배불친화성 이어야 한다.

■ 우량품종의 구비조건은 우수성, 균일성, 영속성 등이다.

15. 품종의 유전적 퇴화 요인이 아닌 것은?

① 이형유전자형의 분리　② 기상적 요인

③ 자연교잡　　　　　　④ 돌연변이

■ 품종의 유전적 퇴화에는 ①③④ 외에 이형종자의 기계적 혼입 등이 있다.

보충

11 ② 　12 ① 　13 ④ 　14 ③ 　15 ②

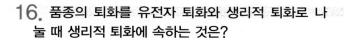

16. 품종의 퇴화를 유전자 퇴화와 생리적 퇴화로 나눌 때 생리적 퇴화에 속하는 것은?

① 토양적 퇴화

② 돌연변이 퇴화

③ 자연교잡 퇴화

④ 이형 유전자형의 분리

■ 유전자 퇴화:이형 유전자형의 분리, 자연교잡, 돌연변이, 이형종자의 기계적 혼입
생리적 퇴화: 토양, 기상

17. 감자 등을 고랭지(高冷地)에서 채종하는 이유는?

① 작부체계상 온난평야지에서는 시기가 적합하지 못하므로

② 고랭지에서는 다수확을 올릴 수 있으므로

③ virus에 의한 병리적 퇴화를 막기 위하여

④ 순계유지를 위하여

■ 씨감자가 진딧물에 의해 전염되는 바이러스병을 막기 위해서는 고랭지가 가장 안전하다.

18. 품종의 퇴화를 방지하는 동시에 특성을 유지하는 방법이 아닌 것은?

① 자연교잡　　② 영양번식

③ 종자의 저온저장　　④ 종자갱신

■ 품종의 퇴화를 방지하는 동시에 특성을 유지하는 방법에는 영양번식, 종자의 저온저장, 종자갱신, 격리재배 등이 있다.

19. 현재 재배되고 있는 품종보다 수익성과 이용가치가 더 높은 품종을 새로 만들어내는 것을 무엇이라고 하는가?

① 선별　　② 육종

③ 도입　　④ 순화

■ 육종의 주된 성과는 증수, 품질향상, 재배지역이나 계절의 확대, 생산의 안정, 농업경영의 합리화 등이다.

16 ① 17 ③ 18 ① 19 ②

20. 과수가 초본작물에 비해 육종에 불리한 점이 아닌 것은?

① 대부분의 과수는 영양번식을 하기 때문이다.

② 대부분의 과수는 자가불화합성이기 때문이다.

③ 영년생 작물이기 때문이다.

④ 어떤 과수에서는 교배불친화성의 품종 및 품종군이 있기 때문이다.

■ 삽목, 접목 등의 영양번식방법은 육종의 유용한 수단이다.

21. 배추, 무 등 호랭성채소의 연중 생산이 가능하게 된 것은 주로 어떤 형질의 개량에 의해서인가?

① 저온 감응성   ② 내습성

③ 내도복성   ④ 내염성

■ 저온감응성을 개량하여 호랭성 채소의 연중 생산이 가능하게 되었다.

22. 작물의 육종 과정 중 세대 촉진 및 생육기간 단축을 위하여 쓰이는 방법으로 가장 알맞은 것은?

① 접목, 일장처리   ② 일장처리, 자연도태

③ 자연도태, 검정교잡   ④ 검정교잡, 접목

■ 접목과 일장처리는 세대 촉진, 생육기간 단축, 결실조절 등을 가능하게 한다.

23. 식물육종법에서 계통육종과 집단육종의 설명으로 틀린 것은?

① 계통육종은 F_2세대부터 선발을 시작한다.

② 집단육종은 잡종초기세대에 집단재배하기 때문에 유용유전자를 상실할 염려가 적다.

③ 계통육종은 육종재료의 관리와 선발에 많은 시간·노력·경비가 든다.

④ 집단육종은 잡종초기세대에 선발노력이 필요하며, 집단재배기간 중 육종규모를 줄이기 어렵다.

■ 잡종초기세대에 선발노력이 필요한 것은 계통육종법이다.

20 ①　21 ①　22 ①　23 ④

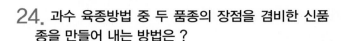

24. 과수 육종방법 중 두 품종의 장점을 겸비한 신품종을 만들어 내는 방법은 ?

① 교잡육종법

② 선발육종법

③ 돌연변이육종법

④ 잡종강세육종법

■ 교잡육종법은 교잡(cross)에 의해서 유전적 변이를 작성하고 그 중에서 우량한 계통을 선발하여 신품종으로 육성하는 방법이다.

25. 여교잡육종법에 대한 설명으로 틀린 것은?

① 어떤 품종이 소수의 유전자가 관여하는 우량형질을 가졌을 때 이것을 다른 우량품종에 도입하고자 할 경우 적용되는 방법이다.

② 몇 개의 품종에 분산되어 있는 각종 형질을 전부 가지는 신품종을 육성하고자 할 경우에 적용되는 방법이다.

③ (A×B)×B 또는 (A×B)×A의 형식이다.

④ 잡종 2세대(F_2)에 양친의 어느 한쪽을 다시 교잡하는 것이다.

■ 여교잡육종법은 잡종 1세대(F1)에 양친의 어느 한쪽을 다시 교잡하는 것이다.

26. 여교잡육종법이 성공적으로 이루어지기 위한 조건에 포함되지 않는 것은?

① 개량하려는 형질은 여러 유전자가 관여하는 형질이라야 한다.

② 만족할 만한 반복친이 있어야 한다.

③ 여교잡 과정 중 이전형질의 특성 유지가 가능해야 한다.

④ 반복친의 유전구성이 여러번 여교잡한 후 충분히 회복될 수 있어야 한다.

■ 여교잡육종법은 어떤 품종이 소수의 유전자가 관여하는 우량형질을 가졌을 때 이것을 다른 우량품종에 도입하고자 할 경우에 이용된다.

24 ① 25 ④ 26 ①

27. 원예작물에서 인공교배, 자가불화합성 또는 웅성
불임성을 이용하여 교배종의 종자를 생산하고 있다.
다음에서 작물과 주로 이용하는 상업적 채종방식이
잘못 짝지어진 것은?

① 배추 – 자가불화합성　② 고추 – 인공교배

③ 양파 – 웅성불임성　④ 당근 – 웅성불임성

■ 고추는 웅성불임성을 이용하여
종자를 생산한다.

28. 1대잡종(F₁)에서 수확한 종자(F₂)를 심으면 그 결
과는 어떠한가?

① 변이가 심하게 일어나 품질과 균일성이 떨어진다.

② 품질과 균일성이 증대된다.

③ 균일성은 떨어지나 품질은 좋아진다.

④ 품질과 균일성은 증대되나 병해충에 약하다.

■ 1대잡종(F₁)에서 수확한 종자의
잡종강세현상은 당대에 한하고, F₂
세대에 가서는 유전적으로 분리되
므로 변이가 심하게 일어나 품질과
균일성이 떨어진다.

29. 1대잡종을 이용하는 육종에서 구비되어야 할 조
건이 아닌 것은?

① 1회 교잡으로 다량의 종자를 생산할 수 있어야 한다.

② 교잡 조작이 용이해야 한다.

③ 단위면적당 재배에 소요되는 종자량이 많아야 한다.

④ F₁의 실용가치가 커야 한다.

■ 단위면적당 재배에 소요되는 종
자량이 적어야 한다.

30. 옥수수, 토마토 등 많은 식물에서 1대 잡종종자를
이용하는 가장 큰 이유는 무엇인가?

① 높은 생산량을 얻는 데 있다.

② 병·해충에 대한 저항성에 있다.

③ 생산성은 낮으나 양질성에 있다.

④ 내비성, 내도복성에 있다.

■ 1대잡종 종자는 값이 비싸고 매
년 바꾸어 써야 하는 단점이 있으나
다수확성, 균일성, 강건성, 강한 내
병성으로 많이 사용하고 있다.

27 ②　28 ①　29 ③　30 ③

31. 다음 중 배수체 작성에 주로 이용되는 것은?

① 방사선 처리　　　② 교잡

③ 콜히친 처리　　　④ 에틸렌 처리

■ 배수체를 늘이는 데는 콜히친 (colchicine)을 사용한다.

32. 염색체수와 관련된 내용에 대한 설명으로 잘못된 것은?

① 염색체수를 인위적으로 배가시킬 때에는 콜히친 (colchicine)을 처리한다.

② 염색체를 반감시키는 방법은 약배양에 의해 가능하다.

③ 과수에서 2배체에 비하여 3배체 식물체의 수세는 약한 반면 4배체는 왕성하다.

④ 포도나무에서는 자연적인 염색체수의 배가가 가끔 일어난다.

■ 3배체는 고도의 불임성을 나타내지만 식물체의 생육이 왕성하며 때로는 수량이 증가하고 저항성이 높으므로 뿌리, 줄기, 잎 등의 영양번식을 하는 작물에서 육종상 이용 가치가 높다.

33. 재래종의 육종상 중요한 의의는?

① 재배지역의 기상생태형에 적합한 인자를 다수 보유한다.

② 각종 저항성이 신품종보다 크다.

③ 수량과 품질이 우수하다.

④ 종자를 확보하기 쉽다.

■ 재래종은 재배지역의 여러 특성을 갖추었다는 장점이 있다.

34. 작물육종에 이용하기 부적당한 변이는?

① 교잡변이　　　② 돌연변이

③ 환경변이　　　④ 아조변이

■ 작물육종에 이용가능한 변이는 유전적변이로 교잡변이, 돌연변이, 아조변이 등이 있다.

31 ③　32 ③　33 ①　34 ③

35. 돌연변이 유발원으로 이용되지 않는 것은 ?

① X선

② 화학약품

③ 중성자

④ 적외선

36. 다음 중 과수의 새 품종 육성에 기여한 돌연변이는?

① 방사선 돌연변이

② 아조변이

③ 화학약품에 의한 돌연변이

④ 생식세포에 의한 돌연변이

37. 육종에서 체세포 돌연변이를 가장 많이 이용하는 작물은?

① 화본과작물

② 두과작물

③ 영년생 과수류

④ 일년생 화초류

38. 접목의 이점이 아닌 것은?

① 클론의 보존

② 대목의 효과

③ 접목 친화성

④ 결과 촉진

39. 꺾꽂이가 가장 잘 되는 과수는 ?

① 사과

② 배

③ 복숭아

④ 포도

보충

■ 인위적인 돌연변이 유발원으로는 자외선, 방사선(X선, α선, β선, γ선, 중성자 등)과 화학약품 등이 이용된다.

■ 아조변이는 자연적인 돌연변이로, 조생온주 밀감이나 사과의 스타킹 품종 등은 아조변이를 육종에 이용한 것이다.

■ 과수류에서는 체세포 돌연변이에 속하는 아조변이를 육종에 이용한다. 조생온주 밀감은 온주밀감의 아조변이를 이용한 것이다.

■ 접목친화성은 접목의 제한인자이다.

■ 과수에서 꺾꽂이로 번식되는 종류는 포도나무, 무화과, 사과나무의 대목으로 사용되는 환엽해당 등이다.

35 ④ 36 ② 37 ③ 38 ③ 39 ④

40. 과수의 접붙이기 효과 중 틀린 내용은?

① 열매 맺는 연령을 늦추어준다.

② 어미나무의 특성을 갖는 묘목을 일시에 대량 양성할
수 있다.

③ 병 · 해충에 대한 저항성을 높여준다.

④ 대목의 선택에 따라 나무세력이 왜화 또는 교목이 되
기도 한다.

■ 과수의 접목은 열매 맺는 연령을
앞당겨주는 효과가 있다.

41. 다음 중 포도를 접목하여 재배하는 가장 큰 이유
는?

① 건조한 토양에 적응성을 높이기 위해

② 뿌리혹벌레의 피해를 방지하기 위해

③ 꽃떨이 현상을 막기 위해

④ 내습성을 강화하기 위해

■ 포도뿌리혹벌레는 미국이 원산
지로 한때는 포도의 가장 무서운 해
충이었으나 그후 저항성 대목으로
방제할 수 있게 되었다.

42. 접목을 할 때 접수와 대목이 밀착되어야 하는 부
분은?

① 외피   ② 내피

③ 형성층   ④ 중심부

■ 접목은 접수와 대목의 형성층이
서로 밀착하도록 접하여 캘러스조
직이 생기고 서로 융합되는 것이 가
장 중요하다.

43. 접목 활착률을 높이려고 할 때 제일 먼저 고려해
야 할 사항은?

① 접목시기와 온도

② 접수와 대목의 굵기

③ 접목방법

④ 접수와 대목의 친화성

■ 접목 친화성: 접수와 대목이 접
합된 다음 생리작용의 교류가 원만
하게 이루어져서 발육과 결실이 좋
은 것

40 ①   41 ②   42 ③   43 ④

44. 다음 중 대목과 접수의 친화력이 가장 큰 것은?

① 동종간(同種間)

② 동속이종간(同屬異種間)

③ 동과이속간(同科異屬間)

④ 이과간(異科間)

■ 대목과 접수가 식물분류상 가까울수록 친화력이 높다.

45. 다음 중 접목의 적기가 바르게 설명된 것은?

① 봄에는 나무의 눈이 싹튼 후 2~3주일 뒤에 한다.

② 대목은 수액이 정지된 상태에서 한다.

③ 접수는 휴면 상태일 때 한다.

④ 여름접은 6월에서 7월 사이에 실시한다.

■ ① 봄에는 나무의 눈이 싹트기 2~3주일 전에 한다.
② 대목은 수액이 움직이기 시작하고 접수는 아직 휴면인 상태가 적기이다.
④ 여름접은 8월 상순에서 9월 상순 사이에 한다.

46. 왜성대목을 이용할 때의 가장 큰 장점은?

① 생력화가 될수 없다.

② 나무가 작아 작업하기 간편하다.

③ 건조에 견디는 힘도 강하다.

④ 뿌리가 깊이 뻗어 나무 생육이 잘 된다.

■ 왜성대목를 사용하면 나무가 작아 작업이 편리하여 사과 등의 밀식 재배에 많이 이용되고 있다.

47. 다음 대목 중 왜화성이 가장 강한 대목은?

① M 9   ② M 27

③ M 26   ④ MM 106

■ 왜화성이 가장 강한 정도는 M27〉M9〉M26의 순이다.

48. 매실나무의 대목으로 친화성이 가장 높은 것은?

① 복숭아나무   ② 고욤나무

③ 모과나무   ④ 감나무

■ 매실나무에는 개복숭아 대목을 이용한다.

44 ①   45 ③   46 ②   47 ②   48 ①

보충

49. 다음 중 접수로 부적당한 것은 ?

① 1년생 가지

② 병해충이 없는 가지

③ 품종이 확실한 가지

④ 오래된 가지

■ 접수는 품종이 확실하고 병충해와 동해를 입지 않은 직경 1㎝ 정도의 발육이 왕성한 1년생 가지가 좋다.

50. 깎기접에 사용되는 접수의 채취 시기로 가장 적당한 것은?

① 낙엽 직후   ② 발아 직후

③ 낙엽 직전   ④ 접목할 때

■ 낙엽 직후에 채취한 충실한 가지를 비닐로 싸서 3~5℃에 저장한 다음 접수로 사용하면 활착이 좋다.

51. 다음 중 접수를 1~5℃로 유지하는 까닭은 무엇인가?

① 휴면상태 유지

② 저장 양분의 손실 방지

③ 상대습도를 높이기 위하여

④ 접수 내에 있는 호르몬의 활성을 증가시키기 위하여

■ 접수는 저장 중 온도가 높으면 발아한다.

52. 접목의 이상적인 조건을 설명한 것 중 옳지 않은 것은?

① 접수는 1년생지로 굵고 동아가 충실한 중간 부위가 좋다.

② 가능한 종간 접목으로 친화력이 있는것 끼리 접목한다.

③ 대목의 활동이 접수보다 앞서야 활착률이 높다.

④ 대목이 크고 여러 해 자란 것일수록 좋다.

■ 대목은 생육이 왕성하고 병충해 및 재해에 강한 묘목으로 접목하고자 하는 수종의 1~3년생 실생묘를 사용한다.

49 ④   50 ①   51 ①   52 ④

53. 깎기접 번식을 할 때 가장 중요시해야 할 점은?

① 대목과 접순의 굵기

② 비닐끈으로 조르는 힘

③ 대목과 접수의 형성층(부름켜) 일치

④ 발코트의 도포 여부

■ 대목과 접수의 형성층이 서로 가능한한 많이 맞닿게 맞춘 후 비닐테이프나 짚으로 묶은 다음 발코트를 발라준다.

54. 핵과류의 가장 알맞은 깎기접 시기는 ?

① 3월 중순 ~ 4월 상순

② 4월 중순 ~ 4월 하순

③ 5월 상순 ~ 5월 중순

④ 5월 하순 이후

■ 복숭아 등의 핵과류는 3월 중순 ~ 4월 상순에 깎기접한다.

55. 밤나무 접목방법으로 가장 많이 이용하는 것은 ?

① 절접   ② 합접

③ 눈접   ④ 박접

■ 박접은 밤나무에 많이 이용되며 접수보다 대목이 굵을 때 이용되며 대목의 굵기는 3cm 이상인 경우에 적용된다.

56. 노목(老木)의 품종갱신으로 적합한 방법은?

① 복접   ② 근접

③ 고접   ④ 근두접

■ 고접은 가지나 줄기의 높은 곳에 접붙이는 방법으로 노목의 품종갱신에 알맞다.

57. 사과의 성목원(成木園)에서 수분수를 필요로 할 때 가장 빨리 대처할 수 있고 경제적인 방법은?

① 노목을 심는다.   ② 유목을 심는다.

③ 수분수를 고접한다.

④ 개화 초기의 나무를 중간중간 식재한다.

■ 수분수 품종을 고접하면 2~3년 이내에 개화가 가능하다.

53 ③   54 ①   55 ④   56 ③   57 ③

58. 과수원 토양침식을 방지하는 방법 중 틀린 것은?

① 경사도가 15° 이상일 때는 등고선 심기를 한다.

② 물모임도랑(집수구)을 옆으로 돌려 배수로에 연결 시킨다.

③ 초생법 또는 부초법을 실시한다.

④ 깊이갈이(심경)와 유기물 시용으로 투수성과 보수력을 높여준다.

59. 다음 중 우량묘목은?

① 뿌리의 발달은 적지만, 키가 큰 것

② 직근(直根)이 발달하고 측근(側根)이 적은 것

③ 직근이 발달하고 가지가 굵은 묘목일 것

④ 지상부와 지하부가 균형이 되고 T/R률이 낮은 것

60. 다음 중 우량묘목이 갖추어야 할 조건이 아닌 것은?

① 발육이 왕성하고 신초의 발달이 양호할 것

② 우량한 유전성을 지닐 것

③ 측근과 세근의 발달이 많은 것

④ 침엽수는 줄기가 곧고 하아지(夏芽枝)가 발달한 것

61. 과수 묘목을 심을 때 가장 고려하지 않아도 될 사항은?

① 품종 특성   ② 수형

③ 토양 조건   ④ 제초 방법

58 ①   59 ④   60 ④   61 ④

62. 과수에서 주로 봄심기를 하는 경우는?

① 따뜻한 남부지방의 경우

② 내한성이 강한 품종일 때

③ 추운 중북부 내륙지방의 경우

④ 싹을 빨리 틔우기 위해

63. 묘목선택 사항 중 적당하지 않은 것은?

① 품종이 정확하여야 한다.

② 웃자라지 않고 충실해야 한다.

③ 뿌리가 많이 절단되어 있는 것이어야 한다.

④ 병해충에 감염이 되지 않은 것이어야 한다.

64. 묘목의 T/R률을 설명한 것 중 틀린 것은?

① 지상부와 지하부의 중량비이다.

② 수종과 묘목의 연령에 따라서 다르다.

③ 묘목의 근계발달과 충실도를 설명하는 개념이다.

④ 일반적으로 큰 값을 가지는 묘목이 충실하다.

65. T/R률(率)이 크게 될 경우의 조건이 아닌 것은?

① 과습하고 일조량이 적은 곳에서 생육하였을 때

② 인산과 칼륨이 소량인 경우

③ 질소가 인산, 칼륨보다 많을 경우

④ 생립본수(生立本數)가 단위 면적당 적을 경우

보충

■ 묘목 심는 시기
① 낙엽과수: 가을심기하는 것이 이듬해 생장이 빨라 유리하나 추운 지방에서는 동해의 우려가 있어 봄심기를 하는 것이 안전하다.
② 상록과수: 발아 직전에 봄심기하는 것이 일반적이다.

■ 뿌리가 절단되지 않은 근군(根群)이 양호한 묘목이어야 한다.

■ 활착률이 높은 우량한 묘목은 T/R률이 낮다.

■ 토양 내에 수분이 많거나 일조 부족, 석회시용 부족 등의 경우는 지상부에 비해 지하부의 생육이 나빠져 T/R률이 커진다. 질소를 다량 시비하면 지상부의 질소집적이 많아지고 단백질의 합성이 왕성해지며 탄수화물이 적어져서 지하부로의 전류가 상대적으로 감소하여 뿌리의 생장이 억제되므로 T/R률은 커진다.

62 ③   63 ③   64 ④   65 ④

66. 묘목의 굴취와 선묘에 대한 설명 중 틀린 것은?

① 굴취 시 뿌리에 상처를 주지 않도록 주의한다.

② 굴취 시 포지에 어느 정도 습기가 있을 때 작업한다.

③ 굴취는 잎의 이슬이 마르지 않은 새벽에 실시한다.

④ 굴취된 묘목의 건조를 막기 위해 선묘 시까지 일시 가식한다.

■ 묘목의 굴취는 바람이 없고 흐리며 서늘한 날이 좋으며 비바람이 심하거나 아침이슬이 있는 날은 작업을 피하는 것이 좋다.

67. 묘목을 먼 곳으로 운반할 때 가장 먼저 주의할 사항은?

① 무게에 억눌려 뜨지 않도록 한다.

② 손상이 오지 않도록 한다.

③ 묘목이 건조하지 않도록 한다.

④ 포장을 크게 해야 한다.

■ 묘목은 포장한 당일 조림지에 운반되도록 하며 운반 중에는 햇빛이나 바람에 노출되어 건조하지 않도록 한다.

68. 다음은 묘목의 처리와 손질에 관한 것이다. 가장 옳지 않은 것은?

① 병해에 감염되어 있는 것은 소독 후 심는다.

② 먼 곳에서 수송해온 묘목은 물에 담갔다가 심는다.

③ 뿌리와 줄기의 균형이 맞게 자른다.

④ 굵은 뿌리 또는 잔 뿌리라 하더라도 꼭 잘라서 심는다.

■ 굵은 뿌리는 양분의 저장기관이고, 잔 뿌리는 양분과 수분의 흡수기관이므로 가능하면 자르지 않는 것이 좋다.

69. 묘목을 일시 가식할 때의 사항으로 옳지 않은 것은?

① 굴취한 묘목을 땅에 잠시 뿌리를 묻어두는 것이다.

② 가식은 운반도중 약해진 묘목을 회복시키기 위해서 한다.

③ 가식기간이 길지 않을 때는 다발채로 흙에 묻는다.

④ 가식장소는 응달인 모래땅이 좋다.

■ 모래땅은 수분과 양분이 너무 적어 적합하지 않으므로 남향의 사양토나 식양토에 가식한다.

66 ③ 67 ③ 68 ④ 69 ④

70. 가식(假植)을 설명한 것으로 옳지 않은 것은?

① 가식장소는 배수가 잘 되는 곳을 택한다.

② 묘목의 끝을 봄에는 북쪽으로, 가을에는 남쪽으로 향하도록 묻는다.

③ 상록수는 묘목 전체를 묻는다.

④ 오랫동안 가식할 때는 다발을 풀고 낱개로 펴서 묻는다.

■ 지제부가 10㎝ 이상 묻히도록 깊게 가식하나 묘목 전체를 묻는 것은 적합하지 않다.

71. 다음 중 묘목을 심은 후의 관리 방법으로 가장 부적당한 것은?

① 관수나 멀칭을 한다.

② 비효가 오래 지속되도록 지효성 비료를 뿌리 가까운 곳에 뿌려준다.

③ 암거배수를 한다.

④ 병해충 방제를 한다.

■ 묘목의 경우 생장을 돕기 위해 속효성 비료를 물에 타서 뿌려주는 것이 좋다.

72. 과수원 개원 시 기계화를 위해서는 어느 방법으로 묘목을 심는 것이 가장 좋은가?

① 소식하기　　② 삼각형 심기

③ 장방형 심기　　④ 5점심기

■ 과수원의 기계화를 위해서는 장방형(직사각형)이나 정방형(정사각형) 심기가 유리하다.

73. 사과나무의 재식거리 결정 조건이 아닌 것은?

① 종류 및 품종의 특성 고려

② 대목의 특성 고려

③ 가지고르기 방법(정지법)의 고려

④ 유인 방법의 고려

■ 사과나무의 재식거리는 품종, 대목, 토양의 비옥도, 가지치기 방법 등에 따라 결정한다.

70 ③　71 ②　72 ③　73 ④

74. ha당 3000본 식재를 하고자 할 경우 가장 알맞은 식재거리는?

① 1.5m × 1.8m

② 1.8m × 1.8m

③ 1.8m × 2.0m

④ 2.0m × 2.0m

■ 식재할 묘목의 수 = 조림지 면적 / (묘목사이의 거리×줄사이의 거리)
1ha = 10,000㎡
10,000㎡ / (1.8m×1.8m)
= 3,086본

75. 5ha의 면적에 묘간 거리 1.5m, 열간 거리 1.8m로 식재 조림하였을 때 총 조림 본수는?

① 약 18,000본

② 약 18,250본

③ 약 18,520본

④ 약 18,750본

■ 5ha = 50,000㎡
50,000㎡ / (1.5m×1.8m)
= 약 18,520본

76. 묘간거리, 열간거리가 동일한 경우 정삼각형 식재는 정방형 식재보다 얼마나 더 식재할 수 있는가?

① 3 % ② 15 %

③ 30 % ④ 40 %

■ 정삼각형식재는 정삼각형의 꼭 지점에 심는 것으로 묘목 사이의 간격이 같으며, 정방형식재에 비해 묘목 1본이 차지하는 면적은 86.6%로 약간 감소하고, 식재할 묘목본수는 15.5% 증가한다.

77. 묘목의 식재순서를 바르게 나열한 것은?

① 지피물 제거 → 구덩이 파기 → 묘목 삽입 → 흙 채우기 → 다지기

② 구덩이 파기 → 흙 채우기 → 묘목 삽입 → 다지기

③ 지피물 제거 → 구덩이 파기 → 흙 채우기 → 묘목 삽입 → 다지기

④ 구덩이 파기 → 묘목 삽입 → 다지기 → 흙 채우기

■ 구덩이를 팔 때는 구덩이의 크기보다 넓게 지피물을 벗겨내고 규격에 맞추어 충분히 파는 것이 좋다.

74 ② 75 ③ 76 ② 77 ①

제2장 과수의 생리

1. 과수재배의 환경조건

1. 온 도

① 연평균 기온과 과수의 종류

북부온대과수(7~12℃)	사과 · 양앵두
중부온대과수(11~13℃)	포도 · 감 · 복숭아
남부온대과수(13~15℃)	감귤 · 비파

② 적산온도: 일평균 기온이 0℃ 이상되는 온도를 합산한 온도로, 같은 품종이라도 생산지에 따라 성숙이 달라지는 이유는 적산온도가 지역에 따라 다르기 때문이다.

③ 저온장해: 발육 · 생장 · 개화기에는 약하고 휴면기에는 아주 강하다. 낙엽과수의 경우 생장기에는 −1~4℃에서도 냉해를 받으나, 낙엽 후의 휴면기에는 −15~−20℃의 저온에서도 잘 견딘다.

> **연구 과수의 내한성 정도**
>
> −30℃: 사과나무, 중국배나무, 살구나무
>
> −25℃: 일본배나무, 일본밤나무, 유럽종 자두나무
>
> −23℃: 호두나무
>
> −20℃: 복숭아나무

④ 고온장해: 동화, 호흡작용의 불균형에 의한 생리장해와 이상고온에 의한 일소장해(日燒障害)를 일으킨다.

⑤ 상해(霜害): 상해는 기온이 −1~−2℃로 내려감에 따라 조직이 동결되어 말라 죽는 것으로 개화기가 빠른 복숭아, 살구, 자두 등은 현재 재배되고 있는 지역에서도 해에 따라 늦서리의 피해를 받기 쉽다.

㉮ 사과나무와 배나무는 꽃잎이 지기까지 −2℃ 이하의 저온이 30분 이상 지속될 경우 피해를 입는다.

㉯ 복숭아나무는 꽃봉오리일 때 추위에 다소 강하지만 꽃이 피었을 때 서리를 맞으면 심각하게 수량이 감소하며, 꽃이 진 후 10일까지는 늦서리를 조심해야 한다.

㉰ 피해를 본 과수원은 다음해에도 과실 수확에 좋지 않은 영향을 받게 되므로 유의해야 한다.

연구 동상해의 응급대책

관개법	서리가 예상될 때는 저녁에 충분히 관개하여 물이 가진 열이 가해지고 지중열을 빨아올리며 수증기가 지열의 발산을 막아서 동상해를 방지할 수 있다.
송풍법	동상해의 위험기에는 온도역전현상으로 지면 부근보다 상공의 공기온도가 높은데 지상 10m 정도의 높이에 송풍기를 설치하고 따뜻한 공기를 지면로 송풍하면 상해를 방지 및 경감할 수 있다.
발연법	연기를 발산하면 지온의 방열을 막아 서리의 피해를 방지할 수 있다.
피복법	거적 · 비닐 등으로 덮어 보온하는 방법이다.
연소법	중유나 고형재료 등을 연소시켜서 열을 공급하는 방법이다.
살수빙결법	스프링클러로 살수하여 식물체의 표면을 동결시키는 것으로 물이 얼 때는 잠열이 발생하기 때문에 외부기온이 많이 내려가더라도 식물체온을 0℃ 정도로 유지할 수 있다.

⑥ 생장최적온도: 광합성은 20~30℃에서 왕성하고 지온과 뿌리의 성장에는 낙엽과수의 경우 15~20℃, 상록과수의 경우 26℃ 정도가 알맞다.

⑦ 온도와 과실의 성숙: 보통 20~25℃ 정도로 이보다 낮으면 늦어지고, 30℃ 이상이 되면 지연되고, 27℃ 내외에서는 촉진된다.

2. 강수량

① 과수의 수분은 영양분의 용매로 흡수되어 체내 유기물의 합성과 분해를 돕는다. 과수의 수분함유 비율은 열매 90%, 잎 70%, 줄기 50% 등이다.

② 과수의 생장에 알맞은 수분은 토양용수량의 60~80%이다. 수분이 부족하면 과실의 비대불량, 가지의 신장억제, 잎의 위조 등이 나타난다.

③ 과수는 종류에 따라 내건성(耐乾性)과 내습성(耐濕性)이 다르다.

내건성이 강한 과수	복숭아 · 자두 살구 등의 핵과류, 감귤, 포도
내건성이 약한 과수	사과, 배
내습성이 강한 과수	사과, 배, 포도, 감
내습성이 약한 과수	핵과류

3. 일 광

① 내음성(耐陰性)에 의한 분류

내음성이 강한 과수	무화과, 감, 포도
내음성이 약한 과수	사과, 밤
내음성이 중간 과수	복숭아, 배

② 과수는 햇빛이 부족하면 줄기의 웃자람으로 내병 · 내충성이 약해지고 생리적 낙과 유발, 화아분화 저조, 과실의 비대 불량과 당도 · 착색 · 크기 · 향기 등 과실의 품질이 저하된다.

③ 일장(日長) : 단일조건에서 새 가지의 신장이 억제된다. 일장이 부족하면 복숭아는 과실비대가 억제되고 포도는 수량과 품질이 저하된다.

4. 토 양

① 표층이 깊으면 뿌리의 분포가 커지고 건조해, 한해 등 각종해작용이 경감된다.

② 과수재배에 가장 적합한 토양은 배수성 · 보수성 · 통기성 · 흡비성 등이 우수한 사양토이다.

③ 토양산소가 부족할 때는 뿌리의 발생이 감소되고 인산(P), 칼슘(Ca), 마그네슘(Mg), 칼륨(K) 등의 흡수가 억제된다.

④ 산성토양은 수소 · 알루미늄 · 망간이온 등의 해작용, 필수원소의 결핍, 토양구조의 악화, 유용미생물의 활동 저해 등으로 나무의 생장이 불량하게 되고 과실의 품질이 떨어진다.

⑤ 과수의 토양적응성

산성토양에 잘 자라는 과수	밤, 복숭아
중성·약알카리성에 잘 자라는 과수	포도, 무화과
약산성에 잘 자라는 과수	감귤류

5. 지형 및 기후

① 평지에서는 생장이 왕성하고 기계화가 가능하나, 지가(地價)가 높고 지하수위가 높아 배수불량으로 피해를 받을 수 있고 상해(霜害)의 피해와 숙기가 늦어진다.

② 경사지는 배수가 양호하고 숙기를 촉진시키며 지가가 싸고 상해는 적으나 토양이 유실될 우려가 있다. 계단 없이 과수원을 관리할 수 있는 경사도는 약 15° 이하이다.

③ 분지(盆地): 산간 분지는 냉해가 우려되며, 넓은 분지는 주야간 온도차로 품질이 향상된다.

④ 표고(標高)는 100m 상승 시 0.6℃ 감소한다.

⑤ 바람은 광합성을 촉진하고 병충해 발생을 억제하며 꽃가루받이에 이로우나 강풍에 의한 상처로 병균이 침입(복숭아 세균성 구멍병)할 수 있다.

⑥ 해안염분은 개화기의 수분 방해와 숙기 때의 낙과가 우려된다. 풍해방지를 위하여 방풍림, 방풍벽을 설치하고 낙과방지제를 살포한다.

2. 과수의 정지와 전정

1. 정지와 전정의 목적

정지는 나무의 골격이 되는 부분을 계획적으로 구성·유지하기 위하여 유인 및 절단하는 것이고, 전정은 과실의 생산에 관계되는 가지를 손질하는 것으로, 보통 두 가지를 합쳐 전정이라고 한다.

1 전정의 목적 및 효과

① 목적하는 수형을 만든다.
② 해거리를 예방하고, 적과(摘果)의 노력을 적게 한다.
③ 튼튼한 새 가지로 갱신하여 결과(結果)를 좋게 한다.
④ 가지를 적당히 솎아서 수광(受光) · 통풍을 좋게 한다.
⑤ 결과부위(結果部位)의 상승을 막아 보호 · 관리를 편리하게 한다.
⑥ 병 · 해충의 피해부나 잠복처를 제거한다.

2 전정의 원칙

① 나무의 자연성을 최대한 살린다.
② 간장(幹長)은 가급적 낮게 하고 분지의 각도는 50~60°로 넓게 한다.
③ 원가지, 덧원가지, 곁가지의 주종관계가 확실하도록 가지는 굵기의 차이를 두고 키운다.

> **[연구] 가지의 굵기와 세력의 차이**
> 원줄기 〉 원가지 〉 덧원가지 〉 곁가지 〉 결과모지 〉 열매가지

④ 한 곳에서 여러 개의 원가지가 발생하면 바퀴살가지(車枝)로 되어 가지가 찢어지기 쉬우므로 원줄기에서 나온 원가지는 서로 간격을 두어야 한다.

2. 전정을 하기 위한 기초지식

1 눈의 종류

① 구조에 따른 분류

잎눈(葉芽)	잎과 가지로 되는 눈
꽃눈(花芽)	꽃이 피어 열매를 맺는 눈으로 잎눈보다 크다.
중간눈(中間芽)	꽃눈이 되어야 할 눈이나 영양이 충분히 공급되지 못해 꽃눈으로 분화되지 못하고 잎눈 역할을 하는 눈(사과나무, 배나무에 많음)
혼합눈(混合芽)	발아하여 꽃과 잎이 함께 피는 눈(사과나무, 배나무의 꽃눈)
순정꽃눈(純正花芽)	꽃만 피는 눈(복숭아나무와 자두나무의 꽃눈)

② 눈의 수에 따른 분류

홑눈(單芽)	한 마디에 1개의 눈이 있는 것
겹눈(複芽)	한 마디에 2~3개의 눈이 함께 있는 것(자두나무와 복숭아나무의 잎눈과 꽃눈은 한 마디에 겹으로 붙어 있음)
덧눈(副芽)	한 마디에 원눈과 함께 부속으로 있는 눈(포도나무의 눈)

③ 위치에 따른 분류

끝눈(頂芽)	가지 끝에 있는 눈
곁눈(側芽)	가지 중간에 잎자루와 함께 붙어 있는 눈(겨드랑이눈)
막눈(不定芽)	위치가 불분명한 눈으로 강한 자극을 받으면 발생하는 눈 큰 가지를 자르면 발생하는 눈으로 반드시 잎눈이다.

② 가지의 종류

① 수체(樹體)의 구성에 따른 분류: 원줄기(主幹) → 원가지(主枝) → 덧원가지(副主枝) → 곁가지(側枝)

② 자라는 모습에 따른 분류: 자람가지(發育枝), 웃자람가지(徒長枝), 두벌가지(二番枝), 선가지(直立枝), 늘어진가지(下垂枝), 평행가지(平行枝), 바퀴살가지(車輪枝), 견제가지, 내향가지(內向枝)

③ 정부우세성

① 가장 윗쪽 눈일수록 세력이 강하고 아래로 내려갈수록 약해지는 현상을 정부우세성(頂部優勢性)이라 하며, 가지를 짧게 자르면 정부우세성은 자른 부분으로 이동한다.

② 이 성질은 가지의 끝부분에서 형성된 옥신(auxin)이 겨드랑이눈을 억제시키기 때문이라고 알려져 있다.

④ 결과습성

① 과수의 열매가 달리는 성질이 종류 및 품종에 따라 다른 것을 결과습성(結果習性)이라 한다.

② 과수는 포도와 같이 1년생 가지의 꽃눈에서 새순이 나오고 함께 꽃이 피어 열매를 맺는 것과 새순이 자라 그 새순 위에 열매가 맺기까지 3년이 걸리는 사과·배 등 결과습성이 서로 다르다.

1년생 가지에 결실	포도, 감, 감귤, 무화과
2년생 가지에 결실	복숭아, 자두, 매실
3년생 가지에 결실	사과, 배

② 열매가지가 나오게 하는 가지를 결과모지, 열매를 맺는 가지를 열매가지라 하며, 포도와 같이 당년생 가지에서 결실하는 과수는 그 결과모지를 열매가지라 한다.

5 환상박피

① 환상박피(環狀剝皮)란 6월 하순~7월 상순에 과수 등에서 줄기나 가지의 껍질을 3~6mm 정도 둥글게 벗겨내는 것을 말한다.
② 환상박피는 과수가 가지고 있는 영양물질 및 수분, 무기양분 등의 이동경로를 제한함으로써 잎에서 생산된 동화물질이 뿌리로 이동하는 것을 박피 상층부에 축적시켜 과수의 화아분화 유도와 착과증진, 과실크기의 비대 등 생산성을 향상시키며 과실의 질적 향상을 도모한다.
③ 심한 환상박피를 할 경우에는 근부의 생리적 기능감퇴와 박피 상층부의 과잉 동화물질 축적으로 인한 물질대사 작용이 불균형을 일으켜 생장이 저하하고 수세가 약해질 수도 있다.

3. 여러 가지 수형 만들기

① 원추형(圓錐形): 수형이 원추상태가 되도록 하는 정지법으로, 주지수가 많고 주간과의 결합이 강한 장점이 있으나 수고(樹高)가 높아서 관리에 불편하고 풍해도 심하게 받는다. 주간형 또는 폐심형(閉心形)이라고도 한다.
② 배상형(盃狀形): 수형이 술잔모양이 되게 하는 정지법으로, 관리가 편리하고 수관 내로의 통풍·통광이 좋으나 가지가 늘어지기 쉽고 또 과실의 수가 적어지는 결점이 있다.

③ 변칙주간형(變則主幹形): 원추형과 배상형의 장점을 취할 목적으로 처음에는 원줄기를 주축으로 3~4개의 원가지를 붙여 키우다가 뒤에 주간의 선단을 잘라서 주지가 바깥쪽으로 벌어지게 하는 정지법으로 사과의 정지에 이용된다.

④ 개심자연형(開心自然形): 배상형의 단점을 보완한 수형으로 원줄기를 길게 하지 않고 2~3개의 원가지를 위아래로 붙여 만든다. 복숭아, 매실, 자두, 배, 감귤 등에 적합한 수형이다.

⑤ 방추형: 왜화성 사과나무의 축소된 원추형과 비슷하다.

⑥ 평덕식: 철사 등을 공중 수평면으로 가로·세로로 치고, 가지를 수평면의 전면에 유인하는 수형으로 포도나 배에 이용된다.

⑦ 울타리식: 포도 같은 덩굴성의 과수는 울타리형으로 전정한다. 웨이크만식과 니핀식이 있다.

연구 과수의 수형

교목성 과수의 수형	변칙주간형, 개심자연형, 방추형
덩굴성 과수의 수형	평덕식, 울타리식
관목성 과수의 수형	총상수형

4. 전정 방법

① 겨울전정: 나무의 모양이나 가지의 생장 및 열매맺힘을 조절하기 위한 전정으로 휴면기전정이라고도 하며, 대부분의 전정이 이에 속한다. 보통 낙엽 후부터 수액이 이동하기 전인 이른 봄까지 실시하며, 혹한기 이전에 전정하면 포도 등은 동해를 받을 우려가 있다.

② 여름전정: 잎이 달려있는 동안에 전정하는 것으로 눈따기, 순집기, 순비틀기, 환상박피 등이 있다.

③ 자름전정: 자라난 가지의 중간을 자르는 것으로 튼튼한 새 가지를 발생시키려 할 때와 결과부위의 전진을 막으려 할 때 실시한다. 배, 포도, 복숭아의 겨울전정에 많이 이용한다.

④ 솎음전정: 가지의 기부를 잘라 솎아내는 것으로 가지가 밀생하거나 다른 가지와 경쟁이 되어 생장에 방해가 될 때, 꽃눈이 가지 끝에 달려있는 경우에 실시한다. 사과, 감, 밤, 호두 등은 보통 솎음전정을 한다.

⑤ 갱신전정: 가지를 잘라 그곳에서 새로운 가지를 만드는 방법으로 병해충 또는 재해를 받은 주지, 오래된 가지 등 주로 곁가지를 대상으로 한다.

⑥ 유목과 노목의 전정: 일반적으로 유목의 약전정은 결실을 앞당기고, 노목은 강전정하여 나무의 세력과 결실을 조절한다. 병·해충의 피해를 입은 가지는 전정하여 그 자리를 다른 가지로 채워준다.

연구 **전정의 종류**

시기에 따라	겨울전정, 여름전정
자르는 방법에 따라	자름전정, 솎음전정
자르는 정도에 따라	강전정, 약전정

3. 과수의 생장과 결실

1. 휴면과 발아

1 과수종자의 휴면과 발아

① 휴면을 거치지 않고 발아하는 종자: 감귤류, 비파, 감, 포도

② 휴면을 거친 후에 발아하는 종자: 사과, 배, 복숭아, 자두, 살구, 매실

③ 휴면의 원인은 배의 미숙, 종피의 단단함, 발아억제물질의 존재 등이다.

④ 온대과수의 종자가 성숙 직후 발아력이 없다가 저온에서 일정기간 경과 후 발아력을 가지는 것을 후숙(後熟, after maturing)이라 한다.

⑤ 사과·배는 후숙이 끝나면 0℃ 이상에서 발아할 수 있으며 20℃ 이상에서는 발아가 불량해진다. 감·밤·감귤류 종자의 발아적온은 비교적 높으며 포도는 20℃ 이상이 바람직하다.

② 눈(芽)의 휴면과 발아

① 식물체의 눈(芽)도 필요에 따라 휴면하는데 온대지방의 과수는 여름에 잎과 꽃눈을 형성하고 가을에 기온이 낮아지고 일장이 짧아지면 휴면에 돌입한다.

② 낙엽과수는 잎이 떨어지면서 거의 휴면에 들어가지만 휴면성은 품종, 눈의 종류와 위치 등에 따라 다르며 일반적으로 꽃눈은 잎눈보다, 정아는 측아보다, 짧은가지 눈은 긴 가지 눈보다, 오래된 눈은 젊은 눈보다 휴면이 얕다.

③ 눈은 9월경부터 자발휴면기로 들어가서 10~11월경에 가장 휴면성이 깊어지고 그후 저온에 의해 휴면이 타파되어 다음해 2월경 자발휴면이 끝나게 된다. 노지에서는 2월경에도 눈이 트지 않는데 이는 저온에 의한 타발휴면 때문이다.

④ 눈이 자발휴면에서 깨어나기 위해서는 사과의 경우 약 7℃에서 1,400시간, 복숭아는 1,000시간, 포도는 품종에 따라 200~3,000시간 정도가 필요하다.

2. 영양생장과 생식생장

과수의 생장은 크게 잎, 줄기, 뿌리가 자라서 개체의 크기가 커지는 영양생장(vegetative growth)과 꽃과 열매로 종자를 생산하거나 무성번식으로 다음 세대를 만들기 위한 생식생장(reproductive growth)으로 구분할 수 있다.

생장(生長)	시간의 경과에 따르는 식물체의 크기 증가 양적 증가(量的增加): 영양생장
발육(發育)	식물체가 시간이 경과함에 따라서 완성에 다가오는 과정 질적 변화(質的變化): 생식생장
생육(生育)	생장과 발육은 서로 짝이 되는 것으로 전자가 식물체의 양적인 변화인데 대하여 후자는 질적인 변화이다. 식물의 생육이라는 말은 생장과 발육 양자를 포함한 개념이다.

```
               ┌──── 영양생장 ────┐
종자의 발아  →  줄기·잎의 증가  →  꽃눈형성

         결실  ←  개화  ←  꽃눈형성
               └──── 생식생장 ────┘
```

① 각 기관의 생장

① 잎의 생장: 잎의 초기생장은 전년도에 저장된 양분에 의해 이루어지므로 전년도의 영양상태가 매우 중요하다.

② 가지의 생장: 가지의 초기생장은 전년도에 저장된 양분에 의해 영향을 받으며, 6월 중~하순까지 왕성하다가 7월 하순경에 생육이 정지된다.

③ 뿌리의 생장: 뿌리는 지상부보다 일찍 활동을 시작하여 2~3월경 신장을 개시하며, 봄과 가을이 최대가 되고 잎과 가지의 생장이 왕성한 때에 정지된다. 뿌리의 신장 형태는 사과·배·감 등은 심근성으로, 복숭아·포도 등은 천근성으로 나타난다.

② C/N율(탄질률)과 생장

① 식물체 내의 탄수화물(C)과 질소(N)의 비율을 C/N율(carbon/nitrogen ratio)이라 하며 식물의 생육·화성(花成)·결실을 지배하는 기본요인이 된다.

② C/N율이 높을 경우에는 화성을 유도하고 C/N율이 낮을 경우에는 영양생장이 계속된다.

③ C/N율은 과수의 환상박피나 고구마 순을 나팔꽃 대목에 접목하면 지상부의 탄수화물 축적이 많아져 개화·결실이 조장되는 등의 예로 설명될 수 있다.

④ C와 N의 비율이 개화·결실에 알맞은 상태라 하여도 C와 N의 절대량이 적을 때는 개화·결실이 모두 불량해지며 C와 N의 비율보다는 C와 N의 절대량이 함께 증가하여야만 개화·결실이 촉진된다.

연구 **C/N율의 개념**

1. 작물의 양분이 풍부해도 탄수화물의 공급이 불충분할 경우 생장이 미약하고 화성 및 결실도 불량하다.
2. 탄수화물의 공급이 풍부하고 무기양분 중 특히 질소의 공급이 풍부하면 생육은 왕성하지만 화성 및 결실은 불량하다.
3. 탄수화물의 공급이 질소공급보다 풍부하면 생육은 다소 감퇴하나 화성 및 결실은 양호해진다.
4. 탄수화물과 질소의 공급이 더욱 감소될 경우 생육이 감퇴되고 화아형성도 불량해진다.

---

3. 꽃눈 분화

① 식물의 생장점 또는 엽액에 꽃으로 발달할 원기가 생겨나는 현상으로 영양생장에서 생식생장으로의 전환을 의미한다.
② 꽃눈이 처음 생길 때는 잎눈과 형태적 차이가 없으나 어느 시기부터 잎눈과 다른 모양으로 조직이 분화된다.

> **연구 과수의 일반적인 꽃눈 분화시기**
>
> 사과: 7월 상순, 포도: 5월 하순, 배: 6월 중~하순, 감: 7월 중순, 복숭아: 8월 상순

4. 개화와 결실

1 개 화(開花)

① 개화 시기는 같은 품종이라도 지역 및 기후조건에 따라 다르며 위도(緯度) 1° 상승에 4일, 표고(標高) 100m 상승에 3일 정도 지연된다.
② 과수의 꽃은 사과 · 배 · 복숭아 · 매실 등과 같이 암술과 수술이 함께 있는 양성화와 밤 · 감 · 호두 · 대추와 같이 암술과 수술이 따로 있는 것은 단성화가 있다.

2 수분 및 수정

① 꽃가루가 암술머리에 떨어지는 현상을 수분(受粉), 정핵과 난핵이 결합하여 현상을 수정(受精)이라고 한다.
② 수분의 매개방법은 곤충, 바람, 인력 등에 의하며 꿀벌이나 머리뿔가위벌 등의 매개곤충이 부족하거나 개화기의 기상 이변, 수분수 부족, 자가불화합성 품종이나 수분수 없이 단일품종만 재배하는 경우에는 인공적으로 꽃가루를 암술머리에 묻혀주는 인공수분을 실시한다.
③ 수분수는 화합성이 높고, 완전한 꽃가루를 많이 생산하며, 주품종과 개화기가 일치하거나 약간 빠른 것이 적당하며 섞어 심는 비율은 20~25%가 알맞다.

연구 **수분 및 수정 관련 용어**

불결실성	수분을 하여도 수정 및 결실이 되지 못하는 현상
불화합성	생식기관이 건전한 것끼리 근연간의 수분을 할 때에도 수정 및 결실되지 못하는 현상
자기불화합성	암술과 수술 모두 정상적인 기능을 갖고 있으나 자가수정를 못하는 현상 - 사과, 배, 매실 등
교배불친화성	서로 다른 품종이고 암 · 수술이 완전하여도 친화성이 없는 것 - 배, 양앵두, 자두의 몇 품종

3 과수의 인공수분(배의 경우)

① 인공수분의 효과: 기상재해 시 피해를 받지 않은 꽃에 인공수분을 하면 피해를 어느 정도 줄일 수 있으며 원하는 곳에 착과시켜 결실량 확보 및 품질을 향상시킬 수 있다.

② 화분의 채취: 화분은 활력이 높은 꽃가루를 많이 생산할 수 있는 품종에서 채취하며, 화분 채취용 꽃의 채취적기는 꽃이 풍선 모양으로 부풀어 오른 상태인 개화 1일 전부터 개화 직후 꽃밥이 아직 터지지 않은 시기까지이다.

③ 인공수분의 실시 시기: 인공수분은 해당 품종의 꽃이 40~80% 피었을 무렵인 개화 2~3일 내의 오전에 실시하는 것이 좋으며, 가지에 꽃이 잘 배열되어 있을 경우 꽃눈 3개당 1개씩 3~5번화에 실시한다.

④ 화분의 증량(增量): 순수한 꽃가루만을 이용하여 인공수분을 실시하면 많은 꽃가루가 소요되므로 석송자, 녹말가루, 탈지분유 등의 화분증량제를 화분량의 3~5배(무게비율)로 혼합하여 사용하며, 화분의 발아율이 30% 미만일 때는 화분증량제의 증량 없이 화분만 사용한다.

⑤ 인공수분 기구: 면봉, 붓, 수동식 또는 전동식 분사기 등을 이용하여 꽃가루를 암술머리에 묻혀준다. 날씨가 맑을 경우에는 분사기 종류가 좋고, 비가 내릴 경우에는 면봉을 사용하는 것이 바람직하다. 면봉을 사용할 경우에는 꽃가루를 작은 병에 넣고 면봉에 묻혀 사용하는데 1회 묻힐 경우 20~30회의 수분이 가능하다. 분사기 종류를 사용할 경우에는 작업시간은 단축되나 화분의 소요량이 많아진다.

4 단위결과

① 단위결과란 수분이 되지 않거나 수분이 되어도 수정이 완전히 이루어지지 않은 상태에서 과실이 비대발육하는 현상으로, 종자가 형성되지 않은 채 과실이 생겨난다.

② 암술머리에 어떤 자극을 주지 않아도 과실이 자동적으로 발육하는 것을 자동적 단위결과라 하며 과수에서는 감, 감귤, 바나나, 파인애플, 무화과 등이 해당된다.
③ 수분이나 어떤 자극에 의해 단위결과를 유발되는 것을 타동적 단위결과라 하며 포도 델라웨어 품종의 지베렐린 처리가 대표적이다. 지베렐린의 1차처리는 씨를 없애기 위해, 2차처리는 포도알의 비대 및 성숙촉진을 위해 보통 100ppm의 농도로 실시한다.

5. 낙과의 원인과 그 대책

1 낙과의 원인

① 기계적 낙과: 폭풍우나 병해충에 의한 낙과
② 생리적 낙과: 생리적 원인에 의해서 탈리층(脫離層)이 발달하여 낙과하는 것으로 과실이 성숙되면 옥신의 생성량이 감소되어 탈리층 형성을 촉진하기도 한다.
③ 낙과하는 시기에 따라 조기낙과(June drop)와 후기낙과(Pre-harvest drop)로 구별한다. 배(胚)의 발육 중지로 인한 낙과는 조기낙과의 후반기인 6월에 많이 발생하기 때문에 June drop이라고 한다.

> **연구 생리적 낙과의 원인**
> - 생식기관의 발육이 불완전한 경우
> - 수정이 되지 않았을 경우
> - 배의 발육이 중지되었을 경우
> - 단위결과성이 약한 품종일 경우
> - 질소나 탄수화물이 과부족인 경우

2 낙과의 방지책

수분의 매조	인공수분, 곤충의 방사, 수분수 식재
건조 및 과습 방지	관개 · 멀칭에 의한 건조 방지 및 배수
수광태세의 향상	재식밀도 조절 및 정지 · 전정
방한 · 방풍	동상해 방지 및 방풍용 수형으로 재배
생장조절제 살포	NAA, 2,4-D 등

6. 열매솎기와 해거리 조절

1 열매솎기

① 열매솎기란 나무의 세력에 비해 너무 많이 달린 꽃이나 열매를 일찍 솎아주는 것으로 중심과를 남기고 병해충과, 불량과 등을 제거한다.

적화 (摘花)	개화수가 너무 많을 때에 꽃망울이나 꽃을 솎아서 따주는 것으로, 과수에 있어서 조기에 적화하게 되면 과실의 발육이 좋고 비료도 낭비되지 않는다.
적과 (摘果)	착과수가 너무 많을 때 여분의 것을 어릴 때에 솎아 따주는 것으로, 적과를 하면 경엽의 발육이 양호해지고 남은 과실의 비대도 균일하여 품질이 좋은 과실이 생산된다.

② 열매솎기의 정도 : 과실 1개당 잎 수를 표준으로 계산하면 사과의 경우 홍옥 · 국광은 30~40장, 후지 · 골든딜리셔스는 50~60장 정도이다. 배는 보통 25~30장당 과실 1개를 남기고, 복숭아는 잎 15장당 과실 1개 정도를 남긴다.

③ 열매솎기의 효과 : 과실의 크기를 고르게 한다, 과실의 착색을 돕고 품질을 높여준다, 잎 · 가지 · 뿌리 등 영양기관의 생장을 돕는다, 꽃눈의 분화와 발달을 좋게 하여 해거리를 예방한다, 피해 과실을 제거한다.

④ 열매솎기의 방법 : 인력으로 솎아내는 방법과 나크수화제(세빈), 석회유황합제 등의 약제가 사용되기도 한다. 약제를 이용하여 열매를 솎을 때는 가급적 아침 일찍 약제를 처리하여 매개곤충의 피해를 줄이도록 한다.

2 해거리

① 해거리는 개화 · 결실량이 너무 많아 나무의 영양이 과다하게 소모되어 그 다음해의 결실이 불량해지는 것으로 해거리를 하는 해는 화아분화가 많이 되므로 강전정하여 다음해의 결실을 조절한다.

② 해거리의 방지방법에는 충분한 거름 시비, 적정한 가지치기 및 열매솎기, 병해충 방제 등이 있다.

7. 봉지씌우기

① 목적: 병해충 방제, 착색 및 과실의 상품가치 증진, 열과 방지, 숙기 조절
② 시기: 보통 조기낙과와 열매솎기가 모두 끝난 후에 봉지를 씌우나 동록을 방지하기 위해서는 낙과 후 즉시 즉, 과실이 아주 어릴 때에 실시하는 것이 좋다.
③ 과실에 봉지를 씌우지 않고 재배하는 것을 무대재배(無袋栽培)라 하며, 무대재배한 과실은 영양가가 높고 저장력과 수송력도 증가한다.

4. 영양 및 토양 관리

1. 비료의 요소 및 과수의 생육

① 질 소(N)

① 단백질과 함께 엽록소의 주요 성분으로 영양생장에 관여한다.
② 부족하면 생장이 약하고 수량도 떨어지고, 심하면 잎의 색깔이 연해지고 잎 면적도 줄며 광합성의 양이 떨어진다.
③ 과다하면 잎, 가지 등의 영양생장이 왕성하여 웃자라고 낙과가 많으며, 과실의 착색이나 품질이 떨어지고 병·해충에 대한 저항성도 약해진다. 또한 인산과 칼륨의 흡수를 저해한다.

② 인 산(P)

① 세포의 핵(核)을 구성하는 성분으로 새순이나 가는 뿌리의 분열조직에 많이 들어 있으며, 과실의 단맛을 높여 준다.
② 부족하면 과실의 품질이 떨어진다.

③ 칼 륨(K)

① 탄수화물의 합성과 이동, 단백질의 합성 등의 역할을 한다.
② 부족하면 과실의 비대 생장을 억제하고, 과다하면 질소나 마그네슘의 흡수를 방해하고 결핍시는 잎 가장자리가 갈색으로 변한다.

④ 칼 슘(Ca)

① 과수의 생장에 필요한 것으로 토양에 상당량이 들어 있다.
② 부족하면 새 뿌리의 발생이 억제되며 사과에서는 고두병이 생긴다. 산성 토양을 중화시키는 데 칼슘을 시용한다.

⑤ 마그네슘(Mg)

① 잎, 새순, 과실 등에 많이 들어 있어 인산의 이동을 돕는다.
② 부족하면 잎맥 사이의 색이 누렇게 변한다.

⑥ 붕 소(B)

① 식물체의 조직 형성과 신진대사에 관계한다.
② 부족하면 사과의 축과병(縮果病), 포도의 꽃떨이 현상, 신초의 총생(叢生) 현상 등 나무의 생장에 이상을 나타낸다.

⑦ 망 간(Mn)

① 토양산도가 높으면 망간이 용해되어 과잉 현상을 나타낸다(사과의 적진병).
② 부족하면 잎의 색깔이 누렇게 되고 수세가 약해진다.

2. 시비량의 결정

① 시비량의 결정

① 시비량은 과수의 종류 및 품종, 생육과정, 지력의 정도, 기후적 조건, 재배양식 등에 따라서 차이가 있으며 이론적으로 단위면적당의 시비량은 다음과 같이 계산된다.

$$\text{시비량} = \frac{\text{흡수소요량} - \text{천연공급량}}{\text{비료요소의 흡수율(이용률)}}$$

② 일반적으로 질소 : 인산 : 칼륨의 비율은 사과나무의 경우 10 : 3 : 10, 복숭아나무는 10 : 4 : 16 정도이다.

③ 시비량 결정의 기준

　㉮ 연구 기관 및 시험장에서 제시한 표준시비량을 기준한다.

　㉯ 재배자가 매년 되풀이하여 시용하는 비료량을 기준으로 하여 조절한다.

　㉰ 엽분석의 결과를 보아 비료량을 조절한다.

② 엽분석에 의한 시비량 결정

① 엽분석은 원자흡분광도계, 비색계, 질소분석기 등의 기기를 이용하여 식물체 내의 질소(N), 인산(P), 칼륨(K), 칼슘(Ca), 마그네슘(Mg), 붕소(B), 철(Fe), 망간(Mn) 함량 등 식물체의 영양상태를 측정하여 시비량을 결정하는 데 이용된다.

② 잎의 영양수준은 부족·정상·과다 등으로 구분할 수 있으나, 전 생육기를 통하여 그 적정수준이 달라지며 한 과수원에서도 나무에 따라 차이가 심하고, 같은 나무라도 잎의 채취부위에 따라 변화가 많다.

③ 엽시료는 신초(새 가지)의 생장이 안정된 시기(7월 상순~8월 상순)에 과수원에서 대표적인 나무 5~10주를 선정하여 식물체의 적정 부위(수관 외부에 도장성이 없고 과실이 달리지 않은 신초의 중간부위)의 성엽 50~100매를 채취하여 사용한다.

④ 잎의 무기성분 함량에 영향을 미치는 주요 요인은 토양환경, 품종, 시비량, 시료의 채취시기 등이다. 식물의 양분흡수는 식물의 생리적 특성 외에 토성, 토양 수분 함량, 토양 비옥도 등의 토양환경에 영향을 받는다.

⑤ 비옥도가 높고 양분흡수가 용이한 토양조건 하에서는 더 많은 양분이 흡수된다. 같은 비옥도의 토양이라면 점질토보다 사질토에서 양분을 흡수하기가 용이하여 일시적으로는 더 많은 양분을 흡수하지만 그 지속성을 유지하기가 곤란하여 시비 직후에는 과다 현상이 발생하고 시일이 경과함에 따라 결핍상태가 되기 쉽다. 점질토양에서는 영양분이 계속적으로 꾸준히 공급되므로 비효는 다소 늦어지지만 결핍상태는 적은 편이다.

3. 시비의 시기

1 밑거름

① 밑거름(基肥)은 전 생육기간에 종합적으로 필요한 영양분을 충분히 주는 거름으로 일반적으로 휴면기간인 12월부터 3월까지가 알맞은 시비시기이다.
② 밑거름에서 화학비료는 전량의 60~80% 정도 시비하고 나머지는 덧거름과 가을거름에서 보충하도록 한다.

2 덧거름

① 덧거름(追肥)은 부족한 영양분을 보충하여 새순의 성장, 열매 맺힘, 꽃눈 분화 등을 돕는 거름으로 낙엽과수는 5~6월, 감귤은 9~10월 사이에 시비한다.
② 질소를 덧거름으로 너무 많이 시비하면 꽃눈 형성과 병해충에 대한 저항성이 나빠지며 과실의 착색이 불량해지는 등의 피해를 입을 수 있다.

3 가을거름

① 가을거름은 수확 직전이나 직후에 과수의 수세회복을 위해 주는 거름으로 지효성보다는 속효성 거름을 준다.
② 질소질 비료를 시비하여 잎의 동화능력을 높여주려면 1% 정도의 요소를 엽면시비하는 것이 효과적이다.

4. 시비의 방법

1 시비 방법

① 과수원의 토양시비 방법

윤구시비	나무 주위를 둥글게 파서 시비
방사상시비	나무 주위를 방사상으로 파서 시비
조구시비	나무를 심은 줄에 따라 도랑같이 파서 시비
전원시비	밭 전면에 고르게 시비

② 윤구시비, 방사상시비, 조구시비는 나무가 어릴 때 좋고 전원시비는 성목(成木) 과수
   원에서 효과적인 방법이다.
③ 토양시비는 토양개량을 겸하며 유기질 비료를 충분히 넣어주려면 나비 30㎝, 깊이
   30~40㎝ 이상 파는 것이 좋다.

2 시비의 유의사항

① 비료 입자가 과수의 뿌리에 직접 닿지 않도록 한다.
② 인분, 계분, 퇴비 등은 완전히 부숙된 것을 사용해야 한다.
③ 너무 과다한 양을 시비하지 않는다.
④ 비가 올 때나 비오기 직전 또는 강풍 시에는 시비하지 않는다.
⑤ 장마, 늦여름, 늦가을에는 가급적 시비하지 않는다.
⑥ 이슬이 없는 오전 10시부터 오후 5시 사이에 시비한다.

5. 토양표면관리법과 그 보전법

1 토양표면 관리법

① 청경법(淸耕法): 과수원 토양에 풀이 자라지 않도록 깨끗하게 김을 매주는 방법으로,
   잡초와 양수분의 경쟁이 없고 병·해충의 잠복처를 제공하지 않는 장점이 있으나, 토
   양침식과 토양의 온도변화가 심하다.
② 초생법(草生法): 과수원의 토양을 풀이나 목초로 피복하는 방법으로, 장단점은 청경법
   과 상반된다. 현재 경사지 과수원에서 가장 많이 사용하고 있는 방법이다.
③ 부초법(敷草法): 과수원의 토양을 짚이나 다른 피복물로 덮어주는 방법으로 토양침식
   방지, 토양수분의 보수력 증대, 토양 내 유기물 증가와 입단화 촉진 등의 장점이 있으
   나, 인건비와 재료의 비용이 많이 들며 화재의 위험이 있다.
④ 어린 나무는 부초법이나 청경법을, 다 자란 나무에는 초생법을 적용하는 것이 효과적
   이며 건조기에 청경법과 부초법을 병행하면 더욱 좋다.

2 토양의 보전 및 유지방법

과수원의 토양을 보전하려면 등고선 계단식 심기와 배수로를 튼튼히 설치하고 초생·부초법 실시와 유기물을 시용하며 심경한다.

① 심경과 유기물 시용: 토양의 물리적 성질을 개량하여 토양의 보수력·보비력을 좋게 하고 완충력을 높여 지온을 상승시키며 토양미생물의 증식을 돕는다. 심경은 뿌리의 절단으로 인한 나무생육의 피해를 최소화하기 위해 주로 휴면기에 실시한다.

윤구식	나무의 주위를 연차적으로 심경한다.
도랑식	배수가 잘 안되는 토양의 나무사이를 도랑과 같이 길게 파준다.
구덩이식	나무 주위에 연차적으로 깊이와 너비 1m 정도로 구덩이를 파고 유기물을 넣어 준다.

② 석회 시용: 토양의 물리적 성질 개량, 토양 중화, 미생물의 활동을 증가시키고 독성물질을 해독한다. 석회는 이동성이 약해 겉흙에 뿌려서는 땅속에 침투하지 못하므로, 흙과 잘 섞어 땅속에 채워준다.

③ 배수: 과수는 심근성으로 뿌리가 깊게 뻗어 양분과 수분을 충분히 흡수할 수 있어야 한다. 따라서 토양의 심층부까지 배수가 잘 되어야 하며, 지하수위가 높으면 산소의 공급이 부족하여 뿌리 발육에 장해를 일으킨다.

명거배수	지표에 배수로 시설을 한다.
암거배수	토관, 시멘트관, 관목, 대나무 등을 땅속 깊이 묻는 방법

④ 관수: 과실의 비대기에는 다량의 물을 필요로 하기 때문에 비가 잘 오지 않거나 모래 땅의 과수원에서는 관수를 해야 하며 위조현상이 나타나기 전에 실시한다.

표면관수법	둑 또는 골을 만들어 지표에 관수한다.
살수법	지하에 급수하여 모관작용으로 뿌리 근처에서 수분을 공급한다.
점적관수법	물을 천천히 조금씩 흘러나오게 하여 필요한 부위에 관수한다.

기 출 문 제 해 설

1. 같은 과수 품종인데도 생산지에 따라 성숙시기가 다른 까닭은?

① 비배관리가 다르기 때문이다.

② 강수량의 차이 때문이다.

③ 일조량이 다르기 때문이다.

④ 적산온도가 다르기 때문이다.

2. 과수 재배시 내한성(耐寒性)이 가장 약한 시기는?

① 발육기 ② 휴면초기

③ 휴면중기 ④ 휴면말기

3. 복숭아 재배 시 저온의 피해가 가장 심한 시기는?

① 휴면기 때의 저온

② 가을 휴면에 들어가기 전 저온

③ 휴면이 끝난 후의 저온

④ 개화기 때의 서리 피해

4. 지나친 저온지대에서 생산된 사과의 특징으로 볼 수 없는 것은?

① 착색이 떨어진다.

② 동화물질의 축적이 많아 과실이 커진다.

③ 신맛이 많아진다.

④ 당도가 떨어진다.

보충

■ 적산온도(積算溫度): 작물이 발아할 때부터 성숙이 끝날 때까지의 기간 중에 소요되는 온도의 총량

■ 대부분의 과수는 발육기에 내한성이 약하여 영하 1~4℃에서 피해를 입으나, 낙엽 후 휴면기가 되면 내한성이 강해진다.

■ 복숭아는 개화시기가 빠르기 때문에 늦서리의 피해가 자주 나타난다.

■ 지나친 고온이나 저온은 과실의 품질을 떨어뜨리는 원인이 된다.

01 ④ 02 ① 03 ④ 04 ②

5. 주야간의 온도차이가 과실의 품질을 좋게 하는 까닭은?

① 동화물질의 축적이 많다.

② 수세가 좋아진다.

③ 야간 저온일 때 열매가 자극을 받아 크게 자란다.

④ 적산온도를 생각하면 야간 저온은 불리하다.

■ 변온에서는 탄수화물의 축적이 촉진된다.

6. 다음 중 휴면기에 내한성이 가장 강한 과수 작물은?

① 사과나무

② 일본배나무

③ 포도나무

④ 복숭아나무

■ 휴면기의 사과나무 재배한계온도는 약 −30℃이다.

7. 다음 중 과수재배 시 서리피해의 예방 대책이 아닌 것은?

① 개원 시 냉기류가 정체하는 분지를 피한다.

② 서리의 위험이 있을 때 왕겨 등을 태운다.

③ 강전정을 하거나 질소비료를 많이 준다.

④ 스프링클러로 수관전체에 살수하여 준다.

■ 동해(凍害)의 위험성이 있는 지역에서는 추위가 지난 다음 전정하는 것이 좋고, 질소비료를 많이 주면 식물체가 웃자라거나 연약해져서 피해를 받기 쉽다.

8. 동상해의 피해를 줄이기 위한 응급대책이 아닌 것은?

① 연소법 ② 피복법

③ 살수빙결법 ④ 경화법

■ 동상해의 응급대책에는 관개법, 송풍법, 발연법, 피복법, 연소법, 살수빙결법 등이 있다.

05 ① 06 ① 07 ③ 08 ④

9. 봄철에 늦추위가 닥쳐 동상해의 위험이 있을 때 보온효과가 가장 큰 응급대책으로 적당한 방법은?

① 발연법(發煙法)

② 연소법(燃燒法)

③ 송풍법(送風法)

④ 살수빙결법(撒水氷結法)

10. A지방의 여름 온도가 B지방보다 더 높은데 B지방의 사과가 먼저 익었다. 그 원인은 무엇인가?(같은 품종일 경우)

① B지방이 인산질(P) 비료를 많이 주는 경향이 있다.

② A지방이 대체로 다비재배를 하는 편이다.

③ 과수재배 시 성숙최적온도 이상이 되면 오히려 성숙이 지연된다.

④ B지방이 대체로 건조한 편이다.

11. 과수에서 가장 먼저 수분결핍 현상이 일어나는 곳은?

① 과실   ② 잎

③ 가지   ④ 뿌리

12. 다음 중 내습성(耐濕性)이 가장 약한 과수는?

① 복숭아   ② 포도

③ 사과   ④ 배

■ 살수빙결법은 스프링클러로 살수하여 식물체의 표면을 동결시키는 것으로 물이 얼 때는 잠열이 발생하기 때문에 외부기온이 많이 내려가더라도 식물체온을 0℃ 정도로 유지할 수 있다.

■ 과실의 성숙 최적온도는 27℃ 내외로 30℃ 이상이면 성숙이 늦어진다.

■ 수분이 부족하면 먼저 과실의 발육이 불량해지고, 이어서 가지의 신장마저 억제되어 잎이 시들게 된다.

■ 복숭아는 내습성이 약하고, 포도는 강하다.

13. 다음 중 가뭄에 비교적 잘 견디는 과수는?

① 복숭아　　　　② 사과

③ 감　　　　　　④ 배

■ 복숭아의 뿌리는 건조에 강한 반면 물에 견디는 힘이 약하다.

14. 사과재배에 가장 알맞은 토양 조건은?

① 표토가 깊은 곳　　② 지하수위가 높은 곳

③ pH 5.0 ~ 5.4인 곳　④ 바위 층이 있는 곳

■ 뿌리가 깊게 뻗어 양분과 수분을 충분히 흡수할 수 있어야 한다.

15. 다음 중 과수재배에 가장 적당한 토양은?

① 사토　　　　　② 점토

③ 사양토　　　　④ 암석토

■ 사양토(모래참흙)는 과수의 뿌리가 토층 깊이 뻗어나갈 수 있다.

16. 산성토양이 과수작물의 생육에 나쁜 이유를 기술한 것 중 옳지 않은 것은?

① 토양미생물 활동의 감퇴

② 토양의 물리적 성질의 악화

③ 양분의 결핍 및 과잉

④ 알루미늄의 용해도 감소

■ 산성토양에서는 수소 · 알루미늄 · 망간이온 등이 많이 용출되어 작물에 해작용을 일으킨다.

17. 경사지 과수원의 특징을 바르게 표현한 것은?

① 점질토가 많고, 배수가 불량하다.

② 낮은 지대에 비하여 기류가 차서 서리피해를 받기 쉽다.

③ 경사면이 서향일 경우는 원줄기의 볕데기(日燒)가 많다.

④ 토양유실은 심하나 지력은 양호하다.

■ 경사지 과수원은 배수가 양호하고 평지에 비해 서리의 피해가 적으나, 평지에 비해 지력이 약하다.

13 ①　14 ①　15 ③　16 ④　17 ③

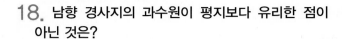

18. 남향 경사지의 과수원이 평지보다 유리한 점이
아닌 것은?

① 배수가 잘 된다.　　② 과실이 일찍 익는다.

③ 토양이 유실되므로 유기물의 축적이 적다.

④ 서리의 피해가 적다.

■ ③은 경사지 과수원의 단점이다.

19. 경사지 과수원에서 물모임 도랑을 등고선에 따라
옆으로 만드는 이유는?

① 토양침식 감소

② 나무 뿌리의 생장촉진

③ 과수원 작업의 간편화

④ 토양수분 유실 방지

■ 토양침식 방지를 위해 비가 올
때 이랑사이의 골에 물이 괴어 유거
수(流去水)가 생기지 않도록 하기
위함이다.

20. 과수재배에 관한 사항이 옳게 설명된 것은?

① 대부분의 과수는 개화기에 내한성이 강하다.

② 내습성이 약한 과수는 사과와 배 등이다.

③ 과수가 그늘진 곳에서 자라면 웃자라고 병해충에
대한 저항성이 약해진다.

④ 과수재배에 적합한 토양은 유효 표층이 50cm 이
상인 사양토가 좋다.

■ 또한 생리적 낙과가 많아지고 당
도가 떨어지며 결국 과실이 불량해
진다.

21. 정지와 전정의 원칙을 바르게 설명한 것은?

① 간장(幹長)은 가급적 높게 한다.

② 자연성을 최대한 살린다.

③ 분지의 각도를 좁게 한다.

④ 바퀴살가지(車枝)를 형성한다.

■ 간장은 가급적 낮게 하고 분지의
각도는 넓게 하며 바퀴살가지를 형
성하지 않도록 한다.

18 ③　19 ①　20 ③　21 ②

22. 다음 중 전정의 목적이 아닌 것은?

① 나무의 뼈대를 조화 있게 만든다.

② 나무의 세력을 조절한다.

③ 관리가 편리하도록 나무의 모양을 조절한다.

④ 나무의 수명을 연장하고 해거리를 조장한다.

23. 차지(바퀴살가지)의 특성으로 올바른 것은?

① 주간의 세력이 강해진다.

② 수관 내 투광 상태가 좋아진다.

③ 가지가 찢어지기 쉽다.

④ 화아형성이 잘 된다.

24. 사과나무에서 변칙주간형의 수형을 구성할 때 원줄기에 대한 원가지의 알맞은 분지 각도는?

① 80 ~ 70°

② 60 ~ 50°

③ 50 ~ 40°

④ 30 ~ 20°

25. 전정의 효과로 옳은 것은?

① 결실량의 조절이 가능하다.

② 유목에 약전정을 하면 결실을 늦추어 준다.

③ 노목에서의 강전정은 수세를 약화시킨다.

④ 병·해충의 피해가 있을 경우 강전정은 피해를 가중시킨다.

22 ④ 23 ③ 24 ② 25 ①

26. 작년에 결실이 적게 되었던 나무의 전정으로 알 맞은 것은?

　① 엽면적 확보를 위해 약전정을 한다.

　② 결실 과다를 막기 위하여 강전정을 한다.

　③ 화아분화를 좋게 하도록 뿌리를 끊어 T/R률을 높인다.

　④ 수세유지를 위하여 도장지만 잘라준다.

■ 해거리를 한 다음해는 화아분화가 많이 되므로 전정을 강하게 하여 결실을 조절한다.

27. 다음 중 겨울전정의 알맞은 시기는?

　① 낙엽 후에서 발아 전까지

　② 월평균 기온이 가장 낮은 1월

　③ 수액이 이동하기 직전

　④ 낙엽 후부터 수액이동 전까지

■ 겨울전정: 나무의 모양이나 가지의 생장 및 열매맺힘을 조절하기 위한 전정으로 휴면기전정이라고도 하며, 대부분의 전정이 이에 속한다. 보통 낙엽 후부터 수액이 이동하기 전인 이른 봄까지 실시하며, 혹한기 이전에 전정하면 포도 등은 동해를 받을 우려가 있다.
여름전정: 잎이 달려있는 동안 전정하는 것으로 눈따기, 순집기, 환상박피 등이 있다.

28. 다음 중 순정꽃눈을 가진 대표적인 과수는?

　① 사과

　② 감

　③ 복숭아

　④ 포도

■ 꽃눈에서 잎이나 새 가지가 전혀 나오지 않고 꽃만 피는 눈으로 복숭아, 자두 등의 꽃눈이 순정꽃눈에 해당한다.

29. 생기는 위치가 일정하지 않은 눈으로 강한 자극을 받음으로써 생기는 눈은?

　① 숨은눈(潛伏芽)

　② 막눈(不定芽)

　③ 끝눈(頂芽)

　④ 곁눈(側芽)

■ 막눈은 큰 가지를 자르면 발생하는 눈으로 반드시 잎눈이다.

26 ② 　27 ④ 　28 ③ 　29 ②

30. 다음 중 사과 꽃눈의 꽃 피는 순서로 맞는 것은?

① 중심 꽃부터 핀다.

② 주변 꽃부터 핀다.

③ 무순으로 핀다.

④ 꽃눈 전체가 동시에 핀다.

■ 사과는 한 꽃송이에서 가운데 꽃이 먼저 피고, 그후 주변 꽃이 핀다. 가운데 꽃에 열매 맺은 과실이 발육이 빠르고 품질도 좋으므로 가운데 과실을 키운다.

31. 다음 중 1년생 가지에서 결실하는 과수는?

① 사과, 배

② 복숭아, 매실

③ 자두, 살구

④ 포도, 감귤

■ 과수의 결과습성
1년생 가지: 포도, 감귤, 무화과
2년생 가지: 복숭아, 자두, 매실
3년생 가지: 사과, 배

32. 다음 중 3년생 가지 위에 열매 맺는 것은?

① 자두

② 앵두

③ 복숭아

④ 사과

■ 사과와 배는 새순이 자라 그 새순 위에 열매가 맺기까지 3년이 걸린다(단, 사과의 홍옥, 배의 장십랑 품종은 2년째에 꽃이 피어 열매를 잘 맺는다).

33. 다음 중 결과모지가 곧 열매가지인 것은?

① 포도   ② 사과

③ 배   ④ 복숭아

■ 결과모지: 열매가지가 나오게 하는 가지, 열매가지: 열매를 맺는 가지
포도와 같이 당년생 가지에서 결실하는 과수는 그 결과모지를 열매가지라 한다.

34. 다음 중 웨이크만식으로 수형을 만드는 과수는?

① 사과   ② 배

③ 포도   ④ 복숭아

■ 덩굴성과수의 수형: 평덕식(포도), 울타리식(니핀식 · 웨이크만식; 포도)

30 ① 　31 ④ 　32 ④ 　33 ① 　34 ③

35. 다음 중 변칙주간형에 대한 설명으로 옳은 것은?

① 나무의 자연성을 거의 변화시킨 형이다.

② 주간 연장지상의 심(芯)을 제거한다.

③ 수관내부는 폐쇄되므로 결실성이 낮아진다.

④ 수세가 약하고 수령이 짧다.

■ 변칙주간형은 나무의 자연성을 최대로 살리면서 수세유지와 함께 결실성을 높인다. 또한 수세가 강하고 직립성이며 수령이 비교적 길다.

36. 과수의 완성된 변칙주간형에서 원가지의 수는 몇 개를 두어야 하는가?

① 7 ~ 8개   ② 5 ~ 6개

③ 3 ~ 4개   ④ 1 ~ 2개

■ 변칙주간형은 처음에 원줄기를 주축으로 3~4개의 원가지를 붙여 키우다가 뒤에 주간의 선단을 잘라서 주지가 바깥쪽으로 벌어지게 하는 정지법이다.

37. 배상형과 자연형의 장점을 따서 만든 수형은?

① 변칙주간형   ② 개심자연형

③ 방추형   ④ 니펜식

■ 사과, 감, 밤, 양앵두 등에 적합하고 원줄기를 주축으로 3~4개의 원가지를 키운다.

38. 왜성 사과나무의 알맞은 수형은 어느 것인가?

① 배상형   ② 방추형

③ 울타리형   ④ 변칙주간형

■ 밀식재배를 하므로 광의 투과가 좋은 수형을 선택하여야 한다.

39. 남부지방에서 배나무에 평덕식 지주를 가설하는 이유는?

① 내풍성이 약하기 때문

② 내비성이 약하기 때문

③ 내수성이 약하기 때문

④ 내건성이 약하기 때문

■ 배는 과실이 크고 열매자루가 길어 풍해로 인한 낙과가 심하기 때문에 지역에 따라 여러 가지 다른 수형으로 재배되고 있다.

35 ②   36 ③   37 ①   38 ②   39 ①

40. 다음 중 복숭아나무의 수형으로 적합한 것은?

① 변칙주간형

② 원추형

③ 개심자연형

④ 주간형

■ 복숭아나무는 내음성이 약해 수관 내부에 햇빛이 들어오지 않으면 밑의 가지가 말라 죽으므로, 중심이 비어 있는 개심자연형으로 키우는 것이 좋다.

41. 자름전정을 하여도 꽃눈 형성이 잘 되는 과수는?

① 사과나무

② 감나무

③ 밤나무

④ 복숭아나무

■ 자름전정: 자라난 가지의 중간을 자르는 것으로 튼튼한 새 가지를 발생시키거나 결과부위의 전진을 막으려 할 때 실시한다. 배, 포도, 복숭아의 겨울전정에 많이 이용한다.

42. 다음 중 주로 솎음전정을 하는 과수는?

① 사과나무

② 배나무

③ 포도나무

④ 복숭아나무

■ 솎음전정: 가지의 기부를 잘라 솎아내는 것으로 가지가 밀생하거나 다른 가지와 경쟁이 되어 생장에 방해가 될 때 실시한다. 사과, 감, 밤, 호두 등은 보통 솎음전정을 한다.

43. 다음 중 전정의 방법으로 옳지 않은 것은?

① 가지의 끝쪽은 넓게, 밑쪽은 뾰족하게 전정한다.

② 전정은 높은 곳에서 아래로 잘라 내려온다.

③ 큰 가지를 자를 때는 가지 밑동을 남기지 말고 바짝 자른다.

④ 잔 가지를 자를 때는 눈의 위치보다 다소 위쪽을 자른다.

■ 가지의 끝쪽은 뾰족하게, 밑쪽은 넓게 전정한다.

40 ③   41 ④   42 ①   43 ①

44. 열매 맺는 부위의 상승을 방지하기 위하여 예비 지전정을 하는 대표적인 과수는?

① 사과

② 배

③ 복숭아

④ 감귤

45. 갱신 가지치기의 위주가 되는 가지는?

① 덧 원가지

② 원가지

③ 곁가지

④ 웃자람가지

46. 휴면을 하지 않는 과수종자는?

① 감귤류, 포도

② 사과, 배

③ 복숭아, 살구

④ 매실, 밤

47. 낙엽과수의 휴면에 대한 설명으로 바르지 못한 것은?

① 대부분 8월 중에 자발휴면에 들어간다.

② 자발휴면이 타파되면 환경이 나빠도 발아한다.

③ 과수에 따라 다르지만 발아하기까지 상당한 저온을 요구한다.

④ 과수의 부위에 따라 휴면시기가 다를 수 있다.

■ 복숭아나무는 열매 맺는 부위가 상승하기 쉬우므로 이를 막기 위하여 예비지를 두어야 한다. 예비지는 세력이 왕성한 가지를 택하여 기부에 2~3개의 눈만 남기고 짧게 자르며, 이 가지에는 과실이 달리지 않도록 한다.

■ 갱신전정은 가지를 잘라 그곳에서 새로운 가지를 만드는 방법으로 병해충 또는 재해를 받은 주지, 오래된 가지 등 주로 곁가지를 대상으로 한다.

■ 휴면하지 않는 과수종자: 감귤류, 감, 포도
휴면하는 과수종자: 사과, 배, 복숭아, 자두, 매실, 밤

■ 자발휴면이 끝나고 환경이 불량하면 다시 타발휴면을 하게 된다.

44 ③ 45 ③ 46 ① 47 ②

48. 다음 중 바르게 설명된 것은?

① 생장은 질적 증가를 뜻한다.

② 발육은 세포들이 형태적·기능적으로 변하는 것을 뜻한다.

③ 생장과 발육은 상호 독립적인 현상이다.

④ 작물의 생육은 생장으로 완성된다.

■ 생장은 양적 증가이며, 생장과 발육은 상호 연관성이 있고, 생육은 발육과 함께 완성된다.

49. 다음 영양생장 과정 중 가장 핵심적인 것은?

① 잎의 분화   ② 줄기의 분화

③ 화아분화   ④ 종자의 발달

■ 영양생장 과정의 핵심은 화아분화이며, 화아분화를 전환점으로 하여 영양생장에서 생식생장으로 전환한다.

50. 어떤 토양의 유기탄소 함량이 1.8%이고 C/N율이 12일 때 이 토양의 유기질소 함량은?

① 0.13   ② 0.15

③ 0.18   ④ 0.20

■ C / N = 12
1.8 / N = 12
N = 0.15

51. 다음 중 C/N율과 작물의 생육, 화성, 결실과의 관계를 잘못 설명한 것은?

① 작물의 양분이 풍부해도 탄수화물의 공급이 불충분할 경우 생장이 미약하고 화성 및 결실도 불량하다.

② 탄수화물의 공급이 풍부하고 무기양분 중 특히 질소의 공급이 풍부하면 생육이 왕성할 뿐만 아니라 화성 및 결실도 양호하다.

③ 탄수화물의 공급이 질소공급보다 풍부하면 생육은 다소 감퇴하나 화성 및 결실은 양호하다.

④ 탄수화물과 질소의 공급이 더욱 감소될 경우 생육이 감퇴되고 화아형성도 불량해진다.

■ 탄수화물의 공급이 풍부하고 무기양분 중 특히 질소의 공급이 풍부하면 생육은 왕성하지만 화성 및 결실은 불량하다.

48 ②   49 ③   50 ②   51 ②

52. 다음 중 과수 재배에서 환상박피를 하는 원리는?

① 전류작용의 촉진

② 수분 공급의 조절

③ C/N율의 증대

④ 내병성의 증대

■ 환상박피란 잎에서 생산된 동화 물질이 뿌리로 이동하는 것을 막고 박피 상층부에 축적시키기 위해 줄기나 가지의 껍질을 3~6mm 정도 둥글게 벗겨내는 것으로 과수의 화아분화 유도 및 착과증진에 효과가 있다.

53. 꽃눈이 분화되는 시기가 잘못된 것은?

① 사과: 6월 상순 ~ 7월 상순

② 배: 8월 하순

③ 복숭아: 8월 상순

④ 포도 : 5월 하순 ~6 월 상순

■ 배는 일반적으로 6월 중순~하순에 꽃눈이 분화된다.

54. 과수재배 시 개화기에 비가 오는 날이 많으면 결실률이 떨어지는 주된 이유는?

① 습도가 높아 수정이 잘 안되었기 때문에

② 꿀벌의 활동이 적어 수분이 잘 안되었기 때문에

③ 일조가 부족하여 낙화되었기 때문에

④ 탄질률이 낮아졌기 때문에

■ 개화기에 비가 오거나 기온이 낮고 바람이 많이 불면 수분매개곤충의 활동이 부진하므로 인공수분을 준비하여야 한다.

55. 꽃이 피어도 착과가 되지 못하거나 착과가 되어도 성숙되기 전에 과실이 떨어지는 현상은?

① 단위결과

② 불결실성

③ 불화합성

④ 자가불화합성

■ 수분을 하여도 수정 및 결실이 되지 못하는 현상을 불결실성이라 한다.

52 ③ 53 ② 54 ② 55 ②

56. 다음 중 과수에 인공수분이 필요한 때는?

① 결실이 과다할 때

② 수분수가 없을 때

③ 개화가 만발했을 때

④ 벌과 기타 매개곤충이 많이 올 때

■ 대부분의 과수들은 타가수분을 하므로 수분수가 없을 때는 반드시 인공수분이 필요하다.

57. 인공수분을 위한 화분 희석제로 쓸 수 없는 것은?

① 녹말가루   ② 석송자

③ 석회분말   ④ 탈지분유

■ 순수한 꽃가루만을 이용하여 인공수분을 실시하면 많은 꽃가루가 소요되므로 석송자, 녹말가루, 탈지분유 등의 화분증량제를 화분량의 3〜5배(무게비율)로 혼합하여 사용한다.

58. 사과나 배에서 수분수의 재식 비율은 대개 몇 %가 적당한가?

① 25%   ② 40%

③ 60%   ④ 80%

■ 주품종 75〜80%에 수분수 품종 20〜25%가 알맞다.

59. 꽃가루를 받지 않고도 열매를 맺는 습성이 있는 과수는?

① 포도   ② 감귤

③ 사과   ④ 복숭아

■ 수분이 되지 않거나 수분이 되어도 수정이 완전히 이루어지지 않은 채 암수 어느 쪽의 생식세포가 단독으로 발육하여 과실이 형성되어 비대하는 것을 단위결과라 하며 감, 감귤, 바나나, 파인애플, 무화과 등이 이에 속한다.

60. 포도의 무핵과 형성에 이용되는 생장조절제는?

① 지베렐린

② 시토키닌

③ 옥신

④ ABA

■ 지베렐린은 씨 없는 포도에 이용되며, 보통 2회에 걸쳐 처리한다. 시토키닌은 포도알 비대 및 착립 증진에, ABA는 착색증진에 이용되고 있다.

56 ② 57 ③ 58 ① 59 ② 60 ①

61. 포도 델라웨어 품종에 주로 처리하는 지베렐린 농도는?

① 50ppm
② 100ppm
③ 500ppm
④ 1,000ppm

62. 생리적낙과(生理的落果)를 방지하기 위한 방법으로 가장 적절하지 못한 것은?

① 질소비료의 과다 및 과소를 피한다.
② 건조시 멀칭, 관수 및 중경 등을 실시한다.
③ 과수에서 차광처리를 한다.
④ 낙과 방지를 위해 NAA 등을 처리한다.

63. 다음 중 생리적 낙과의 원인으로 볼 수 없는 것은?

① 생식기관의 발육이 불완전한 경우
② 수정이 되지 않았을 경우
③ 단위결과성이 강한 품종일 경우
④ 질소, 탄수화물, 수분이 과하거나 부족한 경우

64. 다음 중 생리적 낙과의 방지법이 아닌 것은?

① 생장 hormone의 살포
② 수분수 혼식
③ 전정으로 수광상태 향상
④ 살균제의 살포

61 ② 62 ③ 63 ③ 64 ④

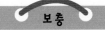

65. 과실 조기낙과(June drop)의 원인과 관계 깊은 것은?

① 병·해충의 침해를 받았을 때

② 수정 후 강우가 있을 때

③ 배(胚)의 발육이 정지되었을 때

④ 급속한 온도의 상승이 있을 때

■ 조기 낙과(June drop)의 원인: 생식기관의 발육이 불완전한 경우, 배의 발육이 멈추었을 경우, 단위결과 성질이 약한 품종의 경우, 질소나 탄수화물이 너무 많거나 적은 경우

66. 적화(摘花)와 적과(摘果)에 대한 설명이 옳은 것은?

① 적화는 꽃의 상태일 때 불필요한 것을 제거하는 작업이다.

② 적과란 수정이 되지 않은 상태에서 솎아주는 작업을 말한다.

③ 적과는 수확기에 가까워졌을 때 실시하는 것이 좋다.

④ 적화를 하면 남은 꽃들이 제대로 결실을 하지 못했을 때도 충분한 수확량을 확보할 수 있는 장점이 있다.

■ 적과는 수정 후 어린 열매를 솎아주는 작업이며 일찍 실시할수록 좋다. 적화는 양분 경제적인 면에서는 바람직하나 남은 과실이 제대로 결실 못하면 충분한 수확량을 확보할 수 없다.

67. 과수의 적과 시기로 가장 적당한 것은?

① 개화 직전

② 개화 직후

③ 생리적 낙과 후

④ 후기 낙과 후

■ 적과(열매솎기)의 효과: 과실의 크기를 크고 고르게 한다. 과실의 착색을 돕고 품질을 높여준다. 꽃눈의 분화 발달을 좋게 하고 해거리를 방지한다. 병·해충 피해를 입은 과실이나 모양이 나쁜 것을 제거한다. 적과의 시기: 조기낙과 기간에 예비 적과를 하고, 생리적 낙과 후 착과가 안정되고 양분의 소모가 적은 시기에 마지막 적과를 한다.

65 ③　66 ①　67 ③

68. 사과 열매솎기 시 남겨두어야 가장 좋은 것은?

① 맨 가장자리 과실

② 맨가장자리 다음 과실

③ 중심과

④ 아무것이나 모두 같다.

69. 약제로 사과 열매솎기를 할 때 가장 효과가 있는 것은?

① NAC제(나크수화제)　② 지베렐린

③ 만코지 수화제　④ 보르도액

70. 사과 봉지씌우기 재배에서 적합하지 않은 효과는?

① 착색 증진　② 병·해충 방제

③ 동록 방지　④ 저장력 증진

71. 과실에 봉지를 씌우는 시기로 알맞은 것은?

① 꽃피기 직전

② 꽃핀 직후

③ 수확 전 낙과 후

④ 조기 낙과 후

72. 포도의 품질 향상을 위한 결실관리 요령이 아닌 것은?

① 지베렐린 처리　② 석회질소 처리

③ 눈따주기　④ 열매솎기

68 ③　69 ①　70 ④　71 ④　72 ②

73. 새순이나 뿌리의 분열조직에 많이 들어있으며 과실의 단맛을 높여주는 성분은?

① 질소   ② 칼륨

③ 인산   ④ 칼슘

74. 시용량이 많으면 꽃눈 분화를 저해하는 비료는?

① 질소   ② 인산

③ 칼륨   ④ 칼슘

75. 엽분석으로서 알 수 없는 것은?

① 질소 함량   ② 인산 함량

③ 탄수화물 함량   ④ 박테리아 밀도

76. 엽분석 시료로 알맞은 것은?

① 결실된 가지의 유엽(幼葉)

② 결실된 가지의 성엽(成葉)

③ 불결실된 가지의 유엽(幼葉)

④ 불결실된 가지의 성엽(成葉)

77. 다음 중 과수의 시비를 잘못 설명한 것은?

① 12~3월의 휴면기간에 밑거름을 시용한다.

② 덧거름은 새순의 생장이 왕성한 5~6월에 시용한다.

③ 나무의 수세를 회복시키기 위해 가을거름을 시용한다.

④ 수확 전후에 덧거름을 시용한다.

73 ③   74 ①   75 ④   76 ④   77 ④

78. 성목 과수원에서 가장 알맞은 시비 방법은?

① 윤구시비　　　　② 방사구시비

③ 조구시비　　　　④ 전원시비

보충

■ 전원시비는 밭 전면에 고르게 시비하는 것으로 성목(成木) 과수원에서 효과적인 방법이다.

79. 다음 중 토양침식이 비교적 적은 과수원은?

① 석회 사용이 적은 질흙

② 토층이 얕은 곳

③ 청경재배한 곳

④ 부초나 유기물 사용이 많은 곳

■ 토양침식의 방지법은 등고선 식재 또는 계단식 식재, 초생 또는 부초, 유기물의 사용 등이다.

80. 과수원의 토양관리 방법인 초생법(草生法) 또는 부초법(敷草法)의 효과와 거리가 먼 것은?

① 토양의 단립구조 형성

② 표토의 굳는 현상 방지

③ 토양의 침식방지

④ 지온의 과도한 상승 및 저하 감소

■ 초생법 또는 부초법은 빗방울의 직접 타격을 막고 유속을 억제하며 토양의 입단구조와 투수성을 좋게 하여 과수원의 토양침식을 막는 데 효과적이다.

81. 과수원의 토양관리에서 초생법의 문제점은?

① 양수분 쟁탈

② 토양 유실

③ 온도의 급변(하절기 온도상승)

④ 입단화 저해

■ 초생법은 과수원 토양을 풀이나 목초로 피복하는 방법으로, 토양의 입단화가 촉진되고 토양 침식이 방지되나 양수분의 경합이 증대된다.

82. 다음 중 청경법의 가장 큰 이점은?

① 토양 유실 방지　　② 제초비용 절약

③ 양분 손실 방지　　④ 토양 온도 상승

■ 청경법(淸耕法)은 과수원 토양에 풀이 자라지 않도록 깨끗하게 김을 매주는 방법으로 잡초와 양수분의 경쟁이 없다.

78 ④　79 ④　80 ①　81 ①　82 ③

83. 과수원에서 심경의 효과라고 볼 수 있는 것은?

① 뿌리가 짧게 뻗었다.

② 흙속에 공기의 양이 줄어 들었다.

③ 토양이 단립구조를 이루고 있다.

④ 토양수분의 보유력이 높아졌다.

84. 과수원 토양표면 관리법 중 청경법(淸耕法)의 문제점은?

① 과수와 잡초의 양 · 수분 쟁탈이 없다.

② 토양 침식이 많다.

③ 토양의 입단구조가 촉진된다.

④ 토양온도의 변화가 적다.

85. 과수원에 깊이갈이(심경)를 실시하는 시기로 가장 적당한 것은?

① 꽃피기 바로 전   ② 결실기

③ 수확 직후   ④ 휴면기

86. 다음 중 과수원에 석회를 줄 때 가장 좋은 방법은?

① 물에 잘 씻겨 내려가므로 겉흙에 준다.

② 이동성이 약하므로 흙과 잘 섞어 준다.

③ 심경 후 겉흙에 뿌리고 물을 준다.

④ 석회 보르도액을 만들어 뿌리 주위에 살포해 준다.

83 ④　84 ②　85 ④　86 ②

제3장 원예작물의 수확 후 품질관리

1. 수확 후 관리

1. 수 확

1 원예작물의 성숙

① 종자나 과실에서 외관(外觀)이 갖추어지고, 내용물이 충실해지며 발아력도 완전하여 수확의 최적상태에 도달하는 것을 성숙(maturity, ripeness)이라 한다.

② 생리적 성숙도와 원예적 또는 상업적 성숙도로 구분하며, 식물에 따라 다르다.

  ㉮ 원예식물의 성숙도를 정확히 판단하는 것은 수확적기를 결정하거나 품질의 등급을 판단하는 데 중요한 기준으로 사용된다.

  ㉯ 성숙도 판단에는 색깔, 경도(硬度), 당과 산, 크기와 모양, 달력일자, 호흡정도, 전기저항 등을 이용한다.

  ㉰ 식물생장 자체에 기준을 둔 성숙의 정도를 생리적 성숙이라 하고, 이용하는 면에 기준을 둔 성숙의 정도를 원예적 성숙이라 한다. 원예적 성숙은 원예식물이 수확적기에 있음을 의미한다.

> **연구 성숙도**
>
> 오이, 애호박, 가지 등은 비록 생리적으로 성숙하지는 않았지만 원예적 성숙상태에서 이용하고 수박은 생리적으로 완전히 성숙해야만 이용이 가능하다. 원예적 성숙과 생리적 성숙이 일치하는 원예식물에는 사과, 토마토, 양파, 감자 등이 있다.

③ 성숙도 표준: 성숙도 판단은 될수록 객관적이고 간단한 방법을 사용하여야 하며, 측정기구는 저렴하고 실용성이 있어야 하며, 지방이나 해에 따라 변하지 않아야 한다.

④ 성숙의 여부는 재배목적인 기관의 발육도, 조직의 노숙도, 조직의 충실도, 함유성분의 양 등에 의해서 판단된다.

② 수확적기의 판정

① 성숙도의 판정: 원예식물의 수확 후 관리기술에서 매우 중요한 과제로서 수확을 위해 적당한 성숙에 이르렀는지의 여부를 결정해야 한다. 수확된 원예식물의 성숙도는 저장 수명과 품질에 중요한 변수로 작용하며 취급과 수송, 판매에 영향을 미치게 된다. 또한 개화 후 생육일수, 예정된 수확시점에서의 기후조건, 영양조건 등을 고려해서 판정해야 한다.

② 호흡량의 변화: climacteric rise란 과실의 호흡량이 최저에 달했을 때부터 약간 증가되는 초기단계를 말하며, 이때가 수확적기이다.

③ 꽃이 활짝 핀 후의 성숙일수: 과실의 개화 후 성숙할 때까지의 일수는 유전적 소질이므로 품종에 따라 대개 일정하나 수세(樹勢), 입지 및 기상에 따라 1주 정도의 차이가 있을 수 있다.

  ㉮ 노지재배의 경우 애호박 7~10일, 오이 10일, 가지 20~30일, 딸기 30~35일, 토마토 40~50일, 익은호박 60~70일 등이다.

  ㉯ 사과의 경우 화홍 180일, 후지 170일, 감홍 155일, 홍로 130일, 추광 및 쓰가루 125일 등이다.

④ 요오드 염색법(전분테스트, starch iodine test): 과실은 성숙기에 달하면 전분이 당으로 변화된다. 전분은 요오드와 결합하면 청색으로 변하기 때문에 요오드화칼륨 용액에 침지하여 전분의 함량을 측정한다. 전분을 요오드칼륨 용액에 침지하면 전분의 함량정도에 따라 청색의 면적이 넓어지며 성숙할수록 면적이 작아진다. 시약은 요오드 0.5g, 요오드화칼륨 0.5g를 먼저 소량의 물에 녹인 다음 물을 가하여 1ℓ 가 되도록 하여 사용한다.

⑤ 과색 · 바탕색에 의한 판정: 사과, 토마토 등 여러 과실의 수확적기는 과피의 착색정도와 바탕색에 의해서 판정할 수 있다.

⑥ 과실의 경도: 과실의 단단함은 기상조건과 환경인자에 의해 다를 수 있으나 일반적으로 유전적인 요소가 크게 좌우하며 성숙이 진행됨에 따라 경도는 떨어진다.

⑦ 과실의 크기와 형태: 손바닥으로 잡은 느낌이라든가 열매꼭지의 탈락 정도에 의해 적기를 판정한다.

⑧ 기타: 수박 등의 경우 완전히 성숙된 과실을 수확하려면 착과날짜를 표시하고 일정한 기간 후에 과실 몇 개를 수확하여 성숙 정도와 당도를 조사한 다음 수확하는 것이 바람직한 방법이다.

③ 원예작물의 수확 적기

품 목	수 확 적 기
사 과	○ 수확 후 즉시 판매하려면 풍미 등 품종 고유의 특성을 나타낼 수 있도록 완숙한 것을 수확하고, 저장용은 완숙 전에 7~15일 정도 조기수확해서 저장하는 것이 저장력이 높다.
배	○ 껍질의 색깔에 의하여 청배는 담황색이 되고, 황갈색 배는 과실의 껍질에 녹색이 없어지고 적색을 띄고 빛깔이 짙어질 때 ○ 적기의 숙도 : 택배용(완숙), 직판용(완숙·적숙), 장기저장용(적숙 이하) ○ 평년 수확일을 감안하여 만개 후부터 성숙까지의 일수, 크기정도, 당도함량, 호흡량 등을 고려한다.
단 감	○ 품종고유의 색깔로 착색된 색도계 4 이상에서 당도가 충분하게 완숙된 것부터 3~4회 나누어 수확한다. 과실의 호흡량의 변화를 측정하여 완숙초기에 최저 호흡량에 도달된 때가 수확적기가 되며, 그 이후에는 호흡량이 증가하고 연화가 시작된다. ○ 수확할 때는꼭지를 짧게 자르고 된서리 이전에 수확한다. 과실 표면에 수분이 있을 때는 수확하지 않는다.
포 도	○ 품종고유의 색깔로 착색되고 향기가 나며, 산 함량이 낮아지고 당도가 높아져 맛이 최상에 이르렀을 때 만개 후 성숙일수, 착색기간, 당도 등을 종합하여 결정한다.
복숭아	○ 생식용 백육종의 수확적기는 무대재배 과실의 경우 과실 꼭지 주변의 녹색이 옅어져서 녹백색으로 된 시기이고, 봉지재배 과실에서는 푸른색이 거의 없고 담황록색으로 된 시기이다. ○ 복숭아를 완숙의 상태에서 수확하는 만생종의 경우, 손바닥에 넣어서 과실을 잡으면 약간 탄력이 느껴지며 과실이 열매꼭지에서 용이하게 이탈되어 열매꼭지가 결과지에 남게 된 때에 수확한다.
감 귤	○ 온주밀감 : 저장용 감귤은 80% 이상 착색이 된 상태를 골라 약간 붉은 황색으로 발현되고 비중이 1.04 이상으로 부피가 거의 없는 것 ○ 만감류 : 숙기가 지나치게 경과되면 과경부 주위에 원형의 열과가 생긴다. ○ 수확용 감귤 : 당도 10.Bx 이상, 산 함량 1.0% 기준
오 이	○ 주로 미숙과로 수확하기 때문에 수확기의 폭이 넓으나 알맞은 크기로 균일한 것을 수확한다. 품종이나 용도, 소비자의 기호에 따라 다르지만 생과용은 보통 무게 100g, 길이 18~22cm 정도의 것을 수확한다. ○ 촉성재배 : 정식 후 약 40일 　○ 반촉성재배 : 정식 후 약 35~40일 ○ 조숙재배 : 정식 후 약 30일 　○ 억제재배 : 정식 후 약 45~50일

품 목	수 확 적 기
토마토	○ 개화 2~5일 후부터 비대 발육하고 개화 40~50일 후 성숙에 도달하며 녹숙기(생리적으로 성숙)에서 완숙기까지의 여러 단계에 걸쳐 수확이 가능하다. ○ 토마토는 녹숙과와 적숙과로 구분하여 수확하는데 유통과정 중 숙성이 진행되므로 직판용이나 단거리 수송용은 채색기에 수확하고, 장거리 수송용이나 저장용은 녹숙기에 수확한다. ○ 방울토마토는 색택이 50~70% 정도 착색되었을 때 수확한다.
딸 기	○ 촉성재배: 정식 후 약 50~60일(과실 전면 착색기) ○ 억제재배: 정식 후 35일경부터 약 20~30일
참 외	○ 저온기: 교배 후 35~38일 ○ 고온기: 교배 후 27~30일
고 추	○ 일반풋고추: 개화 후 15~20일경 ○ 피망: 개화 후 20~25일경 ○ 붉은 고추: 개화 후 45~50일경
마 늘	○ 줄기와 잎이 1/2~2/3 정도 말랐을 때가 적기로서 품종에 따라 잎이 누렇게 변하는 황화 현상이 늦게 나타나는 수도 있으므로 주의하여야 한다.
양 파	○ 다수확재배ㆍ단기저장의 경우: 전부 도복이 되었을 때(수확이 너무 늦으면 잎이 고사하여 수확작업이 힘들고 변형구나 열구, 부패 등이 많아진다) ○ 중장기저장(4~5개월)의 경우: 줄기가 도복하여 푸른색일 때 ○ 저장성을 높이기 위해 수확 시 잎줄기 절단 후 탄산석회를 살포하면 부패율을 줄일 수 있다.
무	○ 단무지를 목적으로 밀식노지재배의 경우 기온이 너무 상승하기 전에 수확하여 가공하는 것이 품질향상에 좋으며 알타리무는 뿌리의 윗부분과 아랫부분이 비슷한 크기가 될 때 수확한다.
배 추	○ 봄배추는 꽃눈이 분화되기 전에, 가을배추는 0~-6℃까지는 비닐, 섬피, 짚 등을 덮어주고, -6℃ 이하로 내려갈 때는 수확하여 임시저장한다.
감 자	○ 잎이 누렇게 변할 때부터 완전히 마르기 직전까지가 수확적기로, 이 시기에는 감자알이 다 익어 전분의 축적이 최고에 달하며 껍질은 완전히 코르크화되어 감자속살과 밀착하여 잘 벗겨지지 않는다.
결구상추	○ 손으로 결구부위를 눌렀을 때 약간 들어가는 정도(80~85% 결구상태)가 수확적기이며 낮은 기온에서 수확한다.(여름에는 새벽에 수확)
파프리카	○ 착과 약 6주 후에 색깔이 진해지고 단단한 느낌이 들며 과육부가 충실하고 단맛이 든다. 이때가 녹색 과일의 수확적기이며 적색, 황색과 등은 과실의 90% 이상이 착색될 때가 수확적기이다. ○ 날카로운 칼로 수확하며 칼은 70% 알코올이나 우유로 소독한다.

지　　표	사　　례
만개 후 일수	사과, 배
적산온도	사과, 배, 단옥수수
이층형성	멜론, 사과
표피 구조 및 형태적 변화	포도 · 토마토(큐티클 형성), 멜론(네트 형성), 과피 표면 광택
크기	과실 및 채소
비중	앵두, 수박, 감자
모양	브로콜리, 콜리플라워
결구상태	배추, 양상추, 양배추
경도	사과, 배, 핵과류
외부 색상	대부분의 과실, 채소
가용성 고형물(당도) 함량	키위, 포도, 복숭아
산함량	밀감류, 멜론, 키위
당산비	밀감류, 멜론, 키위
전분함량	사과
주스함량	밀감류
떫은맛	감

2. 수확물의 선별

① 선별의 기능

① 농산물의 선별 기능은 객관적인 품질평가 기준에 따라 등급을 분류하고 분류된 등급에 상응하는 품질을 보증함으로써　농산물의 균일성으로 상품가치를 높이고 유통상의 상거래 질서를 공정하게 유지하는 기능을 갖는다.

② 농산물을 크기, 무게, 모양, 색깔 등의 물리적 성질로 분류하면 농산물의 균일성을 높여 품질은 물론 상품가치를 향상시킬 뿐만 아니라 선별 후의 가공 조작을 원활하게 하며 농산물의 저장성 향상에도 크게 기여한다.

❷ 기계적 선별

① 무게에 따른 선별: 농산물 개체의 무게는 길이(지름)의 세제곱에 비례하므로 크기에 의한 선별보다 정밀하며 기계식·전자식 자동계측기(중량 선별기)를 이용한다.

② 크기에 따른 선별: 농산물의 크기 차이에 의하여 선별하는 것으로 다단식 회전 원통체 선별기, 홈 선별기, 롤러 선별기 등을 이용한다.

③ 모양에 따른 선별: 크기와 무게가 비슷한 수확물을 모양의 차이를 이용하여 선별하며, 원판 분리기 등을 이용한다.

④ 색에 따른 선별: 과일, 채소 등의 숙성도 차이를 빛에 대한 반사나 투과성질을 이용하여 선별하는 것으로 색채선별기, 광학선별기 등이 있다.

❸ 선별의 실제

① 스프링식 중량선별기: 선별능력은 시간당 5,000개 정도로 인력보다 2~3배 높으나 중량오차가 있어서 감귤, 키위와 같은 크기가 작은 작물에는 적합하지 않다. 대상 과일은 사과, 배, 토마토, 참외, 감 등 다양하다.

② 전자식 중량선별기: 정밀센서를 이용하여 중량오차를 5g 이하로 유지하고 장기간 사용하여도 오차가 커지지 않는 장점을 가지고 있다. 스프링식에 비해 선별성능과 정밀도가 우수하며 사과, 배, 토마토, 단감 등의 선별에 이용된다.

③ 드럼식 형상선별기: 구멍의 크기가 다른 회전통을 순차적으로 배열하여 조합한 형식으로 국내에서 가장 많이 사용하는 형상선별기이다. 감귤, 토마토, 방울토마토, 매실 등의 크기 선별에 사용되고 있다.

④ 광학적 선별기: 컴퓨터제어기, 자동배출장치 및 포장장치로 구성되어 있다. 숙도, 색깔 및 크기에 의한 등급과 계급을 판별할 수 있으며 선별 전에 숙도선별을 수행하는 전자센서를 이용하고 있다.

⑤ 비파괴 과실당도 측정기: 당도 선별기를 사용하면 같은 포장상자내에서의 당도편차를 획기적으로 줄일 수 있어 소비자의 신뢰를 받을 수 있는 상품을 출하할 수 있으며, 그동안 크기나 색깔, 무게 등의 외적인 기준만으로 판단해 오던 품질등급에 당도, 산도 등 소비자의 입맛을 고려한 내적 품질기준을 적용하는 계기가 되었다.

X-ray를 이용한 비파괴 내부품질선별기

3. 수확물의 포장

① 포장의 이해

① 포장이란 적절한 용기나 재료를 사용하여 외부접촉을 차단하고 위생적으로 장기간 보관할 수 있는 것을 말하며 포장재의 물리적 강도, 외부와의 차단성과 수확물 성분과의 반응에 따른 안전성이 중요하다.

② 수확물의 포장은 생산에서 소비에 이르는 과정에서 물리적인 충격, 병·해충, 미생물 등에 의한 오염과 광선, 온도, 습도 등에 의한 변질을 방지하고 상품가치를 증대시키는 포장이어야 한다.

② 포장의 구비요건

① 취급과 수송과정에서 내용물을 보호할 수 있도록 충분한 물리적인 지지력(支持力)이 있어야 한다.

② 수분 등에 의해 젖거나 혹은 높은 상대습도와 같은 물리적 힘에 영향을 받지 않아야 한다.

③ 취급하는 동안 포장 내의 움직임에 대해 내용물을 유지시키고 보호해야 한다.

④ 사람 혹은 작물에게 독성이 있거나 오염시키는 화학제를 함유하지 않아야 한다.

⑤ 무게, 크기, 모양이 취급과 판매에 적합해야 한다.

⑥ 내용물의 빠른 예랭(豫冷)이 가능하고, 외부열로부터 차단되어야 한다.

⑦ 혐기상태(嫌氣狀態)를 피하기 위하여 호흡가스를 충분히 투과시킬 수 있는 소재를 사용하여야 한다.

⑧ 판매시장에서 개폐가 용이해야 한다.

⑨ 빛을 차단하거나(고구마) 투명해야 한다(난).

⑩ 처분하거나 재사용 및 재활용하기 용이해야 한다.

③ 수확물의 포장 재료

① 골판지상자: 2장의 원지 사이에 파형으로 된 중심원지를 붙여서 만든 것으로, 강도가 강하고 완충성이 뛰어나며 무공해성이고 봉합과 개봉이 편리하다.

② 플라스틱필름: 플라스틱은 가열하여 고화되는 열경화성 플라스틱(페놀수지, 요소수
지, 멜라민수지 등)과 가열하면 가소적인 변화를 보이는 열가소성 플라스틱(PE, PP,
PVC 등)이 있다.

㉮ PE(polyethylene): 주로 온상재배에 이용되며 가스투과도가 높아 채소류와 과일의
포장재료로 활용된다.

㉯ PP(polypropylene): 방습성, 내열·내한성, 내약품성, 광택 및 투명성이 높아 투명
포장과 채소류의 수축포장에 사용된다.

㉰ PVC(polyvinyl chloride): 채소류와 과일 및 식품포장에 이용된다.

③ 포대: 지대, 플라스틱 포대 및 포백제 포대, 플라스틱 네트 등이 있다.

㉮ 지대: 종이로 만든 소형의 지대인 봉지, 봉투, 쇼핑 백 등이 있다.

㉯ 포백제 포대: 일반적으로 자루를 말하며, 마대는 곡물용 포대로 사용된다.

㉰ 플라스틱 네트: 압출성형법으로 만들어지며 과일과 채소류의 포장에 이용된다.

④ 기능성 포장재: 수확물의 저장수명을 연장하기 위하여 밀봉포장함으로써 얻는 간이
가스조절 저장효과와 저장에 유해한 가스인 에틸렌 가스를 흡착 제거하는 등의 효과를
동시에 얻을 수 있는 다양한 기능성 물질을 포장재 제조 시 첨가한 포장재이다.

방담필름	투명한 필름표면에 수증기가 불연속적인 물방울 형태로 응축되어 있는 상태를 결로라고 하는데, 방담필름은 첨가제의 분산에 의한 필름의 장력을 증가시켜 결로현상이 일어나지 않게 하여 부패균의 발생을 방지하고, 저장중인 원예산물의 신선도를 유지시켜 준다.
항균필름	포장재 내에 발생하는 곰팡이 등 유해 미생물에 대한 항균력 있는 물질을 코팅·압축성형한 필름이다.
고차단성 필름	차단성은 수분, 산소, 질소, 이산화탄소, 저장산물의 고유한 향을 내는 유기화학물까지도 포함하고 있다.
키토산필름	유해균의 성장을 억제하는 효과가 있으며 200ppm 정도의 농도에서 유해균에 대한 강력한 저해활성을 발휘한다.
미세공필름	포장 내부의 습도유지를 위해 수증기 투과도를 향상시킨 필름이다.

④ MA(Modified-Atmosphere) 포장

MA 포장 효과는 호흡급등형 과일류(사과)에서의 숙성 및 노화지연, 증산이 빠른 엽채류
와 과채류에서 나타나는 수분손실 억제효과(상추), 에틸렌 민감도 감축(토마토, 백합),
저온장해 등 수확 후 생리적 장해의 억제(애호박), 병충해 조절(딸기) 등이다.

① MA 포장은 고분자 필름으로 호흡하는 산물을 밀봉함으로써 포장 내 산소와 이산화탄소 농도를 바꾸는 기술로 주로 소포장 단위를 말한다. 낮은 산소와 높은 이산화탄소 농도는 포장된 산물의 대사과정에 영향을 주거나 부패를 야기하는 유기체의 활성을 억제함으로써 저장수명을 연장한다.

② 실제로 포장 내 산소 농도가 조절되면서 자동적으로 이산화탄소 농도가 변하게 된다. 대기조성과는 별개로 MA 포장은 습도를 높게 유지시킴으로써 가스조성보다 더 큰 영향을 주게 된다. 더욱이 포장함으로써 외부 병원체나 오염물질로부터 보호하는 기능을 갖게 된다.

③ MA 포장은 대기조성이 저장작물의 저장성을 향상시킨다는 사실의 중요성과 함께 반대로 해로운 작용을 할 수 있다는 위험성이 있다. 산소농도가 지나치게 낮고 이산화탄소농도가 지나치게 높게 되면 이미(異味), 이취(異臭) 등이 발생하는 고이산화탄소 장해가 발생하여 상품성이 떨어지게 된다.

④ 필름 포장 내에 산소농도는 일반적으로 2~5%까지 감소되고 이산화탄소는 16~19%까지 증가하는데, 이러한 이산화탄소 농도 범위에서 대부분의 채소는 장해를 받게 된다. 따라서 MA 포장에 사용되는 이상적인 필름은 산소의 유입보다는 이산화탄소의 방출에 더 많은 비중을 두어야 하며, 이산화탄소 투과도는 산소 투과도의 3~5배에 이르러야 한다.

⑤ 폴리에틸렌 필름과 폴리비닐 클로라이드는 과일과 채소의 포장재로 널리 이용되는 필름 종류이다. 폴리스티렌도 사용되고 있으나 사란과 폴리에스테르는 가스 투과도가 낮아 호흡률이 낮은 작물의 포장에 적합하다.

연구 **MA포장용 필름의 조건**

- 이산화탄소 투과도가 높아야 한다.
- 투습도가 있어야 한다.
- 인장강도 및 내열강도가 높아야 한다.
- 접착 작업이 용이해야 한다.
- 유해물질을 방출하지 말아야 한다.
- 상업적인 취급 및 인쇄가 용이해야 한다.

4. 수확물의 예랭

1 예랭의 이해

① 예랭은 수확 직후 청과물의 품질을 유지하기 위한 수송 및 저장의 전처리로 수확 후 포장열(field heat)을 제거하고 급속히 품온을 낮추어 호흡량을 줄임으로써 저장양분의 소모를 감소시키고 저장력을 증가시킨다.

② 예랭은 고온상태에서 수확된 청과물은 수확 직후 될 수 있는 한 빨리 적당한 품온(品溫)까지 냉각함으로써 과실자체의 호흡량, 성분이나 물성의 변화를 억제하여 그 후의 품질을 유지할 수 있는 냉각작업으로서 저온유통체계를 활성화시켜 청과물의 신선도를 유지한다.

③ 예랭은 장기 저온저장 시 냉동기의 과부하와 동결·저온장해를 억제시키고, 단기적인 유통체계에서는 포장열을 제거하고 호흡속도·성분분해를 억제시키며 신선도를 유지하고 출하조절을 이룰 수 있는 다양한 목적을 가진다.

2 예랭의 방식

① 강제통풍식: 실내공기를 냉각시키는 냉동장치와 찬 공기를 적재물 사이로 통과시키는 공기순환장치로서 비교적 시설은 간단하나 예랭속도가 늦고 가습장치가 없을 경우 과실의 수분손실을 가져올 수 있는 단점이 있다. 예랭 소요시간은 12~20시간이며, 온도편차가 적고 예랭 후 저온저장고로 이용할 수 있다.

② 차압통풍식: 강제대류에 의해 냉각능력을 증대시킬 수 있다. 공기의 압력차를 이용하여 예랭실의 냉기를 강제로 적재물 내로 순환시켜 냉기와 적재물의 열교환속도를 빠르게 하기 때문에 강제통풍냉각보다 예랭효과가 좋다. 예랭 소요시간이 2~6시간으로 냉각속도가 빠르고 약간의 경비로 기존 저온저장고의 개조가 가능하나, 포장용기 및 적재 방법에 따라 냉각 편차가 발생되기 쉽다.

③ 진공예랭식: 청과물에서 증발잠열을 빼앗는 원리를 이용하여 냉각한다. 20~40분의 빠른 속도로 냉각되고 온도편차가 적으며 높은 선도 유지로 당일 출하가 가능하고 엽채류에서 효과가 크다. 설치비가 많이 들고 예랭 후 저온유통시스템이 필요하며 전체시설의 대형화가 요구된다.

④ 냉수냉각식: 냉수 샤워나 냉수 침지에 의해 냉각한다. 30분~1시간의 냉각속도로 예랭과 함께 세척효과가 있고 근채류에 적합하나 골판지상자 사용이 불가능하고 부착수(附着水)를 제거해야 하는 단점이 있다. 시금치, 브로콜리, 무, 당근 등에 이용된다.

터널식 차압예랭기

진공식 예랭기

수냉식 예랭기

연구 예랭방식에 따른 효과와 경비 비교

구 분	저장고냉각식	차압통풍식	진공예랭식	냉수냉각식
표준냉각시간(h)	20~100	2~6	0.2~0.4	0.3~1
수분손실률(%)	0.1~2.0	0.1~2.0	2.0~4.0	0~0.5
산물과의 물접촉	없음	없음	없음	접촉됨
잠재적인 부패오염도	낮음	낮음	없음	높음
설치비용	낮음	낮음	중간	낮음
에너지 비용	낮음	낮음	높음	높음
방수포장 필요성	없음	없음	없음	필요
이동 가능성	안됨	가능	가능	가능
작업라인 중 예랭 가능성	안됨	어려움	안됨	가능

③ 예랭의 효과

① 수분손실 억제: 과실은 수확 후 주변 환경 및 자체 호흡, 증산에 의해 일정하게 수분을 발산하여 중량감소가 일어나고 시들게 되므로 수확 후 품온을 빨리 낮추어야 한다.
② 호흡활성 및 에틸렌생성 억제: 사과 같은 수확 후 호흡 및 에틸렌 생성이 증가하는 급등형 과실은 저온에 저장함으로써 호흡 증가와 에틸렌 생성을 억제시킬 수 있다.
③ 병원균의 번식 억제: 낮은 온도일수록 병원균의 생명현상이 현저히 둔화되므로 수확 후 바로 온도를 낮추는 것이 중요하다.
④ 예랭처리는 고온기 수확 작물이나 수확당시 호흡열의 발생이 많고 저장기간이 짧은 과채류나 복숭아, 포도, 화훼류에 특히 효과적이다.

2. 저장 관리

1. 저장과 과일의 호흡

1 호흡작용

① 호흡은 살아있는 식물체에서 발생하는 주된 물질대사 과정으로서 전분, 당 및 유기산과 같은 세포 내에 존재하는 복합 물질들을 이산화탄소와 물과 같은 단순물질로 변환시키고, 이와 동시에 세포가 사용할 수 있는 여러 가지 분자와 에너지를 방출하는 일종의 산화적 분해과정(酸化的 分解過程)이다.

② 호흡하는 동안 발생하는 열을 호흡열이라 하고 이것은 저장고 건축 시 냉각용적 설계에 중요한 참고자료가 된다. 수확 후 관리기술은 호흡열을 줄이기 위하여 외부 환경요인을 조절하는 것이다.

③ 일반적으로 원예산물의 저장수명은 호흡률과 역(-)의 상관관계에 있다. 이것은 품질인자와 직접 관련이 있는 경도, 당 성분, 향기, 향미 등의 성분들이 대사과정 중 소모되기 때문이다. 높은 호흡률을 보이는 품목과 품종일수록 저장성은 짧다.

연구 **원예생산물의 호흡률**(5℃ 기준)

분 류	(mg CO_2/Kg · hr)	원예생산물
매우 낮음	〈 5	건과류
낮음	5~10	사과, 양파, 감자
중간	10~20	살구, 바나나, 복숭아, 배, 자두, 양배추, 당근, 상추, 토마토
높음	20~40	딸기, 꽃양배추, 아보카도
매우 높음	40~60	강낭콩, 절화류
극히 높음	〉 60	브로콜리, 버섯, 시금치

2 호흡에 영향을 미치는 인자

① 온도: 수확 후 저장수명에 가장 크게 영향을 주는 요인은 온도이다. 온도는 대사과정이나 호흡 등 생물학적 반응에 크게 영향을 주기 때문이다. 대부분의 작물의 생리적인 반응을 근거로 온도 상승은 호흡반응의 기하급수적인 상승을 유도한다.

② 저온스트레스와 고온스트레스: 수확 후 식물이 받는 스트레스에 따라 호흡률이 크게 영향 받는다. 일반적으로 식물은 수확 후 0℃ 이상의 온도 범위에서는 저장온도가 낮을수록 호흡률은 떨어진다. 그러나 열대나 아열대 원산인 식물은 빙점온도(0℃) 이상에서 10~12℃ 이하의 온도에서도 저온에 의하여 저온스트레스를 받게 된다.

③ 대기조성: 대부분의 작물에서 산소농도가 21%에서 2~3%까지 떨어질 때 호흡률과 대사과정은 감소한다. 저장산물 주변의 이산화탄소 농도가 증가하게 되면 호흡을 감소시키고 노화를 지연시킨다.

④ 물리적 스트레스: 약간의 물리적 스트레스에도 호흡반응은 흐트러지고 심할 경우에는 에틸렌 발생 증가와 더불어 급격한 호흡증가를 유발한다. 물리적 스트레스에 의해 발생된 피해표시는 장해조직으로부터 발생하기 시작하여 나중에는 인접한 피해 받지 않은 조직에까지 생리적 변화를 유발한다.

③ 호흡상승과와 비호흡상승과

① 호흡은 산소의 이용 유무에 따라 호기적 호흡(好氣的 呼吸)과 혐기적 호흡(嫌氣的 呼吸)으로 구분할 수 있다. 작물의 호흡률은 조직의 대사활성을 나타내는 좋은 지표가 되며, 따라서 작물의 잠재적인 저장 수명을 예상할 수 있게 한다.

② 작물의 단위무게당 호흡률은 미숙상태(未熟狀態)일 때 가장 높게 나타나며, 이후 지속적으로 감소한다. 토마토, 사과와 같은 작물은 숙성과 일치하여 호흡이 현저히 증가하는 현상을 보인다. 그러한 호흡양상을 나타내는 작물을 호흡상승과(呼吸上昇果; climacteric fruits)라고 분류한다.

③ 호흡상승의 시작은 대략 작물의 크기가 최대에 도달했을 때와 일치하며 숙성 동안 발생하는 모든 특징적인 변화가 이 시기에 일어난다. 숙성과정의 완성뿐만 아니라 호흡상승도 작물이 모체에 달려 있을 때나 수확했을 때 모두 진행된다.

④ 감귤류, 딸기, 파인애플과 같은 작물들은 호흡상승을 나타내지 않으며 이러한 작물들은 비호흡상승과(非呼吸上昇果; non-climacteric fruits)로 분류한다. 비호흡상승과들은 호흡상승과에 비하여 느린 숙성변화를 보이는데 대부분의 채소류는 비호흡상승과로 분류된다.

호흡상승과	토마토, 사과, 바나나, 복숭아, 서양배, 감, 키위, 망고
비호흡상승과	오이, 가지, 고추, 딸기, 호박, 감귤, 포도, 오렌지, 파인애플

⑤ 식물조직이 성숙하게 되면 그들의 호흡률은 전형적으로 감소하는데 이것은 많은 채소류와 미성숙 과일 같은 생장 중 수확된 산물의 호흡률은 매우 높은 호흡률을 보이는 반면 성숙한 과일, 휴면중인 눈 그리고 저장기관은 상대적으로 낮다.

⑥ 수확 후의 호흡률은 일반적으로 낮아지는데 비호흡상승과와 저장기관에서는 천천히 낮아지고 영양조직과 미성숙 과일에서는 빠르게 낮아진다. 호흡반응에서의 중요한 예외는 수확 후 언젠가 호흡이 급격히 증가한다는 것인데 이러한 현상은 호흡상승과의 숙성 중 나타난다.

⑦ 수확한 원예생산물에서의 호흡은 숙성진행과 생명유지를 위해서는 필요하지만 신선도 유지 및 저장이라는 측면에서는 수확 후 품질변화에 나쁜 영향을 미칠 수 있다. 따라서 농산물의 대사 작용에 장해가 되지 않는 선에서는 호흡작용을 억제하는 것이 신선도 유지에 효과적이다.

연구 **과실의 생장과 호흡양상**

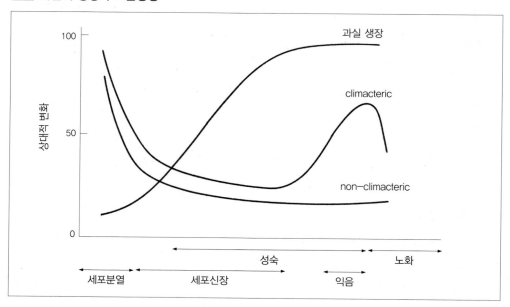

④ 호흡속도

① 호흡속도는 원예생산물의 저장력과 밀접한 관련이 있어 저장력의 지표로 사용된다. 호흡은 저장양분을 소모시키는 대사 작용이므로 호흡속도를 알면 호흡으로 소모되는 기질의 양을 계산할 수 있다. 호흡속도는 일정 무게의 식물체가 단위시간당 발생하는 탄산가스의 무게나 부피의 변화로 표시한다.

② 수확 후 호흡속도는 원예생산물의 형태적 구조나 숙도에 따라 결정되며 생리적으로 미숙한 식물이나 표면적이 큰 엽채류는 호흡속도가 빠르고, 감자·양파 등 저장기관이나 성숙한 식물은 호흡속도가 느리다. 호흡속도가 빠른 식물은 저장력이 약하다.

연구 원예생산물의 호흡속도

과 일	딸기 〉 복숭아 〉 배 〉 감 〉 사과 〉 포도 〉 키위의 순으로 빠르다.
채 소	아스파라거스 〉 완두 〉 시금치 〉 당근 〉 오이 〉 토마토 〉 무 〉 수박 〉 양파의 순으로 빠르다.

③ 호흡속도가 낮은 작물은 증산에 의한 중량 감소가 잘 조절될 수 있으므로 장기간 저장이 가능하다. 체내의 호흡속도가 높은 산물은 저장력이 매우 약하며, 주위 온도가 높아져 호흡속도가 상승하면 역시 저장기간이 단축된다.

④ 원예산물이 물리적·생리적 장해를 받았을 경우 호흡 속도가 상승한다. 따라서 호흡은 작물의 온전성을 타진하는 수단으로도 이용될 수 있다. 이처럼 호흡의 측정은 원예생산물의 생리적 변화를 합리적으로 예측할 수 있게 해 준다.

⑤ 에틸렌

① 식물호르몬의 일종인 에틸렌은 과일의 숙성이나 외부에서의 옥신 처리, 스트레스, 상처 등에 의해 발생된다. 이러한 에틸렌의 생성량은 조직 및 기관의 종류, 식물 발달단계, 작물의 종류 등에 따라 크게 달라진다.

② 에틸렌은 기체 형태로 존재하는 식물호르몬으로서 많은 식물대사에 관여하고 있다. 특히 노화를 비롯하여 과일의 숙성을 유도 또는 촉진시키는 대사작용을 하기 때문에 숙성호르몬이라고도 불리며 농산물의 수확 후 생리 및 저장력에도 큰 영향을 미친다.

③ 일반적으로 에틸렌은 식물의 노화를 촉진하여 농산물의 저장성을 약화시킨다. 농산물의 신선한 상태를 오래 지속하기 위해서는 수확 후에도 계속되는 호흡작용을 억제하고 에틸렌의 합성을 낮추어야 한다.

④ 호흡상승과는 익으면서 에틸렌의 생성이 증가하며, 외부로부터 에틸렌 또는 에틸렌과 유사한 물질을 처리하면 과실의 호흡이 증가한다. 비호흡상승과는 에틸렌에 의해 호흡만 증가하고 에틸렌 생성은 촉진되지 않는다.

⑤ 저장고 내에서 발생한 에틸렌가스는 과망간산칼륨($KMnO_4$), 오존(O_3), 자외선 등을 이용한 흡착식, 자외선파괴식, 촉매분해식 등의 방법으로 제거할 수 있다.

2. 증산작용

① 증산의 이해

① 식물체에서 수분이 빠져나가는 현상을 증산(蒸散, transpiration)이라고 한다. 증산 작용은 식물 생장에는 필수적인 대사작용이지만 수확한 산물에 있어서는 여러 가지 나쁜 영향을 미친다.

② 수분은 신선한 과일이나 채소의 경우 중량의 70~95%를 차지하는 가장 많은 성분이기 때문에 과일이나 채소에서 수분손실이 일어나는 과정, 수분손실에 영향을 미치는 요인, 수분손실을 막거나 줄일 수 있는 기술은 신선한 산물의 저장생리에서 매우 중요한 분야이다.

③ 수확 후 산물은 왕성한 증산에 의해 손실되는 수분을 보충해 줄 수 없기 때문에 수분 관리는 특히 중요하다. 증산에 의한 수분손실은 채소의 수확 후 생리적 변질 및 신선도를 감소시키는 위조를 일으켜 생산물의 등급 및 가격을 결정하는 모양, 질감 등의 품질에 영향을 준다. 또한 수분손실에 대한 무게의 감소는 중량 단위로 팔리는 생산물의 총수입을 떨어뜨리는 직접적인 원인이 된다.

④ 증산속도는 대기의 수증기압과 식물자체의 수증기압 차이가 클수록 증가한다. 즉, 주위의 습도가 낮고 온도가 높을수록 증산속도는 증가한다.

⑤ 일반적으로 증산으로 인한 중량감소는 호흡으로 발생하는 중량감소의 10배 정도로 크다. 대부분의 채소는 수분함량이 90% 이상 되는데, 온도가 높아지고 상대습도가 낮은 환경에서는 증산이 많아져 산물의 생체중량이 5~10%까지 줄어들면 상품성을 상실한다.

② 증산의 억제

① 원예생산물에서 증산으로 인한 수분손실을 줄이려면 수확 · 선별 · 포장 · 출하하는 과정에서 신속하고 주의 깊게 작업을 마쳐야 한다. 원예생산물을 거칠게 취급하면 표피 손상을 증가시켜 표피를 함몰시키고 수분손실을 촉진하는 결과를 초래한다. 선별, 포장 작업이 지체되면 작물과 대기 중의 수증기압차에 오래 노출되어 수분손실을 가속화할 수 있다.

② 저장고의 습도를 높여주는 것은 원예생산물의 장기저장을 위해 바람직하다. 낮은 습도환경은 저장된 산물의 급격한 수분손실에 의한 품질의 저하를 가져온다. 일반적으로 과실 저장에 알맞은 습도는 85~90% 범위이다.

③ 저장 산물의 수분손실을 줄이기 위한 가장 효과적인 방법은 대기 중의 상대습도를 신속히 올리는 것이다. 이것은 산물과 대기 중의 수증기압 차이를 줄여 저장산물로부터 증발되는 수분량을 감소시키는 효과를 나타낸다.

④ 저장고 내의 상대습도를 증가시키는 방법에는 여러 가지가 있다. 미스트(mist)와 같은 기구로 물을 뿌려준다든지, 스팀을 이용하거나 저장고의 코일온도를 올려주는 방법 등으로 공기의 상대습도를 높일 수 있다. 저온저장고의 증발코일을 낮은 온도에 오래 두면 수분이 증발코일에 응축되어 습도의 실질적인 감소를 초래한다.

⑤ 일반적으로 농산물을 장기 저장하면 생산물에서 증산되는 수증기의 양에 의해 상대습도가 높아지고 시간이 경과함에 따라 증산속도는 떨어지게 된다.

⑥ 증산으로 인한 수분손실을 줄이기 위해 다음과 같은 방법 등이 연구되고 있다.

㉮ 포장용기 내의 혐기적이거나 고농도 이산화탄소 조건 및 과습으로 인한 물방울 맺힘 현상을 피하기 위해 포장용기에 구멍을 뚫어 적정 수준의 산소나 탄산가스 및 수분을 유지한다.

㉯ 수증기의 확산에 대한 과일 표면의 저항성을 증가시켜 중량감소를 방지하고 신선도를 유지하기 위해 가나우바왁스, 키토산, 자몽종자 추출액과 같은 피막제를 처리한다.

3. 과일의 저장방법

① 상온저장(常溫貯藏)

보통저장이라고도 하며 외기의 온도변화에 따라 외기의 도입·차단, 강제송풍처리, 보온단열, 밀폐처리 등으로 가온이나 저온처리장치 없이 저장하는 방법이다.

② 저온저장(低溫貯藏)

냉각에 의해 일정한 온도까지 품온(品溫)을 내린 후(동결점 이상) 일정한 저온에서 저장하는 것을 저온저장이라 하며, 일반적으로 냉장(冷藏)이라고도 한다.

① 냉장은 미생물의 증식, 수확 후 작물의 대사작용, 효소에 의한 지질의 산화(酸化)와 갈변(褐變), 영양성분의 손실 및 수분손실 현상을 효과적으로 지연시킴으로써 다양한 작물저장에 널리 이용되고 있다.

② 원예생산물의 저장시 가장 중요한 요인은 저장온도이다. 일반적으로 온도를 내리면 호흡이 감소되어 저장양분의 소모가 적고 부패균의 활동도 크게 억제되어 작물의 변질 속도가 느려 저장에 유리하다.

③ 저온저장의 효과가 큰 과일은 사과, 배, 단감, 복숭아, 자두, 포도 등으로 호흡·대사 작용 등의 억제로 환원당 함량이 증가되어 단맛이 높아진다.

④ 고구마, 토마토, 오이 등 열대 및 아열대가 원산지인 호온성 작물들은 저온장해를 받는 경우가 있기 때문에 저온장해를 받지 않는 수준에서 가장 낮은 온도가 저장온도 설정의 요체라 할 수 있다.

⑤ 최근 저온저장고의 온도 및 습도를 인터넷으로 관찰(모니터링)하고 필요시 원격 제어하는 기술이 개발되어 농산물 저온저장고 건축 시 이러한 시스템의 장착이 가능해졌다.

연구 **채소와 과일의 최적 저장온도**

저장 온도 (℃)	채 소	저장 온도 (℃)	과 수
0 혹은 그 이하 (동결점 이상)	콩, 브로콜리, 당근, 셀러리, 마늘, 상추, 버섯, 양파, 파슬리, 시금치	0 ~ 2	사과, 배, 복숭아, 매실, 포도, 단감, 자두
0 ~ 2	아스파라거스		
2 ~ 7	서양호박(주키니)		
7 ~ 12	애호박	4 ~ 5	감귤
7 ~ 13	오이, 가지, 머스크멜론, 수박, 오크라, 단고추, 토마토(완숙과)		
13 혹은 그 이상	생강, 고구마, 토마토(미숙과)	7 ~ 13	바나나

③ CA저장(Controlled Atmosphere Storage)

CA저장은 저장고 대기 중의 산소농도를 낮추어 저장물의 호흡으로 인한 대사에너지 소모를 최소화시킬 뿐 아니라 작물에 따라 필요한 가스(이산화탄소, 산소, 에틸렌) 농도를 제어해 주는 방식의 저온 고습 저장법이다. 대기 중에는 약 산소 21%, CO_2 0.03%, 질소 78%가 있는데 CA저장은 일반적으로 산소를 2~3%, CO_2를 1~8%로 조절한다.

① CA저장의 원리: 농산물 주변의 가스 조성을 변화시켜 저장기간을 연장하는 방식이다. 호흡은 농산물 내 저장양분이 소모되면서 이산화탄소와 열을 발산하므로 산소가 필수적으로 필요하다. 따라서 저장물질의 소모를 줄이려면 호흡작용을 억제하여야 하며 이를 위해서는 산소를 줄이고 이산화탄소를 증가시킴으로써 가능하다. CA의 효과는 높은 농도의 이산화탄소와 낮은 농도의 산소조건에서 생리대사율을 저하시킴으로써 품질유지 저하를 지연시킨다.

② 장치 및 구조: 기존의 저온저장고가 온도를 낮추고 습도를 유지하는 두 가지 제어에 국한된 반면 CA저장고는 저온저장방식에 산소, 이산화탄소, 에틸렌 가스 농도의 제어를 추가시킨 것이다. 또한 CA저장고는 완전한 밀폐를 유지하기 때문에 저장고 내의 습도 유지를 위한 특별한 제어 장치가 보완되어야 한다.

③ 이산화탄소 농도: CA저장고 내 이산화탄소의 농도는 1차적으로 일정수준까지 증가시키다가 장해가 발생하는 상한선에서 제거한다. CA저장고 내 이산화탄소의 농도 증가는 대부분 저장산물의 호흡에 의한 자연적인 축적에 의해 이루어지고 있으나, 필요에 따라 입고 직후 이산화탄소를 주입하여 설정농도까지 증가시킬 수도 있다.

④ 에틸렌 농도: CA저장의 효과를 높이려면 숙성 호르몬으로 일컫는 에틸렌가스의 제거가 수반되어야 한다. CA저장고 내에서는 생화학적으로 에틸렌가스의 발생량이 감소되지만 CA저장만으로는 충분치 못하므로 특수방식을 이용하여 에틸렌 가스를 제거한다. 에틸렌가스 제거방식으로는 흡착입자를 이용하는 흡착식, 자외선 파괴식, 촉매 분해식 등이 있다.

⑤ CA저장의 효과

㉮ 호흡, 에틸렌 발생, 연화, 성분변화와 같은 생화학적, 생리적 변화와 연관된 작물의 노화를 방지한다.

㉯ 에틸렌 작용에 대한 작물의 민감도를 감소시킨다.

㉰ 작물에 따라서 저온장해와 같은 생리적 장해를 개선한다.

㉱ 조절된 대기가 병원균에 직접 혹은 간접으로 영향을 미침으로써 곰팡이 발생률을 감소시킨다.

⑥ CA저장의 문제점

㉮ 시설비와 유지비가 많이 필요하다.

㉯ 공기조성이 부적절할 경우 장해를 일으킨다.

㉰ 저장고를 자주 열 수 없으므로 저장물의 상태를 파악하기 힘들다.

4. 저장장해

저장·유통 시설과 수확 후 관리기술이 발전하여도 최근까지 매년 통계적으로 10~30% 정도의 수확 후 손실이 일어난다. 생산물의 수확 후 손실은 크게 생리적 장해에 의한 것, 기계적 장해에 의한 것, 그리고 병리적 장해에 의한 것으로 나눈다.

1 생리적 장해

① 온도에 의한 장해: 부적합한 온도 조건에 의한 것과 정상적인 온도하에서 생리적인 불활성으로 인한 것이 있다.

동해 (凍害)	저장 중 빙점 이하의 온도에서 조직의 결빙에 의해 −2℃ 이하에서 나타나며, 엽채류의 경우 수침현상이, 사과의 경우 수침현상과 함께 갈변이 일어난다.
저온장해 (冷害)	저온에 민감한 작물이 특이한계온도 이하의 저온에 노출될 때 나타나며, 사과에서는 과육의 변색, 토마토·고추에서는 함몰이 생긴다.
고온장해	효소의 불활성화에 따른 대사작용의 불균형과 고온에 의한 왕성한 호흡작용으로 산소결핍현상이 나타난다. 토마토의 경우 고온으로 인한 리코핀의 합성 억제로 착색이 불량해지기도 한다.

② 가스에 의한 장해: 고농도의 탄산가스에 민감하여 장해를 일으키기도 하며, 표피에 갈색의 함몰부분이 생겨 저산소·미성숙도 등의 영향을 받으며 저장 초기에 나타난다. 사과 후지는 CO_2 3% 이상의 조건에서 과육갈변을 일으킬 수 있다. 이밖에 낮은 산소 농도에서의 저산소 장해와 에틸렌에 의해서도 장해가 나타날 수 있다.
③ 영양장해: 저장 중인 사과의 고두병, 토마토의 배꼽썩음병 등은 칼슘의 첨가로 억제할 수 있다.

2 기계적 장해

① 기계적 장해는 표피에 상처를 입거나 멍이 드는 등의 물리적인 힘에 의해 발생하는 모든 종류의 장해를 말하며, 내부에 기계적 장해를 받은 생산물은 비타민, 유기산, 카로티노이드 함량의 손실을 가져오고 과일의 향미에도 크게 영향을 준다
② 압축에 의한 장해: 주로 부적당한 선별이나 포장 과정 중에 발생하며 특히 과적된 상자가 쌓였을 때 나타난다.

③ 진동에 의한 장해: 운반 도중 포장상자 내의 생산물이 움직여 충돌함으로써 생기는 것으로 표면에 흔적이 나타나 상품성을 저하시킨다.

④ 마찰·충격에 의한 장해: 작물 선별 시 표면 마찰에 의해 발생하는 장해로서, 마찰은 페놀물질의 효소적 혹은 화학적 산화를 통해 작물 조직을 갈변시킨다. 이러한 조직의 변형과 갈변은 큐티클층의 손상을 야기하여 수분손실을 증가시키기도 한다. 또한 작물을 낱개나 상자로 딱딱한 표면에 떨어뜨렸을 때 생기는 마찰이나 충격은 적재나 운송 도중 발생할 수 있으므로 주의해야 한다.

③ 병리적 장해

① 산물은 생산지에서 수확 후 취급 과정에서 많은 부패 미생물에 감염되기 쉬우며 건전한 과일이라도 병든 과일과 더러운 수집 콘테이너, 소독되지 않은 세척수와 포장과정에서도 감염될 수 있다. 병원균의 증식은 재배지와 포장, 저장 과정에서 규칙적인 소독 과정으로 조절이 가능하다.

② 병원균에 의한 감염은 재배기간 중, 수확 시, 취급과정 중, 수송과 판매 중, 그리고 심지어 소비자에 구입된 뒤에도 발생한다. 병원균은 보통 과일류에 많고, 박테리아는 채소류의 주요 수확 후 병원체로 작용한다.

③ 수확 후 병해의 방제법인 생물학적 방제는 정확한 환경조건이 설정되고 유지되어야하며, 처리약제가 효율적으로 작용해야 하고, 약제처리로 인한 경제적인 부담이 크지 않아야 한다. 또 수확 후 병해를 억제하는 가장 보편적인 방법은 환경요인을 조절하는 것으로 산물에 최적인 저온조건을 유지시키는 것이다.

④ 대표적인 수확 후 장해

사 과	• 고두병: 사과 껍질에 갈색반점이 발생되며 껍질을 벗기면 스폰지 모양으로 갈변하는 변색 증상, 칼슘 결핍
	• 껍질덴병: 껍질이 불규칙하게 갈변되며 건조되는 증상, 저온저장 후 표피 갈변
	• 시들음병: 사과껍질이 쭈글쭈글해지는 증상, 곰팡이 감염
	• 밀병: 과육 또는 과심의 일부가 투명해지는 증상, 솔비톨이라는 당류가 과육의 특정 부위에 축적
	• 내부갈변: 사과 내부가 갈변하는 증상, 탄산가스 축적 원인, 밀병이 많을수록 갈변 촉진

배	• 과피흑변: 과피에 매우 짙은 흑색의 반점이 형성되는 증상, 유전적 요인과 저장고의 습도
	• 얼룩과: 과피에 먹물을 묻혀 놓은 듯한 증상, 곰팡이가 과피에 착생
	• 과육괴사: 과육 내의 유관속 갈변, 붕소결핍
	• 과심갈변: 과심부가 갈색을 띠면서 과즙 유출, 고온에 장기간 노출 및 장기저장
	• 탈피과: 과피가 과육과 분리되어 벗겨지는 증상, 저온저장고 내의 변온(온도변화), 저장고 밀폐에 의한 에틸렌가스 축적 등
복숭아	• 과육 섬유질화: 저온장해로 과육이 질겨지고 과즙이 적어짐, 적정온도에 저장
단 감	• 과피흑변: 과피가 검게 변하는 증상, 곰팡이의 감염 또는 저장봉지의 산소투과도 증가에 의한 과실 내 폴리페놀물질의 산화
	• 과육갈변: 단감의 과정부에 원형으로 과피뿐만 아니라 과육까지 갈변, 저온저장 중 포장지 내 산소농도의 급격한 저하나 이산화탄소의 급격한 증가 또는 저장고의 고온이나 온도변화
	• 부패과 및 연화과: 조직의 부패 및 연화, 곰팡이에 의한 감염, 저장고의 온도가 높을수록 포장지 내 산소농도가 높고 이산화탄소 농도가 낮을수록 곰팡이와 연화과의 발생이 많음
포 도	• 건조: 보통 0~2℃에 보관하고, 0.05mm 폴리에틸렌 비닐(PE)로 포장하면 적당한 상대습도가 유지되어 포도가 시드는 현상 방지
	• 탈립: 줄기로부터 포도알이 떨어지는 현상, 적절한 온도·습도 유지 및 에틸렌 제거로 억제
	• 부패: 잿빛곰팡으로 인한 과립 갈변·과피 분리 및 부패, 상처 방지 및 적정온도 저장, 아황산가스 훈증 및 아황산 발생 패드를 이용한 상업적인 부패 방지 방법 이용
감 귤	• 과피 함몰: 이산화탄소 장해, 적정 농도에 저장
	• 과피 반점 및 갈변: 탈색과정 중 에틸렌에 의한 장해, 적정 농도에 저장

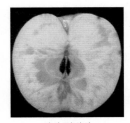
사과 밀병과

사과 내부갈변과

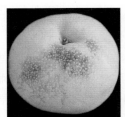
배 과피흑변과

배 얼룩과

보충

1. 다음 중 원예생산물의 특수성을 틀리게 설명한 것은?

　① 가격의 변동이 심하다.

　② 주로 도시에서 소비된다.

　③ 저장성이 비교적 높다.

　④ 신선도가 중요하다.

■ 원예생산물은 수분함량이 65～90% 정도로 많기 때문에 저장에 문제가 발생한다.

2. 원예적 성숙과 생리적 성숙이 일치하지 않는 작물은?

　① 셀러리　　　　② 사과

　③ 양파　　　　　④ 감자

■ 원예적 성숙: 인간이 좋은 품질로 이용할 수 있을 만큼 성숙된 상태
생리적 성숙: 식물생장 자체에 기준을 둔 성숙의 정도
사과, 양파, 감자는 원예적 성숙과 생리적 성숙이 일치한다.

3. 다음 중 생리적으로 성숙해야만 이용할 수 있는 과실은?

　① 오이

　② 애호박

　③ 수박

　④ 가지

■ 오이, 애호박, 가지 등은 비록 생리적으로 성숙하지는 않았지만 원예적 성숙상태에서 이용하며, 수박은 생리적으로 완전히 성숙해야만 이용이 가능하다.

4. 생리적 성숙보다 원예적 성숙이 훨씬 늦은 작물은?

　① 수박　　　　　② 토마토

　③ 배　　　　　　④ 호두

■ 호두, 잣 등 씨를 이용하는 식물은 씨는 이미 노화상태이지만 이 때가 원예적으로 성숙된 수확적기이다.

01 ③　02 ①　03 ③　04 ④

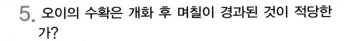

5. 오이의 수확은 개화 후 며칠이 경과된 것이 적당한
가?

① 10일　　　　② 30일

③ 40일　　　　④ 50일

■ 오이는 자라는 속도가 매우 빠르므로 개화 후 10일 정도면 수확하기에 알맞다.

6. 다음 중 원거리 수송시 생식용 복숭아의 수확시기
는?

① 과면이 녹색이 되었을 때

② 과면이 흰색이 되었을 때

③ 과면이 담황색일 때

④ 과면이 붉은색일 때

■ 과피의 녹색이 엷어져서 담록색으로 되고, 과면이 흰색으로 되면 품질과 맛이 충분하지 못하나 원거리 수송시에는 이 때 수확해야 한다.

7. 다음 중 가공용 토마토의 수확적기는?

① 녹숙기(綠熟期)　　② 반숙기(半熟期)

③ 최색기(催色期)　　④ 완숙기(完熟期)

■ 생식용 토마토는 고온기에는 20~30% 착색된 최색기에, 저온기에는 60% 정도 착색된 반숙기에 수확하며, 가공용 토마토는 완숙기에 수확한다.

8. 노지에서 재배할 경우 꽃이 피고 난 후 가장 빨리
수확할 수 있는 순서는?

① 애호박 → 오이 → 가지 → 딸기 → 토마토 → 익
은호박

② 오이 → 애호박 → 가지 → 토마토 → 딸기 → 익
은호박

③ 가지 → 토마토 → 애호박 → 오이 → 익은호박
→ 딸기

④ 토마토 → 오이 → 가지 → 애호박 → 딸기 → 익
은호박

■ 노지재배의 경우 개화 후 애호박 7~10일, 오이 10일, 가지 20~30일, 딸기 30~35일, 토마토 40~50일, 익은호박 60~70일 정도 지나면 수확할 수 있다.

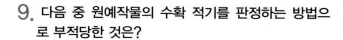
9. 다음 중 원예작물의 수확 적기를 판정하는 방법으로 부적당한 것은?

① 만개 후 일수 및 경도

② 착색 및 당분함량

③ climacteric 측정

④ 시비량

■ 인산을 많이 시비하면 성숙을 촉진하는 경향이 있으나, 시비량으로 수확 적기를 판단하기는 어렵다.

10. 사과의 품종 중 개화 후 성숙 일수가 가장 빠른 것은?

① 추광   ② 화홍

③ 후지   ④ 감홍

■ 화홍: 180일, 후지: 170일, 감홍: 155일, 홍로: 130일, 추광·쓰가루: 125일 등

11. 클라이맥터릭 라이즈(Climacteric rise)를 바르게 설명한 것은?

① 당도가 최대로 된 시기

② 호흡량이 최저에 달했을 때부터 약간 증진되는 초기단계

③ 펙틴산의 농도가 최대로 되는 시기

④ 전분의 분해가 최대로 되는 시기

■ Climacteric rise 시기가 과실의 수확적기이며, 보통 8일 정도이다.

12. 과실의 전분함량 측정 시 요오드칼륨은 전분과 반응하면 어떤 색으로 변하는가?

① 적색

② 청색

③ 황색

④ 녹색

■ 전분의 함량이 많을수록 청색의 면적이 넓어지며, 성숙할수록 면적이 작아진다.

09 ④   10 ①   11 ②   12 ②

13. 원예작물의 수확적기를 판정할 때 고려사항으로 거리가 먼 것은?

① 각 품종에 맞는 고유의 색택이 발현될 때 수확한다.

② 만개(滿開) 후 일수는 해마다 기상이 다르기 때문에 고려하지 않는 것이 옳다.

③ 과실의 성숙기 때 호흡량의 변화를 관찰한다.

④ 외관만으로 성숙을 판단하기 어려운 품종이 있다.

■ 만개 후 성숙일수는 유전적인 소질이므로 품종에 따라 거의 일정하다.

14. 다음 중 원예생산물의 수확기 판정에 이용되는 지표가 잘못 연결된 것은?

① 감각적 지표: 크기, 모양, 표면형태 및 구조, 색깔, 촉감, 조직감, 식미

② 화학적 지표: 호흡속도, 에틸렌

③ 물리적 지표: 경도, 채과저항력

④ 생장일수와 기상: 날짜, 만개 후 일수, 기상요인

■ 화학적 지표는 전분테스트(io-dine test), 당함량, 산함량 등이며 호흡속도, 에틸렌 등은 생리대사적 지표이다.

15. 다음 사과의 품종 중 수확적기가 가장 늦은 것은?

① 세계일

② 홍로

③ 쓰가루

④ 후지

■ 후지의 수확적기는 10월 하순~11월 상순경이다.

보충

16. 다음 중 원예작물의 수확에 관련된 사항을 잘못 설명한 것은?

① 원예작물은 수확 후에도 물질대사가 계속 진행된다.

② 원예작물은 수확의 대상이 다양하다.

③ 원예작물의 수확적기는 생리적 성숙과 원예적 성숙이 일치하는 때이다.

④ 원예작물은 손으로 수확되는 것이 많다.

■ 원예작물은 각 품목에 따라 생리적 성숙과 원예적 성숙이 다르다.

17. 다음 중 감자의 알맞은 수확 시기는?

① 꽃이 피기 직전

② 꽃이 진 직후

③ 열매가 떨어지기 직전

④ 잎과 줄기가 누렇게 변했을 때

■ 감자의 수확적기는 잎이 누렇게 변할 때부터 완전히 마르기 직전까지가 적당하다. 이 시기에는 감자알이 다 익어 전분의 축적이 최고에 달하며, 껍질은 완전히 코르크화되어 감자 속살과 밀착하여 잘 벗겨지지 않게 된다.

18. 다음 중 사과와 배의 수확기 결정 요인으로 부적당한 것은?

① 만개 후 일수

② 적산온도

③ 모양

④ 경도

■ 모양은 브로콜리나 콜리플라워 등의 수확기 결정 요인이다.

19. 일반적인 과일의 선별 기준과 가장 거리가 먼 것은?

① 크기   ② 무게

③ 색깔   ④ 당도

■ 크기, 무게, 모양, 색깔 등에 의한 선별이 주류를 이루고 있다.

16 ③   17 ④   18 ③   19 ④

20. 과실의 무게가 가장 무거운 사과 품종은?

① 서광　　　　② 홍로

③ 감홍　　　　④ 쓰가루

21. 과일의 외형과 크기에 따라 선별하는 방법은?

① 형상식　　　　② 중량식

③ 벨트식　　　　④ 수동식

22. 과일의 당도나 산도를 측정할 수 있는 선별기는?

① 광학적 선별기

② 비파괴 내부품질 선별기

③ 색채 선별기

④ 롤러 선별기

23. 농산물 포장의 기능으로 보기 어려운 것은?

① 보호성　　　　② 상품성

③ 저가성　　　　④ 심리성

24. 포장이 갖추어야 할 조건으로 볼 수 없는 것은?

① 취급과 수송 중 내용물을 보호할 수 있는 물리적인 지지력을 갖추어야 한다.

② 수분, 습기 등의 물리적 힘에 영향을 받지 않는 방수성과 방습성이 있어야 한다.

③ 호흡가스가 투과될 수 없는 소재를 사용하여야 한다.

④ 내용물의 빠른 예랭(豫冷)이 가능하여야 한다.

20 ③　21 ①　22 ②　23 ③　24 ③

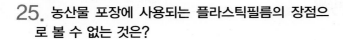

25. 농산물 포장에 사용되는 플라스틱필름의 장점으로 볼 수 없는 것은?

① 증산작용을 억제하여 농산물의 신선도 저하를 방지한다.

② 표면의 물리적 손상을 방지한다.

③ 이산화탄소의 투과도보다 산소의 투과도가 높다.

④ 온도변화에 의한 농산물 표면의 결로현상을 방지한다.

■ 포장에 사용되는 이상적인 플라스틱필름은 산소의 유입보다는 이산화탄소의 방출에 더 많은 비중을 두어야 한다.

26. 농산물 포장 시 질소를 충전하면 산화효소의 활동을 방지할 수 있다. 그 이유는?

① 기질의 감소   ② 압력의 증가

③ 온도의 유지   ④ 조직의 보존

■ 농산물 포장 시 질소를 충전하면 기질이 감소되어 호흡작용 등의 각종 대사활동을 억제할 수 있다.

27. 포장재료인 종이의 약점으로 볼 수 있는 것은?

① 방습 및 내습성의 결여

② 환경오염이 많다.

③ 개봉이 어렵다.

④ 자외선 차단이 어렵다.

■ 종이의 단점은 열접착성이 없고, 물이나 화학약품에 약한 것이다.

28. 농산물 포장에 사용되는 골판지상자의 장점으로 보기 어려운 것은?

① 물과 습기에 강하다.

② 단열성, 내충격성, 내구성이 뛰어나다.

③ 대량 생산이 가능하며 수송이나 보관이 용이하다.

④ 인쇄가 용이하고 재활용이 가능하다.

■ 골판지상자는 물과 습기에 다소 약하다.

25 ③ 26 ① 27 ① 28 ①

보충

29. 과일과 채소의 포장재로 가장 널리 쓰이는 플라스틱 필름은?

① 폴리프로필렌필름 ② 폴리에틸렌필름

③ 폴리비닐클로라이드 ④ 폴리스티렌필름

■ 폴리에틸렌필름은 가격이 싸고, 물리적인 강도가 있으며, 무독·무미·무취 등의 장점이 있다.

30. 필름의 표면에 계면활성제를 처리하여 결로현상을 방지하는 필름은?

① 키토산필름 ② 고차단성 필름

③ 방담필름 ④ 항균필름

■ 방담필름은 필름의 장력을 증가시켜 결로현상이 일어나지 않게 하여 부패균의 발생을 방지하고, 저장 중인 원예산물의 신선도를 유지시켜 준다.

31. 다음 중 MA포장을 바르게 설명한 것은?

① 공중습도 조절포장 ② 질소가스 조절포장

③ 플라스틱필름 포장저장

④ 예건, 예랭, 큐어링저장

■ MA포장은 포장내부의 공기를 원하는 농도의 가스로 채워서 포장하는 방법이다.

32. 플라스틱필름으로 수확물을 밀봉하여 저장기간을 늘리는 포장법은?

① LA포장 ② CA포장

③ MA포장 ④ PA포장

■ 플라스틱필름으로 밀봉하여 작물의 호흡작용으로 인해 필름 내 공기의 조성을 저산소, 고이산화탄소의 환경으로 만들어 주어 호흡을 억제시키는 포장법을 MA포장이라 한다.

33. 다음 중 MA포장용 필름이 갖추어야 할 점을 잘못 설명한 것은?

① 이산화탄소보다 산소의 투과도가 높아야 한다.

② 인장강도 및 내열강도가 높아야 한다.

③ 상업적인 취급 및 인쇄가 용이해야 한다.

④ 유해물질을 방출하지 말아야 한다.

■ 포장에 사용되는 이상적인 필름은 산소의 유입보다는 이산화탄소의 방출에 더 많은 비중을 두어야 하며, 이산화탄소 투과도는 산소 투과도의 3~5배에 이르러야 한다.

29 ② 30 ③ 31 ③ 32 ③ 33 ①

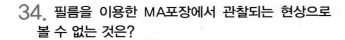

34. 필름을 이용한 MA포장에서 관찰되는 현상으로 볼 수 없는 것은?

① 호흡을 억제한다.

② 경도변화가 적다.

③ 수분감소를 억제한다.

④ 에틸렌 발생이 증가한다.

35. 농산물의 MA포장재 중 가스투과도가 가장 높은 것은?

① 폴리에틸렌(polyethylene)

② 염화비닐(PVC)

③ 폴리프로필렌(polypropylene)

④ 나일론(nylon)

36. 다음 중 수확 후 과실 취급으로 부적합한 것은?

① 예랭작업을 한다.

② 에어쿨링(Air cooling)을 시킨다.

③ 수확 후 과온이 높은 과실을 바로 저장고에 넣는다.

④ CA저장에 넣는다.

37. 가을에 수확한 과채류를 밤 동안에 밭에 쌓아 두어서 얻을 수 있는 효과는?

① 효소의 파괴   ② 숙성의 촉진

③ 예랭   ④ 호흡의 중지

34 ④   35 ①   36 ③   37 ③

38. 다음 중 예랭의 효율을 잘못 설명한 것은?

① 생산물과 냉각 매체와의 접촉 면적이 넓을수록 효율이 높다.

② 예랭의 반감기는 원예생산물의 온도를 처음 온도에서 목표 온도의 반으로 내리는 데 소요되는 시간을 말한다.

③ 반감기가 짧을수록 예랭이 빠르게 이루어진다.

④ 예랭시의 온도저하 폭은 시간이 경과할수록 커진다.

■ 예랭시의 온도저하 폭은 시간이 경과할수록 작아진다. 즉 예랭이 진행될수록 시간에 대비한 온도저하의 폭이 작다.

39. 과실을 수확 후 예랭하는 가장 큰 목적은?

① 과실의 온도를 높이기 위해

② 저장이나 수송 중의 부패 방지를 위해

③ 후숙을 위해

④ 수확물의 취급을 용이하게 하기 위해

■ 과실의 예랭은 수확 후 곧 저온 저장고에 넣어서 과심부의 온도가 0℃가 되게 하는 것이 이상적이다.

40. 다음 중 예랭의 효과로 보기 어려운 것은?

① 품온을 낮추어 호흡량을 줄인다.

② 저장양분의 소모를 감소시킨다.

③ 엽록소의 분해를 촉진시킨다.

④ 증산작용을 억제하여 수분손실을 줄인다.

■ 녹색채소가 고온에 노출되면 엽록소의 분해가 촉진되어 황화현상이 나타난다.

41. 예랭을 하는 이유로 적당한 것은?

① 온도를 낮추어 호흡억제 및 수분증발을 억제한다.

② 재해를 방지한다.

③ 성숙을 촉진한다.

④ 호흡과 에틸렌의 생성을 촉진한다.

■ 예랭의 목적은 수확 후 포장열을 제거하고 급속히 품온을 낮추어 호흡량을 줄임으로써 저장양분의 소모를 감소시키고 저장력을 증가시키는 것이다.

38 ④   39 ②   40 ③   41 ①

42. 다음 중 예랭의 효과가 가장 떨어질 것으로 예상되는 것은?

① 신선도 저하가 빠르고 가격이 비싼 품목

② 호흡작용이 극심한 품목

③ 인공적인 고온에서 재배된 시설채소 품목

④ 겨울철에 노지에서 수확되는 품목

43. 다음 예랭의 방법 중 경제적이며 과실류에서 많이 이용되는 것은?

① 수랭 ② 빙랭

③ 공랭 ④ 감압냉각

44. 중량에 비하여 표면적이 넓은 엽채류에 사용되며, 단시간에 냉각이 가능하여 높은 선도 유지로 당일 출하가 가능한 예랭법은?

① 빙랭법 ② 진공예랭법

③ 공랭법 ④ 냉수냉각법

45. 소요시간이 가장 많이 필요한 예랭법은?

① 강제통풍식 ② 차압통풍식

③ 진공예랭식 ④ 냉수냉각식

46. 골판지상자 자체를 냉각할 수 없는 예랭법은?

① 강제통풍식 ② 차압통풍식

③ 진공예랭식 ④ 냉수냉각식

42 ④ 43 ③ 44 ② 45 ① 46 ④

47. 골판지상자의 통기구멍으로 냉기를 순환시켜 예랭하는 방식은?

① 차압통풍식   ② 진공예랭식

③ 냉수냉각식   ④ 쇄빙식

■ 차압통풍식은 저장고 내의 냉기가 통기구멍을 통해 골판지상자 내로 침입하여 직접 청과물을 냉각하는 방식이다.

48. 예랭과 동시에 세척효과도 기대할 수 있는 방법은?

① 강제통풍식   ② 차압통풍식

③ 진공예랭식   ④ 냉수냉각식

■ 냉수냉각식은 냉수 샤워나 냉수 침지에 의해 세척효과도 기대할 수 있으나 물의 흐름이 강하면 농산물에 물리적 부상을 일으킬 수 있다.

49. 다음 중 에너지 비용과 잠재적인 부패오염도가 높은 예랭방식은?

① 강제통풍식   ② 차압통풍식

③ 진공예랭식   ④ 냉수냉각식

■ 냉수냉각식은 부착수에 의하여 부패균이 번식하기 쉬워 부패율이 높아질 우려가 높아 냉각 후 농산물의 탈수시설 및 저온 보관시설이 필요하다.

50. 다음 예랭방식 중 냉각속도가 가장 빠른 것은?

① 저온실 냉각   ② 강제통풍식 냉각

③ 실외 냉각   ④ 냉수 냉각

■ 냉수냉각식의 예랭 소요시간은 30분~1시간이며 무, 당근 등과 같은 근채류, 양배추 등을 빠르게 냉각할 수 있다.

51. 원예작물의 수확 후 관리기술을 잘못 설명한 것은?

① 수확 후 관리기술은 제2의 생산이라 불린다.

② 원예작물은 수확 후에 쉽게 부패하는 특성이 있으므로 수확 후 관리기술이 반드시 필요하다.

③ 수확 후 관리기술이 적용되면 신선농산물의 품질 관리를 통하여 산지와 소비자와의 직거래를 가능하게 한다.

④ 수확 후 관리기술이 적용되면 유통단계가 복잡해져서 유통비용이 증가한다.

■ 수확 후 관리기술이 적용되면 안정적이고 예측가능한 유통정책의 수행이 가능하여 유통비용이 절감된다.

47 ①   48 ④   49 ④   50 ④   51 ④

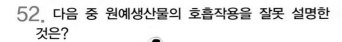

52. 다음 중 원예생산물의 호흡작용을 잘못 설명한 것은?

① 대부분의 채소는 성숙 후 호흡상승을 나타내지 않는 비호흡상승형이다.

② 호흡은 탄산가스의 농도가 높아질수록 점차 증가한다.

③ 호흡속도가 높은 작물은 저장력이 약하다.

④ 호흡속도는 주위의 온도가 높을수록 증가한다.

■ 원예생산물의 호흡작용은 산소 농도가 감소되거나 탄산가스의 농도가 높아질수록 점차 감소한다.

53. 수확 후 과실의 호흡을 좌우하는 요인으로 거리가 먼 것은?

① 온도

② 습도

③ 산소함량

④ 포장용기의 재질

■ 수확 후 과실의 호흡을 좌우하는 요인으로는 온도, 습도, 산소와 이산화탄소의 함량, 에틸렌가스 등이 있다.

54. 과실 호흡의 결과가 아닌 것은?

① 당 함량 감소

② 경도의 변화

③ 중량 감소

④ 수분 증가

■ 호흡과 증산작용에 의해 과실 속의 수분이 증발한다.

55. 저장 중에 일어나는 호흡작용이 상대적으로 가장 활발한 채소는?

① 잎상추   ② 양배추

③ 고추   ④ 마늘

■ 표면적이 큰 엽채류는 호흡작용이 활발하다.

52 ②   53 ④   54 ④   55 ①

56. 다음 중 식물의 무기호흡에 의해 이취(異臭)를 발생시키는 조건은?

① 주위 산소 농도의 저하
② 주위 탄산가스 농도의 저하
③ 공기 중 수증기의 포화 상태
④ 공기오염물질의 축적

■ 주위의 산소 농도가 식물이 견딜 수 있는 농도 이하로 저하되면 무기호흡에 의해 이취가 발생하고 부패 현상이 나타난다.

57. (   ) 안에 각각 들어 갈 말이 순서대로 맞게 된 것은?

> 토마토 같은 과실은 성숙이 완료되고 익어가는 과정에서 (   )이(가) 갑자기 증가하는 (   ) 현상을 나타낸다.

① 유기산 — 비클라이맥터릭
② 유기산 — 클라이맥터릭
③ 호흡속도 — 비클라이맥터릭
④ 호흡속도 — 클라이맥터릭

■ 토마토는 호흡상승과이다.

58. 호흡상승형 과실이 성숙 중 나타내는 주요한 특징은?

① 과실의 호흡속도가 갑자기 증가한다.
② 과색이 서서히 고유의 색으로 변한다.
③ 과실의 연화가 급격히 이루어진다.
④ 유기산의 함량이 갑자기 감소한다.

■ 과실은 성숙이 완료되고 익어가는 과정에서 호흡량이 갑자기 일시적으로 증가하는 현상을 보이는데 이를 클라이맥터릭이라 한다.

59. 다음 중 호흡상승과의 호흡이 급증할 때 함께 생성이 증가하는 물질은?

① 에틸렌
② 지베렐린
③ 옥신
④ 시토키닌

■ 호흡상승과는 호흡이 급증하는 시기에 에틸렌의 발생도 급격히 증가하고, 비호흡상승과는 에틸렌의 발생이 적다.

60. 다음 중 호흡상승과가 아닌 것은?

① 키위
② 오이
③ 사과
④ 복숭아

■ 오이, 가지, 고추, 딸기, 호박, 감귤, 포도, 오렌지, 파인애플 등은 비호흡상승과이다.

61. 수확한 작물의 호흡작용과 연관하여 올바르게 설명한 것은?

① 수확 후에 호흡을 억제시키면 대부분 상품성이 저하된다.
② 호흡속도는 작물의 유전적 특성과 무관하다.
③ 호흡 시 발생되는 호흡열은 작물을 부패시키는 원인이 된다.
④ 작물의 호흡은 대기의 산소와 이산화탄소 농도에 영향을 받지 않는다.

■ ① 수확 후에 호흡을 억제시켜야 상품성이 유지된다.
② 호흡속도는 작물의 유전적 특성과 관련이 깊다.
④ 작물의 호흡은 산소농도가 감소되거나 이산화탄소의 농도가 높아질수록 점차 감소한다.

62. 원예작물의 수확 후 호흡작용을 가장 올바르게 설명한 것은?

① 호흡속도는 온도와 밀접한 관련이 있다.
② 수확 후 호흡작용으로 신선도가 더 좋아진다.
③ 호흡속도가 빠를수록 저장성이 증대된다.
④ 호흡률이 높은 작물은 저장성이 높다.

■ 수확 후 호흡속도가 빠를수록, 호흡률이 높을수록 저장성이 약하다.

59 ① 60 ② 61 ③ 62 ①

63. 그림에서 ⓐ형의 호흡특성과 연관하여 올바르게 설명한 것은?

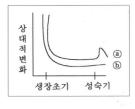

① 포도, 오렌지가 속하며 호흡급등 현상이 미미하다.

② 사과, 밀감이 속하며 호흡급등시 과실 크기가 증가한다.

③ 딸기, 오이가 속하며 호흡급등시 색변화가 많이 일어난다.

④ 사과, 복숭아가 속하며 수확 후 이용목적에 따른 수확기 판정의 근거가 된다.

■ ⓐ형은 성숙이 완료되고 익어가는 과정에서 호흡속도가 갑자기 증가하는 양상을 나타내는 호흡상승과이다. 사과, 복숭아, 토마토 등이 이에 속한다.

64. 포장된 상품을 상온에 두면 채소나 청과류는 호흡열에 의해 다음 중 어떤 변화가 일어나는가?

① 신선도가 증가된다.

② 아무런 변화가 없다.

③ 속히 부패하게 된다.

④ 부패하지 않고 정상상태를 유지한다.

■ 호흡열을 제거하지 않으면 주위 온도가 높아져 호흡량이 더욱 증가하고 결국 부패하게 된다.

65. 다음 중 수확 후 호흡속도가 가장 빠른 과일은?

① 포도   ② 복숭아

③ 감   ④ 사과

■ 복숭아〉감〉사과〉포도의 순으로 호흡속도가 빠르다.

66. 다음 중 수확 후 호흡속도가 가장 빠른 채소는?

① 시금치   ② 당근

③ 무   ④ 마늘

■ 시금치〉당근〉무〉마늘의 순으로 호흡속도가 빠르다.

63 ④   64 ③   65 ②   66 ①

67. 호흡속도가 빠른 미숙한 원예생산물의 저장력을
옳게 설명한 것은?

① 저장력이 약하다.

② 호흡 속도와 저장력은 무관하다.

③ 저장력이 강하다.

④ 낮에는 강하고 밤에는 약하다.

■ 호흡속도가 빠른 원예생산물은
저장력이 약하고, 주위온도가 높아
져 호흡속도가 상승하면 저장기간
이 단축된다.

68. 호흡과 더불어 발생하며 저장 중인 원예생산물의
성숙과 노화를 촉진하는 식물호르몬은?

① 콜히친   ② 옥신

③ 지베렐린   ④ 에틸렌

■ 에틸렌은 과실의 착색과 성숙을
촉진하지만 노화도 촉진시켜 저장
수명을 단축시킨다.

69. 저장고의 에틸렌 피해를 줄일 수 있는 방법으로
부적당한 것은?

① 수확, 수송, 선별 시에 과실에 상처가 나지 않도
록 주의한다.

② 저장 시에 병해충과, 과숙과는 선별하여 제거한
다.

③ 저장고 내의 온도를 적절하게 관리한다.

④ 장기저장 시에는 에틸렌 발생량이 서로 다른 과
실을 함께 저장하여 보완효과를 높인다.

■ 장기저장 시에는 단일 품종, 단
일 과종만 저장하는 것이 효과적이
다.

70. 다음 중 에틸렌 가스를 제거할 수 있는 물질은?

① 과망간산칼륨   ② 질산칼륨

③ 실리카겔   ④ 탄산가스

■ 에틸렌 가스는 과망간산칼륨
($KMnO_4$)을 사용하여 제거할 수 있
다.

67 ①   68 ④   69 ④   70 ①

71. 원예생산물의 수확 후 생리현상 중 외관에 가장 큰 영향을 미치는 원인은?

① 호흡작용   ② 추수작용

③ 증산작용   ④ 휴면현상

72. 다음 중 증산작용에 대한 설명으로 관련이 적은 것은?

① 중량을 감소시킨다.

② 체내 화학반응을 활발히 유도한다.

③ 외관에 지대한 손상을 미친다.

④ 부피에 비해 표면적이 큰 식물에서 심하다.

73. 다음 중 수분증산을 최대한 억제시키기 위한 방법으로 알맞은 것은?

① 수확 후 외부에 장시간 방치한다.

② 수확한 식물에 수증기를 분무한다.

③ 저장고 내에 공기유동이 잘 되도록 조치한다.

④ 하루 중 신선한 시간에 수확한다.

74. 다음 중 증산작용으로 인해 저장 중의 수분손실이 가장 클 것으로 예상되는 원예작물은?

① 파, 딸기

② 마늘, 양파

③ 무, 옥수수

④ 당근, 생강

■ 일반적으로 증산작용(수분손실)에 의한 중량 감소는 호흡으로 발생하는 중량감소의 10배 정도 크다.

■ 체내 화학반응을 유도하는 것은 호흡작용이다.

■ 증산속도는 주위의 습도가 낮고 온도가 높을수록 증가하기 때문에, 하루 중 신선한 시간을 선택하여 수확하고, 신속히 예랭하여 수분증산을 최대한 억제하여야 한다.

■ 파, 딸기, 시금치 등은 증산작용으로 인한 수분손실이 과다하다.

71 ③ 72 ② 73 ④ 74 ①

75. 일반적으로 과실 저장에 알맞은 상대 습도는?

① 30~40%
② 45~55%
③ 70~75%
④ 85~90%

■ 증산작용의 억제를 위해서는 공기습도가 어느 정도 높아야 과실이 시들거나 마르지 않는다.

76. 과일이나 과채류의 표면에 처리하여 호흡작용의 조절 및 수분증발을 방지하여 선도를 장시간 유지할 목적으로 사용되는 식품첨가물은?

① 피막제
② 용제
③ 품질유지제
④ 이형제

■ 수분 손실로 인한 감모율을 줄이기 위해 원예생산물의 표면에 카나우바 왁스, 키토산 등의 피막제를 처리하기도 한다.

77. 다음 중 채소의 저장상 문제점이 아닌 것은?

① 신선도 유지
② 성숙 정지
③ 증산작용
④ 변질 부패

■ 원예생산물은 수확 후에도 일정 기간 식미가 형성되며, 저장을 통하여 풍미도 향상된다.

78. 고구마와 감자가 저장 중에 썩기 쉬운 이유는?

① 전분함량이 높다.
② 전분이 입자상태로 존재한다.
③ 부피가 작다.
④ 수분함량이 많다.

■ 고구마와 감자는 부피가 크고 수분이 많아서 저장에 어려움이 있다.

79. 다음 중 농산물을 건조했을 때 저장성이 좋아지는 가장 중요한 원인은 무엇인가?

① 미생물이 이용할 수 있는 수분함량의 감소
② 부피의 감소
③ 무게의 감소
④ 공기와의 접촉 증가

■ 농산물은 수확 직후 호흡과 증산작용이 왕성하여 그대로 저장하면 과습하게 되어 미생물의 번식이 심하다.

75 ④　76 ①　77 ②　78 ④　79 ①

80. 저장적온이 비교적 높은 채소로 묶어진 것은?

① 완두, 상추, 가지

② 고구마, 시금치, 양파

③ 고구마, 가지, 생강

④ 생강, 딸기, 당근

■ 고구마, 가지, 생강 등은 높은 저장온도를 요구한다.

81. 다음 과일 중 저장 온도가 가장 높은 것은?

① 사과　　　② 포도

③ 바나나　　④ 복숭아

■ 사과·포도·복숭아 등은 0~2℃에서, 바나나는 7~13℃에서 저장한다.

82. 농산물을 저온에서 저장하는 이유가 아닌 것은?

① 저장비용 저렴

② 미생물 번식 지연

③ 화학반응속도 감소

④ 호흡량 감소

■ 저온은 부패균의 증식 및 작물 내의 대사반응과 효소작용을 억제함으로써 저장수명을 연장시킨다.

83. 과실 저장고에서 환기하는 이유는?

① 유해가스의 방출

② 호흡촉진

③ 착색촉진

④ 후숙촉진

■ 저장고가 밀폐되면 유해가스 축적 및 부패균의 활동이 활발해져서 과실을 부패시키므로 환기가 필요하다.

84. 과실 저장에 관계되는 요소가 아닌 것은?

① 온도　　　② 일장

③ 습도　　　④ 환기

■ 과실 저장에 관계되는 요소에는 온도, 습도, 환기, 병해 등이 있다.

80 ③　81 ③　82 ①　83 ①　84 ②

85. 과실 저장에 가장 알맞은 일반적인 온도는?

① -3℃ ~ 0℃   ② 0℃ ~ 5℃

③ 5℃ ~ 10℃   ④ 10℃ ~ 15℃

■ 사과, 배, 단감, 복숭아, 자두, 포도 등의 과실을 0~5℃ 정도에서 저온저장하면 호흡·대사작용 등의 억제로 환원당 함량이 증가되어 단맛이 높아진다.

86. 다음 중 과실의 저장성에 관계된 요소를 바르게 설명한 것은?

① 조생종이 만생종보다 저장성이 높다.

② 서늘한 지방에서 생산된 과실일수록 저장성이 높다.

③ 같은 품종일 경우 큰 과실이 작은 과실에 비해 저장성이 높다.

④ 착색이나 숙기촉진을 위해 생장조절제를 사용한 과실이 저장성이 높다.

■ 과실의 저장성
만생종 〉 조생종, 저온지방 〉 고온지방, 경사지 생산 〉 평지 생산, 적숙 〉 미숙·과숙, 예랭 후 저장 〉 수확 즉시 저장, 같은 품종일 경우 작은 과실 〉 큰 과실

87. 다음 중 CA저장의 기본원리는?

① 생산물의 호흡억제

② 생산물의 증산억제

③ 생산물의 병해방지

④ 생산물의 착색촉진

■ CA저장의 기본원리는 원예생산물의 호흡작용을 억제하는 것이다.

88. CA저장에서 CA의 의미는?

① Carbon dioxide Added

② Canning Air

③ Controlled Atmosphere

④ Country Aircontrol

■ CA: Controlled Atmosphere, 공기 조절

85 ②   86 ②   87 ①   88 ③

89. CA저장에서 에틸렌가스 제거방식으로 많이 이용되는 것은?

① 흡착식   ② 자외선파괴식

③ 촉매분해식   ④ 배출식

■ 최근까지 개발된 방식으로는 촉매분해식이 경제적 타당성이 높은 편이다.

90. 저장고 내의 공기조성을 조절하여 과실의 호흡을 억제하는 저온저장방법은?

① CA저장   ② 보온저장

③ 냉동저장   ④ CO_2 저장

■ CA저장은 저장고 내의 공기조성 조절 저장방법이다.

91. 다음 중 CA저장과 비교적 관계가 적은 것은?

① 산소   ② 질소

③ 이산화탄소   ④ 에틸렌

■ CA저장은 작물에 따라 필요한 가스(이산화탄소, 산소, 에틸렌) 농도를 제어한다.

92. 과실의 CA저장 시 저장고 안의 알맞은 온도는?

① 2 ~ 5℃   ② 0 ~ 3℃

③ 10 ~ 11℃   ④ 5 ~ 6℃

■ CA저장은 온도를 낮추고 습도를 유지하는 저온저장에 가스 농도 제어를 추가한 방식이다.

93. CA저장에서 저장고 내 공기 성분의 조절 내용으로 적합한 것은?

① 산소 농도를 낮추고 탄산가스 농도를 높인다.

② 산소 농도를 높이고 탄산가스 농도를 낮춘다.

③ 산소 농도와 탄산가스 농도를 다같이 높인다.

④ 산소 농도와 탄산가스 농도를 다같이 낮춘다.

■ 저장물질의 소모를 줄이려면 호흡작용을 억제하여야 하며 이를 위해서는 산소를 줄이고 이산화탄소를 증가시켜야 한다.

89 ③   90 ①   91 ②   92 ②   93 ①

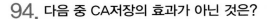

94. 다음 중 CA저장의 효과가 아닌 것은?

① 품질의 장기간 유지

② 조직의 연화 최대한 억제

③ 엽록소의 분해 촉진

④ 발아, 발근 등 생리현상 감소

■ CA저장은 엽록소의 분해를 억제한다.

95. 원예생산물의 손실률이 가장 높은 유통 단계는?

① 수확 단계　　② 선별 단계

③ 저장 단계　　④ 가공 단계

■ 수확시기가 늦거나 저장 전처리가 미숙하면 저장단계의 손실이 더 증가한다.

96. 원예생산물의 수확 후 장해로 보기 어려운 것은?

① 생리적 장해　　② 유전적 장해

③ 기계적 장해　　④ 병리적 장해

■ 원예생산물의 수확 후 손실은 크게 생리적 장해, 기계적 장해, 병리적 장해 등 세가지 경로로 일어난다.

97. 원예산물 저장 중 생리장해의 원인이 아닌 것은?

① 이산화탄소　　② 온도

③ 에틸렌　　④ 미생물

■ 원예산물 저장 중 생리장해의 원인으로는 온도, 이산화탄소, 산소, 에틸렌, 화학제, 각종 영양소 등이 있다.

98. 저장장해에 대한 설명이 올바르지 못한 것은?

① 생리장해는 저장 중 병원균 감염이 원인이다.

② 저장장해는 크게 생리장해와 기계장해, 병리장해로 나눌 수 있다.

③ 저장장해 감소를 위해 작목의 특성에 맞게 저장한다.

④ 사과 내부갈변, 배 과피흑변 등은 저장장해의 일종이다.

■ 생리장해는 원예산물의 생리적 특성 및 저장 환경조건에 크게 영향받는다.

94 ③　95 ③　96 ②　97 ④　98 ①

99. 다음 중 저온장해의 일반적인 증상으로 보기 어려운 것은?

① 표피의 함몰 또는 변색

② 수침현상과 조직의 반투명화

③ 내부조직의 갈변 및 파괴

④ 곰팡이 침입에 대한 민감도 증가 등

■ 물이 들어찬 모습의 수침현상은 동결장해의 주된 증상으로 결빙 중 보다는 해동 후에 나타난다.

100. 저장 중인 복숭아의 과육이 섬유질화되었다. 다음 중 어떤 원인의 장해인가?

① 저온장해

② 고온장해

③ 가스장해

④ 칼슘부족 장해

■ 복숭아 과육의 섬유질화는 과육이 질겨지고 과즙이 적어지는 현상으로 저온에 저장하였다가 상온에 유통시킬 때 나타난다. 과육이 탱탱하여 조직감이나 맛이 급격히 저하된다.

101. 농산물의 저온저장 중 주의하여야 할 사항과 가장 거리가 먼 것은?

① 가스장해   ② 저온장해

③ 동결장해   ④ 증산장해

■ 저온저장 중에는 동결장해, 저온장해, 고온장해, 가스장해, 영양장해 등 생리적인 장해가 나타날 수 있다.

102. 다음 중 고온 장해의 예로 알맞지 않은 것은?

① 바나나의 정상적인 성숙이 불가능하다.

② 토마토의 리코핀 합성이 억제되어 착색이 불량해진다.

③ 왕성한 호흡으로 이산화탄소의 축적에 따른 장해가 나타난다.

④ 세포막의 손상으로 인해 세포 내 물질이 용출되어 장해가 나타난다.

■ ④는 저온 장해의 증상이다.

99 ② 100 ① 101 ④ 102 ④

103. 식품의 가스충전포장에 일반적으로 사용되는 가스성분 중 미생물 생육을 억제하나 고농도 사용시 제품에 이미(異味), 이취(異臭)를 발생시킬 수 있는 대표적인 가스성분은?

① 산소　　　　　② 질소
③ 탄산가스　　　④ 아황산가스

■ 산소농도가 지나치게 낮고 이산화탄소농도가 지나치게 높게 되면 이미(異味), 이취(異臭) 등이 발생하는 고이산화탄소 장해가 발생하여 상품성이 떨어지게 된다.

104. 사과의 저장 중 많이 발생하는 고두병과 가장 관계가 깊은 성분은?

① 인산(P)　　　　② 칼륨(K)
③ 칼슘(Ca)　　　④ 붕소(B)

■ 고두병은 사과의 껍질에 갈색반점이 생기고 그 부분이 움푹 들어가는 것으로, 과실 중에 칼슘 함량이 부족하면 발생한다.

105. 과육의 특정부위에 솔비톨이 비정상적으로 축적되어 나타나는 증상은?

① 밀 증상　　　　② 내부갈변
③ 과피흑변　　　④ 일소병

■ 밀증상이 있는 과실은 전분냄새가 사라지며 감미가 증가한다. 밀증상이 심하면 내부갈변의 원인이 된다.

106. 다음 중 사과의 밀(蜜) 증상을 틀리게 설명한 것은?

① 과실의 수확기가 빠를수록, 과실이 작을수록 발병이 증가한다.
② 과육 또는 과심의 일부가 투명해지는 수침현상이다.
③ 솔비톨이라는 당류가 과육의 특정부위에 비정상적으로 축적되어 나타난다.
④ 과실은 전분 냄새가 사라지고 감미가 증가한다.

■ 밀 증상은 과실의 수확기가 늦을수록, 과실이 클수록, 1과당 잎수가 많을수록 발병이 증가한다.

103 ③　104 ③　105 ①　106 ①

보충

107. 사과의 내부갈변 현상과 관계없는 것은?

① 주로 "후지" 품종에서 많이 발생한다.

② 저장고 내의 이산화탄소 축적으로 많이 발생한다.

③ 갈변현상이 일어나면 바로 과피가 변색되므로 외관상 쉽게 구별할 수 있다.

④ 밀 증상이 많을수록 갈변은 촉진된다.

■ 내부갈변은 피해부위가 과육조직이기 때문에 외관상으로 구분하기 어렵고, 증상이 심해지면 과피에까지 이르러 과피의 변색에 의한 피해를 확인할 수 있다.

108. 배의 저장 중에 발생하기 쉬운 생리장해가 알맞게 짝지어진 것은?

① 과피흑변, 과심갈변   ② 동록, 바람들이

③ 과육괴사, 열과   ④ 과육수침, 유부과

■ 과심갈변 현상은 장기저장시 과실 노화, 이산화탄소 장해에 의해 발생한다.

109. 배의 과피흑변 현상과 관계가 없는 것은?

① "금촌추" 품종에서 가장 많이 발생한다.

② 과피에 크고 불규칙한 흑색반점이 생긴다.

③ 반점은 과육에까지 미친다.

④ 저장고 내의 습도가 높으면 발생이 많아진다.

■ 반점은 과실표면에만 한정되어 식용에는 문제가 없으나 외관상 상품성이 떨어진다.

110. 다음 중 단감의 저장성을 잘못 설명한 것은?

① 장기저장용 단감은 약간 미숙할 때 수확한다.

② 된서리를 맞은 단감은 저장성이 매우 낮다.

③ 단감의 큰 꼭지를 잘라내야 저장력이 강해진다.

④ 감의 저장 중에 나타나는 병은 대부분 곰팡이들이 상처를 통하여 침입하여 발생한다.

■ 단감의 꼭지는 과실 호흡에 중요한 역할을 하므로 잘라내거나 상처가 나면 저장력이 약해진다.

107 ③   108 ①   109 ③   110 ③

Ⅲ 화 훼

제1장 화훼의 분류

1. 성상 및 재배습성에 따른 분류

1. 한두해살이 화초(一二年草)

종자로부터 발아하여 1년 이내에 개화·결실하여 일생을 마치는 화훼로서 1년초의 화훼들은 생육지에 따라 약간씩 차이가 있으나 보통 중부 경기도 지방의 내한성을 기준으로 한다. 이들의 특징은 다음과 같다.

- 주로 종자번식을 한다.
- 대부분의 품종들이 잡종상태이기 때문에 꽃이 좋더라도 수확된 종자는 분리현상을 나타내므로 대부분의 경우 종자를 파종할 때에는 다시 새로운 종자를 구입하는 것이 좋다.
- 내한성의 강약에 따라 내한성, 반내한성, 비내한성의 세 종류로 분류되나 이것도 지역에 따라 그 종류들이 각각 차이가 난다.

1 춘파1년초(春播一年草)

① 열대나 아열대 원산식물로 건조에 강하고, 자생지에서는 계속 생육하는 숙근성 성질을 가진다.

② 일반적으로 고온에서 잘 자라며 봄에 발아하여 하지를 지나 단일조건에서 개화하는 단일성식물이 주종을 이룬다.

③ 중요한 1년초로는 피튜니아, 색비름, 꽃양배추, 콜레우스, 코스모스, 해바라기, 맨드라미, 천일홍, 분꽃, 나팔꽃, 매리골드, 한련화, 채송화, 샐비어, 백일홍, 아게라텀 등이 있다.

| 피튜니아 | 콜레우스 | 한련화 | 샐비어 |

② 추파1년초(秋播一年草)

① 온대나 아한대 원산식물로 일반적으로 서늘한 기후에서 잘 자라며 저온을 어느 정도 경과하여야 꽃이 잘 피고 봄에 일찍 꽃이 피는데 장일조건에서 개화가 잘 된다.
② 추파 1년초는 춘파 1년초에 비해 일반적으로 건조에 약하고, 토양도 비옥해야 잘 자란다.
③ 저온을 어느 정도 받은 후에 화아분화가 일어나는 경향이 있으며, 저온의 정도와 저온에 감응하는 시기는 종류에 따라 다르다.
④ 중요한 추파 1년초로는 과꽃, 주머니꽃, 금잔화, 패랭이꽃, 데이지, 안개꽃, 루피너스, 팬지, 양귀비, 프리뮬러, 금어초, 스톡, 스위트 피, 버베나 등이 있다.

과꽃

금잔화

팬지

프리뮬러

③ 두해살이화초(二年草)

① 파종 후 1년 이상 2년 이내에 꽃이 피고 결실하여 말라 죽는다.
② 봄에 파종하여 가을까지 충실히 자라게 하고 월동한 다음 충분히 저온을 거쳐야 개화한다.
③ 대개 가을뿌림 한해살이화초의 생육기간이 길어진 것으로서 개량종은 1년 안에 꽃이 피는 것도 있다.
④ 종류로는 디기탈리스, 스위트윌리엄, 접시꽃, 물망초 등이 있다.

디기탈리스

스위트윌리엄

접시꽃

물망초

2. 여러해살이 화초(숙근초, 宿根草)

생육 후 개화결실한 다음 지상부는 죽지만 지하부는 계속 남아 생육을 계속하는 초본성 화훼이다. 삽목, 분주 등의 영양번식을 하며, 1년초처럼 품종의 특성유지가 힘들지 않고 그 특성이 오래 유지된다. 내한성을 중심으로 노지숙근초, 반노지숙근초, 온실숙근초로 분류한다.

① 노지숙근초(露地宿根草): 내한성이 가장 강한 숙근초로서 온대 및 아한대 지역에서 자생하던 것이다.

② 반노지숙근초(半露地宿根草): 내한성이 강하지 못하여 겨울 동안 나뭇잎이나 짚으로 덮어주어야 월동하며, 봄에 새싹이 나오는 숙근초이다.

③ 온실숙근초(溫室宿根草): 열대 및 아열대 원산으로 내한성이 약하여 겨울에는 온실에서 키워야 한다.

노지숙근초	매발톱꽃, 캄파눌라, 리아트리스, 함박꽃, 숙근플록스, 꽃잔디
반노지숙근초	카네이션, 국화
온실숙근초	베고니아, 거베라, 제라늄, 일일초, 칼랑코에, 아프리칸바이올렛

| 리아트리스 | 숙근플록스 | 거베라 | 아프리칸바이올렛 |

3. 알뿌리화초(구근류)

식물체의 일부인 잎, 줄기, 뿌리 등이 비대하여 구(球)를 이루고 양분을 저장하는 형태로서 보통 장기간의 건조기가 있는 지역에서 자생한다. 구근류는 영양번식으로 번식되므로 품종의 특성이 장기간 유지될 수 있으며 또한 개화할 때까지 구의 저장양분에 의존하므로 1년초나 숙근초에 비해 재배시의 영양조건이 생육 및 개화에 영향을 적게 준다.

① 춘식구근(春植球根): 노지월동이 불가능하여 반드시 가을에 캐서 10~15℃ 되는 곳에 저장하며 노지에서는 반드시 봄에 심어야 한다.

② 추식구근(秋植球根): 고온에서는 생육이 불량하고 서늘한 기후에서 잘 자라는 것으로, 겨울에 노지 월동이 가능하며 노지에는 반드시 가을에 심어 노지에서 저온을 경과하여 야 정상적으로 생육한다.

③ 온실구근(溫室球根): 내한성이 약하여 온실 안의 화분에서 키우며 실내장식용으로 많이 이용된다.

춘식구근	칸나, 달리아, 글라디올러스, 수련
추식구근	크로커스, 수선화, 튤립, 나리, 구근아이리스, 무스카리
온실구근	봄에 심는 것: 아마릴리스, 칼라, 시클라멘 가을에 심는 것: 라넌쿨러스, 프리지어, 히아신스

칸나　　　　　　　　달리아　　　　　　　　수선화　　　　　　　　라넌쿨러스

④ 구근 기관에 의한 분류: 춘식, 추식, 온실구근으로 분류하나 구가 형성된 기관에 따라 분류하는 경우도 있다.

인경(鱗莖, 비늘줄기)	줄기가 짧고 잎이 비대한 인편 형태의 구근으로 유피인경과 무피인경이 있다. 유피인경: 튤립, 히아신스, 아마릴리스　무피인경: 나리
구경(球莖, 구슬줄기)	줄기가 단축, 비대해서 구형으로 된 것으로 막상으로 된 잎의 기부에 싸여 있는 마디에 눈(芽)이 있다. 글라디올러스, 프리지어, 크로커스
괴경(塊莖, 덩이줄기)	땅속줄기에 영양분이 저장되어 둥근 모양으로 자란 것인데 때로는 울퉁불퉁하게 자라난 것도 있다. 아네모네, 시클라멘, 칼라, 구근베고니아
근경(根莖, 뿌리줄기)	땅속줄기가 비대한 것이다. 칸나, 진저, 아이리스, 수련
괴근(塊根, 덩이뿌리)	뿌리에 양분이 저장되어 덩이모양으로 비대한 것이다. 달리아, 라넌쿨러스, 작약

4. 관엽식물

① 주로 열대나 아열대 자생의 사철 푸른 잎을 가진 종류들이며, 그늘에 강하기 때문에
실내장식용으로 많이 쓰인다.
② 주로 포기나누기나 꺾꽂이에 의해 번식하며, 수분을 많이 필요로 하고 건조에 약하
다. 주로 화분에 심어 많이 키운다.

천남성과	아름다운 모양이나 무늬를 가진 유년상의 잎을 관상하며, 고온다습한 환경을 좋아하여 추위에는 비교적 약한 편이다. 외떡잎식물이고 덩굴성 식물이 많으며 주로 꺾꽂이로 번식한다. 스킨답서스, 싱고니움, 디펜바키아, 아글라오네마, 알로카시아, 스파티필룸
야자과	외떡잎식물에 속하지만 목부가 비정상적인 2차생장을 하므로 나무의 형태로 발달한다. 추위에 비교적 강한 편으로 습도를 높여주는 것이 좋다. 대부분 종자로 번식한다. 아레카야자, 켄티아야자, 관음죽, 공작야자, 테이블야자, 종려
두릅나무과	주로 나무로 발달하는 쌍떡잎식물로 뿌리에서 인삼과 유사한 냄새가 난다. 잎은 보통 손가락 모양으로 나누어져 있거나 갈라진 특징이 있다. 대부분 꺾꽂이가 잘 되므로 번식에 이용된다. 디지고데카, 팻츠헤데라, 팔손이나무, 아이비, 쉐플레라
고란초과 (고사리과)	음지에서도 잘 자라는 고사리류로, 잎으로 보이는 부분은 원래 엽상체라고 하는 기관이다. 주로 엽상체의 밑에 달리는 포자로 번식한다. 아디안텀, 아스플레니움, 보스턴고사리, 박쥐란, 루모라고사리
파인애플과	흔히 아나나스라고 불리는 외떡잎식물에 속한 착생식물로, 열대나 아열대 원산지에서는 나무등걸이나 바위에 붙어서 자란다. 주로 화려한 포엽 또는 무늬가 있는 잎을 관상하며 보통 포기나누기로 번식한다. 에크메아, 구즈마니아, 네오레겔리아, 브리시아, 틸란드시아

알로카시아

테이블야자

팻츠헤데라

네오레겔리아

5. 선인장류 및 다육식물

① 잎과 줄기가 비대해져 건조에 견딜수 있도록 많은 수분을 저장한 식물을 다육식물이라 부르며 특이한 형태와 아름다운 꽃을 가진 것이 많다.

② 다육식물 중 가시가 있고 비대된 줄기가 아름다운 식물을 선인장이라 한다. 선인장의 가시는 잎이 변형된 것이다.

다육식물	용설란, 알로에, 꽃기린, 에케베리아, 크라슐라, 칼랑코에 세네시오, 세듐, 유카
선인장	세레우스, 오푼티아, 에키노캑터스, 새우선인장, 공작선인장 흑선인장, 게발선인장

꽃기린   칼랑코에   오푼티아   게발선인장

6. 난 류(蘭科植物)

① 난과식물은 원산지에 따라 열대산(서양란)과 온대산(동양란)으로 구분할 수 있으며, 전세계적으로 약 30,000여 종이 자생하고 있다.

② 난의 꽃은 그 형태의 아름다움 뿐만 아니라 수명이 다른 종류에 비해 길고 독특한 향기가 있어 관상가치가 매우 높다.

③ 우리나라에서는 각종 행사의 선물용으로 꽃이 크고 화려한 서양란을 많이 이용하고 있으나, 가정에서 기르는 것은 단아하고 고귀함이 풍기며 향기가 있는 동양란을 더 선호하고 있다.

④ 난과식물은 뿌리가 자라나는 습성에 따라서 땅속에 뿌리를 내리고 자라는 지생란(地生蘭)과 나무 위나 바위에 붙어 고착생활을 하고 있는 착생란(着生蘭)으로 나누기도 한다.

지생란	춘란, 심비듐, 새우난초
착생란	풍란, 덴드로븀, 반다, 카틀레야, 팔레놉시스(호접란)
동양란	춘란, 건란, 한란, 풍란, 석곡, 소심란
서양란	심비듐, 카틀레야, 팔레놉시스, 반다, 온시듐, 덴드로븀

춘란

심비듐

풍란

팔레놉시스(호접란)

7. 꽃나무류(화목류, 花木類)

화목류는 꽃이 아름다운 목본식물로 크게 온실화목류, 관목화목류, 교목화목류, 덩굴화목류 등으로 분류하며 관상부위에 따라 잎보기나무, 꽃보기나무, 열매보기나무로 분류하기도 한다.

온실화목	열대 및 아열대 원산으로 노지에서는 겨울에 얼어죽으므로 반드시 온실에서 키워야 한다. 수국, 아잘레아, 포인세티아, 부겐빌레아
관목화목	줄기가 낮게 자라면서 밑에서 많은 가지가 나오는 화목이다. 장미, 진달래, 산철쭉, 동백, 명자나무, 개나리, 라일락, 매화, 조팝나무, 무궁화, 병꽃나무
교목화목	한줄기로 높게 자라면서 위에서 가지를 뻗는 화목이다. 꽃사과, 산딸기나무류 등
덩굴화목	감는 식물: 등나무, 꽃호박덩굴, 멀꿀 기어오르는 식물: 능소화, 담쟁이덩굴 기는 식물: 줄사철나무, 마삭줄

수국

명자나무

라일락

능소화

8. 기 타

① 식충식물: 벌레를 잡아 영양을 섭취하는 식물로 끈끈이주걱, 사라세니아, 네펜데스, 디오네아 등이 있다.

② 반엽식물: 두 가지 이상의 잎 색깔이 관상가치가 있어 절화용 등으로 사용된다. 노랑 무늬나 흰무늬가 있는 반입고무나무와 색비름, 색양배추, 베고니아, 동백, 러브체인, 만년청 및 동양란의 풍란, 한란 등을 반엽식물이라 한다.

| 사라세니아 | 네펜데스 | 색비름 | 러브체인 |

2. 실용적 분류

1. 관상부위에 따른 분류

① 관화식물: 주로 꽃을 감상하는 화훼로 국화, 금어초, 팬지, 금잔화, 튤립, 수선화 등이 있다.

② 관엽식물: 아름답거나 진귀한 잎을 감상하는 화훼로서 색비름, 콜레우스, 드라세나, 관엽 베고니아, 고무나무, 아스파라거스, 야자류 등이 있으며, 소철은 잎과 줄기를 함께 감상한다.

③ 관실식물: 주로 열매를 감상하는 화훼로서 석류나무, 피라칸사, 꽃사과나무, 모과나무, 호랑가시나무, 귤나무 등이 있다.

④ 줄기를 감상하는 식물: 선인장류와 다육식물 등

2. 재배방법에 따른 분류

① 보통재배: 자연상태에서 적기에 파종하거나 제철에 개화시키는 재배
② 촉성재배: 제철보다 일찍 개화시키는 재배
③ 억제재배: 제철보다 늦게 개화시키는 재배

3. 재배목적에 따른 분류

① 절화(切花, cut flower) 재배: 키가 크고 아름다운 꽃을 줄기째 생산하는 것으로 국화, 장미, 안개초, 나리, 카네이션, 아이리스, 거베라, 프리지어, 튤립, 글라디올러스, 금어초, 칼라, 아마릴리스, 작약 등의 재배가 있다. 절화는 주로 실내장식을 위해 꽃꽂이로 가장 많이 이용되고 코사지, 꽃다발, 화환 등의 재료로 쓰인다.
② 분화(盆花, pot flower) 재배: 화분에 담겨진 식물을 생산하는 것으로 프리뮬러, 국화, 베고니아, 시클라멘, 포인세티아, 몬스테라, 드라세나 등과 고무나무, 야자류, 철쭉류, 선인장류, 관음죽, 소철, 난류 등의 재배가 있다.
③ 화단용(bedding plant) 모종 재배: 집단적으로 화단에 심을 모종을 생산하는 것으로 팬지, 피튜니아, 매리골드, 샐비어, 패랭이꽃, 데이지, 프리뮬러, 과꽃, 금어초 등의 재배가 있다.
④ 정원수(garden plant) 재배: 정원에 심겨질 상록수, 꽃나무류 및 생울타리용 조경수목을 생산하는 것으로 장미, 라일락, 단풍나무, 주목, 목련, 향나무, 회양목 등의 재배가 있다.

프리지어

베고니아

데이지

금어초

3. 생육습성에 따른 분류

1. 일조시간의 장단에 따른 분류

화훼류는 일조시간의 장단에 따라서 하루의 일조시간이 12시간 이상일 때 개화하는 장일성 화훼, 그 이하일 때 개화하는 단일성 화훼, 일조시간의 장단에 관계없이 성숙하면 개화하는 중간성 화훼로 구분할 수 있다.

① 장일성화훼: 일조시간이 한계일장보다 길어지면 개화하는 화훼로 과꽃, 금잔화, 시네라리아, 글라디올러스, 금어초, 거베라, 스톡, 꽃양배추, 나리류 등이 있다.
② 단일성화훼: 일조시간이 한계일장보다 짧아지면 개화하는 화훼로 국화, 포인세티아, 코스모스, 프리지어, 나팔꽃 등이 있다.
③ 중일성화훼: 일조시간의 장단과 관계없이 개화하는 화훼로 카네이션, 시클라멘, 히아신스, 수선화, 제라늄, 팬지, 튤립 등이 있다.

2. 광선량의 다소에 따른 분류

광선은 식물의 탄소동화작용과 생육에 필수적인 환경요소로서 광량에 따라 양성화훼, 음성화훼, 중성화훼로 구분할 수 있다.

① 양성화훼: 잎이 비교적 두껍고 꽃이 많이 피며 양지에서 잘 자라는 화훼로 나팔꽃, 샐비어, 피튜니아, 장미, 무궁화, 매화 등이 있다.
② 음성화훼: 잎이 비교적 넓고 그루당 잎 수가 적으며 음지에서 잘 자라는 화훼로 프리뮬러, 옥잠화, 아스파라거스, 양치식물, 철쭉, 백량금 등이 있다.
③ 중성화훼: 광선량의 다소에 영향을 받지 않고 어느 곳에서나 잘 자라는 화훼이다.

3. 수분의 다소에 따른 분류

① 건생화훼: 공기습도가 높더라도 건조한 토양에서 잘 자라는 화훼로 선인장, 용설란, 알로에 등이 있다.

② 습생화훼: 습기가 충분히 있어야 잘 자라고 건조하거나 담수상태에서는 생육이 불량한 화훼로 꽃창포, 은방울꽃, 칼라, 아프리칸바이올렛, 양치식물 등이 있다.

③ 수생화훼: 적당한 생육조건으로 반드시 뿌리부분이 물 속에 있어야 잘 자라는 화훼로 연, 수련, 물옥잠화, 부평초 등이 있다.

④ 보통화훼: 건생과 수생화훼의 중간 성상을 나타내고 토양 속의 수분이 적당한 상태에서 잘 자라는 것으로 뿌리의 생육이 특히 현저하며 일반 화훼식물의 대부분이 이에 속한다.

연구 **화훼의 식물학적 분류**

- 가지과: 피튜니아, 담배, 꽈리, 고추, 가지, 피망, 감자
- 국화과: 국화, 금잔화, 데이지, 해바라기, 매리골드, 코스모스, 구절초, 감국, 산국
- 꿀풀과: 샐비어, 콜레우스, 라벤더, 백리향, 로즈마리
- 물푸레나무과: 개나리, 라일락, 자스민류, 쥐똥나무, 목서류
- 미나리아재비과: 클레마티스, 라넌큘러스, 매밥톱꽃, 노루귀, 작약
- 백합과: 백합, 튤립, 원추리, 히아신스, 옥잠화
- 범의귀과: 수국, 바위취, 노루오줌
- 석죽과: 카네이션, 패랭이꽃, 숙근안개초
- 수선화과: 수선화, 아마릴리스, 군자란
- 장미과: 장미, 찔레, 해당화, 매화나무, 산사나무, 살구나무, 왕벚나무

---

1. 화훼류를 절화용, 화단용, 분식용, 정원용 등으로 분류하는 방법은?

　① 재식장소에 의한 분류

　② 개화시기에 의한 분류

　③ 이용방법에 따른 분류

　④ 관상부분에 의한 분류

■ 화훼류는 이용방법에 따라 절화용, 화단용, 분식용, 정원용 등으로 분류한다.

2. 추파1년초의 특징이라고 할 수 없는 것은?

　① 저온을 어느정도 경과하여야 한다.

　② 주로 온대나 아한대지방이 원산지이다.

　③ 단일조건에서 개화가 잘 된다.

　④ 서늘한 기후에서 잘 자란다.

■ 추파1년초는 장일조건에서 개화가 잘 된다.

3. 다음 중 봄에 씨를 뿌려야 하는 것은?

　① 과꽃, 금잔화

　② 맨드라미, 나팔꽃

　③ 팬지, 금어초

　④ 데이지, 프리뮬러

■ ①③④는 추파1년초이다.

4. 다음 중 봄뿌림 한해살이화초로 보기 어려운 것은?

　① 백일초　　　　② 맨드라미

　③ 샐비어　　　　④ 디기탈리스

■ 디기탈리스는 두해살이화초이다.

01 ③　02 ③　03 ②　04 ④

5. 다음 중 숙근초의 올바른 정의는?

① 생육 후 개화결실한 다음 지상부만 계속 살아남는 식물

② 생육 후 개화결실한 다음 지상부는 죽지만 지하부는 남아 생육을 계속하는 초본성 화훼

③ 계속 개화결실하는 나무

④ 영원히 죽지 않는 화훼

■ 숙근초는 삽목, 분주 등의 영양번식을 하며, 품종의 특성이 오래 유지된다.

6. 알뿌리화초 중 봄에 심는 것으로 짝지어진 것은?

① 튤립, 히아신스

② 수선화, 프리지어

③ 달리아, 수선화

④ 칸나, 아마릴리스

■ 알뿌리화초는 원산지와 내한성에 따라 심는 시기가 다르다.
① 봄에 심는 알뿌리화초: 칸나, 글라디올러스, 아마릴리스
② 가을에 심는 알뿌리화초: 튤립, 나리, 수선화, 히아신스

7. 가을에 심는 알뿌리화초에 대한 설명으로 잘못된 것은?

① 반드시 가을에 심는다.

② 고온에서 휴면이 타파된다.

③ 내서성이 약하다.

④ 온도가 서늘할 때 잘 자란다.

■ 튤립, 나리, 수선화, 히아신스 등이 이에 속하며 0~3℃의 저온에서 휴면이 타파된다.

8. 다음 알뿌리화초 중 비늘줄기를 가지고 있는 것은?

① 튤립

② 글라디올러스

③ 시클라멘

④ 칸나

■ 비늘줄기(인경): 줄기가 짧고 잎이 비대한 인편 형태의 알뿌리를 가진 것. 글라디올러스는 구슬줄기, 시클라멘은 덩이줄기, 칸나는 뿌리줄기를 가지고 있다.

05 ② 06 ④ 07 ② 08 ①

9. 다음 알뿌리화초 중 무피인경은 어느 것인가?

① 글라디올러스

② 튤립

③ 아마릴리스

④ 나리

■ 인경에는 튤립, 아마릴리스, 히아신스, 양파와 같은 유피인경(외부 인편이 말라 한 겹의 막이 된 것)과 나리와 같은 무피인경(외부 인편 없이 인편이 겹쳐 있는 것)이 있다.

10. 다음 알뿌리화초 중 덩이줄기에 해당하는 것은?

① 스노우드롭　　② 프리틸라리아

③ 바비아나　　　④ 시클라멘

■ 덩이줄기(괴경)는 땅속줄기에 영양분이 저장되어 둥근 모양으로 자란 것으로 아네모네, 시클라멘, 칼라, 구근베고니아 등이 있다.

11. 가을철 화단용 초화로 적당하지 않은 것은?

① 코스모스　　　② 매리골드

③ 수선화　　　　④ 샐비어

■ 수선화는 가을에 심어 봄에 꽃을 보는 추식구근이다.

12. 다음 화단용 초화류 중 관상기간이 적절하지 않은 것은?

① 봄 화단: 팬지, 데이지, 금어초

② 여름 화단: 꽃양배추, 용담, 백일초, 천일홍, 나리류

③ 가을 화단: 코스모스, 샐비어, 아게라텀, 국화

④ 초여름 화단: 피튜니아, 만수국, 공작초

■ 꽃양배추: 겨울
용담·천일홍: 가을
백일초: 여름
나리류: 초여름

13. 다음 중 야자과 식물이 아닌 것은?

① 관음죽　　　② 종려

③ 알로카시아　④ 켄티아

■ 알로카시아는 화살촉 모양의 큰 잎을 가진 천남성과 관엽식물이다.

09 ④　10 ④　11 ③　12 ②　13 ③

14. 다음 중 온실 화목류로 짝지어진 것은?

① 수국, 포인세티아

② 부겐빌레아, 진달래

③ 장미, 철쭉

④ 꽃사과, 황매화

15. 다음 중 초본성인 화초인 것은?

① 프리뮬러

② 능소화

③ 산다화

④ 아잘레아

16. 다음 덩굴식물 중 기어 오르는 것은?

① 병아리꽃나무   ② 능소화

③ 으름덩굴   ④ 줄사철나무

17. 다육식물에 속하지 않는 것은 어느 것인가?

① 용설란   ② 알로에

③ 비모란   ④ 칼랑코에

18. 난과식물 중 지생란에 속하는 것은?

① 심비듐

② 덴드로븀

③ 카틀레야

④ 팔레놉시스

14 ①   15 ①   16 ②   17 ③   18 ①

19. 다음 중에서 식충식물들로만 짝지어진 것은?

　① 기누라, 시서스

　② 네펜데스, 사라세니아

　③ 파초일엽, 극락조화

　④ 알피니아, 틸란드시아

■ 식충식물은 벌레를 잡아 영양을 섭취하는 식물로 끈끈이주걱, 사라세니아, 네펜더스, 디오네아 등이 있다.

20. 단일성 화훼로만 짝지어진 것은 어느 것인가?

　① 과꽃, 금잔화

　② 금어초, 거베라

　③ 국화, 코스모스

　④ 스톡, 시네라리아

■ 단일성 화훼는 일조시간이 한계일장보다 짧아지면 개화하는 화훼로 국화, 포인세티아, 코스모스, 프리지어, 나팔꽃 등이 있다.

21. 그늘진 곳에서 잘 자라는 화초는 어느 것인가?

　① 백일초

　② 피튜니아

　③ 맨드라미

　④ 아스파라거스

■ 음성화훼는 잎이 비교적 넓고 그루당 잎 수가 적으며 음지에서 잘 자라는 화훼로 프리뮬러, 옥잠화, 아스파라거스, 양치식물, 철쭉, 백량금 등이 있다.

22. 피튜니아는 어느 과(科)에 속하는가?

　① 국화과　　　　② 가지과

　③ 앵초과　　　　④ 아욱과

■ 피튜니아, 담배, 꽈리, 고추 등은 가지과에 속한다.

23. 샐비어는 어느 과에 속하는가?

　① 꿀풀과　　　　② 제비꽃과

　③ 메꽃과　　　　④ 엉거시과

■ 샐비어, 콜레우스, 라벤더, 백리향, 로즈마리 등은 꿀풀과에 속한다.

19 ② 　20 ③ 　21 ④ 　22 ② 　23 ①

제2장 화훼의 번식

---

1. 화훼의 종자번식

1. 종자의 발아조건

① 외적 조건

① 수분: 종자는 휴면기간이 지나야 발아하지만 휴면기간이 지나도 호르몬 및 효소의 활성화와 가수분해를 위하여 수분이 필요하다.

② 온도: 화훼의 발아적온은 식물의 자생지와 밀접한 관계를 가지고 있으며, 일반적으로 온대식물은 12~21℃ 정도, 아열대식물은 16~27℃ 정도, 열대식물은 25~35℃ 정도이다.

[연구] 화훼류의 발아적온

10℃	금어초, 시네라리아, 델피늄, 양귀비
20℃	아네모네, 아스타, 고데치아, 카네이션, 시클라멘, 유스토마, 스위트피, 스톡, 달리아, 나리, 루피너스
20~30℃	아이슬란드포피, 코스모스, 팬지, 로벨리아
30℃	아스파라거스, 오리엔탈포피, 콜레우스

③ 산소: 발아 중에 있는 종자는 발아하고 있지 않은 종자보다 더 많은 산소를 필요로 한다. 산소는 호흡에 필요한 것으로서 깊게 파종하거나 겉흙이 단단하면 부족현상을 일으켜 종자의 발아를 나쁘게 한다.

④ 광선: 일반적으로 종자가 발아하는 데는 광선을 필요로 하지 않지만 광선이 발아에 영향을 미치는 경우도 있다.

호광성 종자	피튜니아, 금어초, 프리뮬러, 글록시니아, 로벨리아, 진달래, 철쭉
혐광성 종자	맨드라미, 백일홍, 델피늄, 시클라멘, 색비름

2 내적 조건

① 외적으로는 성숙한 종자이나 일정기간이 지나야 발아되는 종자휴면의 경우로 휴면 타파를 위하여 저온처리하거나 지베렐린 등의 호르몬처리를 한다.

② 종자휴면은 작물의 종류에 따라 차이가 있으나 그 원인은 다음과 같다.

  ㉮ 종피가 두꺼워 수분이나 산소를 투과시키지 못할 때

  ㉯ 배가 아직 완전하게 발달하지 못하고 미숙상태에 있을 때

  ㉰ 식물호르몬이 불균형일 때

  ㉱ 특수휴면 혹은 이중휴면일 때

③ 라일락, 찔레 백목련, 해당화 등 온대지방에서 자라는 목본류의 종자는 인공적으로 종자를 땅에 묻는 노천매장법으로 휴면을 타파시킬 수 있다.

2. 우량종자의 선택

① 종자번식에서는 우량종자의 선택이 가장 중요한 문제이다.

② 우량종자는 유전적인 특성이 좋은 종자로, 발아율 및 발아세가 좋고 종자에 잡물이 섞이지 않고 깨끗하고 충실한 종자이다.

③ 우량종자는 육안으로도 감별할 수 있으나 가능하면 발아시험을 통하여 안전하게 파종하는 것이 바람직하다.

④ 종자의 생존력은 유전적 특성에 다라 그 생존연한이 결정되나 환경의 변화 및 저장방법에 따라 달라진다.

1~2년간 생존력이 있는 종자	일일초, 과꽃, 리아트리스, 아이리스 등
2~3년간 생존력이 있는 종자	서양매발톱꽃, 시클라멘, 디기탈리스, 은방울꽃, 글록시니아, 로벨리아, 양귀비, 아네모네, 고데치아, 부용, 분꽃, 봉선화, 매리골드, 맨드라미, 백일홍, 피튜니아

3. 종자의 파종

1 파종기

① 노지에 파종하는 때는 기상조건 등을 고려하여 기온, 지온 및 토양수분이 알맞고 생육
이 순조롭게 이루어질 수 있는 시기를 선택한다.

② 한해살이 화초는 대부분 육묘이식으로 파종기를 앞당길 수 있으며, 시설재배의 경우
온도나 일장반응 등 생태적 특성과 출하시기를 고려하여 파종시기를 결정한다.

③ 초화류의 경우 봄뿌림 종자는 3~5월, 가을뿌림 종자는 8~10월이 알맞다.

2 파종 방법

① 살파(撒播): 포장전면에 종자를 흩어 뿌리는 방법. 파종 노력이 적게 드나 제초 등의
관리작업이 불편하다.

② 조파(條播): 뿌림골을 만들고 종자를 줄지어 뿌리는 방법. 통풍·통광이 좋고 관리작
업에도 편리하다.

③ 점파(點播): 일정한 간격을 두고 종자를 몇개씩 띄엄띄엄 파종하는 방법. 노력은 다소
많이 들지만 건실하고 균일한 생육을 한다.

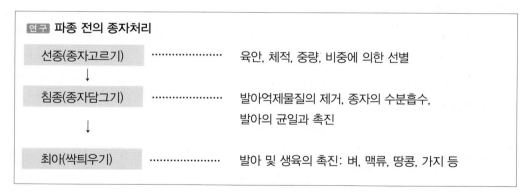

연구 **파종 전의 종자처리**

선종(종자고르기) ················· 육안, 체적, 중량, 비중에 의한 선별
↓
침종(종자담그기) ················· 발아억제물질의 제거, 종자의 수분흡수,
발아의 균일과 촉진
↓
최아(싹틔우기) ················· 발아 및 생육의 촉진: 벼, 맥류, 땅콩, 가지 등

3 미세종자의 파종

① 미세종자란 일반적으로 10㎖당 종자 수가 10,000개 이상인 종자를 말하며 금어초, 피
튜니아, 꽃베고니아, 채송화, 철쭉 등이 해당된다.

② 미세종자는 관리의 편의상 상자나 화분에 뿌리는 것이 바람직하며 배합토는 부엽, 배양토, 모래의 비율을 6:2:2 또는 5:3:2 정도로 한다.

③ 종자는 같은 굵기의 모래를 3배 정도 혼합해서 종이 위에 얹고 가볍게 털어 주면 고루 뿌려지며, 뿌린 후에는 흙을 덮지 말고 가볍게 진압판으로 살짝 눌러주고 저면관수 또는 분무관수한다.

④ 복 토(覆土)

① 종자를 뿌린 다음에 그 위에 흙을 덮는 것을 복토라고 하며 종자를 보호하고 발아에 필요한 수분을 유지시키기 위해 실시한다.

② 복토의 기준은 종자의 크기, 발아습성, 토양조건에 따라 달라지나 보통종자의 경우 종자 두께의 2~3배 정도로 하며, 소립종자나 미세종자는 눈에 보이지 않을 정도로만 복토한다.

> **연구 복토의 방법**
> 호광성종자나 점질토양, 적온에서는 얕게 복토하고, 혐광성종자나 사질토양, 저온 · 고온에서는 깊게 복토한다. 대립종자는 깊게 복토하고, 미세종자는 가급적 얕게 복토하며, 파종 후 가볍게 눌러주고 복토하지 않는 경우도 있다.

2. 화훼의 영양번식

1. 꺾꽂이(삽목)

① 삽목의 의의

① 삽목이란 식물체로부터 뿌리, 잎, 줄기 등 식물체의 일부분을 분리한 다음 발근시켜 하나의 독립된 개체를 만드는 것으로 잘라서 번식에 이용할 일부분을 삽수(挿穗)라 한다.

② 쌍자엽식물은 삽목으로 발근이 잘 되나, 단자엽식물은 발근이 어렵다.

③ 삽목의 종류에는 잎꽂이, 잎눈꽂이, 줄기꽂이, 풋가지꽂이, 굳가지꽂이, 뿌리꽂이 등이 있다.

잎꽂이 (엽삽)	줄기를 제외한 잎과 잎자루를 잘라 배양토에 꽂아 뿌리를 내리고 새로운 잎과 줄기를 만드는 방법으로 선인장과 다육식물 종류는 잎을 모체로부터 떼어 낸 후 바로 꽂으면 자른 부위가 썩을 우려도 있으므로 약 3~5일 정도 말린 후 꽂는 것이 좋다.	
줄기꽂이 (경삽)	산세베리아, 페페로미아, 아프리칸바이올렛, 관엽베고니아 가장 많이 이용하는 방법으로 줄기가 있는 많은 식물에서 눈이나 잎이 2~3개 포함된 약 6~7cm 길이의 줄기를 잘라 적당한 온도와 습도조건을 제공하여 뿌리가 내리고 새로운 잎과 줄기를 발생시키는 것이다. 아이비, 국화, 카네이션, 포인세티아, 몬스테라	
뿌리꽂이 (근삽)	뿌리에서 눈이 잘 나오는 식물에 이용하는 방법으로 굵은 뿌리를 5-10cm 길이로 잘라 배양토에 묻어 새 싹과 뿌리를 발생시킨다. 무궁화, 개나리	

연구 **아프리칸바이올렛의 엽삽**

① 잎자루를 포함한 잎을 잘라 재료로 준비한다.

② 화분에 잎자루가 2/3 정도 들어가도록 꽂는다.

③ 엽삽한 모습

④ 3개월 정도 지나면 절단면에서 뿌리와 새로운 잎이 나온다.

⑤ 새로운 잎이 나온 모습

⑥ 좀 더 자라면 새로운 화분에 심는다.

② 삽목의 장단점

① 모수의 특성을 그대로 이어 받는다.
② 결실이 불량한 수목의 번식에 적합하다.
③ 묘목의 양성기간이 단축된다.
④ 개화결실이 빠르고 병충해에 대한 저항력이 크다.
⑤ 천근성이며 수명이 짧고 삽목이 가능한 종류가 적다.

③ 삽목의 환경

① 온도는 낮 기온 15~25℃, 밤 기온 15~20℃를 유지하는 것이 좋으므로 시기적으로는 낮 길이가 길어지면서 따뜻한 늦봄 이후부터 9월까지 실시하는 것이 좋다.
② 잘려진 식물체의 건조를 막기 위해 빛을 차단하여 반음지 상태를 유지하는 것이 좋은데 가정에서 쉽게 할 수 있는 방법은 젖은 신문지나 비닐, 작은 화분에 심었을 때에는 투명한 PET병을 잘라서 식물체 위를 덮어 주는 것이 좋다.
③ 뿌리가 내린 뒤에는 양분을 만들기 위해 충분한 빛을 주며, 뿌리가 내릴 때까지는 잎에서 수분이 빠져나가 시드는 것을 막기 위해 공중습도를 80~90% 정도로 높게 유지한다.
④ 식물이 휴면 중이거나 환경이 좋지 않으면 ABA 등의 억제물질을 함유하고 있으므로 IAA(인돌초산), IBA(인돌부틸산), NAA(나프탈렌초산) 등 옥신 계통의 발근촉진제를 처리하여 뿌리의 분화 및 발달을 돕도록 한다.

2. 접붙이기(접목)

① 접붙이기는 화초류보다는 꽃나무나 과수 등에서 많이 사용하는 방법으로 환경적응성이 뛰어난 대목에 꽃이나 열매가 달리는 나무로부터 얻은 접수를 양쪽의 형성층에 맞붙도록 하여 묘목을 만드는 방법이다.
② 작업 후에는 수분 손실과 병균의 침투를 막기 위하여 살균제를 도포한 비닐 등을 씌워 준다.

깎기접(절접)	대목의 한 옆을 쪼갠 단면에 접수의 단면이 맞붙도록 잡아맨다. 장미, 모란, 목련, 라일락, 벚꽃, 탱자, 단풍 등
쪼개접(할접)	대목의 중간 부분을 길게 잘라 그 사이에 접수를 쐐기모양으로 깎아 끼운다. 오엽송, 달리아, 숙근 안개초, 금송 등
맞춤접(합접)	줄기 굵기가 비슷한 접수를 비스듬하게 엇깎아 서로 맞춘 다음 접한다. 장미
안장접(안접)	대목을 쐐기모양으로 깎고 접수는 대목 모양으로 잘라 낸 다음 얹어서 접한다. 선인장
맞접(호접)	대목과 접수는 뿌리가 있는 그대로 가지의 일부를 2cm 정도 곱게 깎아내고 서로 잘 맞추어 묶는다. 단풍나무, 고무나무, 동백나무
눈접(아접)	잎자루가 붙은채로 눈을 방패형으로 깎아 삽수로 하고 대목에 T자형으로 껍질을 갈라 삽수를 넣어 묶는다. 장미, 벚나무
뿌리접(근접)	뿌리를 깎기접의 접수와 같이 깎아 접할 나무의 줄기 밑부분을 잘라 그 틈에 끼워 접한다. 장미과 식물, 참동나무, 모란

3. 휘묻이(취목)

살아있는 나무에서 가지 일부분의 껍질을 벗겨 땅속에 묻어 뿌리를 내리는 방법으로 삽목이 어려운 경우에 이용한다. 모주로부터 가지를 절단하지 않고 흙속이나 혹은 공중에서 새로운 뿌리를 발생시킨 후 뿌리가 난 가지를 분리시켜 개체를 얻는 번식법이다.

단순취목 (선취법)	가지가 잘 휘는 나무에서 지상 가까이에 있는 가지를 휘어 중간을 땅에 묻고 그 끝이 지상에 나오도록 하여 뿌리를 내는 방법이다. 덩굴장미, 개나리, 철쭉류, 조팝나무
물결취목 (파상법)	덩굴성식물이나 가지가 부드럽고 긴 줄기를 여러 차례 굴곡시켜 지하부에서 발근 후 분리하는 방법이다. 덩굴장미, 개나리, 능소화, 필로덴드론, 헤데라
공중취목 (고취법)	나무의 일부 가지에 뿌리를 내어 새로운 개체를 만드는 방법으로, 나무 껍질을 칼로 도려 낸 다음 그 부위를 축축한 물이끼로 두툼하게 감싼 후 습도를 유지하기 위해 비닐로 싸매고 이끼가 마르지 않도록 한다. 약 두달 후 새 뿌리가 내리면 바로 아래 부분을 잘라서 새로운 식물체를 만들어낸다. 고무나무, 크로톤, 드라세나 등과 같은 관엽식물의 번식에 주로 이용

4. 포기나누기(분주)

① 뿌리가 달려있는 포기를 나누어 개체를 얻는 방법으로 관목류와 같이 땅속에서부터 여러 개의 줄기가 올라오는 나무나 땅속에서 뿌리가 자라면서 맹아지를 발생하는 경우 이들을 나누어 독립된 개체로 만든 것이다.

② 분주는 자연발생적인 방법이며, 식물의 화아분화 및 개화시기에 따라 분주 시기가 달라진다.

③ 난의 경우 토양 바로 위에 증식된 여러 개의 포기를 뿌리와 함께 잘 분리하여 다른 분에 심어 주며, 국화의 경우 땅속에 생긴 줄기를 뿌리와 함께 잘라내어 번식시킨다.

④ 포기나누기를 할 때의 주의사항은 다음과 같다.

    ㉮ 뿌리를 자를 때 눈만 분리되지 않도록 조심해서 나눈다.

    ㉯ 실외에 심을 때에는 흙을 다지고 물이 고일 수 있는 웅덩이를 마련한 뒤 물을 충분히 주어 시드는 것을 방지한다.

    ㉰ 화분식물의 경우에는 실시 후 일주일 정도 음지에 두어 새로운 뿌리가 나오기 전까지 시드는 것을 방지한다.

연구 **틸란드시아의 분주**

① 포기나누기 전의 틸란드시아

② 화분에서 꺼낸다.

③ 포기를 나눈다.

④ 나누어진 포기를 각각의 화분에 심는다.

⑤ 두개의 화분이 만들어졌다.

⑥ 꽃이 핀 틸란드시아

5. 알뿌리나누기(분구)

① 지하부에 비대한 영양기관이 있는 식물에서 모체알뿌리(母球) 주변에 생성되는 자식 알뿌리(子球)를 분리해서 번식하는 방법이다.

② 튤립, 글라디올러스, 수선 등은 해마다 큰 구근 주위로 작은 구근(目子)들이 많이 달리게 되므로 이것들을 분리해서 번식시킨다.

③ 눈을 가진 줄기뿌리를 잘라 번식하는 칸나는 눈을 한 두개씩 붙여 잘라 심어야 하며, 원줄기를 돌아가며 커다란 새로운 구근들이 연결되어 증식하는 달리아는 구근마다 눈을 가지고 있지 않으므로 분구할 때 새로운 구근에 모체 줄기의 일부분을 붙여 나누어 주어야 한다.

자연 분구되는 것	튤립, 수선화, 글라디올러스, 나리, 프리지어
인공 분구하는 것	달리아, 칸나, 아네모네, 칼라

글라디올러스의 분구   나리의 분구   수선화의 분구   칸나의 분구

④ 구근번식법의 종류

  ㉮ 분구법: 비늘줄기, 구슬줄기, 주아 등을 분할하여 번식하는 방법

  ㉯ 분괴법: 생장점을 분할하여 번식시키는 방법

⑤ 인공번식: 히아신스의 비늘줄기는 6월말경 인공적인 방법으로 알뿌리의 기부에 상처를 내어 10월 중순까지 반그늘에 보관하면 백색의 새 알뿌리가 형성된다. 아마릴리스의 비늘줄기는 그 양이 적어 비늘줄기를 4등분하여 25~30℃에 습도 90% 정도로 큐어링하면 새 알뿌리가 형성된다.

스쿠핑 (scooping)	비늘줄기 밑에 있는 단축경을 모조리 파내는 방법으로 기부에 부정 비늘줄기가 자라 나오게 된다.
스코링 (scoring)	비늘줄기의 기부에 직선방향으로 세번 또는 네번의 칼자국을 내서 단축경의 안쪽 조직을 끊어내는 것으로 노칭(notching)이라고도 한다.
코링(coring)	특정 기구로 단축경 끝에 중심부의 생장점을 완전히 제거하는 것

3. 조직배양

1. 조직배양

1 조직배양(組織培養)의 정의

① 식물의 일부 조직을 무균적으로 배양하여 조직 자체의 증식생장, 그리고 나아가서 각
종 조직 및 기관의 분화 발달에 의해서 완전한 개체를 육성하는 방법이다.

> **연구 식물의 전체형성능**
> 식물은 하나의 기관이나 조직 또는 세포 하나라도 적당한 조건이 주어지면 모체와 똑같은 유전
> 형질을 갖는 완전한 식물체로 발달할 수 있는 전체형성능(全體形成能, totipotency)이라는 재생
> 능력을 갖고 있다.

② 조직배양의 재료로는 단세포, 영양기관(뿌리 · 줄기 · 잎 · 떡잎 · 눈), 생식기관(꽃 · 과
실 · 배주 · 배 · 배유 · 과피 · 약 · 화분), 생장점, 전체식물 등이 이용될 수 있다.
③ 증식을 목적으로 하는 조직배양의 기본적인 작업순서는 다음과 같다.

> 작물선정 → 배양방법 및 배지 결정 → 살균 → 치상(置床)→ 배양 → 경화 → 이식

④ 배양된 식물체를 경화시켜 이식한 후에는 반드시 바이러스의 감염 여부를 조사하도록
한다. 바이러스의 검정 방법에는 지표식물을 이용한 접목접종방법, 항원 · 항체반응을
이용한 혈청반응방법(ELISA) 등이 있으며, 후자의 경우 바이러스에 감염되어 있으면
노란색으로 변한다.

2 조직배양의 장점

① 병균, 특히 바이러스가 없는(virus-free) 식물 개체를 얻을 수 있다.
② 유전적으로 특이한 새로운 특성을 가진 식물체를 분리해 낼 수 있다.
③ 어떤 일정한 식물체를 단시간 내에 대량으로 번식시킬 수 있다.
④ 좁은 면적에 많은 종류와 품종을 보유할 수 있어 유전자은행 역할을 한다.

2. 화훼의 조직배양 이용

1 생장점 배양

① 영양번식으로 증식하는 화훼식물의 경우 바이러스병이 가장 문제가 되며, 바이러스병
은 직접 방제가 불가능하기 때문에 무병주 생산으로 극복해야 한다.
② 생장점 배양은 바이러스 무병주 생산에 효과적으로 이용될 수 있는 방법으로, 생장점
배양으로 무병주를 얻을 수 있는 이유는 생장점에는 바이러스가 없거나 극히 적기 때
문이다.
③ 절취하는 생장점의 크기는 보통 0.2~0.5mm의 높이로 이용하며 이보다 작으면 생존
율이 낮고, 크면 바이러스에 감염되어 있을 가능성이 높다. 생장점 배양으로 키워 진
어린 모를 메리클론(mericlone)이라 한다.
④ 생장점배양은 카네이션, 거베라, 안개초, 국화 등의 무병주 생산에 이용된다.

2 난종자의 무균 발아

① 난의 종자는 대단히 작아 한 꼬투리에 30,000개 이상씩 들어 있다. 난 종자는 배유가
없기 때문에 보통 상태에서는 발아할 수 없고 배지에서 양분을 인공적으로 공급하여야
발아할 수 있다.
② 난 종자를 과염화칼슘(Calcium hypochlorite) 용액 등으로 소독 후 크노슨(knudson)
C액에 파종하면 몇 달 후 발아가 일어나 새 플라스크로 옮길만큼 커진다.

3. 배지의 조성

배지(培地)는 조직배양 성공의 중요 요소로서 무균상태에서 식물이 자랄 수 있도록 무기
염류, 유기화합물, 천연물 및 지지재료 등으로 구성되어 있다. 배지는 작물의 종류 및 품
종, 배양부위, 배양목적에 따라 선택한다.

1 배지의 성분

① 물: 수돗물로도 가능하나 시험연구용 배지에는 증류수를 쓰는 것이 바람직하다.

② 무기염류

주요원소	질소(N), 인산(P), 칼륨(K), 칼슘(Ca), 마그네슘(Mg), 황(S), 철(Fe) 등
미량요소	붕소(B), 망간(Mn), 아연(Zn), 몰리브덴(Mo), 구리(Cu), 코발트(Co) 등

③ 유기화합물

탄수화물	설탕, 전분, 셀룰로오스 등이 있고 구성요소는 탄소(C), 수소(H), 산소(O)이다. 설탕은 20~40g/ℓ의 농도로 사용된다.
비타민	이노시톨, 티아민, 니코틴산, 피리독신, 판토테닉산 등
아미노산	글리신, 아르기닌 등

④ 식물생장조절제

옥 신	세포의 확장과 발근, 캘러스 증식 등에 작용. IAA, NAA, 2,4-D, IBA 등
시토키닌	세포분열 촉진, 식물체 분화 등에 작용. 카이네틴, BA, 지아틴 등

⑤ 천연물: 코코넛밀크(CM) 10~20%, 바나나 150~200g/ℓ, 감자 150~200g/ℓ 등을 사용하면 식물생육 및 분화에 효과가 있다.

⑥ 한천(寒天, agar): 배양체의 지지재료로 사용되며 영양분은 없다. 식물에 따라 0.6~1.5%까지 사용된다. 한천이 첨가된 배지를 고체배지, 첨가되지 않은 배지를 액체배지라 부른다. pH가 3 이하로 낮아지면 응고되지 않는다.

⑦ 활성탄(活性炭): 배지 중에 유해물질이나 배양체에서 발생하는 유해물질을 흡수하는 효과가 있다. 배지에 첨가된 식물호르몬을 흡수하여 그 효과를 무력화시키기도 하며, 난류의 생육촉진 및 발근에 효과가 있다. 1ℓ 당 0.2~5g 정도 사용된다.

2️⃣ 배지의 종류

① 크노슨(knudson) C액: 난의 종자발아나 생장점 배양에 많이 이용된다.
② MS(Murashigei-Skoogi) 배지: 조직배양에 가장 널리 이용된다.

> 연구 **배지의 조제 순서**
> 증류수에 필수원소 및 유기물을 용해 및 희석 → sucrose와 생장조절물질 등 첨가 → 수산화나트륨(NaOH) 등으로 배지의 산도조정 → 한천을 첨가하고 서서히 끓임(한천이 타지 않도록 저어야 함) → 유리그릇에 주입 → 알루미늄 호일로 뚜껑을 만듦 → 가압솥(autoclave)에서 멸균 → 서서히 굳힘

4. 채종 및 육종

1. 채종 및 종자저장

1 종자의 채종

채종을 목적으로 하는 작물재배를 채종재배라 하며 채종재배는 증수를 목적으로 하는 보급재배와는 달리 재배지의 선정, 재배법, 비배관리, 종자의 선택과 처리, 수확 및 조제에 걸쳐 세심한 주의를 하여야 한다.

① 재배지(채종지)의 선정: 채종재배를 위해서는 주요 작물별로 적절한 집단채종포의 선정이 필요하다. 종자의 생리적 · 병리적 · 유전적 퇴화를 방지하기 위해서 섬이나 산간지와 같은 지리적 격리지 등 인위적 격절이 필요하다. 채종포는 꽃 피는 시기와 종자의 등숙기에 비가 적고 건조한 곳이어야 한다.

② 종자선택 및 종자처리: 채종재배에 공용할 종자는 원종포 등에서 생산 관리된 우량종자를 선택하고 생리적 · 병리적 퇴화를 방지하기 위해서 선종과 종자소독 등 필요한 처리를 한 후에 파종하도록 한다.

③ 재배법과 비배관리: 채종재배는 종자를 충실하게 하기 위해 다소 영양생장을 억제할 필요가 있으므로 질소과용을 피하고 인산 · 칼륨을 중시한다. 밀식을 피하여 수광태세를 양호하게 하며 도복 · 병충해 방제를 철저히하여 생리적 · 병리적 퇴화를 방지하고 건실한 생육을 유도한다.

④ 이형주의 철저한 도태: 작물의 특성은 특정한 생육시기에 특정한 환경에서 발현되므로 모본의 선택 및 이형주의 도태는 생육초기에서 후기에 걸쳐 철저히 실시하여야 한다. 특히 출수개화기~성숙기에 걸쳐 이형주를 색출하여 도태시킨다. 1주씩 점파하면 이형주 도태에 유리하다.

⑤ 수확 및 조제: 종자는 알맞은 성숙단계(등숙단계)에서 채종되어야 하며 종자의 수확은 수확기의 지연에 따른 각종 재해와 병충해 및 저장양분의 축적상태를 고려하여야 한다. 또한 종자의 탈곡 · 조제 시에 이형종자의 혼입 및 기계적 손상이 없도록 하여 유전적 · 생리적 퇴화를 방지하여야 한다.

화훼종자의 수확

프리뮬러, 피튜니아, 시클라멘 등은 종자가 익은 후에 수확하는 반면, 종자가 완숙하면 날아가
거나 튀어 떨어지는 팬지, 플록스, 채송화, 봉숭아, 샐비어 등은 일찍 수확한다. 과꽃, 금잔화,
금어초, 백일홍, 코스모스, 나리류 등도 완숙할 때까지 두면 병충해나 건조의 피해를 입기 쉽기
때문에 일찍 수확한다.

② 종자의 저장

① 건조저장: 채소나 화훼류 등 일반종자의 대부분은 건조저장하며 관계습도는 50% 내
외, 온도는 가능한 낮게 한다.

  ㉮ 종자의 저장은 최소한의 양분 소실로 파종할 때까지 발아력을 유지하게 하는 것으
  로, 충분한 건조, 저장 중의 알맞은 저온과 저습, 그리고 공기의 유통을 막아서 산소
  의 공급을 차단하는 것이 중요하다.

  ㉯ 종자를 장기저장할 경우 온대성 화초류의 종자는 1~5℃의 온도와 40~50%의 습
  도로 환경의 변화가 없게 하는 것이 중요하며 염화칼슘($CaCl_2$)이나 실리카겔(silica
  gel)과 같은 흡습제와 함께 봉지나 주머니에 넣어 냉장고에 보관하는 것이 좋다.

  ㉰ 열대나 아열대성 관상식물과 다른 식물의 종자는 저온보다는 오히려 10~15℃ 정도
  가 적합하다.

② 충적저장: 과수류나 정원수목에 많이 쓰이며 모래나 톱밥을 층층이 쌓아 저장한다.

③ 토중저장: 적당한 용기 등에 종자를 넣어 땅에 묻는 방법으로 80~90%의 습도를 유지
하여 저장한다. 정원수 등의 종자에 이용되며, 관엽식물과 노천매장을 하는 관상화목
류의 종자는 건조하면 발아하지 않기 때문에 주의해야 한다.

④ 밀봉저장: 용기 내를 질소가스로 충전하여 함수율 5~8% 정도를 유지하며 판매용 종
자의 저장에 많이 쓰인다.

⑤ 냉건저장: 0~10℃를 유지하고 장기 저장시에는 0℃ 이하, 관계습도 30% 내외를 유
지한다.

2. 구근의 수확 및 저장

1 알뿌리의 수확

① 알뿌리의 수확 적기는 지상부의 잎이 마르기 시작하여 약간 황변할 때이나 품종과 재배 지역, 재배 환경 등에 따라 다르다. 알뿌리는 일반적으로 개화 후 30~40일 후에 수확하나 너무 일찍 수확하면 알뿌리가 시들며 저장력 및 발아력이 떨어지고, 너무 늦게 수확하면 비늘잎이 떨어지기 쉽고 새로운 뿌리가 내린다.

② 수확기가 빠르면 수량이 적고 외피가 덜 완성되어 색이 엷고 찢어지기 쉬우며 다음 해에는 빈약한 꽃이 핀다. 또 수확기가 늦으면 수량이 많고 외피도 색이 짙고 두꺼우나 알뿌리가 물러지기 쉽고 병해의 피해가 많아진다.

③ 상품으로 출하할 것은 줄기를 잘라내고 알뿌리에 상처가 나지 않도록 캐서 서늘한 그늘에 운반하여 흙을 제거한다. 병충해의 피해를 입은 알뿌리는 골라 내고 시들지 않게 톱밥과 함께 공기가 통하도록 상자에 포장한다.

2 알뿌리의 저장

① 알뿌리는 수확 후에도 체내에서 계속 분화가 일어나기 때문에 통풍이 잘 되도록 하여 목적하는 정식시기에 생육할 수 있도록 수확 후 정식까지 일정기간 휴면시키며 저장하여야 한다.

② 알뿌리류는 실내에서 촉성 및 억제재배를 고려하지 않을 경우 대부분 자연조건에서 저장이 가능하다. 온대산 알뿌리류는 대개 7~10개월, 열대산 알뿌리류는 4~10개월 동안 저장하며, 저장 중 품질 유지를 위해 적정 온도를 유지한다.

연구 **알뿌리류의 종류**

온대산 알뿌리류	튤립, 수선화, 히아신스 등
열대산 알뿌리류	달리아, 글라디올러스, 칸나 등

③ 알뿌리류를 저장할 때는 온도 10℃, 습도 80% 정도로 유지하며 저장 중에 양분과 수분을 잃고 각종 병해를 입기 쉬우므로 저장조건을 알맞게 한다. 알뿌리류는 수확과 동시에 휴면하게 되므로 즉시 그늘에서 말리고, 그에 알맞은 저장조건에서 일정기간 저장한다.

④ 칸나, 달리아, 글라디올러스 등 봄에 심는 알뿌리는 겨울의 저온을 피하기 위해 가을에 캐내어 저장하며, 새로운 알뿌리의 형성이 아직 덜 되었을 때 기온이 급강하하면 냉해를 받으므로 3℃ 정도의 저온이 몇 번 계속된 후에 수확한다.

⑤ 튤립, 수선, 나리, 히아신스, 프리지어 등 가을에 심는 알뿌리는 잎 끝의 1/3~2/3가 황변할 때가 수확적기로 한여름의 고온을 피할 수 있도록 캐내어 저장하며, 수확한 알뿌리는 깨끗이 씻어 소독한 후 직사광선이 비추지 않는 곳에서 풍건하여 실내에 보관한다.

⑥ 나리류, 칸나, 꽃생강 등은 수확하여 직사광선을 받지 않는 곳에서 빨리 풍건시킨 후 개울 모래, 버미큘라이트, 톱밥 등에 알뿌리를 집어 넣고 간접적으로 공기가 통하게 하여 저장한다.

⑦ 튤립은 수확 후 알뿌리를 그늘에서 대강 말려 알뿌리의 함수량을 적게 하고 20℃, 55~60%의 습도에서 저장하며, 재식 전에는 17℃로 온도를 낮추어 준다.

연구 **알뿌리류의 저장온도(습도 70%)**

구 분	저장기간(월)	저장온도(℃)	구 분	저장기간(월)	저장온도(℃)
튤립	7~11	10~13	글라디올러스	12~3	4~10
수선화	7~11	13~16	달리아	11~4	4~7
히아신스	7~11	13~16	칸나	11~4	4~7
프리지어	7~11	13~16	알뿌리	11~3	7
크로커스	7~11	13~16	베고니아		

⑧ 큐어링(치유, curing): 큐어링은 물리적 상처를 아물게 하거나 코르크층을 형성시켜 수분증발 및 미생물의 침입을 줄이는 방법이다. 글라디올러스는 저장 중 발병률이 높아 수확 후 10일 이내에 본저장에 앞서 22~37℃에서 90~95%의 습도로 처리하면 표면에 있는 상처는 3~4일 동안 코르크화하여 병균이 침입할 수 없도록 주피를 형성하여 저장성이 좋아진다.

⑨ 파라핀 코팅: 4~7℃가 저장 적온인 달리아는 건조를 막기 위해 35~50℃에 녹인 파라핀에 알뿌리를 담갔다가 꺼내서 저장한다. 파라핀의 온도가 높으면 알뿌리가 상하고 저온이면 파라핀막이 두꺼워 떨어지기 쉬우므로 적정온도를 준수하도록 한다.

3. 육종의 목표

1 꽃 모양(花型, flower form or type)

① 겹피기: 스톡, 피튜니아, 작약 등은 교배기술을 이용하여 겹꽃 출현이 많은 종자를 생산하고 있다.

② 꽃의 크기: 꽃의 수가 적은 것은 가능한 한 꽃이 크도록, 꽃 수를 많이 하려는 것은 꽃이 작더라도 전체적인 아름다움이 드러나도록 한다. 미니 장미, 미니 거베라와 같이 꽃을 작게 하여 귀엽게 보이도록 상품화하고 있다.

2 꽃 색깔(花色, color)

글라디올러스와 장미의 청색, 붓꽃 계통의 홍색 등 기존의 꽃 색깔과 다른 색을 도입하려는 노력이 계속되고 있다.

3 개화 기간

① 개화시기: 일장반응도 유전하는 것으로 알려졌으며 같은 종 내에서도 장일성 식물과 단일성 식물이 있는 것도 있다. 화훼의 주년재배가 경영상의 문제로서 일장반응이 다른 품종들이 많이 육성되고 있다.

② 개화기간: 수련, 나팔꽃, 분꽃, 채송화, 무궁화 등 특히 개화기간이 짧은 꽃들은 꽃이 피어있는 기간을 연장시키는 기술이 필요하다.

4 꽃 향기(芳香性)

① 향기가 대표적인 꽃으로는 장미, 글라디올러스, 나리, 프리지어, 히아신스, 라일락, 목련 등이 있으며 꽃이 아름다우면서 향기를 갖추었다면 그 가치가 높게 평가 된다.

② 나쁜 냄새를 가진 매리골드도 악취가 없는 품종이 개발되고 있다.

5 기타 육종 목표

① 식물체의 강약, 잎 및 줄기의 모양, 내병성 · 내충성 · 내한성 · 분지성 등 이용 목적에 따라 품종개량의 대상이 된다.

② 잎에 무늬가 있는 동양란, 꽃줄기가 긴 절화, 분지성이 강한 국화 등은 해당 화훼의 주된 육종목표이다.

기 출 문 제 해 설

1. 빛이 있으면 발아를 하지 못하는 종자는?

　① 피튜니아　　　　② 금어초

　③ 프리뮬러　　　　④ 시클라멘

2. 다음 중 1년초는 어느 방법으로 번식하는가?

　① 삽목번식　　　　② 접목번식

　③ 종자번식　　　　④ 휘묻이 번식

3. 꺾꽂이로 번식이 잘 되지 않는 화초는?

　① 금어초　　　　　② 거베라

　③ 카네이션　　　　④ 숙근 안개초

4. 종자를 파종 전에 씨앗담그기(침종, 浸種)하는 주목적으로 볼 수 없는 것은?

　① 발아억제물질의 제거

　② 종자의 수분흡수

　③ 병충해의 방제　　④ 발아의 균일화 촉진

5. 씨앗이 매우 작아 미세종자 파종법에 의해 씨앗뿌리기를 해야 하는 화초는?

　① 야자류　　　　　② 왜철쭉

　③ 시클라멘　　　　④ 꽃베고니아

보충

■ 맨드라미, 백일홍, 델피늄, 시클라멘, 색비름 등은 혐광성 종자이다.

■ 종자번식은 1~2년생 화훼에 이용된다.

■ 금어초는 호광성 종자로 추파1년초이다.

■ 종자를 침종하면 발아가 빠르고 균일하며 발아기간 중의 피해를 경감시킨다.

■ 미세종자란 일반적으로 10㎖당 종자 수가 10,000개 이상인 종자를 말하며 금어초, 피튜니아, 꽃베고니아 등이 해당된다.

---

01 ④　02 ③　03 ①　04 ③　05 ④

6. 다음 중 미세종자의 파종방법으로 좋은 것은?

① 모래와 섞어 체로 쳐서 파종한다.

② 상자에 줄뿌림을 한다.

③ 샤레에서 발아시킨 후 파종한다.

④ 버미큘라이트에 뿌린 후 얇게 복토한다.

■ 미세종자의 파종순서: 종자를 모래와 섞는다 → 체로 쳐서 파종한다 → 파종 후 저면관수한다.

7. 다음 중 종자번식을 주로 하는 구근식물은?

① 크로크스   ② 글록시니아

③ 튤립   ④ 프리이지어

■ 글록시니아는 큰 원통형의 꽃이 피는 춘식구근으로 종자번식한다.

8. 다음 중 노천매장하여 휴면타파를 시켜야 발아하는 것이 아닌 것은?

① 금어초   ② 라일락

③ 찔레   ④ 백목련

■ 라일락, 찔레 백목련, 해당화 등 온대지방에서 자라는 목본류의 종자는 인공적으로 종자를 땅에 묻는 노천매장법으로 휴면을 타파시킬 수 있다.

9. 미세종자 파종 시 옳지 않은 것은?

① 복토를 하지 않는다.

② 저면관수 또는 분무관수 한다.

③ 유리나 비닐로 파종상자 또는 터널을 덮는다.

④ 조파 혹은 점파를 한다.

■ 미세종자는 종자와 같은 굵기의 모래를 3배 정도 혼합해서 종이 위에 얹고 가볍게 털어 주면서 파종한다.

10. 종자 파종시 점파(點播)하고 깊게 복토하는 것이 좋은 종자는?

① 대립종자   ② 소립종자

③ 미세종자   ④ 중립종자

■ 점파하고 깊게 복토하는 것은 대립종자의 파종방법이다.

06 ①   07 ②   08 ①   09 ④   10 ①

11. 일반적으로 종자를 파종할 때 알맞은 흙덮기의 기준은?

① 종자 두께의 0.5~1 배

② 종자 두께의 1 ~1.5배

③ 종자 두께의 2 ~3 배

④ 종자 두께의 4 ~5 배

12. 다음 중 꺾꽂이에 대한 설명으로 옳은 것은?

① 잎으로만 할 수 있다.

② 줄기로만 할 수 있다.

③ 뿌리로만 할 수 있다.

④ 줄기, 잎, 뿌리 모두 가능하다.

13. 다음 중 삽목의 장점은?

① 개화 결실이 늦다.

② 병해충에 대한 저항력이 적다.

③ 번식법 중 가장 다량 생산할 수 있는 방법이다.

④ 결실이 불량한 원예작물의 번식에 적합하다.

14. 꺾꽂이 번식의 장점이 아닌 것은?

① 같은 형질의 개체를 단기간에 번식시킬 수 있다.

② 종자번식에 비해 개화기까지의 기간이 단축된다.

③ 겹꽃으로 결실하지 못하는 종류도 쉽게 번식시킬 수 있다.

④ 종자번식에 비교하여 일반적으로 발육이 왕성하고 수명이 길다.

■ 흙덮기(복토)의 기준은 종자의 크기, 발아습성, 토양조건에 따라 달라지나 보통종자의 경우 종자 두께의 2~3배 정도로 한다.

■ 꺾꽂이는 줄기, 잎, 뿌리 등의 영양기관을 모본으로부터 잘라내어 번식시키는 것이다.

■ 종자가 잘 맺지 않는 원예작물은 삽목을 통한 영양번식을 이용한다.

■ 종자번식에 비해 천근성이며 수명이 짧고 삽목이 가능한 종류가 적다.

11 ③ 12 ④ 13 ④ 14 ④

15. 다음 중 잎꽂이로 번식이 가능한 것끼리 짝지어 진 것은?

① 국화 – 카네이션

② 아프리칸바이올렛 – 관엽베고니아

③ 고무나무 – 동백

④ 철쭉류 – 나리

■ 잎꽂이는 줄기를 제외한 잎과 잎 자루를 잘라 배양토에 꽂아 뿌리를 내리고 새로운 잎과 줄기를 만드는 방법이다.

16. 다음 중 종자로 번식하기 어려운 화초는?

① 베고니아   ② 시클라멘

③ 포인세티아   ④ 아프리칸 봉선화

■ 포인세티아는 줄기꽂이로 번식한다.

17. 다음 중 종자번식되는 화초가 아닌 것은?

① 소철   ② 야자

③ 라넌큘러스   ④ 몬스테라

■ 몬스테라는 주로 줄기꽂이로 번식한다.

18. 절화용 카네이션의 번식방법으로 가장 적당한 것은?

① 꺾꽂이   ② 깎기접

③ 포기나누기   ④ 휘묻이

■ 카네이션은 줄기를 잘라 적당한 온도와 습도조건을 제공하여 뿌리가 내리고 새로운 잎과 줄기를 발생시키는 줄기꽂이로 번식한다.

19. 휘묻이는 주로 어느 원예식물의 번식에 이용되는가?

① 모든 원예식물

② 과수, 채소

③ 채소, 화목류

④ 과수, 화훼

■ 휘묻이는 접목이나 삽목이 잘 되지 않는 화훼나 과수의 번식에 흔히 이용하는 방법이다.

15 ②   16 ③   17 ④   18 ①   19 ④

20. 영양번식 방법 중 취목의 종류가 아닌 것은?

① 단순취목 ② 공중취목

③ 파상취목 ④ 파종취목

■ 취목에는 단순취목, 공중취목, 파상취목 등이 있다.

21. 높이떼기(고취법)에 대한 설명으로 맞지 않는 것은?

① 인도고무나무, 크로톤 등에 쓰인다.

② 목질부가 보이도록 껍질을 도려낸다.

③ 수태나 진흙을 감아둔다.

④ 높이뗀 부분을 흙에 묻어둔다.

■ 고취법은 지상부의 가지에 뿌리를 내는 방법이다.

22. 글라디올러스는 주로 어느 방법으로 번식하는가?

① 분체번식 ② 목자

③ 인공번식 ④ 삽목

■ 튤립, 글라디올러스, 수선 등은 해마다 큰 구근 주위로 작은 구근(目子)들이 많이 달리게 되므로 이것들을 분리해서 번식시킨다.

23. 한 개의 알뿌리에서 나온 줄기를 순지르기하여 여러 개의 절화를 생산하는 알뿌리 화초는?

① 나리 ② 달리아

③ 프리지어 ④ 글라디올러스

■ 달리아는 구근마다 눈을 가지고 있지 않으므로 분구할 때 새로운 구근에 모체 줄기의 일부분을 붙여 나누어 주어야 한다.

24. 구근의 밑부분을 십자형으로 칼자국을 내면서 단축경의 내부를 깊게 잘라내어 자구(子球)를 발생시키는 번식법은?

① 스쿠핑 ② 노칭

③ 코오링 ④ 인편번식법

■ 노칭(notching)을 스코링(scoring)이라고도 한다.

20 ④ 21 ④ 22 ② 23 ② 24 ②

25. 식물의 번식방법 가운데 바이러스에 감염되지 않은 개체 증식방법의 수단으로 이용되는 것은?

① 종자번식　　　　② 무균번식
③ 영양체번식　　　④ 조직배양번식

26. 조직배양을 이용할 수 있는 것은 식물의 어떤 능력 때문인가?

① 세포분화능력　　② 기관분화능력
③ 탈분화능력　　　④ 전체형성능력

27. 조직배양의 기본적인 작업순서로 옳은 것은?

① 작물선정 → 배양방법 및 배지 결정 → 살균 → 치상(置床) → 배양 → 경화 → 이식
② 작물선정 → 배양방법 및 배지 결정 → 경화 → 치상(置床) → 배양 → 살균 → 이식
③ 작물선정 → 배양방법 및 배지 결정 → 살균 → 이식 → 배양 → 치상(置床) → 경화
④ 작물선정 → 배양방법 및 배지 결정 → 배양 → 살균 → 치상(置床) → 이식 → 경화

28. 조직배양에 대한 설명으로 옳지 않은 것은?

① 무병 종묘의 생산이 가능하다.
② 단시간 내 대량번식이 가능하다.
③ 육종 연한을 단축할 수 있다.
④ 유전변이가 없어 유전적으로 동일한 개체만이 생산된다.

25 ④　26 ④　27 ①　28 ④

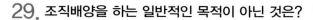

29. 조직배양을 하는 일반적인 목적이 아닌 것은?

① 바이러스 무병주 생산

② 영양체의 대량 증식

③ 박테리아, 곰팡이 무병주 생산

④ 유전형질의 교환

> ■ 조직배양은 좁은 면적에 많은 종류와 품종을 보유할 수 있어 유전자은행 역할을 한다.

30. 다음 중 세포분열, 캘러스의 유기 및 뿌리와 신초의 분화에 결정적인 역할을 하는 식물호르몬은?

① 지베렐린, 에틸렌

② 에틸렌, 시토키닌

③ 옥신, 시토키닌

④ ABA, 시토키닌

> ■ 옥신과 시토키닌 등의 기능이 알려지면서 식물의 조직배양이 발전하였다.

31. 조직배양에 이용하기 위해서 절취하는 생장점의 크기(높이)는?

① 1 ～3mm

② 0.2～0.5mm

③ 0.8～1.5mm

④ 1.5～2.0mm

> ■ ②보다 작으면 생존율이 낮고, 크면 바이러스에 감염되어 있을 가능성이 높다.

32. 다음 중 메리클론(mericlone)의 설명으로 가장 적당한 것은?

① 생장점배양으로 키워진 어린 모

② 제 1대 잡종 모

③ 무균파종에 의해 양성된 모

④ 양치과식물의 포자 번식모

> ■ 생장점배양은 카네이션, 거베라, 안개초, 국화 등의 무병주 생산에 이용된다.

29 ④ 30 ③ 31 ② 32 ①

33. 배는 있어도 배젖이 없는 종자가 맺히는 것은?

① 파초일엽

② 소철

③ 난류

④ 박쥐란

■ 난 종자는 배유(배젖)가 없기 때문에 보통 상태에서는 발아할 수 없고 배지에서 양분을 인공적으로 공급하여야 발아할 수 있다.

34. 난의 조직배양에 관한 설명으로 옳은 것은?

① 배(胚)가 완숙되어 있어 조직배양이 잘 된다.

② 배유(胚乳)도 조직배양할 수 있다.

③ 난의 품종간 교배에 의해서 생긴 종자를 조직배양한다.

④ 종자 발아율이 높다.

■ 난은 배가 미숙하고 배유가 없다.

35. 난의 무균발아를 위한 배지로 적합한 것은?

① Knudson C액

② MS 배지

③ B5 배지

④ 야마자키 배지

■ 크노슨(knudson) C액은 난의 종자발아나 생장점 배양에 많이 이용된다.

36. 조직배양을 육종에 응용하는 이유로 볼 수 없는 것은?

① 세대를 단축할 수 있다.

② 배수체를 유기할 수 있다.

③ 이종속간의 교배불화합성을 극복할 수 있다.

④ 자가불화합성을 유기할 수 있다.

■ 돌연변이의 유기, 유전자원의 영구보존 등에도 응용할 수 있다.

33 ③ 34 ③ 35 ① 36 ④

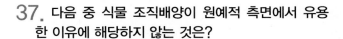

37. 다음 중 식물 조직배양이 원예적 측면에서 유용한 이유에 해당하지 않는 것은?

① 무병주 생산

② 원예식물 품종의 일률화

③ 급속 대량증식

④ 2차 산물의 생산

■ 그밖에 육종에의 응용, 학문연구의 수단으로도 유용하다.

38. 카네이션의 무병주 생산에 가장 적합한 방법은?

① 접목번식 배양

② 꺾꽂이 배양

③ 생장점 배양

④ 잎꽂이 배양

■ 생장점 배양의 목적은 무병주(virus free) 개체의 증식이다.

39. 카네이션, 국화, 거베라 등의 화훼를 생장점 배양하는 주된 이유는?

① 역병을 방제하기 위해서

② 바이러스병을 방제하기 위해서

③ 뿌리썩음병을 방제하기 위해서

④ 탄저병을 방제하기 위해서

■ 생장점 배양으로 바이러스에 감염되지 않은 모를 얻을 수 있는 이유는 생장점에는 바이러스가 없거나 극히 적기 때문이다.

40. 다음 중 무병주 생산을 할 경우 배양된 식물체를 경화시켜 이식한 후 반드시 해야 할 일은?

① 조직 검사

② 색상 검사

③ 바이러스 감염여부 조사

④ 엽수 관찰

■ 바이러스 검정 방법에는 지표식물을 이용한 접목접종방법, 항원·항체반응을 이용한 혈청반응방법(ELISA) 등이 있으며, 후자의 경우 바이러스에 감염되어 있으면 노란색으로 변한다.

37 ② 38 ③ 39 ② 40 ③

41. 다음 중 채종하기에 가장 좋은 장소는?

① 평지

② 농작물 재배지

③ 도시 외곽지

④ 지리적 격리지

■ 다른 품종과의 자연교잡을 방지하기 위해 섬, 산간지 등의 지리적 격리지를 채종에 이용한다.

42. 채종재배시 채종포로서 적당하지 못한 곳은?

① 등숙기에 강우량이 많고 습도가 높은 지역

② 토양이 비옥하고 배수가 양호하며 보수력이 좋은 토양

③ 겨울 기온이 온화하고 등숙기에 기온의 교차가 큰 곳

④ 교잡을 방지하기 위하여 다른 품종과 격리된 지역

■ 채종포는 꽃 피는 시기와 종자의 등숙기에 비가 적고 건조한 곳이어야 한다.

43. 채종포 관리시 주의할 점에 속하지 않는 것은?

① 수분 매개충의 제거

② 다른 화분에 의한 오염방지

③ 이형주 제거

④ 병 · 해충 방제

■ 수분 매개충의 활동을 예의주시하여야 한다.

44. 채종포에서 과도한 밀식(密植)을 피하는 이유는?

① 파종량이 많아져 비용이 더 들므로

② 비료, 농약의 소모가 많으므로

③ 과번무(過繁茂)되어 포장관리가 어려워지므로

④ 종실의 크기가 작아져 품질이 떨어지므로

■ 밀식하면 수광태세가 불량해지고 양수분을 경합하여 품질이 나빠진다.

41 ④ 42 ① 43 ① 44 ④

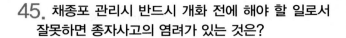
45. 채종포 관리시 반드시 개화 전에 해야 할 일로서 잘못하면 종자사고의 염려가 있는 것은?

① 병·해충 방제

② 이형주 제거

③ 매개충의 관리

④ 비배 관리

■ 진정한 개체와 이형주를 구별하기 위해서는 오랜 경험과 예리한 관찰력이 필요하다.

46. 채종포에서 이형주(異型株)를 제거하는 주된 이유는?

① 잡초 방제

② 이병 종자 제거

③ 단위면적당 종자량의 확보

④ 품종의 유전적 순도 유지

■ 유전적인 면에서 그 품종의 고유 특성을 유지하려면 채종 시 이형주를 제거하여야 한다.

47. 종자의 저장은 일반적으로 어떻게 하는 것이 좋은가?

① 저온 건조 상태로 저장한다.

② 저온 다습 상태로 저장한다.

③ 고온에 저장한다.

④ 높은 습도로 유지한다.

■ 종자의 저장은 충분한 건조, 알맞은 저온과 저습, 그리고 공기의 유통을 막아서 산소의 공급을 차단하는 것이 중요하다.

48. 가을에 심는 알뿌리의 일반적인 수확적기는?

① 지상부의 잎이 1/3~2/3 정도 황변할 때

② 지상부의 잎이 모두 황변할 때

③ 완전히 잎이 고사할 때

④ 약간 황변할 때

■ 가을에 심는 알뿌리는 잎의 끝에서 1/3~2/3가 황변할 때가 수확적기로 한여름의 고온을 피할 수 있도록 캐내어 저장한다.

45 ② 46 ④ 47 ① 48 ①

제3장 화훼의 재배

1. 재배관리

1. 이식 및 정식

1 이 식(移植, 옮겨심기)

① 이식은 발아 후 보통 본엽이 1~3장 나올 때 실시하며 식물체 간의 경합으로 모종이 도장하는 것을 막아주고 세근의 발달을 조장하는 등의 효과가 있다.
② 대부분의 꽃모종은 본잎이 3매 이상 나오기 전에 이식을 하는데 주근의 성장이 빠른 것일수록 일찍 옮겨 심는 것이 안전한다.
③ 곧은 뿌리(직근성)인 꽃양귀비, 접시꽃, 델피늄, 루피너스, 거베라 등은 이식하면 뿌리가 끊어지고 다시 뿌리가 나지 않아 말라 죽거나 생육이 크게 위축되므로 주의한다.
④ 이식할 때는 햇볕이 강하고 바람이 부는 날을 피하여 모가 시들지 않도록 수분관리에 주의하며, 뿌리 주위에 흙이 붙어 있도록 옮겨심기 전에 물을 뿌려준다.

2 정 식(定植, 아주심기)

① 포장과 온실 안의 정식: 온실이나 하우스에 모종을 정식할 때는 토양소독 및 객토로 최적의 토양 상태를 유지하도록 한다.
  ㉮ 알뿌리류는 배수가 잘 되도록 평상(平床)에 정식하며 지상부가 번성하는 달리아, 칸나, 함박꽃, 장미 등은 충분한 거리를 두고 구덩이에 밑거름을 깊이 넣어 뿌리의 발달에 유의한다. 특히 시클라멘은 알뿌리가 큰 상태에서 흙속에 묻히면 썩으므로 알뿌리가 흙 위에 완전히 올라오도록 심는다.
  ㉯ 아주심기의 거리는 일광과 통풍이 충분하여 생육에 지장이 없도록 초본류는 초장의 1/2~1/3 정도의 거리로 심고, 알뿌리류는 알뿌리의 크기에 따라 정한다.

② 분정식(盆定植)

㉮ 먼저 분에 물을 먹인 다음 깨진 조각 등으로 바닥구멍을 덮고, 굵은 모래나 배양토의 거친 덩어리를 1/3 깊이로 넣으면서 모종을 심는다. 모종은 뿌리에 흙이 붙은채로 중앙에 심되 깊게 심지 않도록 한다.

㉯ 알뿌리류의 분심기 방법

㉠ 분에 씨를 뿌려 그대로 가꾸는 시클라멘, 알뿌리 베고니아, 글록시니아 등의 알뿌리류는 1년정도 가꾸면 개화한다.

㉡ 알뿌리류 중 튤립, 수선, 히아신스, 아마릴리스 등 포장에서 가꾸어 개화구(開花球)로 육성한 것은 알뿌리에 이미 양분이 저장되어 있고 꽃눈도 분화되어 있으므로 저장양분만으로도 완전히 개화한다. 이들은 사상근이 발생하므로 얕게 복토하지만 나리, 프리지어 등은 뿌리의 신장이 잘 되도록 분높이의 1/2 정도로 깊게 알뿌리를 심어야 한다.

③ 꽃나무류의 정식 시기

침엽수의 이식	2월 하순~4월 하순, 9월 상순~11월 하순
낙엽활엽수	3월 상순~4월 상순, 6월 상순~7월 상순
상록활엽수	3월 하순~4월 상순, 10월 하순~12월 하순

2. 중 경

중경(中耕, cultivation)이란 파종 또는 이식 후 작물생육 기간에 작물사이의 토양을 호미나 중경기로 표토를 긁어 부드럽게 하는 토양관리 작업으로서 잡초의 방제, 토양의 이화학적 성질의 개선, 작물자체에 대한 기계적인 영향 등을 통하여 작물의 생육을 조장시킬 목적으로 실시된다.

1 중경의 이점

① 발아조장: 파종 후 비가 와서 토양표면에 피막이 생겼을 때 중경하면 피막을 부수고 토양이 부드럽게 되어 발아가 조장된다.

② 토양통기조장: 작물이 생육하고 있는 포장을 중경하면 대기와 토양의 가스교환이 활발해지므로 뿌리의 활력이 증진되고, 유기물의 분해가 촉진되며, 환원성 유해물질의 생성 및 축적이 감소된다.

③ 토양수분의 증발억제: 토양을 얕게 중경(淺耕)하면 모세관이 절단되어 토양 유효수분의 증발을 억제한다. 따라서 한발기에 가뭄해(旱害)를 경감할 수 있다.

④ 비효증진: 황산암모늄 등 암모니아태 질소를 표층에 시비하고 중경하면 심층시비한 것과 같이 되므로 탈질작용이 억제되어 질소질비료의 비효를 증진한다.

⑤ 잡초방제: 중경을 하면 잡초도 함께 제거된다.

② 중경의 단점

① 단근(斷根) 피해: 작물이 아직 어린 영양생장 초기에는 근군이 널리 퍼지지 않아서 단근이 적고 또는 단근이 되더라도 뿌리의 재생력이 왕성하므로 피해가 적다. 작물이 생식생장에 접어들면 근군의 발달이 좋아 양수분을 왕성하게 흡수하므로 중경으로 단근이 되면 피해가 크다.

② 토양침식의 조장: 중경을 하면 밭토양에서는 표층이 건조되어 바람이 심한 지역에서나 우기에 토양침식이 조장된다.

③ 동상해의 조장: 중경을 하면 지중 온열의 지표 상승이 억제되어 발아 중의 유식물이 저온이나 서리를 만나서 동상해를 받을 우려가 있다.

3. 적심과 전정

① 적 심(摘心, 순지르기)

① 한 개의 줄기가 올라오는 식물체의 생장점을 제거하면 정아우세가 타파되어 자른 바로 아랫부위로부터 여러 개의 가지가 발생하게 된다.

② 적심은 이러한 원리를 이용하는 것으로 식물이 웃자랄 때 적심하여 당분간 생장을 멈추게 하여 균형잡힌 모양으로 만들 수 있으며, 여러 대의 꽃대나 가지가 나오도록 하여 분화의 경우 많은 가지와 꽃을 피게 하고 절화의 경우 여러 개의 꽃대를 만들기도 한다.

무늬 사철나무의 적심

③ 가지가 뻗지 않는 스톡, 알뿌리류나 줄기가 길게 자라지 않는 거베라 등에서는 적심을 실시하지 않으며 카네이션의 경우 전 생육기간 중 3~4차례 순지르기 한다.

④ 칼이나 가위 등의 도구를 통한 바이러스 감염을 막기 위해 대개 손으로 따주거나 이동 커터를 사용하며, 순지르기와 전정의 효과를 나타내는 화학물로는 에세폰이나 측지발생제를 사용하기도 한다.

⑤ 적뢰(꽃망울솎기): 카네이션, 국화 등에서 꽃대 맨 위의 끝꽃눈만 남기고 나머지는 모두 따주는 방법으로, 스프레이 국화의 경우 세력이 가장 왕성한 것을 따주어 주위의 꽃들이 방사상으로 균형이 잡히게 한다.

⑥ 적화(摘花, 꽃솎기): 나리나 튤립 등 알뿌리류에서 꽃에 의해 소모되는 양분을 소화하기 위해 꽃을 따버리는 것이다.

② 전 정(剪定, 가지치기)

① 꽃나무류의 전정은 나무의 종류에 따라 습성이 다르므로 방법과 시기에 신중을 기해야 하며, 수형의 정돈과 쓸모없는 가지를 제거하여 개화와 결실이 잘 되도록 한다.

② 꽃나무류에서 꽃이 잘 피지 않거나 빈약할 때는 나무의 모양을 해치지 않는 범위에서 충실한 가지를 남기고 윗부분을 1/3~2/3 길이로 잘라 준다.

③ 장미, 꽃복숭아, 수국 등에서는 전정을 많이 하고 철쭉, 목련, 단풍나무 등에서는 자연상태로 대부분 방임하고 있다.

④ 특히 장미의 전정은 중요하며 노지에서 재배되는 장미는 겨울철에, 온실 장미는 여름철에 강제 휴면시켰다가 전정하거나 1~2월 온실난방을 하지 않고 생육을 정지시켜 전정하기도 한다.

③ 유 인(誘引)

① 화훼가 자라는 동안 뽑히거나 넘어지는 것을 방지하고 나무의 모양을 바로 잡아 재배 방식과 생육습성에 맞도록 하는 작업으로 지주, 그물(net), 유인줄 등을 이용한다.

② 지주: 키가 크고 꽃대가 긴 것이나 옮겨심기 후 넘어지는 것을 방지하기 위해 1~3개의 지주를 세운다. 심비듐 등 양란류는 꽃대가 옆으로 휘거나 넘어지지 않도록 철심이 들어있는 플라스틱대로 받치고 달리아나 나팔꽃 등은 줄기가 넘어지는 것을 방지하기 위해 대나무 등으로 받쳐준다.

③ 그물(net): 국화, 카네이션, 안개초 등은 줄기가 자라면서 휘어지므로 10~15cm의 구멍이 있는 플라스틱이나 철사로 된 수평그물을 설치하여 받쳐주며 나팔꽃, 능소화, 담쟁이 등은 수직으로 그물을 설치한다.

④ 유인줄: 비교적 키가 큰 꽃나무를 옮겨심기한 후 도복을 방지하기 위해 유인줄을 설치하며 이 경우 3개의 유인줄을 45°로 당겨 땅에 고정시킨다.

4. 관 수

1 수질과 수온

① 자연강우는 산소량도 많고 질소성분도 포함되어 있으므로 어느 식물에나 좋다. 수질은 연수가 최적이다.

② 지하수를 사용할 때에는 하루 정도 방치하여 냉기가 가신 후 사용하며, 겨울철의 온실 관수는 10℃ 정도, 여름철의 포장관수는 25℃ 정도가 알맞다.

2 관수 방법

① 파종 후에는 종자가 이동하지 않도록 분무기나 고운 물뿌리개로 살수관수하거나 저면관수를 실시하며, 발아 초기에는 너무 습하지 않도록, 꺾꽂이 하였을 때에는 표면이 마르지 않도록 한다.

② 엽면관수는 병 발생과 생육 저하 및 과다한 물 사용의 문제가 있어 점적관수나 저면관수가 이용된다.

잎에 물이 닿지 않도록 화분의 배수구를
통해 물을 주는 저면관수

③ 관수의 시기는 봄·가을에는 오전 9~10시경 한 번 관수하며 물을 충분히 주어야 한다.

③ 관수의 종류

고랑관수	고랑에 물을 대어 흐르게 하거나 일정량을 고이게 하여 작물의 뿌리까지 스며들게 하는 방법
지표관수 (地表灌水)	구멍이 뚫린 플라스틱 호스나 튜브로 압력을 가한 물을 분출시켜 관수하는 방법
살수관수	송수파이프에 노즐을 달고 여기에 압력을 가한 물을 살수(撒水)한다.
분무관수 (噴霧灌水)	강한 수압과 미스트용 노즐을 사용하여 물의 입자를 미세한 안개상태로 분무하여 공중습도를 높이고 관수를 겸한다.
점적관수 (點滴灌水)	플라스틱제의 가는 파이프나 튜브로부터 물방울이 뚝뚝 떨어지게 하거나 천천히 흘러나오게 하여 관수한다. 이 관수법은 토양이 굳어지지 않고, 표토의 유실도 거의 없으며 흐르는 물이 적어 넓은 면적에 균일하게 관수할 수 있다. 토마토의 토경, 열매채소류나 장미 등 화훼류의 암면배지 등의 고형배지경에 많이 사용된다.
지중관수 (地中灌水)	땅속에 매설된 급수관에서 물이 스며나와 작물의 근계에 수분을 공급한다.
저면관수 (低面灌水)	벤치에 화분을 배열하고 물을 대어 화분의 배수공을 통하여 물이 스며 올라가게 하는 관수법

④ 배 수

① 배수가 잘 되지 않으면 토양공극이 물로 채워져 공기의 양이 적어지므로 뿌리의 호흡이 나빠지고 상하여 고사하게 된다.
② 아이리스, 칼라, 아프리칸바이올렛 등은 습지에서 잘 자라나 대부분의 화훼는 배수가 잘 되어야 한다.
③ 배수가 잘 되도록 노지에서는 배수로를 만들고 온실 내에서는 토양에 모래의 혼합률을 적당히 하여 배수층을 마련하며, 화분 밑부분에는 굵은 모래를 깔아 배수에 도움을 준다.

⑤ 공중습도

① 종자가 발아 중이거나 옮겨심기 또는 녹지삽을 실시한 경우 잎을 통한 증산작용만 이루어지므로 공중습도를 높여 잎을 통한 수분의 손실을 최소화한다.
② 미스트 장치를 설치하여 간헐적으로 대기 중에 수분을 공급하여 공중습도를 높이고 태양광선의 산란으로 광합성 작용이 저하되지 않도록 유의한다.

5. 분갈이

1 분갈이의 목적

① 분에 심겨 있는 식물체의 지상부가 자람에 따라 뿌리도 생장하여 그 부피가 커지면 양분이나 수분을 보유하고 있는 뿌리를 담고 있는 토양이 부족해지고 토양 내의 양분도 충분하지 못하므로 부족한 토양을 보다 큰 화분에 옮겨줄 필요가 있다.
② 분에 오랫동안 담겨 있는 토양은 단단해져서 뿌리의 생장에 필요한 양분이나 수분, 공기의 공급이 원활하지 못하게 되므로 분을 갈아주는 것이 좋다.

2 분갈이의 시기

① 화분에 뿌리가 꽉 차서 바닥으로 뿌리가 나오거나 아랫 잎이 변색될 경우
② 토양 표면으로 뿌리가 심하게 나왔을 때
③ 토양 표면에 이끼나 잡초가 심하게 끼어 뿌리의 호흡을 방해할 때
④ 보통 1년에 한 번 꽃이 없는 식물체를 봄 또는 가을에 분갈이 해 주는 것이 좋다.

분갈이가 필요한 화분

3 분갈이의 방법

① 이전 화분보다 지름이 3cm 정도 큰 화분과 배양토를 준비한다.
② 원래 화분 가장자리를 가볍게 두드려 흙과 화분 사이를 벌려준다.
③ 화분의 흙을 뺀 후 뿌리에 붙은 흙을 털어내고 뿌리의 1/3 정도 제거하면서 묵은 뿌리를 정리한다.
④ 새 흙을 넣고 원래 심겨져 있는 위치까지만 흙을 채운다.
⑤ 분갈이를 하면서 분주(포기나누기)나 시비, 잡초 제거, 가지치기도 필요에 따라 동시에 실시하면 효과적이다.

6. 거름주기

1 시비 시기

① 장마철의 식물은 잎에서 물을 증산하는 힘이 약하고 햇빛도 부족하여 광합성이 잘 안 되므로 장마기에 늘어졌던 잎이 생기있게 회복된 후 거름을 준다.

② 가뭄이 계속되면 토양 속에 물이 부족하여 거름을 녹일 수 없고 토양미생물의 활동도 둔화되어 식물이 흡수할 수 있는 모양으로 거름이 바뀔 수 없으므로 이 때는 물을 준 다음 거름을 주거나 액비를 준다.

③ 거름의 흡수능력은 온도에 따라 크게 다르므로 온도가 높을 때에는 뿌리의 호흡이 왕성하여 비료의 흡수가 늘어나고, 온도가 낮으면 거름을 흡수하는 힘도 떨어지므로 시비도 일시 중지하거나 줄여야 한다.

2 시비 방법

① 화단 시비: 한두해살이 화초와 알뿌리류는 심을 때마다 밑거름(기비)을 주고 생육이 긴 것은 생육 도중에도 덧거름(추비)을 주어야 하며, 너무 늦게까지 덧거름을 주면 화초가 충분히 이용하지 못할 뿐만 아니라 국화와 같은 것은 꽃잎에 반점이 생기는 수가 있으므로 주의해야 한다.

② 한해살이 화초류의 시비: 과꽃이나 금잔화와 같이 단기간의 화초들은 밑거름만 주고 심어도 되지만 샐비어, 만수국, 맨드라미 등 봄에 심어 가을까지 생육기간이 긴 화초는 밑거름뿐만 아니라 덧거름도 주어야 한다. 밑거름으로는 잘 썩은 퇴비가 가장 좋고 생육기간이 긴 화초에 주는 밑거름은 생육 중에 흡수할 수 있는 속효성비료를 시비한다.

③ 여러해살이 화초류의 시비: 국화, 옥잠화, 작약, 원추리, 꽃창포 등은 이른 봄이면 싹이 트고 늦은 봄부터 가을에 걸쳐 꽃이 피며 겨울이면 지상부만 죽고 지하부는 그대로 살아 있다. 따라서 심을 때에도 충분한 밑거름을 주어야하지만 생육 도중에도 가끔 덧거름을 준다.

④ 알뿌리류의 시비: 따로 거름을 주지 않더라도 자체 양분만으로 충분히 꽃이 피지만 보다 더 아름다운 꽃을 피우고 알뿌리를 수확해서 다음 해에 이용하려면 역시 거름을 주어야 한다.

③ 비료의 성분과 성능

① 질소(N): 화훼재배 시 가장 많이 요구되는 성분으로 영양생장을 왕성하게 하고 개화
  수도 늘린다.
② 인산(P): 화훼의 꽃과 열매에 많은 영향을 끼치는 성분으로 분해속도가 느려 밑거름으
  로 적당하다.
③ 칼륨(K): 내한성, 내병충성 등 조직의 강화와 관계가 깊으며 어린 뿌리의 끝, 꽃망울,
  형성층 등 생장이 왕성한 부위에 많다.
④ 석회(Ca): 세포를 튼튼하게 하며 웃자라는 것을 막고 꽃눈 형성에 영향을 준다.

연구 **화훼의 비료 요구도**

낮은 요구도	아잘레아, 카틀레아, 프리뮬러, 아스파라거스, 동백 등
중간 요구도	프리지어, 거베라, 아네모네, 시클라멘, 장미 등
높은 요구도	수국, 카네이션, 국화, 백합, 라넌큘러스

2. 개화의 조절

1. 화아분화의 과정 및 요인

① 화아분화

① 화아분화는 식물의 생장점 또는 엽액에 꽃으로 발달할 원기가 생겨나는 현상으로 영
  양생장에서 생식생장으로의 전환을 의미한다.
② 형태학적으로는 생장점이 넓고 편평하게 솟아오르면서 화기가 분화되어 상부는 꽃잎,
  수술, 암술이 되고 기부는 꽃받침이 된다.
③ 화아분화를 일으키는 내적요인은 유전적 조성과 C/N율 등의 영양상태이고, 외적조건
  은 일장, 온도, 식물호르몬 등이다.

② 개화기의 조절

① 화훼의 개화기는 일장(日長), 춘화(vernalization), 온도, C/N율 등에 의하여 지배되며 또 이들을 이용하여 개화를 유도할 수 있다.

② 일장이 식물의 화성 및 그 밖의 여러 면에 영향을 끼치는 현상을 일장효과라 하며 작물의 개화를 적절히 조절하기 위해서는 작물의 일장반응을 잘 알아야 한다.

③ 개화기의 조절에 따른 재배양식

불시재배 (不時栽培)	화훼적 가치가 있는 생산물을 수확할 수 있는 상태가 되도록 재배
촉성재배 (促成栽培)	비교적 특수한 방법으로 재배하여 자연상태보다 빠르고 크게 꽃이 피도록 재배
억제재배 (抑制栽培)	비교적 특수한 방법으로 재배하여 자연상태보다 늦고 작게 꽃이 피도록 재배
전조재배 (電照栽培)	일장이 짧은 가을과 겨울철에 단일식물의 개화를 억제하거나 장일식물의 개화를 촉진시키는 재배
차광재배 (遮光栽培)	자연일장이 긴 계절에 단일성 식물의 꽃눈을 형성시켜 개화를 촉진시키는 재배

2. 감온성의 이용

① 휴면과 휴면타파

① 발육 도중에 있어서 피할 수 없는 상태를 자발휴면, 환경이 합당하지 않아서 생기는 상태를 강제휴면이라 한다. 개나리나 라일락 등은 12월까지는 자발적 휴면이고 그 후에는 강제적 휴면을 한다.

② 휴면타파는 식물에 따라 고온 또는 저온처리에 의해 이루어지나 로제트는 저온에 의해서만 타파된다.

휴 면	한대 · 온대 원산지인 화초류 및 열대 · 아열대 식물 중 생장이 일시적으로 멈추는 것
로제트 (rosette)	마디 사이의 신장이 일시적으로 정지되는 것으로 국화는 저온에 의해 타파된다.

③ 온욕법(온탕법): 휴면을 타파하기 위해 30~35℃의 따뜻한 물에 9~12시간 담갔다가 15~18℃의 온실에 보관하여 꽃을 피우는 것으로 개나리, 진달래, 매화, 벚꽃 등에 이용된다. 버널리제이션과는 성질이 다르며, 백합의 경우 45℃의 온탕에 60분 정도, 50℃의 온탕에 15분 정도 담가두면 휴면타파에 효과적이다.

연구 알뿌리류의 휴면성

저온에서 휴면	프리지어, 나리, 히아신스, 튤립, 수선
고온에서 휴면	글라디올러스, 시클라멘

2 춘화작용(春化作用, vernalization)

① 생육의 일정시기에 일정기간 인위적인 저온으로 화성(花成)을 유도·촉진시키는 것으로, 종자를 저온에 일정기간 처리하였을 때 화아 형성까지의 과정이 촉진되는 작용이다.

② 춘화작용은 겨울의 저온기간을 거쳐야 하는 식물이 이 기간을 휴면으로 적응하는 방법을 타파하는 것으로 화훼류 중에는 이 저온기간을 반드시 거쳐야 하는 것이 많다.

종자춘화형	종자 단계에서 저온에 감응하여 개화. 스위트피 등 내한성 있는 추파1년초와 여러해살이 화초 중 스타티스가 예외적으로 해당
녹식물춘화형	일정기간 생장 후 저온에 감응하여 개화. 화훼류의 개화조절에 이용되며 두해살이 화초, 알뿌리 화초, 여러해살이 화초 등이 해당

3 온도 처리

다음과 같은 온도처리를 통해 개화를 촉진 또는 억제할 수 있다.

1 구근의 온도처리

① 고온(28~35℃) → 중온(13~15℃) → 저온(0~3℃)형
  : 조생종 튤립, 만생종 나팔나리 등의 촉성

② 고온(28~32℃) → 중온(10~15℃)형: 프리지어
  고온(28~32℃) → 중온(7~8℃)형: 수선, 구근아이리스

③ 고온(35℃) → 저온(5℃): 글라디올러스의 촉성

④ 고온(30℃): 아마릴리스, 칼라듐, 춘식 글라디올러스

⑤ 중온(15~20℃) → 저온(0~3℃): 은방울꽃, 국화

2 종자의 온도처리

① 저온(0~5℃)형: 휴면종자, 장미, 프리뮬러
② 저온(5~10℃)형: 발아 초기 종자, 델피늄, 루피너스

4 알뿌리 냉장(冷藏)

① 저온을 겪지 않고 늦가을 이전에 온실 안에 심은 알뿌리가 정상적 생장이나 개화를 하지 못하는 것을 좌지현상이라 하며, 늦가을 이전에 온실 안에 심어서 정상으로 꽃을 일찍 피우려면 반드시 생육 초기에 일정한 저온처리를 해야 한다.
② 알뿌리류의 화아분화 시기를 결정하는 가장 중요한 환경요인은 온도로, 이러한 저온처리를 알뿌리 냉장이라 하며 0~3℃로 저장하는 것을 냉온저장, 5~10℃로 저장하는 것을 저온저장이라 한다.
③ 구근의 내부에서는 7~9월의 고온기에 계속 화아분화가 이루어지므로 이 때 온도가 맞지 않고 환기가 나쁘면 화아의 발달이 좋지 못하게 된다.

[연구] **알뿌리의 촉성처리**

여름	고온 상태, 화아분화의 진행
가을	서늘한 상태, 발근
겨울	저온처리, 휴면타파
봄	잎 · 화경의 신장 및 개화

5 알뿌리 억제저장

① 알뿌리가 소모되지 않으면서 개화를 억제하는 방법으로 일정기간 고온에 처리한다.
② 저장기간을 제1기(수확 직후~10월 중순), 제2기(10월 중순~12월 하순), 제3기(12월 하순~2월 중순)로 나누어 처리한다.

히아신스, 수선	30℃ → −0.5℃ → 25.5℃
튤 립	−0.5℃ → −0.5℃ → 25.5℃

③ 글라디올러스를 억제재배하고자 하는 경우에는 이른 봄부터 9~10월까지 0~2℃의 저온에 처리한 후 심는다.

3. 감광성의 이용

① 국화의 일장반응

① 가을국화는 단일성 화훼로 단일처리하면 개화가 촉진되고 장일처리하면 개화가 억제된다.

② 8~9월에 개화하는 가을국화를 7~8월에 개화시키려면 45~50일 전에 차광 등의 단일처리하고, 12~1월에 개화시키려면 조명(照明)처리하여 재배한다.

② 카네이션의 일장반응

① 카네이션은 주년재배되는 대표적인 화훼로 상대적 장일식물이다.

② 12월 상순부터 1월 중순까지 6주간 야간에 조명한 것은 단일처리에 비하여 2개월이나 빨리 화아분화가 되었으나 꽃줄기가 약해지는 단점이 있다.

③ 온실 화훼의 일장반응

① 포인세티아: 수요가 거의 성탄절에 국한되어 있는 대표적인 단일성 온실화훼이다.

② 후크시아: 대부분의 품종이 장일성이므로 조명재배하면 주년재배가 가능하다.

③ 난류: 양란의 대부분은 열대나 아열대 원산으로 단일성을 나타내는 경향이 많다.

카틀레아	18℃의 장일에서 개화가 억제되고 13℃에서는 일장에 관계없이 개화
덴드로븀	13℃에서 꽃눈이 분화하나 18℃에서는 분화하지 않는다.
팔레놉시스	화아분화에 저온이 필요 없고 단일조건이 개화를 촉진한다.

④ 일장처리의 실제

① 전조재배(電照栽培): 가을과 겨울철에 단일성 화훼의 개화 억제나 장일성 화훼의 개화 촉진을 위한 방법으로 국화, 스톡, 금어초, 나리, 시네라리아 등에서 이용되고 있다. 자연일장에 아침, 저녁 보광(補光)하거나 밤 10시~새벽 2시 사이에 1시간 정도를 보광한다. 특히 한밤중에 빛을 비추어 주는 것을 광중단(야파작용, night break)이라 하며 장일의 효과가 있고 650~680nm의 적색광이 적당하다. 전조기구는 100W의 백열등을 식물 위 1m 높이에 설치하여 2m 사방을 조명하는 것이 일반적이다.

② 차광재배(遮光栽培): 단일성 화훼의 개화 촉진이나 장일성 화훼의 개화 억제를 위한 방법으로 국화, 포인세티아, 칼랑코에, 에크메아 등에서 이용되고 있다. 차광은 해지기 전부터 해가 뜰 때까지 암막을 덮어 암기의 길이를 길게 하며 0.1mm 흑색 또는 은색 플라스틱 필름을 사용한다.

4. 식물생장조절제의 이용

① 식물호르몬의 이용

① 휴면 및 로제트 타파: 휴면은 지베렐린과 아브시스산에 의해 조절되며 아브시스산의 함량이 높으면 휴면하고, 지베렐린의 함량이 높으면 휴면이 타파된다. 철쭉, 수국, 리아트리스 등의 휴면이나 로제트는 지베렐린 처리에 의해 타파할 수 있다.
② 발근 촉진: IAA(인돌초산), IBA(인돌부틸산), NAA(나프탈렌초산) 등 합성 옥신을 처리하면 발근속도와 발근 수가 증가한다.
③ 측지 발생 촉진: 시토키닌의 종류인 벤질아데닌(BA)은 포인세티아와 제라늄의 측지 발생에 효과적이며, 에틸렌도 포인세티아, 제라늄, 국화, 피튜니아의 측지 발생을 촉진시킨다. 반면 MH는 측지발생을 억제한다.
④ 생장 조절: 국화의 경우 50~100ppm의 지베렐린을 살포하면 꽃대를 신장시킬 수 있으나 과도하면 웃자라고 줄기가 가늘어지는 단점이 있다. 분화의 경우 초장을 낮추는 생장억제제(왜화제)의 사용이 효과적이다.

B-9(Daminozide)	포트멈, 포인세티아, 칼랑코에의 분화재배에 이용. 주로 경엽에 살포
안시미돌	나리에 효과가 크며 많은 화훼에서 이용. 경엽 살포나 토양관주
유니코나졸	국화, 포인세티아, 철쭉 등에 이용. 일본 개발
파클로뷰트라졸	튤립, 국화, 베고니아 등 이용. 왜화, 품질 향상, 개화 촉진, 살균 효과

② 개화 조절

① 휴면 타파 및 춘화 등을 위해서는 저온의 경과가 필요한데 지베렐린은 저온의 효과를 대신할 수 있다. 유스토마, 리아트리스, 작약, 용담, 튤립, 벌개미취는 지베렐린 처리에 의해 꽃눈 성숙 및 꽃대 신장을 촉진한다. 거베라, 시클라멘 등의 꽃봉오리에 지베렐린을 5ppm 정도의 저농도로 처리하면 개화 촉진의 효과를 높일 수 있다.

② 왜화제 중 B-9 등은 철쭉의 꽃눈 수를 증가시키며 유니코나졸은 만병초의 꽃눈 분화를 촉진한다.

③ 에틸렌가스 발생제인 에세폰은 아나나스의 꽃눈 분화를 유도하며 또한 프리지어나 알뿌리아이리스의 휴면타파와 개화촉진에도 이용된다.

3. 토양의 관리

1. 토양의 종류

1 화훼 재배에 적당한 일반 토양

① 보수력과 보비력이 좋아야 한다.

② 배수와 통기성이 좋아야 한다.

③ 표토가 깊어야 한다.

④ 토양반응이 적당해야 한다.

⑤ 병충해가 많은 토양, 연작을 오래한 토양은 피해야 한다.

1~2년생 화훼의 토양	표토가 깊고 건습의 차이가 심하지 않은 토양
숙근성 화훼의 토양	지층이 깊고 메마르지 않고 부식성이 적당한 양토
구근류의 토양	배수가 좋고 토층이 깊은 비옥한 토양
화목류의 토양	특별한 불량조건이 없는 토양

2 화훼용 특수 토양

① 부엽토: 참나무, 떡갈나무, 밤나무 등 활엽수의 낙엽을 썩힌 것이다.

② 물이끼(수태): 아나나스류, 안스리움, 양란 등 온실식물에 반드시 사용해야 하는 재료이다.

③ 피트(peat): 이탄지(泥炭地)의 하층에 있는 초탄(草炭)으로 난의 재배에 귀중한 재료이다. 일반토양에도 섞어서 사용하며 산성을 띠므로 양치류, 철쭉류, 베고니아 재배에 좋은 성적을 올릴 수 있다.

④ 버미큘라이트(vermiculite): 질석(蛭石)을 1,100℃의 고온으로 처리하여 만든 것으로 모래, 펄라이트, 피트, 이끼 따위와 섞어서 많이 사용한다. 버미큘라이트는 건축재료로도 쓰이며 원예용은 직경 2~3mm이다.

⑤ 펄라이트(perlite): 진주암을 분쇄하여 1,400℃의 고온으로 처리한 것으로 pH가 7.0~7.5이므로 이끼나 피트와 섞어 사용하면 산성을 중화하는 데도 효과적이다.

⑥ 오스만다(osmunda): 양치류의 뿌리를 말려서 만든 것으로 물이 잘 빠지고 공기 유통이 좋다. 이끼와 섞어서 난재배에 쓰인다.

⑦ 바 크(bark): 오스만다의 대용으로 난재배에 많이 쓰인다.

버미큘라이트(좌)와 펄라이트(우)

수태　　　　　　백태　　　　　　바크

2. 배양토

1 배양토의 조제

① 화분에 꽃을 심기 위해 여러 토양재료를 혼합한 것을 배합토라 하며, 이것은 물이 잘 빠지면서도 보수력 · 보비력이 좋고 공기가 잘 통하여 산소의 공급이 원활히 되는 입단구조의 흙이다.

② 화훼는 종류에 따라 필요로 하는 토양이 각각 다르므로 그에 알맞은 조성을 가진 배양토를 조제하여 사용해야 하며, 배양토의 주체인 밭흙, 모래, 부엽토, 두엄, 비료 등을 충분히 혼합하여 썩히고 풍화시킨 후에 조제한다.

③ 배양토를 시설 내에서 사용할 경우 고온 · 다습 등으로 병 · 해충 · 잡초 등이 급속히 번질 수 있으므로 토양소독을 하여야 한다.

2 배양토의 배합

① 분화는 협소하고 한정된 소량의 토양에서 자라야 하므로 생육에 이상적인 배양토를 식물과 재배목적에 따라 적절하게 배합해서 사용한다.

② 일반적인 배양토의 배합
  ㉮ 어린 모나 초본류: 부엽토나 토탄이 많은 가벼운 흙
  ㉯ 뿌리가 튼튼한 큰 모나 목본류: 배양토가 많은 무거운 배합토
  ㉰ 목본류 중 뿌리가 약한 철쭉류: 토탄이나 부엽
  ㉱ 기생식물·난초류: 물이끼, 왕모래, 바크 등 단용 또는 혼용
  ㉲ 습생식물과 고사리과 식물: 물이끼 단용
③ 배양토를 준비하지 못하여 밭흙을 대신 사용할 때에는 비료성분이 부족하므로 밑거름을 혼합하여 속성 배양토를 만들어 쓴다.

3. 토양의 반응

1 토양의 물리적 성질과 토양의 반응

① 토양의 물리적 성질은 토양입자의 조성과 공기 및 습도가 문제가 된다. 대체로 토양입자 50%, 공기 25%, 물 25%로 구성된 상태가 양호한 식물 생장을 위한 기준으로 볼 수 있다.
② 토양반응: 대부분의 화훼류는 중성토양에서 잘 자라나 종류에 따라서 산성토양이나 알칼리성 토양을 좋아하기도 한다.
  ㉮ 철쭉과식물은 산성토양을 좋아하므로 황산암모늄을 시비하여 산성을 유지하도록 한다.
  ㉯ 저먼아이리스는 알칼리성토양에서 잘 자란다.
  ㉰ 꽃이 붉은 수국은 산성토양에서는 청색의 꽃이 핀다.
  ㉱ 산성토양은 석회를 넣어 산성을 중화한다.

연구 흙의 산도와 화훼의 적응성

강 산 성(pH 5~6)	철쭉류, 치자나무, 베고니아류, 네프로레피스
약 산 성(pH 6~7)	시클라멘, 칼라, 백합, 제라늄, 국화, 포인세티아, 스톡
중 성(pH 7)	매리골드, 과꽃, 백일홍, 프리뮬러, 팬지, 카네이션
약알칼리성(pH 7~8)	시네라리아, 금잔화, 스위트피, 거베라 등

② 토양산도에 따른 비료흡수도

① 질소(N): pH 5.5~8.0에서 흡수가 양호하며 pH 5.5 이하가 되면 흡수가 나쁘다.
② 인산(P): pH 7.5 이상이 되면 칼슘과 결합하여 불용성이 되어 나쁘고 pH 5.0 이하에서는 알루미늄, 철과 결합하여 불용성이 된다.
③ 칼륨(K): pH 8까지는 잘 흡수되나 그 이상에서는 흡수가 되지 않는다.

③ 산성토양의 중화

① 산성토양을 알칼리성 토양으로 바꾸는데는 소석회, 생석회, 농용석회 등을 가용하며, 알칼리성 토양을 산성으로 바꾸는데는 유황을 혼합한다.
② 산성의 중화를 위해서는 석회뿐만 아니라 퇴비나 녹비 등의 유기질비료를 함께 주는 것이 효과적이며, 이 유기물은 토양 중의 알루미늄 해작용을 억제하고 토양의 물리적 성질 개선, 완충력 증대, 양분공급의 원활, 미생물의 활동 증진 등을 돕는다.
③ 산성토양에서는 인산과 마그네슘 성분 등이 부족되기 쉬우므로 이들의 공급을 충분히 해야 하며 인산은 염기성인 용성인비로, 마그네슘의 공급은 고토석회를 시용하는 것이 효과적이다.
④ 산도교정은 식물을 심기 2~4주 전에 실시한다.

4. 연 작

① 연작장해

① 같은 토양에서 해마다 재배할 경우 생육이 나빠지고 병이 발생하는 경우를 연작장해 또는 기지현상이라 하며, 일반적으로 사질의 토양은 피해가 적고 점질의 토양은 피해가 심하다.
② 시설 내에서의 연작장해는 매우 심한 편으로 화훼는 대표적인 토양집약작물이므로 대부분의 시설에서는 연작을 하는 경우가 많으며 연작에 의한 작물의 피해 정도는 작물과 시비의 방법, 토성 등에 따라 다르다.
③ 연작장해가 일어나는 원인은 생육장해물질의 축적, 병해충의 축적, 염류집적, 작물의 필요양분 결핍 등이다.

④ 연작장해가 비교적 심한 화훼류는 과꽃, 국화, 스위트 피, 장미, 거베라, 나리류, 글라디올러스, 프리지어, 철쭉 등이며 스위트 피나 철쭉류는 기지현상에 의한 것이다.

⑤ 연작은 일반적으로 철저한 토양소독, 객토, 다른 작물과의 윤작 등으로 피해를 경감할 수 있다.

2 염류축적

① 화훼를 집약재배하는 토양에서 화학비료와 약제의 분해물이 축적되어 나타나며 염에 강한 것은 카네이션, 국화 등이고 약한 것은 장미이다.

② 염류의 과잉 피해 증상은 작물의 종류에 따라 이온의 흡수와 축적의 양상이 다르기 때문으로 글라디올러스는 염이 많으면 뿌리가 상하고 잎끝이 마르며 자구 생산이 현저히 줄어든다. 동백과 아잘레아는 엽록소 결핍증상이 일어나고 심하면 낙엽진다.

③ 화훼재배의 적정 전기전도도(EC, mmho/cm)는 카네이션 0.5~1.0, 국화 0.5~0.7, 장미 0.4~0.8 정도로 1.5 이상이 되면 대부분 피해를 입게 된다.

④ 방지책: 적정 시비 엄수, 5~7일 간의 담수(깊이 3~6cm), 표토 5~10cm의 객토, 퇴구비의 적정시용과 시설의 위치변경 등이다.

5. 토양소독

1 토양소독

① 토양에는 여러가지 유해한 병균, 해충, 잡초종자 등이 많아서 발육에 장해를 주며 일반적으로 연작지의 토양은 병해충이 많고 생리·화학적 원인으로 생육이 불량해지므로 토양소독에 의하여 개선하여야 한다.

② 소독의 효과: 병균과 해충의 구제와 잡초종자의 사멸을 목적으로 하는 이외에 토양을 부드럽게 하고 질소와 인산의 흡수를 증가시키는 효과를 가져온다.

③ 소독시기: 사용 전의 배합토에 행하되 흙덩이를 없애고 토양은 건조(수분 20%)된 것이 좋고 약제를 사용할 경우 유해가스가 발산하는 기간을 충분히 계산하여 사전에 처리하여야 한다.

② 토양에 의해 전염되는 화훼류의 병해충

① 위조병: *Fusarium oxysporum*균에 의해서 일어나는 병으로 알뿌리류의 부패, 숙근류의 위조증상을 나타내며 균사가 뿌리로부터 침입하여 도관폐쇄를 일으킨다. 토양습도가 높지 않을 때, 약한 산성에서 발병이 많고, 과습·과건, 뿌리에 상해발생 요인이 있을 때 침입한다.

② 모입고병·경부병: *Rhizoctonia sclerotiorum*에 의하며 토양 중에 장기간 생존한다.

③ 입고병·근부병·역병: *Pythium* spp., *Phytophthora* spp.에 의해 일어나는 병으로 카네이션 역병의 원인균이다.

④ 근두암종병: 암종병균인 *Agrobacterium*에 의해 일어나는 병으로 국화, 모란, 달리아, 장미에 발생한다.

⑤ 기 타: *Erwinia*(잎마름병균), *Pseudomonas*, *Botrytis*(꽃썩음병균) 등

⑥ 해 충: 야도충·풍뎅이·땅강아지 등의 알·번데기, 유충 등과 선충류 등이 토양 속에 존재한다.

③ 토양소독 방법

① 약제에 의한 소독: 기구나 시설이 필요없고 장소 제한이 없으며 소독비용이 싸고 약제에 따라서는 잡초방제까지 가능하다. 반면에 작업인과 인근작물에 약해를 주고 온도 조건이 필요하며 소독이 끝난 후 상당 시일의 경과가 필요하고 깊은 곳까지 소독하기 어렵다.

② 약제소독방법: 토양훈증처리법, 토양관주처리법, 토양혼합처리법 등이 있다.

③ 가열소독: 권장 소독온도와 시간은 60℃에서 30분 정도이다.

소토법	철판 위에 흙을 놓고 밑에서 가열하여 소독한다. 토양 중 유기물이 연소할 우려가 있으며 열손실이 많고 노력이 많이 필요하다.
증기소독	흙속에 증기를 주입하여 응결 때의 방출열로 토양을 소독한다. 시설 내 토양소독에 널리 이용되는 방법이다.
태양열소독	시설 내의 토양을 갈아 엎고 작은 이랑을 만들어 멀칭을 한 다음 물을 충분히 대고 밤낮으로 밀폐해 두면 토양의 온도가 높아져 유해미생물이 사멸한다.

기 출 문 제 해 설

1. 직근성 화훼로 이식을 싫어하는 것은?

① 나팔꽃   ② 꽃양귀비

③ 팬지   ④ 봉선화

2. 알뿌리를 심을 때 알뿌리가 흙 위로 올라오게 심어야 하는 것은?

① 튤립

② 달리아

③ 시클라멘

④ 글라디올러스

3. 아랫뿌리와 윗뿌리가 모두 잘 뻗어야 비로소 완전히 개화하기 때문에 정식할 때 깊게 심어야 하는 화훼류는?

① 튤립, 히아신스

② 수선, 구근아이리스

③ 달리아, 아마릴리스

④ 나리, 프리지어

4. 다음 중 저장 양분만으로 개화가 가능한 화훼는?

① 시클라멘   ② 구근베고니아

③ 튤립   ④ 글록시니아

보충

■ 곧은 뿌리(직근성)인 꽃양귀비, 접시꽃, 델피늄, 루피너스, 거베라 등은 이식하면 뿌리가 끊어지고 다시 뿌리가 나지 않아 말라 죽거나 생육이 크게 위축된다.

■ 시클라멘은 알뿌리가 큰 상태에서 흙속에 묻히면 썩으므로 알뿌리가 흙 위에 완전히 올라오도록 심는다.

■ 나리, 프리지어 등은 뿌리의 신장이 잘 되도록 분높이의 1/2 정도로 깊게 알뿌리를 심어야 한다.

■ 튤립, 수선, 히아신스, 아마릴리스 등은 저장양분만으로도 완전히 개화한다.

01 ②   02 ③   03 ④   04 ③

5. 중경(中耕)의 효과가 아닌 것은?

 ① 토양 중으로 산소 투입

 ② 유해가스의 방출

 ③ 잡초 방제

 ④ 병·해충 방제

■ 중경의 효과: 토양의 통기성 촉진 및 유해물질 방출, 잡초 제거, 뿌리의 양수분 흡수효과 증대, 토양 중의 산소 투입

6. 다음 중 중경(中耕)의 피해와 관계가 없는 것은?

 ① 중경은 뿌리의 일부를 단근(斷根)시킨다.

 ② 중경은 표토의 일부를 풍식(風蝕)시킨다.

 ③ 중경은 토양수분의 증발을 증가시킨다.

 ④ 토양온열의 지표 상승을 억제하여 동해를 조장한다.

■ 표면을 얕게 중경하면 모세관이 절단되어 토양 유효수분의 증발이 억제된다.

7. 다음 화훼 중 적심을 실시하지 않는 것은?

 ① 국 화

 ② 카네이션

 ③ 거베라

 ④ 달리아

■ 거베라는 줄기가 길게 자라지 않아 적심하지 않는다.

8. 카네이션이나 국화 스탠더드 계통 재배 시 가운데의 꽃을 크게 하기 위하여 곁봉오리를 따주는 작업을 무엇이라고 하는가?

 ① 적심

 ② 적뢰

 ③ 적화

 ④ 적근

■ 꽃대 맨 위의 끝 눈을 제외하고 나머지 주위의 꽃눈을 따내는 작업으로 꽃망울 솎기라고도 한다.

05 ④ 06 ③ 07 ③ 08 ②

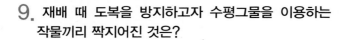

9. 재배 때 도복을 방지하고자 수평그물을 이용하는 작물끼리 짝지어진 것은?

　① 장미 – 국화 – 프리지아
　② 나리 – 장미 – 카네이션
　③ 국화 – 카네이션 – 안개초
　④ 안개초 – 글라디올러스 – 나리

■ 국화, 카네이션, 안개초 등은 줄기가 자라면서 휘어지므로 10~15cm의 구멍이 있는 플라스틱이나 철사로 된 수평그물을 설치한다.

10. 다음 중 관수에 가장 알맞은 수질은?

　① 개천물
　② 경수(硬水)
　③ 연수(軟水)
　④ 지하수

■ 관수의 수질로는 연수가 최적이다.

11. 다음 중 화훼의 관수방법으로 알맞은 것은?

　① 철을 따라 다르게 주어야 한다.
　② 연중 한결 같이 주어야 한다.
　③ 아무렇게 주어도 지장이 없다.
　④ 항상 지나칠 정도로 넉넉히 주어야 한다.

■ 계절에 따라 주는 방법과 시기를 달리하는 것이 좋다.

12. 다음 중 관수(灌水)할 때 적정한 수온은?

　① 재배하는 곳의 기온보다 낮아야 한다.
　② 재배하는 곳의 기온보다 높아야 한다.
　③ 재배하는 곳의 토양온도와 비슷해야 한다.
　④ 지온이나 기온과는 별 상관없다.

■ 수온은 대체로 재배지의 기온이나 토양의 온도와 별차이가 없는 것이 좋다.

09 ③　10 ③　11 ①　12 ③

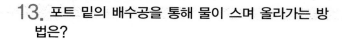

보충

13. 포트 밑의 배수공을 통해 물이 스며 올라가는 방법은?

① 지중관수

② 미스트관수

③ 점적관수

④ 저면관수

■ 저면관수는 벤치에 화분을 배열하고 물을 대어 화분의 배수공을 통하여 물이 스며 올라가게 하는 관수 방법이다.

14. 다음 중 저면(底面)관수법에 대한 설명이 잘못된 것은?

① 대립종자를 파종한 경우에 유리한 방법이다.

② 토양유실, 표토의 경화를 방지할 수 있다.

③ 토양에 의한 오염, 토양병해를 방지할 수 있다.

④ 양액재배, 분화재배에서 이용하고 있다.

■ 저면관수법은 배수구멍을 물에 잠기게 하여 물이 스며들어 위로 올라가게 하는 방법으로 토양에 의한 오염 및 토양 병해를 방지하고 미세종자 파종상자와 양액재배, 분화재배에 이용한다.

15. 장미 등 화훼류의 고형배지경에 많이 사용되는 관수법은?

① 지중관수

② 미스트관수

③ 점적관수

④ 저면관수

■ 점적관수는 플라스틱제의 가는 파이프나 튜브로부터 물방울이 뚝뚝 떨어지게 하거나 천천히 흘러나오게 하여 관수하는 방법이다.

16. 다음 중 분갈이 방법으로 알맞은 것은?

① 작은 분에 심은 것은 큰 분에 옮긴다.

② 작은 분에서 조금 큰 것으로 옮긴다.

③ 분은 그대로 흙만 갈아준다.

④ 조금 작은 분의 흙을 갈아준다.

■ 작은 분 안에 뿌리가 가득 차서 생육에 지장이 있게 되면 조금 큰 분에 분갈이를 한다.

13 ④   14 ①   15 ③   16 ②

17. 다음 화훼작물 중 비료 성분을 가장 많이 요구하는 것은?

① 백합   ② 작약

③ 철쭉   ④ 양란

■ 수국, 카네이션, 국화, 백합, 라넌큘러스 등은 비료를 많이 요구한다.

18. 화훼에서 춘화처리를 이용하는 주된 목적은?

① 개화 조절

② 병 · 해충 방제

③ 구근의 비대

④ 합리적 관수

■ 종자를 저온처리하여 화아가 형성할 때까지의 과정을 촉진시킨다.

19. 개화 조절에 가장 크게 영향을 미치는 외적요인 끼리 짝지어진 것은?

① 온도, 광도, 수분

② 광도, 수분, 호르몬

③ 일장, 호르몬, 수분

④ 온도, 일장, 호르몬

■ 화아분화를 일으키는 외적 조건은 일장, 온도, 식물호르몬 등이다.

20. 다음 중 온도가 개화에 미치는 영향이 아닌 것은?

① 휴면

② 춘화작용

③ 꽃눈 분화 한계 온도

④ 광주기성

■ 광주기성은 하루의 낮 길이(일장)에 따른 반응이다.

17 ①   18 ①   19 ④   20 ④

21. 튤립, 아이리스와 같은 구근류에 있어서 화아분화 시기의 빠르고 늦음(早晩)을 결정하는 환경요인은?

① 광선　　　　　② 온도
③ 수분　　　　　④ 양분

22. 다음 중 저온기에 휴면하는 알뿌리 화초는?

① 달리아　　　　② 수선
③ 글라디올러스　④ 시클라멘

23. 온욕법(온탕법)으로 휴면타파를 하는 화훼가 아닌 것은?

① 개나리　　　　② 진달래
③ 매화　　　　　④ 아이리스

24. 추식구근을 저온처리 하지 않으면 정상적인 생장이나 개화를 하지 못하는 현상을 무엇이라 하는가?

① 로제트현상　　② 블라인드현상
③ 좌지현상　　　④ 춘화현상

25. 추식구근류를 가을에 노지에 심어 월동시키는 이유는?

① 저온처리에 의한 개화촉성이다.
② 저온처리에 의한 개화억제이다.
③ 광처리에 의한 개화지연이다.
④ 변온처리에 의한 개화촉성이다.

■ 알뿌리를 저온이나 고온에 처리하여 개화를 촉진하거나 억제할 수 있다.

■ 프리지어, 나리, 히아신스, 튤립, 수선 등은 저온에서 휴면한다.

■ 온욕법(온탕법)은 휴면을 타파하기 위해 30~35℃의 따뜻한 물에 9~12시간 담갔다가 15~18℃의 온실에 보관하여 꽃을 피우는 것으로 개나리, 진달래, 매화, 벚꽃 등에 이용된다.

■ 저온을 겪지 않고 늦가을 이전에 온실 안에 심은 알뿌리가 정상적 생장이나 개화를 하지 못하는 것을 좌지현상이라 한다.

■ 구근류의 꽃을 피우려면 반드시 생육 초기에 일정한 저온처리를 해야 한다.

21 ②　22 ②　23 ④　24 ③　25 ①

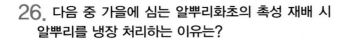

26. 다음 중 가을에 심는 알뿌리화초의 촉성 재배 시 알뿌리를 냉장 처리하는 이유는?

① 휴면을 타파하여 개화를 조절하기 위하여

② 생육을 억제하기 위하여

③ 저장중 병·해충을 예방하기 위하여

④ 개화를 억제하기 위하여

■ 가을에 심는 알뿌리화초를 다음 해 봄부터 여름에 걸쳐 꽃피게 하려면 알뿌리를 냉장처리하여야 한다.

27. 다음 중 개화 조절 방법으로 옳지 않은 것은?

① 온도 조절

② 광주기 조절

③ 알뿌리류의 온탕 침지

④ 숙근류의 고온 저장

■ 개화 조절 방법으로는 ①②③ 외에 식물호르몬 이용 등이 있다.

28. 춘파일년초에는 조·중·만생종이 있다. 다음 중 이러한 개화일의 차이가 일어나는 이유는?

① 개화유도 한계일장의 차이

② 기본영양생장기간의 차이

③ 감온정도의 차이

④ 생육적온의 차이

■ 식물은 종류 및 품종에 따라 개화에 알맞은 일장이 다르다.

29. 일장을 조절하여 개화를 조절할 수 있는 화훼는?

① 카네이션, 튤립

② 달리아, 수선

③ 국화, 포인세티아

④ 글라디올러스, 백합

■ 국화, 카네이션, 포인세티아 등은 일장조절에 의한 개화조절을 한다.

26 ① 　27 ④ 　28 ① 　29 ③

30. 전조재배를 통하여 촉성재배가 가능한 화훼류는?

　　① 시네라리아　　　　② 제라늄

　　③ 시클라멘　　　　　④ 포인세티아

■ 전조 재배를 통하여 촉성 재배가 가능한 화훼류는 장일성화훼류이다.

31. 국화의 개화를 지연시키려면 다음 중 어떠한 처리를 하여야 하는가?

　　① 장일처리　　　　　② 단일처리

　　③ 고온처리　　　　　④ 저온처리

■ 가을국화는 단일성식물로 단일처리하면 개화가 촉진되고, 장일처리하면 개화가 억제된다.

32. 가을국화를 9월 1일에 개화시키려면 어느 때부터 차광을 실시하여야 하는가?

　　① 7월 10일경　　　　② 7월 20일경

　　③ 8월 1일경　　　　　④ 8월 10일경

■ 국화의 개화기를 앞당기려면 약 두달 전부터 차광재배한다.

33. 국화를 7월 중순에 꺾꽂이 하여 12월 하순에 개화시켜 출하하려고 한다. 재배기간 중 어떤 처리과정이 필요한가?

　　① 고온처리　　　　　② 단일처리

　　③ 저온처리　　　　　④ 전조처리

■ 국화의 전조재배: 인공적인 전등 조명으로 개화기를 늦추는 방법. 주로 단일성인 가을국화나 겨울국화를 장일상태로 만들어 개화를 억제시킨다.

34. 노지재배에서 10월에 개화하는 국화를 8월에 개화시키려면 다음 중 어떤 조치가 필요한가?

　　① 단일처리

　　② 장일처리

　　③ 정지 및 전정

　　④ 지베렐린 살포

■ 국화는 단일식물이고 한계일장이 12시간이다. 따라서 단일처리하면 개화를 앞당기고, 장일처리하면 개화를 늦출 수 있다.

30 ①　31 ①　32 ①　33 ④　34 ①

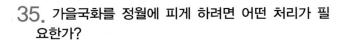
35. 가을국화를 정월에 피게 하려면 어떤 처리가 필요한가?

① 여름과 초가을에 단일처리

② 여름과 초가을에 장일처리

③ 봄부터 가을까지 단일처리

④ 가을에 꽃이 핀 뒤 계속 단일처리

■ 가을국화를 여름과 초가을에 장일처리하는 것을 전조재배라 한다.

36. 국화의 주년재배(周年栽培)가 성공한 이유로 알맞은 것은?

① 관수를 과학화한 때문이다.

② 춘화작용을 잘 이용한 때문이다.

③ 농약을 합리적으로 이용한 때문이다.

④ 일장반응을 교묘하게 적용한 때문이다.

■ 가을에만 피던 국화가 현재 주년재배를 하게 된 것은 일조시간의 길이와 화아분화와의 관계를 이용한 것이다.

37. 포인세티아를 촉성재배하려 할 때 어떠한 처리가 필요한가?

① 보광 ② 장일처리

③ 차광 ④ 난방

■ 포인세티아와 같은 단일성 화훼의 개화 촉진을 위해 차광재배를 한다.

38. 화훼류의 개화시기를 억제시키기 위하여 한밤중에 빛을 비추어 주는 것은?

① 차광

② 관수

③ 광중단

④ 꽃눈성숙

■ 광중단은 단일성 화훼의 개화 억제를 위한 방법으로 장일의 효과가 있다.

35 ② 36 ④ 37 ③ 38 ③

39. 휴면을 유기시키는 것으로 알려진 식물호르몬은?

① ABA   ② IAA

③ 시토키닌   ④ 플로리겐

■ 식물체 내에 아브시스산(ABA)의 함량이 높으면 휴면한다.

40. 숙근류나 구근류의 휴면타파에 이용되는 생장조절물질은?

① NAA   ② 시토키닌

③ 지베렐린   ④ 아브시스산

■ 지베렐린의 함량이 아브시스산의 함량보다 높으면 휴면이 타파된다.

41. 군자란의 개화 촉진을 위한 지베렐린 처리 방법이 옳은 것은?

① 옥신 1ppm 용액을 잎에 분무 처리한다.

② 지베렐린 5ppm 정도의 용액을 어린 꽃봉오리에 처리한다.

③ 시토키닌 50ppm 정도 용액을 식물체에 분무 처리한다.

④ 에틸렌 100ppm 정도 용액을 꽃봉오리에 분무 처리한다.

■ 거베라, 시클라멘 등의 꽃봉오리에 지베렐린을 5ppm 정도의 저농도로 처리하면 개화 촉진의 효과를 높일 수 있다.

42. 다음 중 화훼 재배에 바람직한 토양 조건이 아닌 것은?

① 보수력이 좋음

② 표토가 얕음

③ 병충해나 잡초 종자가 없음

④ 배수성이 좋음

■ 화훼 재배에 적당한 일반 토양은 표토가 깊어야 한다.

39 ①   40 ③   41 ②   42 ②

43. 진주암을 부순 후 약 1,400℃의 고열로 급속히 처리한 것으로 통기성과 보수성이 아주 우수하여 토양개량제로 많이 쓰이는 것은 어느 것인가?

① 펄라이트　　② 버미큘라이트

③ 오스만다　　④ 피트

44. 다음 중 비료분이 전혀 없는 원예용 흙은?

① 부엽토

② 밭흙

③ 점질토

④ 버미큘라이트

45. 피트(이탄토)의 특징이 아닌 것은?

① 보수력이 매우 크다.

② 늪, 식물, 낙엽 등이 퇴적한 것이다.

③ 흡비력이 크다.

④ 알칼리성이다.

46. 다음 중 부엽토의 재료로 알맞지 않은 것은?

① 밤나무잎　　② 도토리잎

③ 은행잎　　　④ 오리나무잎

47. 양란을 심을 때 사용하는 오스만다의 원료는?

① 수태(물이끼)　　② 야자껍질

③ 양치식물　　　　④ 운 모

43 ①　44 ④　45 ④　46 ③　47 ③

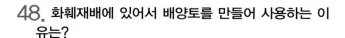

48. 화훼재배에 있어서 배양토를 만들어 사용하는 이유는?

① 비용을 절약하기 위해서

② 모든 화훼는 성질이 다같기 때문에

③ 화훼의 성질이 다르더라도 잘 자라기 때문에

④ 서로 다른 성질에 따라서 맞추어 가야 하기 때문에

■ 화훼의 종류에 따라 각각 적당한 토질이 다르므로 그 종류에 적합한 흙을 인공적으로 배합조제해서 배양토를 만들어 사용해야 한다.

49. 다음 중 산성토양을 좋아하는 화훼류끼리 짝지어진 것은?

① 은방울꽃 – 백합 – 매리골드

② 아잘레아 – 프리뮬러 – 거베라

③ 백일홍 – 금잔화 – 베고니아

④ 철쭉 – 치자나무 – 양치류

■ 철쭉, 치자나무, 양치류 등은 pH 5~6 정도의 강산성 토양에서도 생육이 좋다.

50. 다음 화목류 중 산성토양에 잘 자라는 꽃나무류에 속하는 것은?

① 개나리　　　② 철쭉

③ 무궁화　　　④ 장미

■ 진달래, 철쭉나무 등의 철쭉류는 산성토양에서 잘 자란다.

51. 토양산도에 따라 화색이 변화하는 식물은?

① 개나리

② 수국

③ 철쭉

④ 백합

■ 수국은 산성토양에서 꽃색이 청색으로 변한다.

48 ④　49 ④　50 ②　51 ②

52. 다음 중 산성토양에서 결핍되기 쉬운 원소는?

① 석회   ② 망간

③ 철분   ④ 아연

■ 미숙퇴비에서 발생하는 탄산이나 강우에 의해 토양 속의 석회나 알칼리물질이 유실된다.

53. 염류농도 장해를 경감시키기 위한 토양환경의 개량법 중 가장 부적합한 것은?

① 객토와 심경   ② 유기물의 증시

③ 타작물과의 윤작   ④ 질산태질소의 다량 시용

■ 질산태질소를 다량 시용하면 토양이 산성화되어 식물의 생육이 불량해진다.

54. 연작(이어짓기)에 의한 피해원인으로 볼 수 없는 것은?

① 토양 중 필요 양분의 결핍

② 생육저해물질의 생성

③ 토양유기물 함량의 증대

④ 병·해충의 번식

■ ③은 윤작(돌려짓기) 효과이다.

55. 비료나 약제가 축적되어 염류과잉 현상이 나타나는 토양에서 가장 약한 화훼는?

① 국화   ② 동백

③ 장미   ④ 스톡

■ 국화와 카네이션은 염류의 영향을 덜 받지만 장미는 민감하다.

56. 화훼재배 토양을 가열소독하고자 한다. 적합한 온도는?

① 40℃   ② 60℃

③ 80℃   ④ 100℃

■ 토양 가열소독의 권장 소독온도와 시간은 60℃에서 30분 정도이다.

52 ①   53 ④   **54** ③   **55** ③   **56** ②

제4장 화훼의 수확 후 관리

1. 수확 후 관리

1. 절화의 수확

① 수확 전 재배조건

① 광도는 광합성에 의한 탄수화물 생산에 영향을 끼치며 저장양분과 관련된 절화의 수명에 상당한 영향을 준다.

② 카네이션과 국화의 경우 광도가 높은 곳에서 재배하면 낮은 광도에서 재배된 것보다 수명이 길어지고, 반면에 광도가 낮으면 꽃대가 지나치게 신장하고 연약하며 꽃잎의 색깔이 엷어지거나 탈색된다.

③ 재배 중 질소질비료를 과용하면 절화의 수명을 감소시키고 저장 중 잿빛곰팡이 병이 발생하기 쉽다. 병해충은 꽃과 잎에 상처를 주고 색깔을 퇴색시켜 상품성을 떨어뜨린다.

④ 꽃에 수정이 일어나면 꽃의 노화가 촉진되므로 재배관리에 유의한다.

② 절화의 수확

① 절화의 적절한 수확시기는 화훼의 종류와 품종, 시장과의 거리, 소비자의 기호 등에 따라 달라질 수 있다.

② 여름철에는 겨울철보다, 저장할 때는 좀더 일찍 수확하는 것이 일반적이며 꽃이 잘 피는 것과 장거리 수송하는 경우에는 꽃이 피기 시작할 무렵에 수확한다.

> **연구 꽃목꺾임 현상**
>
> 절화를 너무 일찍 수확할 경우 도관조직의 성숙이 불완전하여 수분의 공급이 원활하게 이루어지지 못할 경우 장미나 거베라에서 꽃목꺾임(벤트넥, bent neck) 현상이 일어난다.

③ 기온이 높은 계절에는 꽃이 아직 봉오리로 있을 때에 수확한다. 수확시간은 수확 후 수분히 급격히 손실되는 장미의 경우 보통 이른 아침에, 기타 화훼의 경우 물오름이 좋으면 여름에는 오후 6시, 겨울에는 오후 3시경이 적당하다.
④ 꽃대의 길이는 되도록 길게 자르는 것이 좋으며, 자른 부분을 마르지 않게 보존하는 것이 가장 중요하다.

2. 절화의 품질유지

1 절화의 수명

① 절화의 수명은 각 식물에 따라 유전적으로 정해져 있으므로 수명을 연장한다는 것은 불가능하고 단지 적절한 환경조건을 조성하면서 절단면을 통한 안정적인 수분과 양분의 공급을 통해 그들이 가지고 있는 수명을 최대한 유지시키는 것이 중요하다.
② 절화의 수명이 보다 길게 유지하기 위해서는 환경조절이 중요하다. 온도를 10℃ 전후로 낮추고 습도를 보다 높게 유지하여 식물의 호흡과 수분 증발을 억제하면 노화를 지연시킬 수 있다.
③ 실내에서는 난방기 주위에 꽃을 두지 않도록 하고 또한 직사광선이나 강한 바람이 닿는 장소도 피하는 것이 좋다.
④ 실내의 냉난방 기구, 연기, 성숙한 과일, 노화된 꽃으로부터는 에틸렌이 발생하는데 이러한 환경에 꽃을 두는 것은 노화를 촉진시키는 것이다. 특히 밀폐된 공간은 에틸렌 상승으로 치명적인 손상을 야기하므로 환기가 잘 되는 곳에 두어야 한다.

2 절화의 품질유지 요인

① 절화의 품질유지에 관여하는 요인에는 수분 공급, 체내 양분, 에틸렌, 온도, 습도, 미생물 등이 있으며 화훼의 종류에 따라 그 중요성이 다르다.
② 국화의 경우에는 비교적 수분 흡수가 좋고 에틸렌에 의해 피해가 없으므로 주로 체내 양분의 소모나 잎의 황화와 같은 문제로 인하여 품질이 손상되는 반면, 장미는 수분 공급이 원활하지 못하여 품질이 손상된다. 한편 카네이션은 주로 에틸렌 발생에 의하여 품질이 손상되므로 각 절화의 신선도 유지 및 관리를 위해서는 그 절화의 노화나 품질 손상 패턴을 이해하여 그에 따른 대책을 마련해야 한다.

③ 일반적으로 절화의 적절한 품질 유지를 위해서는 다음과 같은 생산자 단계와 유통 단계, 그리고 소비자 단계에서 적절한 관리와 처리가 필요하다.

생산자단계	적절한 시기에 수확하여 물올림을 충분히 하고 필요에 따라 전처리를 하여 출하한다. 전처리는 수확된 절화의 품질보존을 위한 각종 처리로 에랭과 동시에 수행한다.
유통단계	단계별로 경우에 따라서 재절화를 하여 물올림을 실시하고 물리적인 상처가 나지 않도록 주의하면서 가능한 저온상태로 관리한다.
소비자단계	필요에 따라 물속에서의 재절화와 물올림을 실시하고 필요없는 잎은 제거하여 증산을 줄이며, 적절한 환경 조건(온도 등)에서 적당한 보존용액을 공급한다.

1 수분의 공급

① 절화에게 있어 절단면을 통한 물의 공급은 필수적이다. 이때 공급하는 물과 물을 담은 용기는 잡균이나 오염물질이 있지 않은 청결한 상태를 유지해야 한다. 그 이유는 도관이 균이나 오염물질에 오염되어 막히게 되면 절화에게 적절한 수분 공급을 할 수 없기 때문이다.

② 물의 흡수를 저해하는 원인으로는 줄기를 절단한 후 목부도관에 기포가 들어가서 물의 흡수를 막거나, 박테리아나 기타 미생물이 절단면에 증식하여 목부도관을 막거나, 절단면으로부터 분비된 흰즙이 굳어 절단면의 목부도관을 막기 때문이다. 따라서 구입한 뒤 다시 한 번 줄기를 자르고 물올림시킨 후 꽂으면 절화의 수명을 보다 연장시킬 수 있다.

③ 고여 있는 물은 다양한 세균의 번식이 이루어지므로 절화 용기에 담긴 물속에도 시간이 경과함에 따라 다량의 세균이 발생하여 절화의 도관 내로 이동하여 물의 흐름을 방해하게 된다. 따라서 물의 청결을 유지하기 위해서는 무엇보다 자주 갈아주어야 하며, 특히 여름과 같은 고온기에는 세균의 번식이 더욱 왕성하므로 자주 갈아주는 것이 좋다. 절화를 보존용액에 꽂을 때 보존용액에 들어가는 줄기에 붙어 있는 잎을 제거하여 세균의 증식을 막는 것도 보존용액의 청결을 유지하는 한 방법이다.

장미의 수명을 연장하기 위해 물속에 들어간 잎을 제거한다.

④ 물올림 방법

㉮ 물속 자르기: 절화를 물속에 담가 가위나 칼로 잘라 잘린 면을 통해 물이 바로 흡수되어 기포가 들어가지 않도록 하는 가장 일반적인 물올림 방법이다. 줄기나 가지를 사선으로 잘라 물의 흡수 면적을 넓혀 주는 것이 좋다.

물속 자르기

㉯ 열탕법과 탄화법: 열탕법은 꽃을 신문지로 완전히 감싼 후, 줄기 끝을 2~10cm 정도 끓는 물에 넣고 12초~1분간 처리한 뒤 찬물에 헹구어 내는 방법이다. 열탕 시간은 보통 국화, 해바라기처럼 굵은 것은 1분, 거베라, 장미처럼 약한 것은 30초 정도 처리한다. 탄화법은 줄기 끝의 2~5cm 정도를 불에 30초~1분간 태우는 것으로 열탕법과 유사하다. 줄기의 끝을 끓는 물에 넣거나 태우는 이유는 절단면의 부패를 막고 가열에 의해 팽창된 물의 압력으로 물이 보다 잘 흡수되어 기포를 막는 효과를 주기 때문이다.

열탕법과 탄화법

㉰ 화학적 물올림: 알코올, 에테르, 황산 등에 절화를 잠시 담갔다가 꺼내어 곧 물속으로 옮긴 다음 적당한 길이로 다시 잘라서 꽂는 방법이다. 약품의 농도와 줄기의 경우에 따라 처리하는 시간이 다르나, 보통 초화는 2초 내외, 목본은 15초~30초 정도 담근다. 이 방법은 절단면을 소독하여 미생물의 번식을 억제하고 물올림을 좋게 하기 위한 목적으로 처리하는 것이다.

2 체내 양분

① 절화의 경우 뿌리가 없는 상태이지만 꽃이 피고 유지되기 위해서는 호흡을 해야 하며, 정상적인 광합성을 할 수 없는 실내조건에서는 호흡에 필요한 양분이 절대적으로 부족하다.

② 이와 같은 상황에서는 꽃이 제대로 색을 내지 못하거나 온전하게 피지도 못하고 시들게 되므로 절화의 품질을 오랜기간 유지시키기 위해서는 식물체 내 양분의 이동형태인 자당을 필요에 따라 공급해야 한다.

③ 특히 작은 꽃이 많이 달려 있는 절화(글라디올러스 등)의 경우 작은 꽃이 계속 피기 위해서는 반드시 자당을 공급해야 한다.

3 에틸렌

① 에틸렌은 식물체 내에서 발생하는 기체성 식물호
르몬으로 절화의 경우에는 일부의 식물에서 노화를
촉진하여 품질을 손상시키는 주요한 원인이 된다.

② 절화 카네이션이나 양란류(심비듐, 카틀레야, 덴
파레, 팔레놉시스), 금어초, 델피늄, 스위트피, 알
스트로메리아 등은 자연적인 노화 과정에서 에틸
렌을 방출하면서 꽃잎의 전체 혹은 일부가 시들거
나 떨어지게 된다.

에틸렌에 의한 델피늄 꽃잎의 탈리

③ 반면에 장미나 국화와 같은 많은 절화류에서는 눈에 띄는 품질의 손상이 나타나지 않
으므로 모든 절화에서 에틸렌이 발생되어 피해를 받는 것은 아니다.

④ 휘발유가 연소할 때나 담배의 연기에도 에틸렌이 다량 함유되어 있으므로 에틸렌에
민감한 절화를 취급할 때에는 주의해야 한다.

4 온 도

① 온도는 절화의 체내 대사활동 속도를 결정하게 된다. 즉, 온도가 높으면 높을수록 호
흡과 같은 각종 대사활동의 속도가 빨라져서 꽃대가 빨리 자라 조기 개화되며 양분 소
모도 빨라 결국 조기에 노화하게 된다.

② 따라서 절화의 수송이나 저장 시에는 가능한 저온을 유지해야 한다. 많은 절화의 경우
5℃ 전후의 저온에서는 체내 대사활동이나 생장이 거의 멈추어 일정 기간 노화를 지연
시킬 수 있다.

③ 그러나 어느 단계 이상 저온에 놓이
게 될 경우에는 저온에 의한 피해를 입
게 되어 정상적으로 개화가 되지 않거
나 심하면 오히려 노화가 촉진되는 경
우가 있다. 특히 극락조화나 안스리
움, 헬리코니아와 같은 열대 원산의 절
화의 경우에는 10℃ 이하가 되면 꽃에
검은 반점이 생기는 것과 같은 저온 피
해를 받게 되므로 주의해야 한다.

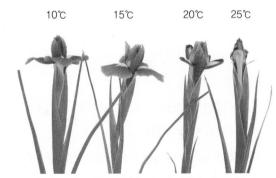
구근아이리스의 온도처리 5일 후

5 꽃의 성숙 정도

① 절화는 식물의 종류에 따라 꽃이 피는 속도와 패턴이 다르고, 적절한 개화 시기에 수확한 절화가 수확 후 최대 수명을 유지한다. 그런데 꽃봉오리 상태에서 수확하여 유통 및 저장하는 것이 생산 기간을 단축하고 포장밀도를 증가시키며 온도 관리도 쉽고 물리적인 손상을 막을 수 있다.

② 현재 장미나 글라디올러스와 같은 절화에서는 품질에 손상없이 꽃봉오리 상태에서 수확하여 유통하고 있으나 거베라와 같은 절화의 경우에는 꽃봉오리 상태에서 수확하였을 경우에 이후 정상적으로 개화나 착색이 되지 못하므로 좀더 완전히 꽃이 피었을 때 수확하여 유통되는 것이 일반적이다.

③ 꽃도라지도 2~3개의 꽃이 완전히 피어 착색되었을 때 유통하는데 그 이유는 수확하여 실내에서 절화 상태로 꽃봉오리가 필 경우에 정상적으로 피지 않을 뿐만 아니라 꽃이 피더라도 정상적으로 착색이 되지 않기 때문이다. 따라서 절화의 정상적인 품질을 기대하기 위해서는 식물에 따라 알맞은 성숙 정도의 절화를 구입해야 한다.

6 공기 습도

① 공기 중의 습도가 낮으면 낮을수록 절화의 꽃과 잎의 표면에서는 좀더 많은 수분이 증산되기 때문에 보존용액을 통해 수분을 충분히 공급받지 못하는 절화의 경우 품질에 상당한 손실을 가져온다.

② 품질의 손실을 방지하기 위해서는 일반적으로 실내의 상대습도가 60~70% 정도는 되어야 하는데, 우리나라의 경우 여름철을 제외하고 매우 낮은 상대습도가 실내에서 나타나므로 필요에 따라서는 절화의 적절한 품질 관리를 위하여 가습기 등으로 습도를 유지해 주어야 한다.

7 굴 성

① 굴성이란 외부의 자극에 식물이 반응하는 것으로 절화의 굴성에 따라 운송이나 저장 방향을 결정해야 한다.

② 글라디올러스나 금어초, 스톡, 델피늄과 같이 긴 꽃대에 작은 꽃이 모여 피는 절화를 수평으로 놓았을 경우에는 부(−)의 굴지성(중력의 반대 방향으로 생장하려는 반응)으로 인해 품질이 손상되므로 이러한 절화는 취급할 때 직립할 수 있도록 관리해야 한다.

8 병해충

① 꽃은 비교적 약한 조직이기 때문에 해충이나 병원균에 의한 침입으로 쉽게 품질이 손상될 수 있으며, 생산단계에서 적절히 방제하지 못했을 경우에는 실내에서 관상할 때 병해충이 나타나기도 한다.

② 우리나라에서 장마와 같은 습한 계절에는 잿빛곰팡이병(*Botrytis*)에 의한 수확 후 피해도 심각한데 유통 중에는 피해가 나타나지 않다가 실내의 관상기간 중에 나타난다.

③ 절화를 서늘한 곳에서 따뜻한 곳으로 갑자기 이동시키면 꽃잎이나 잎의 표면에 일시적으로 수분이 응축되어 습한 상태가 되어 잿빛곰팡이병의 만연을 가져올 수도 있으므로 저온저장 후 실내의 상온에 둘 때 유의해야 한다.

9 잎의 황화

① 일반적인 절화의 경우 꽃대에 붙어 있는 잎보다 꽃이 먼저 시들게 되므로 잎의 품질은 절화의 품질에 크게 영향을 주지 않지만 국화나 백합, 알스트로메리아와 같은 절화를 실내에서 관상할 때에는 꽃의 노화보다 잎이 먼저 황화되어 품질이 손상되는 경우가 많다.

② 이 경우 식물생장조절물질인 시토키닌이나 지베렐린을 처리하여 억제시킬 수 있다.

10 물리적인 손상

① 꽃은 식물체 중에서 매우 연약한 기관으로 절화를 취급할 때 물리적인 손상을 받기 쉬우므로 다룰 때 주의를 기울이지 않으면 상처가 발생하여 병원균의 침입이나 에틸렌의 발생으로 인해 갈변되거나 조기에 시들어서 미적으로 손상되기 쉽다.

② 특히 물올림 후에 탄력이 생긴 꽃잎이나 잎은 작은 힘을 가하더라도 부러지기 쉬우므로 주의해야 한다.

③ 주요 절화의 품질유지 방법

① 장미: 꽃병 속에 넣을 때 물에 잠기는 부분의 잎을 떼어내야 한다. 잎에서 나오는 페놀물질이 물을 썩게 하여 꽃의 수명을 단축시키기 때문이다.

② 아이리스와 프리지어: 물속 자르기가 매우 효과적이다.

③ 안개꽃: 열탕법 즉, 꽃을 신문 등으로 감싼 후 줄기부위를 끓는 물에 2~3초 담갔다가 꺼내면 물올림이 좋아진다.

3. 절화보존제

1 절화보존제의 이용

① 절화보존제란 절화의 노화를 지연시키고 수명을 연장시키기 위해 살균제, 자당, 에틸렌 억제제, 식물생장조절물질, 유기산 등을 포함한 약제를 말한다.
② 절화보존제의 역할은 수분 균형의 개선, 미생물 및 에틸렌의 발생 억제, 노화 지연, 흡수량 및 대사작용 증진 등이다.

2 절화보존제의 종류

1 살균제

① 절화의 수분 흡수를 촉진하기 위해서는 보존용액 내 세균의 번식을 최대한 억제해야만 한다.
② HQS나 HQC, 4가 암모늄 화합물, 질산은, 황산알루미늄, 완효성 염소화합물(락스 표백제)과 같은 세균을 죽이거나 세균의 증식을 억제하는 살균제의 처리로 많은 절화에서 수명이 유지되었는데, 식물의 종류나 환경 조건에 따라 처리 농도나 시간 등이 다르므로 처리 시에는 미리 몇몇 절화를 예비적으로 처리해서 그 효과를 확인하는 것이 좋다.
③ 특히 주변에서 구입하기 쉬워 이용하기에 편리한 완효성 염소화합물은 독성이 나타나기 쉬우므로 주의를 요한다.

2 자 당

① 절화의 호흡을 유지하여 품질의 보존과 꾸준한 개화를 위해서는 탄수화물을 공급해야 하는데 식물체 내에서 이동하기 쉬운 탄수화물인 자당(식용 설탕)이 이용하기에 적당하다.

② 보통 2% 이내의 자당을 보존용액에 살균제와 함께 공급하면 대부분 절화의 품질 유지에 도움이 되는 것으로 알려져 있다.

③ 장미의 경우에는 흡수된 자당이 잎으로 먼저 이동되고 나서 이후 꽃으로 이동하는 특성이 있어서 잎에 피해가 나타나는 경우가 있으므로 1.5% 이하로 농도를 낮추는 것이 좋다.

③ 에틸렌 억제제

몇몇 절화에서는 외부로부터의 에틸렌이나 절화 스스로가 발생한 에틸렌에 의하여 노화가 급격히 진행되므로 이런 절화의 품질유지를 위해서 에틸렌의 체내 생성을 억제하는 물질이나 에틸렌의 작용을 방해하는 물질을 처리하는 것이 좋다.

① 에틸렌 생합성 억제제: 식물체 내 에틸렌 생합성 과정에 관여하는 효소를 특이적으로 억제하는 물질로는 AOA(aminooxyacetic acid)나 AVG(aminoethoxyvinyl glycine)가 이용될 수 있다.

② 에틸렌 작용 억제제: 외부의 에틸렌이나 꽃의 자연적인 노화 과정에서 발생한 에틸렌에 의한 절화의 품질 손상은 에틸렌의 작용을 무력화시키는 STS(silver thiosulfate)나 1-MCP(1-methylcyclopropene)에 의해서 효과적으로 억제할 수 있다.

④ 식물생장조절물질

잎의 조기 황화에 의하여 절화의 품질이 손상되기 쉬운 국화나 백합, 알스트로메리아의 경우에는 시토키닌의 한 종류인 BA(benzyladenine)이나 지베렐린(GA)을 처리하여 효과적으로 억제할 수 있다.

⑤ 유기산

구연산이나 아스코르브산과 같은 유기산은 약산으로 보존용액을 산성화시켜서 세균의 증식을 억제하므로 절화에 독성이 없으면서 품질유지에 도움이 될 수 있다.

기 출 문 제 해 설

1. 절화를 이른 아침에 수확하면 어떠한가?

   ① 수분이 적어서 잘 시든다.

   ② 꽃의 수명이 비교적 짧아진다.

   ③ 꽃의 변색이 잘 안된다.

   ④ 잎이 잘 떨어진다.

2. 다음 중 수분 공급이 부족할 때 가장 치명적인 영향을 받는 절화는?

   ① 장미   ② 카네이션

   ③ 나리   ④ 프리지어

3. 절화의 보존을 위하여 필요한 사항이 아닌 것은?

   ① 자른 부분이 마르지 않도록 한다.

   ② 직사광선을 피한다.

   ③ 호흡이 왕성하도록 온도를 올린다.

   ④ 자른 줄기면을 태운다.

4. 절화의 저장방법으로 알맞은 것은?

   ① 고온저장

   ② 저온저장

   ③ 건조저장

   ④ 상온저장

01 ②   02 ①   03 ③   04 ②

5. 생산자가 수확한 절화를 출하 전에 처리하는 약제는?

① 봉오리열림제

② 생산자약제

③ 전처리제

④ 후처리제

■ 전처리는 수확된 절화의 품질보존을 위한 각종 처리로 예랭과 동시에 수행한다.

6. 다음 중 생산자단계에서 가장 중요시해야 될 요인이 아닌 것은?

① 전처리   ② 예랭

③ 조기 채화   ④ 절화의 보관

■ 절화의 보관은 유통단계와 소비자단계의 역할이다.

7. 절화의 수분 흡수를 저해하는 유관속 폐쇄의 일반적인 원인으로 옳지 않은 것은?

① 보존제 처리한 물속 자르기

② 절단 후 도관 중에 기포 발생

③ 절단면의 유액에 의한 절구 굳음 현상

④ 미생물 증식으로 인한 도관부 폐쇄

■ 물속에서 절화의 줄기를 자르고 물올림시킨 후 보존제에 꽂으면 수명을 보다 연장시킬 수 있다.

8. 다음 중 줄기의 아랫부분 10cm 정도를 끓는 물에 넣었다 빼내는 열탕처리가 수명연장에 효과가 있는 화훼류는?

① 튤립

② 포인세티아

③ 국화

④ 카네이션

■ 열탕법은 국화, 해바라기, 거베라, 장미 등에서 효과가 있다.

05 ③   06 ④   07 ①   08 ③

보충

9. 절화의 수명연장에 가장 영향을 미치는 것들끼리 짝지어진 것은?

① 수분, 광도, 미생물
② 수분, 미생물, 영양분
③ 미생물, 광도, 일장
④ 영양분, 일장, 광도

■ 절화의 품질유지에 관여하는 요인에는 수분 공급, 체내 양분, 에틸렌, 온도, 습도, 미생물 등이 있으며 화훼의 종류에 따라 그 중요성이 다르다.

10. 절화의 노화를 촉진하는 원인으로 볼 수 없는 것은?

① 양분 부족
② 수분 부족
③ 시토키닌(cytokinin) 생성
④ 에틸렌(ethylene) 생성

■ 시토키닌은 노화를 방지하고 잎의 조기 황화 등을 억제한다.

11. 절화의 노화 원인 중 관련이 가장 먼 것은?

① C/N율 저하
② 수분균형 불량
③ 에틸렌에 노출
④ 호흡에 의한 양분소모

■ C/N율은 식물체 내의 질소와 탄수화물의 비율로 생육, 화성, 결실 등을 지배한다.

12. 다음 중 절화보존제의 효과로 볼 수 없는 것은 어느 것인가?

① 절화를 보다 오랫동안 저장할 수 있다.
② 조기 채화한 꽃을 개화시킬 수 있다.
③ 절화의 수명을 오랫동안 유지시킬 수 있다.
④ 절화를 상온에서도 저장할 수 있게 한다.

■ 절화보존제란 절화의 노화를 지연시키고 수명을 연장시키기 위해 살균제, 자당, 에틸렌 억제제, 식물생장조절물질, 유기산 등을 포함한 약제를 말한다.

09 ② 10 ③ 11 ① 12 ④

IV 시설원예

제1장 시설원예 일반

1. 시설원예 개요

1. 시설원예 의의

1 시설원예의 의의

① 시설원예(施設園藝, Horticulture under structure)란 유리온실, 하우스, 대형 터널 등의 시설 내에서 채소, 과수, 화훼 등의 원예작물을 집약적으로 생산하는 것을 말한다.
② 시설이란 작업자가 각종 원예작물의 재배관리를 할 수 있는 용기적(容器的)인 노동수단이며 온도, 광, 수분 등의 환경요인을 자동적으로 조절할 수 있는 장치들을 사용하여 생력적 · 자본집약적으로 경영된다.
③ 원예작물에 대한 수요는 특정 계절에 국한됨이 없이 주년적(周年的) 성격을 띠고 있어 생활수준이 높아질수록 수요는 증가되므로 주년 공급체계의 확립이 필요하다.
④ 시설원예는 제철이 아닌 때의 생산이므로 생산물이 비싼 값으로 출하되어 노지원예에 비해 수익성이 높다.

2 시설원예의 중요성

① 생산자 입장: 유휴노동력을 흡수하여 농가소득증대에 기여하며, 기업적 경영감각으로 상업적 영농을 가능하게 하여 첨단농업기술을 적극적으로 수용할 수 있게 한다.
② 소비자 입장: 항상 신선한 원예식물을 구입하여 이용할 수 있게 되어 식생활개선에 큰 공헌을 이룩하였다.
③ 환경조절수단의 개발: 재배관리가 생력적으로 이루어질 수 있도록 각종 장치와 기술 등이 에너지 절감형으로 개발되어 효과적으로 이용된다.
④ 폐자원의 활용: 공장배출온수의 난방이용, 쓰레기 소각장의 폐열을 온수로 전환하여 이용하는 등 폐자원을 적극 활용한다.

2. 시설원예의 역사 및 현황

1 시설원예의 역사

① 고대 로마시대에 반투명체의 운모판을 덮어 오이를 반촉성재배 하였다는 기록이 남아 있으며, 16세기경 온실이 개발되고 19세기부터는 온실건축과 유지·관리기술에 관한 발전이 이루어진다.

② 우리나라는 온돌방 아랫목에서 시루에 재배한 콩나물이 수경재배의 원조가 아닌가 믿어진다.

③ 1920년경 대전지방에서 유지(油紙)로 된 창틀하우스 및 터널을 이용한 채소재배를 시작으로, 1930년대 말에는 익산지방에 유리온실이 건설되어 딸기의 반촉성재배에 이용되었다.

④ 우리나라의 시설재배에 피복자재인 플라스틱필름이 사용되기 시작한 것은 1954년 폴리에틸렌 생산공장이 가동되면서부터이다.

⑤ 폴리에틸렌은 보온성과 투과성이 좋고 취급이 용이하여 급속히 보급되었으며 이로 인해 재배작물의 종류가 다양화되고 재배지역이 전국으로 확대되는 등 농업에 일대 혁신을 일으킨다.

⑥ 1970년대 말부터는 시설을 이용한 양액재배가, 1991년에는 장미재배에 암면이 도입되어 암면재배가 계속 늘어난다.

⑦ 1980년대까지는 대부분 폴리에틸렌이 주종을 이루고 일부 염화비닐(PVC), 초산비닐(EVA) 등이 이용되었으나, 1990년대말에 이르러 경질필름, 경질판 및 유리를 사용한 철재 온실이 정부의 지원으로 급속히 증가한다.

⑧ 1994년 농어촌발전특별조치법에 의해 시설원예 경영체에 현대화된 생산·유통시설에 대한 지원이 시작되어 생산비절감, 단위수량제고 및 품질개선 등 생산성 향상을 도모하였다.

⑨ 1999년에는 1개소당 10억원의 자금을 지원하여 첨단농업시설을 건립하고, 알루미늄 피복, 천·측창개폐장치, 강제환기장치, 난방장치, 복합환경제어장치 등의 환경조절장치를 기본시설로 갖출 수 있도록 지원하였다.

⑩ 국민소득의 향상으로 원예작물의 수요가 증가되면서 시설재배는 대형 및 전문화되고, 재배시설은 첨단과학화되면서 시설 내의 환경은 노지 재배환경과 달리 변화·발전하고 있다.

② 시설원예의 현황

① 2022년 현재 우리나라의 시설작물 재배면적은 약 82,810ha로 전체 작물 재배면적 1,614,041ha의 5.1% 정도이다.

② 과수류는 영년생작물로 체적이 크고 재배기간이 길어 시설재배가 쉽지 않으나 포도, 감귤 등의 재배면적이 늘어나고 있다.

③ 화훼류의 시설재배면적은 약 4,299ha 정도이며 시설은 대부분 철파이프 형태이고 그 다음으로 철골경질 〉 철골유리 〉 기타(목재 · 죽재)의 형태이다.

연구 채소류 시설 생산량(천톤) 및 재배면적(천ha)　　　　　　2022. 농림축산식품통계연보

- 총 생산량(2,312)

  과채류(1,802) 〉 엽채류(272) 〉 기타(103) 〉 조미채소류(54) 〉 근채류(42) 〉 양채류(39)

  수박(384) 〉 토마토(344) 〉 오이(291) 〉 풋고추(183)
- 총 재배면적(62)

  과채류(30.7) 〉 기타(16.4) 〉 엽채류(7.3) 〉 조미채소류(6.8) 〉 근채류(0.8)

---

2. 시설의 구조 및 설계

1. 시설의 종류

① 플라스틱 하우스

① 대형 터널 하우스(반원형, 半圓形): 보통 폭 4.0~5.4m, 높이 1.6~2.0m, 면적 200~500㎡의 소규모이다.

연구 대형 터널 하우스의 장단점

장점	큰 보온성, 강한 내풍성, 고른 광입사, 피복재의 긴 수명
단점	고온장해 발생, 과습하기 쉬우며 내설성이 약하다.

② 지붕형 하우스(각형, 角形): 천창과 측창(옆창)의 구조, 설치와 창의 개폐가 간단하다. 바람이 세거나 적설량이 많은 지대에 적합하며, 단동보다는 연동인 경우가 많다.

양지붕형	소형은 폭 5.5~6m, 면적을 넓히면 기계화가 가능하다.
스리쿼터형	광선입사량이 많고 보온이 잘 된다.
연동형	곡부(谷部) 때문에 적설·강풍에 약하고 피복재가 많이 소요되며 나쁜 환기능률, 부분적 고온장해, 고르지 못한 광분포를 나타낸다.
대형하우스	주로 철골이며 폭은 10~20m, 지붕기울기는 13~17°이다. 내풍성이 크고 광투과가 균일하며 자재절약과 재배관리의 생력화가 가능하다.

③ 아치형 하우스(圓形): 지붕이 곡면이며 자재비가 적게 들고 간단하게 지을 수 있다. 이동이 용이하고, 내풍성이 강하며 광선이 고르게 입사하나, 적설에 약하고 환기능률이 나쁘다. 아치형 하우스의 문제점을 개선하기 위해 설계된 농가보급용 표준형은 개량아치연동형(1-2W형)이다.

② 유리 온실

양지붕형 온실	길이가 같은 양쪽지붕으로 남북방향의 광선 입사가 균일하다. 통풍이 양호하고 가장 보편적인 형태로 남북방향으로 설치한다.
외지붕형 온실	한쪽 지붕만 있는 시설로 동서방향의 수광각도가 거의 수직이다. 북쪽벽 반사열로 온도상승에 유리하고 겨울에 채광·보온이 잘 된다. 동서방향으로 설치한다.
스리쿼터형 온실	남쪽지붕 길이가 지붕 전길이의 3/4을 차지하여 겨울철에 채광·보온성이 우수하고, 머스크멜론 재배에 적합하다. 동서방향으로 설치한다.
연동형 (連棟型) 온실	양지붕형 온실을 2~3동 연결하고 칸막이를 없앤 것으로 시설비가 저렴하고 높은 토지이용률을 나타낸다. 방열면적의 축소로 난방비 절약이 가능하다. 남북방향으로 설치한다.
벤로형 온실	처마가 높고 폭 좁은 양지붕형 온실을 연결한 것으로 연동형 온실의 결점을 보완한 것이다. 골격자재가 적게 들어 시설비가 절약되고, 광투과율이 높다. 호온성 과채류 재배에 적합하다.
둥근지붕형 온실	곡면유리 사용, 지붕의 곡면이 크고 밝으므로 식물전시용 또는 대형 관상식물 재배에 적합하다.

연구 **온실의 지붕 형태**

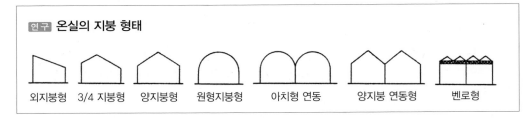

외지붕형 3/4 지붕형 양지붕형 원형지붕형 아치형 연동 양지붕 연동형 벤로형

② 보온 위주 시설

① 에어 하우스(air house): 보온력이 크고 자재가 적어 태양광 입사량이 많으며 건설비가 싸다.

② 펠릿 하우스(pellet house): 이중구조의 지붕과 벽의 공간에 밤에만 발포 폴리스틸렌 입자(펠릿)를 충전시켜서 방열을 억제하는 것으로 보온효율이 높으며 실내 최저기온이 외기온보다 15~20℃ 정도 높다. 건축비용이 비싼 것이 결점이다.

2. 시설의 구조

① 기본구조: 시설은 고정하중과 적재하중, 적설하중, 바람에 견딜 수 있는 구조적인 보강이 필요하다. 기본구조물은 트러스, 타이버, 버팀대 등이다.

트러스	수직하중에 견디도록 보강
타이버	기둥과 기둥, 서까래 사이에 넣은 사재(斜材)
버팀대	수직자재와 수평자재가 조합되는 우각부 고정 부재

② 지붕의 기울기: 재배목적과 투광률, 물이 흐르는 각도, 구조의 안전도에 따라 변화하며 기울기가 크면 바람 저항이 많으나 적설에 강하고, 기울기가 작으면 빗물이 새고 적설에 약해진다.

투광률	햇빛은 직각 입사할 때 가장 많이 투사된다. 30° 정도에서 지장이 없다.
기울기	물방울이 흐르는 각도는 최소 26° 이상
적설방지	60° 이상: 눈이 쌓이지 않음. 30~40° : 눈이 50% 정도 쌓임 채소 · 절화재배용 온실: 26.5~29° 정도, 적설이 많은 지대: 32° 정도
적설하중	우리나라의 일반적인 적설하중은 1kg/㎡이다.

③ 시설의 설치 방향: 작물의 종류, 재배시기, 시설의 구조와 형태 등에 따라 결정하며, 바람이 강한 지역에서는 바람과 평행되도록 설치한다.

㉮ 단동(외지붕형과 3/4 지붕형)일 경우: 동서동의 겨울철 투광률이 약 10% 높다.

㉯ 양지붕형과 연동: 남북동이 유리하며 연결부 그늘이 적은 벤로형은 동서동이 원칙이다.

㉰ 플라스틱 하우스: 촉성재배(한겨울이 재배성기)는 동서동, 반촉성재배(4~5월이 생육성기)는 남북동 설치가 바람직하다.

3. 시설의 설계

① 시설의 입지조건(立地條件)

① 기상조건: 난방부하가 작은 온난지역이 유리하며 일조량은 시설의 온도형성과 작물광합성에 결정적이다.
② 토양 및 수리조건: 비옥하고 작목에 알맞은 토성과 지하수위와 배수가 양호한 곳으로 공해물질에 오염되지 않고 염류농도가 높지 않은 수질이어야 한다.
③ 자재운반과 생산물 출하가 원활하게 이루어질 수 있는 곳이어야 한다.

② 시설의 구비조건

① 최악의 기상조건에도 견딜 수 있어야 하며 효율적인 적정 생육환경을 조성하고 작업능률을 올릴 수 있으며 재배면적을 최대한으로 확보할 수 있어야 한다.
② 시설 내구연한이 길어지도록 설계하고 시설비가 적게 들어야 한다.
③ 기반조성: 지하수위가 낮고 배수가 잘 되는 곳으로 시설의 바닥면은 바깥면보다 약간 높여주어야 하며 배치간격은 그늘이 지지 않는 범위로 간격을 띄고 통풍, 배수시설, 농로 등도 고려하여야 한다.
④ 고정식 영구시설의 기초 기반을 튼튼히 하여 안전도와 내구성을 향상시켜야 한다.
⑤ 피복자재의 설치: 연질 필름은 필름 팩과 홀더를 이용하여 골격에 밀착시켜 잡아매고 바람이 강하게 부는 지역에서는 쇠말뚝의 간격을 2m 정도로 한다.
⑥ 환기장치: 천창환기는 열조정장치를 이용하여 자동조절되도록 하고 측면환기는 필름을 걷어 올리거나 핸들이 달린 장치로 감아올리고 강제환기는 전동기로 구동되는 환기팬을 설치한다.
⑦ 커튼장치: 시설 내의 대류를 차단하여 열이 전달되지 않도록 보온한다.
⑧ 관수장치: 살수관수, 미스트 노즐에 의한 분무관수, 점적관수 등이 있으며 물에 불순물이 섞여 있을 경우 물의 배출구가 막히지 않도록 여과장치를 설치한다.
⑨ 안전설계하중: 설계하중을 고려한 설계의 목적은 1차적으로 구조의 안전성이고 다음으로 부재의 최적화를 통한 경제적인 설계가 이루어져야 한다.

3. 자재의 종류 및 특성

1. 골격자재

① 목재: 초기에 많이 이용되었으나 강도가 약하고, 골격률이 크고 투광률의 감소로 뒤틀리고 틈새가 발생하며 내구성이 적어 점차 사용이 줄어들고 있다. 요즘에는 재질이 우수한 철재 또는 경합금재가 많이 이용된다.

② 경합금재: 알루미늄을 주성분으로 하는 여러 종류의 합금으로, 가볍고 내부식성이 강하며 골격률이 낮아 광투과율을 증가시킬 수 있으나, 강재보다 강도가 떨어지며 가격이 비싸다.

③ 강재

㉮ 강도가 높고 내구성이 있어 지붕의 하중이 큰 대형온실에 적합하다.

㉯ 형강재(型鋼材): ㄱ자 · ㄷ자 · ㅁ자 형강 등이 있으며 용접이나 볼트를 사용하여 조립한다.

경량형강재	두께 3.2mm 이하, 플라스틱 하우스나 유리온실에 쓰인다.
압연강재	강한 힘이 작용하는 굴곡부분이 두껍다. 대형 유리온실 등에 사용되며 강도가 높다.
구조강관	두께 1.2mm, 바깥지름 Ø22mm가 많이 쓰인다. 아연도금 되어 내구 연한이 길며 단동 및 연동 하우스의 골격재로 많이 쓰인다.

2. 피복자재

① 피복자재의 구분

기초피복 (고정피복)	고정시설을 피복하여 상태변화 없이 계속 사용. 유리, 플라스틱필름 유리온실 · 플라스틱하우스 등의 고정구조, 소형터널 등의 간이구조, 멀칭 등의 지면피복에 사용
추가피복	기초피복 위에 보온 · 차광 · 반사 등의 목적. 부직포, 매트, 거적 등 커튼 · 외면피복 등의 보온, 차광, 반사 및 보광에 사용

② 피복자재의 구비조건

- 높은 투광률과 오랜 기간을 유지할 수 있는 것
- 열선(장파반사) 투과율이 낮을 것
- 열전도를 억제하고 보온성이 높을 것
- 내구성이 크고 팽창 수축이 작을 것
- 당기는 힘이나 충격에 강하고 저렴할 것

③ 피복자재의 종류

㉮ 유리: 투과성, 내구성, 보온성이 우수하나 충격에 약하고 시설비가 많이 든다. 연질 필름에 비해 기밀도가 떨어져 시설 내에 틈이 많이 생긴다.

판유리	투명유리 이용, 두께 3mm가 일반적이고, 벤로형 온실이나 안전도가 커야 하는 곳에는 두께 4mm 유리를 이용한다.
형판유리	표면에 요철모양이 있고 투과광이 일부 산란한다. 시설 내 광분포가 고르다.
열선흡수유리	가시광선의 투과성은 높으나 열선투과율은 낮다.

㉯ 플라스틱 피복자재

연질필름	두께 0.05~0.2mm: 염화비닐필름(PVC), 폴리에틸렌필름(PE), 에틸렌아세트산비닐필름(EVA)
경질필름	두께 0.10~0.20mm: 경질염화비닐필름, 경질폴리에스테르필름
경질판	두께 0.2mm 이상: FRP판 · FRA판 · MMA판 · 복층판
반사필름	시설보광(補光)이나 반사광 이용에 사용

연구 **폴리에틸렌(PE)필름**
광선투과율이 높고, 필름 표면에 먼지가 적게 부착하며, 서로 달라붙지 않아 취급이 편리한 점 등 우리나라 하우스 외피복재의 70% 이상을 차지하고 있다.

④ 기타 피복자재

부직포	보수성, 습기투과성. 커튼이나 차광피복재로 많이 사용
매 트	단열성은 크지만 광선투과율과 유연성이 낮다. 소형터널의 보온피복에 많이 사용
한랭사	시설의 차광피복재, 서리방지 피복자재로 사용

3. 환경조절자재

① 천창개폐장치: 용마루의 양측에 한줄씩 설치되며 동시에 개폐되는 방식과 개별로 개폐되는 방식이 있으며 풍향에 따라 개별로 개폐되는 방식이 많이 이용된다.

② 측창개폐장치: swing type으로 arm and rod 방식과 rack and pinion 방식이 있으며 3way sliding type으로 체인 스프로킷 방식이 있다.

arm and rod 방식	내부에 구동축이 있어 밀어내는 방식으로 구동되나 측면 커튼장치가 곤란하다.
rack and pinion 방식	구동축이 외부에 있어 설치면적이 다소 증가하나 내부측면 커튼 및 난방배관설비가 용이하다.
체인 스프로킷 방식	3way door 개폐에 적용된다.

③ 커튼 장치: 예인식은 중앙열개식으로 로프와 롤러로 구성되며 고장시 감지기능이 없어 파손될 우려가 많으며, 그중 커튼장치의 상단은 차광망으로 하단은 보온재로 알루미늄증착필름 등을 사용한다.

④ 난방장치: 온수난방, 온풍난방, 증기난방 등을 이용하며 온풍난방에는 덕트를 설치한다.

⑤ 환기장치: 온실 내부 공기의 온도 조절과 신선한 공기의 대체에 쓰인다.

1. 시설원예의 중요성과 거리가 먼 것은?

    ① 농한기 노동력의 활용으로 노동생산성 증대

    ② 기업적 경영과 계획생산출하로 상업적 경영 가능

    ③ 신선한 원예식물의 주년공급 가능

    ④ 저렴한 생산설비를 통한 순수익의 증대

2. 다음 중 시설원예의 특성이라고 할 수 있는 것은 ?

    ① 집약적 경영이다.

    ② 자본의 소요가 적다.

    ③ 농약의 사용이 증가한다.

    ④ 생산물 가격이 저렴하다.

3. 우리나라의 시설재배 면적 중 가장 많은 재배면적을 차지하는 채소류는?

    ① 근채류   ② 조미채소류

    ③ 과채류   ④ 엽채류

4. 다음 시설재배 채소 중 가장 많이 생산되고 있는 것은?

    ① 오이   ② 수박

    ③ 참외   ④ 토마토

01 ④   02 ①   03 ③   04 ②

5. 유리온실의 골조형식 중 가장 많이 사용되는 것은?

　① 목골조　　　　　② 철골조

　③ 파이프식　　　　④ 결합식

■ 유리온실은 골격 자체 및 지붕의 하중이 크므로 강도가 높고 내구성이 강한 철골조가 많이 사용된다.

6. 우리나라에 가장 많이 보급되어 있는 시설의 형태는?

　① 양지붕형　　　　② 반지붕형

　③ 벤로형　　　　　④ 둥근지붕형

■ 둥근지붕형이 가장 많이 보급되어 있다.

7. 온실의 지붕모양에 따른 구분이 아닌 것은 ?

　① 양지붕형　　　　② 연동형

　③ 스리쿼터형　　　④ 아치형

■ 연동형 온실은 온실을 둘 이상 연결한 형태이다.

8. 아치형 하우스에 관한 내용 중에서 잘못 표현된 것은?

　① 광선: 시설 내 광분포가 균일함

　② 보온: 방열면적이 넓고 보온성이 떨어짐

　③ 습도: 상부에 물방울이 생겨 다습해짐

　④ 환기: 천창 환기하지 않으면 환기능률이 떨어짐

■ 아치형 하우스는 방열면적이 좁고 양호하다.

9. 플라스틱필름 아치형 하우스의 장점은?

　① 천창 환기가 쉽다.

　② 눈이 많이 오는 지역에 효과적이다.

　③ 상부에 물방울이 생기지 않는다.

　④ 실내 광분포가 균일하다.

■ ①②③은 지붕형 하우스의 장점이다.

05 ②　06 ④　07 ②　08 ②　09 ④

10. 파이프를 이용한 아치형 하우스의 장점이 아닌 것은?

① 조립, 해체 및 이동이 가능하다.

② 규격품이 생산보급되고 있다.

③ 내풍성이 강하다.　④ 환기능률이 좋다.

■ 아치형 하우스는 환기능률이 나쁘다.

11. 양지붕 연동형 온실의 장점이 아닌 것은?

① 토지의 이용률이 높다.

② 환기가 잘 된다.

③ 난방 효율이 높다.

④ 단위 면적당 건축비가 싸다.

■ 양지붕 연동형 온실의 단점: 광분포가 불균일하다, 환기가 잘 안된다, 적설의 피해를 입기 쉽다.

12. 지붕형 온실과 아치형 온실의 장단점을 비교한 내용 중 가장 옳게 설명된 것은?

① 광선의 유입은 지붕형이 고루 투사되어 많다.

② 적설시 아치형이 지붕형보다 유리하다.

③ 천창의 환기능력은 지붕형이 아치형보다 유리하다.

④ 재료비 부담 측면에서 지붕형이 아치형에 비하여 적게 소요된다.

■ ① 광선의 유입은 아치형이 고루 투사되어 많다.
② 적설시 지붕형이 아치형보다 유리하다.
④ 재료비 부담 측면에서 볼 때 지붕형이 아치형에 비하여 많이 소요된다.

13. 단동형보다 연동형 하우스의 보온비가 더 큰 이유는?

① 연동형의 외표면적이 크기 때문이다.

② 연동형의 기밀도가 상대적으로 작기 때문이다.

③ 연동형의 방열면적이 작기 때문이다.

④ 연동형이 외표면적에 대한 바닥면적 비율이 크기 때문이다.

■ 바닥면적이 증가한 연동형이 보온에 더 유리하다.

10 ④　11 ②　12 ③　13 ④

14. 유리온실의 구조형식 중 지붕모양이 좌우대칭으로 가장 보편화된 온실은?

① 한쪽지붕형

② 스리쿼터형

③ 둥근지붕형

④ 양지붕형

15. 다음 중 온실의 기울기를 가장 크게 해야 될 경우는?

① 바람이 많이 부는 곳에 설치되는 온실

② 강우량이 많은 곳에 설치되는 온실

③ 일사량이 적은 곳에 설치되는 온실

④ 적설량이 많은 곳에 설치되는 온실

16. 시설의 구비조건이 아닌 것은 ?

① 최악의 기상조건에서도 견딜 수 있는 구조물이어야 한다.

② 관리가 편리하고 재배면적을 최대한으로 확보할 수 있는 구조 조건이어야 한다.

③ 시설비가 적게 드는 구조이어야 한다.

④ 작물생육에 적당한 온도 조건만을 만들어 주는데 효율적이어야 한다.

17. 시설 골격자재로 많이 이용되지 않는 것은?

① 목재

② 죽재

③ 철재 및 경합금재

④ 석재

14 ④ 15 ④ 16 ④ 17 ④

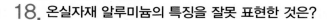
18. 온실자재 알루미늄의 특징을 잘못 표현한 것은?

① 가벼워 다루기가 용이하다.

② 부식에 강하여 오래 쓸 수 있다.

③ 성형이 쉬워 복잡한 단면가공이 가능하다.

④ 강도가 강하여 많은 부재로 이용된다.

■ 알루미늄은 철강보다 강도가 떨어지며, 내식성 알루미늄의 경우 값이 비싸 경제성의 문제가 생긴다.

19. 다음 중 피복자재의 구비조건으로 잘못된 것은?

① 저렴해야 한다.

② 높은 광투과율을 지녀야 한다.

③ 열전도율이 높을수록 좋다.

④ 내구성이 크고 팽창 및 수축이 적어야 한다.

■ 열전도율이 낮으면 보온력이 높다.

20. 시설의 피복자재로 알맞은 것은?

① 열전달을 잘 할 것

② 햇빛이 잘 통과할 것

③ 팽창과 수축력이 클 것

④ 열선(장파)의 투과율이 높을 것

■ 피복자재는 투광률이 높아야 한다.

21. 우리나라에서 가장 많이 사용되고 있는 피복자재는?

① 염화비닐(PVC)필름

② 아세트산비닐(EVA)필름

③ 폴리에틸렌(PE)필름

④ 유리

■ PE필름은 우리나라 하우스 외피복재의 70% 이상을 차지하고 있다.

18 ④ 19 ③ 20 ② 21 ③

22. 다음 중 염화비닐필름의 성질을 설명한 것으로 적당치 않은 것은?

① 장파 복사열의 차단효과가 있다.

② 가소제가 표면으로 용출되어 먼지가 잘 달라 붙는다.

③ 필름끼리 서로 달라 붙는다.

④ 광선 투과율이 낮다.

23. 지면 피복용으로 사용되는 자재 중 산광효과를 동시에 얻을 수 있는 것은?

① 부직포　　　　② 연질필름

③ 반사필름　　　　④ 기포매트

24. 시설 내의 산광피복재 중 그늘이 생기지 않는 것은?

① 투명유리

② 염화비닐필름(PVC)

③ 폴리에틸렌필름(PE)

④ 유리섬유 강화 폴리에스테르판(FRP)

25. 다음 중 외피복용 피복자재로만 짝지어진 것은?

① 유리, 반사필름

② FRA판, 한랭사

③ FRA판, PVC필름

④ PE필름, 반사필름

■ 보 충

■ 염화비닐필름의 성질
① 광선 투과율이 높다.
② 장파투과율과 열전도율이 낮아 보온력이 뛰어나다.
③ 비료, 농약 등에 내성이 크다.
④ 연질이라 사용이 편리하다.
⑤ 하우스의 외피복재로 가장 적합하나 값이 비싸 보급률이 낮다.

■ 반사필름은 시설의 보광이나 반사광 이용에 사용되며, 이 필름으로 커튼피복하면 열절감률이 높아진다.

■ FRA, FRP, MMA와 같은 산광피복재를 사용하면 투과되는 광의 30% 정도가 산란광이므로 구조재의 광차단에 의해 나타나는 그늘이 없어진다.

■ 반사필름은 주로 반사 및 보광에, 한랭사는 차광에 이용된다.

22 ④　23 ③　24 ④　25 ③

26. 다음 중 시설 내의 온도 상승을 억제하고 잎이 타는 현상을 막기 위하여 사용되는 피복재는?

① 유리   ② 한랭사

③ PE필름   ④ PVC필름

■ 한랭사는 시설의 차광피복재 또는 서리를 막기 위한 피복자재로 많이 쓰인다.

27. 다음 중 자외선 투과율이 가장 높은 피복재는?

① 유리

② 염화비닐필름

③ FRP

④ 폴리에틸렌필름

■ 폴리에틸렌필름은 자외선과 장파장의 투과율은 가장 높으나 보온력은 낮다.

28. 자외선 차단 피복자재를 이용했을 때 나타나는 현상은?

① 특정 균류의 생장이 촉진된다.

② 가지류의 색소 발현이 억제된다.

③ 피복재의 내구력이 단축된다.

④ 꿀벌의 활동이 활발해진다.

■ 자외선 차단 피복자재는 가지류나 화훼류의 착색을 불량하게 하고 꿀벌의 활동을 방해한다.

29. 다음의 피복자재 중 경질피복(경질판 포함) 자재가 아닌 것은?

① FRP(유리섬유강화아크릴)판

② PET(폴리에스테르)필름

③ EVA(아세트산비닐)필름

④ PC(폴리카보네이트)판

■ ① 연질필름(두께 0.05~ 0.2mm): PE, EVA, PVC
② 경질필름(두께 0.1~0.2mm): PET
③ 경질판(두께 0.2mm 이상): FRP판, FRA판, MMA판, PC판

26 ②   27 ④   28 ②   29 ③

제2장 시설 재배관리

1. 시설 내 환경특성과 재배관리

1. 광환경과 재배관리

1 광량의 감소

① 구조재에 의한 차광: 구조재는 거의 불투명체로 그 비율이 커질수록 광선의 차단율은 커지며 유리온실의 구조재에 의한 차광률은 20% 정도이다.

② 피복재에 의한 반사와 흡수: 피복재에 의한 반사와 이에 부착되어 있는 먼지·색소 등의 광흡수로 광선투과량이 감소되며 광선의 입사각에 따라 반사율이 달라진다.

③ 피복재의 광선 투과율: 투명유리나 플라스틱필름의 광선투과율은 비슷한 상태를 나타내나 착색제를 첨가한 필름·유리 등의 광선투과율은 현저히 낮다. 광투과율이 높은 피복재라도 보온성을 높이기 위해 커튼이나 터널 등을 2중피복하면 광투과율이 40% 이상 감소한다.

④ 시설의 방향과 투광량: 시설 내의 광량은 시설의 설치방향에 따라 달라지는데 태양고도가 낮은 겨울에는 동서동의 광량이 남북동에 비해 두드러지게 많다. 이 현상은 시설의 피복재에 대한 입사각의 차이 때문이다.

2 광 분포의 불균일

① 시설의 설치방향 중 동서동은 남북동에 비해 입사광량이 많으며 시설의 추녀 높이에 따라 광분포가 달라진다.

② 구조재에 의한 부분적인 광차단으로 그늘이 생기는데 이것은 구조재가 불투명체이므로 광선을 차단하여 광분포가 균일하지 않게 된다.

> **연구** **시설의 설치방향에 따른 광분포**
> 동서동이 남북동에 비해 입사광량이 많으나, 연동의 경우에는 동서동이 남북동보다 그림자가 심하게 나타나서 광분포의 불균일성이 크다.

③ 광질의 변화

① 시설 내의 400nm 이하의 자외선과 300nm 이상의 적외선의 투과율은 사용 피복재의 종류에 따라 달라진다.
② 유리: 310nm 이하의 자외선과 300nm 이상의 적외선은 거의 투과시키지 않으며 열선 흡수유리는 적외선 부분을 많이 흡수한다. 자외선이 차단된 필름을 사용하면 수분을 매개하는 벌의 활동이 억제될 수 있다.
③ 염화비닐(PVC)필름: 가소제와 자외선흡수제가 첨가되어 자외선의 투과율은 낮으나 300nm 이상의 장파장은 유리보다 높고 폴리에틸렌필름보다 현저하게 낮다.
④ 폴리에틸렌(PE)필름: 자외선과 장파장의 투과율은 가장 높으나 보온력은 낮다.
⑤ 플라스틱판: FRP와 FRA 등은 자외선은 거의 투과시키지 않고 장파장의 투과율도 낮다.

④ 투광량의 증대와 빛의 효율적 이용

① 구조재와 피복재의 선택: 구조재 강도 증가, 프레임률 감소, 투광량증대 유도. 가시광선의 투과율은 아크릴판〉유리〉플라스틱필름 순이며, 플라스틱필름에서는 무적필름이 유적필름보다 높다.
② 시설의 설치방향 조절: 일반적으로 동서동에서 투광량이 많다. 유리온실의 경우, 남북방향 설치 원칙은 투광량을 줄여 고온기 실내온도의 지나친 상승을 억제하는 데 목적이 있다.
③ 반사광의 이용: 태양고도가 낮을 때에 동서동의 북측벽에 반사판 설치, 광량 증대. 한겨울 2개월 동안 실내 광량을 외부보다 10% 정도 더 많게 유지하며 반사판은 알루미늄 포일이 적당하다.
④ 산광 피복재의 이용: 구조재에 의한 그늘 감소, 실내 광분포 균일, 평균적으로 작물의 수량을 향상시킨다.

> **연구 반사판의 설치**
> 반사판을 설치하면 반사광을 실내로 유도하여 광량을 증대시킬 수 있으며, 태양고도가 35°일 때 투과광이 74%, 반사광이 38%로 총 112%가 되므로 바깥보다 12%의 광량이 많다.

⑤ 보광 및 차광

① 보광(補光): 자연광만으로 광량이 부족할 때 인공광으로 광량을 보충하는 것이다. 전
조재배에는 인공광원으로 백열등, 형광등이 쓰이고 보광재배에는 고압가스방전등, 형
광등이 이용된다.

백열등	일장을 조절하여 개화기를 조절하고 휴면을 타파시키는 등 장일식물에 효과가 크다.
형광등	백열등에 비해 발광효율이 4배에 이르고 수명도 길어 식물육성용으로 쓰이며 청색광과 적색광은 식물의 광합성에 효율이 높다.
수은등	발광효율은 형광등보다 낮지만 적색파장이 강한 등과 조합하면 광합성촉진과 장일식물용으로 넓은 면적의 조명에 쓰인다.
고압나트륨등	출력효율이 높고 광합성효과가 높은 파장을 포함하고 있으나 적색광이 거의 없어 식물이 웃자랄 수 있다.

② 차광(遮光): 태양의 고도가 높은 여름철에는 온도상승과 엽소현상을 막기 위해 차광하
여야 하며 광포화점이 낮은 원예작물에는 차광이 필수적이다. 차광재료로는 검은색의
한랭사나 차광망 등이 이용된다.

2. 탄산가스 환경과 재배관리

① 탄산가스와 작물의 생육

① CO_2는 광합성작용에 절대적으로 필요한 것으로 식물은 기공을 통해 흡수한 CO_2와 뿌
리를 통해 흡수한 물을 원료로 태양에너지를 이용하여 탄수화물을 합성한다.
② 식물이 CO_2를 흡수하면 가스의 확산과 공기의 유동에 의해 끊임없이 공급되어 CO_2 고
갈로 광합성이 중지되는 일은 없으나, 시설은 밀폐된 환경이므로 식물이 흡수한 정도
의 CO_2가 계속 보충되지 못하므로 CO_2가 고갈되어 광합성이 정상적으로 이루어질 수
없게 된다.

② 시설 내 탄산가스 환경의 특이성

① 탄산가스의 일변화: 밤에는 CO_2가 계속 방출되어 노지보다 실내의 농도가 높아지며,
낮에는 시설 내의 CO_2 농도가 빠른 속도로 감소한다.

② CO_2의 분포: 시설의 내부는 위치에 따라 CO_2의 농도차이가 있으며 잎 · 줄기가 무성한 부분에서는 CO_2 농도가 낮고 공기가 움직이는 통로 부분은 높다. CO_2가 부족하면 경엽의 신장이 불량하고 연약해지며, 낙화와 낙과가 증가한다.

> **연구 시설 내의 탄산가스 농도**
> 야간에는 식물체의 호흡과 토양미생물의 분해활동에 의하여 배출되는 탄산가스로 인해 높은 탄산가스 농도를 유지하여 해뜨기 직전에 가장 높고, 아침에 해가 뜨고 광합성이 시작되면서부터 서서히 낮아진다.

③ 탄산가스의 시비

① CO_2 요구량: 작물의 종류, 광선의 세기, 온도 등에 따라 합리적인 시비량, 시비시간을 결정한다. 대부분의 작물에 1000~1500ppm 정도를 시비한다.
② 탄산가스의 시용효과는 작물에 따라 차이가 있으나 오이, 멜론, 토마토, 가지, 고추, 딸기 등에서 수량 · 품질이 향상되고, 특히 온실멜론에서 효과가 크다. 셀러리, 상추, 부추 등에서도 효과가 인정된다.
③ 시비시기와 광도: 해뜬 후 1시간 후부터 환기할 때까지의 2~3시간, 길어도 3~4시간이면 충분하다. 오후에는 광합성효율이 떨어질 뿐만 아니라 기온이 높아져서 환기가 필요하므로 탄산시비의 효과가 잘 나타나지 않는다. 시설 내의 광도가 낮으면 탄산가스 시비량을 줄이고, 광도가 높으면 시비량을 늘인다.
④ 시비방법: 프로판가스나 액화 CO_2를 이용하여 외부에서 공급하는 직접적인 방법과 퇴비나 두엄이 분해될 때 발생하는 CO_2를 이용하는 간접적인 방법이 있다.

고체탄산	일정량의 고체탄산(dry ice)을 용기에 담아 시설 내에 두면 승화하면서 방출되는 CO_2를 이용한다.
액체탄산	고압으로 액화시킨 CO_2를 봄베에 넣어 압력과 유량으로 일정량의 CO_2를 방출시킬 수 있어 시설에 편리하게 이용된다.
유기물연소	프로판가스나 석유 등을 연소시킬 때 발생하는 CO_2를 이용하는 것이나 불완전연소에 의한 CO, SO_2 등의 피해가 우려된다.
화학반응 이용	탄산염에 묽은산을 처리하여 얻어지는 CO_2를 이용하는 방법이나 실용성이 없다.

3. 온도환경과 재배관리

① 온도와 작물의 생육

① 온도와 광합성: 광합성은 대기중에서 흡수한 CO_2와 뿌리로부터 흡수한 물을 이용하여 식물체의 잎에서 햇빛을 받아 탄수화물이 형성되는 과정으로 온도의 영향을 받는다. 저온에서는 어느 정도 광합성이 이루어지나 온도가 높아짐에 따라 급격히 증가하다가 그 이상의 고온이 되면 호흡이 왕성해져 광합성량은 감소한다.

② 동화산물의 전류: 동화산물의 전류에는 온도가 가장 큰 영향을 끼치며 주간의 고온에서는 잎에서 과실과 뿌리로의 전류가 빠르지만 야간의 저온에서는 전류속도가 느리고 전류량이 줄어든다.

③ 저온에서는 뿌리의 수분흡수와 P, Ca를 비롯한 양분흡수가 억제되며 광합성과 대사기능저하로 장해가 일어나고 수분·수정에도 영향을 미친다.

② 시설 내 온도환경의 특이성

① 온도 교차: 시설 내의 열은 피복재에 의해 외부로의 방열이 어느 정도 차단되어 시설 내에 계속 축적되어 바깥에 비해 두드러지게 높아지며, 야간에 가온을 하지 않을 때는 외기온과 거의 같은 수준으로 낮아져 온도교차가 매우 커지게 된다.

② 수광량의 불균일: 구조재에 의한 광차단과 피복재에 의한 반사에 따라 수광량이 달라진다.

③ 대류: 시설 외피복재의 온도는 실내기온보다 낮으며 시설 내면에 접해 있는 공기가 냉각되면서 대류현상이 일어나 시설 내의 기온은 위치에 따라 달라진다.

④ 시설 밖의 바람의 영향: 시설 내의 기밀도에 따라 환류현상이 일어나 바람에 부딪히는 윗부분과 반대쪽의 기온에 변화가 온다.

> **연구 시설 내 온도의 일변화**
>
> 주간에 시설 내에 들어온 햇빛에 의해 기온이 상승하면 피복물 등에 의해 공기가 외부로 확산되지 못하므로 시설 내의 기온은 피복자재의 단파와 장파의 투과특성으로 높아지게 된다. 그 후에는 입사열 중 현열량이 방열량보다 적어 온도가 내려가게 되며 야간에는 지면과 외피복면으로부터 장파반사가 계속되고 열의 공급이 거의 없어 외기온보다 더욱 내려간다.

③ 시설 내의 기온

① 시설 내는 외부와 차단된 공간이므로 피복재에 의해 방열이 차단되어 주간에는 온도 상승이 뚜렷하다.

② 야간에 가온이 되지 않을 때는 급속한 기온저하가 이루어져 온도교차가 커진다.

③ 여름철 주간에는 천창과 측창을 열어도 높은 온도 차이를 나타내나 야간에는 외기온 과의 차이가 적고, 시설 내의 온도분포가 고르지 못한 것은 일사량의 분포가 고르지 않은 데 따른다.

④ 시설 내 위치에 따른 온도분포는 1~2℃ 정도의 차이를 보인다.

> **연구 시설의 변온관리**
>
> 시설의 온도를 낮에는 높고 밤에는 가급적 낮게 유지하는 변온관리는 항온관리에 비해 유류 절 감효과, 작물생육과 수량의 증가 효과, 품질향상 효과가 있다.

④ 시설 내의 지온

① 시설 내의 지온은 노지의 지온보다 높은 것이 특징이며, 시설의 규모가 클수록 뚜렷하게 나타난다. 투과광량은 시설의 중앙부가 많고 주변이 적으며 이에 따라 지온도 중앙부가 높고 주변이 낮다.

② 겨울에 난방을 할 때에는 최저지온의 실내외 차이가 커지면서 지온차도 상대적으로 커진다.

⑤ 시설의 보온

① 보온비(바닥면적/외피복면적)는 시설이 커질수록, 특히 연동형과 폭이 크고 높이가 낮은 시설에서 크며 보온비가 클수록 시설 내의 온도를 높게 유지할 수 있다. 즉, 시설의 바닥면적이 크고 표면적이 작아야 보온에 유리하다.

② 지열의 축적과 이용률 증대: 적당한 수분량 유지, 점적식 관수, 플라스틱 멀칭 등으로 열의 손실을 방지한다. 땅속 30~40cm와 경계면에 단열재 매설이 필요하다.

> **연구 시설의 열손실**
>
> 시설의 열손실 가운데 가장 큰 비중을 차지하는 것은 관류열량(시설의 피복재를 통과하여 나가 는 열량)으로 전체 열손실의 60% 이상을 차지한다.

③ 보온자재: 표면피복에 알루미늄 증착필름, 혼입필름, PVC, PE 등을 이용하여 이중커튼 보온 피복을 한다.

④ 다중피복: 시설 내 공기의 대류 억제 및 시설 외부로의 전열 억제에 효과가 있다.

⑤ 기밀도: 기밀도가 낮을수록 환기전열량(밀폐되지 않은 부분으로의 공기유출량)이 증가하여 난방비가 많이 소요된다. 일반적으로 시설의 기밀도는 연동보다는 단동이, 유리온실보다는 비닐하우스가 크다.

⑥ 방풍: 바람방향과 수직으로 방풍벽을 세우면 방풍벽 높이의 3~5배 거리에서 풍속이 최저가 되고 12배 거리까지도 50% 정도 감속효과가 있다.

⑦ 워터커튼(수막): 밀폐형 플라스틱 커튼 설치, 커튼 상부에 파이프 장치, 야간에 지하수(16~17℃)를 올려 살수한다. 수온이 10℃ 이상이어야 하며 워터커튼을 이용하면 영하 10℃까지 내려가는 지역에서 딸기, 상추의 무가온재배가 가능하다.

6 시설의 난방

① 난방의 필요성: 난방은 저온장해의 발생을 방지하기 위해 실시하며 적극적 난방으로 수량증대와 품질향상을 도모하여 경영효과를 증대시킨다.

② 난방의 기본요건

　㉮ 최악의 기상에서도 작물의 생육적온을 유지한다.

　㉯ 난방설비 및 운전비용이 경제적이어야 한다.

　㉰ 기타: 실내 온도분포의 균일, 난방설비 조절능력의 정확 및 완벽, 난방설비에 의한 차광이 극소화될 것, 난방설비의 재배면적과 작업성에의 제약이 최소화될 것

③ 난방부하(暖房負荷, heating load): 실외로 방출되는 전체열량 중 난방설비로 충당해야 하는 열량을 말하며, 최대난방부하는 재배기간 중 기온이 가장 낮은 시간대에 소비되는 열량으로 난방설비의 용량결정 지표이다.

$$Q = A_w \cdot U \, (T_i - T_o) \, (1 - f_r)$$

Q: 난방부하　　　　　A_w: 하우스의 표면적　　　U: 난방부하계수(유리온실: 5.3, 비닐하우스: 5.7)
T_i: 하우스 내 설정온도　T_o: 외부기온　　　　　f_r: 보온피복에 따른 열절감률

④ 난방방식의 결정: 설비용량에 과부족이 없이 최대난방부하에 적용할 수 있는가와 경제성을 고려한다. 시설의 규모가 가장 큰 요인으로 면적이 커질 경우 특히 대면적의 시설단지에는 증기난방이 적합하다.

⑤ 난방방식의 종류와 특성

온풍난방	연소실 겉표면에서 열교환에 의하여 더워진 공기를 시설 내로 불어 넣고 연소가스는 시설 밖으로 배출하는 방식이다. 시설 설치 용이, 설비비 저렴, 가열속도 빠름, 작업성 양호, 이동 간편, 온도조절 용이, 500~1,000평 규모의 플라스틱 하우스 난방에 가장 효과적이나 보온성 결여, 실내 건조, 실내 온도분포의 불균일 등의 단점이 있다.
온수난방	연소된 열을 비열이 높은 물에 흡수시키고 방열기구를 통해 열을 시설 내로 공급하는 것으로 보온력이 크고 넓은 면적에 유리하나 난방효율이 낮고 방열관 시설에 많은 비용이 든다. 방열관을 땅에 묻어 지온을 높일 수도 있다.
증기난방	보일러에서 만들어진 증기가 배관을 통해 방열관을 거치는 동안 다시 물로 될 때 발산되는 열을 이용하는 난방으로 온수난방보다 배관이 용이하고 발열량이 크며 대규모 집단시설이나 경사지에서도 균등하게 열을 배분하고 경제적이다. 방열기와 파이프 부근에서 건조장해와 부분적 고온장해가 발생하고 보온력이 대단히 작으며 시설비가 많이 드는 단점이 있다.
에너지 절감형 난방	
지중열 교환방식	지하 60~80cm에 열교환 파이프를 묻어 주간에 집적된 열에너지를 유입시켜 파이프 주변의 온도를 상승시키고 야간에는 유출시켜 난방열로 활용한다.
잠열축열방식	상온에서 상변화가 일어나는 물질을 이용하여 열을 저장하였다가 야간에 이용한다.
지하수이용 water curtain	지하수를 시설 내에 살수(撒水)하면 외기와의 온도차를 2~5℃까지 확보할 수 있다.

[7] 시설의 냉방

① 냉방관리: 시설 내에서 기온이 작물의 생육적온보다 높아지는 5월 이후에는 차광이나 환기장치에 의해 기온을 낮추어 주고 온도조절 상한선을 넘을 때는 냉방장치를 도입한다.

② 증발냉각(잠열냉각): 물이 기화할 때 열을 흡수하는 기화열(580kcal/ℓ)을 이용하여 주변의 기온을 하강시키는 원리로, 기화냉각법에 의한 냉방효율은 공중습도가 낮을수록 즉, 건구온도와 습구온도의 차이가 클수록 커진다.

fog and fan법 (細霧冷房, high mist)	시설 내의 증발을 촉진하기 위해 흡기구에 미스트노즐을 설치하여 분무하면 안개와 같은 물입자가 건조한 기류를 타고 부유하면서 증발 주변의 열을 빼앗는다
pad and fan법	잠열냉각방식으로 시설의 외벽에 패드(pad)를 부착하여 여기에 물을 흘리고 실내공기를 밖으로 뽑아낸다.
기 타	스프링클러를 살수시켜 유리표면을 젖게 하고 태양에너지를 흡수시켜 시설 내로의 열관류를 감소시키면서 증발에 의해 유리표면의 온도를 낮추는 방법

③ heat pump냉각: 응축기와 증발기를 이용하는 것으로 열전달매체의 온도차를 이용하여 냉방시킨다. 난방에도 이용된다.

④ 지하수 이용: 지하수의 낮은 수온을 이용하여 방열관으로 실내의 더운 공기를 흡수시킨다.

⑤ 차광: 보조 냉방방법으로 한랭사 등의 차광막을 적절한 간격으로 설치하여 활용한다.

⑥ 열선흡수유리: 가시광선을 투과시키고 적외선을 흡수하는 유리를 피복재로 사용하여 시설 내의 온도상승을 억제시킨다.

4. 수분 · 습도환경과 재배관리

1 시설 내 물의 순환

① 밀폐된 시설은 자연강우에 의한 물 공급은 없는 상태이고 작물이 생육한 후에는 물 부족이 심해져 인공적으로 수분을 공급해 주어야 한다.

② 작물의 수분흡수량은 증산량에 비례하고 증산량은 잎의 수증기압과 공기의 증기압과의 차에 비례하며 시설 내의 습도는 노지에 비해 높다.

③ 작물체와 지면으로부터 증발산된 수증기는 대류현상에 의해 상층부로 이동되고 상부에 응결된 물은 다시 아래로 떨어져 토양으로 되돌아가 다시 증발산을 하게 된다.

④ 시설의 틈새를 통해 빠져나간 수증기는 작물이 다시 이용할 수 없다.

⑤ 시설 내 물의 순환은 무한히 계속되는 것이 아니고 소비되는 것이기 때문에 지하에서 토양수분의 공급을 받지 않는한 관수를 하여야 한다.

② 시설 내 수분환경의 특이성

① 자연적인 강수(降水)에 의한 수분의 공급이 없고, 증발산량이 많아 토양이 건조하기 쉽다.

② 낮은 지온으로 근계의 발달이 미약하여 수분의 흡수 저해가 일어나고, 단열층이 지하수의 이동을 제한한다.

③ 토양수분의 과부족이 없도록 수분을 관리하고 과습 시에는 이랑을 높이거나 암거배수 시설을 한다.

③ 관 수(灌水)

① 시설 내의 토양수분은 강우가 차단된 상태이므로 인공적으로 관수해 주어야 하며 관수 시에는 수질·수온 및 관수량 등에 유의하여야 한다.

② 관수를 개시하여야 하는 시기는 작물의 종류, 생육단계, 재배시기 등에 따라 달라지나 시설재배에서는 보통 토양수분장력(pF) 1.5~2.0에서 관수를 개시한다.

③ 토양수분장력은 텐시오미터(tensiometer)로 측정하며 그 값을 pF로 나타낸다. 텐시오미터는 측정범위가 pF 0~2.8 정도로 비교적 습윤한 상태로 작물을 재배하는 시설에서는 편리하게 이용할 수 있으며, 같은 장소에서 연속적으로 측정할 수 있는 장점이 있다.

④ 시설재배의 관수개시점이 노지(pF 3.0)보다 훨씬 낮은 이유는 밀식으로 인하여 주위에서 수분공급이 되지 않아 빨리 수분장해점에 도달하며, 다비로 토양용액의 농도가 높아지므로 수분을 공급하여 낮추기 위함이다.

⑤ 관수량은 토양의 포장용수량으로부터 관수 직전의 토양수분 함유율을 뺀 차이로 정하며 실제 뿌리의 대부분이 존재하는 깊이까지를 유효토심으로 한다.

⑥ 관수의 자동화

피드포워드식 (feed forward)	시설 내의 일사량에 따라 증발산량을 추정하여 관수하는 방식
피드백식 (feed back)	어떤 방법으로든 물 소비량을 계측하여 이것을 기준으로 컴퓨터에 의하여 관수간격과 관수량을 결정하는 방식

④ 시설 내의 습도 변화

① 기온이 내려가면 공기의 포화증기압이 낮아져 상대습도는 높아지게 되며, 기온이 올라가면 상대습도는 낮아지게 된다.

② 습도의 변화는 일반적으로 기온의 변화와 반대의 양상을 나타내어 기온이 낮아지면 절대 수증기압은 변하지 않는 데 반해 공기의 포화수증기압이 작아져 습도가 높아지게 된다.

③ 시설 내의 습도 변화는 환기의 유무에 따라 다르며, 무환기·무가온의 시설에서는 기온상승과 함께 주간에는 80% 가까이 상대습도가 내려가고, 시설 내의 보온이 시작되는 저녁부터는 상대습도가 거의 포화상태에 이른다.

④ 시설 내 습도의 높고 낮음은 병·해충 발생 및 작물의 생육과 긴밀한 관계가 있으므로 항상 적정 상태의 습도를 유지할 수 있도록 주의하여야 한다.

> **연구 시설 내의 공기습도**
>
> 시설 내의 공기습도가 낮아지면 증산량이 증가하여 수분흡수가 촉진되고, 공기습도가 높으면 증산량 및 광합성이 감소하고 병해가 심하게 발생한다.

5. 공기환경과 재배관리

① 시설 내의 공기환경

① 대기(大氣)는 약 질소 79%, 산소 21%, 이산화탄소 0.03% 등으로 구성되어 있으며 산소와 이산화탄소는 식물의 광합성과 호흡에 필요한 요인이다.

② 시설의 내부는 피복재로 외부와 차단되어 있어 노지와는 공기환경이 다르며 시설 내의 공기성분의 분포도 다를 수 있다. 시설원예생산에서 문제되는 공기환경은 CO_2 농도와 유해가스의 집적이다.

③ 시설 내에서는 토양과 난방기로부터 유출되는 가스가 날아가지 못하고 유해가스로 집적되어 생리장해를 유발하고 품질저하와 수량의 감소를 나타낸다.

② 유해가스의 발생

① 피복재로 외부와 차단되어 있는 시설 내에서는 여러 유해가스가 발생되는데 이들이 축적되어 피해를 입는 일이 흔히 나타난다.

② 시설 내의 유해가스로는 암모니아가스, 아질산가스, 아황산가스, 일산화탄소, 에틸렌, 아세틸렌 등이 있다. 유해가스는 점차 누적되므로 주의가 필요하며 에틸렌, 불화수소, 아황산가스 등은 대단히 낮은 농도에서도 장해를 유발한다.

암모니아가스	질소질 비료시용 시 암모니아화성균의 작용으로 암모늄태질소로 되어 대부분이 토양에 흡착되고 pH가 높아져 암모늄태질소가 가스화되어 방출한다. 피해는 잎의 가장자리가 수침상으로 변하고 담갈색의 반점이 나타나 갈변하여 말라죽게 된다. 시비량을 줄이고 과인산석회 등 산성비료를 주어 암모니아가스의 발생을 막을 수 있다.
아질산가스	암모늄태질소에 아질산화성균의 작용으로 아질산태질소가 생기며 아질산이 물에 용해되어 질산으로 되면 pH는 산성으로 되며 가스화하여 시설 내에 축적되어 잎에 피해가 발생한다. 합리적인 시비에 의해 토양의 pH를 높이면 발생을 막을 수 있다.
아황산가스	황성분을 함유한 석유류를 연료로 사용할 때 연소가스가 실내로 배출되어 가스가 축적된다.
일산화탄소	프로판가스나 석탄을 연소시킬 때 불완전연소에 의해 발생한다.

③ 시설의 환기

① 자연환기와 강제환기가 있으며 현재 대부분의 플라스틱하우스는 자연환기 방식에 의존하고 있으나 환기효율을 높이려면 강제환기 방식을 채택해야 한다.

자연환기	강제환기
• 시설 내외의 온도차에 의하여 생기는 환기력과 시설 밖의 바람에 의하여 형성되는 압력차에 의한다. • 환기창의 면적이나 위치를 잘 선정하면 비교적 많은 환기량을 얻을 수 있다. • 온실 내 온도분포가 비교적 균일하다. • 풍향이나 풍속 등 외부 기상조건의 영향을 받는다.	• 환기량은 시설 내의 상면적과 순방사량에 비례하고, 설정내외 온도차에 반비례한다. • 시설 내 상하의 온도차가 작아져서 고온장해 발생위험이 감소한다. • 풍속분포는 환기량에 따라 달라진다. • 환풍기의 전기료 및 소음이 문제된다. • 흡입구로부터 배출구까지의 온도구배가 생기며 환기팬의 그림자로 인해 실내 광량의 감소가 나타난다.

② 시설 내 환기의 목적은 온도 및 습도의 조절, CO_2의 공급, 유해가스의 추방 등이다.

③ 환기창의 면적비율은 하우스 표면적 전체에 대한 환기창의 면적비율로 나타내며, 일반적으로 자연환기를 위한 환기창의 면적은 전체하우스 표면적의 15% 정도가 적당하다.

④ 환기창의 위치에 따른 환기 효율은 저부 측면환기와 천창환기를 동시에 했을 때 가장 높고, 중간 측면환기는 효율이 가장 떨어진다.

⑤ 환기조절의 유의사항

　㉮ 온실의 환기량을 계산한다. 겨울철 환기량이 많으면 저온장해, 여름철 환기량이 적으면 고온장해가 발생한다.

　㉯ 강제환기 시 소비전력량이 많으면 순이익에도 영향을 미친다.

　㉰ 열(에너지), 수증기, CO_2 등의 가감은 매개물질인 공기의 출입을 수반하므로 환기량을 반드시 계산하여야 한다.

6. 근권환경과 재배관리

1 시설토양의 특성

① 시설 내에는 강우가 전혀 없고 온도가 노지에 비해 높아 건조하기 쉽다.

② 뿌리의 수분흡수 범위가 좁고 얕아 토양이 조금만 건조해도 수분의 흡수가 저해되며, 지중의 단열층이 지하수의 이동을 제한한다.

③ 작토층의 비료성분이 용탈되지 않고 축적되어 생리장해가 일어나며, 시설의 고정화에 따라 염류농도가 높아져 장해발생의 가능성이 커진다.

④ 시설에서 재배되는 식물은 연작의 가능성이 높아 병원성 미생물이나 해충의 생존밀도가 높아지고, 미량원소의 부족현상이 야기된다.

⑤ 시설토양은 pH가 낮은 경우가 많아 인산결핍증이 나타나기 쉽고 K, Ca, Mg 등의 가용성이 낮아져 뿌리에 해를 주게 되며, 토양미생물의 활동에 영향을 미친다.

⑥ 집약적인 재배관리와 인공관수로 토양이 굳게 다져져 공극량이 적어지고, 토양의 공기 함량이 줄어들게 되므로 토양의 통기성 확보에 주력하여야 한다.

② 시설토양의 염류집적

① 시설토양에 염류가 집적되는 가장 큰 원인은 다비 재배, 무강우, 고온 등이며 토양용 액의 염류 농도는 전기전도도(EC)를 측정하여 분석할 수 있다.

② 시설토양에 집적되는 염류 중 가장 큰 비중을 차지하는 것은 질산태질소와 칼슘이며 염소, 마그네슘, 나트륨, 칼륨 등도 많이 집적된다.

③ 염류 농도에 대한 내성은 작물의 종류에 따라 다르나 양배추 · 무 등의 십자화과 채소 는 강하고 딸기와 삼엽채는 대단히 약하며 상추 · 가지 등을 제외한 열매채소도 약한 편이다. 특히 딸기는 내염성이 대단히 약하여 토양의 염류농도가 1mS/cm 이상이면 30~50% 정도의 포기가 피해를 입는다.

> **[연구] 작물의 염류 농도 장해 증상**
> - 잎이 밑에서부터 말라 죽는다.
> - 잎의 색이 농(청)록색을 띤다.
> - 잎의 가장자리가 안으로 말린다(당근, 고추, 배추, 오이).
> - 잎이 타거나 말라 죽는다.
> - 칼슘 또는 마그네슘 결핍 증상이 나타난다.

③ 시설토양의 관리방법

① 담수세척: 염류농도가 과다한 염류집적토양은 답전윤환으로 여름철에 담수하여 염류 를 씻어내고, 강우기에는 시설자재를 벗기고 집적된 염류를 세탈시키며, 관개용수가 충분하면 비재배기간을 이용하여 석고 등 석회물질을 처리한 물로 담수하여 염류를 제 거한다.

② 객토 또는 환토(換土): 시설원예지 토양은 일반적으로 충적모질물에서 유래하고 있어 점토함량이 적고 미사와 모래 함량이 많은 사질토이므로 보비력이 낮다. 양질의 붉은 산흙 등으로 객토하고 염류가 과잉집적된 표토가 밑으로 가도록 반전(심토반전)시켜 염류의 농도를 낮춘다.

③ 비료의 선택과 시비량의 적정화: 시설재배에서는 일반적으로 다수확을 위해 적정시 비량 이상의 비료를 시용하는 경향이 있는데 이는 경영경제적으로도 손실일 뿐 아니라 염류과잉집적에 의한 토양의 이화학적 성질을 악화시키는 결과가 된다. 염기나 산기를 많이 남기지 않는 복합비료를 선택하여 시용한다.

④ 퇴비·녹비 등 유기물의 적량시용: 염류과잉집적에 의한 작물의 생육장해가 큰 토양은 퇴비·녹비 등 유기질비료를 적절히 시용하여 토양보비력을 증대시켜 염류장해를 방지한다. 또한 유기물 시용에 의한 토양의 입단화촉진으로 통기·통수성을 양호하게 하여 물리성을 개량한다.

⑤ 미량요소의 보급: 시설원예지 토양에서는 미량요소의 결핍에 의한 작물생육장해를 간과하기 쉽다. 그러므로 작물의 종류에 따른 요구도를 고려하여 부족되지 않도록 시용한다.

⑥ 윤작(輪作): 시설토양에서는 고농도염류에 의한 뿌리절임 등 생육장해가 적은 작물을 선택하여 윤작하고 일반적으로 지력소모작물 후에 지력유지작물, 천근성작물 후에 심근성작물 등 윤작원리에 입각하여 윤작함으로써 지력의 저하를 방지한다. 윤작은 시설재배지 토양의 지력을 유지시킬 수 있는 가장 안전하고 친환경적인 방법으로 경제작물의 재배기간을 피하여 두과 녹비작물이나 흡비작물 등을 재배하는 윤작시스템이 개발되어야 한다.

> **연구** **제염작물**
>
> 시설원예지에서 윤작이 가능한 제염작물(지력소모작물, 흡비작물)은 옥수수, 보리, 수수, 호밀, 귀리, 이탈리안라이그래스 등의 화본과작물이다.

2. 수경재배

1. 수경재배의 의의와 현황

1 수경재배의 의의

수경재배(水耕栽培)란 시설재배의 한 형태로서 토양 대신 생육에 요구되는 무기양분을 적정 농도로 골고루 용해시킨 양액(養液, nutrient solution)으로 작물을 재배하는 것으로 양액재배, 무토양재배, 탱크농업 등으로 불린다.

② 수경재배의 특징

① 같은 장소에서 연작장해 없이 같은 작물을 장기간에 걸쳐 반복적 재배가 가능하다.
② 토양이 없는 상태에서 오염되지 않은 물을 사용하므로 기생충 · 중금속 등의 오염을 피할 수 있어 신선한 청정채소의 생산이 가능하다.
③ 제초 · 시비 · 관수작업이 필요없어 관리작업을 자동화 · 생력화할 수 있다.
④ 생육이 빠르고 연간 생산량을 증대시킬 수 있다.
⑤ 배양액의 완충능력이 없어 환경변화의 영향을 민감하게 받는다.
⑥ 장치 및 시설비가 비싸다.
⑦ 양액재배방식 및 품종특성에 따라 선택할 수 있는 식물의 종류가 제한되어 있다.

③ 수경재배의 성립 요건

① 특수한 구조의 재배모판, 양액탱크, 양액공급장치 등의 시설에 막대한 자본이 소요된다.
② 양질의 물을 다량 확보할 수 있어야 한다.
③ 배수가 잘 되고 폐양액과 소독액이 신속하게 빠져나갈 수 있어야 한다.
④ 일조가 많고 온화한 기상조건이 갖추어져야 한다.
⑤ 양액 조제 및 관리에 대한 기초적인 이론과 기술을 터득하여야 한다.

2. 수경재배의 종류

① 수경재배의 분류

수경재배 ┬ 비고형 배지경: 분무경, 분무수경, 수경(담액형, 순환형)
         └ 고 형 배지경: 사경, 훈탄경, 역경, 암면경, 펄라이트경, 자루재배 등

① 수경재배는 양액이나 산소의 공급방법, 작물의 뿌리를 지지하는 배지의 종류에 따라 비고형 배지경과 고형 배지경으로 분류한다.

② 비고형 배지경

분무경	식물의 뿌리를 베드 내의 공기 중에 매달아 양액을 분무하여 재배
분무수경	식물의 뿌리에 양액을 분무함과 동시에 뿌리의 일부를 양액에 담가 재배
수 경	식물의 뿌리의 양액에 담가 재배하는 담액형과 양액을 계속 탱크와 재배탱크 사이에 순환시키면서 재배하는 순환형으로 구분
	담액형	산소 공급 방법에 따라 연속통기식, 액면저하식, 등량교환식 등으로 분류하며 주로 액면저하식과 등량교환식을 이용
	순환형	양액을 탱크와 베드 사이에서 계속 환류시켜 재배하는 환류식과 베드 내에 양액을 조금씩 흘러내리게 하고 그 위에 뿌리가 닿도록 하여 재배하는 NFT식으로 구분

연구 NFT(Nutrient Film Technique ; 순환형 수경)

NFT는 뿌리의 일부는 공중에 노출되고 일부는 흐르는 양액에 닿아 공중산소와 수중산소를 모두 이용할 수 있으며 실용적으로 사용되는 베드의 길이는 20m, 기울기는 1/100 ~1/70 정도이다. 베드 자체가 가볍기 때문에 높게 설치하여 작업효율을 높이는 것이 좋다. NFT는 세계적으로 가장 널리 보급되어 있는 양액재배용 순환식 수경방식으로 시설비가 저렴하고 설치가 간단하고 중량이 가벼워 관리가 편하며 산소부족의 염려가 없다. 결점은 고온기에 양액의 온도가 지나치게 높아지기 쉬운 점이다.

③ 고형 배지경: 양액을 이용하되 작물의 지지, 산소 공급, 토양의 이점 등을 보충하기 위해 모래, 자갈, 버미큘라이트, 펄라이트, 훈탄, 암면 등의 고형물질을 배지로 이용

사 경	깨끗한 모래를 배지로 이용하여 재배
훈탄경	왕겨를 태워 만든 훈탄을 배지로 이용하여 재배
역 경	지름이 4~13mm 정도인 작은 자갈을 배지로 이용하여 재배
암면경	암면(현무암과 제철소 폐기물을 섬유화시킨 무기질 섬유)으로 성형한 배지에서 재배

연구 암면배지의 장점
- 이식과 정식이 간편하고 기상률(氣相率)이 크다.
- 배수성 및 보수성이 좋고 가벼워서 취급하기 편리하다.
- 재배가능한 식물이 많고 병해충 발생의 위험이 적다.
- 시설비가 저렴하고 재배관리를 시스템화할 수 있다.

② 배지의 종류 및 특성

① 배지의 조건

⑦ 화학적 활성이 없고 안전성을 갖추어야 한다.

⑭ 투수성이 높고 적절한 보수성이 있어야 한다.

⑮ 뿌리의 지지, 근권부에 대한 산소공급 및 양분 보유 등의 기능을 갖추어야 한다.

⑯ 작물의 뿌리가 뻗기 쉽고 양액과 접촉해도 화학적으로 안정하여야 한다.

⑰ 양액이 확산되기 쉬워야 한다.

⑱ 재배 후 잔근처리 및 배지교환이 용이하여야 한다.

⑲ 적정한 공극량을 가지고 청결하여야 한다.

⑳ pH 변화가 작고 완충능력이 높으며 어느 정도 염기치환능력이 있어야 한다.

㉑ 가격이 저렴하고 균질하며 취급이 용이하고 다량 입수가 가능하여야 한다.

㉒ 병충해 및 잡초종자 등이 함유되지 않아야 한다.

② 비고형 배지경의 특징

⑦ 배지의 비용은 거의 필요하지 않다.

⑭ 배양액을 매개로 병해가 발생되면 단기간에 모든 수계에 확산될 수 있으며 배지의 수분조절이 어렵다.

⑮ 완충능이 거의 없어 수질이 나쁘면 재배가 곤란하나 pH나 EC의 조절은 용이하다.

⑯ 뿌리부분 온도의 변동이 비교적 큰 경우가 많으나 배양액 사용량의 조절이 불필요하다.

③ 고형 배지경의 특징

⑦ 배지의 비용이 많이 소요된다.

⑭ 배양액을 매개로 병해가 전염하는 일이 거의 없으며 배지의 수분조절이 용이하다.

⑮ 배지에 완충능이 있어 수질이 어느 정도 불량해도 재배가 용이하며, pH나 EC의 변동 및 조절은 배지의 특성에 따라 변한다.

⑯ 배지 온도의 변동은 비교적 적으나 배양액을 시설전체에 균일하게 사용하기 어렵다.

3. 수경비료의 종류와 조제

① 수경비료의 종류

① 양액(배양액, 수경비료, nutrient solution)은 작물의 생육에 요구되는 무기양분을 흡수 비율에 따른 적정농도로 용해시킨 것으로, 질소(N) · 인(P) · 칼륨(K) · 칼슘(Ca) · 황(S) 등의 다량원소와 철(Fe) · 붕소(B) 등의 미량원소가 주로 이용된다.
② 다량원소는 me/ℓ로 농도를 결정하며, 미량원소는 mM로서 보통 ppm으로 나타낸다.

me/ℓ	miligram equivalents per liter, ℓ당 밀리당량, 1me/ℓ은 용액 1ℓ 중에 용질 1밀리당량이 포함된 것
mM	mili mol, 몰농도, 1mM은 용액 1ℓ 중에 용질 1/1,000 그람분자가 포함된 것
ppm	part per million, 백만분율, 어떤 양이 백만분의 몇을 차지함을 나타냄

② 수경비료의 조성

① 작물에 가장 적당한 양액 내 무기원소의 적정농도는 작목, 품종, 생육기, 온도, 조도 등에 따라 달라지며 작물은 큰 폭의 농도에 적응한다.
② 양액의 절대농도보다는 각 무기원소 간의 상대적 비율이 중요하며, 생육초기 5:1, 생육중기 3:1, 생육후기 1.5:1이 일반적이다.
③ 계절적인 광 · 온도 · 습도의 변화에 따라 양수분의 이용효율이 달라지므로 양액의 농도를 높이거나 낮추어 관리하여야 한다.
④ 일반적인 양액의 표준 조성은 Ca 8me/ℓ, Mg 4me/ℓ, K 8me/ℓ, NO_3 16me/ℓ, PO_4 4me/ℓ, SO_4 4me/ℓ 이다.

③ 수경비료의 조제 순서

① 비료의 소요량을 종류별로 칭량하여 플라스틱 주머니에 넣고 순서대로 나열한다.(황산마그네슘 → 질산칼슘 → 질산칼륨 → 제일인산암모늄 → 미량원소)
② 양액탱크에 물을 소요량의 90% 정도 채운다.
③ 비료를 순서대로 물에 용해하여 양액탱크에 붓는다.
④ 모자라는 물을 부어 양을 맞춘다.
⑤ 양액을 재배베드에 순환시키면서 pH를 조절한다.

4. 수경의 관리

1 양액의 공급 조절

① 작물의 생육에 필요한 양분을 적당한 비율의 물에 용해시켜 양액을 만들어 작물이 잘 흡수·이용할 수 있도록 지상부 및 지하부의 환경을 인위적으로 조절하는 것이다.

② 양액의 조성 및 관리에 만전을 기하고 완충능이 낮은 양액을 재배에 이용하여야 하므로 일장, 광, 용존산소량, 액온, 병균 등의 변화에 민감하게 대처하여야 한다.

③ 비순환식 양액재배: 한 번 사용한 양액을 다시 회수하지 않고 배액하는 것으로 pH, EC, 각종 무기이온농도가 조정된 양액이 급액되므로 양액 소독장치가 불필요하나 환경오염문제 등으로 점차 순환식으로 바뀌어가고 있다.

④ 순환식 양액재배: 한 번 사용한 양액을 회수하여 오존살균이나 고온살균한 후 성분별 적정양액으로 농도·pH·EC 교정을 거쳐 사용되므로 환경오염을 방지하고 양액경비를 줄일 수 있으나 초기투자 시설비가 많이 든다.

2 양액의 pH

① 식물의 근권에 적합한 산도의 범위는 pH 5.5~6.5로서 이 범위를 벗어나면 양분의 흡수 및 이용도가 저해되어 pH 4.0 이하에서는 뿌리가 손상되고 pH 7.0 이상에서는 P, Fe, Mn의 흡수가 장해를 받는다.

② 음이온의 흡수가 왕성할 때 pH가 상승하고, 양이온의 흡수가 왕성할 때 pH가 하강한다.

③ 양액의 pH를 높이기 위해서는 수산화나트륨($NaOH$)이나 수산화칼륨(KOH)을, 양액의 pH를 낮추기 위해서는 황산(H_2SO_4)이나 질산(HNO_3)을 이용한다.

3 양액의 EC

① 수용액에 전류를 통하면 전기저항에 따라 전류값이 변하는데 이 저항의 역수를 전기전도도(EC, electric conductivity)라 하고 mS/cm 또는 mmho/cm로 표시한다.

② EC측정기로 전염류농도를 측정하여 설정농도보다 부족하면 비료를 보충하거나 감소한 물의 양을 기초로 보급하거나 양액 중의 NO_3-N 농도를 분석하여 다른 원소들을 같은 비율로 보급한다.

③ 대부분의 작물에서 EC의 적정범위는 1.5~2.5 정도이며 양액의 조성을 변화시키는 요인으로는 작물의 종류 및 품종, 생육단계, 수확식물의 부위, 일장 및 온도, 광도, 일조시간 등이다.

④ 양액의 온도

① 액온은 뿌리의 발육이나 양·수분 흡수, 액중의 용존산소량 등을 지배하며 최저 15℃ 이상으로 관리한다.
② 액온이 낮으면 뿌리의 생리활성이 낮아지고 P, NO_3-N, K의 흡수가 억제되며, 액온이 높으면 NO_3-N의 흡수가 왕성하고 Ca의 흡수는 억제된다. 또 고액온이 되면 뿌리호흡이 왕성하여 양액 중의 산소농도가 저하되어 뿌리가 썩는다.
③ 겨울철 액온이 낮을 때는 양액탱크 안에 온수파이프나 열선을 배선하여 온도를 유지하고, 고온기에는 탱크나 베드 내에 지하수를 양액 탱크 안의 파이프에 통과시켜 액온을 25℃ 이하로 낮추어 준다.

⑤ 용존산소 관리

① 뿌리가 정상적으로 생육하는 데 필요한 에너지는 호흡에 의해 얻어지며, 고온일수록 생육이 왕성하여 산소요구도가 많은데 비해 용존산소량은 감소하기 때문에 여름철 재배에는 용존산소량이 생육의 제한요인이 된다.
② 용존산소량이 부족하면 P, K, Ca, Mn 등의 흡수가 저해되고 에틸렌 생성이 많아져 뿌리가 말라 죽는다.
③ 용존산소량은 산소와 양액 사이의 접촉면적이 클수록 많아지므로 공극률이 높은 매질을 사용하거나 컴프레셔를 이용한 통기 또는 펌프를 이용한 양액의 순환 등은 접촉면적을 넓혀 산소를 확산시키는 방법이다.
④ 뿌리를 간헐적으로 공기 중에 노출시켜 산소의 흡수를 촉진시킬 수 있다.

3. 공정육묘

1. 공정육묘

① 공정육묘의 정의

① 공정육묘(플러그육묘)란 농작물의 모종을 공장에서 규격품을 생산하듯 수경재배 기술과 기존의 육묘법을 절충하여 상토의 조제 및 충전, 파종, 발아, 관수, 육묘관리, 정식 등에 생력화 · 안정화 · 자동화 기술이 도입되어 대량으로 생산되는 것을 말한다.

② 공정육묘의 효과

⑦ 육묘의 생력화 · 효율화 · 안정화 및 연중 계획생산을 이룬다.

⑭ 상토의 조제 및 충전, 관수, 육묘관리, 정식 등을 일관된 체계를 구축하여 규격화되고 소질이 균일한 모를 연중 저가로 생산 · 공급한다.

⑭ 육묘재배 및 생산물 유통의 분업화를 전제로 모 생산자와 재배농민의 영농계획에 맞추어 모를 공급한다.

⑭ 정식의 기계화가 가능하고 경지이용률을 향상시킨다.

⑭ 모 생산비 및 노력절감 등의 생산성 향상으로 농가소득이 증대된다.

② 규격묘의 생산 조건

① 육묘배지(상토): 배수성 · 보수성이 좋고 염기치환용량이 큰 균질 · 무균상태의 것으로 수송성 · 이식성 등을 고려하여 묘질을 유지할 수 있는 것이어야 한다.

② 상토의 주성분은 피트모스, 버미큘라이트, 펄라이트 등이 이용되고 유기물 재료는 부엽토, 퇴비, 물이끼류, 나무껍질 등과 인공자재로 훈탄, 암면 등이 이용된다.

③ 상토의 공극률은 65~90%, pH는 5.5~6.2 정도의 약산성이어야 한다.

④ 종자의 전처리: 발아율 및 발아세가 좋고 균질하며 취급이 용이한 품질 좋은 종자의 생산을 위해 코팅(coating) 및 프라이밍(priming) 처리를 한다.

종자 코팅	파종에 부적당한 크기와 형태를 가진 종자를 코팅처리하여 일정한 크기 및 형태로 만든다.
종자 프라이밍	발아 전 종자를 폴리에틸렌글리콜이나 질산칼륨 등 고삼투압용액에 처리하여 발아세 향상, 발아기간 단축, 발아력 등을 증진시킨다.

⑤ 육묘용기(tray): 작물의 종류, 모의 크기, 사용횟수에 따라 강도 및 재질이 달라야 하며 구멍 수는 1판당 50~512개로 다양한데 구멍수가 많을수록 상토의 양이 적어 세심한 관리가 필요하다.

⑥ 적정 육묘일수의 결정: 균일한 모를 생산하기 위해서는 계절에 관계없이 적정 온도와 습도를 유지하여 모가 일제히 발아되게 하며, 그 기간은 뿌리의 모양, 경과일수 등을 고려하여 결정한다.

> **[연구] 플러그묘의 육묘 기간**
>
> 고추: 45~80일, 토마토: 50~70일, 오이 · 수박 · 참외: 30~40일, 배추: 20~30일

⑦ 시비관리: 모의 도장을 방지하기 위해서는 적절한 비배관리가 필요하며 육묘 중기부터는 관수와 동시에 시비할 수 있는 액비가 적당하다.

③ 규격묘 생산시스템

① 공정육묘용 기기에는 상토혼합기 · 상토충전기 · 상토진압기 · 파종기 · 복토기 · 관수장치 · 발아실 · 육묘벤치 · 정식기 · 이송장치 등이 있다.

② 규격묘 생산 흐름

㉮ 트레이의 준비

㉯ 파 종: 상토의 준비(혼합 · 충전 · 진압) → 파종(복토 · 관수)

㉰ 발 아: 발아실(발아촉진) → 생 육(관수 · 시비 · 농약살포)

㉱ 접목 · 경화: 접목 활착 촉진, 출하전 모의 경화

㉲ 출 하: 검사 출하 → 재배자

> **[연구] 규격묘 생산시스템의 구비조건**
> * 복합환경제어가 가능한 육묘온실
> * 균일한 양질의 상토와 시비용 액비
> * 규격화된 트레이와 시스템화된 파종기기
> * 환경제어가 가능한 발아실
> * 베드와 자동관비장치를 갖춘 육묘상
> * 모의 수송시설

2. 식물공장

1 식물공장의 특징

① 시설 내에서 환경제어에 의해 이루어지므로 공장 설치장소에 구애받지 않는다.
② 재배환경이 균일하여 주년생산이 가능하며 계획생산 및 생산량 조절이 가능하다.
③ 생장속도가 빨라 수확기를 단축할 수 있다.
④ 최적 환경조건에서 생산되므로 고품질 · 고부가가치의 농산물을 생산할 수 있다.
⑤ 작업의 자동화 및 생력화가 가능하다.
⑥ 작업환경이 좋고 도시형 농업이 가능하다.

2 식물공장의 단점

① 초기 투자비 및 유지비가 많이 든다.
② 수경재배 방식이므로 병 발생시 작물전체에 오염될 가능성이 있다.
③ 양액의 완충능력이 적기 때문에 양액관리가 까다롭다.
④ 동력원에 이상이 발생하면 생산이 중단된다.

3 식물공장의 종류

① 완전제어형: 광을 투과시키지 않는 단열구조로 인공조명에 의하여 작물을 재배하는 것으로 건설비가 많이 들고 강광을 필요로 하는 작물재배는 곤란하다.
② 태양광병용형: 유리나 플라스틱 필름을 피복재로 사용하여 태양광과 인공조명을 병용하나 여름철에는 기온상승으로 냉방장치를 필요로 한다.
③ 태양광이용형: 태양광을 투과시키는 유리나 플라스틱 필름을 피복재로 사용하므로 기상변동에 민감하여 계획생산에 지장을 줄 수 있다.

기 출 문 제 해 설

1. 식물이 빛을 받아 광에너지 및 CO_2와 H_2O를 원료로 하여 동화물질을 합성하는 작용을 무엇이라고 하는가?

① 광합성작용　　　② 호흡작용

③ 분해작용　　　　④ 탈질작용

■ 녹색식물은 광을 받아서 엽록소를 형성하고 광합성을 수행하여 유기물을 생성한다.

2. 작물생육에 중요한 가시광선의 영역은?

① 100 ~ 400nm

② 400 ~ 700nm

③ 700 ~ 1,200nm

④ 1,200 ~ 1,700nm

■ 작물의 생장에 대한 광의 작용은 광을 구성하는 파장(波長)에 따라 달라지며 적외선, 가시광선, 자외선 중 가시광선의 영향이 가장 크다.

3. 시설 내 광환경의 특징이라고 볼 수 없는 것은?

① 광량이 감소한다.

② 광질이 변한다.

③ 일장이 달라진다.

④ 광분포가 불균일하다.

■ 일장은 변하지 않는다.

4. 국화를 장일처리할 때 광처리 방법에 속하지 않는 것은?

① 보광　　　　　　② 광중단

③ 차광　　　　　　④ 교호조명

■ 차광은 개화기를 앞당기는 단일처리에 필요한 방법이다.

01 ①　02 ②　03 ③　04 ③

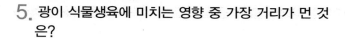

5. 광이 식물생육에 미치는 영향 중 가장 거리가 먼 것은?

① 녹식물춘화성

② 광합성

③ 광주기성

④ 기관형성

■ 녹식물춘화성은 식물체가 어느 정도 커진 후 저온에 감응하는 것으로 온도와 관계가 깊다.

6. 토마토 재배시 광합성이 이루어지는 낮 동안에 동화산물이 전류되는 양은?

① 동화산물의 ⅓이 전류된다.

② 동화산물의 ⅔가 전류된다.

③ 동화산물의 ½이 전류된다.

④ 동화산물의 전부가 전류된다.

■ 광합성이 이루어지는 낮 동안에 ⅔ 정도가 전류되고, 나머지 ⅓ 정도는 해가 진 후 4~5시간 동안에 전류된다.

7. 식물의 낮잠현상이 일어나는 환경요인은?

① 가스 환경

② 온도 환경

③ 수분 환경

④ 광 환경

■ 낮잠현상(midday slump): 탄산가스 농도가 감소되어 한낮에 시설 내의 농도가 대기 중 농도의 절반에 가까운 150ppm 이하가 되면 광합성작용이 저하되는 현상

8. 온실의 투광량 증대 방안이 아닌 것은?

① 커튼이나 터널 등의 2중피복

② 강도가 높고 용적이 작은 골재의 선택

③ 시설의 설치방향 조절

④ 내음성 작물 개발 등 경종적 방법 개선

■ 광투과율이 높은 피복재라도 보온성을 높이기 위해 커튼이나 터널 등을 2중피복하면 광투과율이 40% 이상 감소한다.

05 ① 06 ② 07 ① 08 ①

9. 시설 내 광환경을 개선하기 위한 방법으로서 옳지 않은 것은?

① 가늘고 강한 골격재를 선택하여 차광률을 줄인다.

② 물방울이 잘 맺히는 피복재를 선택한다.

③ 광투과력이 좋고 먼지가 잘 부착되지 않는 피복재를 사용한다.

④ 시설의 설치는 동서동 방향으로 한다.

■ 피복재의 물방울에 광선이 흡수되어 투과하는 광량이 감소한다.

10. 다음 중 시설 설치 방향의 설명으로 틀리는 것은?

① 단동일 경우 광선의 입사량을 증대시키기 위해 동서로 설치한다.

② 단동일 경우 반촉성재배 시는 입사광량을 감소시키기 위해 남북으로 설치한다.

③ 계절풍이 강하게 부는 지역은 바람의 방향과 평행하게 설치한다.

④ 연동일 경우 사각에 의한 연속차광을 줄이기 위해 동서로 설치한다.

■ 연동의 경우에는 동서 설치가 남북 설치보다 그림자가 심하게 나타나서 광분포의 불균일성이 크다.

11. 시설 내의 광환경을 개선하기 위한 방법으로 가장 알맞은 것은 ?

① 시설을 남북 방향으로 설치한다.

② 골격률을 높인다.

③ 반사광을 이용한다.

④ 착색필름을 사용한다.

■ 반사판을 설치하면 반사광을 실내로 유도하여 광량을 증대시킬 수 있다.

09 ② 10 ④ 11 ③

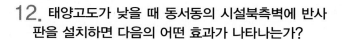

12. 태양고도가 낮을 때 동서동의 시설북측벽에 반사판을 설치하면 다음의 어떤 효과가 나타나는가?

① 광량을 증대시킬 수 있다.

② 광분포를 균일하게 할 수 있다.

③ 광질을 크게 개선할 수 있다.

④ 해충의 비래를 막을 수 있다.

■ 반사광을 실내로 유도하여 광량을 증대시킬 수 있다. 태양의 고도가 35°일 때 투과광 74%, 반사광 38%로 총 112%가 되므로 바깥보다 12%의 광량이 많다.

13. 태양고도가 낮을 때에는 동서동의 북쪽벽에 반사판을 설치하여 반사광을 실내로 유도함으로써 광량을 증대시킬 수 있다. 이 때 반사판으로 적당한 것은?

① 아크릴판   ② 알루미늄 포일

③ 플라스틱 필름   ④ FRP

■ 알루미늄 포일은 가격이 저렴하고 설치가 용이하다.

14. 다음 인공광원 중 전조재배와 보광재배에 함께 이용되는 것은?

① 백열등   ② 고압가스방전등

③ 형광등   ④ 고압나트륨등

■ 형광등은 백열등에 비해 발광효율이 4배에 이르고 수명도 길어 식물육성용으로 이용된다.

15. 시설 내의 대기 성분 중 식물의 광합성에 의해 변동되는 것은?

① 아질산가스

② 이산화탄소

③ 암모니아가스

④ 아황산가스

■ 시설 내의 이산화탄소 농도는 야간에는 식물체의 호흡과 토양미생물의 분해활동에 의해 높아지고, 광합성이 시작되면서부터 낮아진다.

12 ①   13 ②   14 ③   15 ②

16. 시설에서 하루 중 CO_2의 농도가 가장 높은 때는?

① 해뜨기 직전

② 한낮

③ 해지기 직전

④ 한밤중

17. CO_2 시비에 가장 알맞은 시간은 언제인가?

① 해뜨기 직전   ② 해뜬 후 1시간

③ 한 낮   ④ 해지기 직전

18. 밀폐된 시설에서 효과적으로 사용되는 시비법은?

① 액비시비   ② 탄산가스시비

③ 엽면시비   ④ 전원시비

19. 밀폐된 시설에서 채소의 광합성을 저해하며 생육에 부진한 영향을 미치게 하는 요인은 무엇인가?

① 비료의 과용

② 수분의 과다

③ 일산화탄소 부족

④ 이산화탄소 부족

20. 시설 내 탄산가스의 제어방법이라 볼 수 없는 것은?

① 시설 내 환기   ② 관수

③ 유기물 사용   ④ CO_2 발생기

16 ①   17 ②   18 ②   19 ④   20 ②

21. 다음 중 겨울철 하우스 내에서 재배되는 작물에 대한 탄산가스환경에 대해서 옳지 않은 것은?

① CO_2 시비를 하면 수량, 품질이 좋아진다.
② 토양으로부터 상당량의 CO_2가 공급된다.
③ 잦은 환기를 해주어야 정상적인 생육이 가능하다.
④ 하우스 필름을 통해서 대부분 투과되므로 별도로 공급할 필요가 없다.

■ 시설 내의 공기환경은 노지와는 다르며, 탄산가스가 부족되기 쉽기 때문에 별도로 공급해야 한다.

22. 시설재배에서 CO_2 시비에 대한 설명이 바르게 된 것은?

① CO_2 시비량이 증가할수록 광합성은 계속 증가한다.
② 맑은 날에 비해 흐린 날은 CO_2 시비를 증가시킨다.
③ CO_2 시비는 일반적으로 일몰직전에 실시한다.
④ 수경재배에서는 토양재배보다 CO_2 시비 농도를 높여야 한다.

■ CO_2 시비량이 증가하면 광합성이 증가하다가 어느 수준의 농도에 이르면 더 이상 증가하지 않는다. 맑은 날에 비해 흐린 날은 CO_2 시비를 줄인다. CO_2 시비는 일반적으로 해뜬 후 1시간 후부터 실시한다.

23. 시설 내의 환경에서 가장 중요하게 취급되는 인자는?

① 온도 환경
② 광 환경
③ CO_2 환경
④ 수분 환경

■ 온도는 그 조절이 용이하지 않고 식물, 계절, 생육단계, 기상조건에 따라 관리가 이루어져야 하기 때문에 시설 내에서 가장 중요한 환경인자이다.

21 ④ 22 ④ 23 ①

24. 시설 내 온도환경의 특성이라고 볼 수 없는 것은?

① 기온의 일변화가 노지에 비하여 크다.

② 하루 중의 온도교차가 노지에 비하여 크다.

③ 시설 내의 온도분포는 위치별로 차이가 거의 없다.

④ 시설 내의 지온은 외부의 지온보다 높은 것이 특징이다.

■ 시설 내의 온도교차는 전체적으로 위치에 따라 약 1~2℃ 정도의 차이를 보인다.

25. 시설 내의 온도 분포가 불균일해지는 가장 큰 원인은?

① 하우스 크기의 대소

② 피복 자재의 두께

③ 시설 밖의 저온 상태

④ 수광량의 불균일

■ 시설 내부는 구조재에 의한 광차단과 피복재에 의한 반사에 따라 수광량이 달라진다.

26. 시설의 온도는 항온보다는 낮에는 높고 밤에는 가급적 낮게 유지하는 변온관리가 바람직하다. 그 이유는?

① 광합성을 촉진하고 야간의 호흡작용을 억제하기 때문에

② 한겨울의 난방비를 절약할 수 있기 때문에

③ 작물체를 자극시켜 휴면을 타파시킬 수 있기 때문에

④ 작물의 내병충성을 강화시키기 위하여

■ 시설의 변온관리는 항온관리에 비해 유류 절감효과, 작물생육과 수량이 증가되는 효과, 품질향상 효과가 있다.

24 ③　25 ④　26 ①

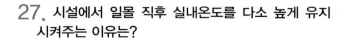

27. 시설에서 일몰 직후 실내온도를 다소 높게 유지 시켜주는 이유는?

① 광합성물질의 전류를 촉진하기 위하여

② 야간온도의 급격한 하강을 방지하기 위하여

③ 야간온도에 대한 적응성을 높여주기 위하여

④ 광합성을 늦게까지 지속시키기 위하여

■ 광합성물질의 전류가 끝난 다음에는 호흡을 억제시키기 위해 온도를 좀더 낮은 수준으로 유지한다.

28. 시설 내의 보온효율을 높이는 방법으로 옳지 않은 것은?

① 단열재를 매설한다.

② 플라스틱 멀칭을 한다.

③ 시설의 바닥면적을 줄이고 표면적을 크게 한다.

④ 토양수분을 적절히 유지한다.

■ 시설의 바닥면적이 크고 표면적이 작아야 보온에 유리하다.

29. 시설의 보온비에 대한 설명으로 맞는 것은?

① 시설의 외표면적에 대한 바닥면적의 비율

② 전체 난방비 중에서 보온이 차지하는 비율

③ 시설의 지붕면적에 대한 바닥면적의 비율

④ 전체 시설 표면적에 대한 보온 피복면의 비율

■ 시설의 외표면적은 방열체이고, 바닥면적은 열을 저장하는 열원이므로 보온비가 클수록 보온에 유리하다.

30. 다음 중 보온효율이 가장 큰 보온비는?

① 0.70

② 0.60

③ 0.50

④ 0.40

■ 보온비가 클수록 보온에 유리하며 시설 내의 온도를 높게 유지할 수 있다.

27 ①　28 ③　29 ①　30 ①

31. 시설 내부에 축열량을 증대시키기 위한 방법으로 적절치 못한 것은?

① 하우스의 방향을 동서동으로 한다.

② 투광률이 높은 피복자재를 사용한다.

③ 이동식 커튼에서 고정식 커튼으로 바꾸어 열원을 증대시킨다.

④ 야간에는 방열량을 최소화하여 보온력을 높인다.

■ 고정식 커튼에서 이동식 커튼으로 바꾸어 열원을 증대시켜야 한다.

32. 온실의 난방부하란 무엇인가?

① 난방 중인 온실로부터 외기로 방출되는 열량 중 난방설비가 부담해야 될 열량

② 난방에 필요한 열량 중 지중전열량을 제외한 총 열량을 공급하는 데 필요한 열량

③ 난방 중인 온실 내에서 관류열량과 환기전열량을 보충하여야 할 필요 열량의 총합

④ 온실의 표면적과 온실 내외 기온차에 비례하여 부족되는 열량을 난방설비가 부담해야 될 열량

■ 난방부하: 시설 내에서 작물생육에 필요한 적정온도를 유지하기 위해 야간의 보온만으로 부족한 열량을 난방설비로 공급해야 할 열량

33. 다음 중 온수난방의 장점이 아닌 것은?

① 넓은 면적에 열을 고루 공급한다.

② 급격한 온도 변화 없이 보온력이 크다.

③ 내구성이 클 뿐만 아니라 지중 가온도 가능하다.

④ 추위가 심한 지역에서는 동파될 위험이 있다.

■ 추위가 심한 지역에서는 파이프의 보온에 유의하여야 한다.

31 ③ 32 ① 33 ④

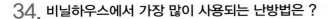

34. 비닐하우스에서 가장 많이 사용되는 난방법은 ?

① 난로난방

② 전열난방

③ 온풍난방

④ 온수난방

■ 온풍난방은 더워진 공기를 시설 내로 불어 넣는 방식으로 시설의 설치가 용이하고 설비비가 저렴하며 가열속도가 빠르다.

35. 온실의 열손실 가운데 가장 큰 비중을 차지하는 것은?

① 관류열량

② 환기전열량

③ 지중전열량

④ 난방열량

■ 관류열량: 시설의 피복재를 통과하여 나가는 열량으로 전체 열손실의 60% 이상을 차지한다.

36. 패드앤드팬법은 시설의 어떤 환경을 조절하기 위한 것인가?

① CO_2 농도

② 광투과량

③ 풍속

④ 온도

■ 패드앤드팬법은 시설의 실내공기를 낮추는 냉방법이다.

37. 다음 중 시설 내의 보온력 증진을 위한 방법으로 잘못 설명된 것은?

① 우수한 피복 보온 자재의 선택

② 시설 구조상의 방열 비율 증가

③ 시설의 밀폐도와 보온력 증가

④ 방풍벽 설치

■ 시설 내의 보온력 증진을 위해서는 시설 구조상의 방열(방사전열) 비율을 억제시켜야 한다.

34 ③   35 ①   36 ④   37 ②

38. 동화산물의 전류에 가장 큰 영향을 미치는 환경 요인은?

① 광   ② 온도

③ 습도   ④ 탄산가스

보충

■ 온도가 높으면 잎에서 과실과 뿌리로의 동화산물 전류가 빠르지만, 온도가 낮으면 전류 속도가 느리고 전류량도 적다.

39. 다음 중 시설 내 야간 고온이 식물에 주는 영향은?

① 체내 산소 축적   ② 호흡 촉진

③ 광합성량 증가   ④ 노화 방지

■ 시설 내 야간 고온은 호흡량이 많아져서 광합성률이 낮아지고, 각종 생육장해의 위험성이 높아진다.

40. 시설재배식물인 토마토, 오이, 피망 등 과채류의 광합성 속도가 최고에 달하는 온도 범위 중 가장 적절한 것은?

① 15~20℃   ② 20~25℃

③ 25~30℃   ④ 30~35℃

■ 광합성 속도가 최고에 달하는 온도는 20~25℃이며, 광합성 적온이 높은 식물은 생육적온이 높다.

41. 기화냉각법에 의한 냉방효율은 다음 중 무엇이 낮을수록 커지는가?

① 온도   ② 습도

③ 산도   ④ 풍속

■ 기화냉각법에 의한 냉방효율은 공중습도가 낮을수록 즉, 건구온도와 습구온도의 차이가 클수록 커진다.

42. 온실의 냉방방법에 속하는 것은?

① 랙앤드피니언법

② 패드앤드팬법

③ 보온피복법

④ 반사필름이용법

■ 온실의 냉방에는 기화냉각법이 사용되며, 많이 사용되는 기화냉각법에는 패드앤드팬법(pad and fan method)과 세무냉방법(fog and fan method)이 있다.

38 ②   39 ②   40 ②   41 ②   42 ②

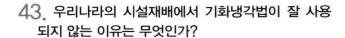

43. 우리나라의 시설재배에서 기화냉각법이 잘 사용되지 않는 이유는 무엇인가?

① 수원이 부족하기 때문에

② 수질이 깨끗하지 못하기 때문에

③ 여름철 습도가 높기 때문에

④ 비닐하우스가 많기 때문에

■ 기화냉각법에 의한 냉방효율은 습도가 낮을수록 커진다.

44. 시설 내 토양 수분의 특이성과 관계가 없는 것은?

① 자연강수의 공급을 받지 못한다.

② 증발산량이 많아지므로 건조하기 쉽다.

③ 시설재배의 관수개시점은 노지에 비해 훨씬 높다.

④ 단열층이 지하수가 상층으로 이동하는 것을 억제한다.

■ 시설재배의 관수개시점은 밀식으로 인한 수분공급의 저해와 다비로 인한 토양용액의 농도 증가로 노지에 비해 훨씬 낮다.

45. 다음 중 토양의 수분을 측정하는 기구는?

① 텐시오미터

② 전기전도도계

③ pH미터

④ 습도계

■ 토양수분장력은 텐시오미터로 측정하며 그 값을 pF로 나타낸다.

46. 시설재배 시 관수를 개시하는 일반적인 pF 값은?

① pF 0.5 ~ 1.0

② pF 1.5 ~ 2.0

③ pF 2.5 ~ 3.0

④ pF 3.5 ~ 4.0

■ 해당 작물에 따라 다르기는 하지만 포장용수량에 해당하는 pF 2.7보다는 낮은 수치이다.

43 ③   44 ③   45 ①   46 ②

47. 시설 과채류 식물 중 관수 소요량이 가장 적은 식물은?

① 멜론
② 토마토
③ 오이
④ 고추

보충

■ 식물별 관수시기에 해당하는 pF값은 멜론: 2.0∼2.7, 토마토: 1.8∼2.0, 오이: 1.7∼2.0, 고추: 1.5∼2.0이다. pF값을 높이려면 관수량을 줄이고, 낮추려면 관수량을 늘인다.

48. 지표관수 방법 중 다공튜브 관수의 장점에 속하는 것은?

① 고압력에도 사용이 가능하다.
② 지표, 지상, 지표의 멀칭아래 등 다양하게 설치 가능하다.
③ 고가식으로 설치하면 물방울이 굵어 토양입자가 튄다.
④ 내구성이 강하며 수질에 관계없이 사용이 가능하다.

■ 다공튜브 관수방식은 값이 싸고 설치가 간단하다.

49. 관수자재 중 미스트용 노즐의 특성이 아닌 것은?

① 공중습도가 낮아진다.
② 여름철 온실 냉방용으로 사용 가능하다.
③ 육묘상에 미세한 물입자 분무에 이용된다.
④ 노즐의 크기는 수압, 수량, 살수반지름에 따라 결정된다.

■ 미스트용 노즐로 물의 입자를 미세한 안개상태로 분무하면 공중습도를 높일 수 있다.

50. 시설 내의 공기습도가 낮아질 때 발생하는 현상으로 알맞은 것은?

① 광합성량이 감소한다.

② 곰팡이 병해가 많이 발생한다.

③ 토양수분 함량이 높아진다.

④ 식물체의 증산량이 증가한다.

■ 시설 내의 공기습도가 낮아지면 증산량이 증가하여 수분흡수가 촉진된다.

51. 상대습도의 설명에 해당되는 것은?

① 온도가 내려가면 상대습도는 올라간다.

② 온도가 올라가면 상대습도도 올라간다.

③ 건습구 온도차가 크면 상대습도가 커진다.

④ 건구온도가 습구온도와 같으면 상대습도가 내려간다.

■ 상대습도: 일정 부피의 공기 속에 실제로 포함되어 있는 수증기양과 포함할 수 있는 최대 수증기양과의 비율

52. 다음 중 시설 내 공중습도와 가장 관계가 깊은 것은?

① 토양 염류 농도

② CO_2 농도

③ 병충해 발생

④ 광선의 질

■ 시설 내의 공기습도가 높으면 증산량 및 광합성이 감소하고 병해가 심하게 발생한다.

53. 다음 대기 성분 중 이산화탄소가 차지하는 비율은?

① 79%   ② 0.9%

③ 21%   ④ 0.03%

■ 대기(大氣)는 약 질소 79%, 산소 21%, 이산화탄소 0.03% 등으로 구성되어 있으며 산소와 이산화탄소는 식물의 광합성과 호흡에 필요한 요인이다.

50 ④   51 ①   52 ③   53 ④

보충

54. 시설 내 환기의 효과로 볼 수 없는 것은?

① 온도조절

② 습도조절

③ 산소조절

④ 유해가스의 배출

■ ①②④ 외 탄산가스의 공급, 시설 내 공기유동 등의 효과가 있다.

55. 시설 내의 가스장해에 대한 대책으로 가장 알맞은 방법은?

① 토양을 건조시킨다.

② 시비량을 증가시킨다.

③ 환기한다.

④ 요소 비료를 토양 표면에 많이 시비한다.

■ 유해가스는 대개 공기보다 무거우므로 강제환기한다.

● 시설 내의 가스장해 대책
① 토양이 건조하거나 과습하면 아질산가스가 많이 발생하므로 토양을 중성으로 하고 적습을 유지한다.
② 요소비료를 줄이고 완숙된 유기물을 시용한다.
③ 유해가스에 저항성이 있는 식물을 선택한다.

56. 시설 내의 유해 가스 발생에 대한 기술로 틀린 것은?

① 1~3월에 많이 발생한다.

② 환기가 불량할 때 심하다.

③ 흐리고 바람없는 날 기온이 높아지면 심하다.

④ 토양이 건조하면 발생이 감소한다.

■ 암모니아와 아질산가스는 1~3월, 하루 중 바람이 없는 오전 9~11시경 지온이 상승할 때 토양이 건조하거나 과습하면 많이 발생한다.

57. 시설재배 시 주간에 환기를 충분히 해 주지 않았을 때 일어날 수 있는 현상이 아닌 것은?

① 습도가 높아진다.

② 온도가 높아진다.

③ CO_2의 농도가 높아진다.

④ 유해 가스의 농도가 높아진다.

■ 시설재배 시에는 탄산가스 농도가 내려가는 경우가 많아 광합성량의 저하로 생육이 불량해진다. 환기하면 탄산가스 농도를 대기수준과 유사한 정도까지 높일 수 있다.

54 ③ 55 ③ 56 ④ 57 ③

보충

58. 시설 내 유해가스 중 주로 토양으로부터 방출되는 가스는?

① 암모니아가스

② 아황산가스

③ 일산화탄소

④ 아세틸렌가스

■ ① 토양 중의 유기물이 분해되면서 발생하는 것: 암모니아가스, 질산가스
② 난방기의 화석연료 연소과정에서 발생하는 것: 일산화탄소, 아황산가스, 에틸렌

59. 하우스 재배시 아질산 가스의 해는 어느 거름을 지나치게 많이 주었을 때 4~6주 뒤에 발생하는가?

① 질소질 거름

② 인산질 거름

③ 칼륨질 거름

④ 석회질 거름

■ 질소는 암모니아태질소를 거쳐 아질산으로 생성된다.

60. 시설의 천장에 맺힌 물방울을 수거하여 산도를 측정해 본 결과 pH 8이 나왔다. 이것은 다음의 무엇을 의미하는가?

① 시설 내에 아질산가스가 발생하고 있다.

② 시설 내에 암모니아가스가 발생하고 있다.

③ 시설 내에 일산화탄소가 축적되어 있다.

④ 시설 내의 탄산가스의 농도가 크게 증가하고 있다.

■ 물방울의 pH가 6.0 이하이면 아질산가스가, pH 7.0 이상이면 암모니아가스가 발생하는 것이다.

61. 다음 중 강제환기방식의 설명으로 잘못된 것은?

① 환기량은 환풍기의 풍량 및 대수, 흡입구와 배출구의 면적이나 위치에 따라 변한다.

② 환기효과가 낮고 균일하지 않다.

③ 환풍기의 그림자로 인해 실내 광량의 감소가 있다.

④ 환풍기에 의한 환기는 전기료 및 소음, 그리고 정전시 문제가 있다.

■ ②는 자연환기방식의 단점이다.

58 ① 59 ① 60 ② 61 ②

62. 식물재배 토양에서 토양 전 공극량의 몇 %가 기상공극일 때 식물 생육에 가장 양호한가?

① 0~10%   ② 10~20%

③ 20~30%   ④ 30~40%

63. 시설원예식물이 가장 유용하게 이용하는 토양수분은 어느 것인가?

① 모관수와 흡착수

② 모관수와 포장용수량

③ 중력수와 흡착수

④ 중력수와 모관수

64. 시설재배지 토양에서 나타날 수 있는 문제점과 가장 거리가 먼 것은?

① 염류집적

② 연작장해

③ 양분의 용탈

④ 양분의 불균형

65. 시설재배지에서 연작장해 대책 중 가장 거리가 먼 것은?

① 윤작

② 토양 소독

③ 지력배양과 결핍성분 보급

④ 고휴재배

62 ③   63 ④   64 ③   65 ④

66. 시설 내 토양수분의 특이성과 관계 없는 것은?

① 자연 강우의 공급이 없다.

② 증발산량이 많아 건조하기 쉽다.

③ 포장용수량이 작아 관수량이 적어진다.

④ 단열층이 지하수의 상층이동을 억제한다.

■ 포장용수량은 토성 및 식물에 따라 다르다.

67. 시설재배에서 토양염류의 축적 원인으로 관계가 가장 적은 것은?

① 다비 재배   ② 다습

③ 고온   ④ 무강우

■ 고정된 시설에서는 계속적인 비료의 다량시비와 용탈되지 않는 온실 내 특성 때문에 염기가 토양에 축적된다.

68. 시설 내 토양에서 한계농도 이상의 염류농도를 나타내면 작물에 중요한 증상이 나타난다. 그 증상이 아닌 것은?

① 잎의 가장자리가 안으로 말린다.

② 잎의 색이 진하며, 잎의 표면이 정상적인 잎보다 더 윤택이 난다.

③ 칼슘 또는 마그네슘 결핍 증상이 나타난다.

④ 장해를 받고 있는 뿌리는 뿌리털이 많고, 길이가 길며, 갈색으로 변한다.

■ 건전한 뿌리는 희지만 장해를 받고 있는 뿌리는 뿌리털이 거의 없고 길이가 짧으며 갈색으로 변한다.

69. 염류농도를 낮추는 방법이 아닌 것은?

① 관수 또는 담수로 제염한다.

② 시설재배지에 연작을 한다.

③ 휴한기를 이용하여 단기간 내염성 식물을 재배한다.

④ 마른 볏짚이나 마른 옥수수대 같은 미 분해성 유기물을 사용한다.

■ 연작은 염류의 축적을 가중시킨다.

66 ③ 67 ② 68 ④ 69 ②

70. 시설 내 토양환경 개량방법의 하나로 표토를 새로운 흙으로 바꾸어 주는 것은?

① 객토
② 깊이갈이
③ 유기물 시용
④ 돌려짓기

■ 객토는 토양을 개량하여 지력을 증진시키는 방법 중의 하나이다.

71. 다음 중 염류농도가 높으면 흡수가 억제되어 결핍증상이 나타나기 쉬운 것은?

① 질소
② 칼슘
③ 칼륨
④ 인산

■ 토양의 염류농도가 높아지면 양분의 길항작용에 의해 칼슘의 흡수량이 현저히 떨어진다.

72. 토양용액의 전기전도도가 높다는 것은 다음 중 무엇을 의미하는가?

① 토양반응이 산성이다.
② 토양의 염류농도가 높다.
③ 토양의 용수량이 크다.
④ 토양미생물의 활성이 높다.

■ 토양의 염류농도는 토양침출액의 전기전도도(EC)로 측정하며, 토양에 유기질이 많이 함유되어 있으면 높은 EC에서도 식물이 잘 견딘다.

73. 시설 내 토양에 집적되는 염류 중 가장 많은 것은?

① 질산태 질소
② 칼륨
③ 마그네슘
④ 나트륨

■ 시설 토양에 집적되는 염기는 NH_4-N, Ca, Na, K, Mg 등이다.

74. 가장 실용적인 염류의 농도 측정방법은?

① 토양용액의 전기전도도 측정
② 토양 용액의 삼투압측정
③ 염류의 정량분석
④ 지표식물의 재배

■ 토양의 염류농도는 토양용액의 전기전도도(EC)로 측정한다.

70 ① 71 ② 72 ② 73 ① 74 ①

보충

75. 하우스 내의 토양에서 염류집적으로 작물이 농도 장해가 발생할 때 장해 대책으로 가장 부적합한 것은?

① 여름에 피복물을 제거하여 준다.

② 땅을 깊이 갈아 엎어준다.

③ 관수를 충분히하여 염류를 용탈시킨다.

④ 흡비력이 약한 작물을 윤작한다.

76. 시설토양의 양분이동적인 특성으로 알맞은 것은?

① 양분의 용탈이 적다.

② 양분의 용탈이 많다.

③ 양분의 용탈이 노지와 비슷하다.

④ 양분의 용탈은 점적관수 시 아주 많다.

77. 휴작기에 시설 내부에 물을 가두거나 다량의 물을 관수하는 이유는?

① 제초

② 염류 제거

③ 토성 개량

④ 토양미생물 제거

78. 시설 내의 토양이 굳어지는 원인으로 옳은 것은?

① 제초제를 많이 쓰므로

② 김매기하는 횟수가 적어서

③ 거름을 많이 쓰게 되므로

④ 많이 밟고 자주 물을 주므로

75 ④ 76 ① 77 ② 78 ④

보충

79. 다음 중 수경재배와 가장 거리가 먼 것은?

① 무토양재배
② 배지경재배
③ 양액재배
④ 육묘재배

■ 수경재배란 토양 대신 생육에 요구되는 무기양분을 적정 농도로 골고루 용해시킨 양액으로 작물을 재배하는 것으로 양액재배, 무토양재배, 탱크농업 등으로 불린다.

80. 수경재배의 효과가 아닌 것은?

① 관수 노력 절감
② 비배 관리의 자동화
③ 이어짓기의 해를 받는다.
④ 청정 재배 효과

■ 수경재배는 연작장해를 회피할 수 있어 같은 장소에서 같은 식물을 재배할 수 있다.

81. 수경재배의 장점이 될 수 없는 것은?

① 상토조제의 노력을 줄인다.
② 시설비를 절감할 수 있다.
③ 물주기의 노력을 줄인다.
④ 병이 없는 균일한 모종을 생산한다.

■ 수경재배의 단점
① 초기시설에 대한 투자금액이 크다.
② 과학적 지식을 필요로 한다.
③ 도입 가능한 식물의 종류가 한정되어 있다.

82. 수경재배의 특성으로 가장 옳은 것은?

① 연작 장해를 받으며 같은 식물을 반복해서 재배할 수 없다.
② 각종 채소의 청정 재배가 가능하다.
③ 생육이 느려서 생산량은 감소한다.
④ 배양액의 완충 능력이 높으므로 양분 농도나 pH 변화의 영향을 받기 어렵다.

■ 수경재배는 토양이 없는 상태에서 오염되지 않은 물을 사용하므로 병균이나 중금속의 오염을 피할 수 있다.

79 ④ 80 ③ 81 ② 82 ②

83. 다음의 수경재배 방식 중 뿌리가 부분적으로 공기에 노출되지 않는 것은?

① 분무수경　　　　② NFT
③ 고형 배지경　　　④ 연속통기식

■ 연속통기식은 양액 속에 기포발생기 등을 이용하여 산소를 공급하면서 재배하는 방식이다.

84. 휘록암 등을 섬유화하여 적절한 밀도로 성형화시킨 것으로서 통기성, 보수성, 확산성이 뛰어난 수경재배용 배지에 해당되는 것은?

① 질석　　　　　　② 훈탄
③ 경석　　　　　　④ 암면

■ 락울(rockwool)배지라고도 하며 휘록암, 석회암 및 코크스 등을 섞어서 고온에서 용해시킨 후 섬유화한 것이다.

85. 다음 설명 중 암면의 장점이 아닌 것은?

① 베드의 역할을 하므로 별도의 지지용 베드가 필요없다.
② 이화학적 특성이 다른 배지에 비하여 안정적이다.
③ 다른 수경재배 방법에 비하여 병해가 적다.
④ 근권온도가 기온이나 햇빛에 의해 크게 영향을 받는다.

■ 암면배지의 장점
① 배수성 및 보수성이 좋고 가벼워서 취급하기 편리하다.
② 재배가능한 식물이 많다.
③ 시설비가 저렴하고 재배관리를 시스템화할 수 있다.

86. NFT(nutrient film technique)에 대한 설명으로 잘못된 것은?

① 고형배지경의 일종이다.
② 삼각형의 필름 베드를 사용한다.
③ 1/100 정도의 경사도가 있어야 한다.
④ 조금씩 양액을 흘려 보낸다.

■ NFT는 세계적으로 가장 널리 보급되어 있는 비고형 배지경 순환식 수경방식이다.

83 ④　84 ④　85 ④　86 ①

87. 수경재배에서 대부분의 식물에 허용되는 양액의 pH 범위는?

① pH 5.0~5.5
② pH 5.5~6.5
③ pH 6.5~7.0
④ pH 7.0~7.5

■ pH가 7.0 이상으로 높아지면 Fe, Mn, P 등이 침전하여 식물이 흡수할 수 없게 되며, 너무 낮아지면 Ca, K, Mg 등의 결핍증이 나타나기 쉽다.

88. 다음 중 NFT 시설의 결점은?

① 시설비가 많이 든다.
② 산소가 부족되기 쉽다.
③ 설치가 어렵다.
④ 고온기에 양액 온도가 너무 높다.

■ NFT의 장점
① 시설비가 저렴하고 설치가 간단하다.
② 중량이 작아 관리가 편하다.
③ 산소부족의 염려가 없다.

89. 수경재배 방법 중 분무경재배의 설명으로 가장 알맞은 것은?

① 뿌리를 베드 내의 공중에 매달아 양액을 분무로 젖어있게 하는 재배방식
② 배양액을 뿌리에 분무함과 동시에 뿌리의 일부를 양액에 담아 재배하는 방식
③ 뿌리가 양액에 담겨진 상태로 재배하는 방식
④ 고형 배지에 양액을 공급하면서 재배하는 방식

■ 분무경재배는 비고형 배지경에 속하며 공기경이라고도 한다.

90. 다음 중 수경재배 배지의 pH를 높이기 위한 방법으로 가장 부적절한 것은?

① 석회석을 기비로 공급
② 알칼리성 비료의 사용
③ 암모니아성 질소비료의 공급
④ 중탄산칼륨의 공급

■ 암모니아성 질소비료를 공급하면 산성화가 촉진된다.

87 ② 88 ④ 89 ① 90 ③

보충

91. 수경재배에서 양액의 pH가 낮아졌을 때 pH를 높이기 위하여 넣어 주는 것은?

① 질산
② 인산
③ 황산
④ 수산화나트륨

■ 양액의 pH를 높이기 위해서는 수산화나트륨이나 수산화칼륨을, 양액의 pH를 낮추기 위해서는 황산을 이용한다.

92. 수경재배에서 양액의 염류농도 지표로 삼는 것은?

① pH
② 산소농도
③ 전기전도도
④ 탄산가스 농도

■ 양액의 농도는 전기전도도(EC)로 표시하며, 배양액 중에 이온이 많으면 수치가 커진다. 대부분의 식물에서 EC의 적정범위는 1.5~2.5이다.

93. 수경재배 시 배양액의 적정 EC로 가장 적당한 것은?

① 0.2 ~ 0.5mS/cm
② 1.5 ~ 2.5mS/cm
③ 2.5 ~ 3.5mS/cm
④ 3.5 ~ 4.5mS/cm

■ 배양액의 농도는 전기전도도(EC)로 표시하며, 배양액 중에 이온이 많으면 수치가 커진다. 대부분의 작물에서 EC의 적정범위는 1.5~2.50이다.

94. 양액관리의 자동화가 필요한 이유 중 옳지 않은 것은?

① 토양재배에 비하여 비료의 완충작용이 크기 때문에 자동화가 용이하고 비용이 적게 든다.

② 양액관리에 인력이 많이 소요되어 자동화하지 않으면 경제성이 떨어진다.

③ 식물 및 생육단계별로 정확한 양액의 공급과 조절이 필요하여 기계화해야 한다.

④ 생육상황이나 기상에 따라 양액관리가 달라지기 때문에 자동화하지 않으면 면밀한 관리가 어렵다.

■ 수경재배는 식물체의 지하부가 완충능력이 적은 물속에 있으므로 토양재배에 비해 양액농도나 pH, 온도, 산소량 등에 쉽게 영향을 받는다.

91 ④   92 ③   93 ②   94 ①

95. 순수 수경재배 시 양액관리에 필요한 센서가 아닌 것은?

① 온도센서

② 전기전도도센서

③ pH센서

④ 수분센서

■ 양액은 작물의 생육에 꼭 필요한 무기양분을 흡수비율에 따라 물에 용해시킨 것이므로 별도의 수분센서가 필요없다.

96. 양액이 갖추어야 할 조건으로 옳지 않은 것은?

① 뿌리에서 흡수하기 쉬운 형태로 물에 용해된 이온상태일 것

② 식물에 유해한 이온을 함유하지 않을 것

③ 용액의 pH 범위가 5.5~6.5일 것

④ 재배기간 동안 농도, 무기원소 간의 비율 등이 변화할 것

■ 재배기간 동안 농도, 무기원소간의 비율, pH 등이 변화하지 않아야 한다.

97. 양액재배 시 배양액의 관리 방법이 틀린 것은 ?

① 양액의 pH는 5.5~6.5가 알맞다.

② pH를 높이는 데는 수산화칼륨(KOH)을 사용한다.

③ 전기전도도(EC)는 2.0 ± 0.5가 알맞다.

④ 생육에 적당한 양액의 온도는 10~15℃가 알맞다.

■ 양액의 온도는 뿌리의 발육이나 양·수분 흡수, 액중의 용존산소량 등을 지배하며 최저 15℃ 이상으로 관리한다.

98. 식물생장에 대한 환경요인 중 지하부에 주요한 영향을 미치는 것은?

① 광   ② 원적외선

③ 용존산소량   ④ 질소가스의 농도

■ 용존산소량은 물속에 녹아 있는 산소의 양으로 뿌리가 정상적으로 생육하는 데 필요한 에너지는 호흡에 의해 얻어진다.

95 ④   96 ④   97 ④   98 ③

99. 공정육묘 시스템을 이용한 모종 생산의 장점이 아닌 것은?

① 생산의 자동화로 생산비의 절감이 가능하다.

② 정식의 기계화가 가능하다.

③ 경지이용률이 낮아질 수 있다.

④ 작물의 재배 및 출하계획 수립이 용이해진다.

■ 공정육묘는 집약적이고 규격화된 모를 생산하므로 경지이용률을 향상시킨다.

100. 공정육묘용 상토의 구비조건이 아닌 것은 ?

① 배수성이 좋아야 한다.

② 염기치환용량이 작아야 한다.

③ 물리성이 좋아야 한다.

④ 보수성이 좋아야 한다.

■ 염기치환용량이 클수록 토양이 비옥하고 완충능이 커서 식물의 생육에 안전하다.

101. 플러그묘의 장점이 아닌 것은 ?

① 취급수송이 간편하다.

② 육묘 시 배지가 많이 든다.

③ 정식 시 몸살을 줄인다.

④ 기계정식이 용이하다.

■ 플러그묘는 육묘벤치에서 트레이를 이용하여 재배하므로 집약적인 재배가 가능하다.

102. 공정육묘에 많이 사용되는 상토 재료 중 유기물의 급원으로 염기치환용량이 높고 보수성과 다공성인 재료는?

① 암면

② 펄라이트

③ 훈탄

④ 피트모스

■ 피트모스(Peat Moss): 초탄 또는 이탄이라고도 하며 수천~수만 년 전 늪지대에서 생성된 유기광물로 이끼, 수초 또는 수목질의 유체가 분지에 퇴적되어 생화학적으로 분해, 변질된 천연 유기질이다. 피트모스는 기존의 화학비료를 대신할 뿐만 아니라 조경, 원예 및 농업 분야의 보수 및 보비력을 강화시켜주고 토양을 개량하는 데 큰 효과가 있다.

99 ③   100 ②   101 ②   102 ④

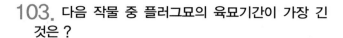

103. 다음 작물 중 플러그묘의 육묘기간이 가장 긴 것은 ?

① 오이   ② 토마토

③ 호박   ④ 배추

■ 토마토 플러그묘의 육묘기간은 약 50~70일이다.

104. 다음 공정육묘용 트레이 중에서 가장 구멍지름의 크기가 큰 것은 ?

① 50구

② 105구

③ 162구

④ 200구

■ 트레이의 규격은 표준화되어 있으므로 구멍의 수가 작을수록 지름이 크고 상토가 많이 소요된다.

105. 일반육묘에 비해 공정육묘에 사용되는 장치로 알맞은 것은?

① 아육묘용기

② 육묘용토

③ 상토충전기

④ 육묘온실

■ 공정육묘용 기기에는 상토혼합기 · 상토충전기 · 상토진압기 · 파종기 · 복토기 · 관수장치 · 발아실 · 육묘벤치 · 정식기 · 이송장치 등이 있다.

106. 식물공장의 특징이 아닌 것은?

① 도시형 농업이 가능하다.

② 작업환경이 좋다.

③ 생산시기 및 생산량을 계획 조절할 수 있다.

④ 동력원에 이상이 있어도 무관하다.

■ 동력원에 이상이 발생하면 생산이 중단되는 단점이 있다.

103 ② 　104 ① 　105 ③ 　106 ④

제3장 시설원예 생산환경

1. 원예 생산환경

1. 시설원예 환경조절의 의의

① 시설 내의 원예 생산환경은 인위적인 폐쇄공간으로 원예작물의 생육에 특이한 영향을 미치고 외기와는 전혀 다른 온·습도 및 공기조성상의 특징을 가진다.
  ㉮ 시설 내는 주야간 온도변화가 심하고 환경조절을 하지 않은 시설에서는 주야간의 온도교차가 심하여 작물생육에 나쁜 영향을 끼칠 수도 있다.
  ㉯ 시설 내의 공중습도는 외기와는 전혀 다른 특성을 가지고 있어 주간에는 별 영향이 없지만 야간에는 습도가 포화상태가 되어 식물이 웃자라고 병 발생이 증가한다.
  ㉰ 시설 내의 공기조성은 외부와 차단된 밀폐공간의 특성을 가져 유해가스의 축적에 의한 피해 등을 받을 수 있다.
  ㉱ 시설은 강우를 차단하므로 관수의 필요성은 절대적이며 필수적으로 관수시설을 갖추어야 한다.
② 광 환경: 작물은 빛으로부터 에너지를 공급받아 동화산물을 합성하여 고품질의 원예산물을 생산하게 되므로 적정한 광환경을 유지하기 위해서는 시설 내 광 환경의 특징을 이해하고 원활하게 관리한다.
③ 온도 환경: 시설 내에서 작물생육에 적정한 온도환경은 식물체 내 삼투압, 기공개폐, 증산작용, 효소활성 등에 영향을 주므로 환기, 보온, 냉방 및 난방으로 이를 조절하고 작물의 기본적인 생리작용을 이해하여 합리적으로 대처한다.
④ 수분 환경: 작물의 양·수분 흡수에 결정적인 작용을 하는 토양수분 환경과 증산 및 병충해 발생과 관계되는 공중습도 환경으로 나누며, 시설은 불투수성 피복자재에 의하여 외부와 차단되어 있어 이들의 변화양상에 합리적으로 대처한다.
⑤ 토양 환경: 시설토양은 염류가 집적되고 연작장해를 일으키기 쉬우므로 이에 대한 대책과 합리적인 시비관리가 이루어져야 한다.

⑥ 가스 환경: 시설 내의 제한된 공간에서 광합성이 진행되어 탄산가스가 부족하기 쉬우므로 이를 인공적으로 공급하고 암모니아나 아질산가스 등 유해가스의 피해를 받지 않도록 관리한다.

2. 작물별 생육 적정 조건

1 온 도

① 광합성: 광합성 적온이 높은 작물은 생육적온도 높은 경향을 보이며 광합성 속도가 최고에 달하는 온도는 토마토 20℃, 오이 25℃이다.

② 동화산물의 전류: 주간에는 25℃ 내외로 광합성기능을 최대로 하고 일몰 후 4~5시간은 동화산물의 전류를 촉진시키기 위해 오이 15~16℃, 토마토 12~13℃의 비교적 고온을 유지한다.

③ 작물별 생육 적온: 생육적온은 작물의 종류, 생육단계, 재배시기, 주야간 등에 따라 다르므로 변온관리를 하는 것이 바람직하다(육묘기의 최저한계온도 제외).

연구 **작물별 설정 온도**

작 물	온 도	낮 온도(℃)		밤 온도(℃)	
		최고한계	적온	적온	최저한계
채 소	토마토	35	25~20	13~8	5
	가지	35	28~23	18~13	10
	피망(고추)	35	30~25	20~15	12
	오이	35	28~23	15~10	8
	수박	35	28~23	18~13	10
	참외	35	25~20	15~10	8
	배추	23	18~13	15~10	5
화 훼	국화	–	18	16	–
	튤립	–	25~20	18~16	–
	카네이션	–	25~18	14~9	–
	장미	–	26~21	18~12	–

④ 지 온: 지온은 10℃ 이상되어야 뿌리가 활동할 수 있으므로 적합한 지온은 15~20℃ 범위이고 최대한계 지온은 약 25℃이다.

② 광

① 광량(光量): 광량이 증가하면 광포화점까지는 광합성이 왕성하며 광포화점이 높은 작물은 강광에서 생육량이 많고, 광포화점이 낮은 작물은 약광에서도 생육이 잘 된다.

> **연구 작물의 광포화점 (단위: klux)**
>
> 수박 80 〉 토마토 70 〉 오이 55 〉 호박 45 〉 배추 40 〉 피망 30 〉 상추 25

② 광합성은 광의 강도와 함께 수광시간과 광질의 영향을 받으며 수광량은 광의 강도와 수광시간에 의해 결정되므로 시설원예에서는 수광량을 높이고 광량에 따라 온도·수분·시비량을 조절한다.
③ 강광조건에서는 수박·토마토 등을, 약광에서는 생강·강낭콩 등을 재배할 수 있다.

③ 공 기

① 작물의 정상적 생육을 위해서는 공기의 조성비율이 일정해야 하고 바람을 통해 조성분의 평형이 유지되도록 하여야 한다. 특히 CO_2는 광합성의 주원료로 작물생육에 필수적 성분이다.
② 시설 내에서 하루 중 광합성량의 60~70%가 이루어지는 오전 중에 고농도의 CO_2를 시비하면 광합성이 왕성하게 되어 작물의 생육적온과 한계온도를 3~4℃ 상승시킬 수 있다.
③ 시설 내에 CO_2 유지농도는 일반적으로 1,000~1,500ppm 정도로서 작물별 농도를 보면 과채류 500~1,500ppm, 엽채류 1,500~2,500ppm, 근채류 1,000~3,000ppm을 CO_2 적정농도로 보며, 이 중에서도 오이·가지류 800~1,500ppm, 토마토·딸기류는 500~800ppm을 적정농도로 본다.

④ 수 분

① 작물생육에 유효한 수분은 모관수로서 작물에 대한 유효도는 포장용수량에 가까울수록 커진다.
② 포장용수량은 물로 포화되어 있는 토양으로부터 중력수가 빠져 나가고 물의 이동이 정지되었을 때의 토양수분상태를 말하며, 토성별 포장용수량은 질흙 30~45%, 질참흙 30~40%, 참흙 25~35%, 모래참흙 15~25%로 질흙일수록 많아진다.

③ 시설 내에서는 강수에 의한 수분공급이 차단되므로 수분부족현상이 생겨 원활한 작물 생육을 위해서는 관수하여야 하며 대체로 pF 1.5~2.0에서 관수를 개시한다.

2. 환경계측

1. 환경계측의 내용

① 작물의 생육에 필요한 최적 조건들은 환경계측에 의해 자료화되어 앞으로의 재배관리 정보로 사용되며, 자료화된 환경조건은 제어기준을 설정하고 감지기(sensor)를 통해 시설환경을 측정하여 시설환경이 제어기준에 일치되도록 제어기(controller)를 통해 환경을 제어할 수 있다.

② 환경계측의 종류

시설 외 기상	일사량, 기온, 습도, 풍향, 풍속, 강우 등
시설 내 지상부 환경	온도, 습도, 탄산가스 등
시설 내 지하부 환경	토양수분, 지온 등

2. 환경계측의 요소

1 온도와 습도

① 온도계측: 재배공간 내의 에너지를 열팽창, 열전기, 전기저항, 열압력, 열복사의 원리를 이용하여 측정하며 알코올 온도계, 백금측온저항체, thermistor, 열전 온도계 등을 이용한다.

② 온도제어: 작물생육 최적온도의 범위를 상한과 하한으로 설정하는데 상한온도는 냉방 설정온도, 하한온도는 난방설정온도로 하며 목표치는 상한온도와 하한온도 사이의 온도역을 범위로 한다.

③ 습도는 대개 상대습도로 표시하나 환기에 따른 습도변화와 증발산을 고려하여 절대습도나 포화습도차를 지표로 하고 필요한 풍속은 5m/sec 정도이면 실내공기의 완전습기 교환한계가 된다.

④ 습도제어: 온도가 변화하면 상대습도가 변화되므로 절대습도나 포화습도차 등의 개념의 일반화가 필요하며 공기조화적 제어는 실용화가 어려워 시설 내에서는 온도제어가 우선된다.

② 탄산가스

① 탄산가스센서는 적외선 흡수량 검출을 이용하는 것이 많다.

② 탄산가스제어: CO_2 함량계측센서의 이용이 바람직하나 경험에 의한 시간제어로 CO_2를 시용한다. 시용시기는 아침에 조도가 5,000lux 이상일 때부터 일정시간 시용한다.

③ 광환경

① 일사량: 시설의 열부하 계산과 설정온도 결정의 정보로 이용하며, 광의 계측은 광전식 조도센서가 이용되고 단위는 lux이며, 태양광의 계측은 태양전지가 사용된다.

② 쾌청한 날씨에서 수평일사량과 조도의 비는 1 : 10~13 정도이다.

④ 토양수분

① 토양수분 계측에는 모세관막의 압력차를 이용한 텐시오미터와 저항식 및 유전율 방식이 이용된다.

② 텐시오미터는 모세관 필터 교환, 사용개소의 제한, 토양오차가 문제시 되나 압력계의 검침에 전자센서를 부착하여 토양수분의 과소를 검지한다.

③ 토양수분제어: 토양수분이 관수시점 이하로 되면 관수를 시작하여 토양수분이 관수정지시점 이상이 될 때까지 관수하는 관수제어가 일반적이다.

⑤ 풍 속

① 풍 속: 시설의 천창및 측창이 주로 영향을 받으며 강풍 시에는 환기창을 닫고 시설보호를 위해 풍속계를 사용하여 안전한계풍속의 초과풍량을 검출한다.

② 풍 향: 풍향계로 바람의 방향을 계측하여 바람이 오는 방향의 환기창을 닫는 것이 필요하다.

③ 강우·강설: 시설 내에 비가 유입되는 것을 막기 위해 강우센서를 이용하며 강우 여부를 판단한다.

④ 이상기후의 제어: 강풍 시에는 모든 창을 밀폐하고 환기팬을 작동시키고, 강우 시에는 천창을 닫으며, 강설 시에는 열풍기와 난방용 히터를 작동시켜 제어한다.

⑥ pH, EC, DO

1 pH

① pH의 상승은 음이온의 흡수가 왕성할 때, pH의 하강은 양이온의 흡수가 왕성할 때 나타난다.

② pH를 높이는 데는 수산화칼륨을, pH를 낮추는 데는 황산이나 질산을 사용한다.

③ 유리전극을 센서로 계측하여 산과 알칼리의 추가량을 결정하며 정량펌프와 비율식 혼입기에 의해 제어한다.

2 EC

① 전기전도도(EC; electric conductivity): 수용액에 전류를 통하면 전기저항에 따라 전류값이 변한다. 전기전도도는 이 저항의 역수를 말하며 단위는 mS/cm 또는 mmho/cm로 표시한다.

② EC는 배양액에서 전기흐름의 정도를 나타내는 것으로 대부분의 작물에서 EC의 적정 범위는 1.5~2.5이다.

3 용존산소(DO; dissolved oxygen)

① 식물은 고온일수록 생육이 왕성하여 산소요구도가 많은데 반하여 용존산소량은 감소하기 때문에 용존량이 생육의 제한요인이 되며, 뿌리의 신장촉진은 산소농도의 영향을 받는다.

② 용존산소량은 산소와 배양액 간에 공극률이 높은 매질을 사용하면 부족될 염려는 없으며 부족해지면 P, K, Ca, Mn 등의 흡수가 저해된다.

③ 용존 산소는 극막 cell에 의해 계측하며 양액을 순환시키는 순환펌프의 운전간격으로 제어한다.

3. 생체정보계측

생체정보계측이란 광합성, 호흡, 증산, 수분흡수, 체내수분, 생장속도, 엽온 등 환경에 따른 작물의 반응을 측정하는 것이다. 생체정보를 이용한 환경제어는 수분이동, 줄기 및 과실비대, CO_2 고정 등과 일사량, 온도, 습도, CO_2 농도, 근권수분 등 시설 내외의 기상 환경 자료가 함께 이용된다.

① 광합성

① 광합성: 대기 중에 있는 CO_2를 흡수하고 광에너지를 이용하여 엽록소 안에서 탄소를 고정하여 화합물로 만드는 과정으로 환경의 영향을 크게 받으며 체내의 조건에 따라 광합성 능력이 달라진다.

② 광합성에는 광, 온도, CO_2 농도 등의 환경요인이 상관성을 지니고 영향을 미친다.

광	광합성의 에너지원으로 작물의 생육과 수량에 영향을 끼치며, 광이 없는 상태에서는 광합성이 일어나지 않지만 광의 강도가 증가함에 따라 광합성도 증가한다.
온 도	저온에서도 광합성이 이루어지기는 하나 온도가 높아질수록 그 속도가 급격히 증가하다가 어느 시점 이상의 고온이 되면 호흡이 왕성해져서 광합성량은 감소한다.
CO_2	CO_2의 흡수량과 방출량이 같은 광보상점에서 광의 강도가 보상점보다 강해지면 CO_2의 동화량은 점점 증가하다가 더 이상 증가하지 않는 광포화점에서는 CO_2 농도와 온도가 광합성의 제한 요인이 된다.

③ 시설원예에서는 적정 수준까지 광도와 CO_2 농도를 높여주어야 하며 CO_2 포화점은 대기 중의 CO_2 농도보다 높기 때문에 CO_2 농도를 높여주면 광합성이 증가되면서 작물의 생육이 촉진되므로 CO_2 시비를 이용할 수 있다.

② 호흡

① 작물은 발아, 생장, 개화 및 결실에 이르는 모든 과정에서 에너지를 필요로 하며 이 에너지는 호흡작용으로 얻어진다. 호흡작용은 광합성을 비롯한 여러 동화작용에서 얻어진 동화산물이 산화과정을 거쳐 CO_2를 방출하고 ATP를 얻는 일련의 대사과정을 일컫는다.

② 호흡작용은 산소의 존재 하에 일어나므로 산소가 충분히 있어야 하며 대기 중에 21% 의 산소가 있다. 뿌리의 호흡은 주로 뿌리의 생장과 양분흡수에 관계되며 온도가 높을수록 감소한다.

③ 최저온도에서 최적온도까지 10℃ 상승할 때마다 호흡률은 약 2배가 되며 반응속도에 따른 온도계수(Q_{10}, temperature coefficient)로 표시한다.

$$Q_{10} = \frac{R_2}{R_1}$$

R_1: 낮은 온도에서의 호흡률
R_2: 높은 온도에서의 호흡률

③ 증산량

① 증산작용은 뿌리에 의해 흡수된 수분이 지상부에 있는 작물체의 표면에서 수증기의 형태로 배출되는 현상이며, 그 대부분은 잎의 기공을 통하여 이루어진다.

② 증산량은 일조, 온도 등의 외계조건에 영향을 끼치며 증산량의 시각에 따른 변화, 일조, 기온, 대기습도의 일변화 사이에는 밀접한 관계가 있고 상관계수도 높다.

③ 요수량(要水量)은 1g의 건물(乾物)을 생산하는 데 필요한 수분량으로 생육기간 중의 흡수량은 증산량과 거의 같아 흡수량 대신에 증산량을 쓰는 것이 보통이며 이 요수량을 증산계수라고도 한다.

④ 흡수량은 대체로 작물로부터의 증산속도에 비례하며 증산작용이 왕성한 시기나 환경 하에서는 흡수량도 증가한다.

3. 환경조절 기법

1. 환경조절 개요

① 환경조절

① 의 의: 작물이 필요로 하는 환경의 인위적 조절에 의하여 작물의 최적환경을 찾아내고 작업환경을 최적화할 수 있는 장치를 만들어 작물을 생육시킬 수 있는 과정이다.

② 목 적: 작물의 생육과 품질의 향상 및 작업환경의 최적화와 비용절감 및 최대 수량을 확보하는 데 목적을 둔다.

    ㉮ 재현성이 없는 자연환경에 의한 작물의 피해를 막는다.

    ㉯ 단시간에 다량의 고품질 작물의 생산을 이룬다.

    ㉰ 계절에 관계없이 주년 생산하여 농작물의 부가가치를 제고한다.

③ 대 상: 광·온도·습도·탄산가스·기류속도 등

④ 장 치: 제어기, 작동기, 측정기

② 환경조절 최적화 방안

① 생산자는 환경조절을 위하여 항상 생산과 품질 및 비용사이의 균형에 대해 주시하고 연구를 게을리 하지 않는다.

② 불필요한 장치의 설치로 기존설비가 파손되거나, 다른 환경요인에 영향을 주거나 노력이 추가되는 것을 피한다.

③ 안정된 환경조절을 위해 필요장치만 부착하고 그 장치에 대한 기본원리와 사후관리 요령을 습득한다.

④ 자동출입문의 개폐 속도, 파손유리창의 보수, 단열처리 등 미세한 부분까지도 세심한 관리가 필요하다.

⑤ 시설원예의 환경조절은 환경요인의 계측→계측시스템의 구성→기준치 설정에 따른 자동조절시스템 구성→작물생장의 분석의 절차로 이루어지는 것이 바람직하다.

2. 환경조절 이론 및 방법

① 환경조절 방식

① 인간 조절 시스템: 인간의 감각에 의해 시설의 환경을 감지하고 판단하여 난방·환기 장치, 보온 커튼 등을 조작하는 것으로 생산자는 시설재배에 다양한 경험이나 지식을 갖추어야 하며 관리자가 상주하여야 하나 장치비가 가장 적게 든다.

② 인간-기계 조절 시스템: 센서(sensor)라는 기계적·전기적 도구를 사용하여 시설의 환경을 수치화·정량화하여 측정하고, 인간에 의해 설정된 환경조절기준과 비교하여 작동기를 자동조절하는 것으로 정밀한 환경조절이 가능하나 환경기준의 변동 설정이 어렵다. 이 방식은 자체조절식 온풍기, 타이머 부착식 보온커튼 개폐장치 등과 같이 인간이 조절기를 대신하는 인간 조절시스템보다는 정밀한 조절과 관리노력이 절감된다.

③ 컴퓨터-기계 조절 시스템(복합환경제어시스템): 작물재배에 대한 최적 환경조건을 경험과 연구결과인 지식을 정보화하여 조절기준을 설정하고 환경계측 센서를 통해 측정하여 조절기준과 비교하여 시설환경이 조절기준에 일치하도록 제어기를 통해 작동기를 구동하여 일련의 과정이 반복되면서 시설환경이 최적으로 유지된다. 컴퓨터에서 모든 상태를 자동조절함으로써 관리자를 필요로 하지 않고 경험이 없어도 재배가 가능하나 장치비가 많이 든다.

② 환경조절 장치

① 전동식 제어장치: 인간의 감각과 경험·지식에 의해 필요한 환경조절장치를 구동·정지시킬 수 있도록 전동화한 것으로 보온커튼의 ON-OFF 장치와 같이 인간의 노력을 절감할 수 있다.

② 개별(분산) 제어장치: 각종 제어장치가 개별적으로 분산되어 작동되며 온풍기, 환풍기, 수막장치 등을 별도로 구입 활용하는 데서 비롯된 것으로 아날로그식 센서와 작동기로 구성되어 있다. 보온커튼, 측창 등은 ON-OFF식으로, 온풍기는 자동식으로 작동되는 것이 있다.

③ 집중 제어장치: ON-OFF 장치나 개별제어장치를 제어판에 모아 집중제어하는 방식으로 자동화 방식은 거의 없고 타이머나 ON-OFF 장치로 제어판을 구성하여 수동과 자동의 변환방식을 채택하여 자동화장치의 고장 등에 대비하고 있다.

④ 컴퓨터에 의한 복합제어장치: 개별환경조건의 상호관련성을 고려하여 복합적으로 장치를 구동할 수 있도록 시설재배에 대한 경험과 연구결과인 지식을 프로그램화 하여 컴퓨터가 환경조절을 수행함으로써 효율적으로 최적환경을 조성할 수 있으나 경제성을 고려하여 설치하여야 한다.

3. 환경조절 기기

1 제어기(controller)

① 온실환경제어 컴퓨터: 설치비가 고가이며 설치·작동요령을 충분히 숙지하여 생산자가 원하는 독자적 환경제어 모델을 정립하여야 한다.
② ON-OFF 제어기: 기준 입력에서 제어량을 뺀 편차가 어떤 범위값 이하일 때는 조작량을 ON으로 하고, 어떤 범위값 이상일 때는 OFF 상태로 출력하는 가장 간단한 제어기이다.
③ 비례제어기: 제어편차를 0으로 하기 위한 가장 기본적인 feedback 제어시스템에 이용되며, 열선의 전류제한에 의한 실온제어, 시설의 환기창 등의 분야에 사용된다.
④ PID 제어기, 최적제어기, 최적화제어기, 적응제어, 퍼지제어기 등이 있다.

> **연구 PID 제어**
>
> PID 제어란 비례동작(Proportional action), 적분동작(Integrate action), 미분동작(Derivative action)을 조합시킨 제어로 제어대상을 설정한 값으로 유지하기 위해 검출부에서 측정된 값(현재값)과 미리 설정되어 있는 값(목표값)을 비교하여 현재값과 목표값의 차이가 있는 경우는 콘트롤러가 그 차를 없애기 위해 출력을 조정하여 현재값이 목표값이 되게 하는 제어동작을 말한다.

2 작동기(correcting equipments)

작동기에는 가온, 환기, 차광 및 보온용 스크린과 인공조명장치, CO_2 시비 등이 포함된다.
① 가 온: 온풍난방, 온수난방, 증기난방 등의 설비가 이용되는데 보통 온수파이프 난방으로 행해지는 중앙난방시스템으로 구성된다.
② 냉 방: roof sprinkler, pad and fan, mist and fan 등이 이용되며, 시설 내에 있는 고압분사 노즐을 이용하여 식물체에 직접 분사시켜 잎의 냉각을 증대시키는 방법도 활용되고 있다.
③ 환 기: 자연환기에는 환기창을 이용하여 자동천창환기와 수동식 측창환기를 이용하고, 강제환기에서는 환기팬, 제습용 열교환용 환기장치를 사용하는데 적정한 온·습도 관리를 위해서 환기량은 가능한 최소한으로 조절하는 것이 바람직하다.

④ 차광 및 보온용 스크린: 온실의 창문, 2·3중 커튼을 시간에 맞추거나 온도의 변화에 따라 개폐장치를 자동화하여 이동하고도 있으며, 차광 및 보온용 스크린은 온도조절을 위해 별도로 설치하는 것이 바람직하다.

⑤ 인공 조명: 휴면타파, 개화유도 등을 위해 일장반응의 조절을 위한 전조재배와 광합성 촉진을 위해 설치하는 보광재배로 구분하며 전조재배는 백열등, 보광재배에는 고압 나트륨 등이 많이 사용된다.

⑥ CO_2시비: CO_2 발생기, 봄베 등의 기기가 사용된다.

③ 측정기(measuring equipments)

① 시설 내부 환경계측센서: 온도센서, 습도센서, CO_2 흡입팬과 튜브 등으로 구성되어 있고 필요에 따라 광센서가 부착된다. 이 환경계측센서는 1당 4개 정도 설치하는 것이 바람직하며 유지관리가 철저하여야 오작동의 염려가 없어진다. 습도 센서는 물의 공급이나 거즈의 교환이 필요하다.

② 외부기상대: 관리실이나 온실의 지붕 위에 어떠한 장애물에도 영향을 받지 않기 위해 천장으로부터 3m 정도 높이에 설치하고 주위 건물이나 나무 등으로부터 20m 정도의 거리를 둔다. 온도, 풍향, 풍속, 강우 측정계와 광도계는 유지관리가 잘 되어야 한다.

④ 주의 사항

① 최적 환경조절을 위하여는 설정치 및 계측치와 작동기 사이의 관계를 명확히 해석하여야 한다.

② 작동시간이나 안전성, 한계는 물론 계절별 작동시간 등 컴퓨터의 시간은 항상 실제시간과 일치하도록 유념한다.

③ 온도 조절 시 주야간온도가 4~5℃ 이상 생기지 않게 하며 온실과 파이프 온도 등은 수시로 점검한다.

4. 복합환경제어 시스템

1 복합환경제어

① 온도, 습도, 광, 공기, 탄산가스 등의 환경요인들은 독립적 또는 상호관계에 의해 작물에 복합적인 영향을 끼친다. 작물의 생육에 적합한 환경을 만들기 위해 2개 이상의 환경요인들을 복합적으로 제어하는 것을 복합환경제어라 한다.

② 복합환경제어는 여러가지 환경정보를 컴퓨터에 입력하여 모든 상태를 컴퓨터로 하여금 자동제어할 수 있는 환경제어 관리방식으로 입력자료는 일사량, 온도, 습도, 풍속, 강우, 천창의 개폐 등이다.

③ 컴퓨터에 의한 온실 복합 환경 관리 시스템의 기능은 복합 환경 조절, 긴급 사태 처리, 데이터의 수집 및 해석 등이다.

생산증대	최적환경의 실현으로 이루어진다.
에너지절감	시설의 복합환경에 의해 투입되는 에너지를 최소화할 수 있는 최적제어방식의 도입으로 이루어진다.
생력화	자동화에 의해 이루어진다.
위험예방	강풍 · 강우 · 강설을 감지하여 필요한 조처를 행하고 제어기기나 센서의 이상사태 통보에 의해 이루어진다.
계측자료수집	환경계측장치에 의해 이루어져 장래의 재배관리정보로 이용된다.

2 복합제어장치의 항목과 기능

① 환 기: 시설 내의 온도와 옥외 일사량을 천 · 측창개폐용 모터 또는 환기팬으로 비례제어 또는 다단계 제어한다. 아울러 외기온, 풍향, 풍속, 강우, 강설, 실내외 습도를 측정하여 환기창 개도의 상하를 조절하고 습도, CO_2 농도를 고려하여 환기해서 실내 상한온도를 유지하며 제습작용 및 CO_2를 보급한다.

② 보 온: 시설 내의 온도, 옥외 일사량, 보온 커튼위의 기온과 외기온, 실내외 습도 등을 보온용 커튼과 개폐용 모터로 열방출을 억제하고 커튼의 개폐는 실온뿐만 아니라 계측요소의 실측치를 고려하여 행한다.

③ 난 방: 시설 내의 온도, 외기온, 실내외 습도 등은 온풍난방기, 온수보일러 등으로 실내의 하한온도를 유지하고 옥외기상조건 및 습도를 고려하여 난방 제어한다.

④ CO_2 시용: CO_2 농도를 계측하여 CO_2 발생기 또는 액화가스 봄베의 이용으로 CO_2의 고농도화를 이룬다.

⑤ 관수량: 토양수분함량을 계측한 다음 관수장치(펌프, 파이프)를 이용하여 급액량을 조절하고 토양수분을 제어한다.

⑥ 냉 방: 세무냉방, 히트 펌프를 이용하여 냉방과 가습을 조절한다.

⑦ 차 광: 차광커튼을 이용하여 고온억제 및 일장을 조절한다.

⑧ 양액재배: 양액조정 및 급액장치를 이용하여 양액의 pH, EC, 액량을 조절한다.

⑨ 경 보: 경보용센서, 작동기의 반응감지 및 이상기후감지기는 계측센서 및 작동기의 이상과 고장발견, 폭우 · 폭풍 · 강설 시의 안전관리를 위해 경보램프나 경보음을 발신한다.

⑩ 기록 · 표시: 제어 이외에 계측치, 동작상황 등을 기록하는 표시기능이 수반된다.

③ 제어 방법

① 온 도: 적산 일사량에 의해 작물별로 유지시켜야 할 온도의 상한과 하한을 결정하는 것이 원칙이며 온도용 작동기는 난방기, 환기창, 환기팬에 의해 온실 내외의 환경조건에 따라 선택 제어한다.

② 습 도: 일반적으로 잎의 표면에 결로현상이 일어나지 않는 최대습도를 한계치로 설정하며 배기시스템에 의해 환기하고 창문이 10% 이상 열리면 환기하지 않는다.

③ 순환팬: 작물의 호흡상태를 좋게 하고 실내의 공기를 유동시키는 데 쓰이며 적정풍속은 작물부위에서 0.2~0.3m/sec 정도로 한다.

④ 관 수: 토양수분이 관수시점 이하로 되면 관수를 시작하여 관수정지시점 이상이 될 때까지 관수를 행하고 그 이외는 무관수상태로 하며 관수시간대는 오전 11시경으로 물 온도에 가깝도록 유지한다.

⑤ CO_2: CO_2 시비시점은 아침시간에 조도 5000lux 이상일 때부터 1,000~1,500ppm 정도로 일정시간 시비하고 온도는 무시비 때보다 3℃ 정도 높게 설정한다.

⑥ 보온커튼: 야간의 실내온도 보온을 위해 사용하며 낮동안은 외기온이 낮아 보온의 필요가 있을 때 커튼을 닫는다.

⑦ 수 막(water curtain): 저녁시간의 일사량 및 외부온도가 일정치 이하일 때 수막을 가동하며 아침시간에는 일사량 및 시간이 일정치 이상이면 수막을 정지시키고 측 · 천창은 밀폐상태로 한다.

⑧ 이상기후: 강풍 시에는 모든 창문을 밀폐한 후 환기팬을 작동시키고, 강우 시에는 천창을 닫고, 강설 시는 보온커튼을 열고 열풍기와 제설용 히터를 작동한다.

⑨ 양액재배: 양액공급장치는 순환식일 때 순환펌프의 운전간격으로, 암면재배에서는 일사량에 따라 관수량을 변화시킨다. 양액조정은 pH와 EC를 계측하여 산·알칼리·액비의 추가량을 혼입장치에 의해 제어한다.

⑩ 경 보: 경보는 시설 내 작물의 안정을 보장하고 계측센서 및 기기류의 고장과 예방진단을 실시하며 다음과 같을 때 경보음이나 신호를 발신한다.

㉠ 온도의 극한 상승과 하강 시

㉡ 계측센서의 포화출력이나 불안정 출력 시

㉢ 작동기의 작동상태에 따라 환경의 변화가 없거나 정전 시

연구 **복합제어장치의 구비 조건**

- 계측센서와 장치 및 시스템은 내구성이 양호할 것
- 시설 구조 및 설치상태에 따라 제어기 작동의 안전성을 도모할 것
- 최소에너지 및 최대효율 제고
- 환경설정치 및 제어조건을 자유롭게 변경 입력시킬 수 있을 것
- 환경제어장치를 복합적으로 구동할 수 있을 것
- 재배, 생육, 유통 정보와 연계 가능한 통신기능을 가질 것
- 경보장치가 내장되고 가격이 저렴할 것

기출문제해설

1. 시설원예 작물의 생육에 관여하는 환경조절 요인은?

① 각 환경이 독립적인 요인으로 개별적인 영향을 미친다.

② 각 환경이 독립적 영향뿐만 아니라 상호 간섭적으로 영향을 미친다.

③ 온도와 습도환경을 주축으로 모든 환경이 종속적 영향을 미친다.

④ 광강도를 주축으로 모든 환경이 종속적 영향을 미친다.

2. 시설원예 생산환경의 특성으로 옳지 않은 것은?

① 시설 내 주야간 온도교차가 거의 없어 작물생육에 바람직하다.

② 야간의 무가온 재배에서는 습도가 포화상태가 되어 식물이 연약 도장하고 병발생이 용이해진다.

③ 시설 내 공기조성은 탄산가스의 농도차이와 토양 미생물의 이화학적 반응으로 유해가스가 축적되어 작물생육에 나쁜 영향을 미칠 수 있다.

④ 시설은 강우를 차단하므로 관수시설이 필수적으로 고려되어야 한다.

01 ② 02 ①

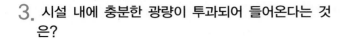

보충

3. 시설 내에 충분한 광량이 투과되어 들어온다는 것은?

① 생산량의 감소를 가져온다.

② 생산량의 증가를 가져온다.

③ 차광재배를 실시하여야 한다.

④ 건조재배를 실시하여야 한다.

■ 과다한 광량을 요구하지 않는 시기나 작물에는 차광을 실시하고 적정 광환경을 유지한다.

4. 시설재배지 토양의 특성으로 볼 수 없는 것은?

① 염류 집적

② 토양산도의 상승

③ 연작 장해

④ 토양공기의 불량

■ 시설 재배지 토양은 노지에 비해 pH가 낮은 것이 특징이며, 충분한 유기물과 적당량의 석회를 사용하고 생리적 산성비료를 제한하여 토양산도를 개량한다.

5. 가장 실용적인 염류의 농도 측정방법은 무엇인가?

① 토양용액의 전기전도도 측정

② 토양 용액의 삼투압 측정

③ 염류의 정량분석

④ 지표식물의 재배

■ 토양용액의 염류 농도는 전기전도도(EC)를 측정하여 분석할 수 있다.

6. 시설 환경조절 중 동화작용을 하는 지상부 환경조절과 관계 있는 것은?

① 무기영양

② 토양수분

③ 가스조절

④ 지온조절

■ ①②④는 양·수분의 흡수와 식물체를 지지해주는 지하부 환경조절과 관계 있으며, 지상부 환경조절은 ③과 햇빛, 열 등이 관계된다.

03 ② 04 ② 05 ① 06 ③

7. 시설원예 환경조절의 순수한 목적으로 볼 수 없는 것은?

① 재현성이 없는 자연환경에 의한 작물의 피해를 없앤다.

② 고품질의 작물생산과 농작물의 부가가치를 제고한다.

③ 계절에 관계없이 주년생산할 수 있다.

④ 환경조절의 어려움 때문에 과학 영농이 어렵다.

8. 광포화점이 가장 높은 작물로 시설재배 시 적극적인 광환경 관리가 요구되는 것은?

① 생강, 머위

② 상추, 셀러리

③ 오이, 호박

④ 수박, 토마토

9. 환경계측장치의 기능으로 볼 수 없는 것은?

① 온도와 일사량 등 실내외 기상환경 정보를 센서로부터 계측한다.

② 재배를 위한 목표설정 환경정보를 이용한다.

③ 시설의 난방이나 환기 등의 제어와 환경상태 등의 정보를 표시한다.

④ 계측제어에는 컴퓨터를 이용할 수 없다.

10. 시설 내의 지하부 환경 계측에 속하는 것은?

① 일사량　　② 풍속 · 풍향

③ 토양수분　　④ 강우 · 강설

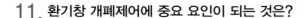

11. 환기창 개폐제어에 중요 요인이 되는 것은?
   ① 일사량
   ② 풍속 · 풍향
   ③ pH
   ④ EC

■ 풍속계는 안전한계풍속의 초과 풍량을 검출하고 풍향계는 바람의 방향을 계측하여 바람이 오는 방향의 환기창을 닫는다.

12. 시설 내에 온도센서를 설치할 적당한 위치는?
   ① 작물의 생장점 부근
   ② 실내 최고온도 지점
   ③ 실내 평균온도 지점
   ④ 실내 최저온도 지점

■ 일반적으로 온실의 중앙인 ③이 적당하며, ①은 설치 높이로 작물의 체감온도를 계측할 수 있다.

13. 모세관막의 압력차를 이용한 기기나 저항식 및 유전율방식이 이용되는 센서로 계측할 수 있는 것은?
   ① 온도
   ② 습도
   ③ 토양수분
   ④ 용존산소

■ 모세관막의 압력차를 이용한 센서는 텐시오미터이다.

14. 생체정보계측에 대해 바르게 설명한 것은?
   ① 환경에 따른 작물의 반응을 측정하는 것이다.
   ② 설정치에 따른 ON/OFF 제어이다.
   ③ 시설 내 · 외부의 환경요소를 복합적으로 판단하는 것이다.
   ④ 양액과 배지의 온도조절법이다.

■ 생체정보계측이란 광합성, 호흡, 증산, 수분흡수, 체내수분, 생장속도, 엽온 등 환경에 따른 작물의 반응을 측정하는 것이다.

11 ② 　12 ③ 　13 ③ 　14 ①

15. 다음 중 생체정보계측의 구체적인 내용은?

① 광합성 · 호흡 · 증산

② 수분흡수 · 체내수분 · 엽온

③ 생장속도(줄기직경 · 과실 비대속도 · 초장 · 엽면적)

④ ①②③ 모두

16. 생체정보를 이용한 환경제어의 장점으로 볼 수 없는 것은?

① 작물의 부적당한 상태를 즉시 발견해 낼 수 있다.

② 즉각적인 조치가 불가능하다.

③ 재배적 조처에 대한 작물의 생리적 반응을 알 수 있다.

④ 최대 생산성을 획득할 수 있는 기술적 조처를 적정화할 수 있다.

17. 작물의 광합성량 증대에 관계하는 CO_2 · 광 · 온도와의 관계를 설명한 것이다. 다음 중 옳은 것은?(단, CO_2 · 광 · 온도: 유효한도 내에서)

① 온도 · 광 강도 · CO_2 농도가 증가할수록 광합성량은 증대한다.

② 온도만 높으면 CO_2 농도와 광 강도는 낮을수록 광합성량은 증대한다.

③ 광강도만 높으면 온도와 CO_2 농도에 상관없이 광합성량은 증대한다.

④ 광합성량은 온도는 높을수록, 광강도는 높을수록, CO_2 농도는 낮을수록 증대한다.

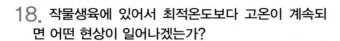
18. 작물생육에 있어서 최적온도보다 고온이 계속되면 어떤 현상이 일어나겠는가?

① 생육도 촉진되면서 수량도 증가한다.

② 광합성은 높고 호흡량은 적어 수량이 크게 증가한다.

③ 지온과 수온이 높아 뿌리생육이 왕성해서 수량이 감소되지 않는다.

④ 생육은 극히 빨라지나 생육량이 적고 수량이 크게 감소한다.

■ 어느 시점 이상의 고온이 되면 호흡이 왕성해져서 광합성량이 감소하므로 생육량이 적고 수량이 크게 감소한다.

19. Q_{10}을 가장 바르게 설명한 것은?

① 온도가 $10℃$ 상승할 때 작물의 이화학적 · 생리적 반응을 나타낸 것이다.

② 광합성에 의한 동화물질의 전류하는 속도이다.

③ 작물의 호흡과는 전혀 관련이 없다.

④ 작물의 양분 흡수를 나타낸다.

■ 온도가 $10℃$ 올라감에 따라 생리작용의 반응속도 변화를 표시한 수치를 온도계수 또는 Q_{10}이라 한다.

20. 호흡에 영향하는 내적 요인은?

① 산소의 농도   ② 효소의 활성

③ 온 도   ④ CO_2 농도

■ ①③④는 외적 요인이다.

21. 시설 내 · 외부의 기상환경 측정자료에 포함되지 않는 것은?

① 일사량 · 온도 · 습도

② CO_2 농도

③ 줄기 및 과실비대

④ 근권 온도 · 수분

■ ③은 생체정보 자료이다.

18 ④ 19 ① 20 ② 21 ③

22. 다음 중 생체정보계측에 속하는 항목은?

① 중량　　　　　② 엽온

③ 크기　　　　　④ 형태

■ ①③④ 등은 생체계측 항목이며, 생체정보계측 항목은 ②와 체내수분 등이다.

23. 시설의 환경조절 목적으로 타당하지 않은 것은?

① 작물이 필요로 하는 환경의 화학적 조절에 의해 작물생육에 최적의 환경을 찾아낸다.

② 재현성이 없는 자연환경에 의한 작물피해를 없앤다.

③ 단시간에 다량의 작물생산을 이룬다.

④ 계절에 관계없이 주년생산하여 농작물의 부가가치를 제고한다.

■ 작물이 필요로 하는 환경을 인위적으로 조절한다.

24. 다음 중 기상요소를 인위적으로 조절하기가 가장 쉬운 농업환경은 ?

① 논의 환경　　　　② 초지의 환경

③ 과수원의 환경　　④ 재배시설의 환경

■ 시설에서는 작물의 재배관리를 위해 여러 환경요인들을 조절할 수 있는 장치를 사용한다.

25. 환경조절이 대두된 이유로 바람직하지 않은 것은?

① 농업생산 형태의 변화

② 경제불황에 따른 귀농현상

③ 농업생산물의 국제화 · 상품화의 요청

④ 기술화 · 고령화 사회의 진행과 사회적 · 기술적 배경으로부터의 해결책

■ ①③④의 해결책으로 환경조절 장치의 자동화와 기술집약이 요청된다.

22 ②　23 ①　24 ④　25 ②

V 원예생리장해 및 방제

제1장 채소의 병해충 방제

1. 채소의 병해

1. 병의 원인

1 병 원(病原)

① 작물에 병을 일으키는 원인을 병원(病原)이라 한다. 병원이 생물 또는 바이러스일 때는 병원체(病原體)라고 하며 특히 세균이나 진균일 때는 병원균(病原菌)이라 한다.

협의의 뜻	기생성병을 유발시키는 생물성 병원체로 일반적인 병원은 협의의 뜻으로 말한다.
광의의 뜻	식물에 병을 일으키는 생물적 · 비생물적인 모든 요인

② 병원성(病原性): 기주식물에 대해서 기생체가 병을 일으킬 수 있는 능력으로 기생체가 관여했을 때 성립된다.

③ 작물의 병이 성립되려면 병원체가 기주식물인 작물에 접촉되어야만 하는데, 작물에는 감염될 수 있는 성질인 이병성(罹病性, susceptibility)이 있고 병원도 발병할 수 있는 능력인 병원성(病原性)이 있어야 하며 여기에 적응할 수 있는 환경이 수반되어야 한다.

④ 작물의 병에 직접적으로 관여하는 요인을 주인(主因), 주인의 활동을 도와서 발병을 촉진시키는 환경요인 등을 유인(誘因), 기주식물이 병원에 대해 침해 당하기 쉬운 성질을 소인(素因)이라 한다.

2 병원의 종류

① 작물의 병은 세균(細菌) · 진균(眞菌) · 선충(線蟲) · 마이코플라스마(mycoplasma) · 바이러스(virus) 등 생물성 병원에 의한 기생성병과 양수분의 결핍 및 과다, 온도, 광, 대기오염, 부적절한 환경요인 등 비생물성 병원에 의한 비기생성병이 있다.

② 생물성 병원에 의한 병은 진균에 의한 병이 가장 많고 그 다음이 세균 및 바이러스에 의한 것이다.

생물성 병원 (전염성 · 기생성병)	세 균	구균 · 간균 · 나선균 · 사상균 등이 있으며 세균에 의한 병은 대부분 간균에 의한다. 세균을 그램염색하면 그램양성균은 보라색, 그램음성균은 분홍색으로 염색된다. 배추 무름병, 토마토 풋마름병, 무 · 배추 세균성검은썩음병
	진 균	실 모양의 균사가 발달된 것으로 사상균 또는 곰팡이라 부른다. 진균류는 균사에 생기는 격막의 유무, 유성포자의 종류 및 형성방법 등에 따라 접합균류, 자낭균류, 담자균류, 불완전균류 등으로 구분한다. 배추 뿌리잘록병, 감자 · 토마토 · 고추 역병, 딸기 흰가루병
	선 충	선형동물문에 속하며 뿌리를 해쳐서 뿌리에 혹을 만드는 것, 뿌리를 썩게 하는 것, 잎에 반점을 만드는 것, 줄기나 구근(球根)에만 사는 것, 종자를 해치는 것 등의 종류가 있다.
	바이러스	일종의 핵단백질로 구성된 병원체로 광학현미경으로만 관찰이 가능하며, 다른 미생물과 같이 인공배양되지 않고 특정한 산 세포내에서만 증식할 수 있다. 진딧물에 의하여 전염된다. 배추 · 무 모자이크병, 감자 · 고추 · 오이 · 토마토 바이러스병
	마이코플라스마	바이러스와 세균의 중간에 위치한 미생물로 원형 또는 타원형이다. 테트라사이클린(tetracycline)계의 항생물질로 치료가 가능하다. 유사한 미생물로는 파이토플라스마가 있다. 대추나무 · 오동나무 빗자루병
비생물성 병원 (비전염성 · 비기생성병)	토양조건	토양습도의 과부족, 토양보수력 및 통기성 등 부적당한 물리적 구조 등
	기상조건	광선 부족, 고온건조, 과습, 바람 등
	영양장해	양분부족에 의한 결핍증과 양분불균형에 의한 장해 등
	농사작업	농기구에 의한 상해, 농약에 의한 약해 등
	공업부산물	광독, 연기, 가스, 시멘트 가루 등
	식물의 대사산물	수송, 저장 중에 생기는 유해물질 등

2. 병의 발생과 환경

1 병원체의 월동

① 병원체는 활동에 적합하지 못한 환경조건이 되면 특정한 장소에서 조직이나 기관을 형성하여 휴면하며 주로 겨울의 저온에 대한 휴면을 월동이라 한다.

② 월동한 병원체는 봄에 활동을 시작하여 식물에 옮겨지고 제1차감염을 일으켜 발병의 중심이 된다. 제1차감염 이후 새로 발병한 환부에 형성된 전염원에 의해 일어나는 감염을 제2차감염이라 한다.

③ 병원균의 월동형태는 균사·후막포자·균사덩이(균사괴)·균핵·번식기관 등이며, 병원균의 월동장소는 기주체 내·기주체 표면·종자·기주식물의 죽은 조직·토양 등으로 다양하다.

④ 녹병균(銹病菌)과 같이 전혀 다른 두 종류의 식물을 옮겨가며 생활하는 병원균을 이종기생균(異種寄生菌)이라 하며, 두 종의 기주식물 중 경제적 가치가 적은 쪽을 중간기주(中間寄主)라고 한다.

2 병원균의 침입

1 각피(角皮, cuticle)로 침입

① 잎이나 줄기 등 식물체 표면의 각피나 뿌리의 표피를 병원체가 직접 뚫고 침입하는 것을 말한다.

② 각피침입을 하는 병원균의 대부분은 먼저 기주의 표면에 부착하여 충분한 수분을 흡수한 다음 형성된 발아관을 뻗어 기주체 내로 침입한다.

③ 균핵병균, 도열병균, 녹병균, 탄저병균, 잿빛곰팡이병균 등 비교적 병원성이 강한 병균들이 각피로 침입한다.

2 자연개구부(自然開口部)로 침입

① 식물체에 분포하는 자연개구부인 기공(氣孔)과 피목(皮目) 등으로 침입하는 것을 말하며 기공으로 침입하는 것을 기공침입이라고 한다.

② 기공침입을 하는 병원균에는 녹병균의 여름포자, 갈색무늬병균, 노균병균 등이 있다.

3 상처를 통한 침입

① 여러 가지 원인으로 생긴 상처로 병원체가 침입한다. 두꺼운 수피로 둘러싸인 줄기와 가지의 표면으로는 병원체가 쉽게 침입할 수 없으나 상처가 생기면 비교적 쉽게 침입할 수 있다.

② 채소 세균성무름병균, 과수 근두암종병균 등 모든 세균병은 식물의 상처가 가장 중요한 침입처이며 특히 바이러스는 상처 부위를 통해서만 침입한다.

③ 병원균의 감염 및 병환

1 병원균의 감염(感染)

① 병원체가 작물에 침입하여 내부에 정착하고 작물로부터 영양섭취가 이루어졌을 때 감염되었다고 하며, 병원체가 기주체 내에 확산되고 이에 반응하여 외관적으로 변색 또는 기형 등의 변화가 인식될 수 있을 정도로 되었을 때 발병되었다고 한다.

② 병원체가 침입한 후 초기병징이 나타날 때까지 소요되는 기간을 잠복기간이라고 하며, 잠복기간은 병원체의 종류와 환경조건에 따라 차이가 있다.

연구 **병에 대한 식물체의 대처**

감수성	식물이 어떤 병에 걸리기 쉬운 성질
면역성	식물이 전혀 어떤 병에 걸리지 않는 것
회피성	적극적 또는 소극적으로 식물 병원체의 활동기를 피하여 병에 걸리지 않는 성질
내병성	감염되어도 기주가 실질적인 피해를 적게 받는 경우

2 병환(病環)

① 기주식물에 형성된 병원체가 새로운 기주식물에 감염하여 병을 일으키는 기생성 식물병이 한 번 발생되었다가 일정기간 후에 다시 되풀이하여 발생하는 과정을 병환이라 한다.

② 식물병의 발병경과

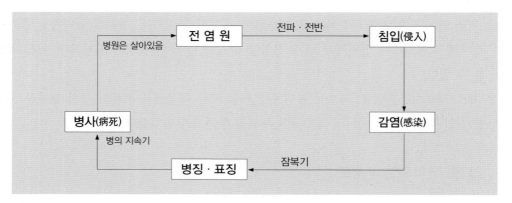

3. 병해의 진단

1 작물병의 예찰진단

① 작물병을 진단할 때는 우선 전염성 여부를 결정한 후 전염성병인 경우에는 병원체를 동정하여 정확한 병명을 결정한다. 동정(同定)이란 병원체를 분리 배양하고 접종시험을 거치는 등 복잡한 실험을 거쳐 종명(種名)을 정확하게 결정하는 것이다.
② 작물병의 진단 시에는 발병상황, 환경조건, 식물의 종 · 품종, 식물의 노유(老幼), 재배환경 등을 먼저 밝혀야 한다.

> **연구** **병원체의 동정(同定)에 관한 KOCH의 3원칙**
>
> - 병원체는 반드시 병환부에 존재한다.
> - 병원체를 순수배양하여 접종하면 같은 병을 일으킨다.
> - 접종한 식물로부터 같은 병원체를 다시 분리할 수 있다.

2 육안적(肉眼的) 진단

병징과 표징에 의하여 육안으로 진단하는 방법으로 가장 보편적으로 사용된다.

1 병 징(病徵, symptom)

① 병징은 병원체의 감염 후 식물체의 외부에 외형 또는 생육의 이상, 빛깔의 이상 등으로 나타나는 반응으로서 상대적인 개념이다.

② 병원체가 달라도 비슷한 병징을 나타내는 경우가 있고, 같은 병원체일지라도 식물의 품종, 발병부위, 생육시기나 환경조건이 달라지면 다른 병징을 나타내는 수도 있으므로 이것만 가지고 병을 진단하는 것은 위험하다.

③ 세균병의 병징 : 병원세균이 식물에 대해 병을 일으키는 과정은 일반적으로 상처 또는 자연개구를 통하여 이루어지며 침해되는 부위와 특징에 따라 유조직병, 물관병, 증생병 등으로 구분한다.

④ 바이러스병의 병징 : 일반적으로 전신에 퍼져 전신병징(全身病徵)을 나타내는 경우와 기주식물에 몇 가지 종류가 겹쳐 복합적으로 감염되었을 때 나타나는 경우도 있다. 바이러스의 종류에 따라서 병든 식물의 새포 내에 건전한 식물세포에서 볼 수 없는 봉입체(封入體)를 만들기도 한다.

외부병징	모자이크 줄무늬 등의 색소체 이상과 왜화(矮化), 잎말림, 기형 등 기관발육의 이상 등이다.
내부병징	세포 내에 핵과 비슷한 원형체가 생기고 퇴색부의 세포 내에는 엽록체수가 적고 모양도 작아지며 전분립이 축적되는 것 등이다.
병징은폐	어떤 한계 온도 이상 또는 이하에서는 바이러스를 지니고 있음에도 병징이 나타나지 않고 은폐되는 수가 있다.

2 표 징(標徵, sign)

① 기생성병의 병환부(病患部)에 병원체 그 자체가 나타나서 병의 발생을 직접 표시하는 것으로 곰팡이, 균핵, 점질물, 이상 돌출물 등이다.

② 표징은 병원체가 침입하고 병이 어느 정도 진행된 후에 나타나므로 조기진단에는 도움이 못되지만 병원체 그 자체가 나타나므로 빛깔, 모양, 크기 등이 대체로 일정하여 병의 종류를 판단하는 데 극히 중요하다.

③ 병원체가 진균일 때는 표징이 잘 나타나지만 비전염성병이나 바이러스, 마이코플라스마에 의한 병은 병징만 나타나고 표징을 기대하기 어렵다.

연구 표징의 종류

병원체의 영양기관	균사체, 균사속, 균사막, 근상균사속, 선상균사, 균핵, 자좌 등
병원체의 번식기관	포자, 분생자병, 분생자퇴, 분생자좌, 포자퇴, 포자낭, 병자각, 자낭각, 자낭구, 자낭반, 세균점괴, 포자각, 버섯 등

③ 해부학적(解剖學的) 진단

빛깔이나 모양의 변화로 분별할 수 없을 때는 병의 특징이 되는 부분은 줄기를 약간 잘라 봄으로써 진단할 수 있다.

④ 이화학적(理化學的) 진단

병든 식물 또는 병환부를 물리적 · 화학적으로 처리하여 진단한다.

⑤ 병원적(病原的) 진단

인공접종 등의 방법을 통해 병원체를 파악하는 방법으로 KOCH의 원칙에 따라 병든 부위에서 미생물의 분리 → 배양 → 인공접종 → 재분리의 과정을 거쳐야 한다.

⑥ 생물학적(生物學的) 진단

식물이 가지고 있는 독특한 성질을 이용하여 토성 · 토질 또는 기후의 적 · 부적을 결정할 때 그 식물을 지표식물(指標植物, indicator plant)이라 한다. 지표식물은 어떤 병에 대하여 고도로 감수성이거나 특이한 병징을 나타내는 식물로 감자바이러스에는 천일홍이, 뿌리혹선충에는 토마토와 봉선화, 과수근두암종병에는 감나무묘목이 지표식물이다.

⑦ 진단 시의 주의 사항

① 병명의 결정만이 진단이 아니다. 병명을 알았다 하더라도 그 원인과 치료방법이 어떤
   지도 자세하게 알아야 할 것이다.
② 원인과 결과와의 관계도 중요하다. 하나의 원인으로 각기 다른 병징이 나타날 수 있고
   여러 원인으로 한 가지 병징이 나타날 수도 있다.
③ 진단은 가능한대로 현장에서 하여야 한다.
④ 전신(全身) 진단을 하여야 한다. 열매에 병징이 있다 하더라도 원인은 뿌리나 또는 줄
   기에 있을 수 있기 때문이다.

4. 채소의 병해

1 일반적인 병해

① 노균병

  ㉮ 발생: 오이, 참외, 상추, 시금치, 배추, 무 등

  ㉯ 증상: 비료기가 적은 아랫잎부터 발생하며 잎의 표면에 경계
    가 뚜렷하지 않은 황백색 무늬가 생기고, 점차 잎맥에 둘러싸
    인 다각형의 병반이 되며, 잎의 뒷면 또는 표면에 서릿발 모
    양의 곰팡이가 생성된다. 병원균은 유주자를 형성하며 바람
    에 날려온 분생포자가 잎이 젖어 있을 때 발아하여 기공을 통
    해 침입한다. 질소가 부족하고 공기가 다습한 조건에서 잘 발
    생한다.

  ㉰ 방제: 멀칭, 덧거름 시비, 약제 살포 등

배추 노균병

② 역 병

  ㉮ 발생: 수박, 고추, 토마토, 참외 등

  ㉯ 증상: 수침상의 갈색병반 형성 후 급격히 부패되며 병반 표
    면에 백색, 회백색의 곰팡이가 형성된다. 과실 표면의 병반에
    형성된 곰팡이실은 조밀하여 잘 떨어지지 않는다.

  ㉰ 방제: 배수, 퇴비 시용, 약제 살포 등

토마토 역병

③ 탄저병

  ㉮ 발생: 오이, 고추, 수박, 딸기, 참외, 배추 등

  ㉯ 증상: 잎에는 흔히 겹둥근무늬 모양의 병반과 줄기와 과실에
    는 움푹 들어간 방추형 병반이 생기며 오이의 경우 잎에 생긴
    초기병반은 수침상의 병반을 나타낸다. 줄기나 과실의 병반
    표면에 밥풀 모양의 옅은 홍색 포자퇴가 형성된다.

  ㉰ 방제: 배수, 종자소독, 약제 살포 등

고추 탄저병

④ 덩굴쪼김병(만할병)

  ㉠ 발생: 수박, 오이, 참외 등

  ㉡ 증상: 아랫잎부터 황화되며 전체가 시든다. 땅가 줄기가 갈변되며 표면에 주홍색 곰팡이가 피고, 병이 진전되면 줄기가 세로로 길게 부분적으로 갈변되고 후에 갈라진다. 잘라보면 도관부가 갈변되어 있다.

  ㉢ 방제: 윤작, 접목재배, 약제 살포 등

수박 덩굴쪼김병

⑤ 잿빛곰팡이병

  ㉠ 발생: 오이, 토마토, 딸기 등

  ㉡ 증상: 꽃받침, 열매의 꽃달린 부위, 가지가 갈라진 곳, 잎끝, 식물체가 서로 닿는 부위에 집중적으로 발생하며 이곳이 수침상으로 썩으면서 쥐털모양의 곰팡이가 형성된다. 오이의 경우 이슬방울이 떨어진 곳을 중심으로 대형의 둥근무늬가 형성되고 표면에 잿빛곰팡이가 밀생한다.

  ㉢ 방제: 환기, 약제 살포 등

딸기 잿빛곰팡이병

⑥ 바이러스병

  ㉠ 발생: 오이, 무, 배추, 고추, 토마토 등

  ㉡ 증상: 잎에 모자이크가 나타나고 쭈글쭈글해지며, 생육이 더디고 과실이 기형이 된다.

  ㉢ 방제: 진딧물 방제, 약제 살포 등

토마토 바이러스병

⑦ 무름병(연부병)

  ㉠ 발생: 무, 배추, 고추 등

  ㉡ 증상: 주로 상처를 통해 감염되며 병반 주위가 흐물흐물하게 물러지면서 썩는다. 악취가 나기도 한다.

  ㉢ 방제: 윤작, 배수, 약제 살포 등

고추 무름병

⑧ 풋마름병(청고병)

   ㉮ 발생: 토마토, 고추, 가지, 감자 등

   ㉯ 증상: 어린 잎이 시들고 점차 식물 전체가 푸른색을 띠며 시
들다. 줄기의 물관부가 갈색으로 변해 있다. 토양전염을 하므
로 연작하지 않는다.

   ㉰ 방제: 저항성 품종, 토양소독, 약제 살포 등

감자 풋마름병

② **특징적인 병해**

① 오이 균핵병: 꽃이 달린 부위에서부터 감염이 시작되어 과실 안쪽으로 물러 썩으며 흰
균사가 자라고 균핵을 형성한다. 병든 식물체를 제거하고 시설이 저온다습하지 않도록
관리한다.

② 토마토 시들음병(위조병): 줄기의 도관부가 병원균에 의해 막혀서 식물 전체가 시들며
아랫잎부터 누렇게 마른다. 토양전염성 병해로 고온다습한 환경에서 많이 발생한다.
연작을 피하고 저항성 품종을 재배한다.

③ 토마토 궤양병: 잎, 줄기, 과실에 발병하며 병든 과실은 발육이 늦고 낙과하거나 고르
게 익지 않는다. 서늘한 노지재배 지역에서 발생이 많으며 하우스에 재배할 경우에는
겨울철에도 발생한다. 건전한 종자를 사용하고 종자를 소독한다.

④ 딸기 뱀눈무늬병: 잎, 엽병 등에 뱀눈 모양의 특이한 병무늬가 나타나는 것으로 다습
한 환경에서 많이 발생한다. 질소질 비료의 과용을 피하고 약제를 살포한다.

⑤ 무ㆍ배추 사마귀병: 뿌리에 혹을 형성하여 양수분의 흡수를 차단하기 때문에 위조현
상을 나타낸다. 산성토양에서 많이 발생하므로 토양 내 산도를 중화시키고 윤작한다.

오이 균핵병

토마토 궤양병

딸기 뱀눈무늬병

무 사마귀병

2. 채소의 해충

1. 곤충의 형태

① 외부 형태

모든 곤충류는 머리(頭部)·가슴(胸部)·배(腹部)의 3부분으로 되어 있고 또 각부는 여러 개의 환절(環節)로 되어 있다.

1 피 부(체벽, 體壁)

① 곤충의 피부는 표피·진피 및 기저막으로 구성되어 있다.
② 표피는 외표피와 원표피로 구성되어 있다.

2 머 리

① 머리에는 입틀·겹눈·홑눈·촉각 등의 부속기가 있다.
② 입틀(口器): 구조상 큰턱이 잘 발달하여 식물을 씹어 먹기에 알맞은 저작구(咀嚼口)와 부리가 바늘 모양으로 되어 있어 동식물체 조직에 구기를 찔러 넣고 빨아 먹기에 알맞은 흡수구(吸收口)로 구분한다. 저작구를 가진 해충에는 독제(毒劑)를 사용하고 흡수구를 가진 해충에는 접촉제를 사용하면 방제효과를 높일 수 있다.

저작구형	메뚜기, 풍뎅이, 나비류의 유충 등
흡수구형	찔러 빨아먹는 형(진딧물·멸구·매미충류), 빨아먹는 형(나비·나방), 핥아먹는 형(집파리), 씹고 핥아먹는 형(꿀벌)

3 가 슴(胸部)

① 가슴은 단단한 키틴질로 구성되어 있으며 많은 털이 빽빽히 나 있다. 보통 앞가슴, 가운데가슴, 뒷가슴의 3부분으로 되어 있고 날개, 다리, 기문 등의 부속기가 있다.
② 날개: 날개는 대개 2쌍이며 앞날개는 가운데 가슴에, 뒷날개는 뒷가슴에 달려 있다. 날개의 형상은 곤충류를 크게 분류하는 데 중요한 특징이 되는 것으로서 목(目)의 명칭은 날개의 형태에 따른 것이 많다.

4 배(腹部)

① 보통 10개 내외의 마디로 기문 · 항문 · 생식기 등의 부속기관이 있다.
② 기문(氣門): 배의 마디마다 1쌍씩 있으며 이 기관을 통해 공기를 호흡한다. 약제가 이곳에 피막을 만들면 곤충이 질식해서 죽게 되며 또한 약제가 이곳을 통해 곤충의 체내로 침투한다.

② 내부 형태

내부기관에는 소화계 · 순환계 · 호흡계 · 신경계 · 생식계 등이 있다.

1 소화계(消化系)

① 소화계는 소화관 및 소화관과 직간접으로 연결되어 있는 부속선으로 구성되어 있는데, 중요한 것은 타액선, 장(腸) 및 말피기씨관(배설기관) 등이다.
② 소화관은 전장, 중장 및 후장의 3부분이 주체가 되며 앞쪽은 입으로 끝나고 뒤쪽은 항문으로 끝난다.
③ 타액선(唾液腺): 타액을 분비하는 곳으로 나비목과 벌목의 유충은 이곳에서 견사(絹絲)를 분비하여 유충의 집(巢)을 만들고, 흡혈성인 파리목의 곤충은 피를 빨 때 혈액의 응고를 막는 액을 분비한다.
④ 말피기씨관(Malpighian tube): 중장과 후장 사이에서 배설작용을 한다.

2 순환계(循環系)

① 곤충의 순환계는 소화관의 배면에 있는 배관(背管)으로 되어 있다.
② 곤충은 개방순환계를 갖고 있으므로 배관을 제외하고는 피는 일정한 혈관 내를 지나지 않는다.

3 호흡계(呼吸系)

① 곤충의 호흡계는 곤충을 포함한 모든 절족동물(節足動物)에서 볼 수 있는 특유한 기관계로 되어 있으며, 기관계의 주요 부분은 기문(氣門)과 기관(氣管)으로 구별된다.
② 호흡계는 기문의 기능에 따라 개구식(開口式) 기관계와 폐쇄식(閉鎖式)기관계로 구분한다.

4 신경계(神經系)

① 곤충의 신경계는 중추신경계, 전장신경계, 말초신경계로 구분된다.
② 중추신경계는 뇌, 신경절, 신경색으로 구성되며, 뇌는 3쌍의 분절신경이 융합하여 이루어진 복잡한 구조이다.
③ 전장신경계: 곤충의 교감신경계라 불리며 전장, 타액선, 대동맥, 입의 근육 등을 지배한다. 주로 소화기관의 주위를 감싸고 있는 근육에 작용하는 신경계이다.
④ 말초신경계: 중추신경계와 전장신경계의 신경절에서 나온 모든 신경들로 구성된다.

5 생식계(生殖系)

① 곤충의 생식계는 뱃속에 발달되어 있으며 원칙적으로 자웅이체(雌雄異體)이다.
② 자성(雌性)생식계: 난소 · 수란관 및 수정낭으로 구성된다.
③ 웅성(雄性)생식계: 고환 · 수정관 및 사정관으로 구성된다.

6 근육계(筋肉系)

① 곤충의 몸은 많은 마디로 이루어져 있으며 근육에 의해 움직인다.
② 곤충의 근육은 분포상태에 따라 내장근육, 환절근육, 부속지근육으로 나눌 수 있다.

7 감각기관

① 곤충의 감각기관은 고등동물과 같이 촉각 · 미각 · 후각 · 청각 · 시각의 5가지 주요기관으로 나누어진다.
② 곤충의 감각기관은 중추신경의 지배를 받는다.

촉 각	몸의 각 부분에 분포하는 감각모와 감각돌기가 작용
미 각	입틀의 각 부분과 감각모가 작용, 다리의 감각기관(파리 · 네발나비류)도 가능
후 각	촉각 또는 입틀에 있는 감각기가 작용
청 각	감각모, 고막기관(메뚜기목), 존스톤씨기관(모기 · 모기붙이 수컷의 촉각경절)이 작용
시 각	겹눈(複眼, 個眼의 집합체)과 홑눈(單眼)이 작용

8 분비계(分泌系)

① 외분비선과 내분비선이 있으며 체벽의 각종 물질과 체내대사를 위해 혈액에 분비되고 있다.

② 외분비선: 일반적으로 외배엽성 기원이며 분비물을 체외나 내장에 보내며 곤충 체표면에 두루 퍼져 있다.

침 샘	전장의 양쪽에 위치한다.
악취선	노린재류의 불쾌한 냄새 분비
이마샘	흰개미의 끈적한 방어용 물질분비
배끝마디샘	딱정벌레의 불쾌한 물질분비
페로몬	곤충이 냄새로 의사를 전달하는 신호물질 성페로몬은 배우자를 유인하거나 흥분시킨다.

③ 내분비선: 외분비선의 독립작용과는 달리 서로 긴밀한 관계를 유지하면서 호르몬을 분비하여 혈액에 방출한다.

카디아카체	심장박동의 조절에 관여
알라타체	성충으로의 발육을 억제하는 유충호르몬(변태조절호르몬) 생성
환상선	파리류의 유충에서 작은 환상의 조직이 기관으로 지지

9 특수조직

① 지방체(脂肪體): 곤충의 기관 사이에 차 있는 백색의 조직으로 영양물질의 저장 및 배설작용을 돕는다.

② 편도세포(扁桃細胞): 탈피할 때 표피의 어떤 생성물질을 합성하는 특수작용에 관여하는 황갈색을 띤 대형의 세포이다.

2. 해충의 종류

1 곤충의 분류

① 분류학상의 기본단위는 종(種)이며, 분류의 순서는 강(綱), 아강(亞綱), 목(目), 아목(亞目), 과(科), 아과(亞科), 속(屬), 아속(亞屬), 종(種), 아종(亞種), 변종(變種)의 순이다.

② 곤충의 목(目) 분류는 일반적으로 입과 날개의 진화 정도, 날개의 모양, 변태의 방식 및 진화정도에 의하여 이루어진다.

무시아강(無翅亞綱): 원래 날개가 없다.			톡토기목: 알톡토기　　낫발이목: 일본 낫발이 좀붙이목: 좀붙이, 집게좀붙이 좀목: 좀, 돌좀
유시아강 (有翅亞綱): 날개를 가지고 있지만 2차적으로 퇴화되어 없는 것도 있다.	고시류(古翅類): 날개를 접을 수 없다.		하루살이목: 하루살이 잠자리목: 잠자리
	신시류 (新翅類): 날개를 접을 수 있다.	외시류 (外翅類): 불완전변태류	집게벌레목: 집게벌레　　바퀴목: 바퀴 사마귀목: 사마귀　　대벌레목: 대벌레 갈르와벌레목: 갈르와벌레 메뚜기목: 메뚜기, 여치, 귀뚜라미 흰개미붙이목: 흰개미붙이 강도래목: 강도래　　민벌레목: 민벌레 다듬이벌레목: 민다듬이벌레 털이목: 닭털이, 소털이　　이목: 몸이, 사면발이 흰개미목: 일흰개미, 병정흰개미 총채벌레목: 벼총채벌레 노린재목: 육서, 반수서, 진수서군(眞水棲群) 매미목: 진딧물, 깍지벌레, 멸구·매미충
		내시류 (內翅類): 완전변태류	벌목: 벌, 말벌, 개미, 잎벌, 밤나무순혹벌 딱정벌레목: 딱정벌레, 바구미, 소나무좀 부채벌레목: 부채벌레　　뱀잠자리목: 뱀잠자리 풀잠자리목: 풀잠자리, 개미귀신 약대벌레목: 약대벌레 밑들이목: 밑들이　　벼룩목: 벼룩 파리목: 모기, 파리, 각다귀 등애, 솔잎혹파리 날도래목: 날도래　　나비목: 나비, 솔나방

② 해충의 생태학적 분류

① 주요해충: 매년 만성적이고 지속적인 피해를 나타내는 해충으로 관건해충이라고도 한다. 효과적인 천적이 없는 경우가 대부분으로 인위적인 방제가 실행되지 않을 경우 심각한 손실을 가져올 수 있다.
② 돌발해충: 주기적으로 대발생하거나 평소에는 별로 문제가 되지 않던 종류의 해충들이 밀도를 억제하고 있던 요인들이 제거되거나 약화되어 비정상적으로 대발생하는 경우로 집시나방, 텐트나방 등이 여기에 속한다.
③ 2차해충: 특정해충의 방제로 인해 곤충상이 파괴되면서 새로운 해충이 주요 해충화하는 경우로 응애, 진딧물, 깍지벌레류 등의 해충이 대표적인 예이다.
④ 비경제해충: 작물을 가해하기는 하나 그 피해가 경미하여 방제의 필요성이 없는 해충으로 생태계를 구성하는 수많은 곤충류의 대부분이 여기에 속한다.

③ 곤충의 번성 원인

① 외골격이 발달하여 몸을 보호한다.
② 날개가 발달하여 생존 및 종족의 분산에 커다란 힘이 되었다.
③ 몸의 크기가 작아 소량의 먹이로도 활동에 지장을 받지 않게 되었고 적을 피하는 데도 유리한 조건이 되었다.
④ 몸의 구조적인 적응력이 좋으며, 변태를 하여 불량환경에 적응한다.
⑤ 종의 증가현상을 나타낸다.

3. 해충의 생활사

① 곤충의 변태(變態)

① 알에서 부화한 유충은 성충과 형태가 다르며 이것이 여러 차례 탈피를 거듭한 후에 성충으로 변하는 현상을 변태라 한다.

② 부화한 유충이 번데기를 거쳐서 성충이 되는 것을 완전변태, 알에서 부화하여 유충과 번데기라는 명백한 구별 기간을 거치지 않고 바로 성충이 되는 것을 불완전변태라 하며 부화 후 성충이 되기 전까지의 어린 벌레를 약충이라 한다.

연구 **변태의 종류**

종 류		경 과	예
완 전 변 태		알→유충→번데기→성충	나비목 · 딱정벌레목
불완전 변태	반변태(半變態)	알→유충→성충 (유충과 성충의 모양이 현저 하게 다르다)	잠자리목
	점변태(漸變態)	알→유충(약충)→성충 (유충과 성충의 모양이 비교 적 가깝다)	메뚜기목 · 총채벌레목 · 노린재목
	무변태(無變態)	부화 당시부터 성충과 같은 모양을 하고 있어 크기가 달 라지는 이외의 변화가 없다.	톡토기목

② 곤충의 발육과정

① 부화(孵化): 알껍질 속의 배자(胚子)가 일정기간 경과 후 완전히 발육하여 알껍질을 깨뜨리고 밖으로 나오는 현상이다.

② 유충의 성장: 알에서 부화된 것을 유충 또는 약충이라 하며 이것들은 다른 생물에서 영양을 섭취하여 성장한다.

탈피(脫皮)	유충의 몸은 자라지만 몸을 덮고 있는 표피는 늘어나지 않으므로 묵은 표피를 벗어야 하는 현상
영(齡)	부화 유충이 탈피할 때까지의 기간, 탈피한 후 탈피할 때까지의 기간, 마지막으로 탈피하여 번데기가 될 때까지의 기간
영충(齡蟲)	각 탈피 기간의 유충으로 부화하여 1회 탈피할 때까지를 1령충, 1회 탈피를 마친 것을 2령충, 2회 탈피를 마친 것을 3령충, 3회 탈피를 마치고 번데기가 될 때까지를 4령충이라 한다.

③ 용화(踊化): 충분히 자란 유충이 먹는 것을 중지하고 유충시대의 껍질을 벗고 번데기가 되는 현상이다.

④ 우화(羽化): 번데기(불완전변태류에서는 약충)가 탈피하여 성충이 되는 현상으로 고치 속의 번데기는 고치 속에서 우화한 다음 탈출한다.

⑤ 교미(交尾): 암컷의 생식기 속에 수컷의 정액을 주입하는 작용이다.

⑥ 산란(産卵): 곤충의 알이 암수의 교미에 의하여 수정작용이 이루어진 다음에 산출되는 현상이다.

③ 곤충의 발생경과

① 세대(世代): 알에서 유충(약충)·번데기를 거쳐 성충이 되고 다시 알을 낳게 될 때까지를 말한다. 같은 종류라도 추운 지방보다 더운 지방에 서식하는 곤충의 세대수가 많은 것이 보통이다.

1화성(一化性)	1년에 1세대를 경과하는 것
다화성(多化性)	1년에 많은 세대를 경과하는 것 사과면충(10여 세대), 목화진딧물(30여 세대)

② 산란 전기: 암컷은 성장하면 교미하고 알을 낳게 되는데 부화 후 알을 낳게 될 때까지의 기간을 말하며 극히 짧은 것이 보통이다.

③ 난기간: 알이 부화할 때까지의 기간을 말하며 파리는 2~3일, 이화명나방·복숭아순나방은 1주일 내외, 텐트나방은 약 9개월, 말매미는 약 10개월 정도이다.

④ 유충기: 알에서 부화한 유충이 번데기(불완전변태류에서는 약충)가 될 때까지의 기간으로 곤충은 이 기간에 가장 많은 먹이를 섭취한다. 같은 곤충이라도 계절이나 환경에 따라 유충기간이 다를 수 있다.

⑤ 용기: 번데기가 된 후 우화할 때까지의 기간으로 이화명나방·오이잎벌레는 1주일, 도둑나방의 경우 제1화기는 2~3개월, 제2화기는 약 6개월 정도이다.

⑥ 성충기: 번데기가 우화되어 나온 성충의 시기로 생식을 하는 과정이다.

양성생식(兩性生殖)	암수가 교미하는 것으로 대부분의 곤충에 해당
단위생식(單爲生殖)	암컷만으로 생식. 여름철의 진딧물류
다배생식(多胚生殖)	난핵이 분열하여 다수의 개체가 됨
유생생식(幼生生殖)	유충시대에 다수의 유충이 생김

④ 곤충의 습성

① 서식장소: 곤충은 서식장소에 따라 육서(陸棲)와 수서(水棲)로 나눈다.
② 식성(食性): 대부분의 곤충은 식물질(植物質)을 먹이로 하고 있지만 그외 썩은 것과 동물질(動物質)을 먹는 것도 있다.

● 식물질을 먹는 것

식식성(植食性)	식물을 먹는 것. 대부분의 해충
균식성(菌食性)	균류를 먹는 것. 버섯벌레과, 버섯파리과
미식성(微食性)	미생물을 먹는 것. 파리의 구더기

● 동물질을 먹는 것

포식성(捕食性)	살아있는 곤충을 잡아 먹는 것. 됫박벌레류, 말벌류
기생성(寄生性)	다른 곤충에 기생생활을 하는 것. 기생벌, 기생파리
육식성(肉食性)	다른 동물을 직접 먹는 것. 물방개류, 물무당류
시식성(屍食性)	다른 동물의 시체를 먹는 것. 송장벌레과, 풍뎅이붙이과

③ 주성(走性): 동물이 어떤 자극을 받아 몸이 자극이 미치는 방향으로 움직이는 성질 및 물러나는 성질을 말하며 전자를 양성주성, 후자를 음성주성이라 한다.

주광성(走光性)	빛에 유인되는 것으로 나비·나방은 양성 주광성을, 구더기·바퀴류는 음성 주광성을 가지고 있다.
주화성(走化性)	화학물질에 유인되는 것으로 어떤 곤충은 특수한 식물에 알을 낳고, 어떤 유충은 특수한 식물만 먹는다. 호랑나비는 귤나무나 탱자나무에 알을 낳고, 흰나비는 십자화과채소에 알을 낳는다.
주수성(走水性)	물에 유인되는 것으로 수서곤충에서 많이 볼 수 있다.
주촉성(走觸性)	다른 물건에 접촉하려는 주성으로 나방이나 딱정벌레 중에는 나무의 싹이나 가지 틈에 서식하는 종류가 있다.
주류성(走流性)	소금쟁이와 같이 물이 흘러오는 쪽을 향해서 운동하는 주성이다.
주풍성(走風性)	잠자리·나비는 바람이 불어오는 쪽을 향해서 날며(양성 주풍성), 메뚜기는 바람을 타고 이동한다(음성 주풍성).
주지성(走地性)	어떤 진딧물은 머리쪽이 땅을 향하여 앉고(양성 주지성), 모기는 머리쪽이 위를 향하여 앉는다(음성 주지성).

4. 채소의 해충

1 주요 해충

① 주요 해충 목(目, order): 톡톡이목, 메뚜기목, 총채벌레목, 노린재목, 나비목, 딱정벌레목, 파리목, 벌목 등

무 · 배추의 해충	배추흰나비, 민달팽이, 거세미나방 등
고추 · 토마토의 해충	담배거세미나방, 점박이응애, 뿌리혹선충 등
오이류의 해충	오이잎벌레, 알톡토기, 목화진딧물, 응애류 등
파 · 마늘의 해충	파총채벌레, 파굴파리, 땅강아지, 뿌리응애 등

② 잎을 먹는 해충: 배추흰나비, 도둑나방, 배추밤나방, 배추순나방, 무잎벌레, 담배거세미나방, 오이잎벌레 등

배추흰나비	유충이 무, 배추, 양배추 등 십자화과 채소의 잎을 가해. 가해식물 등에서 번데기로 월동하며 1년에 4~5회 발생
도둑나방	유충이 오이, 당근, 양배추, 양파 등의 잎을 엽맥만 남기고 식해. 땅속에서 번데기로 월동하며 1년에 2회 발생
배추밤나방	유충이 무, 배추, 양배추 등 십자화과 채소의 잎을 가해. 부화유충은 뒷면의 엽육만 식해. 성충, 유충, 번데기로 월동하며 1년에 수 회 발생
배추순나방	유충이 무, 배추 등의 생장점 부근을 가해하므로 치명적. 번데기로 월동하며 1년에 2~3회 발생
무잎벌레	성충과 유충이 무, 배추 등 십자화과 채소의 잎을 엽육만 남기고 가해. 잡초나 돌담 등에서 성충으로 월동하며 1년에 2~3회 발생
담배거세미나방	유충이 토마토, 고추, 오이, 양파, 무, 배추 등 대단히 많은 채소의 줄기와 잎을 가해. 땅속에서 유충으로 월동하며 1년에 2회 발생
오이잎벌레	성충은 오이 · 참외 · 수박 등의 잎을, 유충은 땅속 뿌리를 가해. 따뜻한 곳에서 성충으로 월동하며 1년에 1회 발생

진딧물

민달팽이

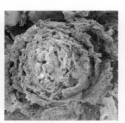
배추흰나비 피해

배추밤나방 피해

③ 흡즙 및 바이러스 매개충: 복숭아혹진딧물, 목화진딧물, 노린재류, 응애류 등

복숭아혹진딧물	약충이 고추, 오이, 수박, 무, 배추 등 어린 잎의 즙액을 빨아 먹음.유시충과 무시충이 있는 불완전변태. 복숭아나무 등에서 알로 월동
목화진딧물	성충이 고추, 오이, 수박, 토마토, 딸기 등 잎 뒷면이나 어린 눈, 꽃봉오리, 과실의 즙액을 빨아 먹음. 유시충과 무시충이 있는 불완전변태. 알로 월동

④ 토양 해충: 숯검은밤나방, 땅강아지, 거세미나방, 고자리파리, 뿌리응애, 뿌리혹선충류 등

숯검은밤나방	유충이 땅속에서 고추, 토마토 등의 지제부를 자르고 가해하여 치명적. 잎 뒷면에서 3~4령 유충으로 월동하며 1년에 1회 발생
땅강아지	성충과 약충이 땅속에서 각종 채소류의 뿌리를 가해. 땅속에서 성충 또는 약충으로 월동하며 1년에 1회 발생
거세미나방	유충이 땅속에서 채소류의 어린 모를 지표면 가까이에서 가해. 유묘기에 주의가 필요. 땅속에서 유충으로 월동하며 1년에 2회 발생
고자리파리	유충이 마늘, 양파, 부추 등의 줄기와 뿌리를 가해. 땅속에서 번데기로 월동하며 1년에 3회 발생
뿌리응애	성충과 약충이 각종 채소류의 뿌리와 지하부를 가해. 땅속에서 성충이나 약충으로 월동하며 유기질이 풍부한 곳에서 많이 발생
뿌리혹선충류	각종 채소류의 뿌리에 혹을 만들어 뿌리가 상하고 지상부가 말라 죽음. 사질토양에서 많이 발생

⑤ 과실 해충: 담배나방, 파밤나방

담배나방	고추에 가장 큰 피해를 주는 해충으로 애벌레가 과실 속으로 파고 들어가 구멍을 낸다. 심할 때는 과실 속으로 파고 들어가 속을 먹으므로 2차적으로 상처에 병이 발생하여 과실이 떨어지기도 한다.
파밤나방	토마토 과실에 구멍을 뚫거나 줄기 표면을 갉아먹는 해충으로 8월 이후의 고온에서 발생량이 많다.

고추 담배나방 피해

토마토 담배나방 피해

토마토 파밤나방 피해

② 가해 양식

① 해충은 작물체의 조직을 외부로부터 또는 내부로부터 가해함으로써 피해 흔적을 남기고 조직을 파괴한다.

② 식물체의 즙액을 빨아먹는 해충들은 작물체에 2차 증세를 유발시켜서 녹색이던 부위가 갈색·황색 또는 백색으로 변하게 한다.

③ 잎벌레는 잎면에 산란하여 그 부위를 갈변시키고, 말매미는 당년에 새로 자란 가지에 산란하여 그 위쪽을 고사시킨다.

④ 어떤 해충은 작물체 조직을 이상생장하도록 촉진시키는 것들이 있다.

⑤ 진딧물이나 멸구류·매미충류의 곤충들은 각종 작물의 병원체를 옮겨서 간접적인 피해를 유발시킨다.

3. 채소의 병해충 방제

1. 병해충 방제법의 종류

① 물리적(기계적) 방제법

방제법 중 가장 오랜 역사를 가진 것으로 낙엽의 소각, 상토의 소독, 밭토양의 담수, 과실 봉지씌우기, 나방·유충의 포살 및 잎에 산란한 것을 채취, 비가림재배, 빛이 자극이 되는 주광성(走光性)을 이용한 유아등(誘蛾燈)의 설치, 온탕처리와 건열처리 등의 방법이 있다.

② 경종적 방제법

저항성 품종의 선택, 파종기의 조절, 윤작의 실시, 토지의 선정, 혼작, 재배양식의 변경, 시비법의 합리적 개선, 포장의 정결한 관리, 수확물의 건조, 중간 기주식물의 제거 등의 방법이 있다.

경종적 방제법

윤작 · 답전윤환	병해충 밀도 감소, 토양전염성병의 피해를 경감
파종기 조절	적기에 파종하여 방제(고온기 배추 무름병)
합리적 시비	질소과다 유발 병해: 오이 만할병
내병성 대목에 접목	오이, 수박은 내병성 있는 호박 종류의 대목에 접목
생장점 배양	딸기, 카네이션, 감자 등 무병주생산에 이용
토지의 선정	고랭지에서는 바이러스병의 발생이 적음
토양산도 개선	산성토양에서 배추 무사마귀병 등의 발생이 많음
토양물리성 개선	유기물 시용이나 객토로 토양선충 피해 경감
중간 기주식물의 제거	배나무 적성병은 향나무를 제거하면 방제 가능

③ 생물학적 방제법

자연계에서 해충을 잡아먹거나 해충에 기생하는 천적(天敵, natural enemy)을 이용하는 방제법을 생물학적 방제법이라고 한다. 최근에는 페로몬이라는 곤충 분비물질을 이용하여 해충을 유인 및 방제하는 방법이 연구 · 이용되고 있다.

연구 생물학적 방제법

천적곤충	진딧물 천적: 진디혹파리, 무당벌레, 콜레마니진디벌, 천적유지식물 등
	잎굴파리 천적: 굴파리좀벌, 잎굴파리고치벌 등
	응애천적: 칠레이리응애, 캘리포니쿠스응애, 꼬마무당벌레 등
	온실가루이 천적: 온실가루이좀벌, 카탈리네무당벌레 등
	총채벌레 천적: 오리이리응애, 애꽃노린재 등
	나방류 천적: 알벌, 곤충병원성선충 등
	작은뿌리파리 천적: 마일스응애 등
천적미생물	곤충에 기생하거나 병을 일으키는 바이러스
약독바이러스	바이러스의 간섭작용을 이용
미생물농약	세균, 곰팡이, 바이러스 이용
불임충 방사	해충의 번식을 근본적으로 차단

연구 페로몬

곤충이 냄새로 의사를 전달하는 신호물질로 성페로몬, 집합페로몬 등이 있다. 성페로몬은 종의 번식에 관계되는 행동제어물질로 보통 미교배 암놈이 방출하여 성충 수놈을 유인하는 물질이다. 따라서 성페로몬을 이용한 수놈의 대량 방제가 가능하다.

④ 화학적 방제법

농약을 살포해서 병충해를 방제하는 방법으로 최근에는 저독성·저성분 약제, 이분해성·선택성 약제, 생력형 약제 등이 개발되고 있다.

⑤ 법적 방제법

식물방역법 등을 제정해서 식물검역을 실시하여 병균이나 해충의 국내침입과 전파를 막는 방법이다.

2. 해충의 발생 예찰

① 예찰의 필요성

① 해충의 발생량 및 발생시기는 해와 장소에 따라 많은 변동이 있으므로 이를 고려하지 않고 매년 같은 시기에 관행적으로 방제를 하면 충분한 방제효과를 거두지 못하게 된다.

② 해충의 발생예찰이란 어떤 해충이 어떤 지방에 언제 어느 정도 발생하였는가를 조사하고 여러 조건을 참고하는 등 앞으로의 피해를 예측하여 방제대책을 세우는 것을 말하며 약제살포 횟수를 절감하기 위해서는 예찰에 의한 방제가 필수적이다.

③ 해충의 발생예찰은 해충의 발생시기와 발생량의 예찰을 주목적으로 하고 있으며, 다음과 같은 방법을 예찰에 이용한다.

통계학적 방법	다년간의 생물현상과 환경요소와의 상관관계를 이용하는 것으로 유효적산온도가 많이 사용된다.
다른 생물현상과의 관계를 이용하는 방법	식물의 개화시기, 곤충의 발생시기와 해충의 관계 등을 이용하는 것으로 벼이화명나방과 벼애나방의 발아최성일(發蛾最盛日)은 높은 상관관계를 가지고 있다.
실험적 방법	해충의 휴면타파시기나 생리적 상태를 조사하여 해충의 생리나 생태학적 현상을 실험적으로 예찰한다.
개체군 동태학적 방법	개체군의 동태를 여러 가지 치사원인과 같이 조사분석하여 해충의 밀도변동을 치사인자와의 관계에서 추정하는 것이다.

② 해충의 방제원리

① 해충방제의 목적은 경제적으로 문제가 되고 있는 곤충의 세력을 억제할 수 있는 상태를 만들고 그 상태를 오래 유지하는 것이다.
② 해충방제는 생물학적 측면과 경제적인 측면에 기초를 두고 계획 및 수행되어야 하며 실제적으로는 생물학적 현상을 중심으로 경제적 합리성 및 기술적 측면에서 검토되어야 한다.
③ 방제는 해충밀도의 변동과 밀접한 관계가 있으며 해충의 밀도와 분포면적의 대소는 방제수단의 선택이나 방제할 면적의 크기 또는 방제횟수를 결정하는 중요한 요인이다.

연구 해충밀도의 분류

경제적 가해수준	경제적 피해가 나타나는 최저밀도로 해충에 의한 피해액과 방제비가 같은 수준의 밀도를 말한다.
경제적 피해 허용수준	경제적 가해수준에 달하는 것을 억제하기 위하여 직접 방제수단을 써야 하는 밀도수준으로 경제적 가해수준보다는 낮으며 방제수단을 쓸 수 있는 시간적 여유가 있어야 한다.
일반평형밀도	일반적인 환경조건하에서의 평균밀도를 말한다.

④ 방제의 목적을 달성하기 위해서는 일반평형밀도를 그대로 두고 경제적 피해 허용수준을 높이는 방법과 반대로 일반평형밀도를 낮추는 방법 등이 있다.

일반평형밀도를 낮추는 방법	환경조건을 해충의 서식과 번식에 불리하도록 만들어 주는 것으로 살충제나 천적의 이용 등이 있다.
경제적 피해 허용 수준을 높이는 방법	해충의 밀도는 그대로 두고 내충성(耐蟲性) 등 해충에 대한 수목의 감수성을 낮추는 방법 등이 있다.

3. 병해충종합관리(IPM)

① IPM(Integrated Pest Management)은 병해충 방제를 하는 데 있어서 농약 사용을 최대한 줄이고, 이용가능한 방제 방법을 적절히 조합하여 병해충의 밀도를 경제적 피해수준 이하로 낮추는 방제체계이다.

② 병해충종합관리는 방제수단을 적절히 혼용하는 등 각종 수단의 기능적 통일성을 목표로 하고 있다는 점에서 위의 방법들과는 다른 차원의 방제수단이다.

③ 병해충종합관리는 생물적 방제, 성페로몬 이용, 수컷 불임화, 미생물 이용, 농약대체물질 이용, 재배적 방제, 저항성 이용, 물리적 방제 등의 방법이 사용된다.

생물적 방제	익충 및 거미 등 천적에 의한 방제로 천적의 대량증식을 통한 해충방제는 1920년대 영국에서 토마토에 발생하는 해충인 온실가루이를 방제하려고 기생성 천적인 온실가루이좀벌을 이용한 것이 최초의 기록이다.
성페로몬 이용	해충의 암컷이 교미를 위해 발산하는 성페로몬을 인공적으로 합성하여 수컷을 유인·박멸하거나 수컷의 교미를 교란시켜 다음 세대의 해충밀도를 억제
수컷 불임화	해충의 수컷을 불임화시켜 포장에 방사한 후 이 수컷과 교미한 암컷이 무정란을 낳게 하여 다음 세대의 해충밀도를 억제
미생물 이용	해충에 독성물질을 내는 박테리아인 *Bacillus thuringiensis*를 이용하는 것이 대표적인 예(미생물 농약의 일종인 Bt제)이다.
농약대체물질 이용	아인산(H_3PO_3)은 식물체 내를 순환하면서 병원균을 직접 사멸시키거나 생장과 생식을 억제시키며 병방어시스템을 자극하여 역병, 노균병 등의 병해를 효과적으로 방제하는 주성분이다.
재배적 방제	포장환경, 재배방법, 수확방법, 저장·가공과정을 해충에 불리하도록 조절
저항성 이용	해충에 대해 저항능력이 큰 품종을 육성 및 재배
물리적 방제	온도 및 습도 등을 조절하여 해충 방제

4. 채소의 생리장해

1. 채소의 생리장해

양수분의 결핍 및 과다, 온도, 광, 대기오염, 부적절한 환경요인 등 생리적 원인에 의한 장해를 생리장해라 한다.

① 토마토

① 배꼽썩음병: 과실의 비대과정에서 꽃이 떨어진 부분의 조직이 죽어서 검게 변색되는 증상으로 석회부족이 직접적인 원인이다. 정식 전에 석회와 퇴비를 충분히 넣고 멀칭하여 토양수분이 적당히 유지되도록 한다.

② 공동과: 종자를 둘러싼 젤리상 부분의 발달이 나쁘거나 젤리상 부분과 외측의 과육 부분과의 사이에 간격이 생긴 것으로 공동의 정도가 크면 상품가치가 떨어진다. 과다 착과되거나 미숙된 꽃에 호르몬 처리한 과실에서 나타난다. 채광에 주의하며 야간온도가 지나치게 높지 않도록 하고 적정량의 호르몬을 처리한다.

③ 기형과(난형과): 과실이 타원형으로 둥글고 풍만하지 않거나 주름이 생긴 경우 또는 2~3개의 과실이 붙은 듯한 형태의 기형을 이루는 것으로 착과제의 고농도 사용, 질소 과다, 과습, 낮은 야간온도 등이 원인이다. 질소 과다를 피하고 관수도 지나치지 않도록 한다.

④ 착색불량과: 고온으로 인해 토마토 과실의 적색 색소인 리코핀의 발현이 억제됨으로써 발생하는 것으로, 과잉 흡수된 영양소로 인해 과실의 엽록소 분해가 방해를 받아 일어나는 것으로 추정된다. 염류 농도가 높을 때에 발생하므로 비배 관리에 주의를 기울인다.

| 배꼽썩음병 | 공동과 | 기형과 | 착색불량과 |

② 오 이

① 순멎이 현상: 생장점 부근에 많은 암꽃이 맺히면서 덩굴이 뻗어나가지 못하고 멈추는 것으로 육묘기의 저온이 원인이다. 지온 유지 및 균형 시비한다.

② 곡과: 오이에서 가장 많이 발생하는 과실이 굽는 현상으로, 식물체의 노화 및 잎이 병에 걸리거나 비료분이 떨어지거나 일조부족과 건조하게 되어 영양상태가 나빠지는 것 등이 원인이다. 잎의 동화기능을 높이고 적기에 추비하며 수광 상태를 개선한다.

③ 곤봉과: 과실의 밑부분이 지나치게 비대해지는 현상으로, 종자가 생긴 후 수세가 쇠약해지면 과실의 종자가 없는 부분은 상대적으로 비대가 불량해지므로 곤봉과가 나타난다. 또한 생육말기에 영양불량이나 칼륨 등이 부족하여 과실의 발육에 대한 광합성 산물의 흡수량이 급격히 감소하면 곤봉과가 된다. 양·수분의 관리와 병해 방지에 주의하고 초기의 노화를 막는 것이 가장 중요하다.

④ 잘록과: 과실이 끈으로 묶은 것처럼 잘록한 현상으로, 구부리면 잘록한 부분이 쉽게 부러지고 세로로 쪼개 보면 옆으로 금이 가서 속이 비거나 갈색으로 변해 있다. 과실이 왕성하게 생육하는 여름에 많이 발생하며 육묘 시 고온건조, 저온다습, 질소의 과부족, 칼륨 및 석회부족으로 인한 붕소의 흡수 저해 등이 원인이다. 붕소를 밑거름으로 시용하고 퇴비를 충분히 시비한다.

⑤ 유과(미이라과): 과실이 수확까지 이르지 못하고 도중에 생육이 중지되어 황화 또는 미이라화 되는 현상으로 꽃과 과실의 생장비대가 촉진되는 시기에 동화양분의 부족으로 나타난다. 시설 내 이산화탄소의 농도와 온도를 적절히 유지한다. 햇빛이 강하고 광합성이 왕성한 시기에는 하우스 내 온도를 다소 높여주고, 흐린 날 또는 비가 계속될 때는 온도를 적온보다 약간 낮게 관리한다.

곡 과

곤봉과

잘록과

유 과

③ 참 외

① 발효과: 과육이 흐물흐물해지고 악취가 나거나 물이 고이는 증상으로, 과실 중심부의 종자가 붙어 있는 부위가 엿빛 또는 갈색으로 변하고 심할 경우에는 과육까지 변색·변질되어 악취를 풍긴다. 석회 부족, 질소 과다, 접목 재배, 일조 부족 및 토양 과습 등이 원인이다. 파종기를 무리하게 앞당기지 말고 내한성이 강한 품종을 선택하며 석회가 부족하지 않도록 한다.

발효과

② 배꼽과: 꽃이 떨어진 부분이 크게 비대해서 과면으로부터 튀어나오는 증상으로 과실의 품질에는 이상이 없으나 상품성이 떨어진다. 온도·일조 부족·호르몬 처리 등 여러 가지 복합적인 요인에 의하여 발생한다. 보온에 유의하고 호르몬의 고농도 처리나 무리한 혼용을 피한다.

배꼽과

④ 고 추

① 석회 결핍: 열매의 측면에 약간 함몰된 흑갈색의 반점이 부패한 것처럼 나타나 상품성이 없어진다. 토양에 석회성분이 부족하거나, 질소 또는 칼륨비료를 많이 준 경우에 발생한다. 석회성분을 시비하고 질소·칼륨 등을 과용하지 않는다.

석회 결핍

② 석과: 과실이 정상적으로 비대하지 않고 과장이 짧고 둥근형으로 될 뿐만 아니라 과실의 표면이 매끄럽지 못하고 쭈글쭈글하게 된다. 개화 전후의 저온이나 고온장해로 과실 비대가 불량할 때 발생한다. 화분의 발육 및 신장에 이상이 발생하지 않도록 보온 및 환기를 철저히 한다.

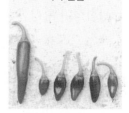

정상과와 석과의 비교

⑤ 딸 기

① 착색불량과: 종자 주변만 착색되거나 과실 끝이 흰색인 것으로 과실 내 안토시아닌 색소 착색의 불균형에 의해 발생되며 다습, 야간저온, 고온, 광량부족 등이 원인이다. 질소질 비료의 과다 시용을 삼가하고 저온의 피해를 받지 않도록 한다.

착색불량과

② 기형과: 대부분 저온기에 꿀벌의 활동이 미약하여 수정이 제대로 되지 않을 경우 많이 발생한다. 지나치게 밀식하여 통기가 불량해지거나 농약을 과다살포하면 벌의 활동이 제약되어 수정 불량과를 유발하는 경우가 많다. 적정한 농약을 사용하고 시설의 온도관리에 유의하는 한편, 적정한 재식거리를 유지하는 것이 바람직하다.

기형과

⑥ 배 추

① 붕소결핍증: 잎자루 중간 부분의 일부가 흑갈색으로 변하며 거칠고 연약해진다. 심할 때는 결구하지 않으며 절단하면 중심부가 갈색으로 썩어 있다. 질소질·칼륨질 비료를 과다시용했을 때나 산성토양, 사질토양에서 많이 발생한다. 붕사를 시용하고 가뭄이나 습해를 받지 않도록 한다.
② 속썩음증과 둘레썩음증: 생장점 가까운 부분이 흑갈색으로 변하면서 물렁해지는 것이 속썩음증, 잎의 가장자리가 회백색으로 변하면서 건조고사하는 것이 둘레썩음증으로 모두 석회 결핍에 의해 발생한다.

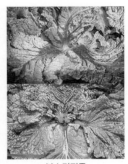
붕소결핍증

5. 잡 초

1. 잡초의 정의

① 재배포장에서 자연적으로 발생하여 직간접으로 작물의 수량이나 품질을 저하시키는 식물을 잡초(雜草, weeds)라 한다.
② 잡초는 바라지 않는 곳에 발생하고, 자연 야생상태에서도 잘 무성하고, 번식력이 강하여 큰 집단을 형성하고, 근절하기 힘들며, 작물·동물·인간에게 피해를 주고, 이용가치가 적으며 미관을 손상하는 등의 특성을 갖는다.

> 연구 **잡초의 유용성**
> - 토양에 유기물과 퇴비를 공급한다.
> - 야생동물의 먹이와 서식처를 제공한다.
> - 토양유실을 방지한다.
> - 자연경관을 아름답게 하고 환경보전에 도움이 된다.
> - 작물개량을 위한 유전자 자원으로 활용된다.

2. 잡초의 해작용

잡초는 그대로 갈아엎으면 토양유기물을 증가시키는 효과도 있지만 본질적으로는 작물에 해작용을 하며 그 내용은 다음과 같다.

① 경합(競合, competition): 수분·양분·광과 경합하므로 작물의 품종이나 생육단계에 따라 작물체의 체적·광합성량이 줄고 수확물의 감수를 가져온다. 작물과 잡초가 가장 심하게 경합하는 잡초경합한계기간은 초관형성기부터 생식생장기까지이며 이때가 작물의 생육기간 중 잡초를 가장 철저히 방제해 주어야 하는 시기이다.

양분과 수분의 감소	잡초는 양분과 수분의 흡수력이 강하고 잡초가 많을 때는 작물의 뿌리형성이 나빠진다.
일사(日射)의 감소	잡초가 무성하면 일사량의 감소로 작물의 광합성을 저해한다.

② 상호대립억제작용(allelopathy): 잡초의 여러 기관에서 작물의 발아나 생육을 억제하는 특정물질을 분비하여 작물에 영향을 미치는 것을 말하며, 작물-잡초, 잡초-잡초, 잡초-작물, 작물-작물의 상호간에 나타난다. 최근에는 상호대립억제물질 및 식물이 생합성하는 2차 대사물질을 이용하여 생물학적 및 천연제초제로 개발하는 연구가 추진되고 있다.

③ 기생(寄生, parasitism): 실 모양의 흡기를 내어 기주식물의 뿌리나 줄기에 침입하는 것으로 새삼, 겨우살이가 있다.

④ 병해충의 매개: 잡초는 작물병의 발병을 유도하고 해충의 서식처 역할을 한다.

⑤ 작업환경의 약화: 습도와 물리적 장애로 작업이 어려워지고 품질저하와 수량이 감소된다.

⑥ 사료포장오염: 만성·급성 독성 등으로 품질저하 및 초지관리에 지장이 있다.

⑦ 종자 혼입 및 부착: 잡초 종자의 혼입·부착으로 포장을 오염시키고 작물의 품질을 저하시킨다.

⑧ 물관리상의 피해: 수로의 물흐름을 막거나 수질을 오염시킨다.

⑨ 조경상의 피해와 도로 및 시설지역의 피해

3. 잡초의 방제

① 기계적 방제법: 인력, 축력 또는 기계의 힘을 빌어 뽑아 버리거나 없애버리는 방법으로 가장 정확하게 잡초를 제거시킬 수 있는 방법이기는 하나 시간과 노력의 지나친 부담이 문제점이다.

연구 **기계적·물리적 방제법**

심수관개	논에서 10~15cm 수심을 유지하면 잡초발생 억제
중경과 배토	범용관리기를 이용하여 자연적인 잡초 제거
토양피복	볏짚 등으로 피복하면 잡초발생 및 생육억제
흑색비닐멀칭	광발아성 잡초 발아 억제, 잡초의 광합성 방해
화염제초	흙속의 잡초종자 60℃에서 사멸
기타 방법	수취, 베기, 경운, 소각, 관수, 훈연 등

② 경종적 방제법: 생태적 방제법(ecological weed control)이라고도 하며 잡초의 생육조건을 불리하게 하여 작물과 잡초와의 경합에서 작물이 이기도록 하는 재배법으로 작물의 종류 및 품종선택·파종과 비배관리·토양피복·물관리·작부체계 등을 합리적으로 하여 잡초의 생육을 견제하는 방법이다.

연구 경종적 · 생태적 방제법

경합특성 이용	작부체계(답전윤환, 답리작, 윤작), 육묘이식, 재식밀도, 작목 · 품종 · 종자 선정, 재파종 · 대파, 피복작물 이용
환경제어	작물에게는 유리한 환경, 잡초에게는 불리한 환경을 조성 시비관리, 토양산도, 관배수조절, 제한경운법, 특정설비 이용

③ 화학적 방제법: 제초제의 올바른 사용법을 익히고 재배양식, 대상잡초, 약해유발요인, 작용기작 등을 고려하여 해당 지역에 가장 알맞은 제초제를 선택한다. 제초제는 식물에 특이한 작용기작을 가질수록 인축에 대하여 안전하다. 현재 사용중인 제초제의 작용기작은 광합성 저해, 에너지생성 저해, 식물호르몬작용 저해, 단백질생합성 저해, 세포분열 저해, 아미노산생합성 저해 등이다.

④ 생물적 방제법(biological weed control): 곤충 · 미생물 또는 병원성을 이용하여 잡초의 세력을 경감시키는 방제법으로 근래 친환경 · 유기농법에서 많이 이용되고 있다.

연구 생물적 방제법

병원미생물	올방개, 돌피 등의 방제에 실용화
대 · 소동물	오리, 새우, 참게, 우렁이 등을 이용
어패류	수생잡초를 선택적으로 방제
allelopathy	인접식물의 생육에 부정적인 영향(답리작의 헤어리베치)
잡초식해곤충	돌소리쟁이에 대한 좀남색잎벌레의 이용 등

⑤ 종합적 잡초방제(IWM; Integrated Weed Management): 종합적 잡초방제는 물리적 · 경종적 · 화학적 · 생물적방제법 등을 조화롭게 이용하는 것을 말하며, 환경에 나쁜 영향을 주지 않으면서 지속적으로 반복시행이 가능하여야 한다. 앞으로의 잡초방제는 가장 경제적이면서 생태계 보존능력과 안정성이 높아야 하고 화학적 방제법에만 의존할 것이 아니라 생태적 · 생물학적 방제법도 함께 도입하여 지속적인 수량안정성, 환경생태계 보전, 고품질 안전농산물 생산 보급에 힘써야 한다.

6. 농 약

1. 농약의 종류

농약이란 농작물(수목 및 농·임산물 포함)을 해하는 균·곤충·응애·선충·바이러스·잡초 또는 야생동물과 이끼류 또는 잡목의 방제에 사용하는 살균제·살충제·제초제·기타 기피제·유인제·전착제와 농작물의 생리기능을 증진하거나 억제하는 데 사용하는 약제를 말한다.

1️⃣ 농약의 사용목적에 의한 분류

① 살균제

보호살균제	병균이 식물체에 침입하기 전에 사용하여 예방적 효과를 거두기 위한 약제 보르도액, 석회황합제 등
직접살균제	식물에 침입되어 있는 병균에 직접 작용시켜 살균시키는 약제 시스테인, 디포라탄 등
종자소독제	종자 또는 모를 약제에 침지하거나 또는 약제의 분말을 묻혀서 살균시키는 약제. 베노람수화제 등
토양살균제	토양 중의 유해균을 살균시키기 위한 약제. 클로로피크린 등

연구 **보르도액**

1. 황산구리와 수산화칼슘이 조제 원료이며 순도가 높은 것을 사용한다.
2. 조제가 끝난 보르도액은 짙은 청색을 띠며, 오래 두면 앙금이 많아 약해를 일으킬 염려가 있고 효과가 떨어지므로 조제 즉시 살포해야 한다.
3. 금속용기는 화학반응이 일어나 약효가 떨어지고 붙으므로 사용하지 않는다.
4. 살포액이 완전히 건조해서 막을 형성해야 하므로 비 오기 직전 또는 후에 살포하지 않는다. 약효의 지속성은 비가 내리지 않으면 약 2주일 정도 유지된다.
5. 예방을 목적으로 사용되는 것이므로 발병 전에 사용하도록 해야 하며, 대개 병징이 나타나기 전 2~7일에 살포하도록 한다.
6. 보르도액은 효력의 지속성이 큰 살균제로서 비교적 광범위한 병원균에 대하여 유효하다.
7. 혼용해서 좋은 것과 가급적 혼용을 피할 것, 혼용해서는 안되는 것을 구분하여 사용한다.

---

② 살충제

소화중독제 (독제)	해충이 약제를 먹으면 중독을 일으켜 죽이는 약제. 씹어먹는 입(저작구형)을 가진 나비류 유충, 딱정벌레류, 메뚜기류에 적당. 비산납 등 대부분의 유기인계 살충제가 해당
접촉제	해충체에 직접 약제를 부착시켜 살해시키는 약제. 깍지벌레, 진딧물, 멸구류에 적당. 제충국제, 니코틴제, 데리스제, 송지합제, 기계유유제, 대부분의 살충제
훈증제	약제를 가스 상태로 만들어 해충을 죽이는 약제. 메틸브로마이드, 클로로피크린 등
침투성 살충제	식물의 일부분에 처리하면 전체에 퍼져 즙액을 빨아먹는 흡즙성 해충을 살해하는 약제로 천적에 대한 피해가 없음. 카보후란, 메타시스톡스 등
기피제	해충이 모여들지 않게 사용되는 약제. 나프탈렌, 올소디클로로벤젠 등
불임제	해충의 생식세포 형성에 장해를 주거나 정자나 난자의 생식력을 잃게 하는 약제. Apholate, 텝파 등
유인제	해충을 독성이 있는 먹이 등에 유인하는 약제. 휘발성과 방향성인 발효물질, 성유인제 페로몬 등
보조제	살충제의 효력을 높이기 위해 첨가되는 보조물질. 용제(약제를 용해시킴), 유화제(물속에서 약제를 균일하게 분산시킴), 전착제(약제의 확전성, 현수성, 고착성을 도움), 증량제(주성분의 농도를 낮춤), 협력제(유효성분의 효력을 증진시킴)
식물 생장조정제	식물호르몬이라고도 하며 식물의 생리기능을 증진하거나 억제하는 데 사용하는 약제. 옥신, 지베렐린, MH-30 등

③ 살비제: 주로 식물에 붙는 응애류를 죽이는 데 사용되는 약제로 켈센 등이 있다.

④ 살선충제: 주로 식물의 지하부에 기생하는 선충류를 방제하는 약제이다.

⑤ 농약의 제제(製劑)에는 유효성분을 희석하는 매체로서 고체 또는 액체가 사용된다.

유제(乳劑)	주제(主劑)가 물에 녹지 않을 때 유기용매에 녹여 유화제를 첨가한 용액으로 물에 희석하여 사용한다. 메치온유제(깍지벌레), 디코폴유제(응애)
액제(液劑)	주제(主劑)를 물에 녹이고 동결방지제를 가하여 제제화한 것
수화제 (水和劑)	물에 녹지 않는 주제(主劑)를 점토광물과 계면활성제 등을 혼합분쇄하여 제제화한 것으로 수화제를 물속에 넣고 혼합하여 사용한다.
분제(粉劑)	유효성분을 고체증량제와 소량의 보조제를 혼합하여 분쇄한 분말
입제(粒劑)	유효성분을 고체증량제와 혼합분쇄하고 보조제를 가하여 입상으로 성형한 것

② 농약의 구비조건

- 살균 · 살충력이 강한 것
- 작물 및 인축에 해가 없는 것
- 사용법이 간편한 것
- 저장 중 변질되지 않는 것
- 다량생산을 할 수 있는 것
- 효과와 효력이 큰 것
- 물리적 성질이 양호한 것
- 품질이 균일한 것
- 다른 약제와 혼용할 수 있는 것

2. 농약의 사용법

1 농약의 사용

① 농약의 사용 형태

살포법	농약을 물과 섞은 용액, 수화제 또는 유탁액을 분무기로 작물체에 안개와 같이 아주 미세하게 하여 뿌리는 것으로 입자가 크면 작물체에 얼룩이져 붙거나 물방울 같이 땅으로 굴러 떨어져 충분한 효력을 거둘 수 없고 약해를 일으키기 쉽다. 미량살포(微量撒布)란 액제살포의 한 방법으로 거의 원액에 가까운 농후액을 살포하는 것이다.
살분법	가루 농약을 살포하는 것으로 살포법에 비해 간단하나 약제가 많이 들고 효과가 낮다. 분제가 작물체에 묻는 정도는 줄기나 잎에 묻은 가루가 손에 묻을 정도면 되고 작물이 희게 보일 정도로 뿌릴 필요는 없다.
연무법	농약이 극히 미세하게 공중에 떠서 작물에 부착하기 매우 용이한 방법이다.
훈증법	약제를 가스의 형태로 일정 시간 내에 접촉시키는 방법으로 창고 내의 저장곡물, 과실, 종자들의 병충해 방제에 사용하며 효과가 확실하다.

② 농약의 농도

㉠ 용매와 용질을 서로 섞어 그 비율을 나타내는 것을 농도라 하며, 액제 또는 수화제를 물에 풀어 살포액을 만들 때 몇 %액, 몇 배액, 보메 몇 도(度)액 등으로 표시한다.

㉡ 농도단위는 보통 %로 표시하며 중량 100에 대하여 함유된 용질의 양을 뜻한다. 약제는 보통 중량으로 계량하는 것이 원칙이나 비중이 1에 가까운 것은 용량으로 재도 좋다.

> **연구** **농약의 희석법**

1. 희석할 물의 양 = 원액의 용량 × ($\dfrac{\text{원액의 농도}}{\text{희석할 농도}}$ − 1) × 원액의 비중

2. 소요약량 = $\dfrac{\text{단위면적당 사용량}}{\text{소요희석배수}}$

- 45%의 EPN유제 (비중 1.0) 200cc를 0.3%로 희석하는 데 소요되는 물의 양은?
  = 200×(45/0.3 −1)×1 = 200×149 = 29,800cc

- 메치온 40%유제를 1000배액으로 희석해서 10a당 120L을 살포할 때 소요되는 양은?
  = 120/1000 = 0.12L = 120cc

② 농약의 독성

① 농약의 급성 독성

㉮ 독성의 구분: 맹독성, 고독성, 보통독성, 저독성

㉯ 독성의 표시: 반수치사량 LD_{50}(Median lethal dose)

㉰ 반수치사량: 실험동물에 약을 처리하였을 때 50% 이상이 죽는 약의 분량으로서 mg/kg으로 표시

㉱ 급성 독성 시험: 검체의 투여량을 비교적 크게 하여 저농도에서 순차로 일정한 간격으로 고농도까지 검체를 1회 투여한 후 7~14일간 관찰

㉲ 급성 독성 정도에 따른 농약의 구분

구 분	시험동물의 반수를 죽일 수 있는 양(mg/kg 체중)			
	급성 경구(經口)		급성 경피(經皮)	
	고체	액체	고체	액체
Ⅰ급(맹독성)	5 미만	20 미만	10 미만	40 미만
Ⅱ급(고독성)	5 이상 50 미만	20 이상 200 미만	10 이상 100 미만	40 이상 400 미만
Ⅲ급(보통독성)	50 이상 500 미만	200 이상 2000 미만	100 이상 1000 미만	400 이상 4000 미만
Ⅳ급(저독성)	500 이상	2000 이상	1000 이상	4000 이상

② 농약의 잔류 독성

㉮ 잔류 독성: 살포된 농약이 자연환경 중에 존재하거나 식물 또는 식품의 원료 자체에 남아 있는 것으로 농약 잔류에 미치는 요인은 농약의 증기압, 농약의 용해성, 농약의 산·알칼리에 대한 안정성 등이다.

㉯ 잔류성 농약의 분류: 작물잔류성 농약, 토양잔류성 농약, 수질오염성 농약

㉰ 농약 잔류 허용량 결정 요소: 1일 섭취허용량(ADI), 식품계수(각 국민의 식생활의 차이), 실제 잔류수준

> **연구 ADI의 설정**
>
> 장기간에 걸쳐 농약을 투여하여 실험동물에 아무런 영향을 미치지 않는 해당 농약의 최대무작용약량을 구한 후, 이 값에 안전계수 1/100을 곱한 값

③ 농약의 잔류 허용 기준

㉮ 농산물(식품) 중에 함유되어 있는 농약 또는 유독성 중간대사물 등의 양이 사람이 일생동안 매년 그 식품을 섭취하여도 전혀 해가 없는 수준을 법으로 정하여 규제하는 양으로, 1일 섭취허용량(ADI)을 기초로 정해진다.

㉯ 농약 잔류 허용 기준의 설정

$$\text{최대잔류허용량} = \frac{\text{1일 섭취허용량} \times \text{국민 평균 체중}}{\text{해당 농약이 사용되는 식품의 1일 섭취량}}$$

㉰ 잔류 허용 기준은 일생동안의 건강을 고려하여 설정한 만성독성의 개념이다.

㉱ 최대무작용량(NOEL): 일정한 양의 농약을 실험동물에 계속해서 장기간 섭취시킬 경우 어떤 피해증상도 나타나지 않는 최대의 섭취량으로 만성 독성에 대한 평가기준이 된다.

④ 농약의 안전사용기준

㉮ 적용대상 농작물에 한하여 사용할 것

㉯ 적용대상 병해충에 한하여 사용할 것

㉰ 사용시기를 지켜 사용할 것

㉱ 적용대상 농작물에 대한 재배기간 중 사용가능횟수 내에서 사용할 것

⑤ 어독성

㉮ 우리나라는 유통농약의 반 이상이 벼 농사용이고 이들이 관개수, 하천수, 호소에 유입된다면 어류에 대해 직접적인 영향을 미칠 수 있고 어류의 먹이가 되는 수생생물에 의한 간접적인 피해가 우려되며 각종 이끼류에 영향을 줄 수도 있다.

㉯ 농약을 어독성 정도에 따라 Ⅰ, Ⅱ, Ⅲ급으로 구분하고 어독성 Ⅰ급과 Ⅱ급에 해당하는 농약은 포장지에 경고문구를 삽입하도록 의무화하고 있다.

㉰ 어독성 정도에 따른 농약의 구분

구 분	반수치사농도(ppm, 48시간)
Ⅰ급	0.5 미만
Ⅱ급	0.5 이상~2 미만
Ⅲ급	2 이상

1. 농약의 어독성구분은 제품농약의 잉어에 대한 반수치사농도(유효성분)를 기준으로 하되, 벼재배용 농약인 경우에는 잉어 외의 다른 어류에 대한 독성시험성적을 고려하여 구분한다.
2. Ⅱ급 또는 Ⅲ급에 속하는 농약이라고 하더라도 전국적으로 연간 사용량이 많아 10a당 평균사용량이 유효성분으로 0.1kg을 초과하고, 잉어에 대한 반수치사농도(ppm)를 10a당 농약사용량에 대한 유효성분량(kg)으로 나눈 값이 5 미만인 농약은 Ⅰ급으로 한다.

연구 **포장지 색에 의한 농약의 구분**
살균제: 분홍색, 살충제: 초록색, 제초제: 노랑색 · 적색, 생장조정제: 파랑색

기 출 문 제 해 설

1. 식물에 병을 일으키는 병원체란 어떤 것인가?

① 비생물적 병원인 온도나 습도, 생물성 병원균인 세
균, 곰팡이 같은 것을 말한다.

② 병든 식물체를 의미한다.

③ 온도와 습도 같은 것이다.

④ 생리장해를 의미한다.

■ 병을 일으키는 원인을 병원(病原)이라 한다.

2. 작물의 병을 일으키는 대표적인 생물성 병원은?

① 세균류　　　　② 점균류

③ 바이러스　　　④ 진균류

■ 진균은 약 8,000여 종의 식물에 병을 일으킨다.

3. 다음 중 생물성 병원이 아닌 것은?

① 세균　　　　　② 온도

③ 진균　　　　　④ 선충

■ 병을 일으키는 온도, 습도, 광선, 대기오염 물질 등을 비생물성 병원이라 한다.

4. 다음 중 병의 발생을 특히 많게 하는 원소는?

① 규산(Si)　　　② 칼륨(Ca)

③ 질소(N)　　　④ 인산(P)

■ 질소가 과다하면 작물체는 수분 함량이 많아지고 세포벽이 얇아지며 병·해충에 대한 저항성이 떨어진다.

5. 다음 병원체 중 크기가 가장 작은 것은?

① 바이러스　　　② 박테리아

③ 곰팡이　　　　④ 선충

■ 바이러스는 전자현미경을 통해서만 볼 수 있다.

01 ①　02 ④　03 ②　04 ③　05 ①

6. 식물의 병을 일으키는 데 필요한 요인은?

   ① 병원, 환경　　　　② 병원, 기주

   ③ 병원, 기주, 환경　④ 병원

7. 다음 중 식물병의 발생 경로가 알맞게 나열된 것은?

   ① 병징 – 잠복기 – 전염원 – 감염

   ② 잠복기 – 병징 – 감염 – 전염원

   ③ 전염원 – 감염 – 잠복기 – 병징

   ④ 감염 – 전염원 – 병징 – 잠복기

8. 바이러스병의 진단에 흔히 이용되는 식물을 무엇이라고 하는가?

   ① 지표식물　　　　② 표적식물

   ③ 진단식물　　　　④ 실험식물

9. 물에 의해 전반(傳搬)되는 식물 병원체가 아닌 것은?

   ① 세균　　　　　　② 난균

   ③ 곰팡이　　　　　④ 바이러스

10. 다음에 열거한 병해 중에서 진균(fungi)에 의해 유발되는 병은?

   ① 토마토 풋마름병　② 배추 모자이크병

   ③ 배추 무름병　　　④ 딸기 흰가루병

06 ③　07 ③　08 ①　09 ④　10 ④

11. 식물이 어떤 병에 걸리기 쉬운 성질은?

① 감수성

② 면역성

③ 회피성

④ 내병성

■ 식물이 어떤 병에 걸리기 쉬운 성질을 감수성이라 한다.
면역성: 식물이 전혀 어떤 병에 걸리지 않는 것
회피성: 적극적 또는 소극적으로 식물 병원체의 활동기를 피하여 병에 걸리지 않는 성질
내병성: 감염되어도 기주가 실질적인 피해를 적게 받는 경우

12. 질소비료를 과용하면 여러가지 병의 발병을 촉진한다. 질소비료 과용이 발병에 미치는 역할은?

① 병원(病原)

② 원인(原因)

③ 주인(主因)

④ 유인(誘因)

■ 병원: 식물에 병을 일으키는 생물적·비생물적인 모든 요인
주인: 식물병에 직접적으로 관여하는 것
유인: 주인의 활동을 도와서 발병을 촉진시키는 환경요인 등을 말한다.

13. 기주식물이 병원에 대해 침해 당하기 쉬운 성질은?

① 소인

② 유인

③ 주인

④ 종인

■ 소인에는 어떤 종 또는 품종이 병에 걸리기 쉬운 유전적인 성질을 종속소인, 개체간에 발병의 정도가 다른 성질을 개체소인이라고 한다.

14. 다음 중 비전염성인 병은?

① 선충에 의한 병

② 영양결핍에 의한 병

③ 세균에 의한 병

④ 바이러스에 의한 병

■ 전염성병: 식물(세균, 진균, 점균), 동물(곤충, 선충, 응애), 바이러스, 마이코플라스마 등에 의한 병
비전염성병: 토양, 기상조건, 농기구, 영양결핍, 수송, 저장 등에 의한 병

11 ① 12 ④ 13 ① 14 ②

15. 병원체가 여러 방법으로 식물체로 운반되는 현상은?

① 전반　　　　　② 전염
③ 병원력　　　　④ 매개

■ 병원체가 기주로 옮겨지는 것을 전반(傳搬)이라 한다.

16. 식물병의 진단에 있어서 가장 중요하고 확실한 것은?

① 병징(病徵)　　② 표징(標徵)
③ 환경(環境)　　④ 품종(品種)

■ 식물체를 구성하는 세포조직 및 기관 등에 이상현상이 외부에 나타난 반응을 병징, 병원체의 구조가 식물체의 병환부에 나타나 육안으로 식별이 가능한 반응을 표징이라 한다.

17. 과수 병원체가 식물의 조직내부로 침입하는 방법은 상처나 기공을 통한 침입이 대부분이나 각피를 뚫고 침입하는 경우도 있다. 다음 중 각피를 뚫고 침입할 수도 있는 병원균은?

① 균핵병균　　　② 흰가루병균
③ 바이러스　　　④ 노균병균

■ 균핵병균은 균핵 및 균사체로부터 발아하여 뻗어나온 균사가 각피를 뚫고 식물체를 직접 침해하기도 한다.

18. 오이, 참외, 수박 등의 접목재배는 어떤 병을 예방하기 위함인가?

① 모잘록병　　　② 덩굴쪼김병
③ 노균병　　　　④ 생리병

■ 오이, 참외, 수박 등은 내병성 대목에 접목함으로써 덩굴쪼김병을 예방할 수 있다.

19. 오이 노균병균이 기주에 침입하는 곳은?

① 기공　　　　　② 상처
③ 각피　　　　　④ 종자

■ 노균병은 5~6월에 발생하는 병으로 특히 장마철에 피해가 크다. 병원균은 기공을 통하여 침입한다.

15 ①　16 ②　17 ①　18 ②　19 ①

20. 식물병 중 세균에 의하여 발생하는 병의 일반적인 병징은?

① 황화 증상 ② 무름 증상

③ 모자이크 증상 ④ 빗자루 증상

■ 세균병의 일반적인 병징은 무름, 점무늬, 시들음, 기관의 고사(枯死) 등

21. 바이러스병의 매개충은?

① 멸구 ② 메뚜기

③ 나비 ④ 진딧물

■ 바이러스병의 매개충은 진딧물이 대표적이다.

22. 바이러스병의 일반적인 증상은?

① 위축 모자이크

② 갈색의 반점

③ 혹의 형성

④ 줄기의 쪼개짐

■ 바이러스병의 일반적인 증상은 위축 모자이크, 줄무늬, 괴저, 기형 등이다.

23. 다음 중 바이러스병의 전염원이 아닌 것은?

① 접목 ② 토양

③ 직접 침입 ④ 즙액

■ 바이러스는 진균이나 세균과 같이 스스로 식물체에 침입해서 감염을 일으킬 수 없기 때문에 매개곤충이나 영양번식기관에 의한 전염을 한다.

24. 딸기 바이러스병의 방제법으로 잘못된 것은?

① 진딧물을 구제한다.

② 살균제를 사용한다.

③ 감염이 안된 포기를 모주로 한다.

④ 러너는 초세가 왕성한 것을 고른다.

■ 바이러스병은 진딧물의 구제가 우선이다.

20 ② 21 ④ 22 ① 23 ③ 24 ②

25. 토마토 바이러스병을 발생하게 하는 오이모자이크 바이러스(CMV)의 매개 · 전파역할을 하는 것은?

① 종자   ② 토양

③ 진딧물   ④ 바람

■ 바이러스병은 보통 진딧물이 매개한다.

26. 한랭사를 덮어 효과적으로 방제할 수 있는 병해는?

① 덩굴쪼김병   ② 바이러스병

③ 탄저병   ④ 노균병

■ 한랭사로 피복하면 진딧물의 침입을 막아 바이러스병을 예방할 수 있다.

27. 각종 원예작물의 주산지를 가보면 고추 역병, 감자 더뎅이병, 토마토 풋마름병, 사과 역병 등 여러 가지 병해가 최근 들어 심하게 발생하고 있다. 이들 병의 다발생 원인으로 맞지 않는 것은?

① 동일 작물의 연작

② 병원성의 변화

③ 이병성 품종의 재식

④ 토양환경의 악화

■ 병원성은 기주식물에 대해서 기생체가 병을 일으킬 수 있는 능력을 말한다.

28. 세균병이며 갑자기 시들고 줄기를 절단해 보면 도관이 갈변하고 오백색(汚白色) 즙액이 분비되는 토마토의 병은?

① 풋마름병

② 시들음병

③ 잘록병

④ 배꼽썩음병

■ 토마토 풋마름병(청고병)은 어린 잎이 시들고 점차 식물 전체가 푸른색을 띠며 시들며 줄기의 물관부가 갈색으로 변해 있다.

25 ③ 26 ② 27 ② 28 ①

29. 풋마름병이 발생하는 채소는 어느 것인가?

① 양배추　　　　　② 가지

③ 당근　　　　　　④ 배추

■ 풋마름병은 토마토, 고추, 가지 등에 발생한다.

30. 토마토 시들음병은 어떤 환경에서 잘 발생하는가?

① 저온　　　　　　② 고온다습

③ 저온다습　　　　④ 저온건조

■ 토마토 시들음병(위조병)은 토양 전염성 병해로 고온다습한 환경에서 많이 발생한다.

31. 다음 병 중에서 세균성인 것은?

① 무 검은무늬병

② 오이 풋마름병

③ 배추 속썩음병

④ 배추 순모자이크병

■ 무 검은무늬병: 붕소 결핍 장해
배추 속썩음병: 칼슘 결핍 장해
배추 순모자이크병: 바이러스병

32. 곤충의 구기형(口器型) 중 나비목 유충과 메뚜기 류가 갖고 있는 종류는?

① 자흡구형　　　　② 저작핥는 형

③ 저작구형　　　　④ 절단흡취구형

■ 저작구형은 큰턱이 잘 발달하여 식물을 씹어 먹기에 알맞다.

33. 해충 입틀의 모양은 그들의 먹이와 밀접한 관계 가 있다. 다음 중 서로 연결이 잘못된 것은?

① 메뚜기: 씹어 먹는다.

② 나방: 빨아먹는다.

③ 진딧물: 핥아먹는다.

④ 멸구: 찔러 빨아먹는다.

■ 진딧물, 멸구, 매미충류 등은 찔러 빨아먹는 형이다.

29 ②　30 ②　31 ②　32 ③　33 ③

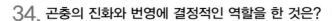

34. 곤충의 진화와 번영에 결정적인 역할을 한 것은?

① 외골격의 발달

② 날개의 발달

③ 종의 증가

④ 촉각의 발달

■ 변태(變態)와 함께 날개의 발달이 곤충의 진화에 크게 영향을 주었다.

35. 곤충이 자라면서 알→유충→번데기→성충으로 발육하는 과정을 다음 중 무엇이라 하는가?

① 점변태

② 무변태

③ 완전변태

④ 불완전변태

■ 알에서 부화한 유충이 번데기를 거쳐서 성충이 되는 것을 완전변태라 한다.

36. 충분히 자란 유충이 먹는 것을 중지하고 유충시대의 껍질을 벗고 번데기가 되는 현상을 무엇이라 하는가?

① 부화(孵化)

② 용화(蛹化)

③ 우화(羽化)

④ 탈피(脫皮)

■ 용화란 완전변태를 하는 곤충류에서 나타나는 유충기와 성충기 사이의 정지적 발육단계를 말한다.

37. 다음 중 4령충을 옳게 표현한 것은?

① 3회 탈피를 한 유충

② 4회 탈피를 한 유충

③ 3회 탈피중인 유충

④ 5회 탈피를 한 유충

■ 4령충은 3회 탈피하거나 4회 탈피중인 유충을 말한다.

34 ② 35 ③ 36 ② 37 ①

보충

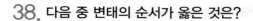

보충

38. 다음 중 변태의 순서가 옳은 것은?

① 부화 – 용화 – 우화

② 부화 – 우화 – 용화

③ 우화 – 용화 – 부화

④ 용화 – 우화 – 부화

■ 곤충은 일반적으로 부화 – 용화 – 우화 – 교미 – 산란의 과정을 거친다.

39. 일화성(univoltinism) 곤충이란?

① 알에서 성충까지 1년에 1회 발생하는 곤충을 말한다.

② 알에서 성충까지 1년에 2회 발생하는 곤충을 말한다.

③ 알에서 성충까지 1년에 3회 발생하는 곤충을 말한다.

④ 알에서 성충까지 1년에 여러번 발생하는 곤충을 말한다.

■ 알에서 유충(약충)·번데기를 거쳐 성충이 되고 다시 알을 낳게 될 때까지를 세대라고 하며 1화성(一化性)은 진딧물과 같이 1년에 1세대를 경과하는 것이다.

40. 다음 중 복숭아혹진딧물의 변태 현상은?

① 완전변태   ② 불완전변태

③ 과변태   ④ 불변태

■ 복숭아혹진딧물은 유시충과 무시충이 있는 불완전변태를 한다.

41. 다음 중 토양살충제 살포로 방제할 수 있는 가장 알맞은 해충은?

① 진딧물   ② 거세미나방

③ 총채벌레   ④ 배추흰나비

■ 거세미나방은 유충이 땅속에서 각종 채소류의 어린 모를 지표면 가까이에서 가해한다.

42. 고추 열매 속의 씨를 가해하는 해충은?

① 벼룩벌레   ② 총채벌레

③ 담배나방   ④ 거세미나방

■ 담배나방은 고추에 가장 큰 피해를 주는 해충으로 애벌레가 과실 속으로 파고 들어가 구멍을 낸다.

---

38 ①   39 ①   40 ②   41 ②   42 ③

보충

43. 다음 중 해충의 천적이 점차 없어지는 가장 주요한 이유는?

① 이상기후
② 품종의 내충성 약화
③ 재배면적의 확대
④ 농약의 살포

■ 천적의 이용은 생물적 방제에 해당하며, 농약으로 인해 그 수가 많이 줄어들고 있다.

44. 곤충이 냄새로 의사를 전달하기 위해 분비하는 물질로, 최근 해충을 유인하여 방제하기 위해 사용되는 것은?

① 왁스
② 실크
③ 페로몬
④ 엑디손

■ 페로몬은 곤충이 냄새로 의사를 전달하는 신호물질로 성페로몬, 집합페로몬 등이 있다.

45. 곤충이 어떤 식물만을 골라 먹거나 알을 낳는 것처럼 그 식물이 가지고 있는 특수한 화학물질에 의하여 곤충이 유인되는 성질을 일컫는 용어는?

① 본능
② 주화성
③ 주성
④ 주광성

■ 주화성(走化性)은 그 식물이 가지고 있는 특수한 화학물질에 유인되는 것으로 배추흰나비가 십자화과 채소에만 알을 낳는 습성 등을 말한다.

46. 유아등에 의하여 해충을 방제하는 것은 곤충의 어떤 주성을 이용한 것인가?

① 주광성
② 주수성
③ 주촉성
④ 주열성

■ 유아등(誘蛾燈)에 의한 해충 방제는 빛이 자극이 되는 주광성(走光性)을 이용한 물리적 방제법이다.

43 ④ 44 ③ 45 ② 46 ①

47. 다음 중 병·해충을 재배적으로 방제하기 위한 방법이 아닌 것은?

① 환경조건 개선

② 내병성·내충성 품종 선택

③ 병·해충의 가해시기 회피

④ 천적 이용

48. 병해에 대해 저항성 품종 및 접목재배, 바이러스 무병주 등을 이용한 방제법은?

① 경종적 방제

② 화학적 방제

③ 생물학적 방제

④ 병해 방제

49. 병해충의 경종적(耕種的) 방제법에 속하는 것은?

① 윤작과 생육기의 조절

② 병원미생물의 살포

③ 소각 또는 담수처리법

④ 농약의 살포

50. 다음 중 해충과 천적이 잘못 연결된 것은?

① 진딧물 – 진디혹파리

② 응애 – 진딧벌

③ 총채벌레 – 오리이리응애

④ 온실가루이 – 온실가루이좀벌

47 ④　48 ①　49 ①　50 ②

51. 다음 중 해충의 천적 역할을 하는 익충이 아닌 것은?

① 굴파리　　　　② 무당벌레

③ 풀잠자리　　　④ 기생벌

52. 다음 중 미생물농약에 관해 잘못 설명한 것은?

① 환경보전의 개념에 입각한 농약이다.

② 병해충의 저항성 증가가 없고, 개발비용이 저렴하다.

③ 화학농약에 비해 효과가 떨어지나, 효과의 발현이 빠르고 방제대상 병해충의 범위가 넓다.

④ 대표적인 미생물농약은 Bt라는 세균이다.

53. 다음 중 해충의 발생 예찰을 하는 목적으로 가장 옳은 것은?

① 해충의 종류를 알기 위하여

② 해충의 생활사를 규명하기 위하여

③ 발생의 다소와 시기를 미리 알기 위하여

④ 발생 면적과 피해를 조사하기 위하여

54. 다음 중 해충의 발생을 예찰하는 실질적인 목적은?

① 해충의 생활사를 알아보기 위하여

② 해충의 유아등에 대한 반응을 알아보기 위하여

③ 해충의 발생주기를 알아보기 위하여

④ 가장 적절한 방제대책을 마련하기 위하여

51 ① 　52 ③ 　53 ③ 　54 ④

55. 해충의 발생 예찰에 관한 설명 중 틀리는 것은?

① 조사방법은 해충의 종류, 조사시기에 따라 다르다.

② 기온과 이화명나방 발생과는 관계가 깊다.

③ 기압골의 통과와 멸구류 발생과는 관계가 깊다.

④ 지역적으로 종류와 발생시기, 발생량 등은 별 차이가 없다.

■ 해충의 종류와 발생시기, 발생량 등은 지역적으로 각각 다르다.

56. 해충의 발생예찰 방법이 아닌 것은?

① 타생물 현상과의 관계 이용법

② 통계 이용법

③ 약제 이용법

④ 개체군 동태 이용법

■ 해충의 발생예찰 방법은 ①②④ 외에 실험적 방법 등이 있다.

57. 해충의 발생예찰에 대하여 설명한 것 중 알맞지 않은 것은?

① 해충의 발생시기와 발생량의 예측을 주목적으로 한다.

② 해충의 발생이 아주 경미할 것으로 예측되면 방제를 생략하게 한다.

③ 방제작업 후의 효과 확인과는 무관하다.

④ 방제시기를 결정한다.

■ 방제작업 후의 효과 확인은 발생 예찰의 주요내용 중 하나이다.

---

55 ④ 56 ③ 57 ③

58. 경제적 가해수준(Economic injury level)이란?

① 해충에 의한 피해액이 방제비보다 큰 수준의 밀도를 말한다.

② 해충에 의한 피해액이 방제비보다 작은 수준의 밀도를 말한다.

③ 해충에 의한 피해액과 방제비가 같은 수준의 밀도를 말한다.

④ 해충에 의해 경제적으로 큰 가해를 주는 수준의 밀도를 말한다.

■ 경제적 피해가 나타나는 최저밀도로 해충에 의한 피해액과 방제비가 같은 수준의 밀도이다.

59. 병원균이 생물이 아니므로 전염성이 없는 병해는?

① 맥류 흰가루병   ② 토마토 배꼽썩음병

③ 감자 탄저병   ④ 벼 도열병

■ 토마토 배꼽썩음병은 토양 중 석회의 부족 및 토양의 건조나 비료의 과용으로 석회가 흡수되지 않을 때 발생하는 생리장해이다.

60. 다음 중 석회 부족이 직접적인 원인이 되어 발생하는 토마토의 생리장해는?

① 배꼽썩음병   ② 탄저병

③ 시들음병   ④ 둥근무늬병

■ 배꼽썩음병은 열매의 비대과정에서 꽃이 떨어진 부분이 죽어서 검게 변색되는 증상이다.

61. 토마토 배꼽썩음병 방제에 역효과가 나는 경우는?

① 염화칼슘 0.5%를 엽면 살포한다.

② 칼륨과 마그네슘 비료를 많이 준다.

③ 토양이 건조하지 않도록 한다.

④ 토양의 염류농도를 낮춘다.

■ 토마토 배꼽썩음병은 칼슘 부족이 직접적인 원인이며, 칼륨과 마그네슘의 과다 시용은 칼슘의 흡수를 저해하여 역효과를 일으킨다.

58 ③   59 ②   60 ①   61 ②

62. 오이의 곡과 발생 원인이 아닌 것은?

① 광량 부족　　　② 과습
③ 영양 불량　　　④ 건조

63. 오이의 끝이 불룩해지면서 구부러지는 곤봉과는 어느 비료 성분이 부족하기 때문에 일어나는 현상인가?

① 질소　　　② 인산
③ 칼륨　　　④ 칼슘

64. 참외의 발효과(속썩음과) 발생에 영향을 끼치는 비료 성분은?

① 질소　　　② 마그네슘
③ 칼륨　　　④ 칼슘

65. 다음 중 배추의 생리장해 현상인 것은?

① 노균병　　　② 무사마귀병
③ 바이러스병　　　④ 속썩음병

66. 다음 중 생리장해에 의한 증상이 아닌 것은?

① 고추 역병
② 토마토 공동과
③ 토마토 배꼽썩음병
④ 오이 등의 순멎이 현상

62 ② 　63 ③ 　64 ④ 　65 ④ 　66 ①

67. 붕소 결핍증이 일어나기 쉬운 채소로 짝지어진 것은?

① 수박, 참외 등의 박과 채소

② 고추, 토마토 등의 가지과 채소

③ 무, 배추 등의 배추과(십자화과) 채소

④ 마늘, 양파 등의 백합과 채소

■ 배추에 붕소가 결핍되면 잎자루 중간 부분의 일부가 흑갈색으로 변하고 거칠고 연약해지며 심할 때는 결구하지 않는다.

68. 잡초의 정의로 알맞은 것은?

① 초본식물 중 바람직하지 않은 식물

② 생활주변 식물 중 순화된 식물

③ 인간의 의도에 역행하는 존재가치상의 식물

④ 농경지나 생활주변에서 제자리를 지키는 식물

■ 유기농적인 관점의 잡초는 방제의 대상이 아니라 일정한 범위내에 존재하는 균형적인 존재이다.

69. 잡초는 해롭기만 한 것이 아니라 유용성도 인정된다. 잡초의 유용성으로 적당하지 않은 것은?

① 토양 중에 유기물을 공급해 주는 자원이 된다.

② 작물에 해를 끼치는 병해충의 서식처가 된다.

③ 토양유실을 방지해 주고 자연경관을 아름답게 한다.

④ 작물개량을 위한 유전자 자원으로 활용될 수 있다.

■ 작물에 해를 끼치는 병해충의 서식처가 되어 병해충을 만연시킨다.

70. 잡초가 갖는 중요성으로 적당하지 않은 것은?

① 인간이 원하지 않는 장소에 자연적으로 발생한다.

② 농업생산이나 인간활동에 직간접적인 영향을 준다.

③ 형태적으로 작물과 다른 식물이다.

④ 인간의 활동영역에서 경제적인 손실을 초래한다.

■ 잡초는 인간의 목적과 의도에 맞지 않을 뿐 형태적으로 작물과 같은 식물이다.

67 ③ 68 ③ 69 ② 70 ③

71. 잡초의 생태적인 속성으로 적당하지 않은 것은?

① 왕성한 번식력

② 폭넓은 전파력

③ 빠른 생장력

④ 강력한 침투력

■ 잡초는 왕성한 번식력, 폭넓은 전파력, 빠른 생장력 등의 속성으로 인해 인간에게 영원한 문제로 남을 수 밖에 없다.

72. 다음 중 농경지에서 발생하는 잡초의 피해가 아닌 것은?

① 경합해

② 농작업 환경의 악화

③ 병해충의 매개

④ 토양침식의 방지

■ 잡초는 토양침식의 방지, 토양에 유기물과 퇴비 공급, 유전자원 활용 등의 유용성도 가지고 있다.

73. 잡초와의 경합해(競合害)로 나타나는 작물의 증상은?

① 작물의 엽면적이 커진다.

② 광합성량(光合成量)이 줄어든다.

③ 건물중(乾物重)은 많아진다.

④ 분얼수도 많아진다.

■ 작물은 잡초와 양분, 수분, 광 등을 경합하기 때문에 체적이나 광합성량이 줄고 수확물의 감수를 가져온다.

74. 병해충과 구별되는 잡초문제의 특이성은?

① 급진성

② 생산물 탈취성

③ 허용한계수준

④ 박멸, 근절대상성

■ 완만성, 생산활동 억제, 허용한계수준, 방제 등이다.

71 ④ 72 ④ 73 ② 74 ③

75. 잡초의 농경지에서의 피해에 해당하는 것으로 잡초의 여러 기관에서 작물의 발아나 생육을 억제하는 특정물질을 분비함으로써 피해를 일으키는 작용은?

① 경합
② 대립작용(Allelopathy)
③ 기생
④ 병해충 매개

■ Allelopathy(대립작용)는 어떤 식물이 가진 화학물질이 다른 작물의 생육을 저해 또는 촉진하는 작용을 이용하여 잡초를 예방하는 방법이다.

76. 작물의 생육기간 중 잡초방제를 철저히 해주어야 하는 잡초경합한계기간은 어느 시기를 뜻하는가?

① 작물의 파종 후부터 초관형성기까지
② 초관형성기부터 생식생장기까지
③ 생식생장기부터 수확기까지
④ 개화기부터 성숙기까지

■ 잡초경합한계기간은 전체 생육기간 중 첫 1/3 정도의 기간으로 작물과 잡초가 가장 심하게 경합하는 시기이다.

77. 잡초의 물리적 방제법 중 광발아잡초를 방제할 수 있는 가장 효과적인 방법은?

① 심수관개
② 화염제초
③ 흑색비닐멀칭
④ 수취 및 베기

■ 흑색비닐로 토양을 멀칭하면 광발아성 잡초의 발아를 억제하고 잡초의 광합성을 방해한다.

78. 잡초의 경합력은 약화시키고 작물의 경합력은 높아지도록 관리하는 방제법은?

① 물리적 방제법
② 생태적 방제법
③ 화학적 방제법
④ 예방적 방제법

■ 생태적 방제법은 잡초방제에 있어서 작물과 잡초, 잡초와 잡초, 잡초와 작물, 작물과 작물의 상호 경합특성을 이용하는 것이다.

75 ② 76 ② 77 ③ 78 ②

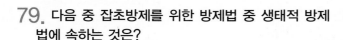
79. 다음 중 잡초방제를 위한 방제법 중 생태적 방제법에 속하는 것은?

① 천적(天敵)의 이용

② 논밭의 갈이(耕耘)

③ 돌려짓기(輪作)

④ 제초제의 사용

80. 잡초방제에 있어서 경합특성을 이용하는 방법에 대한 설명으로 잘못된 것은?

① 윤작과 동시에 제초제를 사용함으로써 지력증진과 잡초발생 억제 및 잔류독성 문제의 해결을 동시에 이룩할 수 있다.

② 육묘이식 재배가 잡초보다 쉽게 초관을 형성하여 공간 점유 효율이 커진다.

③ 잡초와의 경합력이 큰 작목, 품종과 우량종자를 고른다.

④ 작물의 재식밀도가 높을수록 초관 형성이 유리하여 바람직하다.

■ 작물의 재식밀도를 높이면 초관 형성이 촉진되나 적정밀도를 초과하면 작물종 내의 경합이 우려되므로, 실제의 재식밀도는 작물의 초형과 육묘기간, 시비수준 등을 고려하여 결정하여야 한다.

81. 종합적 잡초 방제법이란?

① 완전방제를 위한 잡초방제체계

② 제초제를 전생육기에 처리하는 방안

③ 주어진 잡초를 방제하기 위해 방제법을 2종 이상 혼합 사용하는 방제법

④ 잡초에만 도입된 기초 방제법

■ 종합적 방제법은 기계적 방제, 경종적 방제, 생물적 방제, 화학적 방제 등에서 몇 가지 방제법을 상호 협력적인 조건에서 연계하여 수행해가는 방제법이다.

82. 다음 농약 중에서 살충제인 것은?

① 구리제   ② 석회보르도액

③ 유기인제   ④ 유기황제

■ 살충제에는 유기인제, 유기염소제, 카바메이트제 등이 있다.

83. 약제를 식물체의 뿌리, 줄기, 잎 등에 흡수시켜 깍지벌레와 같은 흡즙성 곤충을 죽게 하는 살충제는?

① 기피제

② 침투성살충제

③ 소화중독제

④ 유인제

■ 침투성살충제는 식물의 일부분에 처리하면 전체에 퍼져 즙액을 빨아먹는(흡즙성) 해충을 살해시키는 약제로 천적에 대한 피해가 없다.

84. 씹거나 핥아먹기에 알맞은 구기를 가진 해충에 유효한 살충제는?

① 소화중독제   ② 접촉제

③ 훈연제   ④ 유인제

■ 소화중독제는 해충의 구기(口器)를 통하여 들어간다.

85. 다음 중 살비제의 적용 해충은?

① 깍지벌레류

② 응애류

③ 방패벌레류

④ 솔잎혹파리의 유충

■ 살비제는 주로 식물에 붙는 응애류를 죽이는 데 사용되는 약제이다.

86. 다음 살충제 중에서 접촉제가 아닌 약제는?

① 유기인제   ② 데리스제

③ 비산제   ④ 니코틴제

■ 비산납은 소화중독제이다.

82 ③ 83 ② 84 ① 85 ② 86 ③

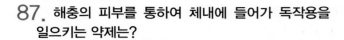

87. 해충의 피부를 통하여 체내에 들어가 독작용을 일으키는 약제는?

① 유인제

② 접촉제

③ 훈증제

④ 소화 중독제

■ 접촉제는 해충에 직접 약제를 부착시켜 살해시키는 약제로 깍지벌레, 멸구류에 적당하다.

88. 보조제에 대한 설명이 아닌 것은?

① 비누는 용제의 일종으로 쓰인다.

② 유화제나 희석제는 약제의 균일한 분산을 돕는다.

③ 공력제는 주제의 살충 효력을 증가시킨다.

④ 약제의 현수성이나 확전성 또는 고착성을 돕는 것을 전착제라 한다.

■ 보조제는 살충제의 효력을 높이기 위해 첨가되는 보조물질로 비누는 전착제로 사용된다.

89. 농약 주성분의 농도를 낮추기 위하여 사용하는 보조제는?

① 전착제   ② 유화제

③ 증량제   ④ 용제

■ 증량제는 농약 주제(主劑)의 희석 또는 주제의 약효를 증진시키기 위하여 사용한다.

90. 농약의 제제 과정에서 물에 잘 녹지 않는 약제를 잘 녹는 용제에 녹여 유화제를 가해서 만든 농약으로 맞는 것은?

① 분제

② 유제

③ 수용제

④ 수화제

■ 유제(乳劑)는 주제(主劑)가 물에 녹지 않을 때 유기용매에 녹여 유화제를 첨가한 용액으로 물에 희석하여 사용한다.

87 ②   88 ①   89 ③   90 ②

91. 농약의 형태 중 가루 상태로 되어 있으며 물에 풀면 녹지 않은 입자가 물 속에 균등히 분산되는 것은?

① 액제   ② 분제

③ 수용제   ④ 수화제

■ 수화제는 물에 녹지 않는 주제(主劑)를 점토광물과 계면활성제 등을 혼합분쇄하여 제제화한 것으로 물속에 넣고 혼합하여 사용한다.

92. 농약사용 시의 미량살포(微量撒布)를 바르게 설명한 것은?

① 약제에 다량의 물을 타서 조금씩 살포하는 것

② 액제살포의 한 방법으로 소량을 살포하는 것

③ 액제살포의 한 방법으로 거의 원액에 가까운 농도의 농후액을 살포하는 것

④ 소량의 물을 약제에 타서 살포하는 것

■ 미량살포는 항공방제에 많이 이용되고 있다.

93. 액제 살포에 대한 설명으로 옳지 않은 것은?

① 바람을 등지고 살포한다.

② 일반적으로 분무기를 사용한다.

③ 살포시에는 반드시 경수를 사용한다.

④ 수화제는 물에 용해되지 않은 체 살포된다.

■ 연수(軟水)를 사용해야 약해를 막을 수 있다.

94. 다음 살충제 중 가장 친환경적인 농약은?

① 비티수화제

② 디프수화제

③ 베스트수화제

④ 메프수화제

■ 비티수화제는 생물적 방제에 이용되는 미생물농약이다.

91 ④   92 ③   93 ③   94 ①

95. 보르도액에 관한 설명 중 옳지 않은 것은?

① 보르도액은 보호살균제이므로 예방을 목적으로 사용해야 한다.

② 보르도액은 용액이므로 조제한 다음 시간이 많이 지난 후에 사용해도 약효에는 아무 이상이 없다.

③ 보르도액의 약해가 나기 쉬운 식물에는 묽은 보르도액을 뿌려준다.

④ 구리에 약한 식물에는 보르도액 조제 때 황산아연을 가용해서 쓰는 것도 좋다.

■ 조제가 끝난 보르도액을 오래 두면 앙금이 많아 약해를 일으킬 염려가 있고 효과가 떨어지므로 조제 즉시 살포해야 한다.

96. 보르도액에 대한 설명 중 맞는 것은?

① 보호살균제이며 소나무 묘목의 잎마름병, 활엽수의 반점병, 잿빛곰팡이병 등에 효과가 우수하다.

② 직접살균제이며 흰가루병, 토양전염성병에 효과가 좋다.

③ 치료제로서 대추나무, 오동나무의 빗자루병에도 효과가 우수하다.

④ 보르도액의 조제에 필요한 것은 황산동과 생석회이며 조제에 필요한 생석회의 양은 황산동의 2배이다.

■ 보르도액은 황산구리와 수산화칼슘이 조제 원료인 보호살균제이다.

97. 깍지벌레 구제 효과가 가장 좋은 농약은?

① 타로닐수화제(다코닐)

② 피크람제(케이핀)

③ 파라코액제(그라목손)

④ 메치온유제(수프라사이드)

■ 메치온유제는 수프라사이드라는 명칭으로 개발한 고독성 살충제로 깍지벌레 방제용으로 이용되고 있다.

98. 다음 중 농약의 구비조건으로 잘못된 것은?

① 효력이 정확할 것

② 물리적 성질이 양호할 것

③ 다른 약제와 혼용 범위가 좁을 것

④ 등록되어 있는 농약일 것

■ 농약은 다른 약제와 혼용시 화학적으로 반응하여 상승작용을 일으킬 수 있는 것이어야 한다.

99. 농약 살포액의 조제시 고려사항 중 가장 중요한 것은?

① 농약독성

② 농약잔류성

③ 희석배수

④ 환경독성

■ 희석배수는 농약을 희석하는 배율로 희석을 잘못하면 약해가 생기거나 효과가 저해된다. 보통 희석배수가 100배액이면 농약 1에 물 99를 희석한 것이다.

100. 다음 중 농약의 안전사용기준 설정 목적을 가장 잘 설명한 것은?

① 농약의 약해 방지를 위하여

② 농약 살포액의 안전 조제를 위하여

③ 농약 살포 때 중독 예방을 위하여

④ 농산물의 잔류농약 안전성 향상을 위하여

■ 농약의 안전사용기준은 적용대상 농작물에 한하여, 적용대상 병해충에 한하여, 사용시기를 지켜, 적용대상 농작물에 대한 재배기간 중의 사용가능 횟수내에서 사용하는 것이다.

101. 농도가 60%인 유제(비중1) 50mL를 0.05%로 희석하려고 할 때 필요한 물의 양(L)은?

① 49.95L

② 59.95L

③ 69.95L

④ 79.95L

■ 희석할 물의 양 = 원액의 용량 × {(원액의 농도/희석할 농도) − 1} × 원액의 비중
= 50×{(60/0.05) − 1}×1
= 50×(1,200 − 1)×1
= 50×(1,199)×1
= 59,950mL = 59.95L

98 ③　99 ③　100 ④　101 ②

제2장 과수의 병해충 방제

1. 중요 과수별 병해충과 생리장해

1. 사 과

① 주요 병해

① 부란병: 상처 부위를 통해 감염되며 피해 부위가 갈색으로 변하고 알코올 냄새가 난다. 병원균은 저온에서도 자라며 1년 내내 비바람에 의해 전염된다. 병환부를 도려내고 도포제인 발코트를 발라 치료한다.

② 그을음병: 과실 표면에 흑녹색의 원형 또는 부정형의 그을음 모양 병반이 형성된다. 비가 많은 6~7월에 일조시간이 부족할 경우 발생한다. 통풍이 나쁜 나무에서 많이 발생하므로 전정 시 가지의 배치를 적절하게 한다.

③ 탄저병: 최근 수 년간 발병이 심해지고 있는 병해로 과실의 표면에 연한 갈색의 둥근 무늬가 생기고 병반이 커지면서 움푹하게 들어간다. 부패병은 과육 속까지 깊이 썩어 들어간다. 병원균은 아까시나무나 피해 과실 등에서 월동하고 7~8월에 빗물이나 곤충, 조류에 의해 전염되며 주로 성숙기에 많이 발생한다. 병 발생 과실을 즉시 제거하고 보통 6월 중순부터 10일 간격으로 약제를 살포한다.

④ 겹무늬썩음병: 주로 수확기 과실에 겹무늬 모양의 갈색 윤문이 나타나면서 썩는다. 8월 중순 이후 과점을 통해 병원균이 침입하며, 과실의 당도가 높아질수록 많이 발생한다. 6월부터 9월까지 봉지를 씌워 병원균의 침입을 차단한다.

 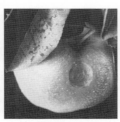 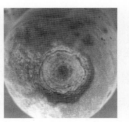 

| 그을음병 | 탄저병 | 부패병 | 겹무늬썩음병 |

② 주요 충해

① 잎말이나방: 과실의 표면을 핥듯이 가해하거나 유충이 과실을 파먹는다. 사과의 주요 해충으로 연 2~3회 발생하고, 5월 하순부터 제1회 성충이 나타나며 6월 중순이 최성기이다. 봄철에 거친 껍질을 벗겨 월동충을 제거하고 개화 전 월동 유충이 가해를 시작하므로 많이 발생할 때는 전문약제를 살포한다.

② 복숭아심식나방: 유충이 과실내부로 뚫고 들어가 여러 곳을 가해하므로 요철의 기형과가 된다. 대부분 연 2회 발생한다. 피해 과실을 따서 물에 담가 과실 속의 유충을 죽이거나, 첫 산란시기인 6월 중순 이전 봉지를 씌워 재배한다.

③ 깍지벌레: 피해 과실은 흡즙부위가 움푹 들어간 기형과로 되고, 배설물로 그을음병이 유발되어 과실의 상품가치를 저하시킨다. 연 3회 발생하고, 보통 알덩어리로 껍질 밑에서 월동한다. 월동기에 거친 껍질을 긁어내고 약제를 살포한다.

④ 뽕나무하늘소: 유충이 사과나무 가지의 속을 가해하여 톱밥 같은 똥을 배설한다. 피해가 심하면 수세가 약해지고 그을음병을 유발하기도 한다. 2년에 1회 발생하며 나무에 약제를 주입하여 방제한다.

⑤ 사과면충(솜벌레): 진딧물과 비슷하고 적갈색이며 흰색의 솜털로 덮여 있다. 새순, 줄기 뿌리 등에 기생하여 즙액을 빨아 먹으며 피해 부위에 혹이 생긴다. 저항성 대목을 사용하고 약제를 살포한다.

잎말이나방 피해

복숭아심식나방 피해

깍지벌레 피해

③ 생리장해

① 고두병: 과실의 표면에 반점이 나타나 외관을 손상시키며, 저장 중에 피해부위로 부패균이 침입하여 과실을 부패시키는 피해가 더 크다. 칼슘 부족이 원인이며 어린 나무나 강전정 및 질소를 과다시비한 나무에서 생산된 대과에서 많이 발생한다. 칼슘을 공급하기 위해 수세를 안정시키고 너무 큰 과실이 되지 않도록 착과량을 조절한다.

② 적진병: 가지의 표피가 거칠어지고 새 가지의 생장이 느리며 과실의 발육이 불량해진다. 산성토양에서 망간이 과잉 용출 및 흡수되어 발생한다. 유기물 및 붕소를 시용한다.

③ 동녹: 과피가 매끈하지 않고 쇠에 녹이 낀 것처럼 거칠어진다. 다습, 직사광선, 약해, 저온, 기계적인 상처 등이 동녹의 발생을 조장한다. 발생이 심한 품종은 낙화 후 10일 이내에 작은 봉지를 씌워 주는 것이 가장 안전한 방법이다.

④ 붕소 결핍증: 붕소 결핍으로 눈이 발생하지 않거나 신초(새 가지)가 말라 죽으며, 과실은 표면이 울퉁불퉁하게 되는 축과현상이 나타난다. 개간지나 모래땅에 개원한 과수원에서 많이 발생한다. 붕사를 시용하거나 붕산 0.2~0.4%액을 엽면시비한다.

고두병

동녹

2. 배

1 주요 병해

① 붉은별무늬병(적성병): 비가 많이 오는 해 4~5월에 주로 발생하며, 잎 앞면에 붉은색 반점이 나타나고 잎 뒷면에 흰털모양의 수포자퇴가 형성되며 미관을 해치고 조기낙엽된다. 6월 중순~7월 초순 사이에 노란점 병반 뒷면에 털같은 돌기가 나타나서 수포가 형성되고 이 수포자가 향나무로 날아가 잎으로 전염된다. 전문약제를 살포하고 중간기 주인 향나무가 병에 걸리지 않도록 한다.

② 검은별무늬병(흑성병): 잎과 새 가지 및 과실에 별 모양의 검은 반점이 생기고, 그을음 같은 것이 형성된다. 주로 황갈색 계통의 배에서 많이 발생한다. 5월 중순~6월까지 기온이 비교적 차고 비가 자주 오면 많이 발생한다. 피해 입은 가지를 소각하거나 땅에 묻거나 휴면기에 월동균을 방제한다.

③ 겹무늬병: 주로 수확기 과실에 겹무늬 모양의 갈색 윤문이 나타나면서 썩는다. 5∼6월 비가 많이 올 때 병원균이 침입하여 발병한다. 수세가 약하면 병의 발생이 심하므로 비배관리를 철저히 하여 나무를 튼튼하게 키운다. 과실에 심하게 발생되는 과원에서는 봉지씌우기를 하는 것이 안전하다.

④ 검은무늬병(흑반병): 6∼8월 처음에는 과실에 검은색의 반점이 생기지만 7∼8월이 되어 과실이 커지면 사방으로 갈라진다. 배수가 불량한 과원이나 질소 과다 시비, 과다 결실 등 비배관리가 잘 이루어지지 않은 과원에서 심하게 발생한다. 휴면기에 월동균을 방제하고 생육기에 전문약제를 살포한다.

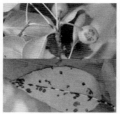 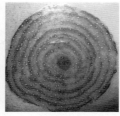 

| 붉은별무늬병 | 검은별무늬병 | 겹무늬병 | 검은무늬병 |

2 주요 충해

① 깍지벌레: 가루깍지벌레의 피해가 가장 크며 가지와 잎, 과실 꼭지나 꽃받침 부분에 기생한다. 피해 과실은 기형이 되고 그을음병이 유발된다. 연 3회 발생하고 보통 알덩어리로 거친 껍질 밑에서 월동한다. 월동기에 거친 껍질을 긁어내고 약제를 살포한다.

깍지벌레 피해

② 복숭아심식나방: 사과와 같이 유충이 과실내부로 뚫고 들어가 여러 곳을 가해하므로 요철의 기형과가 된다.

③ 응애류: 사과응애와 점박이응애의 피해가 가장 크며 잎의 표면과 뒷면에서 즙액을 빨아먹는다. 피해 잎은 색깔이 변색되고 낙엽이 진다. 휴면기에 월동하는 알이나 어미벌레를 방제하고 생육기에는 약제를 살포한다. 응애류는 같은 종류의 약제를 계속 살포하면 쉽게 약제 저항성이 유발되는 해충이므로 성분이 같은 약제를 연속하여 사용하지 말아야 한다.

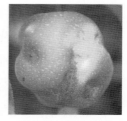

복숭아심식나방 피해

③ 생리장해

① 돌배: 과정부의 과육은 딱딱해지고 표면은 울퉁불퉁하며 그 부위는 비대가 불량하여 변형과가 된 것으로 배수 불량, 건조와 과습의 변화가 심한 토양, 칼륨질 비료를 과용한 과수원에서 많이 발생한다. 유기물 및 석회 시용·심경 등으로 토양 개량, 배수를 좋게 하여 뿌리의 생육을 촉진한다.

② 열과: 과육의 급격한 비대 시 과피의 신축성 감소로 과면에 균열이 발생하는 것으로 과실비대기와 수확 전 급격한 수분 흡수에 의한 과피조직의 파괴로 발생한다. 칼슘 부족, 사질토양, 뿌리의 발육이 부진한 나무에서 발생이 많다. 장마철에 배수관리를 철저히 하고 사질토양은 관수와 토양피복으로 한발 피해를 방지한다.

③ 유부과: 과실 표면이 매끈하지 않고 유자 껍질처럼 울퉁불퉁한 현상으로 과실비대기의 수분 부족, 석회와 붕소 결핍 등이 원인이다. 수세를 안정시키고 토양개량으로 통기성과 보수성을 좋게 하며, 관수 및 배수를 적절히 한다.

돌배

열과

3. 포 도

① 주요 병해

탄저병

① 탄저병: 처음에는 작은 반점이 생기고 과실이 성숙함에 따라 병반이 급격히 확대되며 둥근 무늬를 이룬다. 심하면 포도알이 검게 변색되면서 썩어 말라버린다. 수관 내부까지 햇빛이 잘 들고 바람이 잘 통하도록 하며, 질소과용이나 열매맺음 양이 지나치지 않도록 한다. 봉지를 씌우거나 비가림 재배하고 전문약제를 살포한다.

② 노균병: 여름부터 가을에 걸쳐 나타나며 주로 잎에 발생되나 새순과 과실이 피해를 입기도 한다. 어린 포도송이에 감염되면 열매꼭지로부터 쉽게 떨어지게 된다. 병든 잎은 모아서 땅속에 묻거나 불에 태워 과수원에 병원균의 밀도를 낮춘다. 생육이 연약한 경우 병이 많이 발생하므로 질소 과비를 삼가하고 토양이 과습하지 않도록 한다.

노균병

③ 새눈무늬병: 잎이 기형이 되고 줄기의 생장을 억제시킨다. 과실에는 작은 반점이 발생한 후 흑색의 병반이 생겨 새의 눈 모양이 된다. 봄에 비가 많이 내리면 발생이 심하다. 질소 과용을 피하고 병든 가지를 제거하며 약제를 살포한다.

새눈무늬병

② 주요 충해

① 포도호랑하늘소: 유충이 가지 속을 가해하여 5월 중순~6월 중순경 새 가지가 쉽게 부러진다. 병든 가지를 제거하고 약제를 살포한다.

② 포도유리나방: 유충이 가지 줄기를 가해하여 5~6월경 가지가 불룩해진다. 유충이 줄기 속에서 월동하므로 병든 가지를 제거하고 약제를 살포한다.

③ 포도뿌리혹벌레: 포도나무의 뿌리나 잎에 붙어서 수액을 흡수하고 피해부에는 혹이 생긴다. 미국이 원산지로 한 때는 포도의 가장 무서운 해충이었으나 그후 저항성 대목으로 방제할 수 있게 되었다.

포도뿌리혹벌레

④ 포도쌍점매미벌레: 성충과 유충이 잎의 수액을 빨아먹어서 잎이 퇴색되고 기능이 저하된다. 7~8월의 고온기에 가장 피해가 심하며 6월에 약제를 살포한다.

③ 생리장해

① 휴면병: 추운 지방에서 많이 발생하며, 봄에 발아가 안되거나 지연되고 생육이 부진하다. 결실 과다, 웃자람, 조기 낙엽 등으로 인한 축적 양분의 부족으로 수세가 약해지고 이 상태에서 저온을 만나 동해(凍害)를 입는 것이 원인이다. 질소 과용을 피하고 결실량을 조절하며 겨울에 나무를 땅에 묻거나 내한성이 강한 품종을 재배한다.

② 축과병: 과피에 반점이 나타나 2~3일 사이에 흑갈색으로 변하고 국소적으로 포도알이 함몰한다. 포도 송이가 수분을 잎에 빼앗기거나 질소질 비료를 과용했을 때 또는 뿌리로부터의 흡수량과 잎의 증산량 사이에 불균형이 생길 경우 발생한다. 온도와 토양 수분의 변동을 적게 하고 과도한 증산과 수분의 흡수를 막는다.

③ 일소피해: 열매 껍질에 화상 비슷한 점무늬가 생기고, 포도알 끝 부분이 마치 뜨거운 물에 덴 것 같이 급격히 연화갈변하여 위축 및 탈락한다. 토양의 건조로 열매가지의 밑 부분 잎이 낙엽되어 포도송이가 직접 일광에 노출될 때 흔히 발생한다. 질소질 비료를 적정 시용하고 수분관리 철저로 수세를 안정시켜 이상기상 조건에 대한 견딤성을 높여 준다.

④ 꽃떨이현상: 꽃이 잘 피지 않거나 꽃봉오리가 말라 죽어 포도알이 드문드문 달리는 것으로 양분 부족, 질소 과용, 붕소 결핍 등이 원인이다. 질소를 적절히 시비하고 결실 량을 줄이며 붕소를 시비한다.

축과병

일소피해

꽃떨이현상(붕소 결핍)

4. 복숭아

1 주요 병해

① 잎오갈병: 잎이 붉게 부풀어올라 오그라지고 흰곰팡이가 덮이면서 썩는다. 봄에 찬비가 자주 오면 발생하며 약제를 살포하여 방제한다.

② 세균성구멍병: 잎, 가지, 과실 등에 발병하며 잎에 작은 반점이 생겼다가 후에 구멍이 뚫리고 심하면 잎이 떨어진다. 6~7월경 비바람이 심할 때 상처를 통하여 병원균이 침입하며 적절히 방풍하고 약제를 살포하여 방제한다.

② 주요 충해

① 복숭아순나방: 유충이 새순을 먹어 죽게 하거나 과실 속을 먹어 상하게 한다. 1년에 3~4회 발생하며 유충으로 월동한다. 봉지를 씌우거나 약제를 살포하여 방제한다.
② 복숭아잎굴나방: 유충이 잎 속을 파먹고 굴을 만들며 1년에 6~7회 발생한다. 6~8월에 가장 피해가 크며 낙엽을 태우거나 약제를 살포하여 방제한다.

③ 생리장해

① 복숭아수지병: 여름 동안 원줄기나 원가지에 젤리 모양의 수지가 분비되어 심하면 나무가 죽는다. 병해충 피해, 건조해, 습해 등이 원인이며 합리적인 재배관리로 수세를 회복시킨다.
② 붕소결핍증: 붕소가 부족하면 봄에 싹이 늦게 트고 잎과 가지가 약해진다. 과실은 기형이 되어 자라지 않으며 심하면 낙과한다. 2~3년에 한 번 붕산을 시비한다.

5. 감귤

① 주요 병해

① 더뎅이병: 잎이나 열매에 황갈색의 작은 반점이 생기고 다습할 경우 연한 황색 또는 오렌지색으로 변한다. 심할 경우 잎이나 열매가 기형이 되며 신초에서는 낙엽이 되는 경우도 있다. 전년도에 감염된 잎이나 가지의 병반에서 새로운 병원균이 생성되어 전염되기 때문에 수확 시나 전정 시 이러한 이병조직을 최대한 제거한다.
② 궤양병: 잎, 가지, 열매에 반점형태로 발생하여 외관을 해치지만 심할 경우에는 잎이 뒤틀리고 낙엽이 되며 새순의 경우 순 전체가 죽으며 과실은 낙과될 수 있다. 과수원의 습기를 적게 하여 습윤기간을 최소화하고 침입의 주 경로인 상처를 최소화 하는 것이 가장 중요하다.
③ 검은점무늬병: 잎, 가지, 과실에 발병되며 특히 과실에서의 병반 모양은 흑점형, 니괴형(검붉은 딱지, 부스럼같은 모양), 누반형(물이 흐르는 방향으로 병반이 형성)의 3가지가 있다. 제주도 감귤 재배 농가에 가장 큰 피해를 주는 병해이다. 죽은 가지 및 전정 가지 제거, 습윤기간의 최소화, 전문약제 살포 등의 방법으로 방제한다.

④ 잿빛곰팡이병: 주로 꽃이나 작은 열매에 발생하며, 서늘하고 습윤한 기상조건이 되면 꽃잎을 통해 병원균이 침입하여 증식하고 꽃잎과 열매에 진한 갈색으로 부패를 일으킨다. 이병조직을 조기에 제거하고, 환기를 철저히 하여 식물체 표면을 건조한 상태로 유지하는 것이 매우 중요하다.

더뎅이병

궤양병

검은점무늬병

잿빛곰팡이병

② 주요 충해

① 깍지벌레류: 잎이나 가지에 기생하며 즙액을 흡수하여 나무가 고사한다. 과실에 기생하면 기생부위는 덜 착색되고 비대가 나빠져서 상품가치가 떨어진다. 몸이 깍지로 덮여 있어 성충에게 약제를 살포하면 방제효과가 낮으므로 반드시 유충발생기에 방제한다. 루비깍지벌레는 그을음병을 유발하고 수세를 약화시키며 심하면 가지가 말라 죽는다. 이세리아깍지벌레는 천적인 베달리아무당벌레를 방사하여 방제한다.

② 귤녹응애: 잎, 가지, 과실을 가해한다. 잎이 심하게 피해를 받으면 기형이 되고, 과실이 피해를 받으면 변색된다. 봄철의 기온이 높고 비가 적은 해에 많이 발생하며 전문약제를 살포하여 방제한다.

③ 꽃노랑총채벌레: 개화기의 유과와 착색기의 과실을 주로 흡즙하여 가해한다. 피해 부위에 백색반점이 형성되고 후에 갈변되어 상품가치를 떨어뜨린다. 총채벌레의 내부 유입을 막기 위해 발생시기에 출입구와 창문에 고운 망사를 설치하며 전문약제를 살포하여 방제한다.

깍지벌레류 피해

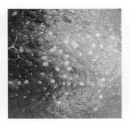

귤녹응애 피해

꽃노랑총채벌레 피해

제2장 과수의 병해충 방제 • 513

1. 다음 중 사과 부란병의 발병부위는?

① 열매

② 꽃

③ 줄기

④ 잎

2. 부란병 방제에 많이 쓰이는 것은?

① 에스렐   ② 지베렐린

③ 발코트   ④ B-9

3. 사과의 그을음병 피해를 설명한 것 중 틀린 것은?

① 과실뿐만아니라 줄기나 잎에도 발생한다.

② 과실 속까지 부패시킨다.

③ 농약을 살포하지 않을 경우 발생이 많다.

④ 과실 표면에 흑색의 그을음 증상이 나타난다.

4. 다음 중 사과에 많이 나타나고 아까시나무가 월동 기주가 되며 성숙기에 많이 나타나는 병은?

① 흑성병

② 그을음병

③ 탄저병

④ 날개무늬병

보충

■ 사과 부란병: 수피는 갈색이 되어 약간 부풀어 오르고 쉽게 벗겨지며 알코올 냄새를 발산한다. 병든 부위는 건조하고 움푹 드러나며 나중에 그 위에 검은 소립이 밀생한다. 사과 부란병은 줄기와 나뭇가지에 발생한다.

■ 사과 부란병은 병환부를 도려내고 도포제인 발코트를 발라 치료한다.

■ 사과 그을음병은 과실 표면에 흑녹색의 원형 또는 부정형의 그을음 모양 병반이 형성된다.

■ 사과 탄저병의 병원균은 아까시나무나 피해 과실 등에서 월동하고 7~8월에 빗물이나 곤충, 조류에 의해 전염되며 주로 성숙기에 많이 발생한다.

---

01 ③   02 ③   03 ②   04 ③

5. 다음 사과나무 병해 중 피해가 가장 큰 것은?

① 검은빛썩음병

② 탄저병

③ 검은곰팡이병

④ 부란병

■ 사과 탄저병은 최근 수 년간 발병이 심해지고 있으며 과실에 큰 피해를 주고 있다.

6. 사과 갈색무늬병은 주로 어느 부위에 피해를 주는 병해인가?

① 가지   ② 잎

③ 줄기   ④ 뿌리

■ 사과 갈색무늬병(갈반병)은 장마철에 잎에 많이 발생하여 조기낙엽을 유발한다.

7. 사과를 가해하는 해충 중 적갈색으로 솜과 같은 백색의 솜털로 덮여 있는 것은?

① 진딧물   ② 면충

③ 응애   ④ 깍지벌레

■ 사과면충(솜벌레)은 진딧물과 비슷하고 적갈색이며 흰색의 솜털로 덮여 있다.

8. 나무 줄기 속으로 들어가지 않는 해충은?

① 포도유리나방

② 뽕나무하늘소

③ 사과둥근마루좀

④ 사과굴나방

■ 사과굴나방은 주로 잎을 가해한다.

9. 망간의 과다흡수로 발생되는 사과의 생리장해는?

① 고두병   ② 적진병

③ 축과병   ④ 휴면병

■ 적진병은 산성토양에서 망간이 과잉 용출 및 흡수되어 발생한다.

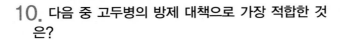

10. 다음 중 고두병의 방제 대책으로 가장 적합한 것은?

① 석회를 시용하고 질소질 비료의 과용은 하지 않는다.

② 적과를 많이하고 칼륨질 비료를 많이 준다.

③ 강전정을 하여 수세를 왕성하게 한다.

④ 큰 과실에서는 발생하지 않으므로 대과가 되도록 노력한다.

■ 고두병은 칼슘 부족이 원인이며 어린 나무나 강전정 및 질소를 과다 시비한 나무에서 생산된 대과에서 많이 발생한다.

11. 배나무 붉은별무늬병의 중간 기주식물은?

① 조팝나무

② 아까시나무

③ 전나무

④ 향나무

■ 배나무 붉은별무늬병(적성병)의 병원균은 배나무와 향나무 사이에서 기주전환을 하며, 비가 많이 오는 해 4~5월에 많이 발생한다.

12. 다음 중 배나무 붉은별무늬병(적성병)에 관한 설명 중 틀린 것은?

① 4월 하순~5월경 비가 자주 오는 해에 많이 발생한다.

② 4~5월경에 비가 오면 향나무에 형성된 겨울포자가 발아하여 소생자를 형성하며 바람에 의해 배나무로 옮겨진다.

③ 서양배는 이 병에 대하여 저항성이며 일본배는 감수성이다.

④ 중간기주인 향나무가 배나무와 100m 이상 떨어져 있으면 안전하다.

■ 과수원으로부터 1.6km 이내에 향나무가 있으면 감염률이 높다.

10 ①   11 ④   12 ④

13. 동일 약제를 연속 살포하면 쉽게 약제 저항성이 유발되는 해충은?

① 매미충   ② 잎말이나방

③ 응애   ④ 복숭아명나방

14. 배나무의 생리장해가 아닌 것은?

① 돌배   ② 열과

③ 유부과   ④ 고두병

15. 포도 노균병은 주로 어느 부위에 피해를 주는 병인가?

① 가지   ② 잎, 과실

③ 과실, 가지   ④ 뿌리

16. 포도에 문제되는 해충으로 저항성 대목을 이용하여 예방이 가능한 해충은?

① 포도유리나방

② 포도쌍점매미충

③ 포도뿌리혹벌레

④ 진거위벌레

17. 다음 중 포도의 꽃떨이 현상을 유발하는 원인은?

① 질소(N) 부족

② 붕소(B) 부족

③ 망간(Mn) 부족

④ 마그네슘(Mg) 부족

13 ③ 14 ④ 15 ② 16 ③ 17 ②

보충

■ 응애류는 같은 종류의 약제를 계속 살포하면 쉽게 약제 저항성이 유발되는 해충이므로 성분이 같은 약제를 연속하여 사용하지 말아야 한다.

■ 고두병은 사과의 생리장해 현상이다.

■ 포도 노균병: 비가 많은 해의 여름부터 가을에 걸쳐 잎이나 과실에 발생한다. 이 병의 피해를 방지하려면 장마철 약제살포에 철저를 기해야 한다.

■ 포도뿌리혹벌레는 포도나무의 뿌리나 잎에 붙어서 수액을 흡수하고 피해부에 혹을 발생시키는 해충으로 저항성 대목을 이용하여 방제할 수 있게 되었다.

■ 꽃이 잘 피지 않거나 꽃봉오리가 말라 죽어 착립 상태가 나빠 포도알이 드문드문 달리는 현상으로 질소과용, 붕소 결핍 등이 원인이다.

18. 포도나무의 휴면병을 예방하기 위한 대책은?

① 질소를 충분히 준다.

② 결실량을 조절한다.

③ 모래 땅에 심는다.

④ 추위에 약한 품종을 선택한다.

■ 포도 휴면병은 수세가 약해진 상태에서 동해(凍害)를 입는 것이 원인으로 질소 과용을 피하고 결실량을 조절하며 겨울에 나무를 땅에 묻거나 내한성이 강한 품종을 재배한다.

19. 세균성구멍병이 많이 발생되는 것과 관계가 적은 것은?

① 복숭아, 자두, 살구, 매실 등 과수에 발생한다.

② 이 병에 걸린 잎은 구멍이 뚫린다.

③ 세균에 의해 전염되는 병이다.

④ 바람이 많이 부는 과수원에는 적게 발생된다.

■ 세균성구멍병은 6~7월경 비바람이 심할 때 상처를 통하여 병원균이 침입한다.

20. 복숭아순나방이 복숭아 순에 피해를 주는 때는?

① 알   ② 애벌레

③ 번데기   ④ 어미벌레

■ 복숭아순나방 유충이 새순을 먹어 죽게 하거나 과실 속을 먹어 상하게 한다.

21. 다음 중 애벌레로 월동하는 것은?

① 복숭아순나방   ② 진딧물

③ 말매미   ④ 포도쌍점매미충

■ 복숭아순나방은 1년에 3~4회 발생하며 유충으로 월동한다.

22. 다음 중 온주밀감에 발생이 가장 많고 주로 잔가지에 기생하여 그을음병을 유발하는 해충은?

① 루비깍지벌레   ② 귤굴나방

③ 으름나방   ④ 귤응애

■ 루비깍지벌레는 그을음병을 유발하고 수세를 약화시키며 심하면 가지가 말라 죽는다.

18 ②   19 ④   20 ②   21 ①   22 ①

제3장 화훼의 병해충 방제

1. 화훼의 병해

1. 병해의 종류 및 방제법

① 세균병

① 종류: 무름병(연부병), 시듦병(위조병), 점무늬병(반점병), 목썩음병(수부병), 풋마름병(청고병), 근두암종병, 괴양병 등
② 병원(病原)

Pseudomonas	글라디올러스의 목썩음병, 국화·달리아의 풋마름병, 아이리스의 세균성 점무늬병, 카네이션의 위조세균병 등
Xanthomonas	금어초·베고니아의 세균성 점무늬병, 스톡의 흑부병, 글라디올러스의 모무늬병, 제라늄의 반엽세균병 등
Corynebacterium	잎줄기에 은백색의 병반이 생기는 튤립의 괴양병 등
Erwinia	프리뮬러·시클라멘·국화·양란의 무름병

③ 발병조건: 감염되어 말라 죽은 식물체나 토양·잡초 등에서 월동하며 기공, 수공, 상처 부위를 통하여 조직 내에 침입하여 일조부족과 토양 및 공중습도가 높을 때 발병한다.
④ 방제: 세균병은 완전방제가 어려우며 토양소독을 하거나 종자·알뿌리는 약액에 침지 파종한다. 식물체가 허약해졌을 때 쉽게 발병되므로 환경조건을 알맞게 한다. 예방은 연작 및 저습지를 피하여 배수가 양호한 곳을 선택하고 피해주를 제거 소각하고 건전주를 모주로 사용한다.

② 진균병(곰팡이병)

1 조균류

① 종류: 역병, 모잘록병
② 병원

Phytophthora	금어초 · 피튜니아 · 선인장 · 나리류의 역병
Phythium spp.	금어초 · 피튜니아 · 금잔화 · 스톡의 모잘록병

2 자낭균류

① 종류: 흰가루병(백분병), 검은무늬병(흑반병), 그을음병, 탄저병
② 병원

Sphaerotheca	장미의 흰가루병
Erysiphe	국화의 흰가루병
Diplocarpon	장미의 검은무늬병
Capnodium·Meliola spp.	귤나무, 동백 · 유도화의 그을음병

3 담자균류

① 종류: 녹병, 깜부기병
② 병원

Puccinia	국화의 흑수병 · 백수병
Gymnosporangium	모과 · 배나무의 붉은별무늬병(적성병)

4 불완전균류

① 종류: 잿빛(회색)곰팡이병, 검은무늬병(흑반병), 점무늬병(반점병), 모잘록병(모입고병), 시듦병(위조병)
② 병원

Botrytis	금어초 · 시클라멘 · 베고니아 · 프리뮬러 등의 잿빛곰팡이병
Septoria spp.	국화 · 카네이션 · 과꽃 · 글라디올러스 및 관엽식물 등의 점무늬병
Rhizoctonia	베고니아 · 국화 · 나리 · 카네이션 · 팬지 · 프리뮬러 등의 모잘록병
Fusarium	카네이션 · 과꽃 · 수선 · 글라디올러스 · 시클라멘 등의 시듦병

5 진균병의 발병 원인

① 이병식물의 조직, 토양, 잡초 등에 균사, 포자, 균핵, 후막포자의 형태로 월동하며 적
   정환경이 되면 기공이나 표피층의 세포 내로 침입한다.
② 진균은 20~28℃에서 많이 발병하고 일조부족, 다습, 질소과다 등이 원인이 된다.

6 진균병의 방제 대책

① 건전한 종묘를 사용한다.
② 이병의 원인이 되는 이병주를 제거 및 소각하고 시설 내에 남아 있지 않게 한다.
③ 토양전염성병은 반드시 토양소독한다.
④ 정확한 진단을 하고 적기에 약제를 살포한다.

탄저병

흰가루병

흰가루병

③ 바이러스병

① 증상: 잎과 꽃잎에 줄무늬나 얼룩 등이 생기거나 위축·괴저·기형 등이 나타난다.
② 발병원인: 상처 부위를 통해 침입하며 접촉이나 곤충이나 선충 등에 의해 전염된다.
   특히 꺾꽂이, 포기나누기 등 영양번식 때에 이병되기 쉽고 순지르기 때 즙액의 접촉이
   나 진딧물에 의해 전염된다.
③ 방제대책: 약제 방제는 불가능하고 조직배양을 통한 무병주를 생산하여 활용하며 선
   충, 응애, 진딧물 등의 방제에 철저를 기하고 꺾꽂이, 접목, 아주심기 때에 접촉전염을
   사전에 예방하여야 한다.

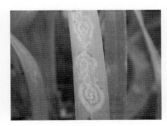

④ 주요 병해

① 국화 흰녹병(백수병): 노지와 시설을 가리지 않고 15~20℃의 온도와 다습한 조건에서 주로 잎에 발생한다. 잎 뒷면에 백색의 돌기가 형성되어 담갈색으로 확대된다. 햇빛을 충분히 받게 하고 습도를 낮게 관리한다.

② 국화 · 장미 흰가루병: 잎에 흰가루가 묻은 것 같은 상태의 크고 작은 병 무늬가 생기며 가을 밤 기온이 낮을 때 많이 발생한다. 조기방제하고 약제를 살포한다.

③ 카네이션 위조병: 고온기에 많이 발생하며 유관속이 부패하여 고사한다. 병든 줄기를 잘라 보면 물관부가 갈색으로 변해 있다. 토양소독하고 병든 식물체는 소각한다.

④ 카네이션 녹병: 주로 잎이나 줄기에 연중 발생하며 갈색 병반을 형성한다. 조기방제하고 질소 거름을 과다 시비하지 않으며 약제를 살포한다.

⑤ 카네이션 세균성 반점병: 잎 · 줄기 · 꽃받침 등에 발생하며 비바람에 의해 전염된다. 잎끝이 갈색으로 변하여 전체에 퍼지고 심하면 잎이 말라 죽는다. 초기에 약제를 살포한다.

⑥ 거베라 · 장미 탄저병: 고온 다습할 때 발생이 심하다. 잎에 검은색 병반이 생긴 후 구멍이 뚫리며 심하면 아랫잎부터 떨어진다. 환기를 철저히 하고 타로닐수화제 등을 살포한다.

⑦ 장미 노균병: 밤 온도가 낮을 때 많이 발생한다. 잎에 부정형의 황갈색 병반이 생기며 심하면 새싹이나 줄기에까지 발생한다. 시설 내 습도를 낮추고 밤 온도를 15℃ 이상으로 유지한다.

⑧ 장미 검은별무늬병(흑성병): 6~7월 노지재배에서 많이 발생한다. 잎에 담갈색의 병반이 생긴 후 확대되어 흑갈색으로 변하고 잎이 떨어진다. 약제를 살포하여 방제한다.

⑨ 글라디올러스 목썩음병: 고온다습한 초여름부터 가을 사이에 잎, 줄기, 알뿌리에 발생한다. 알뿌리 또는 토양으로 전염되므로 연작을 피한다.

⑩ 글라디올러스 잿빛곰팡이병: 잎, 꽃, 알뿌리에 발생하며 잎에는 담갈색 작은 반점이 생긴다. 무병주를 이용하고 배수 불량지 및 연작은 피한다.

⑪ 글라디올러스 경화병: 글라디올러스에 가장 많이 발생하며 잎과 알뿌리에 황갈색~흑갈색의 부정형 병반이 생긴다. 병원균이 목자(目子)에 붙어 전염되므로 무병구를 선택하고 밀식을 피한다.

⑫ 난 바이러스병: 난 재배에서 가장 문제되는 병으로 포기나누기나 분갈이 할 때 진딧물에 의해 전염된다. 새로 나오는 잎에 담록색 무늬가 나타나고 흑갈색의 반점이 생긴다. 진딧물과 응애 등의 해충 방제로 예방한다.

⑬ 난 무름병(연부병): 세균성 병으로 고온 다습할 때 많이 발생하고 신초나 알뿌리의 기부가 썩는다. 통풍에 유의하고 약제를 살포한다.

⑭ 팬지 · 피튜니아 모잘록병: 모잘록병은 파종 묘상에서 고온다습할 때 주로 발생한다. 줄기에 병반이 발생한 후 줄기가 잘록해지면서 쓰러져 죽는다. 한 번 발생하면 전염속도가 빨라 2~5일 이내에 모판 전체가 감염된다. 상토를 소독하고 과습하지 않도록 관리한다.

2. 화훼의 생리장해

1. 화훼의 생리장해

1 블라스팅(blasting)

① 꽃눈 분화 후 꽃봉오리가 자라지 못하고 시들어 죽는 현상이다.

② 알뿌리 아이리스: 생육 중의 광 · 수분 부족, 고온장해, 0℃ 이하 저온, 높은 염류농도, 주야간 온도차이가 심할 때 발생하며 꽃대가 형성되었으나 꽃대 신장이 왕성한 시기에 꽃봉오리가 말라 죽는다.

③ 나리: 생육 초기 5℃ 이하의 저온, 꽃눈 분화 후 일장 및 일조 부족, 규격 미달 알뿌리 사용, 낮과 밤의 온도차가 심할 때 주로 발생한다.

④ 튤립: 8~9월의 고온, 촉성재배 기간이 길 때, 정식 전 수송 및 건조기간에 발생한다. 에틸렌 피해에 의해 꽃봉오리가 나온 후 정상 개화 되지 않으며, 재배기간 중 온도과부족, 과다한 질소엽면시비, 수송 · 저장 중의 환기부족 및 구근부패병, 푸른곰팡이병이 원인이 된다.

② 블라인드(blind)

① 꽃눈으로 발육하지 못하고 잎눈으로 퇴화하는 현상이다.

② 알뿌리 아이리스: 규격 미달의 알뿌리 사용, 휴면타파 전의 저온처리, 알뿌리 수확 후 부적합한 열처리 등에 의해 발생하며 잎이 3장만 생기고 꽃대가 생기지 않는다. 훈연처리 및 에틸렌처리로 일부는 막을 수 있다.

③ 장미: 광선 부족, 밤 온도가 낮거나 잎수가 부족할 때 많이 나타난다. 겨울철에 광선이 부족하지 않도록 관리하고 밤의 온도를 15℃ 이상 유지시키며 낙엽이 지지 않도록 관리한다.

④ 글라디올러스: 온도가 낮거나 일장이 짧으면 발생하므로 햇빛을 충분히 받게 하고 낮에는 25℃, 밤에는 13℃ 정도로 관리한다.

⑤ 튤립: 규격 미달의 알뿌리 사용과 꽃눈 분화 전의 저온처리가 원인으로 꽃봉오리가 생기지 않는다.

③ 기 타

① 꽃잎 찢어짐: 나팔나리에서 꽃이 피지 못하고 꽃봉오리 때 꽃잎이 터지는 현상으로 낮과 밤의 온도차이가 20℃ 이상, 꽃봉오리가 자라는 시기에 8℃ 이하의 저온이 계속될 때 주로 발생한다

② 잎끝 황변: 20℃ 이상의 고온(알뿌리 아이리스), 불소 피해나 토양산도가 낮을 때(나리), 뿌리의 병 또는 끊어짐, 질소 과다시비, 관수 및 침지(글라디올러스) 등에 의해 생육초기에 잎이 마르거나 타는 현상이다.

③ 꽃목 부러짐: 생육이 왕성한 시기에 꽃대가 부러지거나(알뿌리 아이리스), 개화 직후 꽃 밑부분의 꽃대가 부러지는 현상(튤립)으로 20℃ 이상의 고온이나 지나친 저온처리로 인한 일시적인 칼슘 부족이 원인으로 발생한다. 질산칼슘을 엽면살포하거나 습도가 높지 않게 환기하고 온도변화가 심하지 않게 관리한다.

④ 꽃봉오리 고사: 프리지어에서 꽃봉오리가 말라죽거나 기형화가 되는 것으로 생육이 왕성한 시기에 광부족, 고온장해(25℃ 이상)가 원인이다.

⑤ 언청이(악할): 카네이션의 봉오리가 불룩해지면서 꽃이 필 때 꽃받침이 터지는 현상으로 낮과 밤의 온도변화가 심할 때, 일사량의 급격한 증가와 거름흡수의 증가로 꽃봉오리의 영양상태가 좋을 때, 질소와 붕소가 부족할 때 발생한다.

⑥ 꽃잎말이: 카네이션에서 꽃잎이 안쪽으로 말리며 시드는 현상으로 고온이 계속되는 여름철 혹서기에 많이 발생한다. 환기를 잘하고 에틸렌가스 발생원을 제거한다.

3. 화훼의 해충

1. 해충의 종류 및 방제법

1 식해성 해충

① 나방과 나비류: 한두해살이 화초류에 피해를 주며 유충의 형태로 주로 야간에 갉아먹고 연 2회 발생한다. 담배거세미나방, 배칼무늬나방, 오이잎나방, 도둑나방, 박쥐나방, 애모무늬나방, 벼밤나방 등이 알뿌리 화초류를 가해한다.

연구 **나방의 종류**

잎말이나방	잎을 잘라 입에서 거미줄 같은 것을 내어 몸을 싸고 숨긴상태에서 식해한다.
심식나방	줄기에 구멍을 뚫고 그 속에 들어가서 식해하며 차잎말이나방, 담배나방 등의 유충이 생장점을 식해한다.
쐐기나방	쉽게 움직이지 않는 털벌레로 사람 몸에 닿으면 쏘는 듯이 아프다.
굴나방	잎과 줄기 표피의 바로 밑을 파고 들어가 굴을 만든다.
배추흰나비	한련화의 잎을 가해한다.
도둑나방	잎, 줄기, 꽃 등을 가해한다.
조명나방	줄기에 구멍을 뚫고 들어가 상부를 시들게 하며 식물체 내에 침입하면 방제하기 어려우므로 애벌레가 침입하기 전에 방제한다.

② 달팽이류: 암수 한몸으로 주로 야간에 활동하며 어린 잎의 새순, 꽃, 열매 등을 갉아먹는다.

민달팽이	주로 밤에 활동하며 심비듐 잎의 새싹이나 꽃잎, 뿌리 등을 가해한다. 먹이용 약제나 고구마, 오이 등으로 유인하여 방제한다.
명주달팽이	글록시니아, 시클라멘 등을 식해한다.

2 흡즙성 해충

① 진딧물류: 식물체에 기생하여 즙액을 흡즙한다. 생육 약화 또는 신초 위축을 일으키며 바이러스를 옮기는 대표적인 해충이다.

㉮ 목화진딧물: 생장점 부근이나 잎, 꽃봉오리 등에 많이 발생하며 즙액을 빨아먹고 바이러스병을 매개한다. 온실 내에서는 겨울에도 발생하며 군생한 곳에 그을음병이 생긴다. 나리에서는 발생초기부터 정기적으로 약제를 살포하고 진딧물이 접근하지 못하도록 한랭사를 씌운다.

㉯ 튤립뿌리진딧물, 복숭아혹진딧물, 감자수염진딧물, 보리수염진딧물 등이 튤립, 글라디올러스, 프리지어, 알뿌리 아이리스, 시클라멘 등을 가해한다.

② 총채벌레류: 생장점 부근에 기생하여 즙액을 흡즙한다. 유조직의 정상적인 발육이 저해되고 잎에 종양증세가 나타나 잎 표면에서 은백색의 광이 나고 퇴색한다. 고온건조기에 피해가 많고 잎눈이나 꽃봉오리속의 겉껍질을 갉아 먹는다.

㉮ 나리관총채벌레: 성충과 유충이 알뿌리의 비늘잎 사이에 군집하여 비늘잎 표면을 갉아먹으며, 피해를 받은 포기는 지상부로 양분과 수분 이동이 부진하여 말라죽게 된다. 이어짓기를 피하고 건전한 알뿌리를 이용하며, 저장 전에 알뿌리를 소독하고 정식 전에 토양을 소독한다.

㉯ 하우스총채벌레, 글라디올러스총채벌레, 대반총채벌레, 귤총채벌레 등이 시클라멘, 글라디올러스, 알뿌리 아이리스 등을 가해한다.

③ 응애류: 고온건조하고 환기가 좋지 않을 때 많이 발생한다. 잡초, 피복물 등에서 월동하고 잎 뒷면에서 흡즙한다. 엽록소의 파괴로 잎이 황화되고 표면에 백색의 반점이 생긴다. 특히 시클라멘, 카네이션 등의 꽃이나 어린 잎을 가해하여 기형화, 잎의 변색, 생장점 위축 등의 피해를 준다.

㉮ 뿌리응애: 알뿌리의 비늘잎 밑부분을 가해하여 비늘잎이 떨어지고 뿌리 발달이 약화되어 생육이 불량해진다. 이어짓기를 피하고 알뿌리를 온탕소독한다.

㉯ 시클라멘먼지응애, 차먼지응애 등이 글라디올러스, 아마릴리스, 시클라멘, 달리아 등을 가해한다.

④ 깍지벌레: 작은 조개를 뒤집어 놓은 모습으로 잎, 줄기, 가지에 붙어서 즙액을 빨아먹으며 색깔형태가 다양하다. 등에 깍지로 덮여 있는 것은 농약에 대한 내성이 있다. 배설물에 의해 잎, 줄기 등이 오염되고 그을음병을 유발한다. 피해 부위는 황색~홍색의 반점이 있으며 생육부진을 가져온다.

⑤ 온실가루이: 노린재목의 가루이과에 속하는 곤충으로 외국에서 유입되었다. 성충은 1.4mm 내외의 백색 삼각형의 날개를 가지며 연간 10수 세대 발생한다. 잎 뒷면을 흡즙하여 피해 잎이 퇴색, 위축, 고사하며 그을음병을 유발하고 바이러스병을 매개한다.

철쭉 잎의 응애 피해

호랑가시나무 잎의 깍지벌레 피해

심비듐 꽃의 민달팽이 피해

③ 기생성 및 기타 해충

① 선충류: 육안으로 먼지 같이 보이는 크기 0.5mm 내외의 매우 작은 해충으로 뿌리, 알뿌리, 잎, 어린 눈에 피해를 주며 토양전염을 한다.

㉠ 뿌리혹선충: 뿌리 끝에 침입하여 염주 모양의 혹을 형성하고 수분·양분의 이동을 저해하여 시들어 죽게 한다. 기주식물은 장미, 작약, 모란, 카네이션 등이다.

㉡ 뿌리썩이선충: 뿌리에 기생하며 혹을 형성하지 않으나 뿌리를 썩게 하므로 생육이 약화되고 이어짓기의 피해가 심하다.

㉢ 잎선충: 잎, 새싹, 꽃봉오리에 기생하여 생장이 지연되고 뒤틀리거나 기형이 되며 잎살의 조직이 파괴되어 위쪽의 잎부터 황색 및 갈색으로 변한다. 기주식물은 국화, 아네모네, 나리 등이다.

② 감자썩이선충, 마늘줄기선충 등은 알뿌리 아이리스, 아네모네, 글라디올러스, 칸나, 히아신스, 수선 등을 가해한다.

③ 꽃등애류: 알뿌리꽃등애, 수선화꽃등애 등은 아마릴리스, 수선 등을 가해한다.

④ 굴파리류: 아이리스굴파리, 라넌큘러스굴파리 등은 알뿌리 아이리스 등을 가해한다.

⑤ 귀뚜라미: 습기가 많은 야간에 저먼아이리스의 뿌리줄기를 갉아 구멍을 내어 무름병을 발생시키고 심하면 고사한다.

⑥ 땅강아지: 묘상이나 상토의 밑에 줄을 남기며 굴을 뚫어 발아를 방해한다.

기 출 문 제 해 설

1. 바이러스병을 방지하는 방법으로 가장 옳은 것은?

   ① 살균제 살포

   ② 진딧물 구제

   ③ 토양 소독

   ④ 종자 소독

2. 화훼류의 탄저병 예방 방법 중 관계가 먼 내용은?

   ① 저항성 품종 선택   ② 이어짓기

   ③ 종자소독   ④ 토양소독

3. 다음 중 카네이션 재배에 있어서 고온다습과 질소 비료 성분이 과다할 때 발생하기 쉬운 것은?

   ① 악할(언청이)   ② 시듦현상

   ③ 녹병   ④ 모자이크병

4. 글라디올러스에 가장 많이 발생하며 알뿌리에 수침상의 흑갈색 반점이 불규칙하게 생기고 부스럼 딱지와 같이 변하며, 균이 목자에 붙어 전염되는 병은?

   ① 바이러스병

   ② 굳음병(경화병)

   ③ 푸른곰팡이병

   ④ 썩음병

01 ② 　02 ② 　03 ③ 　04 ②

5. 흰가루병(백분병)이 많이 발생하는 화훼는?

① 카네이션   ② 관엽식물

③ 팬지   ④ 장미

6. 화훼 모잘록병의 발생조건은?

① 고온 다습   ② 저온 다습

③ 고온 건조   ④ 저온 건조

7. 난초류에 발생하는 병해 중 포기나누기나 분갈이할 때 전염되기 쉽고, 난 재배상 가장 문제가 되는 병해는?

① 바이러스병   ② 무름(연부)병

③ 갈색무늬병   ④ 잿빛곰팡이병

8. 화훼의 종자소독에 가장 많이 이용되는 살균제는?

① 이피엔(EPN)유제

② 베노람수화제

③ 파라치온 유제

④ 디디브이피(DDVP)유제

9. 글라디올러스의 블라인드 현상은 어떤 때 많이 발생하는가?

① 촉성 재배 시 저온단일 상태

② 보통 재배 시 고온 상태

③ 억제 재배 시 고온장일 상태

④ 촉성 재배 시 고온장일 상태

■ 장미는 봄·가을에 어린 잎과 줄기에 흰가루병이 많이 발생한다.

■ 모잘록병은 파종 묘상에서 고온 다습할 때 주로 발생하며 한 번 발생하면 전염속도가 빨라 2~5일 이내에 모판 전체가 감염된다.

■ 난 바이러스병은 새로 나오는 잎에 담록색 무늬가 나타나고 흑갈색의 반점이 생긴다. 진딧물과 응애 등의 해충 방제로 예방한다.

■ 베노람수화제, 지오람수화제, 메프유제 등으로 종자를 소독한다.

■ 글라디올러스의 블라인드 현상은 온도가 낮거나 일장이 짧으면 발생한다.

보충

10. 튤립에서 블라인드 현상이 일어나는 원인은?

① 에틸렌 피해

② 20℃ 이상의 고온

③ 꽃눈분화 전의 저온처리

④ 과다한 질소엽면시비

■ 꽃봉오리가 생기지 않는 튤립의 블라인드 현상은 꽃눈분화 전의 저온처리와 알뿌리의 규격이 미달될 때 발생한다.

11. 카네이션의 생리장해에 해당하는 것은?

① 시듦

② 바이러스병

③ 줄기썩음

④ 꽃잎말이

■ 꽃잎말이는 카네이션에서 꽃잎이 안쪽으로 말리며 시드는 현상으로 고온이 계속되는 여름철 혹서기에 많이 발생한다.

12. 카네이션의 생리장해인 악할(언청이)의 원인이라 볼 수 없는 것은?

① 밤과 낮의 온도 교차가 적을 때

② 저온기에 관수량이 많은 경우

③ 질소, 인산의 과용시

④ 과건 및 과습시

■ 언청이는 카네이션의 봉오리가 불룩해지면서 꽃이 필 때 꽃받침이 터지는 현상으로 낮과 밤의 온도변화가 심할 때 발생한다.

13. 응애가 가장 많이 발생하는 조건은?

① 고온 다습　　　② 저온 다습

③ 고온 건조　　　④ 저온 건조

■ 응애류는 고온건조하고 환기가 좋지 않을 때 많이 발생한다.

14. 다음 중 식물체에 병을 매개하지 않는 곤충은?

① 진딧물　　　② 흰불나방

③ 응애　　　　④ 매미충

■ 나방류는 주로 갉아먹는 식해성 해충이다.

10 ③　11 ④　12 ①　13 ③　14 ②

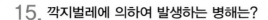

15. 깍지벌레에 의하여 발생하는 병해는?

  ① 썩음병

  ② 흰비단병

  ③ 균핵병

  ④ 그을음병

■ 깍지벌레의 배설물에 의해 잎, 줄기 등이 오염되고 그을음병을 유발한다.

16. 난 재배에서 민달팽이 방제에 효과적인 방법은?

  ① 유인제를 사용한다.

  ② 살비제를 살포한다.

  ③ 살균제를 살포한다.

  ④ 관수량을 줄인다.

■ 민달팽이는 먹이용 약제나 고구마, 오이 등으로 유인하여 방제한다.

17. 카네이션에 주로 많이 발생하는 해충은?

  ① 붉은 응애

  ② 배추잎벌레

  ③ 맵시벌

  ④ 좀벌류

■ 응애는 카네이션 등의 꽃이나 어린 잎을 가해하여 기형화, 잎의 변색, 생장점 위축 등의 피해를 준다.

18. 화훼류의 뿌리에 기생하여 뿌리를 가해하는 해충은?

  ① 선충

  ② 진딧물

  ③ 도둑나방

  ④ 응애

■ 선충류는 육안으로 먼지 같이 보이는 크기 0.5mm 내외의 매우 작은 해충으로 뿌리, 알뿌리, 잎, 어린 눈에 피해를 주며 토양전염을 한다.

15 ④ 16 ① 17 ① 18 ①

제4장 시설의 병해충 방제

1. 시설 내 생리장해 및 병해충

1. 주요 생리장해 및 발생요인

시설 내의 생리장해는 시설 내의 저온·고온, 일조부족 등 기상환경의 불량, 시설 내에서 발생하는 유해가스의 집적, 농약의 부적합한 살포시기 및 과용에서 오는 약해와 생장조절물질의 오용, 부적절한 피복재, 토양의 산성화·알칼리화, 염류집적, 토양수분의 부족·과다, 유해물질의 축적, 영양조건의 불균형, 토양조건의 불량 등에 의해 나타난다.

1 토양환경의 불량

① 염류집적: 질소질 비료의 다량 시용으로 아질산이 집적되어 토양 중의 염류농도를 높여 토양양분 상호간의 흡수가 저해되어 결핍증상을 일으키고, 염류농도가 아주 높아지면 토양 중의 삼투압이 뿌리의 삼투압보다 높아지며 양·수분의 흡수가 어려워져 말라죽는다. ─ 토마토의 배꼽썩음병, 셀러리의 속썩음증 등

> **연구 염류집적**
>
> 염류의 과다집적은 양분상호간의 길항작용을 초래하여 특정 원소의 과잉 또는 결핍증상을 나타낸다. 즉, 토마토 배꼽썩음병의 직접적인 원인은 석회 부족이나 토양 중의 과다한 질소나 칼륨이 석회의 부족을 야기시킨다.

② 산성토양: 시용된 질소질 비료의 분해과정에서 생성되는 질산태질소에 의해 산성화되며, 인산과 칼슘의 흡수가 어려워져 생육이 불량해진다.

③ 토양온도: 지온이 높으면 뿌리의 호흡이 높아져 산소의 부족과 칼슘흡수 저해로 결핍증이 생기고, 지온이 낮으면 뿌리의 생장이 억제되어 양·수분의 흡수저해로 전반적인 생육이 저해된다.

④ 토양수분의 부족·과다: 토양수분이 부족하면 토양 내에서의 칼슘의 이동과 뿌리의 흡수가 어려워져 칼슘 결핍증이 나타나고, 토양수분이 과다하면 지온의 상승이 더디고 토양공극량 감소로 호흡이 억제되어 뿌리의 생육이 나빠지고 양·수분의 흡수가 어렵게 된다. — 배추의 엽소현상, 토마토의 줄썩음증 등

② 기상환경의 불량

① 고온장해: 고온으로 화분의 수정능력이 상실되어 착과불량과, 기형과, 공동과가 발생하고 칼슘의 흡수·이행이 저하된다. — 토마토의 열과 등
② 저온장해: 양·수분의 흡수속도와 흡수량이 저하되고 광합성을 비롯한 작물체 내의 물질대사 기능이 저하되어 생육이 지연되고 발육이 나빠진다. — 오이의 난쟁이 육묘, 토마토의 난형과 등
③ 일조부족: 일조량이 적으면 낮에도 온도상승이 지연되어 조직이 연약해지고 웃자라며 고온·저온·유해가스 등에 대한 저항력이 약해져 발육장해가 일어나고 낙화 및 낙과가 증가한다. — 오이의 곡과, 토마토의 선첨과 등
④ 일소현상: 햇볕이 강할 때 직사광선을 오래 받으면 토마토 열매에 흰색의 요(凹)부와 수박, 오이 등의 연약한 잎과 줄기에 일소현상이 나타난다.

③ 유해가스의 집적

① 암모니아가스: 많이 집적되면 잎 둘레가 갈변한다. — 토마토·오이 등의 잎이 흰색 또는 갈색으로 변한다.
② 아질산가스: 토양이 산성일 때 아질산가스가 발생하기 쉬우며 고추 등에서 잎맥사이에 흰색의 점무늬가 나타난다.
③ 아황산가스: 생육장해가 일어나 광합성을 저하시키며 잎의 뒷면에 갈색 점무늬가 나타난다.
④ 일산화탄소: 연소가스로 오이 잎의 전면 또는 부분 황화현상과 토마토의 잎둘레에 백화고사현상이 나타난다.

④ 농약의 오남용

① 살균제: 꽃의 주두와 화분에 많이 살포되면 수정이 불량하여 기형과가 되거나 낙과한다.

② 살충제: 화분을 옮겨주는 곤충의 활동을 억제하여 착과율이 저하되거나 기형과가 발생한다.

③ 생장조절제: 단위결과성이 적은 과채류에 인공착과를 위하여 고농도 처리할 때 토마토의 공동과, 참외의 열과 및 기형과가 발생한다.

2. 생리장해의 진단 및 대책

① 생리장해의 진단

① 아래쪽의 늙은 잎, 위쪽의 새로운 잎·줄기·과실·꽃·생장점 등의 이상유무를 관찰한다.

② 왜화, 기형, 측지 발생 등의 식물 전체 모양을 관찰한다.

③ 조직의 황화, 백화, 갈변, 괴사, 기형 등 어떤 성질의 장해인지 관찰한다.

④ 영양장해 이외의 환경요인이 원인으로 장해가 발생하였는지를 고려하여 세밀히 관찰한다.

② 생리장해의 대책

① 기상환경의 개선

일 광	일조량이 적은 계절에는 약광조건에 알맞은 작물을 선정하고 과채류 재배 시에는 광선투과율을 높이는 방향으로 관리한다. 광도가 높아 일소현상 등의 장해 우려가 있을 때에는 차광망을 이용하여 광선의 입사량을 줄인다.
온 도	생육에 알맞은 온도범위의 작물을 선정한다.

② 토양환경의 개선

지 온	단열층을 만들고 플라스틱필름으로 멀칭하여 지온을 상승시키거나 짚 멀칭으로 상승을 막는다.
토양수분	과부족이 없도록 수분을 관리하고 과습 시에는 이랑을 높이거나 암거배수 시설을 한다.
염류집적	질소질비료의 시용량을 줄이고 퇴비 등을 주어 토양의 완충능력을 높인다. 여름에 피복물을 제거하여 비를 충분히 맞히면 염류농도가 크게 저하되며, 담수처리에 의해 Ca, Mg, Cl, 질산, 황산 등의 염류를 효과적으로 제염할 수 있다. 내염성 작물을 선택하여 재배하는 방법도 소극적인 대책이 될 수 있다.

③ 유해가스의 제거

  ㉮ 유해가스의 발생 요소를 줄이고 환기를 자주하여 유해가스의 축적을 막는다.

  ㉯ 토양이 건조하거나 과습하면 아질산가스가 많이 발생하기 때문에 토양을 중성으로 하고 적습을 유지한다.

  ㉰ 요소비료를 줄이고 완숙된 유기물을 시용한다.

  ㉱ 유해가스는 대개 공기보다 무거우므로 강제환기한다.

  ㉲ 유해가스에 저항성이 있는 작물을 선택한다.

④ 농약의 적정 사용: 개화기에는 가능한 농약의 살포를 삼가하고 살포 직후에는 시설 내의 적정온도를 유지하며, 생장조절제는 시설 내의 환경조건을 감안하여 적기에 적량을 처리한다.

3. 주요 병해충과 발생환경

1 병 해(病害)

① 시설 내는 온도가 높고 밤낮의 교차가 크며, 온도가 낮은 밤에는 습도가 100% 가까이 되고 낮에는 다습한 상태이다. 또한 병원균이 시설 내로 전파되면 빠른 속도로 만연하여 약제방제가 어렵다.

저온병해	노균병, 잿빛곰팡이병, 균핵병
고온병해	시들음병, 풋마름병, 탄저병, 덩굴쪼김병

② 작물이 연속 재배되는 고정 시설에서는 병원균이 실내에 축적되고, 잎곰팡이병과 잿빛곰팡이병의 병원균은 하우스 골격이나 필름에 붙었다 전염된다.

③ 시설 내에서는 약효가 오래 지속되나 식물이 연약하고 도장하기 때문에 노지에 비해 약해 발생이 많고, 한낮에 30℃ 이상이 되면 더욱 심해진다.

④ 시설 내는 광도가 낮고 습도가 높으므로 식물이 연약하게 도장하여 병해에 대한 저항성이 약하다.

② 충 해(蟲害)

① 시설은 해충의 침입을 억제하지만 일단 침입한 해충은 짧은 기간내에 증식한다. 시설 내에서 주로 발생하는 해충은 진딧물류, 응애류, 온실가루이, 선충류 등이다.

② 시설 내는 연중 식물의 생육적온이 유지되기 때문에 해충도 연중 발생하며 살충제에 대한 내성이 있어서 방제하기 어렵다.

③ 시설재배에서 많이 발생하는 병해

① 노지재배에 비하여 많이 발생하는 병해: 오이류의 역병, 연작을 하는 화훼류에 토양전염성 병해가 많이 발생하며 균핵병과 잿빛곰팡이병은 11월~4월 사이 흐리고 비가 내리는 날이 계속될 때 많이 발생한다. 오이와 딸기의 흰가루병은 가을과 봄의 기온이 높은 시기에 피해가 크며, 급속도로 만연된다.

② 노지재배와 비슷하게 발생하는 병해: 오이류의 노균병 · 검은별무늬병, 토마토의 풋마름병 · 배꼽썩음병, 고추나 피망의 역병, 가지 갈색무늬병, 상추와 셀러리의 무름병

4. 주요 방제 기술

① 경종적 방제

① 환경위생: 병해를 입은 찌꺼기나 포기를 빠르게 완전히 제거하여 태워버리거나 땅속 깊이 묻는다.

② 환기와 온도 및 수분관리의 합리화: 대부분의 병해는 습도가 높고 온도가 낮은 상태에서 발생하므로 습도를 낮추면서 온도를 높이는 방향으로 관리한다.

③ 차단: 필름이나 짚으로 지면을 멀칭하면 발병이 감소한다.

② 약제에 의한 방제

① 약제 살포에 의한 방제
  ㉮ 정기적으로 예방 살포한다.
  ㉯ 중점적으로 살포한다.
  ㉰ 살포량과 살포간격은 적당하게 조절한다.
  ㉱ 같은 약제에 대한 병해충의 저항성 증대에 주의한다.
  ㉲ 약해발생 등에 주의하여 살포하여야 한다.
② 훈연제에 의한 방제: 약제와 훈연제를 혼합한 다음 점화와 동시에 연기를 발생시켜 병해충을 방제한다. 특별한 도구가 필요없고 노력이 절감되며 다습을 막고 열매와 시설의 피복재를 더럽히지 않는 장점이 있다.

③ 생물적 방제

① 저항성 품종: 작물의 병해에 대한 저항성은 품종에 따르나 저항성 품종의 이용은 에너지절약면이나 식품위생적 측면에서 이상적인 방제수단이며 저항성 대목에 의한 접목재배도 이용된다.
② 약독(弱毒) 바이러스 이용: 어떤 바이러스에 감염된 식물이 동종의 바이러스에 저항성을 나타내는 간섭작용을 응용하여 약독 바이러스를 미리 접종하여 강독 바이러스의 감염을 방지한다.
③ 무병주(無病株) 이용: 감염된 식물체로부터 바이러스를 제거한 병묘(virus free stock)를 조직배양에 의해 얻을 수 있으며 이것은 생장점 부근의 조직을 떼내어 무균배양으로 증식한 것이다.

기 출 문 제 해 설

01. 다음 중 생리장해가 야기되는 토양환경의 변화와 관계가 먼 것은?

① 염류집적   ② 토성

③ 토양의 산성화   ④ 높은 지온

■ 토성은 토양 자체가 가지고 있는 물리적 성질이다.

02. 다음 중 시설 내 생리장해 발생의 원인으로 가장 거리가 먼 것은?

① 일조시간의 단축

② 시설의 피복

③ 유해가스의 배출

④ 토양수분의 과다

■ 그외에 토양의 염류집적, 농약의 오남용 등 여러 원인이 있다.

03. 저온 및 고온에 의한 생리장해가 가장 잘 나타나는 생육시기는?

① 발아기   ② 영양생장기

③ 개화기   ④ 과실비대기

■ 개화기의 암술이나 수술, 꽃가루 등은 온도변화에 대단히 약하다.

04. 채소의 시설 재배에서 고온장해에 해당되는 것은?

① 오이의 난쟁이묘 현상

② 상추의 꽃눈분화와 추대 촉진

③ 토마토의 난형과 발생

④ 딸기의 닭볏모양 열매 착과

■ ①③④는 저온에 의한 장해이다.

보충

01 ②   02 ②   03 ③   04 ②

05. 다음 중 생리장해가 아닌 것은?

① 오이 덩굴쪼김병

② 토마토 배꼽썩음병

③ 셀러리 속썩음병

④ 오이 순멎이현상

06. 다음 중 생리장해에 속하는 것은?

① 흰가루병　　② 배꼽썩음병

③ 풋마름병　　④ 싹마름병

07. 오이 시설재배에서 많이 발생되는 생리장해인 순멎이현상은 다음의 어느 조건에서 많이 발생하는가?

① 야간 저온 시 암꽃 착생, 낮은 지온에 의한 생장 저해

② 꽃눈 분화기의 붕소 결핍, 저온다습 조건 및 질소 과다

③ 유기물 과다 시용에 의한 칼륨 과잉, 일조 부족에 의한 초세 저하

④ 잎의 과번무에 의한 과다 착과, 고온시 광선 부족

08. 딸기의 시설재배에서 꿀벌을 방사하는 이유는?

① 딸기꿀을 채취하기 위해서

② 수분과 수정을 돕기 위하여

③ 꿀벌의 월동을 돕기 위하여

④ 화아분화를 유도하기 위하여

05 ①　06 ②　07 ①　08 ②

09. 토마토의 공동과 발생과 관계가 깊은 것은?

① 저온

② 생장조절제 오용

③ 칼슘의 부족

④ 수분의 부족

10. 시설재배 배추에서 엽소(tip burn) 현상이 심하게 나타나는 이유는?

① 토양수분 부족

② 토양수분 과다

③ 토양의 산성화

④ 토양의 알칼리화

11. 시설 내 작물이 병·해충에 연약하게 되는 이유가 아닌 것은?

① 주간에 온도가 높다.

② 시설 내의 광도가 낮다.

③ 환기불량으로 산소가 부족하다.

④ 습도가 대단히 높다.

12. 시설 내 재배식물에 병이 많이 발생하는 가장 큰 이유는?

① 높은 온도

② 높은 습도

③ 강한 광선

④ 낮은 온도

09 ② 10 ① 11 ③ 12 ②

VI 원예기능사 기출·종합문제

평가	확인

원예 기능사 | 시험시간 1시간 | **기출 · 종합문제** | 출제유형 기본 · 일반 · 심화

01 난방시설로부터의 열 손실은 다음 중 어느 부분의 비율이 가장 높은가?

① 관류 열량　　② 환기 전열량
③ 지중 전열량　　④ 모두 같다.

연구 시설의 열손실 가운데 가장 큰 비중을 차지하는 것은 관류열량(시설의 피복재를 통과하여 나가는 열량)으로 전체 열손실의 60% 이상을 차지한다.

02 시설 내에서의 냉방 효과에 관한 설명 중 잘못된 것은?

① 시설의 주년적인 이용이 가능하다.
② 약광의 조건으로 생육을 조절할 수 있다.
③ 온도가 낮아 해충 발생이 억제된다.
④ 패드 방식일 때에는 공기가 깨끗해지고 작업 능률이 높아진다.

연구 시설 내에서 기온이 작물의 생육적온보다 높아지는 5월 이후에는 차광이나 환기장치에 의해 기온을 낮추어 주고 온도조절 상한선을 넘을 때는 냉방장치를 도입한다.

03 다음 채소류 중 내염성이 가장 약한 것으로만 짝지어진 것은?

① 딸기, 상추
② 토마토, 오이
③ 파, 당근
④ 시금치, 배추

연구 딸기와 상추는 내염성이 대단히 약하고 양배추, 무, 시금치 등은 내염성이 강한 편이다.

04 시설재배기간 동안 연료의 소비량을 예측하는 데 중요하게 이용되는 난방부하는?

① 난방부하량　　② 최대난방부하
③ 기간난방부하　　④ 난방부하계수

연구 기간난방부하를 이용하여 연료의 발열량과 열이용효율을 계산하면 연료소비량을 구할 수 있다.

05 유리온실의 투과 광량을 증대시키기 위한 방법이다. 관계가 없는 것은?

① 시설의 설치 방향 조정
② 피복재의 세척
③ 산광피복재 이용
④ 한랭사 이용

연구 한랭사는 시설의 차광피복재, 서리 방지 피복자재로 사용한다.

06 최대난방부하를 계산할 때 바깥 기온은 그 지방의 어떤 기온을 적용하는가?

① 지난해 최고 기온
② 최근 5년 동안의 최저 기온
③ 최근 7년 동안의 최고 기온
④ 최근 10년 동안의 최저 기온

연구 그 지역에서 10년에 한 번 나타날 정도의 최저기온을 적용한다.

07 시설 내에 변온관리를 하면 난방비도 절약되고 작물의 열매 수, 무게 등의 질이 높아지게 된다. 변온관리 시간은 어느 때가 적합한가?

① 아침　　② 점심
③ 저녁　　④ 야간

연구 시설의 온도를 낮에는 높고 밤에는 가급적 낮게 유지한다.

1 ① 2 ② 3 ① 4 ③ 5 ④ 6 ④ 7 ④

08 부숙한 퇴비에 질소가 0.5%, 탄소가 25%라면 퇴비의 탄질비는 얼마인가?

① 0.5   ② 1.25

③ 50   ④ 125

〖연구〗 탄질비(C/N)는 탄소/질소로 나타내므로 25 / 0.5 = 50

09 시설 내 채소 재배지 토양의 입단화(粒團化)를 촉진하는 방법으로 옳지 않은 것은?

① 심경

② 석회의 시용

③ 빈번한 관수

④ 멀칭 및 유기물의 시용

〖연구〗 지나친 관수는 토양의 입단화를 지연시킨다.

10 수분 함량이 같은 상태일 경우 토양의 수분장력(pF)이 가장 큰 것은?

① 식양토   ② 사양토

③ 사토   ④ 식토

〖연구〗 토양수분장력(pf; potential force)은 수분이 토양에 의해서 어느 정도의 힘으로 흡착 보유되어 있는가를 표시한 것으로, 토양입자가 가장 작은 식토의 수분장력이 가장 크다.

11 피복자재의 방적성에 대한 가장 옳은 설명은?

① 피복재 내부에 수증기가 응결되어 물방울 맺힘을 방지하는 성질

② 피복자재의 인장강도, 인열강도, 내충격성 등의 정도

③ 피복자재 표면의 정전기 발생 정도

④ 피복재에 자외선 안정제 혼입 정도

〖연구〗 피복자재의 표면장력을 작게 하여 물방울이 맺히지 않게 하거나 쉽게 흘러내릴 수 있도록 한다.

12 설치가 용이하고 시설비가 싼 편이며 배관이 필요 없어 시설비가 저렴한 관계로 일반적으로 가장 많이 이용되고 있는 난방은?

① 온풍난방   ② 난로난방

③ 전열난방   ④ 온수난방

〖연구〗 온풍난방은 연소실 겉표면에서 열교환에 의하여 더워진 공기를 시설 내로 불어 넣고 연소가스는 시설 밖으로 배출하는 방식이다.

13 다음 중 작물별 생육 최저 한계온도가 가장 높은 것은?

① 결구상추   ② 무

③ 토마토   ④ 온실 멜론

〖연구〗 멜론은 고온성 채소로 생육적온은 낮 28~30℃, 밤 16℃ 이상이다.

14 생장 촉진에 중점을 두고 있는 식물공장으로만 짝지어진 것은?

① 완전제어형, 태양광병용형

② 완전제어형, 태양광이용형

③ 태양광병용형, 태양광이용형

④ 무전원형, 태양광병용형

〖연구〗 완전제어형과 태양광병용형은 생장 촉진에 중점을 두고 있으며, 태양광이용형은 생장 촉진보다는 생산비를 낮추는데 중점을 두고 있다.

15 우주환경을 감안하여 개발하고 있는 수경재배 시스템 중에서 양분, 산소, 수분을 공급하기 위하여 재배조에 양액을 담아 기포를 발생시켜 재배하는 방식은?

① 분무경   ② 담액수경

③ 고형배지경   ④ 분무수경

〖연구〗 담액수경은 베드에 다량의 배양액을 순환시키면서 베드 내의 뿌리에 산소를 공급하는 방식이다.

---

8 ③   9 ③   10 ④   11 ①   12 ①   13 ④   14 ①   15 ②

16 다음 설명된 참외의 생리적 장해는?

> – 원인 : 과실 비대기에 건조하다가 갑
> 자기 토양수분이 과다할 때 그 압력으
> 로 발생한다.
> – 대책 : 토양수분의 적당한 습도를 유
> 지한다.

① 열과   ② 배꼽과
③ 호리병과   ④ 여드름과

연구 열과는 과실 내·외부의 압력에 의해 과실이 갈라지는 것이다.

17 토마토 재배 시 칼슘이 부족하기 때문에 발생하는 병은?

① 덩굴마름병   ② 탄저병
③ 노균병   ④ 배꼽썩음병

연구 배꼽썩음병은 과실의 비대 과정에서 꽃이 떨어진 부분의 조직이 죽어서 검게 변색되는 증상으로 칼슘(석회) 부족이 직접적인 원인이다.

18 시설 채소 재배가 일부 품목에 집중될 경우 발생할 가능성이 적은 것은?

① 과잉 생산   ② 가격 폭락
③ 농민의 피해   ④ 소비자 피해

연구 채소 등의 농산물은 수요 및 공급과 가격이 항상 일치하지 않는다.

19 시설원예 생산의 불안정한 원인을 설명한 것 중 바른 것은?

① 환경제어 기술이 뒤떨어져 재배환경이 불량하다.
② 시설 자체는 완벽하나 운용 기술이 미흡하다.
③ 시설재배 전용품종의 보급이 지나치게 활발하다.

④ 자동화 하우스와 온실의 설치 면적이 많아진다.

연구 안정적인 생산이 가능하도록 각종 장치와 환경제어 기술의 개발이 필요하다.

20 토양이 강한 산성반응일 때 그 결핍이 뚜렷하고 작물이 생육 장해를 입게 되는 양분은?

① 철(Fe)   ② 구리(Cu)
③ 망간(Mn)   ④ 마그네슘(Mg)

연구 산성토양에서는 마그네슘(Mg)의 유효도가 낮아져서 결핍하게 된다.

21 다음 중 수박 꽃의 형태는?

① 자웅이화   ② 자웅동화
③ 자웅이주   ④ 양성화

연구 수박 꽃은 암꽃과 수꽃이 서로 다르며 같은 개체에 있는 자웅이화동주이다.

22 종자가 발아하는 데 빛이 있으면 발아가 촉진되는 채소는?

① 토마토   ② 상추
③ 오이   ④ 파

연구 상추, 우엉, 셀러리 등은 호광성종자이다.

23 농약을 두 가지 이상 혼용 사용했을 때 기대 효과로 틀린 것은?

① 방제 노력이 절감된다.
② 살충·살균 효과를 동시에 얻는다.
③ 2가지 약제의 상승적 효과를 기대할 수 있다.
④ 약해 방지에 도움이 된다.

연구 농약을 두 가지 이상 혼용하여 사용하면 약해를 일으킬 위험이 있다.

16 ①   17 ④   18 ④   19 ①   20 ④   21 ①   22 ②   23 ④

24 연동식 하우스가 단동식 하우스에 비해 유리한 점은?

① 광선의 입사량이 많다.
② 환기가 용이하다.
③ 토지의 이용률이 높다.
④ 하우스를 짓고 헐기가 쉽다.

연구 연동식 하우스는 양지붕형 온실을 2~3동 연결하고 칸막이를 없앤 것으로 시설비가 저렴하고 높은 토지 이용률을 나타낸다. 방열면적의 축소로 난방비 절약이 가능하다.

25 촉성 재배용 오이(무접목의 경우)의 적정 육묘 일수는?

① 15~20일
② 20~25일
③ 25~30일
④ 30~35일

연구 촉성 재배용 오이의 적정 육묘 일수는 30~35일 이고, 본엽이 3~4매 전개되었을 때 정식한다.

26 다음 중 추숙의 효과는 어느 것인가?

① 재배기간을 연장할 수 있다.
② 과실을 더욱 크게 할 수 있다.
③ 저장기간을 연장할 수 있다.
④ 호흡작용을 억제할 수 있다.

연구 추숙은 과실이 낙과하기 전에 조기 수확하여 성숙시키는 것이다.

27 해충의 기계적 방제법에 속하는 것은?

① 차단법   ② 품종 선택
③ 돌려짓기   ④ 약제 살포

연구 물리적(기계적) 방제법은 방제법 중 가장 오랜 역사를 가진 것으로 낙엽의 소각, 상토의 소독, 밭토양의 담수, 과실 봉지씌우기, 나방·유충의 포살 및 잎에 산란한 것을 채취, 비가림재배, 빛이 자극이 되는 주광성(走光性)을 이용한 유아등(誘蛾燈)의 설치, 온탕처리와 건열처리 등의 방법 등이 있다.

28 오이의 성분화에서 가장 예민하게 환경의 영향을 받는 생육 단계는?

① 육묘기의 자엽 전개기
② 육묘기의 본엽 4~5장
③ 육묘기의 본엽 12~13장
④ 육묘기의 본엽 20~22장

연구 오이는 육묘기의 본엽이 4~5장일 때 저온, 단일 조건에서 암꽃 분화가 촉진된다.

29 하우스 재배에서 광량이 저하되는 이유에 해당하지 않는 것은?

① 기둥, 서까래 등의 골격재에 의한 차광
② 피복재에 의한 광선의 반사 또는 흡수
③ 피복재의 오염 또는 물방울 맺힘
④ 새로운 피복자재의 이용

연구 최근 다양한 기능의 피복자재들이 개발되고 있다.

30 다음 해충 중 식물체의 즙액을 빨아먹는 피해 외에 바이러스 병을 매개하는 종류로만 짝지어진 것은?

① 응애, 담배나방
② 진딧물, 총채벌레
③ 톡톡이, 점박이응애
④ 고자리파리, 벼룩잎벌레

연구 진딧물, 총채벌레, 노린재류, 응애류 등은 흡즙 및 바이러스 매개충이다.

---

24 ③ 25 ④ 26 ③ 27 ① 28 ② 29 ④ 30 ②

31 포도 시설재배의 적지로 부적당한 곳은?

① 눈, 돌풍 및 늦서리 등의 피해가 적은 지역

② 보온, 관수 등의 관리가 쉬운 평탄지

③ 남향의 일조량이 풍부하며 바람이 적은 곳

④ 지하수위가 높고 부식이 적은 점질토

연구 시설 재배지는 지하수위와 배수가 양호하며 부식 함유량이 높은 토양이 적당하다.

32 사용량이 많으면 꽃눈 분화를 저해하는 비료성분으로 가장 적합한 것은?

① 질소   ② 인산

③ 칼륨   ④ 칼슘

연구 질소를 과잉 공급하면 잎, 가지 등의 영양생장이 왕성하여 웃자라고 낙과가 많아진다.

33 과수에서 수분(水分)이 부족하면 어느 부위에서 가장 먼저 수분 결핍 현상이 일어나는가?

① 과실   ② 잎

③ 가지   ④ 뿌리

연구 수분이 부족하면 먼저 과실의 발육이 불량해지고, 이어서 가지의 신장마저 억제되어 잎이 시들게 된다.

34 다음 중 결과모지(結果母枝)의 설명으로 적합한 것은?

① 신초가 자라는 가지

② 결과지가 발생하는 가지

③ 개화에 이용되는 가지

④ 원가지에서 발생한 가지

연구 결과모지 : 열매가지가 나오게 하는 가지
열매가지 : 열매를 맺는 가지
당년생 가지에서 결실하는 과수는 그 결과모지를 열매가지라 한다.

35 8–8식 보르도액을 만들 때 물 50L에 필요한 황산구리($CuSO_4$)의 양은?

① 200g   ② 400g

③ 600g   ④ 8000g

연구 8–8식이므로 생석회 50L×8 = 400g
황산구리 50L×8 = 400g이 필요하다.

36 다음 중 한국 배의 품종명은?

① 야리   ② 바틀릿

③ 청실리   ④ 장십랑

연구 야리, 바틀릿, 장십랑 등은 외국에서 도입된 품종이다.

37 과수의 농약 살포 시 약해가 나타나기 쉬운 조건은?

① 저온   ② 고온

③ 건조   ④ 약한 광선

연구 고온, 다습, 강광 등의 조건에서 약해가 나타나기 쉽다.

38 사과나무 수형만들기 요령에 대하여 부적합한 설명은?

① 주간(원줄기)에서 발생된 주지는 간격이 있어야 한다.

② 주지(원가지)의 발생각도가 알맞아야 한다.

③ 주간, 주지, 곁가지는 반드시 주종이 분명해야 한다.

④ 하단 부주지(아래에 있는 덧원가지)와 상단 부주지(위에 있는 덧원가지)는 크기가 비슷해야 한다.

연구 상단 부주지는 되도록 많이 솎아주어야 결실에 유리하다.

31 ④   32 ①   33 ①   34 ②   35 ②   36 ③   37 ②   38 ④

39 다음 중 조풍해(潮風害)를 설명한 것으로 가장 적합한 것은?

① 깊은 산속에서 부는 바람의 피해를 말한다.

② 바다 바람에 의한 염분의 피해를 말한다.

③ 강 바람에 의한 피해를 말한다.

④ 하천변의 습기 찬 바람의 피해를 말한다.

연구 조풍해는 강풍보다 바다 바람에 의한 염분의 피해를 말한다.

40 포도나무에서 마그네슘 결핍의 증상으로 옳은 것은?

① 아래잎부터 잎맥 사이가 황갈색으로 변함

② 포도 껍질이 딱딱해지고 과육이 경화됨

③ 결과지의 껍질이 갈라짐

④ 과실이 작아지며 과육이 부패함

연구 마그네슘(Mg)은 잎, 새순, 과실 등에 많이 들어 있어 인산의 이동을 돕는다. 부족하면 잎맥 사이의 색이 누렇게 변한다.

41 포도 델라웨어 품종을 무핵과실을 생산하기 위해 지베렐린을 처리코자 할 때 제 1차 처리시기로 가장 적합한 때는?

① 만개 예정일 7일 전

② 만개 예정일 13일 전

③ 만개 시

④ 만개 10일 후

연구 제1차 처리는 만개 예정일 13일 전, 제2차 처리는 만개 10일 후이다.

42 사과나무에 피해를 주는 응애의 종류가 아닌 것은?

① 한풀응애

② 사과응애

③ 클로버응애

④ 점박이응애

연구 사과나무에는 사과응애, 클로버응애, 점박이응애, 벚나무응애 등이 발생한다.

43 다음 중 장과류에 속하는 과수는?

① 복숭아   ② 사과

③ 감귤   ④ 포도

연구 포도, 무화과, 나무딸기 등이 장과류에 속한다.

44 다음 중 성목원(成木園)에 가장 효과적인 시비 방법은?

① 윤구시비(輪溝施肥)

② 전원시비(全園施肥)

③ 조구시비(條溝施肥)

④ 방사구시비(放射溝施肥)

연구 윤구시비, 방사상시비, 조구시비는 나무가 어릴 때 좋고 전원시비는 성목(成木) 과수원에서 효과적인 방법이다.

45 포도나무 수형 중 주로 장초전정을 하는 대표적 수형은?

① 웨이크만형

② 일자형

③ 개량 니핀형

④ X자형

연구 장초전정(X자형)은 4개의 원줄기를 대각선상으로 유인하는 수형이다.

46 화강암으로부터 이루어진 토양에 대한 설명으로 가장 적합한 것은?

① 유기물이 많아 비옥하다.

② 토양의 물리적 성질이 좋지 않다.

③ 보수력은 좋으나 통기성이 나쁘다.

④ 배수성 및 공기의 유통성은 좋으나 양분의 함량이 적은 편이다.

연구 화강암은 양분과 수분을 지니는 힘이 약하며, 토양이 유실되기 쉽다.

47 다음 중 가을뿌림 한해살이 화초는?

① 샐비어

② 프리뮬러

③ 백일홍

④ 매리골드

연구 샐비어, 백일홍, 매리골드는 봄뿌림 한해살이 화초이다.

48 다음 중 대형 온실이나 하우스에서 관엽식물, 양란 재배에 이용되는 관수 방법으로 가장 적당한 것은?

① 고랑 관수

② 살수형 관수

③ 분수형 관수

④ 지중 관수

연구 살수형 관수는 일정한 수압을 가진 물을 송수관으로 보내고 그 선단에 노즐을 부착하여 다양한 각도와 범위로 물을 뿌리는 방법이다.

49 다음 중 야자과에 속하는 식물은?

① 소철

② 아레카

③ 코르딜리네

④ 유카

연구 소철은 소철과, 코르딜리네와 유카는 용설란과이다.

50 군자란에 발생하는 병해로 고온 다습과 일광 부족으로 발생하기 쉬운 어린 잎이 수침상으로 부패하는 병은?

① 백견병

② 무름병

③ 탄저병

④ 흰가루병

연구 무름병은 세균에 의한 것으로 통풍에 유의하고 약제를 살포하여 방제한다.

51 자연환기를 위해 온실에 설치된 시설은?

① 유리피복

② 천창, 측창

③ 환풍기

④ 커튼

연구 환기창의 면적이나 위치를 잘 선정하면 비교적 많은 환기량을 얻을 수 있다.

52 다음 중 비래 해충에 해당하는 것은?

① 하늘소

② 멸강나방

③ 배추나방

④ 진딧물

연구 멸강나방은 중국에서 날아 오는 비래해충이다.

53 스쿠핑, 노칭 등의 방법으로 인공 분구하여 번식시키는 구근은?

① 글라디올러스

② 칸나

③ 백합

④ 히아신스

연구 히아신스의 비늘줄기는 6월 말경 스쿠핑, 노칭 등의 인공적인 방법으로 알뿌리의 기부에 상처를 내어 10월 중순까지 반그늘에 보관하면 백색의 새 알뿌리가 형성된다.

54 다음 중 건조화(Dry flower)로 사용하기 가장 알맞은 화훼류는?

① 봉선화

② 팬지

③ 백일홍

④ 밀짚꽃

연구 밀짚꽃의 꽃잎은 규산을 함유하고 있어 딱딱하고 윤기나는 느낌을 준다.

---

46 ④ 47 ② 48 ② 49 ② 50 ② 51 ② 52 ② 53 ④ 54 ④

55 씨가 싹 터서 정식까지 주로 발생하며, 줄기의 지표면 가까운 부분이 부패됨에 따라 쉽게 쓰러지고 시들어 죽는 병은?

① 흰가루병
② 모잘록병(입고병)
③ 갈색무늬병
④ 바이러스병

연구 모잘록병은 어린 모에 잘 발생하는 병이다.

56 다음 중 식물체에 가장 빨리 잘 흡수되는 질소의 형태는?

① 단백질태
② 요소태
③ 시안아미드태
④ 암모늄태

연구 질소는 암모늄태(NH_4^+)와 질산태(NO_3^-)의 형태로 식물에 흡수된다.

57 카네이션 개화기에 언청이의 발생 원인과 관계없는 것은?

① 꽃받침의 생장보다 꽃잎의 생장이 급격하게 이루어질 때
② 주·야간 온도교차가 작을 때
③ 꽃눈 발달 시기가 지나친 저온일 때
④ 꽃눈 발달 시 수분과 거름이 과다할 때

연구 언청이는 카네이션의 봉오리가 불룩해지면서 꽃이 필 때 꽃받침이 터지는 현상으로 낮과 밤의 온도 변화가 심할 때 발생한다.

58 장미 흰가루병 방제에 알맞은 농약은?

① 스트렙토마이신·티오파네이트메틸수화제(아다킹)
② 페나리올수화제(동부훼나리)
③ 패러쿠앗디클로라이드액제(그라목손)
④ 이피엔유제(상공이피엔)

연구 장미 흰가루병은 잎에 흰가루가 묻은 것 같은 상태의 크고 작은 병 무늬가 생기며 가을 밤 기온이 낮을 때 많이 발생한다.

59 우리나라에서만 자생하는 한국 특산식물로 열매의 모양이 둥근 부채를 닮은 식물은?

① 구절초
② 문주란
③ 미선나무
④ 모감주나무

연구 미선나무는 물푸레나무과에 속하는 낙엽 관목으로 열매의 모양이 둥근 부채를 닮아 미선(尾扇)나무로 불린다.

60 국화(추동국)를 7월 중순에 꺾꽂이하여 12월 하순에 개화시켜 출하하려고 할 때 재배기간 중 어떤 처리 과정이 필요한가?

① 고온처리
② 단일처리
③ 저온처리
④ 전조처리

연구 일장이 짧은 가을과 겨울철에 단일식물의 개화를 억제하거나 장일식물의 개화를 촉진시킬때 전조처리를 한다.

				평가	확인

원예 기능사 | 시험시간 1시간 | **기출 · 종합문제** | 출제유형 기본 · 일반 · 심화 |

01 최근 우리나라 시설원예 면적 중 가장 많이 차지하는 원예작물은?

① 채소　　　② 과수

③ 화훼　　　④ 전작

연구 채소는 시설원예 면적 중의 약 78%를 차지하고 있다.

02 다음 중 부피밀도가 1.3g/㎤ 이고, 알갱이 밀도가 2.6g/㎤인 마사질 참흙의 공극량은?

① 30%　　　② 40%

③ 50%　　　④ 60%

연구 공극량(%)
= {1 − (부피밀도 / 알갱이밀도)} × 100
= {1 − (1.3 / 2.6)} × 100 = (1 − 0.5) × 100 ➡ ③

03 양지붕형 유리온실과 지붕형 플라스틱 하우스 지붕의 표준 물매는?

① 3/10 ~ 4/10　② 4/10 ~ 5/10

③ 5/10 ~ 6/10　④ 6/10 ~ 7/10

연구 눈이 많이 오는 적설지대에서는 표준 물매를 8/10 이상으로 한다.

04 양열 온상 육묘 시 양열 재료의 수분량이 가장 알맞은 것은?

① 양열 재료가 포화상태가 될 때까지 물을 뿌린다.

② 양열 재료를 쥐어서 물이 나오지 않게 한다.

③ 양열 재료가 약간 젖도록 물을 조금 뿌린다.

④ 밟은 후 양열 재료를 쥐어서 손가락 사이로 물이 약간 나올 정도로 뿌린다.

연구 양열 온상은 유기물에 함유된 탄수화물과 질소 등이 미생물에 의해 분해되는 과정에서 생기는 열을 이용하는 방식이다.

05 골조재에 따른 분류 중 목(木)구조 온실에 대한 설명으로 틀린 것은?

① 과거에 많이 사용되었다.

② 그늘이 지기 쉽다.

③ 비가 새어 부패하기 쉽다.

④ 대형화하기 쉽다.

연구 목(木)구조 온실은 내구성이 약하여 대형화하기 어렵다.

06 다음 중 양액재배는 크게 비고형 배지경, 고형 배지경으로 분류되는데 비고형 배지경에 속하지 않는 것은?

① 담액식　　　② NFT

③ 토경식　　　④ 분무식

연구 고형 배지경은 양액을 이용하되 작물의 지지, 산소 공급, 토양의 이점 등을 보충하기 위해 모래, 자갈, 버미큘라이트, 펄라이트, 훈탄, 암면 등의 고형물질을 배지로 이용하는 것이다.

07 온상의 관리를 위해 모종을 정식하기 전에 옮겨 심는 것을 가리키는 것은?

① 시비　　　② 가식

③ 파종　　　④ 이식

연구 작물을 현재 자라고 있는 곳으로부터 다른 장소로 옮겨 심는 일을 총칭하여 이식(移植, transplanting)이라고 한다.

1 ①　2 ③　3 ③　4 ④　5 ④　6 ③　7 ④

08 온실의 하중은 상시하중과 순간하중으로 구분되는데 기상 조건에 따라 변화하는 순간하중이 아닌 것은?

① 작물하중 　　② 적설하중
③ 풍압력 　　　④ 지진력

연구 적설하중, 풍압력, 지진력 등의 순간하중은 단기하중이라고도 한다.

09 어떤 식물의 건조 전 무게가 120g이고, 건조 후 무게가 30g이라면, 이 식물의 생체 무게당 수분 함량은?

① 65% 　　　② 70%
③ 75% 　　　④ 80%

연구 수분 함량
= (건조 전 무게 − 건조 후 무게) / 건조 전 무게
= (120 − 30) / 120 = 90 / 120 = 75%

10 햇빛의 파장 중 녹색식물의 광합성에 가장 많이 쓰이는 파장의 범위는?

① 100~200nm
② 200~400nm
③ 400~700nm
④ 700~1200nm

연구 400~700nm의 가시광선이 녹색식물의 광합성에 가장 많이 이용된다.

11 시설 내 이산화탄소 시용량은 작물의 종류에 따라 다른데 광도, 온도 등이 적당할 때 이산화탄소의 시용량으로 가장 적당한 농도(ppm)는?

① 150 ~ 300 　　② 400 ~ 900
③ 1000 ~ 1500 　④ 1600 ~ 3000

연구 작물의 종류, 광선의 세기, 온도 등에 따라 CO_2 요구량이 다르다. 대부분의 작물에 1000~1500ppm 정도를 시비한다.

12 지온을 올려 주는 가온 방법 중 지온 상승이 빠르고 균일하며, 소규모 면적에 적당하나 설치비가 많이 드는 온상의 종류는?

① 양열온상 　　② 전열온상
③ 보온냉상
④ 지중온수 난방온상

연구 지중온수 난방온상은 상토 밑에 방열파이프를 묻고 온수를 순환시켜 온상의 온도를 높여주는 방식이다.

13 다음 ( )에 적당한 용어는?

설계 풍하중은 시설의 표준 내용 연수와 안전도로부터 재현기간에 기대되는 ( )을 기준으로 결정하여야 한다.

① 평균풍속 　　② 최대풍속
③ 순간최대풍속 　④ 풍속

연구 설계 풍하중은 순간최대풍속을 고려하여 결정한다.

14 시설재배에서 가장 문제되는 유해가스는?

① 암모니아가스
② 황화수소가스
③ 메탄가스
④ 플루오르화수소

연구 암모니아가스, 아질산가스, 아황산가스 등이 유해 가스이다.

15 양액 1000L 에 H_3BO_3가 3g 녹아 있을 때 붕소(B)의 농도는 몇 mg/L인가?(단, H_3BO_3 중 붕소(B)의 함유량은 15%이다.)

① 0.045 　　　② 0.45
③ 4.5 　　　　④ 45

연구 H_3BO_3의 농도 = 3 / 1,000 = 0.003g/L
붕소(B)의 함유량 = 0.003×0.15
= 0.00045g/L = 0.45mg/L

16 살포한 약액이 작물이나 해충의 표면을 잘 적시고 퍼지는 성질은?

① 습전성
② 수화성
③ 현수성
④ 고착성

연구 습전성은 살포한 약액이 작물이나 해충의 표면을 잘 적시고 퍼지는 성질로 균일하게 적시는 습윤성과 표면에 밀착되어 피복 면적을 넓히는 확전성을 나타낸다.

17 참외 암꽃을 충실하게 하며, 착과율을 가장 좋게 하는 환경 조건은?

① 낮은 온도
② 짧은 일장
③ 많은 수광량
④ 많은 관수

연구 참외는 호광성채소이다.

18 오이 덩굴쪼김병이 빈번했던 채소밭의 윤작에 알맞은 작물은?

① 수박　　　　② 멜론
③ 배추　　　　④ 참외

연구 오이와 같은 박과채소 이외의 작물을 윤작하는 것이 좋다.

19 고구마, 감자, 구근 화훼류 등의 상처를 아물게 하고 코르크층을 형성시켜 미생물의 침입을 막는 수단을 가리키는 것은?

① 충적저장　　　② 큐어링
③ 주아　　　　④ 예랭

연구 고구마의 경우 수확 후 1주일 이내에 온도 30~33℃, 습도 85~90%인 조건에서 4~5일 정도 큐어링한 후, 열을 방출시키고 저장하면 상처가 잘 아물고 당분함량이 증가되어 저장하기에 좋다.

20 반촉성 오이 재배에서 암꽃이 맺어지지 않은 현상의 주된 원인이 되는 것은?

① 육묘기에 광선량이 많았다.
② 관수 시간이 오후였었다.
③ 육묘기 육묘 온도가 고온이기 때문이다.
④ 육묘 온도가 너무 저온이기 때문이다.

연구 온도는 일장과 함께 오이의 암꽃 착생에 영향을 미치며 저온에서 암꽃 착생이 잘 된다.

21 배추의 해충인 벼룩잎벌레에 대한 설명으로 틀린 것은?

① 1년에 4~5회 발생한다.
② 성충은 몸의 길이가 2~3mm 정도 되는 난형(卵形)의 검은 갑충(甲蟲)이다.
③ 유충으로 잡초나 땅속 얕은 곳에서 월동한다.
④ 특히 무나 배추의 유묘기에 피해가 크다.

연구 성충으로 낙엽이나 풀뿌리 틈에서 월동한다.

22 비료의 부족 및 가을철 강우 등이 유발 원인이며, 회백색의 큰 병반이 생기고, 심하면 겉잎이 불에 탄 것처럼 변하는 배추의 병해는?

① 배추 검은무늬병
② 배추 흰무늬병
③ 배추 잿빛곰팡이병
④ 배추 검은빛썩음병

연구 배추 흰무늬병은 주로 잎에 발생하며, 내병성 품종을 선택하고 균형 시비하여 방제한다.

16 ①　17 ③　18 ③　19 ②　20 ③　21 ③　22 ②

23 씨 없는 수박을 생산하기 위한 교배조합으로 알맞은 것은?

① 2n × 4n   ② 3n × 2n

③ 2n × 2n   ④ 3n × 4n

<연구> 수박의 염색체 수는 2n = 22이나 염색체를 배가시켜 4n을 만들고 2n×4n의 방법으로 3배체(3n)의 씨 없는 수박을 만들기도 한다.

24 토마토 과실의 리코핀(lycopene) 성분은 어떤 색깔을 발현시키는가?

① 적색   ② 황색

③ 녹색   ④ 청색

<연구> 리코핀은 토마토의 적색을 발현시키는 색소이다.

25 붕소 결핍증이 일어나기 쉬운 채소는?

① 수박, 참외 등의 박과 채소

② 고추, 토마토 등의 가지과 채소

③ 무, 배추 등의 배추과(십자화과) 채소

④ 마늘, 양파 등의 백합과 채소

<연구> 붕소 결핍증은 무 · 배추 등 십자화과 채소에서 많이 발생하며, 무의 경우 붕소가 결핍되면 뿌리 내부가 흑색으로 변하거나 구멍이 생긴다.

26 같은 품종의 멜론 재배라도 가을철 재배와 여름철 재배 시의 수확 시기는 얼마 정도 차이가 있는가?

① 1일 정도   ② 7일 정도

③ 14일 정도   ④ 20일 정도

<연구> 멜론은 온도가 높을 경우 4~7일 정도 수확시기를 앞당길 수 있다.

27 머스크멜론의 생육시기별 물 관리 요령으로 알맞은 것은?

① 정식 ～ 활착까지 : 소량 관수

② 개화 전 ～ 개화 중 : 다량 관수

③ 네트 시작 ～ 네트 형성 : 다량 관수

④ 착과 후 2주일 : 소량 관수

<연구> 멜론 재배에서 물주기는 수량과 품질을 좌우하는 중요한 작업이며, 교배기~열매 비대기와 네트 시작~네트 형성까지는 다량 관수한다.

28 질소기아현상은 다음 중 어떤 성질의 유기물을 과다하게 주었을 때 가장 잘 발생하는가?

① C/N율이 낮고 부식화된 유기물

② C/N율이 20~30%보다 낮은 유기물

③ C/N율이 20~30%보다 높은 유기물

④ C/N율이 높으나 부식화된 유기물

<연구> C/N율이 높은 유기물을 시용했을 경우 토양미생물과 작물 간에 질소 경합이 일어나는 것을 질소기아현상이라 한다.

29 우리나라의 시설원예가 주로 남부지방에서 일찍부터 발달하게 된 이유로 부적합한 것은?

① 일조시간이 길다.

② 저온기 온도 관리가 쉽다.

③ 규격화된 시설자재들이 많았다.

④ 난방연료비가 절약되어 경영상 유리하였다.

<연구> 초기에는 시설자재의 표준규격화가 도입되지 않았다.

30 일반 온실에 비해 벤로형(venlo type) 온실의 장점이 아닌 것은?

① 투광률이 높다.

② 시설비가 적다.

③ 골격 자재가 많다.

④ 난방비가 절약된다.

<연구> 벤로형 온실은 골격 자재가 적게 들어 시설비가 절약된다.

---

23 ①   24 ①   25 ③   26 ②   27 ③   28 ③   29 ③   30 ③

31 다음 배 품종 중 상온저장 시 저장력이 가장 강한 것은?

① 신고   ② 만삼길
③ 단배   ④ 신수

연구 만삼길의 상온저장력은 약 90일 정도로 매우 강한 편이다.

32 감귤 재배에 가장 많이 사용되는 가지 고르기 형태는?

① 주간형   ② 개심자연형
③ 배상형   ④ Y자형

연구 개심자연형은 3개의 원가지를 자라게 하여 이 원가지에 각각 2~3개의 덧원가지를 배치하는 것이다.

33 포도의 평덕식 수형이 아닌 것은?

① 올백형(all back형)
② 우산형
③ 니핀(kniffin)형
④ H자형

연구 니핀형은 울타리형 수형에 속한다.

34 응애류의 천적으로 가장 유용한 것은?

① 꽃등애류
② 포식성 응애류
③ 벌레잡이 흑파리
④ 좀벌류

연구 응애류의 천적으로는 칠레이리응애, 캘리포니쿠스응애 등의 포식성 응애류가 가장 유용하다.

35 나무의 수세가 왕성하여 웃자람가지가 발생할 때 가장 먼저 시용량을 줄여야 할 비료는?

① N   ② P
③ K   ④ Ca

연구 질소가 과다하면 잎, 가지 등의 영양생장이 왕성하여 웃자라고 낙과가 많아진다.

36 배의 과피 흑변현상과 관계가 없는 것은?

① 저장 중 금촌추 등에 나타난다.
② 과피에 크고 불규칙한 흑갈색반점 무늬가 생긴다.
③ 반점은 과육에까지 미친다.
④ 폴리페놀(polyphenol) 산화효소의 작용으로 산화되어 발생한다.

연구 배의 과실껍질 흑변현상은 과피에만 나타난다.

37 다음 중 과실 저장고에서 환기를 실시하는 주된 이유는?

① 유해가스의 방출
② 호흡 촉진
③ 착색 촉진
④ 후숙 촉진

연구 에틸렌가스 등 유해가스의 방출이 환기의 목적이다.

38 과수 묘목 선택 시 유의할 점으로 가장 거리가 먼 것은?

① 키가 큰 것보다 마디 사이가 짧고 통이 굵은 것
② 병균·해충의 기생이 없을 것
③ 품종이 확실한 것
④ 잔 뿌리보다 굵은 뿌리가 잘 발달된 것

연구 뿌리가 비교적 짧고 세근이 발달하여 근계(根系)가 충실한 묘목이 좋다.

31 ②   32 ②   33 ③   34 ②   35 ①   36 ③   37 ①   38 ④

39 다음 중 우리나라에서 육성한 배 품종은?

① 만삼길 ② 단배
③ 금촌추 ④ 신고

연구 만삼길, 금촌추, 신고는 일본에서 육종된 품종이다.

40 배의 유부과 현상을 예방하기 위한 방법은?

① 관수
② 깊이갈이
③ 살균제 살포
④ 칼륨질 거름의 다량 시비

연구 과실의 표면이 유자의 껍질처럼 울퉁불퉁해지는 현상으로 깊이갈이(심경)하여 뿌리가 넓고 길게 발달되도록 한다.

41 나무꼴을 형성하는 데 불필요한 가지는?

① 곁가지 ② 바퀴살가지
③ 원가지 ④ 열매어미가지

연구 한 곳에서 여러 개의 원가지가 발생하면 바퀴살가지(車枝)로 되어 가지가 찢어지기 쉬우므로 원줄기에서 나온 원가지는 서로 간격을 두어야 한다.

42 전층시비를 하였을 때의 이점이 아닌 것은?

① 시비 횟수를 줄일 수 있다.
② 비료의 효과가 빨리 나타난다.
③ 토양용액의 농도가 지나치게 높아진다.
④ 덧거름 주기가 곤란할 때 편리하다.

연구 전층시비는 토양의 전면에 시비한 다음 토양을 갈아서 모든 층에 비료가 섞이도록 하는 방법이다.

43 다음 그림의 Ⅰ, Ⅱ, Ⅲ, Ⅳ 중 꽃눈 형성과 결실이 잘 되는 것은?

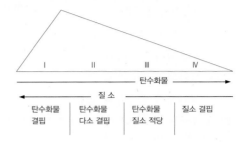

① Ⅰ, 탄수화물 결핍
② Ⅱ, 탄수화물 다소 결핍
③ Ⅲ, 탄수화물, 질소 적당
④ Ⅳ, 질소 결핍

연구 Ⅲ의 경우 가지나 잎의 생장이 적당하여 식물체 내에 탄수화물이 충분히 축적되어 꽃눈분화와 열매맺음이 잘 된다.

44 포도 녹병은 다음 중 어느 부위에 발생하는 병해인가?

① 꽃 ② 잎
③ 줄기 ④ 뿌리

연구 포도 녹병은 주로 잎에 발생하며 잎에 얼룩이 생기다가 심하면 낙엽된다.

45 꽃가루 매개 곤충의 활동과 화분관 신장이 왕성하게 되는 온도는 약 몇 ℃ 이상이 좋은가?

① 5℃
② 10℃
③ 12℃
④ 17℃

연구 꽃가루 매개 곤충은 11~20℃의 범위에서 15℃ 이상일 때 활동이 왕성해진다.

46 10월 하순에 꽃이 피는 추국을 12월 말에 피게 하자면, 전등조명을 언제 중단하는 것이 좋은가?

① 개화되기 약 15일 전
② 개화되기 약 1개월 전
③ 개화되기 약 2개월 전
④ 개화되기 약 3개월 전

연구 추국을 12월 말에 개화시키려면 전등조명하여 꽃눈분화를 억제시킨 다음, 개화 예정일 50~60일 전에 전등조명을 중지한다.

47 촉성재배하기 위해 구근을 저장할 때 건조저장이 아닌 습윤저장을 요하는 작물은?

① 백합　　　　② 글라디올러스
③ 튤립　　　　④ 히아신스

연구 백합을 촉성재배하기 위해서는 구근을 0~10℃에서 6~8주 간 습윤저장한다.

48 가을에 심는 구근은?

① 아마릴리스　　② 달리아
③ 수선화　　　　④ 구근베고니아

연구 수선화, 튤립, 나리 등은 가을에 심는 추식구근이다.

49 꽃나무류 중에서 낙엽성 교목만으로 짝지은 것은?

① 산수유, 백량금
② 배롱나무, 목련
③ 서향, 월계수
④ 모란, 남천

연구 배롱나무, 목련 등은 가을에 낙엽이 지는 교목(큰 나무)이다.

50 튤립 알뿌리의 저장 온도로 알맞은 것은? (단, 저장 시 습도는 55~60% 정도로 한다.)

① 10 ~ 12℃
② 18 ~ 20℃
③ 25 ~ 29℃
④ 30 ~ 35℃

연구 튤립은 수확 후 알뿌리를 그늘에서 대강 말려 알뿌리의 함수량을 적게 하고 20℃, 55~60%의 습도에서 저장한다.

51 다음 중 화학적 반응으로 구분할 때 염기성 비료에 해당되는 것은?

① 요소　　　　② 염화칼륨
③ 황산암모늄　④ 용성인비

연구 용성인비, 석회질소 등은 화학적 염기성비료이다.

52 꺾꽂이의 종류는 잎꽂이, 잎눈꽂이, 줄기꽂이, 뿌리꽂이로 분류하는데 이 중 잎꽂이로 번식하는 식물은?

① 렉스베고니아　② 개나리
③ 국화　　　　　④ 아디안툼

연구 렉스(관엽)베고니아, 산세베리아, 아프리칸바이올렛 등은 잎꽂이로 번식한다.

53 보통 전열온상 모판 면적 1㎡에 필요한 전력으로 가장 적합한 것은?

① 40~ 50W 정도
② 70~ 80W 정도
③ 100~110W 정도
④ 120~130W 정도

연구 전열온상은 모판 면적 1㎡당 70~80W 정도의 전력이면 충분하다.

46 ③　47 ①　48 ③　49 ②　50 ②　51 ④　52 ①　53 ②

54 하우스 재배에서 탄산가스 시비를 해주는 가장 적당한 시각은?

① 한 낮
② 한 밤 중
③ 아침 해가 뜬 후
④ 시간에 구애받지 않음

연구 탄산가스 시비는 해가 뜬 후 1시간 후부터 환기할 때까지의 2~3시간, 길어도 3~4시간이면 충분하다.

55 A 살충제를 800배액으로 희석하여 200L를 살포하려고 할 때 소요 농약량은?(단, 배액 계산으로 한다.)

① 40mL   ② 160mL
③ 250mL   ④ 800mL

연구 소요 농약량
= 단위면적당 사용량 / 소요 희석배수
= 200L / 800 = 0.25L = 250mL

56 껍질이 단단한 화초 종자(경실 종자)의 발아촉진법이 아닌 것은?

① 껍질에 상처를 준다.
② 온수에 하루 정도 담가 둔다.
③ 습윤한 상태로 종자 보관한다.
④ 건조시켜서 그대로 파종한다.

연구 종피가 수분의 투과를 저해하기 때문에 장기간 발아하지 않는 종자를 경실(硬實)이라고 한다. 자운영·고구마·연 등은 경실이다.

57 다음 화훼 종자 중 가장 수명이 긴 것은?

① 거베라   ② 팬지
③ 스타티스   ④ 스톡

연구 스톡, 백일홍 등은 저장 조건이 좋을 경우 10년 이상 저장도 가능하다.

58 시클라멘에 발생하는 해충이 아닌 것은?

① 진딧물
② 총채벌레
③ 뿌리응애
④ 민달팽이

연구 민달팽이는 주로 밤에 활동하며 심비듐 잎의 새싹이나 꽃잎, 뿌리 등을 가해한다. 먹이용 약제나 고구마, 오이 등으로 유인하여 방제한다.

59 접붙이기(접목)에서 접순과 대목을 맞춰야 하는 부위는?

① 체관부(사부)
② 부름켜(형성층)
③ 피층
④ 물관부(목부)

연구 접목은 접수와 대목의 형성층이 서로 밀착하도록 접하여 캘러스조직이 생기고 서로 융합되는 것이 가장 중요하다.

60 피복자재로서 폴리에틸렌 필름(PE)의 특성이 아닌 것은?

① 인장강도, 인열강도가 PVC나 EVA필름 보다 낮다.
② 염화비닐보다 정전기 현상이 적다.
③ 열 접착성이 없어 필름가공이 어렵다.
④ 저온에 대한 내한성이 강하다.

연구 폴리에틸렌 필름은 광선투과율이 높고, 필름 표면에 먼지가 적게 부착하며, 서로 달라붙지 않아 취급이 편리하고, 열 접착성이 좋아 가공이 용이한 점 등 우리나라 하우스 외피복재의 70% 이상을 차지하고 있다.

54 ③   55 ③   56 ④   57 ④   58 ④   59 ②   60 ③

	평가	확인

원예 기능사	시험시간 1시간	기출 · 종합문제	출제유형 기본 · 일반 · 심화

01 우리나라에서 플라스틱하우스 난방에 가장 많이 이용되는 것으로 난방효율이 높고 설치가 용이하여 시설비도 저렴할 뿐만 아니라 예열시간이 빠른 난방설비는?

① 온풍난방　　② 증기난방

③ 스토브난방　④ 온수난방

연구 온풍난방은 500~1,000평 규모의 플라스틱 하우스 난방에 가장 효과적이나 보온성 결여, 실내 건조, 실내 온도분포의 불균일 등의 단점이 있다.

02 농도가 60%인 유제 100mL를 0.05%로 희석하려 할 때 필요한 물의 양은?(단, 비중은 1이다)

① 600L　　　② 425.9L

③ 230.5L　　④ 119.9L

연구 희석할 물의 양
= 원액의 용량 × {(원액의 농도 / 희석할 농도) − 1} × 원액의 비중
= 100mL×{(60 / 0.05) − 1}×1 = 100mL×1,199×1
= 119,900mL = 119.9L

03 다음 중 증산작용이 활발하게 이루어지면서 직사광선이 노출되지 않은 상태에서의 엽온(葉溫) 변화는?

① 기온보다 높다.

② 기온과 같다.

③ 기온보다 낮다.

④ 생육최적온도를 유지한다.

연구 증산작용은 물이 식물체의 표면에서 수증기의 형태로 배출되는 현상으로 대부분 잎의 기공을 통하여 이루어진다.

04 시설재배에서 고추의 생육환경과 관련한 설명 중 옳은 것은?

① 이어짓기를 좋아한다.

② 발아적온은 30~35℃이다.

③ 단일조건일수록 생육이 촉진된다.

④ 과실의 결실률은 수분 함량에 따라 좌우된다.

연구 고추는 개화 결실에 일장의 영향을 받지 않는 중성식물이다.

05 종자 프라이밍 처리 목적이 아닌 것은?

① 조기휴면

② 발아세 향상

③ 발아기간 단축

④ 불량환경에서 발아력 증진

연구 프라이밍(priming)은 파종 전의 종자에 약품을 처리하여 대사작용을 원활히하기 위한 처리이다.

06 아황산가스가 작물에 피해를 많이 입히게 되는 조건은?

① 비가 많이 내릴 때

② 기온 역전이 있을 때

③ 흐리고 바람이 부는 날

④ 날씨가 맑고 바람이 부는 날

연구 기온 역전은 고도가 높아질수록 온도가 낮아지고, 고도가 낮아질수록 온도가 높아지는 현상으로 대기오염의 피해가 나타난다.

1 ① 　2 ④ 　3 ③ 　4 ④ 　5 ① 　6 ②

07 온실의 폭이 좁고 처마가 높은 양지 붕형 온실을 연결한 것으로서 골격률을 12% 정도로 낮출 수 있는 유리온실은?

① 연동형 온실

② 벤로형 온실

③ 더치라이트형 온실

④ 둥근 지붕형 온실

연구 벤로형 온실은 처마가 높고 폭 좁은 양지붕형 온실을 연결한 것으로 연동형 온실의 결점을 보완한 것이다. 호온성 과채류 재배에 적합하다.

08 일반적으로 보온력이 가장 큰 자재로 덮고 걷는 데 일손이 많이 들며 젖으면 보온력이 크게 떨어지는 재료는?

① 섬피

② 토이론

③ 알루미늄 증착포

④ PE필름

연구 섬피는 짚으로 만든 방한용 거적이다.

09 시설 내의 합리적인 온도 관리방법으로 해가 진 직후에는 실내온도를 약간 높여 준다. 그 이유로 가장 적합한 것은?

① 증산 촉진

② 호흡 촉진

③ 전류 촉진

④ 일비 촉진

연구 시설의 온도를 낮에는 높고 밤에는 가급적 낮게 유지하는 변온관리는 동화산물의 전류를 촉진하여 작물 생육과 수량의 증가 효과, 품질향상 효과가 있다.

10 하우스의 원활한 자연환기를 위한 환기 창의 최적 면적비율은?

① 5%

② 10%

③ 15%

④ 20%

연구 일반적으로 자연환기를 위한 환기창의 면적은 전체하우스 표면적의 15% 정도가 적당하다.

11 Ca 함량이 6me/L인 배양액이 있다. 이 배양액의 농도를 ppm으로 환산하면 약 얼마인가?(단, Ca 원자량은 40.1이고, 원자가는 2가이다.)

① 60.2

② 120.3

③ 240.6

④ 481.2

연구 Ca의 원자량은 40.1이고, 원자가는 2이므로 당량은 20.05이다.

me/L값에 당량을 곱하면 ppm값이 된다.

6me/L×20.05 = 120.3ppm

12 다음 중 검은별무늬병(黑星病)에 특히 강한 배 품종은?

① 행수

② 만삼길

③ 황금배

④ 풍수

연구 황금배는 검은별무늬병의 저항성 품종이다.

13 다음 설명하는 시설하우스의 주요 해충은?

> – 작물에 붙어 흡즙하면 식물체 양분이 부족하게 되며, 침샘에서 분비되는 독성물질이 엽록소를 파괴하여 잎이 위축되거나 황화하면서 생육이 저해된다.
> – 바이러스병을 매개하여 피해가 크다.
> – 적합한 환경에서 알→약충→3회 탈피→성충으로 한 세대를 마치는 데 5~8일이 소요된다.

① 응애

② 선충

③ 진딧물

④ 온실가루이

연구 진딧물은 바이러스병의 매개체이다.

14 종자의 휴면 원인으로 가장 부적합한 것은?

① 종자의 불투과성

② 배의 미성숙

③ 식물호르몬의 불균형 분포

④ 영양분의 부족

연구 휴면(休眠)은 작물이 일시적으로 생장활동을 멈추는 생리현상으로 식물 자신이 처한 불량환경의 극복 수단이다.

15 피복자재의 조건으로 부적합한 것은?

① 투광성이 높아야 하고 오랫동안 일정한 투광률을 유지해야 한다.

② 열선(장파 복사)의 투과율이 커야 한다.

③ 열 전달을 억제하여 보온성이 높아야 한다.

④ 값이 저렴하여야 한다.

연구 피복자재는 열선(장파 복사)의 투과율이 낮아야 한다.

16 오이 촉성재배의 품종으로서 갖추어야 할 구비조건이 아닌 것은?

① 초형이 작은 품종

② 단위결과성이 높은 품종

③ 뿌리의 활력이 약한 품종

④ 일조부족에 강한 품종

연구 촉성재배는 단기간에 재배하므로 뿌리의 활력이 강해야 좋은 품질을 생산할 수 있다.

17 토마토의 하우스 재배 시 고온의 피해가 가장 심한 단계는?

① 꽃잎 초생기 ② 감수분열기

③ 개화종기 ④ 개화 후 10일

연구 감수분열기의 지나친 고온으로 인해 열매맺음이 불량해진다.

18 정식에 알맞은 모종의 크기에서 본잎 수가 가장 적고 육묘일수도 가장 짧은 것은?

① 가지 ② 토마토

③ 고추 ④ 수박

연구 수박의 정식에 알맞은 모의 크기는 본잎 4~5매, 적정 육묘일수는 약 30~40일 정도이다.

19 칼슘 결핍으로 인한 생리장해가 아닌 것은?

① 참외의 발효과

② 토마토의 배꼽썩음과

③ 토마토의 공동과

④ 상추의 끝마름 현상

연구 토마토의 공동과는 과다 착과되거나 미숙된 꽃에 호르몬 처리한 과실에서 나타난다.

20 1기압을 pF로 표시하면 얼마인가?

① pF 1 ② pF 3

③ pF 5 ④ pF 7

연구 pF 3의 수분이란 10^3cm(10m) 수주의 압력으로 토양입자에 흡착된 물임을 의미한다. 1기압은 pF = 3이다.

21 오이 수확은 개화 후 며칠이 경과된 것이 가장 적당한가?

① 10일 ② 30일

③ 40일 ④ 50일

연구 오이 열매는 생장속도가 매우 빠르므로 개화 후 10일 정도이면 수확하기에 알맞다.

---

14 ④ 15 ② 16 ③ 17 ② 18 ④ 19 ③ 20 ② 21 ①

22 호박의 착과제로 이용되는 호르몬의 종류가 아닌 것은?

① 지베렐린

② 나프탈렌 아세트산

③ 나프탈렌 나트륨염

④ 2,4-D

연구 지베렐린은 꽃눈 형성 및 개화를 촉진한다.

23 인산 성분이 부족할 때 식물체에 나타나는 증상은?

① 줄기가 가늘고 신장이 느리며 잎은 작고 광택이 없는 어두운 암녹색을 띤다.

② 생장불량 및 왜화되며, 잎 및 잎맥이 황화되어 성숙지연 및 노화가 빨라진다.

③ 잎이 진한 청록색을 띠고, 하위 잎으로부터 잎의 끝이나 둘레가 황갈색으로 변색되어 탄 것 같이 된다.

④ 잎맥 간에 크고 불규칙한 흑색 반점이 생기고, 쌍떡잎식물은 심하면 백화된다.

연구 인산이 결핍되면 잎이 말리고 농녹색화되며, 갈색 반점이 생기고 고사한다.

24 저장채소의 저장력을 증진시키기 위한 처리가 아닌 것은?

① 예랭

② 추숙

③ 맹아억제

④ 큐어링

연구 추숙은 낙과 전에 조기 수확하여 성숙시키는 것이다.

25 시설재배용 배추 품종과 관련한 설명이 아닌 것은?

① 만추대성으로 저온감응이 둔할 것

② 빨리 자라고 단기간에 결구하는 극조생(極早生)종일 것

③ 대표적인 품종으로는 노랑봄배추, 춘하왕배추, 고랭지 여름배추 등

④ 고온, 강광 하에서 생육 및 결구가 잘 될 것

연구 배추는 고온, 강광 하에서 추대가 촉진되어 상품성이 상실된다.

26 시설채소에 피해를 주지 않는 해충은?

① 꽃등애

② 응애

③ 뿌리혹선충

④ 복숭아혹진딧물

연구 꽃등애는 유충이 진딧물을 먹거나 꽃가루받이에도 도움을 준다.

27 참외는 어떤 덩굴에 열매가 열리는가?

① 원덩굴

② 손자덩굴

③ 아들덩굴

④ 모든 덩굴

연구 참외의 암꽃은 어미덩굴에 잘 달리지 않고 손자덩굴의 1~2마디에 맺히는 성질이 있다.

28 좋은 모종의 구비 조건이 아닌 것은?

① 마디 사이가 짧은 것

② 잔뿌리가 많은 것

③ 꽃눈 분화가 적은 것

④ 활착력이 강한 것

연구 꽃눈 분화가 많은 것이 좋다.

29 한지형 마늘 품종을 따뜻한 지방에서 재배하였을 때 나타나는 현상으로 가장 알맞은 것은?

① 결구 비대가 잘 된다.

② 결구 비대가 안 된다.

③ 마늘의 쪽수가 늘어난다.

④ 마늘의 종이 일찍 올라온다.

연구 마늘의 비늘줄기가 비대하지 않는다.

---

22 ① 23 ① 24 ② 25 ④ 26 ① 27 ② 28 ③ 29 ②

30 기지현상을 억제하는 적당한 방법은?

① 집중관수

② 돌려짓기

③ 잡초의 번성

④ 토양비료성분의 소모

연구 연작에 의한 기지현상은 돌려짓기(윤작)로 억제할 수 있다.

31 원산지가 아프리카에서 열대 아시아 지역에 걸쳐 있어 온실에서 재배해야 되는 식물은?

① 드라세나　　② 수선화

③ 백목련　　　④ 작약

연구 드라세나는 열대 원산의 관엽식물이다.

32 부식의 주된 기능에 해당되지 않는 것은?

① 지력의 상승 효과

② 토양의 물리적 성질 개선

③ 지열의 상승 효과

④ 미생물의 활동 억제 효과

연구 부식은 미생물의 영양원이 되어 유용미생물의 번식을 조장한다.

33 질석이라고 하며 알루미늄실리게이트 원석을 1000℃ 정도로 고열 처리한 것으로 용적을 10~15배 증가시켜 보비성과 보수, 통기성이 우수하므로 원예용 배지로 많이 이용되는 것은?

① 코코피트　　② 펄라이트

③ 피트모스　　④ 버미큘라이트

연구 버미큘라이트(vermiculite)는질석(蛭石)을 1,100℃의 고온으로 처리하여 만든 것으로 모래, 펄라이트, 피트, 이끼 따위와 섞어서 많이 사용한다. 원예용은 직경 2~3mm이다.

34 가을 국화를 재배할 때 꽃눈분화를 유기시켜 개화를 촉진하려면 어떤 재배를 해야 하는가?

① 전조재배　　② 억제재배

③ 차광재배　　④ 촉성재배

연구 가을국화는 단일성 화훼로 차광재배 등으로 단일처리하면 개화가 촉진되고 장일처리하면 개화가 억제된다.

35 농약 처리 중 종자소독에 많이 이용되는 방법은?

① 도포법　　　② 살분법

③ 침지법　　　④ 분의법

연구 침지법은 종자를 농약액 속에 담가서 소독하는 방법이다.

36 포인세티아의 잎이 황화현상을 일으키는 원인이 아닌 것은?

① 5℃ 이하 저온

② 칼륨 부족

③ 몰리브덴 부족

④ 강한 햇볕 재배

연구 포인세티아는 햇빛이 충분한 곳에서 기르는 것이 좋다.

37 주로 고온 건조할 때 장미과, 국화과, 백합과 등에 심한 피해를 입히며, 각종 해충 중에서 농약에 대한 저항성을 가장 잘 갖는 것은?

① 선충　　　　② 응애

③ 딱정벌레　　④ 혹파리

연구 응애류는 고온건조하고 환기가 좋지 않을 때 많이 발생한다. 잡초, 피복물 등에서 월동하고 잎 뒷면에서 흡즙한다.

30 ②　31 ①　32 ④　33 ④　34 ③　35 ③　36 ④　37 ②

38 구근류에 대한 분류 특성 설명으로 옳지 않은 것은?

① 구근류는 식물의 잎, 줄기, 뿌리 등의 일부분이 비대해진 것이다.

② 구근류에는 비늘줄기, 덩이줄기, 구슬줄기, 뿌리줄기, 덩이뿌리 등으로 구분한다.

③ 구근은 일반적으로 휴면했다가 다시 생육한다.

④ 분화로 재배하는 시클라멘은 열대지방 원산이다.

연구 시클라멘은 지중해 원산으로 여름에는 시원하고 겨울에는 따뜻한 기후를 좋아한다.

39 다음 중 과(科, family name)가 다른 것은?

① 생열귀나무

② 매실나무

③ 물싸리

④ 화살나무

연구 생열귀나무, 매실나무, 물싸리는 장미과이고 화살나무는 노박덩굴과이다.

40 배나무 붉은별무늬병의 중간기주로 가장 적당한 것은?

① 향나무   ② 측백나무

③ 탱자나무   ④ 아까시나무

연구 배나무 과수원 근처에는 향나무의 식재를 피해야 한다.

41 춘식구근(春植球根)에 해당하는 것은?

① 크로커스   ② 무스카리

③ 아마릴리스   ④ 튤립

연구 아마릴리스, 칸나, 달리아 등은 노지에서 월동이 불가능하여 봄에 심어야 하는 춘식구근이다.

42 저온, 고온, 건조 등의 부적합한 환경으로 식물의 생장이 정지되는 현상은?

① 생장기   ② 화아분화

③ 춘화작용   ④ 휴면

연구 휴면(休眠)은 작물이 일시적으로 생장활동을 멈추는 생리현상을 말하며 작물은 대부분 휴면한다. 휴면은 식물 자신이 처한 불량환경의 극복수단이다.

43 인편(鱗片)번식을 주로 하는 구근은?

① 칸나   ② 백합

③ 아네모네   ④ 글라디올러스

연구 백합은 줄기가 짧고 잎이 비대한 인편 형태의 구근을 가지고 있다.

44 다음 중 백합과에 속하지 않는 식물은?

① 마란타   ② 산세베리아

③ 드라세나   ④ 아스파라거스

연구 마란타는 마란타과에 속한다.

45 카네이션 동공화 발생이 쉬운 조건은?

① 여름철 강한 햇빛과 고온

② 겨울철 저온과 단일

③ 봄, 가을철의 건조

④ 장마기의 다습

연구 카네이션 동공화는 꽃잎 수가 적어지고 꽃의 지름이 작아지며, 때로는 홑꽃으로 피기도 한다.

46 복숭아 개심자연형 수형 구성 시, 주간에서 발생된 주지의 분지각도가 동일할 때 가장 왕성하게 자라는 주지는?

① 1단주지   ② 2단주지

③ 3단주지   ④ 4단주지

연구 주지는 지표면에서 가까울수록 강하게 자라는 특성이 있으므로 1단주지의 분지각도를 제일 넓게 조절해 준다.

38 ④   39 ④   40 ①   41 ③   42 ④   43 ②   44 ①   45 ①   46 ①

47 산성토양에서 생육이 가장 양호한 과수는?

① 포도
② 무화과
③ 복숭아
④ 사과

연구 복숭아는 토양에 대한 적응성이 넓어 물빠짐만 잘 되면 아무 토양에서나 잘 자란다.

48 유목원에서의 가장 적당한 시비방법은?

① 윤구시비(輪溝施肥)
② 구덩이식 시비
③ 조구시비(條溝施肥)
④ 전원(全園)시비

연구 유목원에서는 나무 주위를 둥글게 파서 시비하는 윤구시비가 가장 적당하다.

49 다음 중 포도나무 꽃떨이현상(花振現象)의 발생 원인이 아닌 것은?

① 질소 과다 시용, 강전정 등으로 수세가 강한 경우
② 저장양분 부족으로 수세가 쇠약한 경우
③ 토양수분의 급격한 변화
④ 개화기 기상 불량 및 붕소 결핍

연구 꽃떨이현상은 꽃이 잘 피지 않거나 꽃봉오리가 말라 죽어 포도알이 드문드문 달리는 것으로 양분 부족, 질소 과용, 붕소 결핍 등이 원인이다. 질소를 적절히 시비하고 결실량을 줄이며 붕소를 시비한다.

50 구용성 인산 이외에 고토(Mg) 성분이 15~18% 함유되어 있는 인산질 비료는?

① 과인산석회
② 중과인산석회
③ 용성인비
④ 용과린

연구 용성인비는 인광석을 가열하여 만드는 인산질 비료이다.

51 포도의 번식방법으로 이용되기 어려운 꺾꽂이 방법은?

① 접삽법
② 한눈꽂이
③ 경지삽
④ 녹지삽

연구 접삽법은 절화용 장미에 이용되고 있다.

52 복숭아 백도(우연 실생) 품종의 숙기는? (단, 중부지방을 기준으로 한다.)

① 7월 상순
② 8월 하순
③ 9월 중순
④ 9월 하순

연구 복숭아 백도의 숙기는 8월 하순으로 만생종이다.

53 묘목의 선택에 있어서 적합하지 않은 것은?

① 품종 및 대목이 정확할 것
② 웃자란 묘목일 것
③ 뿌리 발달이 좋을 것
④ 병균, 해충이 없을 것

연구 수세(樹勢)가 왕성하고 조직이 충실하며 웃자라지 않은 묘목을 선택한다.

54 복숭아나무에 일어나는 기지현상을 일으키는 유해물질은 수체의 어느 부위에 가장 많이 함유되어 있는가?

① 뿌리
② 가지
③ 잎
④ 과실의 핵

연구 연작에 의한 기지현상을 일으키는 유해물질은 대부분 뿌리 부위에 함유되어 있다.

47 ③　48 ①　49 ③　50 ③　51 ①　52 ②　53 ②　54 ①

55 다음 중 포도나무에 문제가 되는 해충으로 저항성 대목을 이용하여 예방이 가능한 것은?

① 포도유리나방
② 포도쌍점매미충
③ 포도뿌리혹벌레
④ 진거위벌레

연구 뿌리에 기생하는 포도뿌리혹벌레(필록세라)는 저항성 대목을 이용하여 예방한다.

56 다음 중 엽면시비의 효과가 가장 낮은 것은?

① 요소
② 붕산
③ 황산암모늄
④ 인산칼륨

연구 엽면시비에 이용되는 무기염류는 철(Fe), 붕소(B), 아연(Zn), 망간(Mn), 칼슘(Ca), 마그네슘(Mg) 등 각종 미량원소와 질소질비료 중 요소 등이 있다.

57 다음 중 배나무줄기마름병과 가장 관련이 있는 것은?

① 주로 어린나무에 많이 발생한다.
② 병원균은 균사의 형태로 이병엽에서 월동한다.
③ 잎에는 뒷면에 발생한다.
④ 한해로 상처를 받거나 습지에서 자라나는 나무에 많이 발생한다.

연구 배수가 좋지 않은 토양에서 잘 발생하고, 병원균이 상처 부위로 침입한다.

58 포도의 꺾꽂이 시기로 가장 알맞은 것은?

① 3월 중순 ~ 4월 상순
② 5월 상순 ~ 6월 중순
③ 8월 중순 ~ 8월 하순
④ 9월 상순 ~ 9월 중순

연구 포도는 꺾꽂이가 쉬운 편이나 저항성 대목에 접목한 묘목을 이용하는 것이 유리하다.

59 다음 중 에틸렌 발생이 촉진되는 원인과 관계가 먼 것은?

① 진동, 충격, 압상
② 병해 또는 장해
③ 수분 스트레스
④ 저농도의 산소

연구 식물호르몬의 일종인 에틸렌은 과일의 숙성이나 외부에서의 옥신 처리, 스트레스, 상처 등에 의해 발생된다.

60 사과의 저장 중에 보이는 고두병을 억제하기 위해서 사용하는 화학물질은?

① 붕소
② 염화칼슘
③ 이산화황
④ 2,4 −D

연구 사과의 고두병은 사과 껍질에 갈색반점이 발생되고 껍질을 벗기면 스폰지 모양으로 갈변하는 변색 증상으로 칼슘 결핍이 원인이다.

01 온실의 피복자재로서 유리를 이용할 때 장점으로 틀린 것은?

① 내구성 ② 불연성
③ 보온성 ④ 내충격성

연구 유리는 투과성, 내구성, 보온성이 우수하나 충격에 약하고 시설비가 많이 든다.

02 점토광물 중 규산층과 알루미나층이 1:1의 비율로 결합된 것으로 보통 고령토(高嶺土)라고 불리는 것은?

① 카올리나이트 ② 일라이트
③ 몬모릴로나이트 ④ 버미큘라이트

연구 카올리나이트는 적색 또는 회색 포드졸 토양의 주요 점토광물이며, 우리나라의 토양도 카올리나이트 점토가 대부분이다.

03 시설원예에서 투과 광량을 증대시켜야 생산량을 증대시킬 수 있다. 하우스 내 광량을 증대시키는 방법이 아닌 것은?

① 골조율을 높인다.
② 시설방향을 조절한다.
③ 반사광 이용시설을 한다.
④ 피복자재를 신중히 선택한다.

연구 골조는 거의 불투명체로 그 비율이 커질수록 광선의 차단율은 커진다.

04 밀폐된 하우스 내의 채소작물의 광합성을 저해하며 생육에 부진한 영향을 미치는 요인은?

① 비료의 과용 ② 수분의 과다
③ 일산화탄소 부족
④ 이산화탄소 부족

연구 밀폐된 시설 내에서 식물을 재배하면 광합성에 의한 탄산가스의 일방적인 소모로 주변의 탄산가스가 감소하며, 보통 오전 11~12시경에는 노지에 비해 탄산가스농도가 낮다.

05 공정 육묘용 트레이 중에서 육묘기간이 가장 짧은 작물에 쓰이는 것은?

① 162구 ② 105구
③ 72구 ④ 50구

연구 트레이는 작물의 종류, 모의 크기, 사용횟수에 따라 강도 및 재질이 달라야 하며 구멍 수는 1판당 50~512개로 다양하다. 구멍 수가 많을수록 상토의 양이 작아 세심한 관리가 필요하다.

06 하우스 내의 토양에서 염류집적으로 작물에 농도 장해가 발생할 때 장해대책으로 가장 부적합한 것은?

① 여름에 피복물을 제거하여 준다.
② 땅을 깊이 갈아 엎어준다.
③ 관수를 충분히 하여 용탈시켜 준다.
④ 흡비력이 약한 작물을 윤작한다.

연구 시설원예지에서 윤작이 가능한 제염작물(지력소모작물, 흡비작물)은 옥수수, 보리, 수수, 호밀, 귀리, 이탈리안라이그래스 등의 화본과작물이다.

07 관행육묘와 비교한 공정육묘의 재배적 측면의 특징으로 옳은 것은?

① 모의 생육상태가 불균일하다.
② 기계화가 불가능하다.
③ 육묘주체는 전업형 대량생산이다.
④ 육묘가 장기간 소요된다.

연구 공정육묘는 집약적이고 규격화된 모를 생산하므로 경지이용률을 향상시키고 대량생산을 한다.

1 ④ 2 ① 3 ① 4 ④ 5 ① 6 ④ 7 ③

08 산성토양에서 토마토를 재배할 경우 가장 나타나기 쉬운 생리장해는?

① 난형과　　　　② 이상경
③ 공동과　　　　④ 배꼽썩음병

연구 토마토 배꼽썩음병은 칼슘 부족이 원인이다.

09 태양에너지와 물, 공기에 의해 광합성 작용으로 얻어지는 것을 무엇이라 하는가?

① 오존　　　　　② 탄수화물
③ 엽록소　　　　④ 전분

연구 탄수화물은 탄소와 물 분자로 이루어진 유기화합물로 녹색식물의 광합성으로 생긴다. 포도당, 과당, 녹말 등이 있다.

10 다음 중 시설 내 탄산가스의 제어방법이라 볼 수 없는 것은?

① 시설 내 환기
② 관수
③ 유기물 사용
④ CO_2 발생기

연구 관수는 시설 내의 수분 공급 방법이다.

11 다음 중 1층 커튼의 피복재별 열절감 효과가 가장 큰 재료는?

① 폴리에틸렌필름
② 염화비닐필름
③ 부직포
④ 알루미늄증착필름

연구 알루미늄증착필름은 반사필름으로 열절감률이 크다.

12 살균, 살선충, 살충효과가 있는 토양소독제로 가장 적당한 것은?

① 클로로피크린제

② D-D제
③ EDB제
④ DCI제

연구 클로로피크린(chloropicrin)은 토양 훈증 소독제이다.

13 다음 중 광합성량과 호흡량이 같다면 식물의 상태로 가장 적당한 것은?

① 생육이 왕성해진다.
② 말라 죽는다.
③ 생육이 정지된다.
④ 냉해 피해가 발생된다.

연구 광합성량이 호흡량보다 많아야 동화물질이 생성되어 식물의 생육이 가능하다.

14 양액재배에서 양액의 pH가 낮아졌을 때 양액 pH를 높이기 위하여 투입하는 것은?

① 질산　　　　　② 인산
③ 황산　　　　　④ 수산화나트륨

연구 양액의 pH를 높이기 위해서는 수산화나트륨이나 수산화칼륨을, 양액의 pH를 낮추는 데는 황산이나 질산을 사용한다.

15 다음 중 시설 내 온도환경의 특성에 대한 설명으로 틀린 것은?

① 일교차가 작다.
② 온도분포가 불균일하다.
③ 시설 밖의 바람에 영향을 받는다.
④ 시설 내 온도상승은 들어오는 광량에 영향이 크다.

연구 시설 내의 열은 피복재에 의해 외부로의 방열이 어느 정도 차단되어 시설 내에 계속 축적되어 바깥에 비해 두드러지게 높아지며, 야간에 가온을 하지 않을 때는 외기온과 거의 같은 수준으로 낮아져 온도교차가 매우 커지게 된다.

8 ④　9 ②　10 ②　11 ④　12 ①　13 ③　14 ④　15 ①

16 고추의 육묘 시 광선이 약했을 때 발생되는 피해가 아닌 것은?

① 모종이 웃자란다.
② 꽃망울이 많이 떨어진다.
③ 줄기가 가늘어진다.
④ 곁가지가 많이 발생한다.

연구 곁가지를 제거하면 햇빛과 통풍상태가 개선되어 병해충 발생이 감소하고 생육이 좋아진다.

17 뿌리의 머리 부분, 잎자루 및 잎이 수침상으로 되어 썩으면서 악취가 나는 무의 병해는?

① 역병
② 균핵병
③ 무름병
④ 검은빛썩음병

연구 무름병은 주로 상처를 통해 감염되며 병반 주위가 흐물흐물하게 물러지면서 썩고 악취가 나기도 한다.

18 수박의 가장 알맞은 수확기는?

① 수분 후 30 ~ 35일
② 수분 후 45 ~ 50일
③ 수분 후 50 ~ 60일
④ 수분 후 70 ~ 80일

연구 수박은 착과 후 30~35일경에 수확을 할 수 있게 된다.

19 종자가 발아해서 뿌리와 줄기가 되는 부위는?

① 배
② 배젖
③ 외피
④ 흡수층

연구 배(胚)는 배낭 속의 난핵과 꽃가루관에서 온 정핵의 하나가 수정한 결과 생긴 것으로 장차 식물체가 되는 부분이다.

20 채소의 종류 중 생육 후반기에 거름이 과잉되면 상품성이 극히 떨어지는 작물은?

① 토마토
② 오이
③ 양파
④ 시금치

연구 양파는 생육 후반기에 밑거름을 다량 시비하면 뿌리에 양분이 과잉 흡수되어 잎줄기에 굴곡이 발생하고 노균병의 발생도 증가하여 상품성이 떨어진다.

21 동일한 파종조건에서 10a당 종자 파종 소요량이 부피로 가장 많은 것은?

① 가지
② 호박
③ 토마토
④ 오이

연구 가지 : 20~40㎖, 호박 : 2ℓ
토마토 : 40 ~ 60㎖, 오이 : 0.8~1㎗

22 농약을 1000배액으로 만들어 살포하고자 한다. 물 200L에 농약 원액을 얼마나 넣어야 하는가?

① 10mL
② 100mL
③ 200mL
④ 1000mL

연구 일반적으로 1,000배액을 만들때 액체농약은 물 1L에 농약 1mL를 가하고 고체농약은 물 1L 에 농약 1g을 가한다.

23 당근에서 뿌리의 색소인 카로틴의 축적이 잘 되는 토양 조건은?

① 약간 건조하고 통기성이 좋은 토양
② 약간 다습하고 통기성이 좋은 토양
③ 매우 다습하고 통기성이 나쁜 토양
④ 매우 건조하고 통기성이 좋은 토양

연구 표토가 깊고 유기질이 풍부하며 통기, 보수, 배수가 잘 되는 모래참흙이 가장 좋다. 당근을 배수가 불량한 토양에서 재배하면 열근, 잔뿌리증대, 착색불량 등으로 상품가치가 떨어진다.

---

16 ④ 17 ③ 18 ① 19 ① 20 ③ 21 ② 22 ③ 23 ①

24 다음 중 반활물기생균(임의기생균)에 대한 설명이 바른 것은?

① 생활력이 있는 식물체에서만 기생하여 그 동화산물이나 대사물질을 영양원으로 섭취하는 것

② 원칙적으로 생활력 있는 기주식물에서 기생생활을 하나 조건에 따라서는 생활력이 없는 유기물에서도 생활하는 것

③ 생활력이 없는 유기물에서 잘 생활하나 조건에 따라서는 생활조직을 침해하는 것

④ 항상 생활력이 없는 유기물에 기생하여 생활하면서 생활력 있는 조직을 침해할 수 없는 것

연구 사과나무 검은별무늬병균은 자연계에서 균의 생활사를 완성하기 위해 반드시 기주식물에서 기생생활을 영위한 후에 같은 기주식물의 죽은 조직 속에서 부생생활을 하는 반활물기생균이다.

25 좋은 모종의 구비조건으로 틀린 것은?

① 병충해가 없어야 한다.

② 잔뿌리가 그루 가까이에 많이 난 모종이어야 한다.

③ 잎이 크고 두꺼워야 한다.

④ 줄기가 가늘고 마디 사이가 길어야 한다.

연구 줄기 굵기, 마디 사이, 잎의 크기 등이 적당하고 활력이 좋아야 한다.

26 채소의 생육에 가장 적당한 토양수분 함량으로 가장 적당한 것은?

① 포장용수량의 30 ~ 50%

② 최대용수량의 30 ~ 40%

③ 포장용수량의 60 ~ 70%

④ 최대용수량의 60 ~ 80%

연구 채소의 경우 보통 토양수분 함량이 포장용수량의 60~70% 정도가 생식생장 및 영양생장에 알맞다.

27 딸기가 가지고 있는 줄기의 형태는?

① 로제트상으로 자란 후 화아분화하여 직립한다.

② 포복하여 자라면서 개화기에는 단축경이 된다.

③ 덩굴성의 러너가 발생하여 포복경을 형성한다.

④ 단축경에서 잎이 나오며 액아의 일부는 러너가 된다.

연구 어미포기에서 나오는 러너 끝의 2~3번째 생기는 새끼모를 채취하여 모종으로 사용하며, 화방은 어미포기의 반대쪽인 러너의 진행방향에서 나온다.

28 채소를 재배하는 밭에서 주로 발생하는 광엽 다년생 잡초의 종류로만 짝지어진 것은?

① 밭둑외풀 – 올방개

② 올미 – 물달개비

③ 쇠뜨기 – 메꽃

④ 방동사니 – 피

연구 올방개, 올미 : 다년생 논잡초, 물달개비 : 1년생 논잡초, 방동사니, 피 : 1년생 잡초

29 토마토 풋마름병의 진단으로 가장 적합한 방법은?

① 냄새를 맡아 본다.

② 줄기를 잘라 도관을 검사한다.

③ 건전한 작물체와 무게를 비교한다.

④ 뿌리의 변색을 조사한다.

연구 토마토 풋마름병은 급격히 시드는 것이 특징으로 병원균이 식물체 내에서 증식이 활발해서 도관 내에 껌(gum)과 같은 물질이 생기거나 혹과 같은 물질이 형성되어 도관부가 막혀 시들어 죽는다. 도관부의 갈변은 시들음병과 유사하므로 줄기를 절단하여 맑은 유리컵에 담근 후 30초 내지 1~2분 후에 줄기 절단면에서 유백색의 물질이 분출하면 풋마름병으로 진단한다.

24 ②   25 ④   26 ③   27 ④   28 ③   29 ②

30 다음 중 생장조절제로 분류하는 것은?

① 클로로피크린　② 에테폰제

③ 칼탑제　　　　④ 메프제

연구 에테폰은 식물체 내에서 에틸렌을 발생시키는 에틸렌 발생제로 식물생장조절제이다.

31 독립된 2개의 식물 일부를 깎아 2개의 식물이 뿌리가 달린 채 접하는 방법으로 사과나무 고접병을 방지하기 위하여 주로 사용되는 것은?

① 아접(눈접)　② 깎기접

③ 기접　　　　④ 녹지접

연구 사과는 고접병 발생 방지를 위하여 먼저 실생모를 기접한 후 고접(높이접)을 실시하는 것이 좋다.

32 일반적으로 과수원의 위치가 가장 적합한 곳은?

① 습기가 많은 북향으로 경사진 곳

② 주위가 산으로 막혀있고 지대가 낮은 곳

③ 햇볕이 잘 들고 물 빠짐도 좋은 곳

④ 토심이 깊고, 유기물이 적은 곳

연구 물빠짐이 좋고 보수력이 있는 모래참흙으로 토양유기물을 많이 함유한 약산성 내지 중성의 토양이 바람직하다.

33 수화제로 된 농약을 가지고 1000배액으로 희석 조제하려 한다. 그러면 일반적으로 농가에서는 물 20L에 얼마만한 농약을 넣어야 하는가?

① 10g　　　　② 20g

③ 30g　　　　④ 40g

연구 일반적으로 1,000배액을 만들 때 액체농약은 물 1L에 농약 1mL를 가하고 고체농약은 물 1L에 농약 1g을 가한다.

34 다음 중 충매화(蟲媒花)의 설명으로 가장 적합한 것은?

① 바람에 의해서 꽃가루가 옮겨지는 꽃

② 벌, 나비 등을 잡아먹는 꽃

③ 곤충에 의해서 꽃가루가 옮겨지는 꽃

④ 벌, 나비 등이 찾아가지 않는 꽃

연구 곤충에 의해서 꽃가루가 운반되어 수분이 이루어지는 꽃을 말한다.

35 과수에 엽면시비를 하기 위한 살포제의 농도로 틀린 것은?

① 요소 : 0.5% 정도

② 황산칼륨 : 0.5 ~ 1%

③ 붕사 : 0.6 ~ 1.2%

④ 황산아연 : 0.25 ~ 0.4%

연구 붕사의 살포 농도는 0.1~0.3% 정도이다.

36 과수에서 조기 낙과의 원인이 아닌 것은?

① 암술의 발육불완전

② 질소의 과다

③ 토양 건조

④ 해거리

연구 해거리는 개화·결실량이 너무 많아 나무의 영양이 과다하게 소모되어 그 다음해의 결실이 불량해지는 것으로 해거리를 하는 해는 화아분화가 많이 되므로 강전정하여 다음해의 결실을 조절한다.

37 다음 중 남부지방에서 감꼭지나방의 2화기 성충 발생시기는?

① 10 ~ 11월　② 5 ~ 6월

③ 3 ~ 4월　　④ 7 ~ 8월

연구 감꼭지나방 성충은 5월 중하순~6월 상순, 7월 중하순~8월 상중순 등 연 2회 발생하며 노숙유충태로 가지의 잘린 부위 등에 고치를 짓고 월동한다.

30 ②　31 ③　32 ③　33 ②　34 ③　35 ③　36 ④　37 ④

38 유효수분량이 가장 적은 토양은?

① 모래
② 참흙
③ 질흙
④ 모래참흙

연구 유효수분량이 많은 것은 질흙 〉 참흙 〉 모래참흙 〉 모래의 순이다.

39 사과나무의 원줄기, 원가지, 가지 등의 상처 부위를 통해 감염된다. 4월에서 10월에 피해 증상이 심하게 나타나는데 피해부위가 갈색으로 변하고, 알코올 냄새가 난다. 6월에는 병환부위에 검은 점이 돋아나는 병은?

① 부패병
② 부란병
③ 탄저병
④ 갈색점무늬병

연구 사과 부란병은 상처 부위를 통해 감염되며 피해 부위가 갈색으로 변하고 알코올 냄새가 난다.

40 주로 M9나 M26과 같은 왜성 대목묘의 밀식재배에 가장 적합한 사과나무 정지법은?

① 변칙주간형정지법
② 개심자연형정지법
③ 배상형정지법
④ 방추형정지법

연구 방추형정지법은 왜화성 사과나무의 축소된 원추형과 비슷하다.

41 골든딜리셔스의 CA저장 시 적당한 CO_2 농도는?

① 1 ~ 2%
② 3 ~ 5%
③ 7 ~ 10%
④ 11 ~ 13%

연구 CA저장에서 이산화탄소는 보통 1~8% 정도로 조절한다. 특히 후지는 3%, 딜리셔스와 골든딜리셔스는 1~2% 정도로 조절하여 저장한다.

42 복숭아 품종이 아닌 것은?

① 창방조생
② 대구보
③ 백봉
④ 백가하

연구 백가하는 매실의 품종이다.

43 복숭아나무의 일소현상이 많이 나타나는 경우가 아닌 것은?

① 개심자연형으로 심었을 경우
② 원줄기가 햇빛에 노출될 경우
③ 토양이 건조할 경우
④ 모래땅에 심겨진 경우

연구 개심자연형은 원줄기를 길게 하지 않고 2~3개의 원가지를 위아래로 붙여 만든다. 복숭아, 배, 매실, 감귤, 자두 등에 적합한 수형이다.

44 우리나라에서 육종한 품종은?

① 유명백도
② 홍옥
③ 캠벨얼리
④ 장십랑

연구 복숭아 품종 중 유명백도는 국내 육성품종으로 통조림용으로 많이 이용된다.

45 다음 중 배나무에 발생하지 않는 병은?

① 줄기마름병
② 검은무늬병
③ 붉은별무늬병
④ 꽃썩음병

연구 꽃썩음병(화부병)은 사과나무와 참다래에서 발생한다.

46 다음 광선량의 다소에 따른 분류 중 음성 화훼에 속하는 것은?

① 채송화
② 아스파라거스
③ 살비아
④ 페튜니아

연구 음성 화훼는 잎이 비교적 넓고 그루당 잎 수가 적으며 음지에서 잘 자라는 화훼로 프리뮬러, 옥잠화, 아스파라거스, 양치식물, 철쭉, 백량금 등이 있다.

---

38 ① 39 ② 40 ④ 41 ① 42 ④ 43 ① 44 ① 45 ④ 46 ②

47 페튜니아는 어느 과(科)에 속하는가?

① 국화과　　　② 가지과

③ 앵초과　　　④ 아욱과

연구 페튜니아, 담배, 꽈리, 고추 등은 가지과에 속한다.

48 하우스 자재 중 환기창 부분에 틈새가 나기 쉬우며, 골격률이 커서 투광률이 낮게 되는 것은?

① 형강재

② 목재

③ 철재 파이프

④ 합금재

연구 목재는 골격률이 크고 투광률의 감소로 뒤틀리고 틈새가 발생하며 내구성이 적어 점차 사용이 줄어들고 있다. 요즘에는 재질이 우수한 철재 또는 경합금재가 많이 이용된다.

49 다음 벤로(Venlo)형 온실의 특징 설명으로 부적합한 것은?

① 양지붕 연동형 온실의 결점을 개선한 온실이다.

② 지붕이 높고 골격률이 높아 시설비가 많이 든다.

③ 환기창의 면적이 많으므로 환기능률이 높은 장점이 있다.

④ 벤로형 온실의 골격률은 12% 이다.

연구 벤로형 온실은 처마가 높고 폭 좁은 양지붕형 온실을 연결한 것으로 연동형 온실의 결점을 보완한 것이다. 골격자재가 적게 들어 시설비가 절약되고, 광투과율이 높다.

50 화훼류에 발생하는 병해 중 파종상에서 발생이 많아 반드시 파종 용토를 소독해서 써야 하는 병은?

① 흰가루병

② 잿빛곰팡이병

③ 탄저병

④ 입고병

연구 입고병(모잘록병)은 식물의 줄기 중 땅 가까운 부위에 발생하며 어린 모의 줄기가 연화되고 잘록해지다 말라죽는 토양전염성병으로 우기에 많이 발생한다.

51 히아신스의 인공분구법으로 맞는 것은?

① 스케일링(Scaling)

② 노칭(Notching)

③ 커팅(Cutting)

④ 그라프팅(Grafting)

연구 노칭은 구근의 밑부분(단축경, basal plate)이나 중심부에 인공적인 상처를 내어 그 상처난 부분에 자구 형성을 유도하여 증식하는 방법이다.

52 장미의 T자 눈접(아접) 시기는?

① 2 ~ 3월　　　② 4 ~ 5월

③ 8 ~ 9월　　　④ 10 ~ 11월

연구 잎자루가 붙은채로 눈을 방패형으로 깎아 삽수로 하고 대목에 T자형으로 껍질을 갈라 삽수를 넣어 묶는 방법으로 장미, 벚나무의 접목에 많이 활용한다. 눈이 충실하고 나무껍질이 잘 벗겨지는 8월 중순~9월 상순이 적기이다.

53 밀폐된 하우스 내에서 광합성을 증대시키기 위하여 필요한 장치는?

① 스프링클러 장치

② 팬 앤 패드 장치

③ 팬 앤 포그 장치

④ 이산화탄소 발생장치

연구 밀폐된 시설 내에서 식물을 재배하면 광합성에 의한 탄산가스의 일방적인 소모로 주변의 탄산가스가 감소하므로 이산화탄소 발생기로 강제순환 시킨다.

47 ②　48 ②　49 ②　50 ④　51 ②　52 ③　53 ④

54 카네이션 바이러스 무병주 생산에 가장 적합한 방법은?

① 접목번식 배양
② 꺾꽂이 배양
③ 생장점 배양
④ 잎꽂이 배양

연구 생장점 배양의 목적은 무병주(virus free) 개체의 증식이다.

55 살수형 관수로 화훼재배를 할 때 어느 정도 이상의 수압(kg/㎠)이 필요한가?

① 0.2 ② 0.5
③ 0.7 ④ 1.0

연구 미세한 물방울을 수평방향으로 넓게 살수할 수 있는 살수형 관수는 고정식은 1kg/㎠ 이상, 회전식은 2.8kg/㎠ 이상의 수압이 필요하다.

56 난과(蘭科)식물의 생장점 배양에서 생장점 채취가 불가능한 부분은?

① 꽃눈
② 꽃대의 곁눈
③ 줄기의 숨은 눈
④ 새눈의 끝눈과 곁눈

연구 난류는 씨앗에 배젖이 없어 발아 직후 죽어 버리므로 배배양한다.

57 다음 중 달리아(dahlia)의 번식방법으로 가장 부적당한 것은?

① 실생
② 삽목
③ 분구
④ 휘묻이

연구 휘묻이(취목)는 살아있는 가지 일부분의 껍질을 벗겨 땅속에 묻어 뿌리를 내리는 방법으로 삽목이 어려운 경우에 이용한다.

58 잎맥의 교차점을 잘라 꽂거나 교차점에 상처를 내어 잎꽂이(葉揷)하는 화훼는?

① 산세베어리아
② 렉스베고니아
③ 동백
④ 페페로미아

연구 잎꽂이는 줄기를 제외한 잎과 잎자루를 잘라 배양토에 꽂아 뿌리를 내리고 새로운 잎과 줄기를 만드는 방법이다. 렉스베고니아(관엽베고니아)는 넓은 잎의 잎맥 분기점을 중심으로 잎맥을 따라 자르고 모래 용토에 경사 방향으로 꽂아 번식시킨다.

59 가을뿌림 한두해살이화초에 해당되는 것은?

① 마리골드
② 채송화
③ 아게라텀
④ 시네라리아

연구 시네라리아는 내한성이 약하고 여름의 더위에도 약하기 때문에 우리나라에서는 주로 가을에 종자를 뿌리면 봄에 개화하는 한해살이화초로 이용한다.

60 다음 중 해충의 발육과 변태기간 중 특히 중요한 환경조건은?

① 습도
② 온도
③ 바람
④ 광선

연구 해충의 발육과 변태는 온도와 밀접한 관계를 가지고 있으며 각 단계마다 일정한 온량이 필요하다.

54 ③ 55 ④ 56 ① 57 ④ 58 ② 59 ④ 60 ②

01 환기의 효과로 볼 수 없는 것은?

① 온·습도 조절

② 유해가스 추방

③ 이산화탄소 공급

④ 보온효과 증대

연구 시설 내 환기의 목적은 온도 및 습도의 조절, CO_2의 공급, 유해가스의 추방 등이다.

02 환경 구성 요인에 속하지 않는 것은?

① 기상(氣象)　② 토양(土壤)

③ 생물(生物)　④ 물질(物質)

연구 환경요인에는 광, 온도, 토양, 수분, 양분, 공기, 생물 등이 있다.

03 다음 중 시설재배에서 문제가 되는 유해 가스는?

① 질소가스

② 이산화탄소

③ 아질산가스

④ 풀르오르화수소가스

연구 암모늄태질소에 아질산화성균의 작용으로 아질산태질소가 생긴다. 아질산이 물에 용해되어 질산이 되면 pH는 산성으로 되며 가스화하여 시설 내에 축적되어 잎에 피해가 발생한다.

04 공정육묘의 효과로 볼 수 없는 것은?

① 모종 생산비 절감

② 정식의 기계화 기능

③ 경지 이용률 향상

④ 모종의 취급 및 수송에 불리

연구 공정육묘는 집약적이고 규격화된 모를 생산하므로 모종의 취급 및 수송에 유리하다.

05 다음 중 식물의 즙액을 빨아먹는 흡즙성 해충은?

① 배추흰좀벌레　② 파밤나방

③ 거세미나방　④ 응애

연구 응애는 식물의 잎이나 줄기에 침을 찔러 넣고 세포의 내용물을 빨아먹기 때문에 가해부는 흰 얼룩무늬로 남으며, 열매를 가해하는 수도 있다.

06 유용미생물의 생존을 고려할 때 토양 소독 시 온도를 몇 ℃로 하는 것이 가장 좋은가? (단, 해당 온도로 30분간 소독하는 것을 권장한다.)

① 100℃　② 80℃

③ 60℃　④ 40℃

연구 토양 가열 소독의 권장 온도와 시간은 60℃에서 30분 정도이다.

07 토양수분의 pF값이 3.0이다. 이때 기압의 단위로 환산하면 얼마인가?

① 0.1 bar　② 0.5 bar

③ 1.0 bar　④ 5.0 bar

연구 pF 3의 수분이란 10^3cm(10m) 수주의 압력으로 토양입자에 흡착된 물임을 의미한다. 1기압은 pF = 3이다.

08 육묘 때의 환경과 정식 후의 환경이 달라지므로 모종을 적응하게 하기 위해 필요한 시설은?

① 파종실　② 포장실

③ 경화실　④ 발아실

연구 포장에 정식하기 전 외부 환경에 견딜 수 있도록 모종을 굳히는 것을 경화(硬化, hardening)라 한다.

1④　2④　3③　4④　5④　6③　7③　8③

09 다음 중 토마토, 오이, 고추, 딸기, 셀러리 등 작물의 시설 내 토양의 일반적인 관수 개시 시점으로 가장 적당한 것은?

① pF 0.4 이하
② pF 0.5 ~ 0.9
③ pF 1.0 ~ 1.4
④ pF 1.5 ~ 2.0

연구 관수를 개시하여야 하는 시기는 작물의 종류, 생육단계, 재배시기 등에 따라 달라지나 시설재배에서는 보통 토양수분장력(pF) 1.5~2.0에서 관수를 개시한다.

10 식물 공장의 기대 효과가 아닌 것은?

① 연속 재배 가능
② 농약 사용의 최소화
③ 농가 소득 감소
④ 적은 인력으로 관리용이

연구 노동력과 생산비를 줄이고 고품질의 농산물 생산이 가능하여 농가 소득이 늘어난다.

11 시설 내의 온도교차에 대한 해석으로 올바른 것은?

① 시설 내 · 외의 온도차
② 밤 · 낮의 온도차
③ 재배기간 중 온도의 일변화
④ 하루 중 최고 온도와 최저 온도차

연구 시설 내의 열은 피복재에 의해 외부로의 방열이 어느 정도 차단되어 시설 내에 계속 축적되어 바깥에 비해 두드러지게 높아지며, 야간에 가온을 하지 않을 경우 외기온과 거의 같은 수준으로 낮아져 온도교차가 매우 커진다.

12 다음 중 온실 내부가 고온 건조할 때 발생하기 쉬운 해충은?

① 응애   ② 민달팽이
③ 깍지벌레   ④ 선충

연구 응애류는 고온 건조하고 환기가 좋지 않을 때 많이 발생한다.

13 포장용수량의 용적비가 40%, 관수 전 토양의 함수비가 30%, 뿌리의 분포깊이가 30㎝일 때 1회 관수량은 얼마인가?

① 10㎜   ② 20㎜
③ 30㎜   ④ 40㎜

연구 포장용수량의 상태로 보충할 1회 관수량
= (포장용수량 − 토양함수량) / 100 × 근군의 깊이(㎜)
= (40 − 30) / 100 × 300
= 30㎜

14 다음 중 광포화점이 가장 높은 작물은?

① 완두   ② 고추
③ 수박   ④ 오이

연구 강한 광선을 요구하는 수박, 토마토 등은 광포화점이 높다.

15 수경재배 시의 배지의 종류 중 산도(pH)가 가장 낮은 것은?

① 버미큘라이트
② 펄라이트
③ 피트모스
④ 훈탄

연구 피트모스는 이탄지(泥炭地)의 하층에 있는 초탄(草炭)으로 난의 재배에 귀중한 재료이다. 일반토양에도 섞어서 사용하며 산성을 띠므로 양치류, 철쭉류, 베고니아 재배에 좋은 성적을 올릴 수 있다.

16 일반적으로 참외의 1개의 아들덩굴 적정 유인 본수는?

① 2본   ② 6본
③ 8본   ④ 12본

연구 2덩굴 유인재배는 수량과 상품과율이 높고 수확기도 빠르며 작업이 용이한 장점을 가지고 있다.

9 ④   10 ③   11 ④   12 ①   13 ③   14 ③   15 ③   16 ①

17 시설하우스 토양 내에 가장 많이 집적되는 염류의 종류는?

① 염소
② 마그네슘
③ 칼륨
④ 질산태질소

연구 시설토양에 집적되는 염류 중 가장 큰 비중을 차지하는 것은 질산태질소와 칼슘이며 염소, 마그네슘, 나트륨, 칼륨 등도 많이 집적된다.

18 토양의 구조에서 단립(單粒)구조의 특성으로서 알맞은 것은?

① 공극량이 적다.
② 공기의 유통이 좋다.
③ 수분이 알맞게 간직된다.
④ 작물 생육에 적합하다.

연구 단립구조(홑알구조, 單粒構造)는 토양입자가 독립적으로 존재하는 것으로 대공극이 많고 소공극이 적으며 수분이나 비료의 보유력은 작다.(모래, 미사 등)

19 다음 중 풋마름병이 발생하는 채소는?

① 양배추　　② 가지
③ 당근　　　④ 배추

연구 풋마름병은 어린 잎이 시들고 점차 식물 전체가 푸른색을 띠며 시든다. 토마토, 고추, 가지, 감자 등에 발생한다.

20 다음 중 가지 꽃 형태 가운데 착과가 가장 잘 되는 꽃 형태는?

① 단화주화(短花株花)
② 중화주화(中花株花)
③ 불완전화(不完全花)
④ 장화주화(長花株花)

연구 암술과 수술의 고저에 따라서 수술보다 암술의 위치가 높은 곳에 있으면 장화주화라 하고, 수술보다 암술의 위치가 낮은 곳에 있으면 단화주화라 한다.

21 오이나 수박을 호박에 접붙이기하여 기르는 이유로 틀린 것은?

① 흡비력이 높아진다.
② 덩굴쪼김병이 방지된다.
③ 이어짓기 피해를 줄일 수 있다.
④ 암꽃의 수가 많아진다.

연구 수박은 덩굴쪼김병이 발생할 수 있으므로 호박 대목에 접목하여 재배한다.

22 다음 시설재배용 오이품종으로서 갖추어야 할 구비조건이 틀린 것은?

① 저온 신장성이 강하다.
② 단위결과성이 강하다.
③ 마디사이가 길다.
④ 약한 광선에서 잘 자란다.

연구 시설재배용 오이는 신장성이 강하고 약광에서도 생육이 왕성하며 단위결과성이 높고 적당한 다다기성(절성형)을 갖추어야 한다.

23 외지붕형 단독 온실 또는 위도가 높은 지역에서 저온기에 촉성재배를 할 경우에 하우스를 설치하는 방향으로 가장 이상적인 것은?

① 남북동　　② 동남동
③ 동서동　　④ 북서동

연구 동서동은 한쪽 지붕만 있는 시설로 동서 방향의 수광각도가 거의 수직이다. 북쪽벽 반사열로 온도상승에 유리하고 겨울에 채광·보온이 잘 된다.

24 농약의 살충작용이 해충의 소화기 내에서 작용하는 것은?

① 독제　　　② 접촉제
③ 훈증제　　④ 침투성 살충제

연구 해충이 약제를 먹으면 중독을 일으켜 죽이는 소화중독제로 대부분의 유기인계 살충제가 해당된다.

17 ④　18 ①　19 ②　20 ④　21 ④　22 ③　23 ③　24 ①

25 다음 중 전열온상의 단점에 해당하는 것은?

① 설치하기 쉽다.
② 철거하기 쉽다.
③ 건조하기 쉽다.
④ 온도조절이 쉽다.

연구 전열온상은 전류의 저항으로 발생하는 열을 이용하는 것으로 양열온상에 비해 온도 조절이 자유롭고 쉬우며 시설이 간단하고 노동력이 적게 든다.

26 무의 발아기에 5℃ 이하 저온과 생육기간 중에는 하루 평균 온도가 12℃ 이하로 일정기간이 지나면 저온 감응되어 일어나는 현상은?

① 생육촉진
② 화아분화
③ 분얼
④ 포기앉기

연구 시설 무의 육묘이식 재배는 저온감응에 의한 꽃눈분화를 억제하기 위해 실시한다.

27 강물이 운반하여 온 흙과 모래가 쌓여서 이루어진 토양으로 배수가 잘 되고 비옥하기 때문에 대부분의 채소재배에 적합한 토양은?

① 대적토
② 충적토
③ 홍적토
④ 화산회토

연구 물에 의해 운반 및 퇴적되는 토양으로 상류에는 자갈, 모래 등이 하류에는 실트, 점토, 입자가 작은 모래질 등이 차례로 퇴적되어 형성된 토양을 충적토라한다.

28 채소의 접목방법 중 공정육묘장에서 플러그 육묘 시 주로 사용하는 접목방법이 아닌 것은?

① 삽접
② 호접
③ 핀접
④ 편엽합접

연구 관행육묘에서는 삽접과 호접 등을 많이 사용하였으나 플러그 육묘에서는 삽접, 핀접, 편엽합접 등을 많이 사용하고 있다.

29 시비량은 대개 수확물 중의 흡수량에 천연공급량을 빼고 이용률을 나누어 주는 방법으로 계산된다. 예를 들어 토마토의 경우 전체흡수량이 25kg/10a, 천연공급량 5kg/10a, 이용률 70%라고 할 때, 정식 전에 50%를 밑거름으로 주려고 한다. 요소(질소질 46%)는 얼마인가?

① 25(kg/10a)
② 23(kg/10a)
③ 31(kg/10a)
④ 46(kg/10a)

연구 시비량
= (전체흡수량 − 천연공급량)÷0.7 = 28.5kg
50%를 밑거름으로 주므로 14.25kg÷0.46 = 31kg

30 잎의 결구현상에 대한 틀린 설명은?

① 결구성 엽채류의 결구과정은 외엽발육기, 결구기, 엽구충실기로 구분된다.
② 양파나 마늘은 단일조건에서 인경(인엽구 : scaly bulb)의 형성과 비대가 촉진된다.
③ 결구성 엽채류에서 외엽은 주로 광합성에 관여하며, 결구엽은 동화산물의 저장에 관여한다.
④ 엽수형은 엽수가 엽구의 크기가 중량을 결정하는 형태이다.

연구 양파나 마늘은 장일조건에서 인경의 형성과 비대가 촉진된다.

25 ③ 26 ② 27 ② 28 ② 29 ③ 30 ②

31 사과나무의 열매솎기를 실시하여도 해거리 방지효과를 기대할 수 없는 시기는?

① 만개 후 10일   ② 만개 후 15일
③ 만개 후 30일   ④ 만개 후 75일

연구 일반적으로 적과작업은 남아있는 과실의 품질을 높이는 데 중요하지만 해거리를 방지하기 위한 수단으로서 이용되며 만개 후 40일까지의 적과는 해거리 방지에 효과적이다.

32 감의 탈삽법으로 적합하지 않은 것은?

① 알코올 처리법
② 더운 물 처리법
③ 충적 저장법
④ 이산화탄소 주입법

연구 감의 떫은 맛은 고분자 화합물인 타닌(tannin) 성분에 의한 것이며 온탕, 알코올, 이산화탄소처리로 타닌 성분을 불용화시켜 떫은 맛을 느낄 수 없게 만든다.

33 양앵두 수확 시 유의점으로 틀린 것은?

① 수확은 될 수 있는 한 이른 아침부터 10시경은 피하여 작업한다.
② 단과지를 꺾지 않도록 주의하며 과경을 쥐고 수확한다.
③ 품종, 수령, 결실량에 따라 과실품질에 영향을 미친다.
④ 수확 시에는 잎과 눈을 손상시키지 않도록 한다.

연구 과실의 온도가 낮은 이른 아침에 수확한 후 시원한 장소에 보관하는 것이 좋다.

34 다음 중 일조가 부족할 때 일어나는 현상 설명으로 가장 적합한 것은?

① 가지는 웃자라고 과실 크기는 작아지지 않는다.
② 과실 착색이 불량해지고 단맛이 떨어진다.

③ 단맛은 떨어지나 과실은 더 커지는 경향이 있다.
④ 과실 착색은 불량해지나 가지가 웃자라지는 않는다.

연구 햇빛이 부족하면 줄기의 웃자람으로 내병·내충성이 약해지고 생리적 낙과 유발, 화아분화 저조, 과실의 비대 불량과 당도·착색·크기·향기 등 과실의 품질이 저하된다.

35 배 품종 중 행수와 신세기에서 많이 발생하며, 증상은 과실 표면 전체에 발생되거나 행수의 경우 꽃받침 부위에 균열이 생기는 생리장해는?

① 돌배   ② 열과
③ 적진병   ④ 흑반병

연구 열과는 과육의 급격한 비대 시 과피의 신축성 감소로 과면에 균열이 발생하는 것으로 과실비대기와 수확 전 급격한 수분 흡수에 의한 과피조직의 파괴로 발생한다.

36 묘목을 선택할 때 주의할 점이 아닌 것은?

① 품종이 정확한 것
② 웃자란 묘목
③ 뿌리상태가 고르게 큰 것
④ 병해충이 없는 것

연구 웃자란 묘목은 내병·내충성이 약해지며 주로 햇빛이 부족하여 발생한다.

37 다음 중 적정 pH가 가장 낮은 곳에서 재배되는 과수는?

① 포도(유럽종)   ② 사과
③ 밤   ④ 포도(미국종)

연구 밤나무는 심근성이어서 토양에 대한 적응범위가 넓으나 토심이 깊고 보수력이 좋으며 배수가 양호한 양토 또는 식양토로서 부식질이 많은 pH 5.5~6.0의 약산성 토양이 나무의 생육과 결실에 유리하다.

31 ④   32 ③   33 ①   34 ②   35 ②   36 ②   37 ③

38 다음 과실 중 꽃받기(花托, receptacle)가 발달하여 식용부위를 형성하는 것은?

① 복숭아   ② 매실
③ 사과   ④ 자두

연구 꽃받침이 발달해서 되는 경우로 사과, 배, 비파, 무화과 등이 있다.

39 다음 중 포도 휴면병의 효과적인 예방 대책으로 가장 적당한 것은?

① 결실을 과다하게 한다.
② 질소질 비료를 충분히 공급하여 나무의 세력을 왕성하게 한다.
③ 조기낙엽이 되지 않도록 하면 겨울철에 묻어 주지 않아도 된다.
④ 겨울철에 건조하지 않게 부초(敷草)하여 주며 내한성이 약한 품종은 묻어준다.

연구 포도 휴면병은 수세가 약해진 상태에서 동해(凍害)를 입는 것이 원인으로 질소 과용을 피하고 결실량을 조절하며 겨울에 나무를 땅에 묻거나 내한성이 강한 품종을 재배한다.

40 다음 휘묻이 방법 중 새로운 개체를 가장 많이 얻을 수 있는 방법은?

① 보통법   ② 망치묻이(빗살묻이)
③ 높이떼기   ④ 끝묻이법

연구 당목취법(망치묻이, 빗살묻이)은 가지를 수평으로 묻고, 각 마디에서 발생하는 새 가지를 발근시켜 한 가지에서 여러 개를 취목하는 방법이다.

41 9월 상·중순경에 최적기인 접목법으로 감귤에 가장 많이 이용하는 것은?

① 배접   ② 눈접
③ 다리접   ④ 혀접

연구 감귤은 주로 아접과 깎기접을 많이 이용한다. 아접은 접수 대신에 눈을 대목의 껍질을 벗기고 끼워 붙이는 방법으로 대목은 실생 탱자나무 묘목을 이용한다.

42 다음 설명하는 사과의 품종은?

> – 꽃가루가 많고 개화 시기가 후지와 비슷하다.
> – 사과의 후지품종에 적합한 수분수이다.
> – 조생종 사과로 품질이 매우 좋다.
> – 수확 전에 낙과가 심하여 착색이 불량한 결점이 많다.

① 축   ② 인도
③ 쓰가루   ④ 무쓰

연구 쓰가루는 골든딜리셔스와 홍옥을 교배한 품종으로 8월 중하순에 수확하는 조생종이다.

43 다음 중 이세리아깍지벌레의 천적으로 5~6월경에 방사하는 것은?

① 베다리아무당벌레
② 진디벌
③ 말매미
④ 왕담배나방

연구 이세리아깍지벌레는 감귤나무의 수간이나 가지, 잎에 기생하여 즙액을 흡수하고 동시에 당분을 많이 함유한 액체를 분비하기 때문에 그을음병을 유발시킨다. 천적인 베달리아무당벌레에 의해 방제가 가능하다.

44 사과의 그을음병 피해를 설명한 것 중 틀린 것은?

① 과실 속까지 부패시킨다.
② 과실뿐만 아니라 줄기나 잎에도 발생한다.
③ 발생기인 여름의 고온기간에는 발생이 적다.
④ 과실 표면에 흑녹색의 원형 또는 부정형의 그을음 모양의 병반이 형성된다.

연구 과실 표면에 흑녹색의 원형 또는 부정형의 그을음 모양 병반이 형성된다. 일조시간이 부족하거나 통풍이 나쁜 나무에서 많이 발생한다.

---

38 ③ 39 ④ 40 ② 41 ② 42 ③ 43 ① 44 ①

45 배명나방은 1년에 몇 회 발생하는가?

① 1회   ② 2회

③ 3회   ④ 4회

연구 배명나방은 연 2회 발생하고 유충으로 가지의 눈 속에서 월동하며, 4월부터 활동하기 시작한다.

46 키에 따른 분류 중 키가 커서 화단 뒤쪽에 심는 고생종(高生種) 식물은?

① 크레오메(풍접초)

② 무스카리

③ 데이지(Bellis)

④ 글록시니아

연구 크레오메(풍접초)는 열대아메리카 원산의 일년초로 높이가 1m 정도이다.

47 외쪽지붕형 온실로 적합하지 않은 것은?

① 구조가 가장 간단한 온실이다.

② 발열량이 많아져서 비경제적이다.

③ 남면 경사의 지붕이다.

④ 통풍이 잘 된다.

연구 외쪽지붕형 온실은 겨울철의 보온면에서는 유리하나 통풍이 불충분하고 광선도 남쪽으로 제한되어 작물이 한쪽 방향으로만 생육을 하며 여름철에는 고온 다습하다.

48 다음 중 음지성 식물에 해당되는 것은?

① 드라세나   ② 아게라툼

③ 채송화   ④ 국화

연구 드라세나는 음지에서 잘 자라는 관엽식물로 일반적으로 잎이 넓고 얇으며 잎 수가 적은 것이 특징이다.

49 다음 중 접붙이기에서 대목과 접순의 친화성 설명으로 옳은 것은?

① 크기가 서로 같은 것이 친화성이 높다.

② 굵기가 같을수록 친화성이 높다.

③ 분류학상 과(科)나 속(屬)이 가까울수록 친화성이 높다.

④ 형태적으로 비슷하면 친화성이 높다.

연구 일반적으로 대목은 접수와 같은 속이나 과에 속하는 식물을 이용한다.

50 포인세티아를 촉성재배하려 할 때 어떠한 처리가 필요한가?

① 보광   ② 장일처리

③ 차광   ④ 난방

연구 포인세티아와 같은 단일성 화훼는 개화 촉진을 위해 차광재배를 한다.

51 화훼에서 DIF란 무엇인가?

① 종자의 발아와 관련된 용어이다.

② 식물의 생육조절과 관련된 용어이다.

③ 식물을 분류할 때 쓰는 용어이다.

④ 뿌리의 형태를 구분하는 용어이다.

연구 DIF는 difference의 첫 글자에서 붙여진 이름으로, 주간온도에서 야간온도를 뺀 값을 말한다.

52 시클라멘 재배 시 개화를 촉진하기 위하여 지베렐린 처리를 하는 방법 중 가장 옳은 것은?(단, 일반계 대륜종으로 9월경에 실시한다.)

① 1~50ppm 정도 용액을 어린 꽃봉오리에 살포한다.

② 20~40ppm 정도 용액을 잎에 살포한다.

③ 50~70ppm 정도 용액을 잎과 어린 꽃봉오리에 살포한다.

④ 100ppm 정도 용액을 식물체 전체에 살포한다.

연구 시클라멘은 9월 초순~10월 초순에 봉오리가 1 cm 정도 되었을 때 1~50ppm 정도의 지베렐린을 구근 상부에 살포하면 개화를 2주 정도 앞당길 수 있다.

---

45 ②   46 ①   47 ④   48 ①   49 ③   50 ③   51 ②   52 ①

53 카네이션의 개화기에 '언청이' 발생원인과 관련이 없는 것은?

① 꽃받침의 생장보다 꽃잎의 생장이 급격하게 이루어질 때
② 주·야간 온도 변화가 작을 때
③ 꽃눈 발달 시기가 지나친 저온일 때
④ 꽃눈 발달 시 수분과 거름이 과다할 때

연구 언청이는 카네이션의 봉오리가 불룩해지면서 꽃이 필 때 꽃받침이 터지는 현상으로 낮과 밤의 온도 변화가 심할 때 발생한다.

54 다음 관엽식물 중에서 천남성과에 속하는 것은?

① 디펜바키아
② 종려죽
③ 아스파라거스
④ 구즈마니아

연구 종려죽은 야자나무과, 아스파거스는 백합과, 구즈마니아는 파인애플과에 속한다.

55 토양 보수력의 크기를 올바르게 나열한 것은?

① 사토 〈 양토 〈 식토
② 식토 〈 양토 〈 사토
③ 양토 〈 식토 〈 사토
④ 사토 〈 식토 〈 양토

연구 진흙의 함량이 많을수록 보수력이 높다.

56 토양에 시비할 때 알칼리성을 나타내는 비료는?

① 요소
② 용성인비
③ 중과인산석회
④ 염화칼륨

연구 용성인비는 화학적 생리적 염기성(알칼리성) 비료이다.

57 6-3식 석회보르도액 200L를 조제하고자 한다. 사용되는 생석회의 양은 얼마인가?

① 300g
② 600g
③ 900g
④ 1,200g

연구 6-3식 석회보르도액 100L에는 유산동 600g, 석회 300g이 필요하므로 200L에는 석회 600g이 필요하다.

58 구근류 생산에 알맞은 토양은?

① 점질토
② 충적토
③ 사토
④ 암석토

연구 구근류 생산에는 배수가 양호하고 통기성이 좋은 충적토가 알맞다.

59 튤립 모자이크병의 일반적인 증상은?

① 고유의 꽃색에 얼룩무늬가 생긴다.
② 뿌리가 썩는다.
③ 잎에 흰색의 반점이 생긴다.
④ 꽃잎이 부러진다.

연구 모자이크병은 주로 바이러스에 의해 감염되며 보통 잎에 밝고 어두운 녹색 또는 노란색의 반점이나 줄무늬 등이 생긴다.

60 농약에 관한 설명 중 옳지 못한 것은?

① 병해충 및 잡초로부터 작물을 보호하는 데 쓰인다.
② 농산물의 증가 생산에 필수적이다.
③ 최근에는 농약의 개념에 생물농약을 포함한다.
④ 화학농약은 생태계나 인축에 피해가 없다.

연구 화학농약은 잔류독성이 강하므로 생태계나 인축에 해를 준다.

---

53 ② 54 ① 55 ① 56 ② 57 ② 58 ② 59 ① 60 ④

01 지온을 상승시키고 잡초 발생을 억제하는 데 가장 효과적인 플라스틱 필름은?

① 저밀도 필름 ② 검은색 필름

③ 투명 필름 ④ 흰색 필름

연구 검은색 필름은 지온 상승 효과는 떨어지나 잡초 발생을 억제한다.

02 시설 내의 습도 조절 방법 중 습도를 낮추는 방법으로 가장 적합한 것은?

① 환기를 한다.

② 온도를 낮춘다.

③ 차광을 한다.

④ 배수구를 설치한다.

연구 시설 내 환기의 목적은 온도 및 습도의 조절, CO_2의 공급, 유해가스의 추방 등이다.

03 피복자재 연질 필름 중 장파복사를 억제하는 것은?

① EVA ② PVC

③ PE ④ FRA

연구 광선 투과율이 높고, 장파투과율과 열전도율이 낮아 보온력이 뛰어난 것은 염화비닐(PVC) 필름이다.

04 시설 내의 염류농도 장해를 피할 수 있는 토양환경의 개량방법으로 틀린 것은?

① 표토를 새로운 흙으로 바꾸어 준다.

② 겉흙과 속흙이 섞이게 깊이 갈아준다.

③ 퇴비를 충분히 시용하여 준다.

④ 이어짓기를 하면서 노지보다 시비량을 늘린다.

연구 연작(이어짓기)은 염류의 축적을 가중시킨다.

05 그림과 같이 설치하여 실내 온도를 냉각하는 냉방방법은 무엇인가?

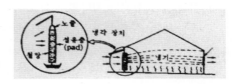

① 팬 앤드 패드 방법

② 팬 앤드 미스트 방법

③ 세무 분사

④ 옥상 유수

연구 팬 앤드 패드 방법은 잠열 냉각방식으로 시설의 외벽에 패드를 부착하여 여기에 물을 흘리고 실내공기를 밖으로 뽑아낸다.

06 규정농도(normality)의 설명으로 가장 적합한 것은?

① 용액 1L 안에 녹아 있는 용질의 몰수

② 용액 1L 안에 녹아 있는 용질의 g 당량수

③ 용액 100g 안에 녹아 있는 용질의 양

④ 용액 1L 안에 녹아 있는 용질의 mg수

연구 규정농도란 용액 1L에 용질 몇 g당량 함유되어 있느냐를 가리키는 농도의 표현방법이며, 단위기호에는 N이 사용된다.

07 다음 토양수분 중 작물 생육에 가장 유효하게 이용되는 수분은?

① 모관수 ② 중력수

③ 흡습수 ④ 결합수

연구 모관수는 표면장력에 의하여 토양공극 사이에서 중력에 저항하여 남아있는 수분으로, 식물이 주로 이용하는 수분이다.

1② 2① 3② 4④ 5① 6② 7①

08 시설 내 농약 살포 시 유의하여야 할 사항으로 거리가 먼 것은?

① 적정 희석 배수의 사용
② 품목 고시에 등록된 약제의 선택
③ 적정량의 살포
④ 바람의 방향을 우선 고려

연구 시설 내에서는 바람의 영향이 별로 없지만 원칙적으로 농약을 살포할 때는 바람을 등지고 살포한다.

09 다음 중 시설 내 공중습도에 의해 가장 영향을 많이 받는 것은?

① 토양 염류 농도
② CO_2 농도
③ 병충해 발생
④ 광선의 질

연구 시설 내의 공기습도가 높으면 증산량 및 광합성이 감소하고 병해가 심하게 발생한다.

10 양액재배법 중 분무경재배의 설명으로 가장 알맞은 것은?

① 뿌리를 베드 내의 공중에 매달아 양액을 분무로 젖어 있게 하는 재배방식
② 배양액을 뿌리에 분무함과 동시에 뿌리의 일부를 양액에 담가 재배하는 방식
③ 뿌리가 양액에 담겨진 상태로 재배하는 방식
④ 고형배지에 양액을 공급하면서 재배하는 방식

연구 분무경재배는 식물의 뿌리를 베드 내의 공기 중에 매달아 분무기로 양액을 분무하여 재배하는 방식이다.

11 양액재배 시 배양액의 조성을 변화시키는 요인이 아닌 것은?

① 작물의 종류 및 품종
② 작물의 생육 단계
③ 작물의 수확 예정량
④ 온도, 광도, 기상조건

연구 대부분의 작물에서 EC의 적정범위는 1.5~2.5 정도이며 양액의 조성을 변화시키는 요인으로는 작물의 종류 및 품종, 생육단계, 수확식물의 부위, 일장 및 온도, 광도, 일조시간이다.

12 토양 pH(산도)가 낮아지면 가용성이 높아지는 원소가 아닌 것은?

① K   ② Fe
③ Al   ④ Mn

연구 토양이 산성으로 되면 철(Fe), 알루미늄(Al), 망간(Mn) 등이 많이 용출되어 작물에 해작용을 일으킨다.

13 다음 중 연작장해 대책으로서 적합하지 않은 것은?

① 합리적 시비   ② 이어짓기
③ 토양소독   ④ 객토

연구 동일한 포장에 동일작물을 매년 계속해서 재배한 작부방식을 연작(이어짓기)이라 한다.

14 다음 중 토양소독 방법 중 가열소독에 해당되지 않는 것은?

① 소토법
② 증기소독
③ 태양열 소독
④ 메틸브로마이드 소독

연구 토양 소독 방법 중 가열소독에는 소토법, 증기소독, 태양열소독 등이 있다. 권장 소독온도와 시간은 60℃에서 30분 정도이다.

8 ④   9 ③   10 ①   11 ③   12 ①   13 ②   14 ④

15 시설 내의 환기효율이 가장 높은 환기 방법은?

① 천창만을 열어 준다.

② 저부의 측창을 모두 열어준다.

③ 저부의 측창과 천창을 함께 열어준다.

④ 시설의 양측 출입구를 함께 열어준다.

[연구] 환기창의 위치에 따른 환기 효율은 저부 측면환기와 천창환기를 동시에 했을 때 가장 높고, 중간 측면환기는 효율이 가장 떨어진다.

16 모잘록병 방제를 위해 온상육묘 시 방제대책으로 옳지 않은 것은?

① 모판흙은 소독한 후 사용한다.

② 야랭육묘를 하여 건전한 모를 육성한다.

③ 종자는 소독하여 사용한다.

④ 파종량을 적게 하고 볕쪼임을 좋게 한다.

[연구] 육묘상 온도가 너무 낮거나 습도가 높으면 모잘록병이 발생될 수 있다.

17 양액재배 시 양분보급의 적기를 간단하게 판정하는 방법이 아닌 것은?

① 용존산소량 측정

② 전기전도도(EC) 측정

③ 질산태(NO₃-N) 농도 측정

④ 감액량에 의한 판정

[연구] 뿌리가 정상적으로 생육하는 데 필요한 에너지는 호흡에 의해 얻어지며, 고온일수록 생육이 왕성하여 산소요구도가 많은데 비해 용존산소량은 감소하기 때문에 여름철 재배에는 용존산소량이 생육의 제한요인이 된다.

18 다음 중 클라이맥트릭(Climacteric) 호흡형을 갖는 대표적인 채소는?

① 토마토　　　② 가지

③ 오이　　　　④ 딸기

[연구] 토마토, 사과와 같은 작물은 숙성과 일치하여 호흡이 현저히 증가하는 클라이맥트릭(Climacteric) 현상이 나타난다.

19 토양 염류농도가 높을 때 작물에 나타나는 현상과 가장 거리가 먼 것은?

① 생육속도가 떨어지고 뿌리의 발육이 나쁘다.

② 잎 끝이 타 들어가는 현상을 보인다.

③ 잎의 표면이 데친 것처럼 수침상으로 변하여 마른다.

④ 잎색은 농록을 띠며 마그네슘 결핍증상도 보인다.

[연구] 저온에 의한 냉해 피해 시 잎의 표면이 데친 것처럼 수침상으로 변하여 마른다.

20 시설재배 토양의 염류집적의 원인이 아닌 것은?

① 다비 재배하기 때문에

② 강우가 차단되기 때문에

③ 토양표면으로부터의 증발이 적기 때문에

④ 광선이 약해 광합성량이 적기 때문에

[연구] 시설은 노지보다 온도가 높아 토양표면으로부터의 증발이 많다.

21 딸기의 꽃눈 분화에 있어 단일에 감응할 수 있는 최소한의 잎 수는?

① 1매　　　　② 3매

③ 6매　　　　④ 9매

[연구] 저온 및 단일에 감응하고 꽃눈분화가 시작될 수 있는 모종은 전개된 잎이 최소한 3장 이상의 일정한 크기와 나이가 되어야 한다.

15 ③　16 ②　17 ①　18 ①　19 ③　20 ③　21 ②

22 농약 20mL를 가지고 1000배액을 만들 경우 물의 양은?

① 50mL
② 500mL
③ 2,000mL
④ 20,000mL

연구 20mL를 1000배 희석하므로 20,000mL(20L)의 물이 필요하다.

23 석회 결핍증에 대한 설명으로 옳지 않은 것은?

① 시설배추의 이어짓기를 할 때 많이 발생한다.
② 토양이 건조하거나 지온이 높을 때 많이 발생한다.
③ 배추의 속썩음증과 둘레썩음 증상이 발생한다.
④ 셀러리의 잎자루 안쪽이 가로로 갈라지거나 갈색으로 변하는 증상이 나타난다.

연구 붕소(B)가 결핍되면 잎자루에 갈색 또는 흑색의 균열이 나타난다.

24 식물의 뿌리에서 직접 흡수되는 질소의 형태에 해당되는 것은?

① 질산태
② 요소태
③ 유기태
④ 시안아미드태

연구 질소는 질산태(NO_3^-)와 암모니아태(NH_4^+) 형태로 식물에 흡수된다.

25 무의 바람들이 현상에 대한 설명으로 옳은 것은?

① 봄재배보다 가을재배에서 많이 나타난다.
② 원뿌리의 생장점이 여러 원인으로 장해를 받을 때 발생한다.
③ 전분 함량이 많고 생육이 느린 품종일수록 쉽게 바람이 든다.
④ 수분과 당 및 당질의 과잉소모와 관련된 부분적 노화현상이다.

연구 바람들이 현상은 뿌리의 비대가 왕성할 때나 수확기가 늦어져 동화양분인 탄수화물이 부족하여 세포가 텅 비고 세포막이 찢어지거나 구멍이 생기는 것이다. 알맞은 품종을 선택하고 지나친 밀식을 피하며, 생육 후반기에 과습하지 않도록 관리하는 것이 중요하다.

26 복숭아혹진딧물의 변태 현상은?

① 완전변태
② 불완전변태
③ 과변태
④ 불변태

연구 복숭아혹진딧물은 유시충과 무시충이 있는 불완전변태를 한다.

27 다음 중 접목의 직·간접적 효과가 아닌 것은?

① 뿌리의 흡비력 증진
② 백침계 오이의 백분(bloom) 발생 방지
③ 직근류의 기근발생 억제
④ 토양 전염성 병의 발생 억제

연구 접목(椄木)육묘는 토양전염병인 덩굴쪼김병을 예방하고, 양수분의 흡수력을 증대시키며, 저온신장성을 강화시키고, 이식성을 향상시키기 위해 실시하며 오이·토마토·수박·멜론 등에 쓰인다.

28 육묘용 상토가 구비하여야 할 조건의 설명으로 옳지 않은 것은?

① 포트 크기가 작을수록 공극률이 낮은 상토를 사용하여야 한다.
② 상토재료는 원재료의 성질이 균일하고 구입이 용이해야 한다.
③ 배수성, 통기성, 보수성 등의 물리적 성질이 우수해야 한다.
④ 병원균, 해충, 잡초종자가 없어야 한다.

연구 포트 크기가 작을수록 공극률이 높은 상토를 사용하여야 물빠짐이 좋다. 상토의 공극률은 65~90%, pH는 5.5~6.2 정도의 약산성이어야 한다.

22 ④　23 ④　24 ①　25 ④　26 ②　27 ③　28 ①

29 농약이 갖추어야 할 바람직한 조건을 틀리게 설명한 것은?

① 가격이 저렴하여야 한다.
② 소량으로 약효가 확실하여야 한다.
③ 천적 및 유용곤충에 안전하여야 한다.
④ 토양 및 식물체 내에서 잔류성이 길어야 한다.

연구 농약은 대상작물에 대한 약해가 없고 사람, 가축, 천적 등에 대한 독성이 낮거나 선택성이어야 한다. 또한 농약의 유효성분이 환경생태계에 오랫동안 잔류하거나 생물체 내에 축적 또는 농축하지 않아야 한다.

30 오이 흰가루병은 다음 중 어떤 기생균에 속하는가?

① 반사물 기생균
② 순사물 기생균
③ 반활물 기생균
④ 순활물 기생균

연구 순활물 기생균은 살아있는 조직 내에서만 생활할 수 있는 것으로 녹병균, 흰가루병균, 노균병균, 무·배추 무사마귀병균, 배나무 붉은별무늬병균 등이 있다.

31 늦서리 회피 대책으로 틀린 것은?

① 과수원을 조성할 때 분지를 피한다.
② 경사면 아래쪽에 방상림(防霜林)을 설치한다.
③ 대형 선풍기를 가동하거나 기름을 연소시킨다.
④ 나무에 물을 뿌려 수체온도를 0 ~ 1℃로 유지시키는 방법도 있다.

연구 경사면 위쪽에 방상림(防霜林)을 설치하여 서리의 이동을 차단한다.

32 일반적으로 사과 재배에 가장 알맞은 토양의 산도는?

① pH 5.5 ~ 6.5   ② pH 4.5 ~ 4.7
③ pH 7 ~ 8   ④ pH 6.5 ~ 7

연구 사과 재배에 가장 알맞은 토양의 산도는 약산성~중성이다.

33 사과의 수분수로 심기에 가장 부적당한 품종은?

① 와인샵   ② 딜리셔스
③ 후지   ④ 홍옥

연구 조나골드, 와인샵 등은 수분이 잘 되지 않는 품종이다.

34 사과 갈색무늬병은 주로 어느 부위에 피해를 주는 병해인가?

① 가지   ② 잎
③ 줄기   ④ 뿌리

연구 사과 갈색무늬병(갈반병)은 장마철에 잎에 많이 발생하여 조기낙엽을 유발한다.

35 보르도액과 혼용하여 사용할 수 없는 약제는?

① 석회황합제   ② 황산아연
③ 수화성황   ④ 황산마그네슘

연구 대부분의 농약은 알칼리에 의해 분해되어 효력이 없어지거나 또는 유독한 물질을 형성하여 약해를 일으키는 경우가 있다. 알칼리성 농약에 속하는 보르도혼합액, 결정석회황 합제, 농용비누, 석회를 함유한 약제(비산석회, 카세인석회, 소석회) 등은 가급적 혼용하지 않는 것이 좋다.

36 5월 하순부터 6월에 새 가지의 겨드랑이 눈에서 꽃눈이 분화되는 과수는?

① 사과   ② 배
③ 복숭아   ④ 포도

연구 포도 새 가지의 겨드랑이에는 내년에 가지가 될 눈이 형성되어 있고, 이 눈에서 꽃눈이 분화된다.

29 ④   30 ④   31 ②   32 ①   33 ①   34 ②   35 ①   36 ④

37 심식충류로 배나무에만 독특하게 그 해를 미치는 해충은?

① 복숭아순나방

② 복숭아심식나방

③ 배명나방

④ 가루깍지벌레

연구 배명나방은 유충이 발아기에 눈을 갉아먹으며, 과실을 가해한 경우 큰 구멍을 내고 과심부까지 식해한다.

38 다음 그림은 황갈색 배의 한 개 화총에서 꽃이 피고 열매가 맺는 차례를 나타낸 것이다. 적과(열매솎음)를 할 때 어느 것을 남기는 것이 적당한가?

① 1 – 2 번

② 2 – 4 번

③ 4 – 5 번

④ 5 – 6 번

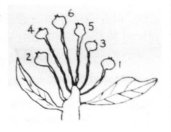

연구 세력이 약한 황갈색 배는 보통 2~4번과가 모양이 좋고 과경(열매자루)이 길다. 먼저 변형과, 발육불량과를 솎아내고 과경이 길고 굵은 것을 남긴다. 과실의 방향이 옆으로 비스듬히 붙은 것을 남기고, 위로 직립한 것은 솎아내는 것이 좋다.

39 실생대목을 이용한 사과나무를 소식 재배할 때 가장 적합한 수형은?

① 방추형

② 변칙주간형

③ 원추형

④ 주상형

연구 변칙주간형은 원추형과 배상형의 장점을 취할 목적으로 처음에는 원줄기를 주축으로 3~4개의 원가지를 키우다가 뒤에 주간의 선단을 잘라서 주지가 바깥쪽으로 벌어지게 하는 정지법이다.

40 꽃받기(花托)가 비대해서 과실이 되는 과수는?

① 복숭아   ② 포도

③ 사과   ④ 밤

연구 사과, 배 등은 꽃받침 비대 부분이 과육이 되는 인과류이다.

41 유럽종과 미국종의 잡종이나 미국계 포도의 성질이 많고 잎이 크고 가지가 굵으며 색깔은 자흑색인 포도로 우리나라에서 제일 많이 재배하는 품종은?

① 화이트얼리   ② 골든퀸

③ 캠벨얼리   ④ 네오마스컷

연구 캠벨얼리가 우리나라 전체 시설면적의 약 80%를 차지하고 있다.

42 우리나라에서 감귤나무의 대목으로 가장 많이 이용되고 있는 것은?

① 탱자나무

② 감귤의 공대

③ 유자나무

④ 하귤나무

연구 감귤나무의 대목으로는 탱자나무가 많이 사용되고 있다.

43 사과 적진병 방제대책으로 틀린 것은?

① 석회의 시용으로 토양 산성화를 막는다.

② 토양의 배수를 양호하게 한다.

③ 질소질 비료를 많이 시용한다.

④ 적진병에 대하여 내성이 강한 대목을 사용한다.

연구 적진병은 산성토양에서 망간이 과잉 용출 및 흡수되어 발생하며, 가지의 표피가 거칠어지고 새 가지의 생장이 느리며 과실의 발육이 불량해진다. 유기물 및 붕소를 시용하여 방제한다.

37 ③   38 ②   39 ②   40 ③   41 ③   42 ①   43 ③

44 글라디올러스의 휴면타파를 위해서 냉장 처리할 경우 알맞은 온도는?

① −4 ∼ −3℃

② −2 ∼ −1℃

③ 2 ∼ 3℃

④ 5 ∼ 7℃

연구 35℃ 정도에서 15∼20일 동안 고온 처리를 한 후에 2∼3℃에서 20일 정도 냉장 처리한다.

45 과수의 순접(綠枝椄)의 실시 시기는?

① 3 ∼ 4 월 ② 4 ∼ 5 월

③ 6 ∼ 7 월 ④ 9 ∼ 10 월

연구 보통 6∼7월에 실시하며, 깎기접이나 눈접으로 활착이 잘 되지 않는 호두나무 등의 번식에 이용된다.

46 사과나무 방추형의 수형 구성은 몇 년째 완성시키는 것이 가장 적당한가?

① 4 년째 ② 6 년째

③ 8 년째 ④ 10 년째

연구 보통 방추형으로 재배한 사과나무의 결실은 2년차부터 시작되고, 보통 4년생 정도에 이르면 수형이 완성된다.

47 절화용 카네이션의 설명 중 틀린 것은?

① 생육적온은 낮에는 20℃, 밤에는 10℃ 정도이다.

② 꺾꽂이용 순을 저장할 때의 적온은 0℃이다.

③ 여름철의 모는 비를 맞게 하여 튼튼히 키워야 한다.

④ 연말에 꽃피우기 위한 마지막 순지르기는 7월 하순경에 한다.

연구 카네이션은 바이러스병에 취약하므로 모가 감염되지 않도록 철저한 환경관리 및 방제가 필요하다.

48 다음 중 미세종자 파종 후의 관수방법으로 가장 이상적인 것은?

① 살수관수 ② 저면관수

③ 호스관수 ④ 고랑관수

연구 저면관수는 화분의 배수공을 통하여 물이 스며 올라가게 하는 관수법이다.

49 다음 중 혐광성 종자에 해당하는 것은?

① 피튜니아 ② 맨드라미

③ 금어초 ④ 프리뮬러

연구 맨드라미, 백일홍, 델피늄 등은 발아에 광선이 필요하지 않는 혐광성 종자이다.

50 다음 알뿌리 화초 중 습도가 높은 곳에서 저장을 하여야 하는 것은?

① 튤립 ② 백합

③ 글라디올러스 ④ 히아신스

연구 백합을 단기저장 할 때는 물에 담가 2℃에서 저장(습식저장)하는 것이 가장 보편적인 방법이다.

51 튤립을 촉성재배할 때 심는 깊이로 알맞은 것은?

① 구근이 흙 위로 약간 올라오게 심는다.

② 구근 크기의 2배로 깊게 심는다.

③ 구근 크기의 3배로 깊게 심는다.

④ 구근 크기의 4배로 깊게 심는다.

연구 구근이 흙속에 묻히면 썩으므로 알뿌리가 흙 위로 올라오게 심는다.

52 부피 밀도가 1.5g/cm³이고 알갱이 밀도가 2.6g/cm³인 토양의 공극률은?

① 약 35% ② 약 42%

③ 약 52% ④ 약 65%

연구 공극량 = {1 − (부피 밀도 / 알갱이 밀도)} × 100 = {1 − (1.5 / 2.6)} × 100 = 42.3

44 ③ 45 ③ 46 ① 47 ③ 48 ② 49 ② 50 ② 51 ① 52 ②

53 다음 중 꽃창포와 독일붓꽃(저먼 아이리스)의 포기나누기(分株) 적기는?

① 3월　　　　② 6월
③ 9월　　　　④ 10월

연구 포기나누기는 꽃이 진 다음 6월에 하는 것이 좋다.

54 높이떼기(高取法)가 가장 잘 안되는 화훼는?

① 고무나무　　② 크로톤
③ 드라세나　　④ 소철

연구 높이떼기는 나무의 일부 가지에 뿌리를 내어 새로운 개체를 만드는 방법으로 고무나무, 드라세나, 크로톤 등과 같은 관엽식물의 번식에 주로 이용된다.

55 다음 중 눈접(budding)을 가장 많이 하는 작물은?

① 동백　　　　② 고무나무
③ 모란　　　　④ 벚나무

연구 눈접(아접, 芽接)은 접수 대신에 눈을 대목의 껍질을 벗기고 끼워 붙이는 방법으로 복숭아나무, 자두나무, 벚나무, 장미 등에 적용된다.

56 다음 중 조직배양용 배지에 첨가되지 않는 것은?

① 무기염류
② 당
③ 단백질
④ 식물호르몬

연구 조직배양용 배지에는 증류수, 무기염류, 유기화합물, 식물생장조절제, 천연물, 한천, 활성탄 등이 이용된다.

57 다음 중 꺾꽂이 용토(삽목용토)로 알맞은 흙은?

① 거름기가 많은 흙
② 유기물이 많은 흙
③ 비료분이 없고 깨끗한 흙
④ 미생물이 다소 있는 흙

연구 삽목용토는 통기성, 배수성, 보수성이 있고, 바이러스 오염이 없고, 유기물의 함량이 없어야 한다.

58 다음 중 장일성 식물은?

① 금어초　　　② 코스모스
③ 국화　　　　④ 맨드라미

연구 일조시간이 한계일장보다 길어지면 개화하는 화훼로 과꽃, 금잔화, 시네라리아, 글라디올러스, 금어초, 거베라, 스톡, 꽃양배추, 나리류 등이 있다.

59 다음 중 교잡친화성이 떨어지는 식물 간의 후대를 얻기 위해 사용하기에 가장 적합한 배양법은?

① 배배양　　　② 생장점배양
③ 액아배양　　④ 기내접목

연구 배배양이란 미성숙된 종자의 배를 배양해서 식물체를 얻는 방법이다.

60 탈춘화현상(devernalization)이 일어나는 때는?

① 식물의 생장기 고온에서
② 식물이 일정 기간 저온에 처하면
③ 춘화작용을 받은 후 고온에 처하면
④ 저온 건조에서

연구 춘화처리가 끝난 식물체를 곧바로 고온에 두면 춘화처리 효과가 상실되어 개화되지 않는 것을 탈춘화(이춘화) 라고 한다.

53 ②　54 ④　55 ④　56 ③　57 ③　58 ①　59 ①　60 ③

01 다음 중 식물공장의 종류에 해당하지 않는 것은?

① 인공광 이용형
② 태양광 병용형
③ 태양광 이용형
④ 무전원 이용형

연구 식물공장의 종류에는 인공광 이용형(완전제어형), 태양광병용형, 태양광 이용형이 있다.

02 석유를 사용하여 난방 시 필요한 열량이 1,000,000kcal이고, 연료의 발열량은 8,500kcal/L로 난방기의 열효율이 0.75일 때 필요한 연료량은?

① 약 89 L
② 약 157 L
③ 약 213 L
④ 약 314 L

연구 연료의 발열량이 8,500kcal/L이고 난방기의 열효율이 0.75이므로 실제 연료의 발열량은 6375kcal/L이다. L당 6375kcal가 발생되므로 1,000,000kcal의 열량을 맞추려면 연료가 약 157L 필요하다.

03 다음 중 절화(切花) 생산을 위한 영리 재배용 온실의 형태로 가장 적합한 것은?

① 반지붕형 온실
② 3/4식 온실
③ 외쪽 지붕형 온실
④ 양지붕형 온실

연구 양지붕형 온실은 가장 보편적인 형태로 길이가 같은 양쪽지붕이고, 남북방향으로 광선 입사가 균일하다. 통풍이 양호하고 남북방향으로 설치한다.

04 다음 중 시설재배에서 오이의 생육적온으로 가장 적합한 것은?

① 낮 : 15 ~ 20℃, 밤 : 10 ~ 14℃
② 낮 : 18 ~ 23℃, 밤 : 20 ~ 24℃
③ 낮 : 23 ~ 28℃, 밤 : 10 ~ 15℃
④ 낮 : 31 ~ 35℃, 밤 : 21 ~ 25℃

연구 오이는 고온성 채소로 발아 최적온도는 25~30℃, 영양생장의 최적온도는 낮 24~26℃, 밤 14~16℃ 정도이다.

05 순수 수경재배 시 양액관리에 필요한 센서가 아닌 것은?

① 온도센서
② 전기전도도센서
③ pH센서
④ 수분센서

연구 양액은 작물의 생육에 꼭 필요한 무기양분을 흡수 비율에 따라 물에 용해시킨 것이므로 별도의 수분센서가 필요없다.

06 1ppm은 몇 g인가?

① 1 / 10,000
② 1 / 100,000
③ 1 / 1,000,000
④ 1 / 10,000,000

연구 ppm은 백만분의 1을 나타낸다.

07 단일성 식물에 해당되는 작물은?

① 가지
② 토마토
③ 시금치
④ 옥수수

연구 단일성 식물은 단일상태에서 개화가 유도 · 촉진되는 식물로 딸기, 강낭콩, 옥수수 등이 있다.

1 ④ 2 ② 3 ④ 4 ③ 5 ④ 6 ③ 7 ④

08 작물생육에 중요한 가시광선 영역은?

① 100 ~ 290nm

② 400 ~ 760nm

③ 770 ~ 1150nm

④ 1100 ~ 1650nm

연구 400~700nm의 가시광선이 녹색식물의 광합성에 가장 많이 이용된다.

09 다음 중 식물의 증산작용이 심한 경우 나타나는 현상이 아닌 것은?

① 식물의 중량을 감소시킨다.

② 식물의 신선도를 감소시킨다.

③ 외관에 많은 손상을 끼친다.

④ 온도가 높을수록 증산작용이 억제된다.

연구 광도가 강할수록, 습도가 낮을수록, 온도가 높을수록, 기공의 개폐가 빈번할수록, 기공이 크고 그 밀도가 높을수록, 어느 범위까지는 엽면적이 증가할수록 증산작용은 왕성하다.

10 수경재배 분류 중 펄라이트, 피트모스, 톱밥 등을 이용하는 재배방법은?

① 고형배지경   ② 분무수경

③ 분무경   ④ 담액수경

연구 고형배지경은 양액을 이용하되 작물의 지지, 산소공급, 토양의 이점 등을 보충하기 위해 모래, 자갈, 버미큘라이트, 훈탄, 암면 등의 고형물질을 배지로 이용한다.

11 토성을 결정하는 주요인으로만 구성된 것은?

① 모래, 미사, 점토의 함량

② 공기, 물, 햇빛의 양

③ 양토, 사양토, 점질토 함량

④ 비료의 성분 및 유기질의 양

연구 자갈, 모래, 미사, 점토의 기계적 조성에 의한 토양의 구분을 토성이라 한다.

12 비닐하우스에서 가장 많이 사용되는 난방방식은?

① 난로난방   ② 전열난방

③ 온풍난방   ④ 온수난방

연구 온풍난방은 더워진 공기를 시설 내로 불어 넣는 방식으로 시설의 설치가 용이하고 설비비가 저렴하며 가열속도가 빠르다.

13 진딧물, 토양, 종자 등에 의하여 매개되는 병은?

① 역병   ② 바이러스병

③ 노균병   ④ 풋마름병

연구 식물의 바이러스병은 접목, 즙액, 종자, 영양번식기관, 토양, 곤충 등에 의해 전염된다.

14 다음 중 생육적온이 가장 낮은 것은?

① 고추   ② 수박

③ 배추   ④ 참외

연구 열대원산인 고추, 토마토, 수박 등의 최적온도는 약 25℃, 온대원산인 배추, 상추, 딸기 등의 최적온도는 17~20℃로 열대원산의 작물이 온대원산의 작물보다 최적온도가 높다.

15 수경재배에서 배양액이 갖추어야 될 조건이 아닌 것은?

① 필수 무기양분을 함유할 것

② 각각의 이온이 적당한 농도로 용해되어 총 이온의 온도가 적절할 것

③ 용액의 pH가 6.5~7.5 범위에 있을 것

④ 가격이 저렴할 것

연구 식물의 근권에 적합한 산도의 범위는 pH 5.5~6.5로서 이 범위를 벗어나면 양분의 흡수 및 이용도가 저해되어 pH 4.0 이하에서는 뿌리가 손상되고 pH 7.0 이상에서는 인산(P), 철(Fe), 망간(Mn)의 흡수가 장해를 받는다.

8 ②   9 ④   10 ①   11 ①   12 ③   13 ②   14 ③   15 ③

16 다음 중 단위결과로 열매를 맺는 채소는?

① 호박   ② 참외
③ 오이   ④ 수박

연구 시설재배용 오이는 저온 저장성이 강하고 약광에서도 생육이 왕성하며 단위결과성이 높고 적당한 다다기성(절성형)을 갖추어야 한다.

17 다음 중 양액재배와 관계가 먼 것은?

① 무토양재배   ② 용액재배
③ 수경재배   ④ 토양재배

연구 양액재배란 시설재배의 한 형태로서 토양 대신 생육에 요구되는 무기양분을 적정 농도로 골고루 용해시킨 양액으로 작물을 재배한 것으로 수경재배, 무토양재배, 탱크재배 등으로 불린다.

18 휴면 중인 딸기에 50~60[lx] 이상의 조도로 16시간 동안 장일처리를 하면 어떻게 되는가?

① 잎자루의 신장이 억제된다.
② 생육과 수량이 감소된다.
③ 화방의 신장을 촉진시킨다.
④ 기형과가 생긴다.

연구 단일성 식물인 딸기에 장일처리를 하면 꽃눈이 분화되지 않고 화방의 신장을 촉진시킨다.

19 다음 중 상추를 고온기에 파종하였을 때 발생되는 문제점은?

① 조기 추대할 위험성이 크다.
② 일찍 화아가 분화하여 잎의 수가 많아진다.
③ 모종이 약해지고 생체중이 증가한다.
④ 지나친 생육과다로 상품가치가 떨어진다.

연구 저온성 채소인 상추를 고온기에 파종하면 조기 추대한다.

20 마늘구(球)의 비대를 생리적으로 촉진시키는 처리로 가장 적합한 것은?

① 종구에 MH 처리를 한다.
② 재식적기보다 일찍 파종한다.
③ 인편 분화 후 형성기에 관수를 한다.
④ 종구나 유식물 때 저온에 경과토록 한다.

연구 마늘구는 수확 후 일정기간 휴면하므로 저온에서 휴면을 타파시키면 수확량도 높일 수 있다.

21 다음 중 엽면시비의 처리 시 그 효과가 가장 적은 경우는?

① 지온이 낮을 때
② 뿌리가 손상되었을 때
③ 미량원소의 결핍증세가 보일 때
④ 약광하에서 웃자라고 있을 때

연구 엽면시비는 ①②③의 경우 급속한 영양회복을 위해 비료를 용액의 상태로 잎에 뿌려주는 것이다.

22 무의 꽃눈 형성과 추대가 촉진되는 조건이 바르게 된 것은?

① 고온, 저온단일
② 저온, 고온장일
③ 단일, 저온장일
④ 장일, 고온단일

연구 무는 종자춘화형 채소로 저온에서 꽃눈이 분화되며 분화된 꽃눈은 고온, 장일, 강광 조건에서 추대가 촉진된다. 추대 후에는 더 이상 잎 수가 증가하지 않고 뿌리의 비대가 멈추므로 재배에 불리하다.

23 숙성과정에서 호흡속도가 급격히 증가하는 호흡형으로 분류할 수 있는 작물은?

① 감귤   ② 포도
③ 딸기   ④ 복숭아

연구 호흡상승과에는 복숭아, 토마토, 사과, 바나나 등이 있다.

16 ③   17 ④   18 ③   19 ①   20 ④   21 ④   22 ②   23 ④

24 모잘록병(입고병)이 가장 많이 발생하는 시기는?

① 파종상에서 발아 후

② 가식상에서 활착 시

③ 정식 후 활착 시

④ 개화 후 착과 시

연구 모잘록병은 파종상에서 고온다습할 때 주로 발생한다.

25 다음 중 우리나라에서 하우스 시설용 골재로서 가장 많이 이용되는 것은?

① 일반 구조강관

② 알루미늄도금 수도관

③ C(씨)형 철재

④ 아연도금 구조용 강관

연구 비닐하우스(플라스틱 온실) 골조재는 아연도금 강관이 주로 사용되고 있다.

26 다음 중 점적관수 시의 사용 수압(kgf/㎠)으로 알맞은 것은?

① 0.2 ~ 0.5

② 1.5 ~ 2.0

③ 2.5 ~ 3.0

④ 3.5 ~ 4.0

연구 점적관수(點滴灌水)는 플라스틱제의 가는 파이프나 튜브로부터 물방울이 뚝뚝 떨어지게 하거나 천천히 흘러나오게 하여 관수하는 방법으로 사용 수압이 1.5~2.0kgf/㎠ 정도이면 일정하게 관수할 수 있다.

27 고추의 비닐하우스 재배 시 고온이 되면 잘 일어나는 피해는?

① 낙과

② 병해

③ 위조

④ 생장불량

연구 고온 장해를 받게 되면 양분 부족으로 꽃의 발육이 충실하지 못하여 꽃봉오리나 어린 열매가 떨어지는 낙과 및 낙화 현상이 일어난다.

28 시설재배 시 방풍벽을 설치할 때 풍속이 가장 낮은 거리는 방풍벽 높이의 몇 배 거리에서인가?

① 1 배

② 4 배

③ 7 배

④ 10 배

연구 바람 방향과 수직으로 방풍벽을 세우면 방풍벽 높이의 3~5배 거리에서 풍속이 최저가 되고, 12배 거리까지도 50% 정도 감속 효과가 있다.

29 염류의 농도 장해증상을 틀리게 설명한 것은?

① 잎의 색깔은 짙은 청록색을 띤다.

② 잎의 가장자리가 안으로 말린다.

③ 칼슘(Ca) 결핍 증상이 나타나는 경우도 있다.

④ 생장점 부근의 어린잎부터 말라 죽는다.

연구 염류농도의 장해증상은 ①②③ 외에 잎이 타거나 밑에서부터 말라 죽는다.

30 복합비료 22-18-11의 25kg 1포에 함유된 질소, 인산, 칼륨의 양(kg)은 각각 얼마인가?

① 질소(5.5), 인산(4.5), 칼륨(2.75)

② 질소(10.8), 인산(8.8), 칼륨(5.4)

③ 질소(9.9), 인산(3.6), 칼륨(6.6)

④ 질소(3.0), 인산(7.0), 칼륨(14.0)

연구 복합비료는 비료의 3요소 중 2개 이상의 비료가 혼합된 것을 말한다. 배합비는 질소, 인산, 칼륨의 순이며 질소의 양은 25×(22/100) = 5.5, 인산의 양은 25×(18/100) = 4.5, 칼륨의 양은 25×(11/100) = 2.75이다.

24 ① 25 ④ 26 ② 27 ① 28 ② 29 ④ 30 ①

31 나무 위에 잠재해 있던 눈이 가지의 단축, 유인, 상처 등 외적조건에 의해 발아하며 반드시 잎눈을 형성하는 눈은?

① 겨드랑이눈　　② 꽃눈
③ 잎눈　　　　　④ 부정아

연구 정아(頂芽), 측아(側芽), 액아(腋芽) 등은 정해진 위치인 절(節, node)에서 발생하여 존재하지만 부정아는 상처난 부위나 일반적으로 눈을 형성하지 않는 부위에서 발생한다.

32 정부우세성에 주로 관여하는 호르몬은?

① 지베렐린　　　② 싸이토카이닌
③ 옥신　　　　　④ B − 9

연구 정아(頂芽)에서 생성된 옥신이 정아의 생장을 촉진하나 아래로 확산하여 측아(側芽)의 발달을 억제하는 현상을 정아우세(정부우세)라고 한다. 줄기에 정아우세를 보일 경우 정아를 제거하면 측아는 발달한다.

33 다음 중 고욤나무 대목에 접목할 경우 친화성이 없는 품종은?

① 경산반시　　　② 상주시
③ 고종시　　　　④ 부유

연구 고욤나무는 중북부지방에서 떫은감의 대목으로 이용되고, 공대는 부유 등의 단감 품종 및 떫은감의 대목으로 이용된다.

34 감귤에 피해를 주는 이세리아깍지벌레를 구제하기 위해서 베다리아됫박벌레를 번식시켜 방제하는 방법은?

① 생태적 방제법
② 생물적 방제법
③ 물리적 방제법
④ 화학적 방제법

연구 자연계에서 해충을 잡아먹거나 해충에 기생하는 천적(天敵, natural enemy)을 이용하는 방제법을 생물학적 방제법이라고 한다.

35 다음 중 미량원소가 아닌 것은?

① 붕소　　　　　② 황
③ 아연　　　　　④ 구리

연구 미량원소는 작물생육 기간 중 소량 또는 극미량만 공급되어도 정상생육이 가능한 원소로 철(Fe), 망간(Mn), 아연(Zn), 구리(Cu), 몰리브덴(Mo), 붕소(B), 염소(Cl) 등이 있다.

36 사과 봉지씌우기 재배에서 적합하지 않은 효과는?

① 착색 증진　　　② 심식충 방제
③ 동녹 방지
④ 당 농도의 증가

연구 봉지씌우기의 목적은 병해충 방제, 착색 증진, 과실의 상품가치 증진, 열과 방지, 숙기 조절 등이다.

37 대개 과다 결실된 나무에서 결핍증상이 더 현저하며 성엽의 잎 가장자리에 엽소현상이 나타나는 것이 전형적인 결핍 증상인 비료의 요소는?

① 인산　　　　　② 마그네슘
③ 칼륨　　　　　④ 칼슘

연구 칼륨이 결핍되면 잎의 끝이나 둘레가 황화하고 갈색으로 변하며, 과실의 비대가 불량할 뿐만 아니라 형상과 품질이 나빠진다.

38 과수의 기본 육종방법으로 2품종의 장점을 겸비한 신품종을 만들어 내는 방법은?

① 교잡육종법
② 선발육종법
③ 돌연변이육종법
④ 잡종강세육종법

연구 교잡에 의해서 유전적 변이를 작성하고 그 중에서 우량한 계통을 선발하여 신품종으로 육성하는 방법으로 멘델의 유전법칙을 근거로 하여 성립하며 가장 널리 사용되고 있는 육종법이다.

31 ④　32 ③　33 ④　34 ②　35 ②　36 ④　37 ③　38 ①

39 과실의 구조에 의한 분류 중 인과류에 해당되는 것들로만 구성된 것은?

① 사과, 배   ② 감, 감귤

③ 복숭아, 자두   ④ 포도, 무화과

연구 인과류는 꽃받침 비대부분이 과육인 것으로 사과, 배, 비파, 마르멜로 등이 있다.

40 복숭아 심식나방에 대하여 방제효과가 큰 방법은?

① 5월 상순에 토양살충제를 처리한다.

② 산란전 기피제를 살포해 준다.

③ 8월 상순에 유기인제를 살포해 준다.

④ 유아등을 설치해 둔다.

연구 복숭아심식나방은 유충이 번데기가 되기 전에 토양살충제를 살포하고 중경(中耕)한다. 그리고 첫 산란시기인 6월 중순 이전 봉지를 씌워 재배한다.

41 농약의 "습윤성"에 대한 설명이 올바른 것은?

① 약제가 식물체나 충체에 스며드는 성질

② 약제의 미립자가 용액중에서 균일하게 분산되는 성질

③ 살포한 농약이 식물체나 충체의 표면을 적시는 성질

④ 살포한 약액이 식물체나 충체에 잘 부착되는 성질

연구 습윤성은 살포한 약액이 작물이나 해충의 표면을 균일하게 적시는 성질이다.

42 다음 중 유부과(柚膚果) 현상과 관계 없는 것은?

① 과일 표면이 울퉁불퉁하게 되는 현상

② 수분이 부족할 때 발생량이 증가

③ 마그네슘의 부족으로 발생

④ 칼슘의 과다 시용에 따라 발생

연구 유부과는 과실 표면이 매끈하지 않고 유자 껍질처럼 울퉁불퉁한 현상으로 과실비대기의 수분 부족, 석회와 붕소, 마그네슘 결핍 등이 원인이다. 수세를 안정시키고 토양개량으로 통기성과 보수성을 좋게 하며, 관수 및 배수를 적절히 한다.

43 동일 품종의 사과묘목을 일시에 대량 육성할 수 있는 방법은?

① 접목법   ② 분주법

③ 실생육묘법   ④ 휘묻이법

연구 접목이란 식물의 한 부분을 다른 식물에 삽입하여 그 조직이 유착되어 생리적으로 새로운 개체를 만드는 것으로 새로운 품종을 급속히 증식시킬 수 있다.

44 과수원 토양표면 관리 중 초생재배의 틀린 설명은?

① 토양 입단화(입단화)를 촉진시킨다.

② 과수나무와 풀 사이에 양분쟁탈이 일어날 수 있다.

③ 청경법에 비하여 유기물 분해가 촉진된다.

④ 토양침식을 방지한다.

연구 초생재배는 과수원의 토양을 풀이나 목초로 피복하는 방법으로, 토양침식을 방지하며 경사지 과수원에서 가장 많이 사용하고 있다.

45 사과나무 탄저병에 관한 틀린 설명은?

① 열매에 주로 발생하지만 나뭇가지나 줄기에도 발생한다.

② 주로 4~5월경에 심하게 발생한다.

③ 보호성 살균제와 혼합제인 침투성 살균제를 살포하면 효과적이다.

④ 이병과에서 포자가 형성되어 2차 전염이 이루어진다.

연구 탄저병 병원균은 아까시나무나 피해 과실 등에서 월동하고 7~8월에 빗물이나 곤충, 조류에 의해 전염되며 주로 성숙기에 많이 발생한다.

39 ①   40 ①   41 ③   42 ④   43 ①   44 ③   45 ②

46 튤립(tulip)의 화아분화 시기는?

① 본엽 2~3매 시

② 개화 2주 후

③ 수확 저장 중

④ 정식기

연구 튤립의 알뿌리는 수확 후 저온에 저장하면 화아분화를 촉진할 수 있다.

47 석회 시용의 효과가 아닌 것은?

① 토양산성의 중화

② 토양미생물의 번식 왕성

③ 꽃눈의 형성 양호

④ 부식의 분해 억제

연구 산성토양의 중화를 위해서는 석회뿐만 아니라 퇴비나 녹비 등의 유기질비료를 함께 주는 것이 효과적이며, 이 유기물은 토양 중의 알루미늄 해작용을 억제하고 토양의 물리적 성질 개선, 완충력 증대, 양분공급의 원활, 미생물의 활동 증진 등을 돕는다.

48 히야신스 인공분구법에서 구근의 비대 성장기에 수확한 구(球)를 거꾸로 하여 가운데가 움푹 들어가도록 인경의 밑쪽에 있는 단축경을 잘라내는 방법은?

① 노칭(notching)

② 코링(coring)

③ 스쿠핑(scooping)

④ 큐어링(curing)

연구 스쿠핑은 비늘줄기 밑에 있는 단축경을 모조리 파내는 방법으로 기부에 부정 비늘줄기가 자라 나오게 된다.

49 플라스틱 하우스의 구배(기울기)가 클 때의 설명으로 옳지 않은 것은?

① 내풍성이 약해진다.

② 하우스 구조의 안전성이 높아진다.

③ 적설에 대한 저항성이 강해진다.

④ 하우스 면적이 동일한 경우 보온력은 떨어진다.

연구 기울기가 큰 하우스는 적설량이 많은 지대에 적합한 시설로 바람의 저항이 커서 안전성이 낮다.

50 다음의 특징으로 보아 무슨 농약인가?

– 선택성 살충작용을 한다.

– 유기인제 저항성해충 방제에 효과 있다.

– 인축에 독성이 낮다.

– 헤테로고리화합물과 aryl기를 갖고 있다.

① 유기염소제

② 유기황제

③ 카바메이트계

④ triazole류

연구 카바메이트계 살충제는 일반적으로 살충작용이 선택적이고 체내에서 빨리 분해되어 인축에 대한 독성이 낮은 안정한 화합물이다.

51 다음 중 CCC와 같은 식물생장억제제(왜화제)가 식물 개화에 미치는 영향은?

① 로제트 타파

② 꽃눈분화의 촉진

③ 꽃눈분화의 억제

④ 꽃대 신장의 촉진

연구 왜화제는 초장을 낮추고 꽃대의 신장을 억제하며 꽃눈분화를 촉진한다.

52 다음 중 단경성 난에 해당하는 것은?

① 팔레놉시스　　② 덴드로비움

③ 심비디움　　　④ 카틀레야

연구 난은 형태학적으로 생장점의 수에 따라 단경성 난과 복경성 난으로 구분한다. 단경성 난은 식물체가 하나의 생장점을 가지고 생육하는 것으로 반다, 팔레놉시스 등이 있다. 복경성 난은 식물체가 생장함에 따라 여러 개의 생장점을 형성하여 큰 포기로 자라며 카틀레야, 덴드로비움, 심비디움, 온시디움 등이 있다.

46 ③　47 ④　48 ③　49 ②　50 ③　51 ②　52 ①

53 다음 중 조직배양에 사용되는 도구나 기자재가 아닌 것은?

① 클린벤치　　② 고압 멸균기

③ 옥신　　　　④ 알콜램프

연구 옥신은 세포의 확장과 발근, 캘러스 증식 등에 작용하는 식물생장조절제이다.

54 다음 중 주로 음성식물로 분류되는 것은?

① 맨드라미

② 나팔꽃

③ 장미꽃

④ 아프리칸바이올렛

연구 음성식물은 잎이 비교적 넓고 그루당 잎 수가 적으며 음지에서 잘 자라는 화훼로 아프리칸바이올렛, 프리뮬러, 옥잠화, 아스파라거스, 양치식물, 철쭉, 백량금 등이 있다.

55 습기를 쉽게 흡수하여 굳어지거나 녹아서 사용에 가장 불편한 비료는?

① 질산암모늄

② 요소

③ 염화암모늄

④ 염화칼륨

연구 질산암모늄은 생리적 중성비료로 흡습성과 수용성이 강하다.

56 카네이션 재배 시 그물치기(네트)를 하는 주된 이유는?

① 줄기가 똑바로 자라도록

② 환기가 잘 되도록

③ 순지르기가 쉽도록

④ 햇빛을 많이 받도록

연구 국화, 카네이션, 안개초 등은 줄기가 자라면서 휘어지므로 10~15cm의 구멍이 있는 플라스틱이나 철사로 수평그물을 설치하여 받쳐주며 나팔꽃, 능소화, 담쟁이 등은 수직으로 그물을 설치한다.

57 병 발생 예방을 위한 온실관리에서 가장 중요한 요소는?

① 채광, 토양　　② 양분, 관수

③ 지온, 환기　　④ 온도, 습도

연구 시설 내는 온도가 높고 밤낮의 교차가 크며, 온도가 낮은 밤에는 습도가 100% 가까이 되고 낮에는 다습한 상태이다. 또한 병원균이 시설 내로 전파되면 빠른 속도로 만연하여 약제방제가 어렵다.

58 튤립 고유의 꽃색에 흰색 또는 황색의 얼룩무늬가 생기는 병은?

① 모자이크병

② 보트리티스병

③ 갈색무늬병

④ 흰녹병

연구 바이러스에 의한 병은 잎과 꽃잎에 줄무늬나 모자이크, 얼룩 등이 생기거나 위축 · 괴저 · 기형 등이 나타난다.

59 가을 국화의 꽃피는 시기를 12월 중 · 하순에 하려면 전등 조명을 언제 끝내야 하는가?

① 8월 중순　　② 9월 중순

③ 10월 중순　　④ 11월 중순

연구 추국을 12월 말에 개화시키려면 전등조명하여 꽃눈분화를 억제시킨 다음, 개화 예정일 50~60일 전인 10월 중순에 전등조명을 중지한다.

60 A살충제를 800배액으로 희석하여 200L를 살포하려고 할 때 소요 농약량은?(단, 배액계산으로 한다.)

① 40 mL　　② 160 mL

③ 250 mL　　④ 800 mL

연구 소요 농약량
= 단위면적당 사용량 / 소요 희석배수
= 200L / 800 = 0.25L = 250mL

53 ③　54 ④　55 ①　56 ①　57 ④　58 ①　59 ③　60 ③

01 촉성재배 오이에서 마디가 극히 짧아지고 새 잎과 꽃 등이 생장점 주변에 밀집되어 생육이 정지되는 순멎이 증상이 나타나는 원인에 해당되는 것은?

① 수분과다
② 장일조건
③ 고온장해
④ 저온장해

연구 오이의 순멎이 현상은 생장점 부근에 많은 암꽃이 맺히면서 덩굴이 뻗어나가지 못하고 멈추는 것으로 육묘기의 저온이 원인이다.

02 시설하우스 완전제어형의 개선방향으로 적당하지 않은 것은?

① 건설비 절감
② 운전비용 최소화
③ 전력비 절감
④ 비효율적인 램프 개발

연구 완전제어형은 광을 투과시키지 않는 단열구조로 인공조명에 의하여 작물을 재배하는 것으로 건설비가 많이 들고 강광을 필요로 하는 작물재배는 곤란하다.

03 지름 0.05mm의 세무가 시설 내로 유입되면 순간적으로 기화가 일어나 실내공기를 냉각시키는 방법은?

① 팬 앤드 미스트 방법
② 팬 앤드 패드 방법
③ 팬 앤드 포그 방법
④ 작물체 분무 냉각 방법

연구 팬 앤드 포그(fan and fog)법은 시설 내의 증발을 촉진하기 위해 흡기구에 미스트노즐을 설치하여 분무하면 안개와 같은 물입자가 건조한 기류를 타고 부유하면서 증발하여 주변의 열을 빼앗는다.

04 다음은 식물공장 내 어떤 재배상에 해당하는가?

고도의 집약적 생산 및 광입사 효율을 극대화하기 위하여 입체화된 재배상을 이동시키는 형태로서 생육단계별로 작물을 이동하면서 재배하는 형태

① 평면고정식
② 입체이동식
③ 평면이동식
④ 입체고정식

연구 식물공장은 재배상에 따라 평면고정식, 평면이동식, 입체고정식, 입체이동식 등으로 분류할 수 있다.

05 다음 중 가시광선 투과율이 가장 높은 시설의 피복자재는?

① EVA
② 유리
③ PVC
④ 폴리에틸렌 필름

연구 유리는 다른 시설 피복자재에 비해 식물 성장에 필요한 가시광선의 투과율이 높다.

06 다음 중 일반적인 시설 내 이산화탄소의 시용과 그 효과로 옳지 않은 것은?

① 광도, 온도 등이 적당할 때 시용은 약 1,000~1,500ppm이 적당하다.
② 시비 시기는 해가 뜬 후부터 2시간 후 약 2~3시간 시비한다.
③ 광도가 약하고 온도가 낮을 때는 시비량을 줄인다.
④ 발아 직후의 어린식물에 효과가 크다.

연구 시설 내 이산화탄소의 시용은 광합성 증대에 의한 생육 촉진, 조기 수확, 수량 증가, 품질향상 등을 목적으로 실시한다.

1 ④ 2 ④ 3 ③ 4 ② 5 ② 6 ④

07 육묘 온실의 시설이 아닌 것은?

① 벤치 시설   ② 수확 시설

③ 관수 시설   ④ 난방 시설

연구 종자를 경작지에 직접 뿌리지 않고 이러한 모를 일정기간 시설 등에서 생육시키는 것을 육묘(育苗)라 한다.

08 다음 양액재배 방식 중 뿌리에 가장 산소공급이 양호한 것은?

① 박막수경(NFT)

② 분무수경

③ 배지경

④ 답액경(DFT)

연구 분무수경은 식물의 뿌리에 양액을 분무함과 동시에 뿌리의 일부를 양액에 담가 재배하는 방식이다.

09 칼슘(Ca) 184.5ppm을 me/L로 표시한 값으로 가장 적합한 것은?(단, Ca의 원자량은 40.1 이다.)

① 3   ② 6

③ 9   ④ 12

연구 Ca의 원자량은 40.1이고, 원자가는 2이므로 당량은 20.05이다.
me/L값에 당량을 곱하면 ppm값이 된다.
me/L값×20.05 = 184.5ppm
me/L값 ≒ 9

10 시설토양의 염류집적방지를 위한 대책으로 적합하지 않은 것은?

① 가급적이면 속효성 비료를 사용한다.

② 여름에는 기초피복을 벗겨 자연강우에 노출시킨다.

③ 가축분뇨와 같은 유기물의 연용을 피한다.

④ 일정기간 수수나 옥수수 등의 흡비작물을 재배한다.

연구 시설재배에서는 다수확을 위해 적정시비량 이상의 비료를 시용하는 경향이 있는데 염류과잉집적에 의한 토양의 이화학적 성질을 악화시키는 결과가 된다. 염기나 산기를 많이 남기지 않는 복합비료를 선택하여 시용한다.

11 다음 중 토양의 수분을 측정하는 기구는?

① 텐시오미터   ② 전기전도도계

③ pH메타   ④ 습도계

연구 토양수분장력은 텐시오미터로 측정하며 그 값은 pF로 나타낸다.

12 점토광물 중 규산층과 알루미나층이 1:1의 비율로 결합된 것으로 보통 고령토(高嶺土)라고 불리는 것은?

① 카올리나이트   ② 일라이트

③ 몬모릴로나이트   ④ 버미큘라이트

연구 규산판 1개와 알루미나판 1개가 결속되어 한 결정단위를 이루고 있는 것을 1:1 격자형 점토광물이라 하며 kaolinite계 점토광물이 대표적이다.

13 양액재배 중 무기양분의 공급원이 되는 거름의 종류인 질산태 질소와 암모늄태 질소 비율로 가장 적당한 것은?

① 3 : 7   ② 4 : 6

③ 5 : 5   ④ 7 : 3

연구 양액재배에서 질산태 질소와 암모늄태 질소의 비율이 7:3 정도일 경우 재배작물의 생체중 및 건물중이 가장 양호하다.

14 참외의 속썩음과(발효과)를 예방할 수 있는 방법은?

① 석회시용   ② 질소시용

③ 신토좌 호박 대목 사용

④ 시설 내 온도 10℃ 이하 유지

연구 참외의 발효과는 석회 부족, 질소 과다, 접목 재배, 일조 부족 및 토양 과습 등이 원인이다.

7 ②   8 ②   9 ③   10 ①   11 ①   12 ①   13 ④   14 ①

15 보통 토양의 부피 조성에서 가장 적은 부분을 차지하는 것은?

① 공기   ② 수분

③ 유기물   ④ 광물

연구 토양은 기상(공기) 25%, 액상(수분) 25%, 고상 50%(광물 등 45%, 유기물 5%) 등으로 구성되어 있다.

16 배추나 박과작물 종자의 저장양분을 저장하는 곳은?

① 종피   ② 자엽

③ 배유   ④ 유근

연구 배추나 박과작물 등의 무배유종자는 저장양분이 자엽에 저장되어 있고 배는 유아, 배축, 유근의 세 부분으로 형성되어 있다.

17 다음과 같은 방법을 통해 발생을 억제할 수 있는 병의 종류로 옳은 것은?

– 종자 건열소독
– TMV 약독바이러스 접종
– 생장점 배양에 의한 무병종묘 이용

① 역병   ② 흰가루병

③ 바이러스병   ④ 무사마귀병

연구 바이러스는 일종의 핵단백질로 구성된 병원체로 전자현미경으로만 관찰이 가능하며, 다른 미생물과 같이 인공배양되지 않고 특정한 산 세포내에서만 증식할 수 있다.

18 오이의 쓴맛이 생기는 원인은?

① 질소 비료의 결핍 시

② 인산 및 칼륨질 비료의 충분한 시용

③ 토양의 수분이 부족하였을 때

④ 웃거름으로 액비를 시용하면서 물주기를 하였을 때

연구 오이의 쓴맛은 엘라테린(elaterin)이라는 알칼로이드의 영향으로 건조, 저온, 칼륨 부족 등이 원인이다.

19 당근에서 뿌리의 색소인 카로틴의 축적이 잘되는 토양 조건은?

① 약간 건조하고 통기성이 좋은 토양

② 약간 다습하고 통기성이 좋은 토양

③ 약간 다습하고 통기성이 나쁜 토양

④ 약간 건조하고 통기성이 나쁜 토양

연구 표토가 깊고 유기질이 풍부하며 통기, 보수, 배수가 잘 되는 모래참흙이 가장 좋다. 당근을 배수가 불량한 토양에서 재배하면 열근, 잔뿌리증대, 착색불량 등으로 상품가치가 떨어진다.

20 CA저장에 대한 설명 중 옳은 것은?

① CA저장을 하면 작물체내 에틸렌 발생이 증가하게 된다.

② 지나치게 낮은 산소농도에서는 혐기적 호흡의 결과 이취발생을 유발할 수 있다.

③ 고농도 산소와 저농도 이산화탄소로 대기를 조성하여 작물의 호흡을 억제시키는 저장방법이다.

④ 작물의 호흡에 의한 산소 소비와 이산화탄소 방출로써 적절한 대기가 조성되도록 하는 저장방법이다.

연구 CA저장은 농산물 주변의 가스 조성을 변화시켜 저장기간을 연장하는 방식이다.

21 플라스틱 하우스의 난방에 적당하고 시설비가 싸며 열 이용 효율도 높은 가온방법의 종류는?

① 전열난방

② 온풍난방

③ 증기난방

④ 온수난방

연구 온풍난방은 500~1,000평 규모의 플라스틱 하우스 난방에 가장 효과적이나 보온성 결여, 실내 건조, 실내 온도분포의 불균일 등의 단점이 있다.

15 ③   16 ②   17 ③   18 ③   19 ①   20 ②   21 ②

22 다음은 광합성과 빛의 세기와의 관계를 나타낸 것이다. C와 같이 광합성을 위한 CO_2의 흡수량과 호흡에 의한 CO_2의 방출량이 같게 되는 시점의 광도는?

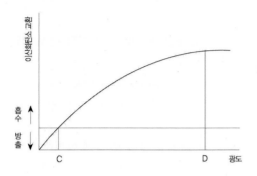

① 동화도
② 광보상점
③ 광포화점
④ 한계작용점

연구 광합성을 위한 CO_2의 흡수량과 호흡작용에 의한 방출량이 같게 되는 광도를 광보상점이라 한다.

23 다음 중 수경재배의 고형배지경으로 실용적으로 많이 이용하는 것은?

① 모래
② 버미큘라이트
③ 톱밥
④ 펄라이트

연구 양액을 이용하되 작물의 지지, 산소 공급, 토양의 이점 등을 보충하기 위해 모래, 자갈, 버미큘라이트, 펄라이트, 훈탄, 암면 등의 고형물질을 배지로 이용하는 것을 고형배지경이라 한다. 주로 실용적으로 펄라이트 등이 이용되고 있다.

24 샐러리의 저온기 시설재배에서 지베렐린을 처리하는 가장 큰 이유는?

① 추대 방지
② 활착 촉진
③ 잎자루 신장
④ 석회 결핍증 방지

연구 샐러리는 지베렐린에 의한 생육촉진 효과가 대단히 크며 첫 잎자루의 신장 여부가 수량을 좌우한다.

25 다음 중 건물기준 식물의 필수 평균 원소 함량이 가장 큰 것은?

① 마그네슘   ② 인
③ 탄소   ④ 황

연구 식물체는 수분과 수분을 건조시켜 제거한 다음에 남는 건물로 구성되어 있으며, 건물의 대부분은 탄소(C, 45%), 산소(O, 45%), 수소(H, 6%)의 3원소로 되어 있다.

26 다음 (   )에 알맞은 용어로 짝지어진 것은?

> 환기량은 상면적과 순방사량에 (   )하고, 설정 내외의 온도차에 (   ) 한다.

① 반비례, 비례
② 비례, 반비례
③ 비례, 비례
④ 반비례, 반비례

연구 환기량은 시설 내의 상면적과 순방사량에 비례하고, 설정 내외의 온도차에 반비례한다.

27 다음 설명 중 토양유기물의 기능이 아닌 것은?

① 토양 온도를 상승시킨다.
② 토양미생물의 활동을 약화시킨다.
③ 토양의 염기치환능력을 증가시킨다.
④ 토양 무기양분의 유효화를 증진시킨다.

연구 토양 유기물은 미생물의 영양원이 되어 유용미생물의 번식을 조장한다.

28 우엉 재배 시 여름철 온도가 높을 때 잎에 발생이 예상되는 병해로 피해가 가장 많은 것은?

① 검은무늬병   ② 부패병
③ 흰가루병   ④ 노균병

연구 우엉 흰가루병은 여름 고온기에 발생하며, 잎의 표면에 백색반점이 나타나고 점점 확대되어 밀가루와 같은 것으로 덮여지며, 가을이 되면 갈색이나 흑색의 알갱이로 바뀐다.

29 고구마의 상처를 아물게 하기 위한 저장 전처리로 적당한 것은?

① 예냉   ② 예건
③ 환기   ④ 큐어링

연구 큐어링은 물리적 상처를 아물게 하거나 코르크층을 형성시켜 수분증발 및 미생물의 침입을 줄이는 방법이다.

30 병원체가 식물체 내에 침입하여 병징이 나타날 때까지의 기간은?

① 주기   ② 잠복기
③ 월동기   ④ 휴면기

연구 병원체가 침입한 후 초기 병징이 나타날 때까지 소요되는 기간을 잠복기간이라 한다.

31 포도는 어느 과실류에 속하는가?

① 준인과류   ② 장과류
③ 핵과류   ④ 인과류

연구 장과류는 씨방의 외과피가 비대해진 것으로 포도, 무화과, 나무딸기 등이 있다.

32 다음 중 과수의 정지 · 전정의 목적이 아닌 것은?

① 나무의 뼈대를 조화롭게 만든다.
② 결실량 및 세력을 조절한다.
③ 해거리를 막아준다.
④ 숙기를 조절해 준다.

연구 전정의 목적은 ①②③ 외 가지를 적당히 솎아서 수광 · 통풍을 좋게 하고, 병해충의 피해부나 잠복처를 제거한다.

33 포도 노균병(露菌病)과 가장 관계가 없는 것은?

① 유럽종 포도에서 주로 발생한다.
② 병반이 생긴 잎 뒷면에는 갈색의 곰팡이가 생긴다.
③ 8~9월에 걸쳐 주로 잎에 발생한다.
④ 병반은 점차 갈색으로 변하고, 심하면 잎 전체가 불에 덴 것 같이 말라 낙엽된다.

연구 잎의 병반은 초기에는 윤곽이 확실하지 않은 담황록색이지만 마치 기름이 밴 것처럼 수침상으로 보인다. 병반 형성(4~5일) 후에 잎의 표면에 흰백색의 흰가루병과 비슷한 곰팡이를 형성한다.

34 다음 중 사과나무를 왜화 재배할 때 이용하는 대목으로 가장 효과적인 것은?

① 야광나무   ② TT. 104
③ 환엽해당   ④ M. 9

연구 왜화성이 가장 강한 정도는 M27 〉M9 〉M26의 순이다.

35 과수원의 토양 관리 시 유목과 잡초의 양 · 수분 경쟁을 피하면서 병 · 해충의 잠복처도 함께 제거하기 위한 방법은?

① 청경법
② 초생법
③ 부초법
④ 경운 피복 작물법

연구 청경법(淸耕法)은 과수원 토양에 풀이 자라지 않도록 깨끗하게 김을 매주는 방법으로 잡초와 양수분의 경쟁이 없다.

28 ③   29 ④   30 ②   31 ②   32 ④   33 ②   34 ④   35 ①

36 사과 갈색무늬병균의 월동 장소는?

① 토양　　　　② 이병낙엽

③ 가지　　　　④ 뿌리

연구 사과 갈색무늬병균은 병든 잎에서 균사 또는 자낭반의 형태로 월동하여 다음 해 자낭포자와 분생포자가 1차 전염원이 된다.

37 다음 사과 품종 중 일반적으로 수확기가 가장 빠른 것은?

① 축　　　　　② 육오

③ 홍옥　　　　④ 골든딜리셔스

연구 축: 조생종　　육오, 골든딜리셔스: 중생종
홍옥: 만생종

38 복숭아나무의 일소현상이 많이 나타나는 경우가 아닌 것은?

① 개심자연형으로 심었을 경우

② 원줄기가 햇빛에 노출될 경우

③ 토양이 건조할 경우

④ 모래땅에 심겨진 경우

연구 개심자연형은 원줄기를 길게 하지 않고 2~3개의 원가지를 위아래로 붙여 만든다. 복숭아, 배, 매실, 감귤, 자두 등에 적합한 수형이다.

39 매실의 번식에서 가장 많이 이용하는 대목은?

① 매실나무 실생묘

② 삼엽해당

③ 환엽해당　　　④ 사과 실생

연구 매실나무는 보통 공대(접수와 같은 종의 대목에)에 접붙이기한다.

40 배나무 수분수의 구비조건으로 틀린 것은?

① 같은 품종으로 재식할 것

② 친화력이 높을 것

③ 완전한 꽃가루를 많이 가질 것

④ 개화시기가 주품종과 같거나 1~2일 빠를 것

연구 수분수는 화합성이 높고, 완전한 꽃가루를 많이 생산하며, 주품종과 개화기가 일치하거나 약간 빠른 것이 적당하며 섞어 심는 비율은 20~25%가 알맞다.

41 다음 중 사과 탄저병에 관한 설명으로 틀린 것은?

① 7~8월 습도가 높은 해에 증상이 심하게 나타난다.

② 병반은 끈끈한 점액이 분비된다.

③ 병반에는 흑색의 소립이 있고 움푹 들어간다.

④ 갑자기 부패되거나 무름증상이 나타난다.

연구 탄저병은 과실의 표면에 연한 갈색의 둥근 무늬가 생기고 병반이 커지면서 움푹하게 들어간다.

42 나무잎의 조기낙엽을 가장 심하게 일으키는 병은?

① 사과 갈색무늬병

② 포도 만부병

③ 사과 탄저병

④ 사과 부란병

연구 사과 갈색무늬병(갈반병)은 장마철에 잎에 많이 발생하며 조기낙엽을 유발한다.

43 포도나무의 꽃눈분화가 시작되는 시기로 가장 적합한 것은?

① 5월 하순　　　② 7월 하순

③ 8월 상순　　　④ 9월 하순

연구 포도의 일반적인 꽃눈분화 시기는 5월 하순이다.

36 ②　37 ①　38 ①　39 ①　40 ①　41 ④　42 ①　43 ①

44 사과의 뿌리혹병을 일으키는 것은?

① 곰팡이　　　② 세균

③ 바이러스　　④ 바이로이드

연구 뿌리혹병(근두암종병, 根頭癌腫病)은 *Agrobacterium* 세균에 의해 발병한다.

45 다음 중 깎기접에서 접붙인 후 접합 (graft wax)이나 발코트를 가지 끝에 발라주는 가장 큰 이유는?

① 접수의 건조를 막기 위해

② 병 발생을 막기 위해

③ 접수의 발아자극을 위해

④ 유합이 잘 되게 하기 위해

연구 접밀(接蜜, 발코트)은 접목 부위에 바르는 점성을 가진 물질로, 말라 죽기 쉬운 접수를 중심으로 대목까지 외부로 증발되는 수분을 막아 접수의 활력을 유지하고 병균의 침입을 막는다.

46 국화 억제재배를 위한 전등조명 방법 중 가장 효과적인 조명 시각은?

① 16:00~18:00(늦은 오후)

② 23:00~02:00(한밤 중)

③ 05:00~07:00(새벽)

④ 09:00~12:00(오전 중)

연구 밤 11시~새벽 2시 사이에 1시간 정도를 보광(補光)하는 광중단(야파작용)은 장일의 효과가 있다.

47 군자란의 개화 촉진을 위한 지베렐린 처리 방법으로 옳은 것은?

① 1ppm 용액을 잎에 분무 처리한다.

② 5ppm 정도의 용액을 어린 꽃봉오리에 처리한다.

③ 50ppm 정도 용액을 식물체 전체에 분무처리한다.

④ 100ppm 정도 용액을 꽃봉오리에 분무처리한다.

연구 군자란 등의 어린 꽃봉오리에 지베렐린을 5ppm 정도의 저농도로 처리하면 개화 촉진의 효과를 높일 수 있다.

48 다음 야자류 중 내한성이 가장 강한 것은?

① 당종려　　　② 관음죽

③ 아레카　　　④ 켄차

연구 당종려는 야자과 식물 중 내한성이 가장 강하여 제주도는 물론이고 남부지방에서도 정원수나 가로수로 심고 있다.

49 우리나라 남해안이 자생지인 화훼가 아닌 것은?

① 석곡　　　　② 문주란

③ 나도풍란　　④ 봉선화

연구 봉선화는 인도, 말레이시아, 중국 등이 원산지이다.

50 메리클론(mericlon)이란?

① 생장점 배양으로 키운 어린 묘

② 삽목 배양묘를 키운 어린 묘

③ 접목번식으로 키운 어린 묘

④ 화기조직을 배양한 어린 묘

연구 생장점 배양으로 키워진 어린 묘를 메리클론 (mericlone)이라 한다.

51 우량계통을 자가수분 시켜 다음 대의 식물 균일성을 조사하여 우수한 개체를 골라내는 육종법은?

① 교잡육종법

② 잡종육종법

③ 분리육종법

④ 돌연변이육종법

연구 분리육종법(선발육종법)은 재래종 집단 내에서 우수한 개체들을 분리하여 품종으로 만드는 방법으로 순계분리법과 계통분리법 등이 있다.

44 ②　45 ①　46 ②　47 ②　48 ①　49 ④　50 ①　51 ③

52 동일한 조건에서 종자의 발아일수가 가장 긴 화훼는?

① 금잔화　　　② 스타티스
③ 아스파라거스　④ 코스모스

연구 아스파라거스 종자는 종피가 두껍고 단단하기 때문에 발아에 많은 일수가 필요하다.

53 전층시비법과 심층시비법의 효과에 대해서 비교 설명한 것 중 틀린 것은?

① 심층시비법은 시비횟수를 줄일 수 있어 덧거름 주기에 곤란한 멀칭 및 소형 터널 재배 시에 효과적이다.
② 심층시비법은 전층시비법에 비해 작토층에 골고루 섞이게 되므로 비효가 빨리 나타난다.
③ 전층시비법은 심층시비법에 비해 다비했을 경우라도 비료의 해가 적다.
④ 전층시비법은 심층시비법에 비해 시비능률이 높다.

연구 전층 시비는 비료가 작토 전층에 골고루 혼합되도록 하여 비료의 유실을 막고 비효를 오래도록 지속시키려는 시비법이다.

54 가을 국화를 2월 졸업식에 출하하기 위하여 재배하는 방법은?

① 차광재배　　② 촉성재배
③ 전조재배　　④ 양액재배

연구 가을국화를 여름과 초가을에 장일(조명, 照明)처리하여 개화를 억제하고 12~1월에 개화시키는 것을 전조재배라 한다.

55 토양을 통해 전염되지 않는 병은?

① 모잘록병　　② 잎시들음병
③ 무름병　　　④ 녹병

연구 녹병은 식물의 잎이나 줄기에 녹이 슨 것처럼 갈색을 띤 덩어리가 생기는 병으로 곰팡이에 의해 전염된다.

56 생물농약과 관련된 설명으로 옳은 것은?

① 천적, 길항미생물 또는 길항식물 제제를 말한다.
② 생태계의 파괴 위험이 높다.
③ 병해충과 잡초의 약제저항성을 유발할 수 있다.
④ 비용이 적게 들고 효과가 확실하다.

연구 자연계에서 해충을 잡아먹거나 해충에 기생하는 천적을 이용하는 방제법을 생물학적 방제법이라 한다.

57 종자의 발아에 필수 요소가 아닌 것은?

① 수분　　　② 온도
③ 광　　　　④ 산소

연구 종자 발아의 필수조건은 수분, 산소, 온도 등이다.

58 잎, 과실, 뿌리에 기생하여 즙을 빨아 먹고 번식력이 대단히 큰 거미강의 소동물은?

① 나방류　　② 땅강아지
③ 혹벌류　　④ 응애

연구 응애는 곤충류가 아닌 거미류의 절지동물로 흡즙 및 바이러스를 매개한다.

59 DDVP 유제를 500배로 희석하여 40L를 살포할 때 DDVP의 소요량(mL)은?

① 20　　　② 40
③ 80　　　④ 100

연구 소요 농약량
= 단위면적당 사용량 / 소요 희석배수
= 40L / 500 = 0.08L = 80(mL)

60 다음 중 비내한성 온실숙근초는?

① 숙근 플록스　② 제라늄
③ 아르메리아　④ 접시꽃

연구 제라늄은 열대 및 아열대 원산으로 내한성이 약하여 겨울에는 온실에서 키워야 하는 온실숙근초이다.

---

52 ③　53 ②　54 ③　55 ④　56 ①　57 ③　58 ④　59 ③　60 ②

				평가	확인
원예 기능사	시험시간 1시간	**기출 · 종합문제**	출제유형 기본 · 일반 · 심화		

01 다음의 피복재로 가장 적합한 것은?

> – 보온성이 낮다.
> – 내후성이 낮다.
> – 먼지 부착률이 낮다.
> – 값이 싸 보급률이 높다.
> – 항장력과 신장력이 작다.
> – 장파장 투과율이 가장 높은 피복재이다.

① 보통유리
② 염화비닐
③ 폴리에틸렌필름
④ 경질플라스틱

연구 폴리에틸렌(PE)필름은 광선투과율이 높고, 필름 표면에 먼지가 적게 부착하며, 서로 달라붙지 않아 취급이 편리하고, 열 접착성이 좋아 가공이 용이한 점 등 우리나라 하우스 외피복재의 70% 이상을 차지하고 있다.

02 원예시설의 난방에 활용되는 『관류열량』에 대한 설명으로 옳은 것은?

① 시설의 빈 틈새를 통하여 손실되는 열량
② 토양표면과 지중의 온도차로 손실되는 열량
③ 시설의 환기로 인하여 손실되는 열량
④ 시설의 피복재를 통하여 외부로 손실되는 열량

연구 시설의 열손실 가운데 가장 큰 비중을 차지하는 것은 관류열량(시설의 피복재를 통과하여 나가는 열량)으로 전체 열손실의 60% 이상을 차지한다.

03 오이의 시설재배에 있어서 재배 최저 한계온도는?

① 4℃
② 8℃
③ 15℃
④ 20℃

연구 오이는 고온성 채소로 발아 최적온도는 25~30℃, 영양생장의 최적온도는 낮 24~26℃, 밤 14~16℃ 정도이며 10℃ 이하의 저온에서는 생장이 둔해지고 5℃ 이하에서는 거의 생육하지 못한다.

04 휘록암, 석회암 및 코크스를 섞어서 용해시킨 후 솜 반죽모양으로 섬유화시킨 것으로서 통기성, 보수성, 확산성이 뛰어나 양액재배용 배지로 사용되는 것은?

① 질석
② 훈탄
③ 경석
④ 암면

연구 암면은 락울(rockwool)이라고 하며 휘록암, 석회암 및 코크스 등을 섞어서 고온에서 용해시킨 후 섬유화한 것이다.

05 인공광형 식물공장의 성립조건이 아닌 것은?

① 햇빛이 많이 드는 곳
② 부가가치가 높은 작물을 재배하는 것
③ 단열이 충분한 재질 사용
④ 전력이 싼 가격으로 공급 가능한 지역

연구 인공광형 식물공장은 시설 내에서 환경제어에 의해 이루어지므로 공장 설치장소에 구애받지 않는다.

06 시설 채소에 피해를 주는 해충으로 볼 수 없는 것은?

① 진딧물류
② 응애류
③ 선충류
④ 일벌

연구 일벌은 사회성 곤충 중 먹이 채집, 집짓기, 집수리 및 다른 구성원을 돌보는 역할을 담당하는 개체이다.

1 ③　2 ④　3 ②　4 ④　5 ①　6 ④

07 흡수력이 뛰어난 고형물질을 이용하여 이를 종피에 침투시켜 줌과 동시에 어느 정도의 priming 효과를 동시에 처리해 줌으로서 효과를 극대화하고 그 처리효과가 상당 기간 지속적으로 나타날 수 있도록 하는 처리는?

① 고형물질 처리
② 종자물성 처리
③ 종자코팅 처리
④ 삼투용액 처리

연구 고형물질 처리는 질석, 규조토 등의 분말에 약간의 물을 가하여 종자와 혼합하는 방법이다.

08 다음 중 시설 내의 토양에서 내염성이 가장 강한 작물은?(단, 지상부층을 기준으로 한다.)

① 고추   ② 오이
③ 당근   ④ 양배추

연구 딸기와 상추는 내염성이 대단히 약하고 양배추, 무, 시금치 등은 내염성이 강한 편이다.

09 양액재배방법 중 1/100~1/70 정도의 경사를 두고 양액을 조금씩 흘려 내리면서 재배하는 방법은?

① 연속통기법
② 환류법
③ 박막수경(NFT)
④ 유동적하법

연구 NFT(박막수경)는 세계적으로 가장 널리 보급되어 있는 비고형 배지경 수경방식이다.

10 다음 중 토마토, 오이, 고추, 딸기, 셀러리 등 작물의 시설 내 토양의 일반적인 관수 개시 시점으로 가장 적당한 것은?

① pF 0.4 이하
② pF 0.5 ~ 0.9
③ pF 1.0 ~ 1.4
④ pF 1.5 ~ 2.0

연구 관수를 개시하여야 하는 시기는 작물의 종류, 생육단계, 재배시기 등에 따라 달라지나 시설재배에서는 보통 토양수분장력(pF) 1.5~2.0에서 관수를 개시한다.

11 마그네슘(Mg)농도 50㎎/L의 배양액 1,000L를 만들고자 할 때 $MgSO_4 \cdot 7H_2O$의 비료염이 약 얼마나 필요한가?(단, $MgSO_4 \cdot 7H_2O$의 분자량은 246, Mg의 원자량은 24임)

① 246g   ② 324g
③ 513g   ④ 738g

연구 50 : 24 = 비료염 양 : 246
비료염 양 = 513g

12 다음 중 시설원예를 성공적으로 이끌기 위한 조건으로서 가장 중요한 것은?

① 지온   ② 지형
③ 광질   ④ 기온

연구 시설의 입지조건은 난방부하가 작은 온난지역이 유리하다.

13 다음 중 시설난방에서 재배기간 중 기온이 가장 낮은 시간대의 난방부하로서 난방설비용량을 결정하는 지표가 되는 것은?

① 기간난방부하
② 최대난방부하
③ 최대난방열량
④ 기간손실열량

연구 최대난방부하는 재배기간 중 기온이 가장 낮은 시간대에 소비되는 열량으로 난방설비의 용량을 결정하는 지표이다.

7 ① 8 ④ 9 ③ 10 ④ 11 ③ 12 ④ 13 ②

14 토층의 깊이가 20cm이고 포장용수량의 용적비가 37.5%, 관수 직전 토양의 함수비가 33.2%이다. 1회 관수량은 얼마인가?

① 5.0㎜ ② 8.6㎜
③ 9.4㎜ ④ 12.5㎜

연구 1회 관수량 = {(포장용수량의 용적비 − 관수 직전 토양의 함수비) / 100}×토층의 깊이(㎜)
= {(37.5 − 33.2) / 100}×200
= 0.043×200 = 8.6㎜

15 시설 내의 염류 농도 장해를 막는 방법 중 효과가 가장 적은 것은?

① 객토를 한다.
② 깊이갈이를 한다.
③ 유기물을 많이 준다.
④ 작물을 연중 재배한다.

연구 작물을 연중 재배하는 연작(連作)은 염류의 축적을 가중시킨다.

16 열매채소류나 장미와 같은 화훼류의 암면배지 등의 고형 배지경에서 많이 사용되고 있는 관수 방법은?

① 살수관수 ② 지중관수
③ 점적관수 ④ 분무관수

연구 점적관수는 플라스틱제의 가는 파이프나 튜브로부터 물방울이 뚝뚝 떨어지게 하거나 천천히 흘러나오게 하여 관수하는 방법으로 토양이 굳어지지 않고 표토의 유실도 거의 없다.

17 다음 중 외부 피복자재에서 무적성(無滴性)을 나타내는 경우는?

① 자재의 투명도가 높을 때
② 자재가 착색되어 있을 때
③ 자재의 표면이 소수성을 나타낼 때
④ 자재의 표면이 친수성을 나타낼 때

연구 친수성(親水性) 자재는 표면의 물방울이 얇은 수막이 되거나 흘러내린다. 소수성(疏水性) 자재는 표면의 물방울이 결합하여 커지면 밑으로 떨어진다. 물방울이 맺혀 있으면 산란율과 투과율이 낮아지고, 결합한 물방울이 작물 위에 떨어지면 병해 발생의 원인이 되기도 한다. 무적필름은 물이 필름 표면을 따라 흘러내리기 쉽게 개량한 하우스용 필름으로 필름 내부에 약제를 첨가한 것이다.

18 흡즙성 해충방제에는 어떤 종류의 살충제가 가장 효과적인가?

① 직접접촉제
② 소화중독제
③ 침투성제
④ 훈증제

연구 침투성 살충제는 식물의 일부분에 처리하면 전체에 퍼져 즙액을 빨아먹는 흡즙성 해충을 죽이는 약제로 천적에 대한 피해가 없다.

19 토마토 과실의 동심원상(同心圓狀) 열과가 가장 많이 발생하는 시기는?

① 미숙기(未熟期)
② 녹숙기(綠熟期)
③ 최색기(催色期)
④ 완숙기(完熟期)

연구 녹숙기는 토마토가 최대의 크기에 달하는 시기로 직사광선에 의해 과일의 표면과 내부의 발달이 균형을 이루지 못할 경우 동심원상 열과(裂果)가 많이 발생한다.

20 보통 채소의 시설재배 시 1회 관수량은 약 얼마인가?

① 5~10㎜ ② 15~20㎜
③ 25~30㎜ ④ 35~45㎜

연구 보통 채소의 시설재배 시 관수량의 1일 평균은 2~7㎜가 되는 경우가 많다.

21 작물의 삽목 후 발근을 크게 증가시키는 호르몬제는?

① 지베렐린 　　　　② IBA
③ 에세폰 　　　　　④ B-9

연구 IBA(옥신)는 세포 신장에 관여하여 식물의 생장을 촉진하는 호르몬으로 줄기나 뿌리의 선단에서 생성되어 체내를 이동하면서 주로 세포의 신장촉진을 통하여 조직이나 기관의 생장을 조장한다.

22 일조가 부족한 환경에서도 가장 잘 재배가 될 수 있는 작물은?

① 수박 　　　　　② 오이
③ 상추 　　　　　④ 토마토

연구 광포화점과 광보상점이 낮은 상추는 저광도에서도 생육이 가능하다.

23 촉성재배용으로 적합한 딸기 생태형은?

① 한지형 　　　　② 중간형
③ 난지형 　　　　④ 조생형

연구 난지형은 휴면이 짧고 개화결실이 빠른 촉성재배용 품종이다.

24 고구마·감자를 수확할 때 입은 상처를 아물게 하고 코르크 등을 형성시켜 수분 증발이나 미생물의 침입을 막는 수단을 가리키는 용어는?

① 후숙 　　　　　② 도정
③ 코링 　　　　　④ 큐어링

연구 수확물의 상처를 아물게 하고 코르크층을 형성시켜 수분증발이나 미생물의 침입을 막는 수단을 큐어링(치유, curing)이라고 한다.

25 토양 전염성 병해의 종류가 아닌 것은?

① 덩굴쪼김병 　　② 흰가루병
③ 모잘록병 　　　④ 시들음병

연구 흰가루병(백분병)은 잎, 어린 가지 등의 표면에 흰 가루를 뿌린 것 같으며, 공기로 전염된다.

26 완두 굴파리의 가해 상태를 확인할 수 있는 부위로 가장 적당한 곳은?

① 잎 속 　　　　　② 꼬투리 속
③ 뿌리 속 　　　　④ 어린눈 내부

연구 완두 굴파리는 저온에서 발생이 많은 저온성 해충으로 유충이 늘어진 잎에 기생하여 굴을 파고 가해하므로 잎이 황화 및 백화되어 결국 잎이 떨어진다.

27 실내에 들어오는 공기에 물을 포함시켜 실내의 기화열을 빼앗아 냉방을 하는 방식으로 시설의 기밀도가 클수록 냉방 효율이 높아지고 천장에 플라스틱 커튼을 치면 더운 공기가 섞여 들어오지 못하게 되어 그 효율이 더욱 높아지는 방식은?

① 차광냉각법
② 팬앤드패드법
③ 지붕분무냉각법
④ 작물체분분무냉각법

연구 팬 앤드 패드법은 냉방효과는 가장 좋으나 설치 및 유지에 많은 비용이 들고 패드에 의한 차광이 심하고 가동 중에는 위치에 따라 온도구배가 생기는 등 작물재배에도 많은 문제점이 있으므로 일반작물 재배에는 많이 보급되지 않고 있다.

28 다음 중 자외선(400nm 이하의 파장)을 제거한 필름을 이용하면 토마토에서 병 발생 정도가 크게 감소되는 병해는?

① 역병 　　　　　② 풋마름병
③ 바이러스병 　　④ 잿빛곰팡이병

연구 자외선 차단 필름으로 피복하고 환기를 원활히 하면 잿빛곰팡이병의 포자 형성을 현저히 억제시킬 수 있다. 잿빛곰팡이병은 열매, 꽃, 잎이 무르고 그 표면에 쥐털 같은 곰팡이가 생긴다.

21 ② 　22 ③ 　23 ③ 　24 ④ 　25 ② 　26 ① 　27 ② 　28 ④

29 가해하면서 배설한 분비물에 의해 그을음병을 유발하여 2차적인 피해가 발생하는 종류가 아닌 것은?

① 차먼지응애　　② 진딧물
③ 온실가루이　　④ 깍지벌레

연구 차먼지응애는 잎, 가지, 과실을 가해하는데 주로 잎이나 과실이 어릴 때 피해를 주며, 가해 후 약 3~4주가 지나야 피해증상의 식별이 가능하다. 피해 받은 과실의 표면은 회색의 미세한 그물망으로 덮힌 것처럼 보이는데 상처가 얇아서 잘 긁어진다. 잎과 가지에서는 밀도가 매우 높을 경우에만 회갈색의 상처를 남기게 되는데, 심할 경우에는 잎이 말리기도 한다.

30 다음 중 호광성 종자가 아닌 것은?

① 우엉　　　　② 상추
③ 셀러리　　　④ 토마토

연구 토마토는 광선에 의해 발아가 억제되는 혐광성 종자이다.

31 다음 중 농약 종류에 따른 포장지 색깔 표시와 방제형태가 잘못 연결된 것은?

농약종류	농약포장지색깔	방제형태
① 살균제	황토색	탄저병
② 살충제	초록색	진딧물
③ 제초제	노란색	과수원잡초
④ 생장조절제	파란색	생장촉진제

연구 살균제 : 분홍색, 살충제 : 녹색, 제초제 : 황색, 생장조절제 : 청색, 맹독성 농약 : 적색, 기타 약제 : 백색, 혼합제 및 동시 방제제 : 해당 약제색깔 병용 등이다.

32 과수원에 비가 지나치게 많이 올 때의 장해에 해당되지 않는 것은?

① 당도가 높아진다.
② 웃자라기 쉽고 병해가 많이 발생한다.
③ 꽃눈 분화기에 꽃눈 형성을 방해한다.

④ 경사진 과수원에서는 토양 침식이 있다.

연구 과수는 햇빛이 부족하면 줄기의 웃자람으로 내병·내충성이 약해지고 생리적 낙과 유발, 화아분화 저조, 과실의 비대 불량과 당도·착색·크기·향기 등 과실의 품질이 저하된다.

33 입목형(立木形) 수형 중 개심자연형에 가장 적합하지 않는 과수는?

① 포도나무
② 매실나무
③ 복숭아나무
④ 배나무

연구 포도 같은 덩굴성의 과수는 울타리형으로 전정한다. 웨이크만식과 니핀식이 있다.

34 토양의 산도(酸度)를 교정하기 위하여 사용되는 물질이 아닌 것은?

① 고토석회
② 황산암모늄
③ 소석회
④ 탄산석회

연구 산성토양의 중화를 위해서는 석회뿐만 아니라 퇴비나 녹비 등의 유기질비료를 함께 주는 것이 효과적이며, 이 유기물은 토양 중의 알루미늄 해작용을 억제하고 토양의 물리적 성질 개선, 완충력 증대, 양분공급의 원활, 미생물 활동 증진 등을 돕는다.

35 수화제를 물에 희석하였을 때 고체상의 미세립자가 약액 중에 균일하게 퍼져 있는 성질은?

① 기화성　　　② 습전성
③ 부착성　　　④ 현수성

연구 현수성은 수화제에 물을 가했을 때 고체 미립자가 침전하거나 떠오르지 않고 오랫동안 균일한 분산상태를 유지하는 성질로 이와 같은 성질의 약액을 현탁액(懸濁液, suspension)이라고 한다.

29 ①　30 ④　31 ①　32 ①　33 ①　34 ②　35 ④

36 과수에서 잎의 생장과 기능에 관한 설명으로 옳은 것은?

① 잎은 눈에서 나와서 일정한 기간이 지나야 탄소동화작용을 할 수 있다.
② 잎의 초기생장은 전년도 저장 양분과는 관계가 없다.
③ 잎의 초기생장은 전년도 결실과다 현상과는 관계가 없다.
④ 잎은 눈에서 나오면서부터 곧 탄소동화작용을 할 수 있다.

연구 잎의 초기생장은 전년도에 저장된 양분에 의해 이루어지므로 전년도의 영양상태가 매우 중요하다.

37 포도의 델라웨어 품종에서 무핵과를 생산하기 위해 주로 처리하는 지베렐린 농도는?

① 50ppm　　　② 100ppm
③ 500ppm　　④ 1,000ppm

연구 포도 무핵과를 생산하기 위한 지베렐린의 1차 처리는 씨를 없애기 위해, 2차 처리는 포도알의 비대 및 성숙촉진을 위해 보통 100ppm의 농도로 실시한다.

38 포도 꽃떨이현상(花振現像)을 방지하고 과실비대를 증진시키기 위해 새 가지의 세력이 강할 경우 실시하는 순지르기의 적기는?

① 개화기
② 개화 5일 전
③ 개화 7일 후
④ 과실비대기

연구 포도꽃이 핀 후 포도알이 정상적으로 달리지 않고 드문드문 달리거나 수정되지 않고 비정상적인 알이 달리는 경우가 있는데 이런 현상을 꽃떨이현상이라고 한다. 세력이 강한 신초는 개화 4~5일 전 신초 선단에 순지르기를 한다.

39 다음 중 전해에 자란 1년생 가지의 겨드랑이 눈이 2년째에 자라 가지의 끝에 꽃눈을 착생하는 단·중·장과지(短·中·長果枝)가 되거나 꽃눈이 없는 자람가지가 되는 과수는?

① 자두　　　　② 앵두
③ 복숭아　　　④ 사과

연구 1년생 가지의 꽃눈에서 새순이 나와 그 새순 위에 열매가 맺기까지 3년이 걸리는 것은 사과, 배 등이 있다.

40 복숭아 잎오갈병의 특징으로 옳지 않은 것은?

① 5월 들어 기온이 상승하면 발병이 억제된다.
② 줄기에 발생하는 병으로 가지가 꾸불꾸불하게 자란다.
③ 병원균은 분생포자의 형태로 줄기 표면이나 눈에서 월동한다.
④ 이른봄 전엽기에 주로 발생하고 한랭하고 봄비가 잦은 해 발생이 심하다.

연구 잎오갈병은 잎이 붉게 부풀어올라 오그라지고 흰곰팡이가 덮이면서 썩는다. 봄에 찬비가 자주 오면 발생하며 약제를 살포하여 방제한다.

41 복숭아의 조생종 종자를 대목용으로 사용하지 않는 가장 중요한 이유는?

① 왜성화 되기 때문에
② 접목 불친화 때문에
③ 병해충에 약하기 때문에
④ 종자의 발아율이 낮기 때문에

연구 우리나라에서는 주로 야생종(돌복숭아)의 종자를 대목으로 이용하고 있다. 조생종은 종자가 충실하지 않으므로 발아율이 극히 나빠 사용하지 않는다.

36 ①　37 ②　38 ②　39 ④　40 ②　41 ④

42 과수에서 꽃가루의 신장이 빠르기 때문에 인공수분은 하루 중 어느 때 실시해 주는 것이 가장 좋은가?

① 새벽　　　　② 오전
③ 오후　　　　④ 초저녁

연구 인공수분은 해당 품종의 꽃이 40~80% 피었을 무렵인 개화 2~3일 내의 오전에 실시하는 것이 좋다.

43 다음 중 사과 수확 시기 결정 요인이 아닌 것은?

① 전분의 요오드 반응에 의한 결정
② 당 및 산 함량 비율에 의한 판정
③ 과육의 황록색 변색 정도를 보고 결정
④ 만개 후부터 성숙기까지의 일수에 의한 판정

연구 수확적기 판정에는 성숙도의 판정, 호흡량의 변화, 꽃이 활짝 핀 후의 성숙일수, 요오드 염색법, 과색, 과실의 경도, 과실의 크기와 형태 등이 있다.

44 다음 중 포기나누기(분주)에 의해서 번식하는 과수로만 짝지어진 것은?

① 사과, 대추　　② 배, 석류
③ 복숭아, 포도
④ 나무딸기, 앵두나무

연구 포기나누기(분주)는 어미나무의 뿌리나 줄기에서 생기는 여러 개의 싹을 뿌리와 함께 절취하여 새로운 개체를 만드는 방식이다.

45 다음 중 깎기눈접(삭아접)의 눈 떼는 방법 그림으로 가장 좋은 것은?

연구 깎기눈접(삭아접)은 접수에서 2㎝ 정도의 길이로 접눈을 떼어낸 다음 대목도 같은 크기로 목질부를 붙여 수피를 떼어내고 접눈을 붙인 다음 비닐테이프로 감아 준다.

46 수경재배에서는 작물에 필요한 배양액을 조성하여 공급하게 된다. 질소를 공급할 때 어느 형태의 질소가 가장 효과적인가?

① 유기태 질소
② 질산태 질소
③ 암모니아태 질소
④ 시안아미드태 질소

연구 질소는 질산태(NO_3^-)와 암모니아태(NH_4^+) 형태로 식물에 흡수되며, 수경재배에서는 질산태 상태로 흡수한다.

47 일반토양에 있어서 용수량의 몇 %의 수분이 유지되도록 하는 것이 가장 적당한가?(단, 미생물이 활동하기에 가장 적절한 때)

① 20~30%
② 40~50%
③ 60~70%
④ 80~90%

연구 식물생육에 가장 알맞은 최적함수량은 대개 최대 용수량의 60~80% 범위이다.

48 토양의 지하수위가 높으면 작물의 생육에 어떠한 영향을 미치는가?

① 작물에 물부족 현상이 일어나기 쉽다.
② 토양 온도가 높아져 뿌리의 호흡작용이 증가된다.
③ 토양에 물이 많아져 작물의 호흡작용이 나빠진다.
④ 비료분의 용탈이 심해져 영양 부족현상을 일으킨다.

연구 토양의 지하수위가 높은 저습지에서는 토양이 과습하고 토양의 통기가 불량하여 생육저하와 수량 감소의 영향이 크다.

42 ②　43 ③　44 ④　45 ①　46 ②　47 ③　48 ③

49 주요 한해살이 화초의 경제품종 육종법으로 알맞은 것은?

① 선발육종법

② 집단육종법

③ 돌연변이육종법

④ 잡종강세육종법

연구 잡종강세육종법은 잡종강세가 왕성하게 나타나는 1대잡종(F_1) 그 자체를 품종으로 이용하는 육종법이며, 1대잡종이용법이라고도 한다.

50 다음 설명하는 화초는?

- 움저장이 바람직하다.
- 여름고온에 잘 견디므로 재배상 큰 어려움이 없다.
- 근경(뿌리줄기)에 속하는 춘식구근이다.
- 제주도를 제외한 우리나라에서는 봄에 심었다가 가을에 굴취해서 저장하는 것이 원칙이다.
- 내한성이 약한 식물로 생육저온은 25~28℃이고, 5℃ 이하에서는 생육이 중지되며, 0℃ 이하이면 얼어 죽는다.

① 칸나　　　　② 수선

③ 튤립　　　　④ 글라디올러스

연구 칸나는 내한성이 약하지만 양지바르고 배수가 좋으면 잘 자라고 공해에도 강하다. 근경(뿌리줄기)에 의해 번식하는데, 근경을 가을에 캐 두었다가 봄에 심는 춘식구근으로 취급하고 있다.

51 시설 내의 광 환경을 개선하는 방법 중 옳지 않은 것은?

① 산광 피복재를 이용한다.

② 하우스를 남북동으로 설치한다.

③ 물방울이 맺히지 않는 피복재를 선택한다.

④ 골격 자재의 강도를 강화시켜 골재의 부피를 최소화 시킨다.

연구 동서동이 남북동에 비해 입사광량이 많으나, 연동의 경우에는 동서동이 남북동보다 그림자가 심하게 나타나서 광분포의 불균일성이 크다.

52 다음 중 수확 후의 외부 온도가 20℃일 때 단열된 트럭에 수송된 장미의 온도 변화표에서 '3'에 해당되는 것은?

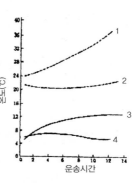

① 사전냉각과 수송 중 냉장을 한 것

② 사전냉각과 수송 중 냉장을 안 한 것

③ 사전냉각을 하지 않고, 수송 중 냉장을 한 것

④ 사전냉각을 하고, 수송 중 냉장을 하지 않은 것

연구 1 : 사전냉각과 수송 중 냉장을 안 한 것
2 : 사전냉각을 하지 않고, 수송 중 냉장을 한 것
3 : 사전냉각을 하고, 수송 중 냉장을 하지 않은 것
4 : 사전냉각과 수송 중 냉장을 한 것

53 다음과 같은 특징을 갖는 화훼는?

- 종자나 구근으로 번식을 하는데 보통 실생 1년구를 쓴다. 추식구근 가운데서도 특별한 모양을 하고 있어 구근 상하의 구별이 없다.
- 모래나 나뭇재에 섞어 비벼서 잔털을 제거한 후 파종하여야 발아가 잘 된다.

① 극락조화　　② 꽃베고니아

③ 시클라멘　　④ 아네모네

연구 아네모네는 미나리아재빗과에 속한 여러해살이 알뿌리식물로 잎은 깃꼴 겹잎이며 봄에 줄기 끝에 빨간색, 자주색, 파란색, 흰색 등의 꽃이 핀다. 지중해 연안이 원산지로, 화분이나 화단에서 관상용으로 기른다.

49 ④　50 ①　51 ②　52 ④　53 ④

54 성숙한 종자 또는 식물체에 적당한 환경조건을 주어도 일정기간 발아·발육·성장이 일시적으로 정지해 있는 상태는?

① 로제트   ② 휴면

③ 콜로이드   ④ 명반응

연구 휴면은 작물이 일시적으로 생장활동을 멈추는 생리현상으로 식물 자신이 처한 불량환경의 극복수단이다.

55 병원인 바이러스를 옳게 설명한 것은?

① 인공배양이 잘 된다.

② 광학현미경으로 볼 수 있다.

③ 접목, 곤충, 토양, 종자에 의해 전염된다.

④ 편모로 운동하며 발생하는 병은 근두암종병이 있다.

연구 바이러스는 상처부위를 통해 침입하며 접촉이나 곤충 및 선충 등에 의해 전염된다. 특히 접목, 꺾꽂이, 포기나누기 등 영양번식 때에 이병되기 쉽고, 순지르기 때 즙액의 접촉이나 진딧물에 의해 전염된다.

56 다음 화훼류 중 식충식물에 속하는 것은?

① 네펜데스   ② 데이지

③ 칼라   ④ 칼랑코에

연구 식충식물은 벌레를 잡아 영양을 섭취하는 식물로 끈끈이주걱, 사라세니아, 네펜데스, 디오네아 등이 있다.

57 시클라멘의 개화를 촉진하기 위해서 지베렐린 100ppm 수용액 2L를 만들어 살포하려고 한다. 이 때 필요한 순수 지베렐린의 양은?

① 0.02g   ② 0.2g

③ 2g   ④ 20g

연구 ppm = 1/1,000,000

100ppm = 1/10,000g

100ppm = 2/20,000g = 0.2g / 2L(2,000g)

58 다음 중 열대성 란(蘭)은?

① 팔레놉시스   ② 춘란

③ 보세란   ④ 풍란

연구 난과식물은 원산지에 따라 열대산(서양란)과 온대산(동양란)으로 구분할 수 있다.

59 국화의 흑반병(黑斑病)에 대한 설명으로 맞지 않는 것은?

① 질소질 비료의 부족으로 발생한다.

② 갈반병(褐斑病)과 병징은 거의 동일하다.

③ 방제는 만코제브 수화제 등을 살포한다.

④ 노지재배에서 발생하기 쉽고 시설재배에서는 거의 발생하지 않는다.

연구 국화 흑반병은 습도가 높고 환기가 잘 되지 않는 환경에서 주로 잎에 발생한다. 질소질 비료의 과용을 피하고 내병성 품종을 재배한다.

60 멀칭 시에 지온을 높이는 데 가장 효과적인 필름은?

① 백청색   ② 흑색

③ 녹색   ④ 투명

연구 투명필름은 지온 상승, 건조 방지, 비료유실 방지, 토양유실 방지, 시설재배 시 공기습도 상승 방지, 토양수분 유지, 근계발달 촉진과 조기수확 및 증수의 효과가 있다.

54 ②   55 ③   56 ①   57 ②   58 ①   59 ①   60 ④

01 시설채소 재배 전망과 관련이 적은 것은?

① 시설채소 재배 면적 증가

② 소비 형태 변화로 다소 감소

③ 자동화 하우스 시설 면적 증가

④ 지역 특성에 맞는 작목을 선택 재배

연구 생활수준의 향상에 따라 시설채소의 소비가 증가하고 있다.

02 딸기를 정식할 때 알맞은 포기 사이의 간격은?

① 20 ~ 25cm   ② 30 ~ 35cm

③ 40 ~ 45cm   ④ 50 ~ 55cm

연구 딸기는 정화방이 분화되고 지온이 20℃ 전후인 때 포기 사이를 20~25cm로 하여 깊지 않게 정식한다.

03 오이를 촉성재배할 때 가장 알맞은 관리온도는?

① 낮: 16~20℃, 밤: 16~18℃

② 낮: 16~20℃, 밤: 13~15℃

③ 낮: 22~26℃, 밤: 16~18℃

④ 낮: 22~26℃, 밤: 13~15℃

연구 오이의 촉성재배는 9~11월에 파종하고 10~12월에 정식하며 1~5월에 수확하는 재배방식이다.

04 유아등은 해충의 어떠한 행동 습성을 이용한 것인가?

① 주화성   ② 주광성

③ 주수성   ④ 주지성

연구 주광성은 빛에 유인되는 것으로 나비·나방은 양성 주광성을, 구더기·바퀴류는 음성 주광성을 가지고 있다.

05 배추의 생육전반의 적온(℃)으로 가장 적당한 것은?

① 14 ~ 17℃   ② 18 ~ 22℃

③ 25 ~ 28℃   ④ 30 ~ 35℃

연구 온대북부 원산인 배추, 상추, 딸기 등의 최적온도는 17~20℃ 정도이다.

06 채소류의 맞접을 할 경우 접수와 대목의 가장 알맞은 파종 시기는?

① 대목 파종 2일 후 접수 파종

② 대목 떡잎 전개시 접수 파종

③ 대목과 접수 동시 파종

④ 접수 떡잎 전개시 대목 파종

연구 맞접은 접수의 종자를 먼저 파종하여 발아 후 떡잎이 전개될 무렵에 대목 종자를 파종한다.

07 다음 중 주로 딸기에서 발생하는 병은?

① 탄저병   ② 노균병

③ 역병   ④ 뱀눈무늬병

연구 딸기에는 뱀눈무늬병, 잿빛곰팡이병, 바이러스병, 탄저병, 균핵병 등이 발생한다.

08 다음 중 모판 흙의 조제시 논흙이나 산의 황토 또는 밭의 심토를 사용하는 주 목적은?

① 유기물이 풍부하기 때문이다.

② 미량원소가 고르게 함유되어 있다.

③ 병원균이 포함되어 있지 않기 때문이다.

④ 토질의 물리적 성질이 좋기 때문이다.

연구 상토는 토양전염성 병원균이나 해충 등이 거의 없는 논흙이나 산흙을 많이 사용한다.

1 ② 2 ① 3 ④ 4 ② 5 ② 6 ④ 7 ④ 8 ③

09 이어짓기를 하면 수량이 증가하는 것으로 알려져 있으나 이어짓기를 할 경우 선충과 무름병의 피해가 많이 발생하는 채소는?

① 무　　　　② 당근
③ 상추　　　④ 배추

연구 파종 전에 토양훈증제를 처리하거나 윤작하여 방제한다.

10 다음 중 아욱과에 속하는 채소 작물은?

① 고추　　　② 시금치
③ 오크라　　④ 셀러리

연구 아욱과에 속하는 채소는 아욱, 오크라 등이다.

11 다음 중 시금치꽃파리 유충의 피해 부위로 가장 적당한 곳은?

① 잎살(엽육)속
② 잎맥(엽맥)속
③ 꽃과 열매 속
④ 뿌리속

연구 유충은 시금치의 엽육을 가해하며 가해 부위는 희게 탈색되어 피해 증상이 뚜렷하다.

12 다음 중 일반적으로 농약이 갖추어야 할 조건을 설명한 것으로 틀린 것은?

① 적은 양으로도 약효가 확실하여야 한다.
② 인축에 대하여 독성이 없어야 한다.
③ 약제의 조제나 살포에 특별한 기술이 있어야 한다.
④ 작물에 농약 해를 주지 않아야 한다.

연구 농약은 사용법이 간편해야 한다.

13 참외의 착과는 어느 부위에 있는 것이 채종과로 가장 좋은가?

① 어미덩굴의 1마디
② 아들덩굴의 1마디
③ 손자덩굴의 1마디
④ 종손자덩굴의 1마디

연구 참외의 암꽃은 어미덩굴에 잘 달리지 않고 손자덩굴의 1~2마디에 맺히는 성질이 있다.

14 가을에 결구배추를 묶어주는 주목적은?

① 결구지연
② 수량증가
③ 추대억제
④ 동해방지

연구 김장용 결구배추 재배 시 수확기가 임박하여 겉잎을 모아서 묶어 주면 된서리가 내릴 경우 속잎을 보호할 수 있고 강풍에 겉잎이 찢어지는 것도 방지할 수 있다.

15 진딧물에 의하여 발생하는 병해는?

① 잿빛 곰팡이병
② 무름병
③ 탄저병
④ 모자이크병

연구 모자이크병 등의 바이러스병은 진딧물에 의하여 전염된다.

16 인공 채취한 꽃가루 500g으로 면봉을 이용한 인공수분을 하려고 한다. 증량제로 쓰이는 석송자는 어느 정도 필요한가?

①　500g ～ 1,000g
② 1,500g ～ 2,500g
③ 2,500g ～ 3,500g
④ 3,400g ～ 4,500g

연구 인공수분에서는 석송자 등의 화분증량제를 화분량의 3~5배(무게비율)로 혼합하여 사용한다.

9 ②　10 ③　11 ①　12 ③　13 ③　14 ④　15 ④　16 ②

17 복숭아의 CA 저장시 저장고 내의 적당한 환경조건으로 옳은 것은?(단, 저장온도 : 산소 : 이산화탄소 순으로 표기한다.)

① 0 ~ 2℃ : 2 ~ 3% : 5%
② 5℃ 내외 : 5%   : 10%
③ 5 ~ 8℃ : 0 ~ 3% : 0.03%
④ 상   온 : 0 ~ 3% : 0.03%

연구 CA 저장은 원예작물 주변의 가스 조성을 변화시켜 저장기간을 연장하는 방식이다.

18 다음 중 자동적 단위결과를 볼 수 있는 과수로 가장 적당한 것은?

① 사과   ② 배
③ 복숭아   ④ 감

연구 암술머리에 어떤 자극을 주지 않아도 과실이 자동적으로 발육하는 것을 자동적 단위결과라 하며 과수에서는 감, 감귤, 바나나, 파인애플, 무화과 등이 해당된다.

19 다음 중 지베렐린 처리로 씨 없는 포도를 생산할 수 있고, 수세가 강건하며 내한성과 내병성이 강하고 포도알이 밀착하여 수송성이 좋은 품종으로 적합한 것은?

① 쉴러   ② 캠벨얼리
③ 델라웨어   ④ 네오머스캣

연구 포도 델라웨어 품종에 지베렐린을 처리하면 씨 없는 포도를 생산할 수 있다.

20 다음 중 깎기접을 가장 빠른 시기에 실시하는 과수로 적합한 것은?

① 사과   ② 배
③ 감귤   ④ 복숭아

연구 복숭아 등의 핵과류는 3월 중~하순에 깎기접을 실시한다.

21 다음 중 식물체 내의 단백질과 엽록소의 합성 시 주요성분으로서 영양생장에 주로 관여하는 비료 성분으로 가장 적당한 것은?

① 칼륨   ② 질소
③ 인산   ④ 칼슘

연구 질소는 단백질과 함께 엽록소의 주요 성분으로 영양생장에 관여한다.

22 다음 일반적인 사과 품종 중 홍색인 것은?

① 왕령   ② 육오
③ 혜   ④ 인도

연구 골든딜리셔스, 육오, 인도, 왕령 등의 과피색은 황색이다.

23 다음 중 사과의 축과병과 신초 고사현상을 예방하기 위해 붕산이나 붕사를 엽면 살포하는데 그 농도로 가장 적당한 것은?

① 0.1 ~ 0.15%
② 0.2 ~ 0.4%
③ 0.5 ~ 0.6%
④ 0.7 ~ 0.8%

연구 사과 붕소 결핍증에는 붕사를 사용하거나 붕산 0.2~0.4%액을 엽면시비한다.

24 다음 중 포도나무 노균병의 기주식물로 가장 적당한 것은?

① 호프   ② 사과나무
③ 머루   ④ 두릅나무

연구 포도나무 노균병의 병원균은 포도나무속의 식물에 침입한다.

25 다음 사과 품종 중 숙기가 가장 늦은 품종은?

① 쓰가루　　　　② 홍옥

③ 후지　　　　　④ 조나골드

`연구` 후지의 수확적기는 10월 하순~11월 상순경이다.

26 애벌레가 사과나무 가지의 목질부 위 아래로 굴을 뚫으면서 구멍에서 톱밥과 같은 것을 내면서 피해를 주는 해충은?

① 점박이응애

② 복숭아유리나방

③ 조팝나무진딧물

④ 뽕나무하늘소

`연구` 뽕나무하늘소는 유충이 사과나무 가지의 속을 가해하는 해충으로 2년에 1회 발생하며 나무에 약제를 주입하여 방제한다.

27 다음 중 포도에 지베렐린을 처리해서 얻는 효과로 보기 어려운 것은?

① 송이의 신장에 의한 과립의 밀착 방지

② 과립의 비대 효과

③ 결실률 향상

④ 숙기 지연 효과

`연구` 지베렐린은 씨 없는 포도, 포도알의 비대 및 성숙 촉진에 이용된다.

28 사과 품종 중 '후지'는 어느 품종들이 교잡육성된 것인가?

① 골든딜리셔스 × 인도

② 국광 × 딜리셔스

③ 국광 × 홍옥

④ 골든딜리셔스 × 딜리셔스

`연구` 후지는 국광에 딜리셔스를 교잡하여 얻은 품종으로 우리나라에서 재배면적이 가장 넓다.

29 좋은 복숭아 묘목에 관한 기술로 틀린 것은?

① 충실하게 자란 것으로 마르지 않은 것

② 병충해가 없고 정확한 품종일 것

③ 2번지, 3번지까지 자라난 생육이 미약한 묘목일 것

④ 접목 여부를 확인하고 뿌리에 상처가 적을 것

`연구` 우량 묘목은 측지(側枝)의 발달이 왕성하고 양호해야 한다.

30 다음 중 감귤나무의 수형(樹形)으로 가장 적합한 것은?

① 주간형　　　　② 방추형

③ 개심자연형　　④ 배상형

`연구` 개심자연형은 배상형의 단점을 보완한 수형으로 원줄기를 길게 하지 않고 2~3개의 원가지를 위아래로 붙여 만든다.

31 다음 중 같은 꽃이나 같은 그루의 다른 꽃 화분이 수분하여도 여러 가지 이유로 인해 수정하지 않는 현상을 의미하는 것은?

① 웅성불임성　　② 타가수정

③ 자가불화합성　④ 자가수분

`연구` 암술과 수술 모두 정상적인 기능을 갖고 있으나 자기꽃가루받이를 못하는 현상을 자가불화합성이라 한다.

32 다음 식물 중 과(科, family name)가 다른 것은 어느 것인가?

① 생열귀나무　　② 매화나무

③ 물싸리　　　　④ 화살나무

`연구` 화살나무는 노박덩굴과, 생열귀나무·매화나무·물싸리는 장미과이다.

---

25 ③　26 ④　27 ④　28 ②　29 ③　30 ③　31 ③　32 ④

33 다음 중 주로 노칭, 스쿠핑 등과 같은 인공분구로 번식하는 알뿌리화초로 가장 적당한 것은?

① 시클라멘
② 히아신스
③ 글록시니아
④ 구근베고니아

연구 히아신스의 비늘줄기는 6월말경 인공적인 방법으로 알뿌리의 기부에 상처를 내어 10월 중순까지 반그늘에 보관하면 백색의 새 알뿌리가 형성된다.

34 카네이션 생장점 배양시 채취하는 생장점의 크기로 가장 알맞은 것은?

① 0.2 ~ 0.5mm
② 2 ~ 3mm
③ 4 ~ 5mm
④ 6 ~ 7mm

연구 절취하는 생장점의 크기로 보통 0.2~0.5mm의 높이로 이용하며 이보다 작으면 생존율이 낮고, 크면 바이러스에 감염되어 있을 가능성이 높다.

35 다음 화훼류의 일조시간 장단에 따른 분류 중 중일성 화훼류로 가장 적당한 것은?

① 포인세티아   ② 금잔화
③ 금어초   ④ 시클라멘

연구 중일성화훼는 일조시간의 장단과 관계없이 개화하는 화훼로 카네이션, 시클라멘, 히아신스, 수선화, 제라늄, 팬지, 튤립 등이 있다.

36 저장시 파라핀 코팅(paraffin coating)을 실시하는 구근은?

① 튤립   ② 칸나
③ 수선   ④ 달리아

연구 4~7℃가 저장 적온인 달리아는 건조를 막기 위해 35~50℃에 녹인 파라핀에 알뿌리를 담갔다가 꺼내서 저장한다.

37 다음 중 국화 재배시 가장 문제가 되는 병해로 처음에는 잎 뒷면에 작은 병 무늬가 발생하고 차츰 확대되어 흰색돌기가 형성되다가 나중에는 담갈색으로 되는 것은?

① 흰녹병(백수병)
② 위조 세균병
③ 역병
④ 뿌리혹병(근두암종병)

연구 국화 흰녹병(백수병)은 노지와 시설을 가리지 않고 15~20℃의 온도와 다습한 조건에서 주로 잎에 발생한다.

38 다음 중 봄뿌림 한해살이화초에 속하지 않는 것은 어느 것인가?

① 백일홍   ② 프리뮬러
③ 샐비어   ④ 매리골드

연구 프리뮬러, 과꽃, 금잔화, 패랭이꽃, 데이지, 팬지, 금어초, 스톡, 버베나 등은 가을뿌림 한해살이화초(추파 1년초)이다.

39 다음 중 특별한 기구가 없어도 손으로 쉽게 뿌릴 수 있는 농약으로 가장 적당한 것은?

① 수용제   ② 입제
③ 연무제   ④ 수화제

연구 입제는 유효성분을 고체증량제와 혼합분쇄하고 보조제를 가하여 입상(粒狀)으로 성형한 것이다.

40 다음 중 화훼작물의 생육에 가장 많이 이용되는 토양수분은?

① 결합수   ② 흡습수
③ 모관수   ④ 중력수

연구 모관수는 물분자 사이의 응집력에 의해 유지되는 수분으로 식물의 유효수분이다.

33 ②   34 ①   35 ④   36 ④   37 ①   38 ②   39 ②   40 ③

41 다음 중 선인장 접목 번식에 주로 쓰이는 접목법으로 가장 적당한 것은?

① 뿌리접(근접)

② 꽂음접(삽접)

③ 부름접(호접)

④ 안장접(안접)

연구 안장접(안접)은 대목을 쐐기모양으로 깎고 접수는 대목 모양으로 잘라 낸 다음 얹어서 접하는 방법으로 선인장에 이용된다.

42 광선량의 다소에 따른 분류 중 음성 화목류에 속하는 것은?

① 장미

② 아스파라거스

③ 나팔꽃

④ 채송화

연구 아스파라거스는 잎이 비교적 넓고 그루당 잎 수가 적으며 음지에서 잘 자라는 음성화훼이다.

43 다음 취목번식법(取木繁殖法)의 종류별로 주로 이용하는 작물의 연결이 옳은 것은?

① 선취법: 석류, 동백나무, 능소화

② 파상법: 덩굴장미, 개나리, 능소화

③ 고취법: 명자나무, 개나리, 영춘화

④ 성토법: 석류, 배롱나무, 드라세나

연구 물결취목(파상법)은 덩굴성식물이나 가지가 부드럽고 긴 줄기를 여러 차례 굴곡시켜 지하부에서 발근 후 분리하는 방법이다.

44 일반적으로 국화를 전조재배할 때 광중단의 효과가 가장 큰 시간대는?

① 14:00 ~ 16:00

② 18:00 ~ 20:00

③ 22:00 ~ 02:00

④ 04:00 ~ 08:00

연구 밤 10시~새벽 2시 사이에 1시간 정도를 보광하는 광중단은 장일의 효과가 있다.

45 다음 중 생리적 화학 산성비료로 가장 적당한 것은?

① 용성인산비료

② 황산암모늄

③ 석회질소

④ 소성인산비료

연구 생리적 산성비료에는 황산암모늄, 염화암모늄, 황산칼륨, 염화칼륨 등이 있다.

46 다음 중 시설난방에서 재배기간 중 기온이 가장 낮은 시간대의 난방부하로서 난방설비용량을 결정하는 지표가 되는 것은?

① 기간난방부하

② 최대난방부하

③ 최대난방열량

④ 기간손실열량

연구 최대난방부하는 재배기간 중 기온이 가장 낮은 시간대에 소비되는 열량으로 난방설비의 용량결정 지표이다.

47 다음 중 식물공장의 경영에 있어서 가장 문제가 되는 것은?

① 채산성

② 부식성

③ 투과성

④ 보온성

연구 식물공장은 초기 투자비 및 유지비가 많이 든다.

41 ④   42 ②   43 ②   44 ③   45 ②   46 ②   47 ①

48 시설 하우스 관리에 있어 저온 상태에서 시설 내 온도가 높아 환기가 필요할 경우 환기효율이 가장 좋은 곳은?

① 양쪽 출입문
② 천창
③ 옆 창문
④ 옆 부분의 필름부분

연구 더운 공기는 비중이 작아 위로 올라가기 때문에 천창의 환기효율이 가장 좋다.

49 다음의 작물 중 광포화점이 가장 높은 작물은?

① 오이   ② 수박
③ 토마토   ④ 피망

연구 수박 〉 토마토 〉 오이 〉 피망의 순으로 광포화점이 높고, 광포화점이 높을수록 강광이 필요하다.

50 다음 중 시설 내 공중습도를 높이는 데 이용되는 관수 방법은?

① 지중 관수
② 분무형 관수
③ 점적형 관수
④ 살수형 관수

연구 분무형 관수는 강한 수압과 미스트용 노즐을 사용하여 물의 입자를 미세한 안개상태로 분무하여 공중습도를 높이는 관수 방법이다.

51 다음 중 시설재배에서 엽면시비에 많이 이용되는 요소 비료의 주성분으로 가장 적당한 것은?

① 인산   ② 질소
③ 칼슘   ④ 망간

연구 엽면시비에는 각종 미량요소와 질소질비료 중 요소가 많이 이용된다.

52 다음 중 시설원예에서 사용되는 텐시오미터의 용도로 가장 적당한 것은?

① 전기전도도의 측정
② 토양수분장력의 측정
③ CO_2 농도의 측정
④ 염류농도의 측정

연구 토양수분장력은 텐시오미터로 측정하며 그 값을 pF로 나타낸다.

53 설계하중이 20cm이고, 지붕 경사각이 35°인 단동온실에서 수평면의 단위면적당 작용하는 적설하중은?(단, 눈의 단위중량은 $1.0kg/m^2 \cdot cm$, 지붕경사각이 35°일 때 적설하중 감소계수는 0.5이다.)

① $10kg/m^2$
② $15kg/m^2$
③ $20kg/m^2$
④ $40kg/m^2$

연구 적설하중
= 단위중량×설계하중×적설하중 감소계수
= 1.0×20×0.5 = 10kg/m²

54 다음 시설원예의 피복자재 중 자외선 투과율이 가장 높은 것은?

① EVA
② 염화비닐 필름
③ 폴리에틸렌 필름
④ FRP

연구 폴리에틸렌(PE)필름은 자외선과 장파장의 투과율은 가장 높으나 보온력은 낮다.

48 ② 49 ② 50 ② 51 ② 52 ② 53 ① 54 ③

55 다음 중 시설 내 염류의 집적이 생기는 가장 큰 이유는?

① 강우 차단과 과다 시비
② 높은 지온
③ 토양 수분 부족
④ 일조 시간 단축

연구 시설 내에는 강우가 전혀 없고 온도가 노지에 비해 높아 건조하기 쉬우며 작토층의 비료성분이 용탈되지 않아 과다 시비의 위험성이 있다.

56 다음 조명등 중 소비 전력당 발광효율이 백열등에 비해 4배, 수명도 10배 정도 길고 광질이 다양하며 많은 열을 발산하지 않는 것은?

① 수은등
② 금속 할로겐등
③ 형광등
④ 고압 나트륨등

연구 형광등은 백열등에 비해 발광효율이 4배에 이르고 수명도 길어 식물육성용으로 쓰이며 청색광과 적색광은 식물의 광합성에 효율이 높다.

57 패드 앤드 팬(pad and fan)법은 시설의 어떤 환경을 조절하기 위한 것인가?

① CO_2 농도
② 광투과량
③ 풍속
④ 온도

연구 pad and fan법은 시설의 외벽에 패드(pad)를 부착하여 여기에 물을 흘리고 실내공기를 밖으로 뽑아내는 잠열냉각방식이다.

58 다음 중 토마토, 오이, 고추, 딸기, 셀러리 등 작물의 시설 내 토양의 일반적인 관수 개시 시점으로 가장 적당한 것은?

① pH 0.4 이하
② pH 0.5 ~ 0.9
③ pH 1.0 ~ 1.4
④ pH 1.5 ~ 2.0

연구 관수를 개시하여야 하는 시기는 작물의 종류, 생육단계, 재배시기 등에 따라 달라지나 시설재배에서는 보통 토양수분장력(pF) 1.5~2.0에서 관수를 개시한다.

59 다음 중 시설 내 온도환경의 특성으로 가장 옳은 것은?

① 온도 교차가 작다.
② 기온이 위치에 따라 다르다.
③ 수광량이 균일하다.
④ 밤에는 가온을 하지 않을 경우 바깥 기온보다 낮아진다.

연구 시설 내 위치에 따른 온도분포는 1~2℃ 정도의 차이를 보인다.

60 다음 중 농도가 60%인 유제(비중 1) 100mL를 0.05%로 희석하려 할 때 필요한 물의 양은 얼마인가?

① 600L   ② 425.9L
③ 230.5L   ④ 119.9L

연구 희석할 물의 양
= 원액의 용량 × {(원액의 농도/희석할 농도) − 1} × 원액의 비중
= 100×{(60/0.05) −1}×1
= 100×1,199
= 119,900mL
= 119.9L

01 채소의 자연분류법에 의한 채소의 분류가 알맞게 짝지어진 것은?

① 박과 – 참외, 오이

② 백합과 – 마늘, 고추

③ 가지과 – 가지, 무

④ 십자화과 – 토마토, 양배추

연구 백합과 – 양파, 마늘　가지과 – 고추, 토마토
십자화과 – 배추, 무

02 오이 노균병 전염 경로로 알맞은 것은?

① 유주자낭이 바람에 의해 잎에 이동하여 접종된다.

② 유주자가 토양 중의 뿌리로 침입한다.

③ 하포자가 충매에 의해 잎에 이동 침입한다.

④ 분생포자가 충매에 의해 잎에 이동 침입한다.

연구 병원균은 유주자를 형성하며 바람에 날려온 분생포자가 잎이 젖어 있을 때 발아하여 기공을 통해 침입한다.

03 살균제인 유제를 1000배액으로 희석해서 160L를 살포하고자 한다. 소요되는 농약량은?

① 16,000mL　② 1,600mL

③　160mL　④　16mL

연구 소요약량 = 단위면적당 사용량 / 소요희석배수
= 160/1000 = 0.16L = 160mL

04 토마토 하우스재배에서 저온이고 일조가 부족한 상태에서 꽃은 어떤 현상이 일어나는가?

① 단화주화가 발생함

② 꽃받침이 없음

③ 자방이 없어짐

④ 꽃잎이 도장함

연구 저온 및 광량 부족에 의해 동화량이 감소하면 영양불량으로 암술이 수술보다 짧은 꽃(단화주화)이 많이 발생하고, 암술이 수술보다 긴 꽃(장화주화)에서도 착과가 불량해진다.

05 호랭성채소가 아닌 것은?

① 완두　② 토란

③ 딸기　④ 잠두

연구 호랭성채소에는 잎·줄기·뿌리 등을 이용하는 대부분의 채소류가 속하나 고구마·토란·마 등은 제외된다.

06 다음 중 보통의 경우 모판 면적 1m²에 필요한 전력량은?

① 10~20W　② 70~80W

③ 150~200W　④ 250~300W

연구 전열온상의 경우 상면적 1㎡당 70~80W의 전력이면 충분하다.

07 다음 중 공정육묘에 사용되는 기기나 시설이 아닌 것은?

① 모판 흙 혼합기

② 자동 파종기

③ 차압통풍식 예랭기

④ 접목 활착 촉진실

연구 차압통풍식 예랭기는 원예생산물의 수확 후 저장 전 처리과정에서 필요하다.

1 ① 　2 ① 　3 ③ 　4 ① 　5 ② 　6 ② 　7 ③

08 다음 중 여름철 배추의 본 밭에 한랭사를 터널로 설치하여 재배하는 주된 목적은?

① 진딧물 방제
② 배추흰나비 방제
③ 벼룩잎벌레 방제
④ 직사광선 차광 효과

연구 진딧물이 침입하지 못하므로 바이러스병을 예방할 수 있다.

09 다음 중 엽면시비의 처리 시 그 효과가 가장 적은 경우는?

① 지온이 낮을 때
② 뿌리가 손상되었을 때
③ 미량원소의 결핍증세가 보일 때
④ 약광하에서 웃자라고 있을 때

연구 엽면시비는 ①②③의 경우 급속한 영양회복을 위해 비료를 용액의 상태로 잎에 뿌려주는 것이다.

10 무의 생육 후기에 거름효과가 지나치게 나타나면 잎만 무성해지고 뿌리의 비대가 나빠지는 역할을 하는 성분은?

① 질소질
② 인산질
③ 칼륨질
④ 칼슘

연구 질소질비료가 과다하면 착색이 지연되고 과번무 상태가 되어 생리장해를 일으키고 가뭄, 저온, 병·해충에 대한 저항성이 약해진다.

11 참외의 결과습성(結果習性)에 대한 설명으로 옳은 것은?

① 원줄기에 암꽃이 착생된다.
② 암꽃은 1차 측지(아들덩굴)에만 착생된다.

③ 2차 측지(손자덩굴)의 1~2마디에 암꽃이 착생된다.
④ 참외는 2차 측지(증손자덩굴)부터 암꽃이 착생된다.

연구 참외의 암꽃은 어미덩굴에 잘 달리지 않고 손자덩굴의 1~2마디에 맺히는 성질이 있다.

12 다음 중 거세미나방의 생활사로 틀린 것은?

① 알로서 땅속에 월동한다.
② 묘목의 지면 가까운 부분을 자르고 그 일부를 땅속으로 끌어들여 식해한다.
③ 잡식성으로 숙주의 종류가 많다.
④ 성충은 주광성과 주화성이 강하다.

연구 거세미나방은 1년에 2회 발생하며 유충의 형태로 월동한다.

13 토마토톤 처리의 가장 중요한 목적은?

① 공동과 방제
② 착색 촉진
③ 수분수정 유기
④ 단위결과 유기

연구 착과제의 처리 목적은 수분 및 수정이 불확실할 때 단위결과를 유기시키는 것이다.

14 오이의 노균병에 대한 설명으로 틀린 것은?

① 곰팡이병이다.
② 공기습도가 다습한 조건에서 잘 발생한다.
③ 지제부의 줄기가 잘록해진다.
④ 잎맥을 따라서 각형의 반점이 생긴다.

연구 오이의 노균병은 멀칭, 덧거름 시비, 약제 살포 등으로 방제한다.

8 ① 9 ④ 10 ① 11 ③ 12 ① 13 ④ 14 ③

15 배추과 채소와 가지과 채소의 일대교잡종(F_1 종자)을 생산하기 위하여 이용되는 유전현상은?

① 형질전환　　② 잡종강세
③ 감수분열　　④ 돌연변이

연구 잡종강세육종법은 양친보다 우수한 생육과 수량을 보이는 1대잡종(F_1)을 품종으로 이용하는 방법이다.

16 다음 중 포도 휴면병의 효과적인 예방 대책으로 가장 적당한 것은?

① 결실을 과다하게 한다.
② 질소질 비료를 충분히 공급하여 나무의 세력을 왕성하게 한다.
③ 겨울철에 건조하지 않게 부초하여 주며 내한성이 약한 품종은 묻어준다.
④ 조기낙엽이 되지 않도록 하면 겨울철에 묻어주지 않아도 된다.

연구 포도 휴면병은 질소 과용을 피하고 결실량을 조절하며 겨울에 나무를 땅에 묻거나 내한성이 강한 품종을 재배하여 예방한다.

17 다음 사과 부패병에 관한 설명 중 옳은 것은?

① 과실에 병반이 갈색 무늬로 생기며, 이병된 과실은 모양이 변형되지 않는다.
② 과실에 병반이 생긴 곳은 움푹하게 들어가고 파리똥 같은 것이 생긴다.
③ 과실에 병반이 흑점 모양으로 생긴다.
④ 과실에 병반이 흑색으로 썩는다.

연구 사과 부패병(겹무늬썩음병)에 감염되면 주로 수확기 과실에 겹무늬 모양의 갈색 윤문이 나타나면서 썩는다.

18 복숭아 재배 시 중생종 이후의 품종에 봉지를 씌우는 이유로 틀린 것은?

① 밤나방의 발생이 심할 때
② 과육착색이 짙어서 가공용으로 적당하지 않을 때
③ 열과가 심할 때
④ 당도가 낮을 때

연구 봉지 씌우기의 목적은 병해충 방제, 착색 및 과실의 상품가치 증진, 열과 방지, 숙기 조절 등이다.

19 감귤의 품종 중 온주밀감, 궁천조생, 유택조생, 흥진조생 등 조생종의 수확기로 가장 적합한 시기는?

① 9월 중순 ~ 10월 중순
② 10월 중순 ~ 11월 상순
③ 11월 중순 ~ 12월 중순
④ 1월 상순 ~ 중순

연구 일반적으로 극조생온주는 9월 하순경, 조생온주는 10월 중순경, 보통온주는 11월 상순경 수확한다.

20 다음 중 알칼리성 농약으로 혼용 시 약해가 발생하거나 약효가 떨어지므로 유의하여야 하는 농약은?

① EPN　　② DDVP
③ 보르도액　　④ 파라치온

연구 보르도액은 혼용해서 좋은 것과 가급적 혼용을 피할 것, 혼용해서는 안되는 것을 구분하여 사용한다.

21 다음 중 이세리아깍지벌레의 천적은?

① 베달리아무당벌레
② 진딧벌
③ 말매미
④ 왕담배나방

연구 이세리아깍지벌레는 귤, 사과, 배 등의 해충으로 천적인 베달리아무당벌레를 방사하여 방제한다.

15 ②　16 ③　17 ①　18 ④　19 ②　20 ③　21 ①

22 다음 중 간장(幹長)의 설명으로 옳은 것은?

① 지상부 원줄기의 높이
② 원줄기에서 나온 원가지의 길이
③ 지상부 나무 전체의 높이
④ 지상에서 제 1원가지가 나온 곳까지의 원줄기의 길이

연구 간장(幹長)은 나무나 풀의 줄기 높이를 나타내는 말로, 대길이 또는 줄기 길이로 순화되었다.

23 토양 침식을 방지하는 토양 보존 방법을 기술한 것으로 틀린 것은?

① 나무를 등고선식 심기 또는 계단식 심기로 한다.
② 물 모임 도랑을 옆으로 돌려 튼튼한 배수로에 연결시켜 준다.
③ 청경법을 실시한다.
④ 심경을 한다.

연구 청경법(淸耕法)은 과수원 토양에 풀이 자라지 않도록 깨끗하게 김을 매주는 방법으로 토양침식과 토양의 온도변화가 심하다.

24 사과나무 겹무늬썩음병의 증상으로 가장 적합한 것은?

① 과실에 둥근 반점이 생긴다.
② 잎에 둥근 반점이 생긴다.
③ 잎에 황갈색의 병반이 생기고 병반 주위에 녹색의 얼룩무늬가 생긴다.
④ 가지 위에 좁쌀같이 돋아난다.

연구 주로 수확기 과실에 겹무늬 모양의 갈색 윤문이 나타나면서 썩는다.

25 다음 중 과실 저장력을 떨어뜨리는 조건은?

① 질소 과다 시용
② 경사지 재배
③ 심경 및 석회 시용
④ 서늘한 기후

연구 질소를 과다 시용한 과실은 과육이 치밀하지 않아 저장력이 떨어진다.

26 다음 과실 저장방법 중 가장 이상적인 호흡을 하도록 저장고 내의 온도, 습도, 공기 조성 등을 인위적으로 자동 통제해 주는 저장 방식은?

① 상온저장
② 저온저장
③ CA저장
④ 폴리에틸렌 포장저장

연구 CA저장은 일반적으로 산소를 2~3%, CO_2를 1~8%로 조절한다.

27 스퍼얼리×스퍼골든 교배종으로 우리나라에서 육성되었으며 최근 재배면적이 증가하고 있는 사과품종은?

① 인도
② 육오(무쓰)
③ 후지
④ 홍로

연구 홍로는 국내에서 육성된 최초의 사과품종이다.

28 다음 중 붕소 결핍증상이 아닌 것은?

① 복숭아 핵할 현상
② 신초 총생 현상
③ 사과 축과병
④ 포도 꽃떨이 현상

연구 복숭아 핵할 현상은 핵이 충분히 경화되기 전에 과실의 비대가 급속히 일어나 핵이 갈라지는 것으로 지나친 적과, 과도한 관수나 시비 등을 삼가한다.

22 ④ 23 ③ 24 ③ 25 ① 26 ③ 27 ④ 28 ①

29 사과의 고두병(Bitter pit)은 다음 중 어떤 성분이 결핍될 때 발생하는가?

① 붕소　　　　② 철분
③ 칼슘　　　　④ 마그네슘

연구 고두병은 껍질에 반점이 생기고 그 부분이 움푹 들어가는 것으로 칼슘 부족이 원인이다.

30 다음 복숭아 품종 중 꽃가루가 많은 품종은?

① 사자조생　　② 대구보
③ 백도　　　　④ 창방조생

연구 복숭아 품종 중 사자조생·창방조생·월봉조생은 꽃가루가 극히 적고, 백도·장호원 황도 등은 꽃가루가 없다.

31 다음 중 종자를 파종한 후 저면관수 하여야 할 종자는?

① 해바라기　　② 문주란
③ 베고니아　　④ 소철

연구 베고니아 금어초, 피튜니아 등의 미세종자는 화분의 배수공을 통하여 물이 스며 올라가는 저면관수를 이용한다.

32 수국의 꽃색이 청색일 경우 토양반응은?

① 알칼리성　　② 중성
③ 산성　　　　④ 관계없다.

연구 수국은 산성토양에서 청색의 꽃이 핀다.

33 다음 중 초장이 가장 작은 알뿌리 화초는?

① 프리지아
② 크로커스
③ 수선화
④ 튤립

연구 크로커스는 가을에 심는 알뿌리로 키가 낮게 피기 때문에 걸이용으로도 적합하다.

34 다음 중 호광성 종자가 아닌 것은?

① 맨드라미
② 금어초
③ 스타티스
④ 피튜니아

연구 맨드라미는 빛을 쬐면 발아하지 못하는 혐광성 종자이다.

35 카네이션, 국화, 거베라 등의 화훼를 생장점 배양하는 주된 이유는?

① 역병을 방제하기 위해서
② 바이러스병을 방제하기 위해서
③ 뿌리썩음병을 방제하기 위해서
④ 탄저병을 방제하기 위해서

연구 생장점배양은 바이러스 무병주 생산에 효과적으로 이용될 수 있는 방법이다.

36 유기인제 중독시 해독약은?

① PAM　　　　② 설탕물
③ 소금물　　　④ BAL

연구 유기인계 농약의 해독제로는 팜(PAM)제가 있다.

37 다음 중 포자로 번식하는 화훼류인 것은?

① 토란과 식물
② 고사리과 식물
③ 파인애플과 식물
④ 난과 식물

연구 고사리과 식물은 주로 잎으로 보이는 엽상체의 밑에 달리는 포자로 번식한다.

---

29 ③　30 ②　31 ③　32 ③　33 ②　34 ①　35 ②　36 ①　37 ②

38 다음 중 꺾꽂이에 많이 쓰이는 호르몬이 아닌 것은?

① 나프탈렌 아세트산(NAA)
② 인돌부틸산(IBA)
③ 인돌초산(IAA)
④ 아브시스산(ABA)

연구 삽목할 때는 옥신 계통의 발근촉진제를 처리하여 뿌리의 분화 및 발달을 돕도록 한다.

39 심층시비에 대한 설명 중 맞는 것은?

① 깊이 뻗는 뿌리에 의해 흡수되어 효과가 빨리 나타난다.
② 추비하기 어려운 멀칭재배에 효과적이다.
③ 속효성 비료를 사용하면 효과적이다.
④ 시비 횟수를 늘려야 하는 단점이 있다.

연구 심층시비는 지효성 비료를 사용하며 효과가 지속적으로 천천히 나타난다.

40 국화를 재배하는 도중에 전등불을 비추어 장일화시키면 어떠한 현상이 나타나는가?

① 꽃눈 형성이 촉진된다.
② 개화가 빠르다.
③ 도장 시킨다.
④ 꽃눈 형성을 저지시킨다.

연구 국화는 단일성 화훼로 장일처리하면 개화가 억제된다.

41 다음 중 서양란에 속하는 것은?

① 춘란   ② 소심란
③ 석곡   ④ 반다

연구 심비듐, 카틀레야, 팔레놉시스, 반다, 온시듐, 덴드로븀 등은 서양란이다.

42 다음 중 토양에 시비할 때 알칼리성을 나타내는 비료는?

① 요소
② 용성인비
③ 중과인산석회
④ 염화칼륨

연구 용성인비는 화학적 · 생리적 염기성비료이다.

43 무병주(Virus free 묘)의 생산 및 재배가 실용화된 화훼는?

① 팬지
② 카네이션
③ 군자란
④ 꽃양배추

연구 생장점배양은 카네이션, 거베라, 안개초, 국화 등의 무병주 생산에 이용된다.

44 일반적으로 살충제의 살포효과가 가장 큰 해충의 발육 시기는?

① 유충
② 성충
③ 알
④ 번데기

연구 해충은 약제의 저항성이 형성되기 전인 어린 유충기에 방제하는 것이 유리하다.

45 다음 화훼류 중 자웅이주 식물인 것은?

① 군자란
② 소철
③ 문주란
④ 당종려

연구 소철, 주목 등은 자웅이주(암수딴그루) 화훼이다.

38 ④   39 ②   40 ④   41 ④   42 ②   43 ②   44 ①   45 ②

46 다음 중 수경재배의 장점이 아닌 것은?

① 이어짓기가 가능하다.

② 청정재배가 가능하다.

③ 자동화, 생력화가 용이하다.

④ 병원균 오염 시 전염속도가 느리다.

연구 수경재배는 배양액의 완충능력이 없어 환경변화의 영향을 민감하게 받는다.

47 양액재배에서 양액의 pH가 낮아 졌을 때 양액 pH를 높이기 위하여 투입하는 것은?

① 질산   ② 인산

③ 황산   ④ 수산화나트륨

연구 양액의 pH를 높이기 위해서는 수산화나트륨이나 수산화칼륨을, 양액의 pH를 낮추기 위해서는 황산이나 질산을 이용한다.

48 시설 내의 일사량에 따라 증발산량을 추정하여 관수하는 방식은?

① 피드포워드식

② 텐시오미터방식

③ 토양수분감지식

④ 굴절후드식

연구 관수의 자동화 방식에는 피드포워드식(feed forward)과 피드백식(feed back)이 있다.

49 재배시설에 설치하는 난방시설이 갖춰야 할 조건 중 틀린 것은?

① 실내온도의 분포가 균일해야 한다.

② 정확하게 온도조절이 되어야 한다.

③ 안정성이 높아야 한다.

④ 난방시설에 의한 차광이 최대화되어야 한다.

연구 난방설비에 의한 차광의 극소화가 난방의 기본요건이다.

50 다음 중 시설 내 염류집적이 생기는 가장 큰 이유는?

① 다비재배

② 고 지온

③ 토양수분 부족

④ 일조시간 단축

연구 시설 내 염류집적의 가장 큰 원인은 강우 차단과 과다 시비이다.

51 종자의 휴면 원인이 아닌 것은?

① 종자의 불투과성

② 배의 미성숙

③ 식물호르몬의 불균형 분포

④ 영양분의 부족

연구 종자의 휴면 원인은 ①②③ 외 종피의 산소흡수 저해, 종피의 기계적 저항 등이다.

52 시설의 복합환경관리에서 풍속의 영향을 받는 장치는?

① 보온 커튼

② 이산화탄소 발생기

③ 천창, 측창

④ 완숙퇴비

연구 천창과 측창은 풍속이나 풍향의 영향을 받으며 시설 내의 환기와 관련이 깊다.

53 채소의 하우스 재배에서 가스피해를 주는 비료는?

① 요소

② 과인산석회

③ 초목회

④ 완숙퇴비

연구 질소질비료인 요소 등을 시용하면 암모니아가스와 아질산가스 등이 발생하여 피해를 줄 수 있다.

46 ④   47 ④   48 ①   49 ④   50 ①   51 ④   52 ③   53 ①

54 수경재배의 효과가 아닌 것은?

① 관수 노력 절감

② 비배 관리의 자동화

③ 이어짓기 해의 증가

④ 청정 재배 효과

55 광도, 온도 등이 적당할 때 알맞은 이산화탄소의 시용 농도(ppm)는?

① 100 ~ 500 ppm

② 600 ~ 900 ppm

③ 1,000 ~ 1,500 ppm

④ 1,600 ~ 2,000 ppm

56 다음 중 토성별 포장용수량의 비율이 가장 낮은 토양은?

① 질흙

② 모래참흙

③ 참흙

④ 질참흙

57 시설 내 원예작물에 이산화탄소를 시용함으로써 얻어지는 결과물에 대한 설명이 틀린 것은?

① 수량이 감소한다.

② 열매채소의 당도가 증가한다.

③ 멜론의 네트 발현이 좋아진다.

④ 육묘기에 모종의 소질이 좋아진다.

58 다음 중 자연환기 방식에서 원활한 환기를 위한 전체 하우스 표면적에 대한 환기창의 최저 면적비율은?

① 5%

② 8%

③ 10%

④ 15%

59 베드의 바닥에 얇은 막상의 양액이 흐르도록 하고 그 위에 뿌리가 닿게 하여 재배하는 양액재배의 방식은?

① Hydroponic 재배

② 분무수경재배

③ NFT

④ 순환식분무경재배

60 환기창의 위치에 따른 환기 효율이 가장 높을 때는?

① 저부 측면환기와 천창환기를 동시에 했을 때

② 저부 측면환기와 중간 측면환기를 동시에 했을 때

③ 천창환기와 중간 측면환기를 동시에 했을 때

④ 천창환기를 한 후 저부 측면환기를 했을 때

54 ③ 55 ③ 56 ② 57 ① 58 ④ 59 ③ 60 ①

실기 과목명	주요항목	세부항목
원예재배관리 실무	1. 채소재배포장 준비	1. 토양검사하기 2. 시비하기 3. 이랑 조성하기 4. 관비시설 설치하기

Q 일반적으로 작물생육에 적합한 토양3상의 구성비를 고상(固相), 액상(液相), 기상(氣相)으로 구분하여 쓰시오.

➡ ① 고상 50% ② 액상 25% ③ 기상 25%

Q 모래, 미사, 점토의 분포 즉, 상대적인 비율을 토성이라고 한다. 우리나라에서 분류하는 토성 5가지를 쓰시오.

➡ ① 사토 ② 사양토 ③ 양토 ④ 식양토 ⑤ 식토

Q 다음 보기의 토양들을 점토 함량이 적은 순으로 나열하시오.

사토   식토   양토   사양토   식양토

➡ 사토 → 사양토 → 양토 → 식양토 → 식토

토양의 종류	진흙의 함량(%)	촉감에 의한 판정
사 토(모래땅)	12.5 이하	거의 모래 뿐인 것 같은 촉감
사양토(모래참땅)	12.5~25.0	대부분 모래인 것 같은 촉감
양 토(참땅)	25.0~37.5	반 정도가 모래인 것 같은 촉감
식양토(질참땅)	37.5~50.0	약간의 모래가 있는 것 같은 촉감
식 토(질땅)	50.0 이상	진흙으로만 된 것과 같은 촉감

Q 채소의 생육에 가장 알맞은 토양 2가지를 보기에서 고르고 그 이유를 쓰시오.

> 사토   식토   양토   사양토   식양토

➡ ① 양토, 사양토
　② 이유 : 작토층이 깊고, 유기물을 많이 함유하여 비옥하며, 배수가 잘 되고 적습
　　을 항상 유지하기 때문

Q 토양의 입단 조성 방법 3가지를 쓰시오.

➡ ① 점토, 유기물, 석회 등 입단구조를 형성하는 인자를 첨가
　② 자운영, 헤어리베치 등 콩과 녹비작물 재배
　③ 토양피복, 윤작 등 작부체계 개선
　④ 아크리소일, 크릴륨 등 인공 토양개량제 첨가

Q 토양시료 채취 시 논, 밭 토양의 시료 채취 깊이를 쓰시오.

➡ ① 논 18cm　② 밭 15cm

Q 과수원의 토양 시료 채취 방법을 쓰시오.

➡ 대표적 나무 5~6곳을 선정한 다음, 가지 끝에서 30㎝ 안으로 들어와 20~30㎝ 깊이로 채취한다.

Q 일반적으로 토양비옥도가 균일할 때 논, 밭당 채취하는 지점 수는 몇 지점 이상인지 쓰시오.

➡ 5지점 이상

Q 일반적인 토양검정 항목 4가지를 쓰시오.

➡ ① pH(산도)　② 유기물　③ 유효인산　④ 치환성양이온(Ca, Mg, K)
　⑤ EC(전기전도도)

Q 토양유기물의 기능 3가지를 쓰시오.

⬤ ① 염기치환용량 증대
　② 보수력, 보비력 증대
　③ 토양의 물리적 구조 개선
　④ 흙을 검게 하여 지온 상승
　⑤ 유용 미생물의 활동 촉진

Q 토양유기물 유지 방법 3가지를 쓰시오.

⬤ ① 퇴구비의 증산과 충분한 시용
　② 재배작물의 유체는 토양에 환원
　③ 토양침식의 방지
　④ 적정 토양의 관리법 선택(객토, 윤작, 심경 등)
　⑤ 산흙 객토 시 질소와 인산 비료를 적당량 시비

Q 보기의 작물을 산성토양에 강한 작물, 보통 작물, 약한 작물로 구분하시오.

감자　시금치　고추　수박　가지　양파

⬤ ① 강한 작물 : 감자, 수박
　② 보통 작물 : 고추, 가지
　③ 약한 작물 : 시금치, 양파

Q 산성토양을 교정하기 위해서는 우선 석회소요량을 검정하여야 한다. 석회소요량 검정방법 3가지를 쓰시오.

⬤ ① 완충곡선법
　② 완충용액법
　③ 치환산도법
　④ 가수산도법

Q 필수원소는 다량원소(9종)와 미량원소(7종)로 구분한다. 각각 해당 원소를 쓰시오.

◐ ① 다량원소 : 탄소(C), 수소(H), 산소(O), 질소(N), 황(S), 칼륨(K), 인(P), 칼슘
　　　(Ca), 마그네슘(Mg)
　　② 미량원소 : 철(Fe), 망간(Mn), 아연(Zn), 구리(Cu), 몰리브덴(Mo), 붕소(B),
　　　염소(Cl)

Q 채소의 생육초기에 가장 흡수량이 많은 무기양분을 쓰시오.

◐ 질소(N)

Q 보기의 무기양분을 채소 전생육기에서 흡수총량이 많은 순으로 나열하시오.

질소　　인산　　칼륨　　마그네슘　　칼슘

◐ 칼륨 〉 칼슘 〉 질소 〉 인산 〉 마그네슘

Q 보기의 무기양분을 식물체 내에서 잘 이동하는 성분과 잘 이동하지 않는 성분으로
구분하시오.

붕소　　인산　　칼슘　　철　　마그네슘　　질소

◐ ① 잘 이동하는 성분 : 질소, 인산, 마그네슘
　　② 잘 이동하지 않는 성분 : 칼슘, 철, 붕소

Q 어느 무기양분의 결핍증상인지 쓰시오.

잎이 말리고 농록색화되며, 갈색 반점이 생기고 고사한다. 뿌리의 생육이 정지하는 등 뿌리채소의 비대에 장해가 크다.

◐ 인산(P)

Q 어느 무기양분에 대한 설명인지 쓰시오.

고구마의 양분이 지하부로 이동하는 것을 촉진하여 덩이뿌리가 굵어지게 한다. 결핍
되면 과실의 비대가 불량할 뿐만 아니라 형상과 품질이 나빠진다.

➲ 칼륨(K)

Q 보기의 비료를 함유 성분에 따라 질소질비료, 인산질비료, 칼륨질비료로 분류하시오.

황산암모늄 용성인비 염화칼륨 중과석 초목회 요소

➲ ① 질소질비료 : 황산암모늄, 요소
② 인산질비료 : 용성인비, 중과석
③ 칼륨질비료 : 염화칼륨, 초목회

Q 작물의 종류별 시비방법이다. 서로 알맞은 것끼리 연결하시오.

① 잎 수확	㉮ 생식생장기에 인산과 칼륨을 많이 준다.
② 과실 수확	㉯ 결실기에 인산과 칼륨을 많이 준다.
③ 종자 수확	㉰ 속효성비료가 알맞고 질소를 많이 준다.
④ 뿌리나 지하경 수확	㉱ 양분의 저장이 시작될 때부터는 칼륨을 많이 준다.

➲ ① - ㉰, ② - ㉯, ③ - ㉮, ④ - ㉱

Q 엽면시비의 효과 3가지를 쓰시오.

➲ ① 급속한 영양회복
② 뿌리의 흡수력 저하
③ 토양시비가 곤란한 경우
④ 미량요소의 공급
⑤ 영양분의 증가
⑥ 노력절약

Q 비료 사용량 결정방법 3가지를 쓰시오.

○ ① 관행에 의한 방법
　② 포장시험에 의한 방법
　③ 토양검정에 의한 방법
　④ 양분수지에 의한 방법

Q 이랑을 만드는 이유 3가지를 쓰시오.

○ ① 파종·제초·솎음 등의 관리에 편하다.
　② 지온을 높인다.
　③ 배수 및 통기를 좋게 한다.
　④ 작토층을 두껍게 한다.

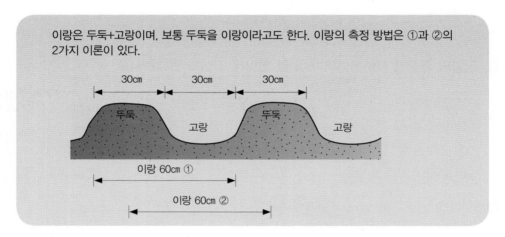

이랑은 두둑+고랑이며, 보통 두둑을 이랑이라고도 한다. 이랑의 측정 방법은 ①과 ②의 2가지 이론이 있다.

Q 작휴법(이랑만들기)의 종류이다. 서로 알맞은 것끼리 연결하시오.

① 평휴법(平畦法)	㉮ 이랑을 세워서 고랑이 낮게 하는 방식
② 휴립법(畦立法)	㉯ 이랑을 보통보다 넓고 크게 만드는 방식
③ 성휴법(盛畦法)	㉰ 이랑을 평평하게 하여 이랑과 고랑의 높이가 같게 하는 방식

○ ① － ㉰, ② － ㉮, ③ － ㉯

Q 작휴법(이랑만들기) 중 휴립구파법에 대해 설명하시오.

◑ 이랑을 세우고 낮은 골에 파종하는 방식으로 맥류의 한해(旱害)와 동해(凍害) 방지, 감자의 발아촉진 및 배토를 위해 실시한다.

Q 고휴재배에 대해 설명하시오.

◑ 탄수화물의 축적을 좋게 하기 위해 이랑을 높게 세워 작물주변의 일교차를 크게 하는 방법이다.

Q 경운(耕耘)에 대해 설명하시오.

◑ 토양(作土)을 갈아 일으켜 흙덩이를 반전(反轉)시키고 대강 부스러뜨리는 작업

Q 경운(耕耘)의 효과 3가지를 쓰시오.

◑ ① 토양의 이화학적 성질 개선
② 잡초의 경감
③ 해충의 경감

Q 멀칭재배의 효과 3가지를 쓰시오.

◑ ① 수분 증발 억제
② 지온 상승
③ 잡초 발생 억제
④ 토양입자 유실 방지

Q 멀칭의 재료로 사용 가능한 자재 3가지를 쓰시오.

◑ ① 비닐 ② 부직포 ③ 볏짚 ④ 톱밥 ⑤ 생풀 ⑥ 왕겨 ⑦ 낙엽 및 나무 껍질

Q 관비재배에 대해 설명하시오.

○ 작물이 필요한 시기에 물과 비료를 동시에 공급할 수 있는 방법으로 여러 기기를 이용하여 정밀한 제어가 가능하다.

구분	관비재배	양액재배
정의	작물의 생육에 필요한 양분을 관개수에 섞어 공급하는 방법	작물의 생육에 필요한 양분을 수용액으로 만들어 재배하는 방법
차이	배지 : 토양 양분공급 : 다량원소	배지 : 인공배지 또는 수경재배 양분공급 : 다량원소 + 미량원소
장점	토양완충능력이 있어 양분 과부족을 완화시키고 미량원소 공급 기능 제공	양분공급 자동화 · 생력화 가능 토양유래 전염병 없음
단점	토양의 기능을 유지하기 위한 관리 필요	초기 설치비용이 많이 필요 배지를 교체하거나 정화해야 함 모든 필요 양분을 양액으로 공급해야 함

Q 관비재배의 장점 3가지를 쓰시오.

○ ① 노동력 및 비용 절감
　② 수량 증가 및 품질 향상
　③ 작물의 양분흡수율 증가

Q 시설재배 관비 처방에서 화학성 분석 요소 8가지를 쓰시오.

○ ① pH ② 유기물 ③ 유효인산 ④ 칼륨 ⑤ 칼슘 ⑥ 마그네슘
　⑦ 전기전도도 ⑧ 질산태질소

Q 점적관수(點滴灌水)에 대해 설명하시오.

○ 플라스틱제의 가는 파이프나 튜브로부터 물방울이 뚝뚝 떨어지게 하거나 천천히 흘러나오게 하여 관수한다.

Q 관수에 가장 알맞은 수질을 쓰시오.

○ 연수(軟水)

Q 저면관수(低面灌水)에 대해 설명하시오.

◐ 벤치에 화분을 배열하고 물을 대어 화분의 배수공을 통하여 물이 스며 올라가게 하는 관수방법이다.

Q 일반적으로 시설재배에서 관수를 개시하는 토양수분장력(pF) 값을 쓰시오.

◐ 토양수분장력(pF) 1.5~2.0

Q 보기의 시설 과채류 식물 중 관수 소요량이 가장 적은 식물을 쓰시오.

고추   토마토   멜론   오이

◐ 멜론

참고) 식물별 관수시기에 해당하는 pF값

멜론 : 2.0~2.7, 토마토 : 1.8~2.0, 오이 : 1.7~2.0, 고추 : 1.5~2.0

실기 과목명	주요항목	세부항목
원예재배관리 실무	2. 채소육묘	1. 접목하기 2. 묘 환경 관리하기

Q 영양번식의 장점 3가지를 쓰시오.

◎ ① 모체와 유전적으로 완전히 동일한 개체를 얻을 수 있다.
   ② 종자번식이 불가능한 경우의 유일한 번식수단이다.
   ③ 초기생장이 좋고 조기결과의 효과가 있다.
   ④ 암수의 어느 한쪽 그루만을 재배할 때 이용한다.

Q (   )에 알맞은 말을 쓰시오.

접목(접붙이기)이란 친화성을 가진 2개의 서로 다른 식물체의 (   )을 밀착시켜 양분과 수분이 원활히 이동할 수 있도록 하는 번식방법이다.

◎ 형성층

Q 접목에서의 활착을 촉진하는 식물호르몬을 쓰시오.

◎ 옥신(auxin)

Q 채소 접목육묘의 장점 3가지를 쓰시오.

◎ ① 토양전염병(덩굴쪼김병) 예방
   ② 양수분 흡수력 증대
   ③ 저온신장성 강화
   ④ 이식성 향상

Q 여름철 오이 재배의 접목용 대목으로 가장 적당한 것을 쓰시오.

◎ 신토좌호박

Q 채소의 접목육묘에서 작물과 알맞은 접목법을 서로 연결하시오.

① 오이	㉮ 쪼개접(절접)
② 수박	㉯ 꽂이접(삽접)
③ 가지	㉰ 맞접(호접)

➡ ① – ㉰, ② – ㉯, ③ – ㉮

Q 채소의 접목육묘에서 대목이 갖추어야 할 조건 3가지를 쓰시오.

➡ ① 내병성 ② 내서성 ③ 저온신장성 ④ 내습성 ⑤ 친화력

Q (   )에 알맞은 말을 쓰시오.

맞접은 (①)의 종자를 먼저 파종하여 발아 후 떡잎이 전개될 무렵에 (②) 종자를 파종하며 접붙이기 작업 후 15~18일에 접수의 뿌리를 절단한다. 꽂이접은 (③) 종자를 먼저 파종한 다음 (④)의 종자를 파종하는 것으로 맞접보다 작업이 간단하고 능률적이지만 접수의 뿌리가 없어 활착할 때까지 세심한 관리가 필요하다.

➡ ① 접수 ② 대목 ③ 대목 ④ 접수

Q 수박의 접목육묘에 관한 다음 사항을 쓰시오.

1. 요즘 주로 사용하는 대목은?

➡ ① 신토좌호박 ② 흑종호박

2. 접목방법에 따른 대목과 접수의 파종 시기 차이에 대해 쓰시오.

➡ ① 맞접(호접) : 수박 파종 후 약 5일 후에 대목용 호박의 종자를 파종한다.
  ② 삽접(꽂이접) : 대목용 호박을 파종 후 발아하기 시작할 때 접수인 수박을 파종한다.

3. 접목을 위한 대목용 호박을 온상에 파종하는 방법을 쓰시오.

➡ 호박은 발아가 더디므로 하룻밤 더운 물에 담가 충분히 수분을 흡수시킨 다음 30℃ 전후의 전열온상에 파종한다.

4. 수박을 접목육묘할 때의 주의할 점을 2가지 쓰시오.

➡ ① 접수가 시들지 않게 뿌리를 물에 담가 놓고 접목한다.
　② 사용하는 칼이 오염되지 않도록 한다.
　③ 바람이 없고 고온 다습한 장소에서 접목한다.

5. 접목 후 활착되었을 때 본밭에 정식하는 시기를 쓰시오.

➡ 접목 후 본엽이 3~4장 자랐을 때

Q ( )에 알맞은 말을 쓰시오.

종자를 경작지에 직접 뿌리지 않고 이러한 모를 일정기간 시설 등에서 생육시키는 것을 ( )라 한다.

➡ 육묘

Q 육묘의 목적 3가지를 쓰시오.

➡ ① 수확 및 출하기를 앞당길 수 있다.
　② 품질향상과 수량증대, 집약적인 관리와 보호가 가능하다.
　③ 종자를 절약하고 토지이용도를 높일 수 있다.
　④ 직파(直播)가 불리한 딸기, 고구마 등의 재배에 유리하다.
　⑤ 과채류의 조기 수확과 증수, 배추·무 등의 추대를 방지할 수 있다.

Q 육묘용 상토의 구비조건 3가지를 쓰시오.

➡ ① 배수성, 보수성, 통기성이 좋아야 한다.
　② 적절한 토양산도를 유지해야 한다.
　③ 부식질을 많이 함유하며 비옥해야 한다.
　④ 유효미생물이 많이 번식하고 있어야 한다.
　⑤ 무병·무충의 조건이어야 한다.

Q 공정육묘(플러그육묘)에 대해 정의하시오.

◐ 농작물의 모종을 공장에서 규격품을 생산하듯 수경재배 기술과 기존의 육묘법을 절충하여 상토의 조제 및 충전, 파종, 발아, 관수, 육묘관리, 정식 등에 생력화 · 안정화 · 자동화 기술이 도입되어 대량으로 생산되는 것을 말한다.

Q 규격묘의 생산을 위한 종자의 전처리 과정 중 종자 코팅과 종자 프라이밍에 대해 설명하시오.

◐ ① 종자 코팅 : 파종에 부적당한 크기와 형태를 가진 종자를 코팅처리하여 일정한 크기 및 형태로 만든다.
　② 종자 프라이밍 : 발아 전 종자를 폴리에틸렌글리콜이나 질산칼륨 등 고삼투압 용액에 처리하여 발아세 향상, 발아기간 단축, 발아력 등을 증진시킨다.

Q 규격묘의 생산 흐름을 5단계로 구분하여 쓰시오.

◐ 트레이 준비 → 파종 → 발아 → 접목 및 경화 → 출하

Q 딸기를 8월 중에 고랭지에서 육묘하는 이유를 쓰시오.

◐ 화아분화 촉진

Q 채소 플러그묘의 적정 육묘 일수로 알맞은 것을 서로 연결하시오.

① 배추	㉮ 50~70일
② 수박	㉯ 20~30일
③ 토마토	㉰ 30~40일

◐ ① - ㉯, ② - ㉰, ③ - ㉮

Q 딸기를 정식할 때 알맞은 포기 사이의 간격을 쓰시오.

◐ 20~25cm

Q 정식(定植)할 때까지 잠정적으로 이식해 두는 것을 가식(假植)이라 한다. 가식의 이점 3가지를 쓰시오.

◐ ① 불량묘 도태
　② 이식성 향상
　③ 도장(徒長)의 방지

Q (　)에 알맞은 말을 쓰시오.

작물을 현재 자라고 있는 곳으로부터 다른 장소로 옮겨 심는 일을 총칭하여 (　　) 이라고 한다.

◐ 이식

Q 보기의 채소류에서 이식이 가장 어려운 종류를 쓰시오.

오이　　토마토　　참외　　고추

◐ 참외

참고) 참외, 수박, 멜론 등은 뿌리의 발달이 엉성하고, 뿌리의 회복력이 작기 때문에 이식이 매우 어렵다.

Q 오이의 제1회, 제2회, 제3회 가식 시기를 쓰시오.

◐ ① 제1회 : 떡잎 때
　② 제2회 : 본잎 2~3장 때
　③ 제3회 : 본잎 4~5장 때

Q 마지막 가식 후 정식 7~10일 전 모종을 자리바꿈하는 이유를 쓰시오.

◐ 정식할 때 뿌리가 많이 끊어져서 활착이 느리기 때문이다.

Q 정식 시 모종 뜨기와 모종 다루기의 유의할 점 3가지를 쓰시오.

➡ ① 모판과 포트의 모종은 정식하기 하루 전이나 3~4시간 전에 물을 충분히 주어 정식할 당시에는 모종의 잎에 물기가 없도록 한다.

② 포트에서 모종을 뽑을 때 뿌리가 끊기지 않도록 한다.

③ 모종의 줄기를 한 손에 가볍게 잡고 다른 한 손은 흙이 붙어있는 뿌리를 받쳐가며 구덩이에 넣는다.

Q 포장에 정식하기 전 외부 환경에 견딜 수 있도록 모종을 굳히는 것을 경화(모종 굳히기)라 한다. 경화의 방법을 쓰시오.

➡ 관수량을 줄이고 온도를 낮추어 서서히 직사광선을 받게 한다.

Q 경화(모종 굳히기)의 이유 3가지를 쓰시오.

➡ ① 저온·건조 등 자연환경에 대한 저항성 증대

② 흡수력 및 내한성 증대

③ 착근이 빨라지고 엽육이 두꺼워짐

④ 건물량 및 왁스 피복 증가

실기 과목명	주요항목	세부항목
원예재배관리 실무	3. 채소재배관리	1. 정지 유인하기 2. 착과 조절하기 3. 채소재배관리하기

Q 채소의 정지(整枝)에 대해 설명하시오.

⬥ 채소류 중 주로 과채류에서 채광성과 통기성을 좋게 하고 착과를 조절하며 수확과
기타 관리를 쉽게 하기 위하여 줄기나 덩굴의 길이와 수를 제한하는 것을 말한다.

Q 적심(摘心)의 목적 3가지를 쓰시오.

⬥ ① 남은 부분의 생장을 왕성하게 한다.
② 개화결실을 촉진하고, 측지를 많이 발생시킨다.
③ 병든 부위를 제거하여 식물체를 보호한다.

Q ( )에 알맞은 말을 쓰시오.

참외의 경우 (①)에 암꽃이 맺히므로 어미덩굴과 아들덩굴을 적기에 (②)하면
(①)이 빨리 발생하여 조기 수확이 가능하다.

⬥ ① 손자덩굴 ② 적심

순지르기(적심)는 재배 상황과 품종에 따라 차이가 있다. 다음은 하나의 예시이다.

▬▬▬ 어미덩굴 : 제 4~5마디에서 순지르기한다.

━━━ 아들덩굴 : 제 17~18마디에서 순지르기한다.

───── 손자덩굴 : 제 3~4마디에서 순지르기한다.

━ ━ 순지르기 : 표시된 부분에서 자른다.

Q 다음 보기의 용어들을 설명하시오.

적아　적엽

➡ ① 적아(摘芽) : 눈이 트려고 할 때 필요하지 않은 눈을 손끝으로 따주는 것으로 포도·토마토 등에서 실시된다.
② 적엽(摘葉) : 하부의 낡은 잎을 따서 통풍·통광을 조장하는 것으로 토마토· 가지 등에서 실시된다.

Q 유인(誘引)의 장점 3가지를 쓰시오.

➡ ① 토지를 입체적으로 이용하여 밀식·다수재배를 할 수 있다.
② 수광 태세를 향상시켜 병해 발생과 과실의 부패를 방지한다.
③ 수확의 편리를 도모한다.

Q 지주를 세워서 유인하는 채소 2종류를 쓰시오.

➡ ① 토마토　② 오이

Q 채소의 생육형태 조절방법을 3가지 이상 쓰시오.

➡ ① 정지　② 적심　③ 적아　④ 유인　⑤ 환상박피　⑥ 적엽　⑦ 절상

Q 마늘의 생육기간 중 마늘쫑의 제거 시기와 그 효과를 쓰시오.

➡ ① 시기 : 난지형 – 4월 하순 ~ 5월 상순, 한지형 – 5월 하순 ~ 6월 상순
② 효과: 마늘통의 비대가 좋아진다.

Q 단위결과에 대해 설명하시오.

➡ 정상적인 수분이나 수정 과정이 없어도 과실이 비대발육하는 현상으로 종자가 형성되지 않은 채 과실이 생겨난다.

Q 단위결과성이 있어 수분이 되지 않아도 정상적인 과실로 비대하는 대표적인 채소를 쓰시오.

➲ 오이

Q (　)에 알맞은 말을 쓰시오.

포도 · 수박 등에서는 단위결과를 유도하여 씨 없는 과실을 생산하고 있다. 포도에서는 (①) 처리, 수박에서는 (②)을 이용하여 3배체를 생산한다.

➲ ① 지베렐린　② 콜히친

Q 토마토의 재배에 널리 이용되고 있는 착과제의 명칭을 쓰시오.

➲ 토마토톤

Q 보기에서 암꽃과 수꽃이 서로 다른 개체에 있는 자웅이주 채소를 쓰시오.

무　시금치　배추　아스파라거스　양배추　양파

➲ ① 시금치　② 아스파라거스

Q 박과채소의 주된 수분방식(授粉方式)을 쓰시오.

➲ 타가수분

Q 토양을 가열소독할 경우 적합한 온도와 시간을 쓰시오.

➲ 60℃, 30분

Q 살균, 살선충, 살충효과가 있는 토양소독제로 가장 적당한 약제를 쓰시오.

➲ 클로로피크린, 메틸브로마이드

Q 파종상에서 발생이 많아 반드시 파종용토를 소독해야 하는 식물병을 쓰시오.

⊙ 입고병(모잘록병)

Q 토양소독의 효과 3가지를 쓰시오.

⊙ ① 병균과 해충의 구제
② 잡초종자의 사멸
③ 토양을 부드럽게 함
④ 질소와 인산의 흡수 증가

Q 상토소독 시 약품소독의 장단점을 쓰시오.

⊙ ① 장점 : 간편하고 경제적이며, 장소에 제약이 없다.
② 단점 : 토양미생물의 사멸, 가스 발생, 약해 위험

Q 온상육묘의 가온수단 3가지를 쓰시오.

⊙ ① 양열(醸熱) ② 전열(電熱) ③ 온수보일러

Q 온상육묘에 대한 설명이다. (   )에 알맞은 말을 쓰시오.

낮에는 온상의 온도를 높여 (①)을 촉진하고, 밤에는 적정 범위 내에서 온도를 낮추어 호흡에 의한 (②)의 소모를 억제한다.

⊙ ① 광합성 ② 탄수화물

Q 양열온상과 비교하여 전열온상의 장점 3가지를 쓰시오.

⊙ ① 온도조절이 자유롭고 쉽다.
② 시설이 간단하고 노동력이 적게 든다.
③ 모의 생육이 균일하고 꽃눈분화가 빠르며 육묘일수도 단축시킬 수 있다.

Q 전열온상 모판 면적 1㎡에 필요한 전력이 얼마인지 쓰시오.

➡ 70~ 80W 정도

Q 소형터널이 이용되는 재배방식을 쓰시오.

➡ 무가온 보온재배

Q 종자의 발아에 필수인 환경조건 3가지를 쓰시오.

➡ ① 온도 ② 수분 ③ 산소

Q 우량품종의 조건 3가지를 쓰시오.

➡ ① 균일성 ② 우수성 ③ 영속성

Q 종자의 발아 과정에 맞게 보기의 내용을 나열하시오.

종피의 파열   배의 생장개시   효소의 활성   수분의 흡수   유묘의 출아

➡ 수분의 흡수 → 효소의 활성 → 배의 생장개시 → 종피의 파열 → 유묘의 출아

Q 종자를 생성하는 속씨식물의 중복수정 과정이다. (   )에 알맞은 말을 쓰시오.

중복수정이란 제1정핵과 난핵이 접하여 2n의 (①)가 되고, 제2정핵은 2개의 극핵과 유합하여 3n의 (②)가 되는 것이다.

➡ ① 배(胚) ② 배유(胚乳)

Q 종자활력 검사 시 테트라졸륨법(TTC검사법)으로 검사할 때, 활력있는 종자는 어떻게 변하는지 쓰시오.

➡ 붉은색으로 변한다.

Q 종자 활력검사에 사용되는 테트라졸륨의 pH와 농도를 쓰시오.

◐ ① pH : 6.5~7.5
② 농도 : 0.1~1.0%

Q 보기의 채소종자를 단명종자와 장명종자로 구분하시오.

토마토   수박   양파   당근   오이   고추   상추   배추

◐ ① 단명종자 : 양파, 당근, 고추, 상추
② 장명종자 : 토마토, 수박, 오이, 배추

Q 채소종자가 종피를 쓰고 나오는 이유와 조치사항을 쓰시오.

◐ 이유
① 수분이 부족하여 너무 건조한 경우
② 복토(흙덮기)가 얕은 경우
③ 온도가 너무 낮은 경우
④ 종피가 두껍거나 배(胚)가 약한 경우
◐ 조치사항
30℃ 정도의 따뜻한 물로 관수하거나 파종상의 온도를 높인다.

Q 종자의 발아검사를 위한 간이 검사 방법 중 3가지를 쓰시오.

◐ ① 전기전도율 검사 ② 배(胚) 절제법 ③ X-선 검사법 ④ 유리지방산 검사법
⑤ 구아이아콜(guaiacol) 검사 ⑥ TTC(테트라졸륨) 검사

Q 다음 (   )에 알맞은 말을 쓰시오.

테트라졸륨 검사는 종자의 (①) 여부로 (②)의 생사조직을 구별하는데 종자 호흡의 결과로 발생하는 (③)와 테트라졸륨 용액이 결합하면 (④)색이 되는 것을 이용한다.

◐ ① 호흡 ② 배(胚) ③ 탈수소효소 ④ 붉은

Q 어떤 작물의 파종기를 지배하는 요인은 무엇인지 쓰시오.

◐ ① 작물 및 품종의 종류
② 재배지역 및 작부체계
③ 기상 및 토양조건
④ 종자의 출하기 및 시장가격

Q 종자의 파종방법 중 조파(줄뿌림)에 대해 쓰시오.

◐ 뿌림골을 만들고 종자를 줄지어 뿌리는 방법으로 통풍 · 통광이 좋고 관리 작업이 편리하다.

Q 종자 굵기(대립종자, 보통종자, 미세종자)에 따른 파종법과 그 예를 들으시오.

◐ ① 대립종자 : 점파(박과, 콩과식물 등)
② 보통종자 : 조파(백합, 튤립 등)
③ 미세종자 : 산파(피튜니아, 베고니아, 달맞이꽃 등)

Q 미세종자 파종 시 저면관수를 하는 이유와 방법을 쓰시오.

◐ ① 이유 : 관수 시 종자가 한쪽으로 쏠리는 것을 방지
② 방법 : 저면관수는 물을 밑으로 흡수시키는 관수법으로 물통에 물을 받은 다음 그 위에 파종상자를 놓아 관수한다.

Q 미세종자 파종 시 파종상자에 망을 까는 이유를 쓰시오.

◐ 육묘상자의 구멍이 크기 때문에 모래나 상토가 빠져나가는 것을 방지하기 위함이다.

Q 미세종자의 복토 방법에 대해 쓰시오.

◐ 미세종자는 복토를 하지 않거나 가볍게 눌러주고 신문지로 덮어 햇빛과 습도를 조절한다.

Q 미세종자 파종 시 미세종자와 모래의 혼합 비율을 쓰시오.

⊙ 미세종자와 모래를 1:20으로 혼합하여 고르게 파종한다.

Q 종자를 파종하여 복토한 다음 짚을 덮는 이유를 쓰시오.

⊙ 상토의 건조를 막고 복토한 흙이 관수에 의해 패이는 것을 방지한다.

Q 오이 열매 속의 종자를 채취하는 요령을 2가지 이상 쓰시오.

⊙ ① 잘 익은 열매를 쪼개어 종자를 긁어낸 다음 체로 걸러 낸다.
　② 금속 용기는 사용하지 않고 오이 속과 함께 그릇에 넣어 발효시킨다.
　③ 종자의 점액성 물질은 산이나 알칼리에 처리하면 단시간에 제거된다.

Q 보기에서 각 작물과 안전저장을 위한 종자의 최대수분함량을 연결하시오.

① 시금치	㉮ 5.7%
② 가지	㉯ 6.3%
③ 토마토	㉰ 7.8%

⊙ ① - ㉰,　② - ㉯,　③ - ㉮

Q 호박 암꽃의 인공수분 시 착과율을 높일 수 있는 가장 적당한 시간을 보기에서 고르시오.

오전 6~8시　　오전 10~12시　　오후 2~4시　　오후 6~8시

⊙ 오전 6~8시

　참고) 꽃이 피는 날 아침 6~8시경까지 봉지들을 벗기고 수꽃의 꽃가루를 암꽃의 암술머리(柱頭)에 발라 준다.

Q 인공교배 시에 꽃을 봉지로 씌워주는데 이때 사용되는 봉지의 재료로서 가장 알맞은 것을 쓰시오.

◯ 유산지(硫酸紙)

Q 호박의 인공수분을 하고자 한다. 다음 사항에 대하여 쓰시오.

인공수분에 적합한 시각	수꽃의 조작
인공수분 후 비가 올 때의 조치	수꽃이 없을 때의 처리

◯ ① 인공수분에 적합한 시각 : 개화 당일 이른 아침
② 수꽃의 조작 : 수꽃을 따서 꽃잎을 떼어 낸 후 수술을 암꽃의 암술머리에 가볍게 문지른다.
③ 인공수분 후 비가 올 때의 조치 : 수분시킨 암꽃에 물이 묻지 않도록 유산지 등으로 씌운다.
④ 수꽃이 없을 때의 처리 : 착과제를 암꽃 안의 주두에 분무한다.

Q 식물생장조절물질인 지베렐린의 효과를 3가지 이상 쓰시오.

◯ ① 발아 촉진
② 화성 촉진
③ 줄기 및 잎의 생장 촉진
④ 휴면 타파
⑤ 단위결과 유도

Q 식물의 생장억제물질을 3가지 이상 쓰시오.

◯ ① B-9
② 포스폰-D
③ CCC
④ AMO-1618
⑤ MH

Q 보기의 생장억제물질을 Antiauxin과 Antigibberellin으로 구분하시오.

> B-9 MH Phosfon-D CCC

➡ ① Antiauxin : MH
　② Antigibberellin : B-9, Phosfon-D, CCC

Q 식물생장조절제와 그 작용을 서로 연결하시오.

① 나프탈렌초산(NAA)	㉮ 화성 촉진, 휴면 타파, 단위결과 유도
② 지베렐린	㉯ 과실의 성숙 촉진, 발아 촉진, 정아우세 타파
③ 아브시스산(ABA)	㉰ 잎의 노화, 낙엽 촉진, 휴면 유도, 발아 억제
④ 에틸렌 또는 에트렐	㉱ 발근 촉진, 꽃눈분화 촉진, 활착 촉진
⑤ 포스폰-D	㉲ 줄기 길이 단축, 내한성 증대, 초장 억제

➡ ① - ㉱, ② - ㉮, ③ - ㉰, ④ - ㉯, ⑤ - ㉲

Q 정아(정부)우세성에 주로 관여하는 식물호르몬을 쓰시오.

➡ 옥신

Q 식물병을 일으키는 데 필요한 세 가지 주요 요인을 쓰시오.

➡ ① 병원 ② 기주 ③ 환경

Q 작물에 병을 일으키는 병원(病原)을 생물성과 비생물성으로 구분하여 설명하시오.

➡ ① 생물성 병원 : 세균, 진균, 선충, 바이러스, 마이코플라스마
　② 비생물성 병원 : 양수분의 결핍 및 과다, 온도, 광, 대기오염, 부적절한 환경요인

Q 씨감자를 고랭지에서 생산하는 이유를 쓰시오.

➡ 고랭지는 바이러스병을 매개하는 진딧물의 수가 적다.

Q 보기의 식물병원체를 크기가 작은 것부터 큰 것 순으로 나열하시오.

바이러스   바이로이드   곰팡이   세균

➡ 바이로이드 → 바이러스 → 세균 → 곰팡이

Q 병에 대한 식물체의 대처 성질이다. 알맞은 것끼리 서로 연결하시오.

① 감수성   ㉮ 식물이 병원체의 활동기를 피하여 병에 걸리지 않는 성질
② 면역성   ㉯ 식물이 감염되어도 실질적인 피해를 적게 받는 성질
③ 회피성   ㉰ 식물이 전혀 어떤 병에 걸리지 않는 성질
④ 내병성   ㉱ 식물이 어떤 병에 걸리기 쉬운 성질

➡ ① – ㉱, ② – ㉰, ③ – ㉮, ④ – ㉯

Q 가지 잿빛곰팡이병의 방제법 3가지를 쓰시오.

➡ ① 시설재배에서 저온다습할 때 많이 발생하므로 온도를 높이고 습도가
    높아지지 않도록 환기한다.
   ② 잎이 지나치게 무성하지 않도록 밀식하거나 과다 시비하지 않는다.
   ③ 발생 초기에 전문약제를 살포한다.

Q 석회 부족이 직접적인 원인이 되어 발생하는 토마토의 생리장해를 쓰시오.

➡ 배꼽썩음병

Q (   )에 알맞은 말을 쓰시오.

유아등(誘蛾燈)에 의한 해충의 구제는 빛에 유인되는 나방의 (   )을 이용한 것이다.

➡ 주광성(走光性)

Q 등화유살법으로 방제할 수 있는 해충 3가지를 쓰시오.

○ ① 나비·나방류 ② 이화명충 ③ 딱정벌레류

Q 생물적 방제법의 단점 3가지를 쓰시오.

○ ① 효과가 늦은 편이다.
  ② 유력 천적의 선발과 도입 및 대량사육에 많은 어려움이 있다.
  ③ 해충밀도가 높을 경우에 효과가 미흡하다.
  ④ 시간과 경비가 과다하게 소요된다.

Q 사람이 일생을 통하여 매일 섭취하여도 아무런 영향을 주지 않는 약량을 무엇이라 하는지 쓰시오.

○ 최대무작용량

Q 보기에서 설명하는 약제의 명칭을 쓰시오.

> ① 보호살균제이다.
> ② 석회유에 황산구리 수용액을 넣어 만든다.
> ③ 제조한 후 시간이 경과함에 따라 약효가 감소한다.

○ 보르도혼합액

Q 농약을 독성의 강도에 따라 4가지로 분류하시오.

○ ① 맹독성 ② 고독성 ③ 보통독성 ④ 저독성

Q 약제가 곤충의 소화기 내로 들어가 독작용을 나타내는 살충제의 명칭을 쓰시오.

○ 소화중독제

Q 응애류를 죽일 수 있는 살충제의 명칭을 쓰시오.

◐ 살비제(殺蜱劑)

Q 반수치사약량에 대해 설명하시오.

◐ 급성독성을 표시하는 반수치사약량(LD$_{50}$; Median Lethal Dose)은 농약을 경구 (經口)나 경피(經皮) 등으로 투여할 경우 독성시험에 사용된 동물의 반수(50%)를 치사에 이르게 할 수 있는 화학물질의 양(mg/kg 체중)으로 숫자가 작을수록 독성 이 강하다.

Q 파프 유제 20%를 1000배액으로 희석하여 10a당 8말을 살포하여 해충을 방제하 려 할 때 파프 유제의 소요량은 몇 mL인지 계산하시오(단, 1말은 20L).

◐ 소요약량(배액 살포) = 단위면적당 사용량 / 소요희석배수

  = (20×8) / 1,000 = 0.16L = 160mL

Q 45%의 유기인제 100mL가 있다. 이것을 0.1%로 희석하는 데 필요한 물의 양은 몇 L인지 계산하시오(단, 원액의 비중은 1).

◐ 희석할 물의 양

  = 원액의 용량 × {(원액의 농도 / 희석할 농도) − 1} × 원액의 비중

  = 100 × {(45 / 0.1) − 1} × 1

  = 100 × 449 = 44,900mL

실기 과목명	주요항목	세부항목
원예재배관리 실무	4. 과수 영양번식	1. 삽수접수채취하기 2. 대목양성하기 3. 접목하기 4. 과수재배관리하기

Q 꺾꽂이(삽목)와 삽수(揷穗)에 대해 설명하시오.

→ 삽목이란 식물체로부터 뿌리, 잎, 줄기 등 식물체의 일부분을 분리한 다음 발근시켜 하나의 독립된 개체를 만드는 것으로 잘라서 번식에 이용할 일부분을 삽수(揷穗)라 한다.

Q 삽목의 종류 3가지를 쓰시오.

→ ① 잎꽂이(엽삽)
   ② 줄기꽂이(경삽)
   ③ 뿌리꽂이(근삽)

Q 삽목의 장점 3가지를 쓰시오.

→ ① 모수의 특성을 그대로 이어 받는다.
   ② 결실이 불량한 수목의 번식에 적합하다.
   ③ 묘목의 양성기간이 단축된다.
   ④ 개화결실이 빠르다.
   ⑤ 병충해에 대한 저항력이 크다.

Q 꺾꽂이에 이용되는 발근촉진물질을 2가지 이상 쓰시오.

→ ① 헤테로 옥신(IAA, 인돌 초산)
   ② 인돌 부틸렌산(IBA, 인돌 낙산)
   ③ 나프탈렌 초산(NAA)
   ④ 나프탈렌 아세트아미드(NAD)

Q 포도를 꺾꽂이할 때 가장 알맞은 시기를 쓰시오.

◑ 3월 중순 ~ 4월 상순

Q (   )에 알맞은 말을 쓰시오.

> 대목은 생육이 왕성하고 병충해 및 재해에 강한 묘목으로 접목하고자 하는 수종의 (   )생 실생묘를 사용한다.

◑ 1~3년

Q 접목에서 대목과 접수의 친화성을 설명하시오.

◑ 일반적으로 대목은 접수와 같은 속이나 과에 속하는 식물을 이용한다.

Q 우리나라에서 감귤나무의 대목으로 가장 많이 이용되고 있는 나무를 쓰시오.

◑ 탱자나무

Q 접목의 효과를 3가지 이상 쓰시오.

◑ ① 새로운 품종을 급속히 증식시킬 수 있다.
   ② 결과연령을 앞당긴다.
   ③ 병·해충에 대한 저항성을 높여준다.
   ④ 대목의 선택에 따라 수형이 왜성화 될 수 있다.
   ⑤ 고접으로 노목의 품종을 갱신할 수 있다.
   ⑥ 모수의 특성 계승 등 클론의 보존이 가능하다.
   ⑦ 수세를 조절하고 수형을 변화시킬 수 있다.

Q 접붙이기(접목)에서 접순과 대목을 맞춰야 하는 부위를 쓰시오.

◑ 부름켜(형성층)

Q 접수의 일반적인 채취 시기와 저장온도를 쓰시오.

➡ ① 채취 시기 : 봄철 수액이 유동하기 1~4주 전(2월 하순~3월 상순)

② 저장온도 : 0~5℃, 공중습도 80%의 저장고 등에 접수 하단을 습한 모래에 묻어서 저장한다.

Q 감귤에 가장 많이 이용하는 접목법과 그 시기를 쓰시오.

➡ ① 접목법 : 눈접

② 시기 : 9월 상·중순

Q 접목 시의 고려사항 3가지를 쓰시오.

➡ ① 접목 친화성

② 접목의 변이(대목 선택에 따른 변이)

③ 접목 시기에 따른 접목방법

④ 수종의 품종별 특성

Q 접목 후의 관리방법 3가지를 쓰시오.

➡ ① 접목부를 접목용 비닐테이프로 가볍게 묶는다.

② 노출된 접수 부위는 접밀(발코트)을 바른다.

③ 해가림을 설치하고, 온도 및 습도를 조절한다.

④ 대목의 곁가지(맹아지)를 제거한다.

⑤ 활착 후 접수가 생장기에 도달하면 접목 결박재료를 제거한다.

Q 사과나무 깎기접을 할 때 유의사항 2가지를 쓰시오.

➡ ① 예리한 칼로 한 번에 잘라야 한다.

② 절단면의 건조를 막아야 한다.

③ 대목과 접수의 형성층을 맞추어야 한다.

④ 극성이 틀리지 않게 하여야 한다.

⑤ 접목 친화성이 있어야 한다.

Q 우량묘목의 조건을 3가지 이상 쓰시오.

◯ ① 발육이 완전하고 조직이 충실한 것
② 줄기가 곧고 굵으며 도장되지 않고 근원경이 큰 것
③ 묘목의 가지가 균형있게 뻗고 정아가 완전한 것
④ 뿌리가 비교적 짧고 세근이 발달한 것
⑤ 묘목의 지상부와 지하부가 균형이 있는 것
⑥ 다른 조건이 같다면 T/R률의 값이 적은 것
⑦ 품종이 정확하고 웃자라지 않은 것

Q T/R률에 대해 설명하시오.

◯ 식물의 지하부 생장량에 대한 지상부 생장량의 비율을 T/R률(top/root ratio)이라 하며 생육상태의 변동을 나타내는 지표가 될 수 있다. T/R률은 묘목의 근계발달과 충실도를 설명하는 개념으로 수종과 묘목의 연령에 따라서 다르다.

Q 낙엽수 묘목의 굴취(掘取) 시기를 쓰시오.

◯ 생장이 끝나고 낙엽이 완료된 후인 11~12월

Q 묘목의 가식에 대한 내용이다. ( )에 알맞은 말을 쓰시오.

봄에 굴취된 묘목은 동해(凍害)가 발생하기 쉬우므로 배수가 좋은 (①)의 사양토나 식양토에 가식하고, 가을에 굴취된 묘목은 건조한 바람과 직사광선을 막는 (②)의 서늘한 곳에 가식한다. 뿌리부분은 반드시 (③) 모양으로 (④)한다.

◯ ① 남향 ② 동북향 ③ 부채살 ④ 열가식

Q 지제부(地際部)의 뜻을 쓰시오.

◯ 식물체 지상부와 토양 사이의 경계 부위. 줄기가 땅에 접한 부분

Q 온대 중부지방의 봄철과 가을철 묘목 식재 적기를 쓰시오.

◘ ① 봄철 : 3월 중순 ~ 4월 초순

　② 가을철 : 10월 중순 ~ 11월 초순

Q 과수원 개원 시 기계화에 유리한 묘목 식재 방법을 쓰시오.

◘ 장방형(직사각형) 식재 또는 정방형(정사각형) 식재

Q 1.5ha에 2m×2m의 간격으로 정방형식재를 하려고 한다. 필요한 묘목본수를 계산하시오.

◘ 1ha = 10,000㎡, 1.5ha = 15,000㎡

　묘목본수 = 15,000㎡ / 4(2×2) = 3,750(본)

Q 보기를 이용하여 묘목의 식재순서를 바르게 나열하시오.

구덩이 파기　　흙 채우기　　묘목 삽입　　다지기　　지피물 제거

◘ 지피물 제거 → 구덩이 파기 → 묘목 삽입 → 흙 채우기 → 다지기

Q 과수의 시비량에 대한 내용이다. ( )에 알맞은 말을 쓰시오.

일반적으로 (①) : (②) : (③)의 비율은 사과나무의 경우 10 : 3 : 10, 복숭아나무는 10 : 4 : 16 정도이다.

◘ ① 질소　② 인산　③ 칼륨

Q 과수원 토양표면 관리법 중 청경법(淸耕法)에 대해 설명하고, 장단점을 쓰시오.

◘ ① 청경법 : 과수원 토양에 풀이 자라지 않도록 깨끗하게 김을 매주는 방법

　② 장점 : 잡초와 양수분의 경쟁이 없고 병·해충의 잠복처를 제공하지 않는다.

　③ 단점 : 토양침식과 토양의 온도변화가 심하다.

Q 과수원의 토양시비 방법이다. 알맞은 것끼리 서로 연결하시오.

① 윤구시비	㉮ 나무 주위를 둥글게 파서 시비
② 방사상시비	㉯ 나무를 심은 줄에 따라 도랑같이 파서 시비
③ 조구시비	㉰ 밭 전면에 고르게 시비
④ 전원시비	㉱ 나무 주위를 방사상으로 파서 시비

➡ ① - ㉮, ② - ㉱, ③ - ㉯, ④ - ㉰

Q 다음은 과수원의 잡초제어 방법에 대한 설명이다. ( ) 안에 공통으로 들어갈 재배법 내용을 쓰시오.

> 과수원에 일년생이나 다년생 풀 또는 작물을 재배하거나 자연적으로 발생한 잡초를 키우는 것이 ( )이다. ( )은 나무 밑에서 재배하기 때문에 일조가 부족하여도 잘 자랄 수 있는 풀, 근군이 깊지 않아서 과수의 양분이나 수분의 경합을 일으키지 않는 풀, 과수에 병충해를 옮기지 않는 풀을 골라 선택해야 한다. 과수원 초종으로는 켄터키블루그라스, 자운영, 둑새풀, 클로버 등이 이용되고 있다.

➡ 초생법

Q 사과 부란병의 발병부위를 쓰시오.

➡ 줄기

Q 표면에 연한 갈색의 둥근 무늬가 생기고 병반이 커지면서 움푹하게 들어가며, 최근 수년간 발병이 심해지고 있는 사과의 병해를 쓰시오.

➡ 탄저병

Q 배나무 붉은별무늬병의 중간기주 식물을 쓰시오.

➡ 향나무

Q 보기에서 사과의 주요 병해를 고르시오.

검은무늬병   부란병   새눈무늬병   겹무늬썩음병   잎오갈병

◑ ① 부란병   ② 겹무늬썩음병

Q 유충이 사과와 배 등의 과실 내부로 뚫고 들어가 여러 곳을 가해하여 요철의 기형
과를 발생시키는 해충을 쓰시오.

◑ 복숭아심식나방

Q 저항성 대목을 이용하여 예방이 가능한 포도나무의 해충을 쓰시오.

◑ 포도뿌리혹벌레

Q 부족하면 포도의 꽃떨이 현상을 유발하는 무기양분을 쓰시오.

◑ 붕소(B)

Q 배 가루깍지벌레 방제법 2가지를 쓰시오.

◑ ① 월동처인 수간의 나무껍질을 모아 소각한다.
② 늦가을이나 이른 봄에 기계유 유제를 살포하여 월동충을 방제한다.
③ 무당벌레 등의 천적을 이용한다.

Q 원예적 성숙과 생리적 성숙을 구분하여 설명하시오.

◑ ① 원예적 성숙 : 이용하는 면에 기준을 둔 성숙의 정도. 원예식물의 수확적기
② 생리적 성숙 : 식물생장 자체에 기준을 둔 성숙의 정도

Q 원예적 성숙과 생리적 성숙이 일치하는 원예식물의 종류 2가지를 쓰시오.

◑ ① 사과   ② 토마토   ③ 양파

Q 수확적기의 판정 요소를 3가지 이상 쓰시오.

● ① 성숙도 판정

② 호흡량 변화

③ 꽃이 활짝 핀 후의 성숙일수

④ 요오드 염색법

⑤ 과색 · 바탕색

⑥ 과실의 경도

⑦ 과실의 크기와 형태

Q 산의 함량과 당산비(당과 산의 비율)가 수확기의 결정 요인이 되는 원예작물 2가지를 쓰시오.

● ① 밀감류 ② 멜론 ③ 키위

Q 원예 수확물 선별의 기능 3가지를 쓰시오.

● ① 농산물의 균일성으로 상품가치 향상

② 유통상의 상거래 질서를 공정하게 유지

③ 선별 후의 가공 조작 원활

④ 농산물의 저장성 향상에 기여

Q 농산물의 기계적 선별 기준 3가지를 쓰시오.

● ① 무게 ② 크기 ③ 모양 ④ 색

Q 기능성 포장재인 방담필름에 대해 설명하시오.

● 방담필름은 첨가제의 분산에 의한 필름의 장력을 증가시켜 결로현상이 일어나지 않게 하여 부패균의 발생을 방지하고, 저장 중인 원예산물의 신선도를 유지시켜 준다.

Q MA포장에 대해 설명하시오.

◐ 플라스틱필름으로 밀봉하여 작물의 호흡작용으로 인해 필름 내 공기의 조성을 저산소, 고이산화탄소의 환경으로 만들어 주어 호흡을 억제시키는 포장법

Q MA포장용 필름의 조건 3가지를 쓰시오.

◐ ① 이산화탄소 투과도가 높아야 한다.
  ② 투습도가 있어야 한다.
  ③ 인장강도 및 내열강도가 높아야 한다.
  ④ 접착 작업이 용이해야 한다.
  ⑤ 유해물질을 방출하지 말아야 한다.
  ⑥ 상업적인 취급 및 인쇄가 용이해야 한다.

Q 예랭(豫冷)의 정의와 목적을 쓰시오.

◐ 예랭은 수확 직후 청과물의 품질을 유지하기 위한 수송 및 저장의 전처리로 수확 후 포장열(field heat)을 제거하고 급속히 품온을 낮추어 호흡량을 줄임으로써 저장양분의 소모를 감소시키고 저장력을 증가시킨다.

Q 예랭의 방식 4가지를 쓰시오.

◐ ① 강제통풍식
  ② 차압통풍식
  ③ 진공예랭식
  ④ 냉수냉각식

Q 예랭의 효과 3가지를 쓰시오.

◐ ① 수분손실 억제
  ② 호흡활성 및 에틸렌생성 억제
  ③ 병원균의 번식 억제

Q 보기에서 호흡률이 극히 높은 원예작물 2가지를 고르시오.

사과　양파　바나나　브로콜리　호두　딸기　버섯　양배추

◑ ① 브로콜리　② 버섯

Q 보기의 원예작물을 호흡상승과와 비호흡상승과로 구분하시오.

가지　호박　토마토　포도　바나나　복숭아　파인애플　망고

◑ ① 호흡상승과 : 토마토, 바나나, 복숭아, 망고
　② 비호흡상승과 : 가지, 호박, 포도, 파인애플

Q (　)에 알맞은 말을 보기에서 골라 쓰시오.

빠르다　느리다　강하다　약하다

수확 후 호흡속도는 원예생산물의 형태적 구조나 숙도에 따라 결정되며 생리적으로
미숙한 식물이나 표면적이 큰 엽채류는 호흡속도가 (　①　). 감자 · 양파 등 저장기관
이나 성숙한 식물은 호흡속도가 (　②　). 호흡속도가 빠른 식물은 저장력이 (　③　).

◑ ① 빠르다　② 느리다　③ 약하다

Q 과일의 숙성을 유도 또는 촉진시키는 대사작용을 하기 때문에 숙성호르몬이라고
도 불리는 식물호르몬을 쓰시오.

◑ 에틸렌

Q 식물호르몬의 일종인 에틸렌의 발생 원인 2가지를 쓰시오.

◑ ① 과일의 숙성
　② 외부에서의 옥신 처리
　③ 스트레스
　④ 상처

Q 보기의 원예작물에서 저장온도가 가장 높아야 할 작물 3가지를 쓰시오.

| 애호박 | 당근 | 생강 | 양파 | 고구마 | 수박 | 토마토 | 시금치 |

➡ ① 생강 ② 고구마 ③ 토마토

Q CA저장에 대해 설명하시오.

➡ CA저장(Controlled Atmosphere Storage)은 농산물 주변의 가스 조성을 변화시켜 저장기간을 연장하는 방식이다. 저장물질의 소모를 줄이려면 호흡작용을 억제하여야 하며 이를 위해서는 산소를 줄이고 이산화탄소를 증가시킴으로써 가능하다.

Q CA저장에서 에틸렌가스 제거방식 3가지를 쓰시오.

➡ ① 흡착식
   ② 자외선 파괴식
   ③ 촉매 분해식

Q 보기에서 원예생산물의 손실률이 가장 높은 유통 단계를 고르시오.

| 수확 단계 | 선별 단계 | 저장 단계 | 가공 단계 |

➡ 저장 단계

실기 과목명	주요항목	세부항목
원예재배관리 실무	5. 과수 정지전정	1. 수형만들기 2. 전정하기 3. 결과지확보하기 4. 과수재배관리하기

Q 사과나무에서 변칙주간형의 수형을 구성할 때 원줄기에 대한 원가지의 알맞은 분지 각도를 쓰시오.

➲ $50\sim60°$

Q 웨이크만식으로 수형을 만드는 과수를 쓰시오.

➲ 포도

Q 배상형의 단점을 보완한 수형으로 원줄기를 길게 하지 않고 2~3개의 원가지를 위아래로 붙여 만들며 복숭아, 매실, 자두, 배, 감귤 등에 적합한 수형을 쓰시오.

➲ 개심자연형

Q 남부지방에서 배나무에 평덕식 지주를 가설하는 이유를 쓰시오.

➲ 내풍성이 약하기 때문

Q 왜성 사과나무의 알맞은 수형을 쓰시오.

➲ 방추형

Q 가지의 굵기와 세력이 큰 순서대로 보기의 가지들을 나열하시오.

결과모지　　열매가지　　곁가지　　덧원가지　　원가지

➲ 원가지 〉 덧원가지 〉 곁가지 〉 결과모지 〉 열매가지

Q 과수의 결과습성에 따라 1년생, 2년생, 3년생 가지에 결실하는 과수를 보기에서 고르시오.

사과　　감　　복숭아　　배　　매실　　포도

○ ① 1년생 : 포도, 감

　② 2년생 : 복숭아, 매실

　③ 3년생 : 사과, 배

Q 결과모지가 곧 열매가지인 것을 보기에서 고르시오.

포도　　사과　　배　　복숭아

○ 포도

　참고) 결과모지: 열매가지가 나오게 하는 가지

　열매가지: 열매를 맺는 가지

　포도와 같이 당년생 가지에서 결실하는 과수는 그 결과모지를 열매가지라 한다.

Q 환상박피(環狀剝皮)에 대해 설명하시오.

○ 줄기나 가지의 껍질을 3~6mm 정도 둥글게 벗겨내어 과수가 가지고 있는 영양물질 및 수분, 무기양분 등의 이동경로를 제한함으로써 잎에서 생산된 동화물질이 뿌리로 이동하는 것을 박피 상층부에 축적시키기 위함이다.

Q 작년에 결실이 적게 되었던 나무의 전정으로 알맞은 방법을 쓰시오.

○ 결실 과다를 막기 위하여 강전정을 한다.

Q 겨울전정의 알맞은 시기를 쓰시오.

○ 낙엽 후부터 수액이동 전까지

실기 과목명	주요항목	세부항목
원예재배관리 실무	6. 과수 결실관리	1. 수분하기 2. 결실조절하기 3. 봉지씌우기 4. 착색관리하기

Q 보기에서 휴면을 거친 후에 발아하는 과수 종자를 고르시오.

감   사과   포도   배   감귤류   복숭아

○ 사과, 배, 복숭아

Q (   )에 알맞은 말을 쓰시오

과수의 생장은 크게 잎, 줄기, 뿌리가 자라서 개체의 크기가 커지는 (①)과 꽃과 열매로 종자를 생산하거나 무성번식으로 다음 세대를 만들기 위한 (②)으로 구분할 수 있다.

○ ① 영양생장   ② 생식생장

Q (   )에 알맞은 말을 쓰시오

식물체 내의 탄수화물(C)과 질소(N)의 비율을 C/N율이라 하며 식물의 생육·화성(花成)·결실을 지배하는 기본요인이 된다. C/N율이 (①) 경우에는 화성을 유도하고 C/N율이 (②) 경우에는 영양생장이 계속된다.

○ ① 높을   ② 낮을

Q 보기에 제시된 과수의 꽃을 양성화와 단성화로 구분하시오.

밤   사과   감   대추   배   복숭아

○ ① 양성화 : 사과, 배, 복숭아
   ② 단성화 : 밤, 감, 대추

Q 보기에 제시된 과수의 일반적인 꽃눈 분화시기를 빠른 순으로 나열하시오.

> 사과   포도   배   복숭아   감

⊙ 포도 〉 배 〉 사과 〉 감 〉 복숭아

  참고) 포도: 5월 하순, 배: 6월 중~하순, 사과: 7월 상순, 감: 7월 중순,
  복숭아: 8월 상순

Q 수분수(受粉樹)의 조건 3가지를 쓰시오.

⊙ ① 화합성이 높아야 한다.
  ② 완전한 꽃가루를 많이 생산하여야 한다.
  ③ 주품종과 개화기가 일치하거나 약간 빨라야 한다.

Q 꽃가루를 받지 않고도 열매를 맺는 습성이 있는 단위결과성 과수 3가지를 쓰시오.

⊙ ① 감 ② 감귤 ③ 바나나 ④ 파인애플 ⑤ 무화과

Q 과수의 자가불화합성을 설명하고, 그 예를 2가지 쓰시오.

⊙ 암술과 수술 모두 정상적인 기능을 갖고 있으나 자가수정를 못하는 현상으로 사
과, 배, 매실 등이 있다.

Q 과수에서 인공수분이 필요한 경우를 쓰시오.

⊙ 수분수가 없을 때

Q 과수의 인공수분 시기와 방법에 대해 쓰시오.

⊙ ① 인공수분 시기 : 꽃이 40~80% 피었을 무렵인 개화 2~3일 내의 오전
  ② 인공수분 방법 : 수꽃의 화분을 암꽃의 암술머리에 발라 주거나 인공수분기로
  뿌려 준다.

Q 과수의 인공수분 시 화분 채취용 꽃의 채취적기를 쓰시오.

◐ 꽃이 풍선 모양으로 부풀어 오른 상태인 개화 1일 전부터 개화 직후 꽃밥이 아직 터지지 않은 시기까지

Q 인공수분을 위한 화분 희석제(증량제) 3가지를 쓰시오.

◐ ① 석송자
　② 녹말가루
　③ 탈지분유

　참고) 순수한 꽃가루만을 이용하여 인공수분을 실시하면 많은 꽃가루가 소요되므로 석송자, 녹말가루, 탈지분유 등의 화분증량제를 화분량의 3~5배(무게비율)로 혼합하여 사용한다.

Q 사과나 배에서 수분수의 재식 비율은 대개 몇 %가 적당한지 쓰시오.

◐ 주품종 75~80%에 수분수 품종 20~25%가 알맞다.

Q 단성화의 F_1 종자 채종을 위한 인공수분을 하려고 한다. 그 전날 하여야 할 사항과 가장 좋을 인공수분 시간을 쓰시오.

◐ ① 인공수분 전날 조치사항 : 암꽃과 수꽃에 봉지를 씌운다.
　② 인공수분 시각 : 오전 6~8시경

Q 양성화 인공수분(F_1 채종)의 작업 순서를 쓰시오.

◐ ① 개화 전날에 암꽃용의 수술을 제거하고 봉지를 씌운다.
　② 개화 전날에 수꽃용은 그대로 봉지를 씌운다.
　③ 개화하면 수꽃용의 수술에서 화분을 따서 암술 머리에 바른다.
　④ 수분이 끝나면 암꽃용에 다시 봉지를 씌운다.
　⑤ 교배가 끝나면 표찰을 붙이고 수일 후에 봉지를 벗긴다.

Q 다음 과수 품종 중 화분(꽃가루)이 없거나 부적당한 품종을 골라 쓰시오.

> 사과 : 후지, 육오, 조나골드, 쓰가루
>
> 배 : 신고, 장십랑, 금촌추, 석정조생, 행수, 유명
>
> 복숭아 : 백봉, 백도, 대화조생, 대구보

○ ① 사과 : 육오, 조나골드
　② 배 : 신고, 석정조생
　③ 복숭아 : 대화조생, 백도

Q 인공수분의 경우 교잡을 방지하기 위한 격리 방법을 3가지 이상 쓰시오.

○ ① 차단격리법(遮斷隔離法) : 봉지씌우기(피대), 망실(網室)
　② 거리격리법(距離隔離法)
　③ 시간격리법(時間隔離法)
　④ 화판제거법(花瓣除去法)
　⑤ 웅화(雄花), 웅예(雄蕊) 제거법

Q 생리적 낙과의 원인 3가지를 쓰시오.

○ ① 생식기관의 발육이 불완전한 경우
　② 수정이 되지 않았을 경우
　③ 배의 발육이 중지되었을 경우
　④ 단위결과성이 약한 품종일 경우
　⑤ 질소나 탄수화물이 과부족인 경우

Q 낙과의 방지책 3가지를 쓰시오.

○ ① 수분의 매조
　② 건조 및 과습 방지
　③ 수광태세의 향상
　④ 방한 · 방풍
　⑤ 생장

Q 적과(열매따기)의 효과 3가지를 쓰시오.

�‣ ① 과실의 크기를 고르게 한다.
  ② 과실의 착색을 돕고 품질을 높여준다.
  ③ 잎 · 가지 · 뿌리 등 영양기관의 생장을 돕는다.
  ④ 꽃눈의 분화와 발달을 좋게 하여 해거리를 예방한다.
  ⑤ 피해 과실을 제거한다.

Q 해거리에 대해 설명하시오.

◣ 개화 · 결실량이 너무 많아 나무의 영양이 과다하게 소모되어 그 다음해의 결실이
  불량해지는 것이다.

Q 해거리의 방지방법 2가지를 쓰시오.

◣ ① 충분한 거름 시비
  ② 적정한 가지치기 및 열매솎기
  ③ 병해충 방제

Q 델라웨어 포도의 무핵과를 위한 지베렐린의 처리 시기와 목적를 쓰시오.

◣ ① 제1회 처리 시기 : 개화 14일 전 과립의 종자 퇴화 목적
  ② 제2회 처리 시기 : 개화 10일 후 무핵과립 비대 생장 목적

Q 다음 과수의 열매솎기 정도(과실 한 개당 잎 수)를 쓰시오.

후지와 골든딜리셔스	배	복숭아

◣ ① 후지와 골든딜리셔스: 50~60장
  ② 배: 25~30장
  ③ 복숭아: 15장

Q 봉지씌우기의 목적 3가지를 쓰시오.

○ ① 병해충 방제
　② 착색 및 과실의 상품가치 증진
　③ 열과 방지
　④ 숙기 조절

Q 봉지 재료의 조건 3가지를 쓰시오.

○ ① 광선을 통과시킬 것
　② 봉지 내의 급격한 온도 상승이 없을 것
　③ 봉지 내의 건조가 없을 것
　④ 봉지의 무게가 가벼울 것
　⑤ 봉지가 비바람에 파손되지 않을 것
　⑥ 값이 저렴할 것

Q 일반적인 과수의 봉지씌우기 시기를 쓰시오.

○ 조기낙과와 열매솎기가 모두 끝난 후

Q 사과, 배 등의 동록을 방지하기 위한 봉지씌우기 시기를 쓰시오.

○ 낙과 후 즉시

Q 봉지를 씌우지 않고 재배하는 과실의 장점을 쓰시오.

○ 영양가가 높고 저장력과 수송력도 증가한다.

Q 과실의 착색을 촉진하는 멀칭재료를 쓰시오.

○ 투명필름

실기 과목명	주요항목	세부항목
원예재배관리 실무	7. 화훼 번식	1. 종자 번식하기 2. 영양 번식하기 3. 육묘 관리하기

Q 종자번식의 장점 3가지를 쓰시오.

⊃ ① 번식방법이 쉽고 다수의 모를 생산할 수 있다.

② 품종개량을 목적으로 우량종의 개발이 가능하다.

③ 영양번식과 비교하면 일반적으로 발육이 왕성하고 수명이 길다.

④ 종자의 수송이 용이하며 원거리 이동이 안전 · 용이하다.

⑤ 육묘비가 저렴하다.

Q 보기의 화훼종자에서 봄에 파종하는 춘파1년초를 고르시오.

과꽃 팬지 금어초 맨드라미 데이지 프리뮬러 나팔꽃

⊃ 맨드라미, 나팔꽃

Q 보기에 제시된 화훼류의 발아적온이 낮은 종자에서 높은 종자로 나열하시오.

팬지 금어초 콜레우스 카네이션

⊃ 금어초 → 카네이션 → 팬지 → 콜레우스

참고) 금어초(10℃) → 카네이션(20℃) → 팬지(20~30℃) → 콜레우스(30℃)

Q 종자 휴면의 원인 3가지를 쓰시오.

⊃ ① 종피가 두꺼워 수분이나 산소를 투과시키지 못할 때

② 배가 아직 완전하게 발달하지 못하고 미숙상태에 있을 때

③ 식물호르몬이 불균형일 때

④ 특수휴면 혹은 이중휴면일 때

Q 경실종자의 휴면타파법 3가지를 쓰시오.

◐ ① 종피파상법
② 농황산처리법
③ 저온처리
④ 건열 및 습열처리
⑤ 진탕처리
⑥ 질산염처리

Q 화훼종자의 발아촉진방법 3가지를 쓰시오.

◐ ① 종자 껍질의 기계적 손상
② 온도 처리
③ 광 처리
④ 생장조절제 처리

Q 종자 껍질에 있는 발아억제물질을 3가지 이상 쓰시오.

◐ ① 암모니아 ② 시안화수소 ③ 알데하이드 ④ 쿠마린(coumarin)
⑤ 페놀산 ⑥ 아브시스산(ABA) 등

Q 화훼류의 미세종자 3가지를 쓰시오.

◐ ① 금어초 ② 피튜니아 ③ 꽃베고니아 ④ 채송화 ⑤ 철쭉

Q 보기에 제시된 파종 전 종자처리 방법을 순서대로 나열하고 그 뜻을 쓰시오.

침종 최아 선종

◐ 선종(종자고르기) → 침종(종자담그기) → 최아(싹틔우기)

Q 다음의 발아율을 계산하시오.

> 파종 종자 수 : 100개
>
> 발아 종자 수 : 30개

● 발아율은 일정한 기간과 조건에서 정상묘로 분류되는 종자의 숫자비율이다.

발아율(%) = (정상묘 발아입수 / 총공시 종자입수) × 100

= (30 / 100) × 100 = 30%

Q 산세베리아, 페페로미아, 아프리칸바이올렛, 관엽베고니아 등에서 가장 많이 이용하는 삽목방법을 쓰시오.

● 줄기꽂이(경삽)

Q 고무나무 등에 이용되는 공중취목(고취법)에 대해 설명하시오.

● 나무의 일부 가지에 뿌리를 내어 새로운 개체를 만드는 방법으로, 나무 껍질을 칼로 도려낸 다음 그 부위를 축축한 물이끼로 두툼하게 감싼 후 습도를 유지하기 위해 비닐로 싸매고 이끼가 마르지 않도록 한다. 약 두 달 후 새 뿌리가 내리면 바로 아랫부분을 잘라서 새로운 식물체를 만들어낸다.

Q 포기나누기(분주)가 가능한 경우 2가지를 쓰시오.

● ① 땅속에서부터 여러 개의 줄기가 올라오는 경우

② 땅속에서 뿌리가 자라면서 맹아지를 발생하는 경우

Q 알뿌리나누기(분구)에 대해 설명하시오.

● 지하부에 비대한 영양기관이 있는 식물에서 모체알뿌리(母球) 주변에 생성되는 자식알뿌리(子球)를 분리해서 번식하는 방법이다.

Q 보기의 알뿌리식물 중에서 인공 분구(알뿌리나누기)하는 것 2가지를 쓰시오.

튤립	달리아	수선화	글라디올러스	칸나	프리지어

➡ ① 달리아 ② 칸나

Q 알뿌리식물의 인공번식 방법 중 스코링(scoring)에 대해 설명하시오.

➡ 비늘줄기의 기부에 직선방향으로 세 번 또는 네 번의 칼자국을 내서 단축경의 안쪽 조직을 끊어내는 것으로 노칭(notching)이라고도 한다.

Q 화훼류를 접목(접붙이기)하는 목적 2가지를 쓰시오.

➡ ① 종자로 번식이 어려운 식물의 번식에 이용될 수 있다.
② 모본의 유전적인 형질이 그대로 유지된다.
③ 화목류의 경우 개화와 결실까지의 기간이 짧다.

Q 화훼류 접목의 단점 3가지를 쓰시오.

➡ ① 일시에 다량의 묘를 확보하기 어렵다.
② 바이러스의 감염 위험이 높다.
③ 수송과 저장에 많은 노력이 든다.

Q 발근이 어려운 화목류를 번식시키려고 할 때 이용할 수 있는 시설 3가지를 쓰시오.

➡ ① 미스트(Mist) 시설
② 생육상(Growth chamber)
③ 밀폐삽

Q 식물의 전체형성능에 대해 설명하시오.

➡ 식물은 하나의 기관이나 조직 또는 세포 하나라도 적당한 조건이 주어지면 모체와 똑같은 유전형질을 갖는 완전한 식물체로 발달할 수 있는 전체형성능(全體形成能, totipotency)이라는 재생능력을 갖고 있다.

Q 조직배양의 기본적인 작업순서를 바르게 나열하시오.

| 작물선정 | 살균 | 치상 | 배양방법 및 배지 결정 | 배양 | 이식 | 경화 |

◐ 작물선정 → 배양방법 및 배지 결정 → 살균 → 치상 → 배양 → 경화 → 이식

Q 조직배양의 장점 3가지를 쓰시오.

◐ ① 병균, 특히 바이러스가 없는(virus-free) 식물 개체를 얻을 수 있다.
　② 유전적으로 특이한 새로운 특성을 가진 식물체를 분리해 낼 수 있다.
　③ 어떤 일정한 식물체를 단시간 내에 대량으로 번식시킬 수 있다.
　④ 좁은 면적에 많은 종류와 품종을 보유할 수 있어 유전자은행 역할을 한다.

Q 생장점 배양으로 무병주를 얻을 수 있는 이유를 쓰시오.

◐ 생장점에는 바이러스가 없거나 극히 적기 때문이다.

Q 생장점 배양에 이용되는 생장점의 일반적인 크기를 쓰시오.

◐ 0.2~0.5mm

Q 무병주 생산을 위해 생장점배양을 이용하는 화훼류 3가지를 쓰시오.

◐ ① 카네이션　② 거베라　③ 안개초　④ 국화

Q 조직배양에 이용되는 배지(培地)의 구성 요소 3가지를 쓰시오.

◐ ① 물 및 무기염류
　② 유기화합물
　③ 천연물
　④ 지지재료
　⑤ 식물생장조절제

Q 배지의 조제 순서를 알맞게 나열하시오.

> ① 수산화나트륨(NaOH) 등으로 배지의 산도조정
> ② sucrose와 생장조절물질 등 첨가
> ③ 증류수에 필수원소 및 유기물을 용해 및 희석
> ④ 가압솥(autoclave)에서 멸균
> ⑤ 한천을 첨가하고 서서히 끓임(한천이 타지 않도록 저어야 함)
> ⑥ 알루미늄 호일로 뚜껑을 만듦
> ⑦ 유리그릇에 주입
> ⑧ 서서히 굳힘

〇 ③ → ② → ① → ⑤ → ⑦ → ⑥ → ④ → ⑧

Q 조직배양에 가장 널리 이용되는 배지를 쓰시오.

〇 MS배지

Q 세포분열, 캘러스의 유기 및 뿌리와 신초의 분화에 결정적인 역할을 하여 조직배양을 발전시킨 식물호르몬 2가지를 쓰시오.

〇 ① 옥신 ② 시토키닌

Q 조직배양의 기본시설 3가지를 쓰시오.

〇 ① 준비실 ② 무균실 ③ 배양실

Q 다음은 조직배양실의 온도, 습도, 광도이다. 알맞은 조건을 고르시오.

> 온도 : ① 10~15℃   ② 20~25℃   ③ 30~35℃
> 습도 : ① 10~20%   ② 40~50%   ③ 70~80%
> 광도 : ① 2,000~3,000Lux   ② 5,000~7,000Lux   ③ 9,000~11,000Lux

〇 온도 : ② 20~25℃
   습도 : ③ 70~80%
   광도 : ① 2,000~3,000Lux

Q 조직배양용 배지조성에 필요한 천연첨가물을 2가지 이상 쓰시오.

⊙ ① CM(코코넛 밀크) ② 바나나과육 ③ 감자

Q 육묘장의 적합한 구비조건 3가지를 쓰시오.

⊙ ① 그늘이 들지 않는 곳
　② 북서쪽이 막히고 남향인 곳
　③ 수원(水原)이 가까운 곳
　④ 관리가 용이한 곳
　⑤ 바람을 타지 않는 곳
　⑥ 지하수위가 낮은 곳

Q 스톡의 육묘 시 홑피기종을 구별하는 기준을 3가지 이상 쓰시오.

⊙ ① 발아가 늦고 소묘이다.
　② 생육이 느리다.
　③ 떡잎의 모양이 환형에 가깝다.
　④ 떡잎의 색깔이 약간 짙은 농록색이다.
　⑤ 엽면에 결각이 없고 작다.

Q 일반적인 알뿌리의 수확 방법 3가지를 쓰시오.

⊙ ① 줄기를 잘라내고 알뿌리에 상처가 나지 않도록 캐낸다.
　② 서늘한 그늘에 운반하여 흙을 제거한다.
　③ 병충해의 피해를 입은 알뿌리는 골라낸다.
　④ 시들지 않게 톱밥과 함께 공기가 통하도록 포장한다.

Q 알뿌리류를 저장할 때 이상적인 온도와 습도조건을 쓰시오.

⊙ 온도 10℃, 습도 80%

Q 겨울의 저온을 피하기 위해 가을에 캐내어 저장하는 알뿌리류 2가지를 쓰시오.

○ ① 칸나 ② 달리아 ③ 글라디올러스

Q 알뿌리류의 큐어링에 대해 설명하시오.

○ 큐어링(치유, curing)은 물리적 상처를 아물게 하거나 코르크층을 형성시켜 수분 증발 및 미생물의 침입을 줄이는 방법이다.

Q 고구마의 큐어링에 적합한 온도와 습도 조건, 기간을 쓰시오.

○ ① 온도 : 30~33℃
  ② 습도 : 85~90%
  ③ 기간 : 4~5일 정도

Q 가을에 심는 알뿌리의 일반적인 수확적기를 쓰시오.

○ 지상부의 잎이 1/3~2/3 정도 황변할 때

실기 과목명	주요항목	세부항목
원예재배관리 실무	8. 화훼 재배관리	1. 정식하기 2. 전정하기 3. 적심하기 4. 잡초 제거하기 5. 화훼재배관리하기

Q 팬지의 제1회 가식기를 쓰시오.

◐ 본입 3~4장일 때

Q 알뿌리가 큰 상태에서 흙속에 묻히면 썩으므로 알뿌리가 흙 위에 완전히 올라오도록 심는 종류를 쓰시오.

◐ 시클라멘

Q 뿌리의 신장이 잘 되도록 분높이의 1/2 정도로 깊게 알뿌리를 심어야 하는 종류 2가지를 쓰시오.

◐ ① 나리 ② 프리지어

Q 저장양분만으로 개화가 가능한 알뿌리류 2종류를 쓰시오.

◐ ① 튤립 ② 수선 ③ 히아신스 ④ 아마릴리스

Q 스프레이 국화의 적뢰(꽃망울솎기)에 대해 설명하고, 그 이유를 쓰시오.

◐ ① 설명 : 카네이션, 국화 등에서 꽃대 맨 위의 끝 꽃눈만 남기고 나머지는 모두 따주는 방법이다.
  ② 이유 : 스프레이 국화의 경우 세력이 가장 왕성한 것을 따주어 주위의 꽃들이 방사상으로 균형이 잡히게 한다.

Q 재배 때 도복을 방지하고자 수평그물을 이용하는 화훼류를 고르시오.

장미 국화 나리 카네이션 프리지아 안개초

◎ ① 국화
   ② 카네이션
   ③ 안개초

   참고) 국화, 카네이션, 안개초 등은 줄기가 자라면서 휘어지므로 10~15cm의 구멍이 있는 플라스틱이나 철사로 된 수평그물을 설치한다.

Q 잡초의 유용성 3가지를 쓰시오.

◎ ① 토양에 유기물과 퇴비를 공급한다.
   ② 야생동물의 먹이와 서식처를 제공한다.
   ③ 토양유실을 방지한다.
   ④ 자연경관을 아름답게 하고 환경보전에 도움이 된다.
   ⑤ 작물개량을 위한 유전자 자원으로 활용된다.

Q 잡초의 해작용 3가지를 쓰시오.

◎ ① 작물과 경합
   ② 상호대립억제작용
   ③ 기생
   ④ 병해충의 매개
   ⑤ 작업환경의 약화

Q 잡초는 인간의 의도에 역행하는 존재가치상의 식물이다. 유기농적인 관점에서 잡초를 정의하시오.

◎ 잡초는 방제의 대상이 아니라 일정한 범위 내에 존재하는 균형적인 존재이다.

Q 잡초의 속성 2가지를 쓰시오.

→ ① 왕성한 번식력
 ② 폭넓은 전파력
 ③ 빠른 생장력

Q 잡초의 상호대립억제작용(allelopathy)에 대해 설명하시오.

→ 잡초의 여러 기관에서 작물의 발아나 생육을 억제하는 특정물질을 분비하여 작물에 영향을 미치는 것을 말하며, 작물-잡초, 잡초-잡초, 잡초-작물, 작물-작물의 상호간에 나타난다.

Q 잡초의 기계적 · 물리적 방제법 3가지를 쓰시오.

→ ① 심수관개
 ② 중경과 배토
 ③ 토양피복
 ④ 흑색비닐멀칭
 ⑤ 화염제초

Q 곤충 · 미생물 또는 병원성을 이용하여 잡초의 세력을 경감시키는 방제법으로 근래 친환경 · 유기농법에서 많이 이용되고 있는 방제법은 무엇인지 쓰시오.

→ 생물적 방제법

Q 작물과 잡초가 가장 심하게 경합하는 잡초경합한계기간은 잡초의 생육기간 중 어느 시기인지 쓰시오.

→ 초관형성기부터 생식생장기까지

Q 포장지 색에 의한 농약의 구분에서 제초제는 무슨 색깔인지 쓰시오.

→ 노란색

Q 제초제의 구비조건 3가지를 쓰시오.

◆ ① 제초효과가 크고 가격이 적절할 것
  ② 인축 · 공해에 대한 안전도가 높을 것
  ③ 농민들이 사용하기에 편리할 것
  ④ 광선 · 온도 · 습도 · 경종 조건의 차이에 있어서 효과가 안전할 것
  ⑤ 작물에 약해가 적을 것
  ⑥ 시기 · 약량 등에 있어서 처리상의 안전성이 있을 것

Q 제초제의 작용기작을 3가지 이상 쓰시오.

◆ ① 광합성 저해
  ② 에너지생성 저해
  ③ 식물호르몬작용 저해
  ④ 단백질생합성 저해
  ⑤ 세포분열 저해
  ⑥ 아미노산생합성 저해

Q 잡초방제방법의 발달 순서를 옳게 나열하시오.

① 축력(畜力)	② 기계적 방제
③ 선택적 제초제 개발	④ 종합적 방제

◆ ① → ② → ③ → ④

Q 제초제를 선택성과 비선택성으로 구분하여 설명하고, 그 예를 1개씩 쓰시오.

◆ ① 선택성 제초제 : 보호하여야 할 작물에는 약해 없이 선택적으로 살초하는 제초
    제. 2,4-D
  ② 비선택성 제초제 : 식물의 종류에 관계없이 모든 식물을 제거하는 강한 독성의
    제초제. 글리포세이트 등

Q 화훼 재배에 적당한 일반 토양의 조건 3가지를 쓰시오.

◐ ① 보수력과 보비력이 좋아야 한다.
② 배수와 통기성이 좋아야 한다.
③ 표토가 깊어야 한다.
④ 토양반응이 적당해야 한다.
⑤ 병충해가 많은 토양, 연작을 오래한 토양은 피해야 한다.

Q 화훼용 특수토양을 서로 알맞은 것끼리 연결하시오.

① 피트	㉮ 진주암을 분쇄하여 1,400℃의 고온으로 처리한 것
② 버미큘라이트	㉯ 양치류의 뿌리를 말려서 만든 것
③ 펄라이트	㉰ 이탄지(泥炭地)의 하층에 있는 초탄(草炭)
④ 오스만다	㉱ 질석(蛭石)을 1,100℃의 고온으로 처리하여 만든 것

◐ ① - ㉰, ② - ㉱, ③ - ㉮, ④ - ㉯

Q 보기에서 부엽토의 재료로 알맞지 않은 것을 고르시오.

밤나무잎	참나무잎	은행잎	오리나무잎

◐ 은행잎

참고) 부엽토는 참나무, 떡갈나무, 밤나무 등 활엽수의 낙엽을 썩힌 것이다.

Q 보기에서 강산성 토양에 잘 적응하는 화훼류 2가지를 고르시오.

금잔화	거베라	철쭉류	백일홍	치자나무	팬지

◐ ① 철쭉류
② 치자나무

Q 보기에서 토양산도에 따라 화색이 변화하는 화훼류를 고르시오.

개나리   수국   철쭉   백합

⊙ 수국

    참고) 수국은 산성토양에서 꽃색이 청색으로 변한다.

Q 기지현상에 대해 설명하시오.

⊙ 같은 토양에서 해마다 재배할 경우 생육이 나빠지고 병이 발생하는 경우를 말하며, 연작장해라고도 한다.

Q 기지현상이 일어나는 원인 3가지를 쓰시오.

⊙ ① 생육장해물질 축적
    ② 병해충의 축적
    ③ 염류집적
    ④ 작물의 필요양분 결핍

Q 토양에 의해 전염되는 화훼류의 병해 3가지를 쓰시오.

⊙ ① 위조병
    ② 입고병
    ③ 근부병
    ④ 근두암종병

Q 화훼종자를 저장할 때의 가장 알맞은 조건을 쓰시오.

⊙ ① 종자 내 함수율 : 5~7% 이하
    ② 저장온도 : 0~5℃
    ③ 용기 내의 상대습도 : 50% 이하

Q 가을국화에 관한 다음 사항을 쓰시오.

1. 가을국화를 12~1월에 개화시키기 위한 조명(照明)의 시작 시기는?

⊙ 가을국화를 12~1월에 개화시키려면 8월 중하순부터 조명처리한다.

2. 8월 중하순부터의 조명 시간은?

⊙ 3~4시간씩 조명을 해주어 하루의 총일장시간이 13.5~14시간이 되도록 한다.

3. 화아분화를 시키기 위해서 개화 예정일로부터 며칠 전에 조명을 중단하는가?

⊙ 8~9월에 개화하는 가을국화를 7~8월에 개화시키려면 45~50일 전에 차광하여 단일처리한다.

Q 화훼류의 개화 조절에 가장 크게 영향을 미치는 외적요인 3가지를 쓰시오.

⊙ ① 온도 ② 일장 ③ 호르몬

Q 가을에 심는 알뿌리화초의 촉성 재배 시 알뿌리를 냉장 처리하는 이유를 쓰시오.

⊙ 휴면을 타파하여 개화를 조절하기 위하여

Q 숙근류나 구근류의 휴면타파에 이용되는 생장조절물질을 쓰시오.

⊙ 지베렐린

실기 과목명	주요항목	세부항목
원예재배관리 실무	9. 시설원예 시설관리	1. 시설구조물 관리하기 2. 재배시스템 관리하기 3. 환경조절장치 관리하기

Q 재배시설의 입지선정에서 고려해야 할 조건 3가지를 쓰시오.

◑ ① 지형 ② 수질 ③ 배수 ④ 기상조건

Q 반원형 플라스틱 하우스의 장점과 단점을 쓰시오.

◑ ① 장점 : 큰 보온성, 강한 내풍성, 고른 광입사, 피복재의 긴 수명
   ② 단점 : 고온장해 발생, 과습하기 쉬움, 내설성 약함

Q 벤로형 온실에 대해 설명하시오.

◑ 처마가 높고 폭 좁은 양지붕형 온실을 연결한 것으로 연동형 온실의 결점을 보완한 것이다. 골격자재가 적게 들어 시설비가 절약되고, 광투과율이 높다. 호온성 과채류 재배에 적합하다.

Q 제시된 온실의 장점과 단점을 1가지 이상 쓰시오.

양지붕형	외지붕형	3/4식	연동형	벤로형

◑ ① 양지붕형 : 장점– 광선투과 양호, 통풍 양호 / 단점– 보온 불량, 외부로 방열 많음
   ② 외지붕형 : 장점– 채광과 보온 양호 / 단점– 방열량 많고, 비경제적
   ③ 3/4식 : 장점– 채광과 보온성 양호 / 단점– 규모가 작음
   ④ 연동형 : 장점– 시설비가 싸고, 난방비 절약 / 단점– 광분포 불균일, 환기 불량
   ⑤ 벤로형 : 장점– 시설비 절약, 투광율 높음 / 단점– 가온 및 유지비 과다

Q 시설의 기본구조물 3가지를 쓰시오.

○ ① 트러스 ② 타이버 ③ 버팀대

Q 다음은 골조 부재에 대한 설명이다. 서로 알맞은 것끼리 연결하시오.

① 지붕의 하중을 받치는 경사재
② 용마루에 놓이는 수평재
③ 기둥 상단을 연결하는 수평재
④ 지붕의 하중을 담당하는 수직재
⑤ 서까래를 받치는 수평재

㉮ 기둥
㉯ 중도리
㉰ 처마도리 또는 측면보
㉱ 서까래
㉲ 대들보

○ ① - ㉱, ② - ㉲, ③ - ㉰, ④ - ㉮, ⑤ - ㉯

Q 온실하중의 종류에서 활하중(구조물에 일시적으로 작용하는 하중) 2가지를 쓰시오.

○ ① 적설하중 ② 풍하중

Q 시설 지붕의 기울기를 바람, 적설, 강우와 관련하여 설명하시오.

○ 기울기가 크면 바람 저항이 많으나 적설에 강하고, 기울기가 작으면 빗물이 새고 적설에 약해진다.

Q 단동형보다 연동형 하우스의 보온비가 더 큰 이유를 쓰시오.

○ 연동형이 외표면적에 대한 바닥면적 비율이 크기 때문이다.

Q 보기에서 온실의 기울기를 가장 크게 해야 될 경우를 고르시오.

바람이 많이 부는 곳	강우량이 많은 곳
일사량이 적은 곳	적설량이 많은 곳

○ 적설량이 많은 곳

Q 번식용 온실의 구비조건 3가지를 쓰시오.

➡ ① 차광 및 고온, 저온 유지 가능
　② 파종상, 삽아시설(bench, bed) 완비
　③ 지붕은 높지 않게
　④ 미스트장치
　⑤ 환기시설 완비

Q 시설 피복자재의 구비조건 3가지를 쓰시오.

➡ ① 높은 투광률과 오랜 기간을 유지할 수 있는 것
　② 열선(장파반사) 투과율이 낮을 것
　③ 열전도를 억제하고 보온성이 높을 것
　④ 내구성이 크고 팽창 수축이 작을 것
　⑤ 당기는 힘이나 충격에 강하고 저렴할 것

Q 시설 피복자재로 많이 사용되고 있는 폴리에틸렌(PE)필름의 장점 3가지를 쓰시오.

➡ ① 광선투과율이 높다.
　② 필름 표면에 먼지가 적게 부착한다.
　③ 서로 달라붙지 않아 취급이 편리하다.

Q 보기에서 자외선 투과율이 가장 높은 피복자재를 고르시오.

유리　　염화비닐필름　　FRP　　폴리에틸렌필름

➡ 폴리에틸렌필름

Q 시설 내 광환경의 특징 3가지를 쓰시오.

➡ ① 광량이 감소한다.
　② 광질이 변한다.
　③ 광분포가 불균일하다.

Q 시설 내에서 광량의 감소되는 원인 3가지를 쓰시오.

◐ ① 구조재에 의한 차광
② 피복재에 의한 반사와 흡수
③ 피복재의 광선 투과율
④ 시설의 방향과 투광량

Q 시설 내 투광량의 증대와 빛의 효율적 이용 방법 3가지를 쓰시오.

◐ ① 구조재와 피복재의 선택
② 시설의 설치방향 조절
③ 반사광의 이용
④ 산광 피복재의 이용

Q 보기의 시설재배 작물을 광포화점이 높은 순으로 나열하시오.

호박   수박   피망   배추   토마토   상추   오이

◐ 수박 ← 토마토 ← 오이 ← 호박 ← 배추 ← 피망 ← 상추

Q 시설 내 탄산가스 환경의 특이성 2가지를 쓰시오.

◐ ① 탄산가스의 일변화가 있다.
② 시설 내 CO_2의 분포가 다르다.

Q 시설 내 작물에 대한 일반적인 탄산가스 시비량을 쓰시오.

◐ 1,000~1,500ppm

Q 시설 내의 환경에서 가장 중요하게 취급되는 인자를 쓰시오.

◐ 온도

참고) 온도는 그 조절이 용이하지 않고 식물, 계절, 생육단계, 기상조건에 따라 관리
가 이루어져야 하기 때문에 시설 내에서 가장 중요한 환경인자이다.

Q 시설 내 온도 환경의 특이성 3가지를 쓰시오.

➡ ① 온도교차가 매우 크다.
② 수광량의 불균일하다.
③ 대류현상이 일어나 시설 내의 온도가 위치에 따라 달라진다.
④ 시설 밖 바람의 영향으로 시설 내의 온도에 변화가 온다.

Q 시설의 변온관리 방법과 항온관리에 비교하여 그 장점을 쓰시오.

➡ ① 방법 : 시설의 온도를 낮에는 높고, 밤에는 가급적 낮게 유지한다.
② 장점 : 변온관리는 항온관리에 비해 유류 절감 효과, 작물생육과 수량의 증가 효과, 품질향상 효과가 있다.

Q 시설에서 일몰 직후 실내온도를 다소 높게 유지시키는 이유를 쓰시오.

➡ 광합성물질의 전류를 촉진하기 위하여

Q 난방을 하는 온실에서 열손실의 종류 3가지를 쓰시오.

➡ ① 피복재를 통과하는 관류열량
② 틈새를 통해서 손실되는 환기전열량
③ 토양의 열교환에 의한 지중전열량

Q 시설의 보온비에 대해 설명하시오.

➡ 보온비는 외피복면적에 대한 바닥면적의 비율로 보온비가 클수록 시설 내의 온도를 높게 유지할 수 있다. 즉, 시설의 바닥면적이 크고 표면적이 작아야 보온에 유리하다.

Q 난방부하에 대해 설명하시오.

➡ 난방부하(暖房負荷, heating load)는 실외로 방출되는 전체열량 중 난방설비로 충당해야 하는 열량이다.

Q 시설의 냉방 방법인 pad and fan(패드앤드팬)에 대해 설명하시오.

◑ 잠열냉각방식으로 시설의 외벽에 패드(pad)를 부착하여 여기에 물을 흘리고 실내 공기를 밖으로 뽑아낸다.

Q 토양수분의 측정기로 많이 사용되고 있는 측정기기의 이름을 쓰고 측정 범위, 시설재배에서의 관수개시 시기를 쓰시오.

◑ ① 측정기 명칭 : 텐시오미터
   ② 측정 범위 : pF 0~2.8
   ③ 관수개시 시기 : pF 1.5~2.0

Q 시설 내 작물이 가장 유용하게 이용하는 토양수분 2가지를 쓰시오.

◑ ① 중력수 ② 모관수

Q 보기의 시설 과채류 중 관수 소요량이 가장 적은 식물을 고르시오.

멜론 토마토 오이 고추

◑ 멜론

Q 시설 내 작물에서 장기간의 수분부족이 일어날 때의 현상 3가지를 쓰시오.

◑ ① 광합성 억제에 따른 생육 저하
   ② 식물체 및 세포의 왜화
   ③ 낙엽 및 낙화현상
   ④ 과실의 비대 불량
   ⑤ 수량과 품질의 저하

Q 대기 성분 중 이산화탄소가 차지하는 비율을 쓰시오.

◑ 0.03%

Q 시설원예생산에서 문제되는 공기환경 2가지를 쓰시오.

○ ① 탄산가스 농도
② 유해가스의 집적

Q 시설 내에서 발생하는 유해가스 3가지를 쓰시오.

○ ① 암모니아가스
② 아질산가스
③ 아황산가스
④ 일산화탄소
⑤ 에틸렌

Q 시설 내 환기의 목적 3가지를 쓰시오.

○ ① 온도 및 습도의 조절
② CO_2의 공급
③ 유해가스의 추방

Q ( )에 알맞은 말을 쓰시오.

환기창의 면적비율은 하우스 표면적 전체에 대한 환기창의 면적비율로 나타내며, 일반적으로 자연환기를 위한 환기창의 면적은 전체하우스 표면적의 ( ) 정도가 적당하다.

○ 15%

Q 시설토양에 집적되는 염류 중 가장 큰 비중을 차지하는 2가지를 쓰시오.

○ ① 질산태질소
② 칼슘

Q 작물의 염류 농도 장해 증상 3가지를 쓰시오.

➡ ① 잎이 밑에서부터 말라 죽는다.
② 잎의 색이 농(청)록색을 띤다.
③ 잎의 가장자리가 안으로 말린다(당근, 고추, 배추, 오이).
④ 잎이 타거나 말라 죽는다.
⑤ 칼슘 또는 마그네슘 결핍 증상이 나타난다.

Q 염류가 집적된 시설토양의 관리방법 3가지를 쓰시오.

➡ ① 담수세척
② 객토 또는 환토
③ 비료의 선택과 시비량의 적정화
④ 퇴비 · 녹비 등 유기물의 적량 시용
⑤ 미량요소의 보급
⑥ 윤작(輪作)

Q 시설재배지 토양의 지력을 유지시킬 수 있는 가장 안전하고 친환경적인 방법인 윤작(輪作)에 대하여 설명하시오.

➡ 윤작은 동일한 재배포장에서 동일한 작물을 연이어 재배하지 않고, 서로 다른 종류의 작물을 순차적으로 조합 · 배열하는 방식의 작부체계로 작물은 윤작을 통하여 양분을 공급받고 토양전염성 병해가 방지되어 생육과 수량이 안정화된다.

Q 시설원예지에서 윤작이 가능한 제염작물(지력소모작물, 흡비작물) 3가지를 쓰시오.

➡ ① 옥수수 ② 보리 ③ 수수 ④ 호밀 ⑤ 귀리

Q 수경재배 방식 중 비고형 배지경의 종류 3가지를 쓰시오.

➡ ① 분무경 ② 분무수경 ③ 수경(담액형, 순환형)

Q 수경재배의 장점과 단점을 각각 3가지씩 쓰시오.

○ 장점

① 같은 작물을 장기간에 걸쳐 반복 재배할 수 있다.

② 오염되지 않은 물을 사용하여 신선한 청정채소의 생산이 가능하다.

③ 관리작업을 자동화·생력화할 수 있다.

④ 생육이 빠르고 연간 생산량을 증대시킬 수 있다.

○ 단점

① 배양액의 완충능력이 없어 환경변화의 영향을 민감하게 받는다.

② 장치 및 시설비가 비싸다.

③ 선택할 수 있는 식물의 종류가 제한되어 있다.

④ 기초적인 이론과 기술을 터득하여야 한다.

Q NFT(박막형, 순환형 수경)에 대해 설명하시오.

○ 뿌리의 일부는 공중에 노출되고 일부는 흐르는 양액에 닿아 공중산소와 수중산소를 모두 이용할 수 있다. 시설비가 저렴하고 설치가 간단하며 중량이 가벼워 관리가 편하다. 산소부족의 염려가 없다.

Q 보기의 수경비료들을 물에 용해하는 순서대로 나열하시오.

미량원소   황산마그네슘   질산칼륨   제일인산암모늄   질산칼슘

○ 황산마그네슘 → 질산칼슘 → 질산칼륨 → 제일인산암모늄 → 미량원소

Q 보기에서 양액의 pH를 높이기 위한 양분과 양액의 pH를 낮추기 위한 양분을 구분하시오.

황산(H_2SO_4)   수산화나트륨(NaOH)   질산(HNO_3)   수산화칼륨(KOH)

○ ① 양액의 pH를 높이기 위한 양분 : 수산화나트륨(NaOH), 수산화칼륨(KOH)

② 양액의 pH를 낮추기 위한 양분 : 황산(H_2SO4), 질산(HNO_3)

Q 식물의 근권에 적합한 산도(pH)의 범위를 쓰시오.

◑ pH 5.5~6.5

Q (   )에 알맞은 말을 쓰시오.

> 수용액에 전류를 통하면 전기저항에 따라 전류값이 변하는데 이 저항의 역수를 (① , EC)라 하고 (②) 또는 mmho/cm로 표시한다.

◑ ① 전기전도도 ② mS/cm

Q 보기에 제시된 시설의 환경계측 요소를 시설 외 기상, 시설 내 지상부 환경, 시설 내 지하부 환경으로 각각 구분하시오.

> 탄산가스   강우   온도   일사량   토양수분   풍속   지온

◑ ① 시설 외 기상 요소 : 일사량, 풍속, 강우
② 시설 내 지상부 환경 요소 : 온도, 탄산가스
③ 시설 내 지하부 환경 요소 : 토양수분, 지온

Q 시설의 환경조절 기기를 크게 3가지로 구분하시오.

◑ ① 제어기 ② 작동기 ③ 측정기

Q 컴퓨터에 의한 온실 환경관리 시스템의 기능 3가지를 쓰시오.

◑ ① 복합 환경 조절 ② 긴급 사태 처리 ③ 데이터의 수집 및 해석

Q on-off 제어와 PID 제어에 대하여 간단히 설명하시오.

◑ ① on-off 제어 : 설정값에 따라 제어기기를 작동시키거나 정지시키기만 하는 제어방식
② PID 제어 : 편차에 비례한 비례동작, 정상 편차를 보상하기 위한 적분동작, 추종성을 향상시키기 위한 미분동작 등을 조합해서 조작량을 구하여 제어하는 방식

1 (   )에 알맞은 말을 쓰시오.

토성은 (   ) 함량이 적은 것을 사토(모래흙), 많은 것을 식토(진흙), 이 중간의 것을 양토(참흙) 또 이들 중간에 속하는 것을 각각 사양토(모래참흙)나 식양토(埴壤土) 등 (   )의 함량을 기준으로 구분하고 있다.

2 요소의 엽면시비에 대한 설명이다. 서로 알맞은 것끼리 연결하시오.

① 살포액의 pH   ㉮ 약산성   ㉯ 약알칼리성
② 살포액 흡수 부위   ㉰ 잎의 앞면   ㉱ 잎의 뒷면
③ 살포 시기   ㉲ 오전   ㉳ 오후
④ 살포액과 농약의 혼용 ㉴ 가능   ㉵ 불가능

3 흑색필름 멀칭의 대표적인 효과를 쓰시오.

4 수박 재배 시 접목육묘를 실시하는 이유를 쓰시오.

5 다음 채소의 제1회 가식하는 시기에 대하여 쓰시오.

오이   토마토   가지

6 적심(摘心)에 대해 설명하시오.

7 토양소독 방법 중 가열소독의 종류 3가지를 쓰시오.

8 종자건조제의 종류를 3가지 이상 쓰시오.

9 다음 (   )에 공통적으로 알맞은 말을 쓰시오.

> 고구마의 괴근은 (   ) 함량이 많아야 비대가 촉진되고, 감자의 괴경은 (   ) 함량이 적어야 비대가 촉진된다.

10 매실의 번식에서 가장 많이 이용하는 대목을 쓰시오.

11 과수원의 토양시비 방법 중 성목(成木) 과수원에서 효과적인 방법을 쓰시오.

12 원예작물의 저장장해를 크게 3가지로 구분하여 쓰시오.

13 자름전정을 하여도 꽃눈 형성이 잘 되는 과수 2가지를 쓰시오.

14 보기에서 봄에 심는 알뿌리화초를 고르시오.

칸나   튤립   나리   수선화   아마릴리스   히아신스

15 알뿌리식물의 인공번식 방법 중 스쿠핑(scooping)에 대해 설명하시오.

16 금잔화의 육묘 시 홑피기종을 솎는 요령을 쓰시오.

17 보기의 제초제를 선택성과 비선택성으로 구분하시오.

2,4-D   glyphosate   alachlor   paraquat   bialaphos

18 양지붕 연동형 온실의 장점과 단점을 각각 2개씩 쓰시오.

19 태양고도가 낮을 때 설치하는 반사판의 알맞은 위치와 재료를 쓰시오.

20 (   )에 알맞은 말을 쓰시오.

보온비가 클수록 시설 내의 온도를 높게 유지할 수 있다. 즉, 시설의 (①)이 크고 (②)이 작아야 보온에 유리하다.

원예기능사 국가기술자격검정 제2차 실기 필답형 모의고사 2회

응시자 성명 :   응시번호 :

1 보기의 토성을 점토 함량이 높아 보비력, 보수력이 큰 순서대로 나열하시오.

양토   식토   사양토   식양토   사토

2 보기에서 경운의 장점을 3가지 골라 쓰시오.

통기성 증대   잡초의 발생 억제   생명체 활동촉진
토양구조 개선   유기물 유지   근권 발달

3 (   )에 알맞은 말을 쓰시오.

박과채소는 저항성을 가진 종류(호박, 박 등)와 저항성이 없는 종류(수박, 오이, 참외 등)가 있다. 그래서 호박이나 박을 (①)으로 하고, 수박이나 오이를 (②)로 하여 접붙이기를 하면 (③)을 예방하고 저온 신장성과 흡비력을 높일 수 있다.

4 호박의 가식기를 1, 2, 3회로 나누어 쓰시오.

5 (   )에 알맞은 말을 쓰시오.

착과제의 처리 목적은 수분 및 수정이 불확실할 때 (   )를 유기시키는 것이다.

6 물리적 상토소독법의 종류를 2가지 쓰시오.

7 종자의 파종방법 중 점파(점뿌림)에 대해 쓰시오.

8 해충의 발생을 반영구적 또는 영구적으로 억제하는 방제법을 쓰시오.

9 배나무를 5m×5m의 간격으로 3,600본을 정방형식재 하려고 한다. 소요되는 조림지 면적을 계산하시오.

10 원예작물의 호흡상승에 대해 설명하시오.

11 ( )에 알맞은 말을 쓰시오

꽃가루가 암술머리에 떨어지는 현상을 (①), 정핵과 난핵이 결합하는 현상을 (②)이라고 한다.

12 보기의 화훼종자를 호광성 종자와 혐광성 종자로 구분하시오.

맨드라미 피튜니아 금어초 백일홍 프리뮬러 시클라멘

13 조직배양을 이용할 수 있는 것은 식물의 어떤 능력 때문인지 쓰시오.

14 잡초의 광합성을 방해하는 데 효과적인 멀칭 필름의 색을 쓰시오.

15 ( )에 알맞은 말을 쓰시오.

가을국화는 단일성식물로 (①) 처리하면 개화가 촉진되고, (②) 처리하면 개화가 억제된다.

16 ( )에 알맞은 말을 쓰시오.

시설의 열손실 가운데 가장 큰 비중을 차지하는 것은 시설의 피복재를 통과하여 나가는 (①)으로 전체 열손실의 (②)% 이상을 차지한다.

17 ( )에 알맞은 말을 쓰시오.

시설 내의 공기습도가 낮아지면 (①)이 증가하여 수분흡수가 촉진되고, 공기습도가 높으면 (①) 및 (②)이 감소하고 병해가 심하게 발생한다.

18 시설 내 탄산가스 시비에 알맞은 시간대를 쓰시오.

19 조직배양에서 가장 흔히 사용되는 탄소원을 쓰시오.

20 보기에서 염류 농도에 대한 내성이 가장 약한 것을 고르시오.

양배추   무   상추   딸기   가지

1 어느 무기양분의 결핍증상인지 쓰시오.

코르크화 등 전반적으로 조직이 거칠고 단단해진다. 뿌리내부가 흑색으로 변하거나 구멍이 생긴다.

2 작휴법(이랑만들기) 중 휴립법(畦立法)에 대해 설명하시오.

3 점적관수의 장점 3가지를 쓰시오.

4 박과채소의 접붙이기 실습 순서 및 방법이다. (   )에 알맞은 말을 쓰시오.

– 대목의 (①)을 제거한다.
– 떡잎 밑 2㎝ 부위에서 위쪽에서 아래쪽으로 (②)의 1/2 ~ 2/3 정도까지 비스듬히 내려 벤다.
– 접수의 줄기는 대목의 자른 부위와 같은 부위에서 (②)의 1/2 ~ 2/3 정도까지 비스듬히 올려 벤다.
– 대목과 접수의 (③) 부분이 밀착되도록 맞추어 끼운다.

5 모종의 자리바꿈 시기는 정식 전후 며칠 정도인지 쓰시오.

6 착과제 토마토톤의 주성분을 쓰시오.

7 양열온상과 전열온상의 가온(加溫)방법에 대해 각각 설명하시오.

8 다음 보기의 종자를 호광성과 혐광성으로 3개씩 나누어 쓰시오.

상추 양파 당근 우엉 수박 토마토

9 생물성 병원 중 가장 많이 병을 일으키는 병원을 쓰시오.

10 묘목의 가식에 대한 내용이다. (   )에 알맞은 말을 쓰시오.

– 묘목의 끝이 가을에는 (①)으로, 봄에는 (②)으로 45° 경사지게 한다.
– 지제부가 10㎝ 이상 묻히도록 (③) 가식한다.
– 동해에 약한 수종은 (④)을 하며 낙엽 및 거적으로 피복한다.

11 예랭처리가 특히 효과적인 원예작물에 대해 쓰시오.

12 전정의 원칙 3가지를 쓰시오.

13 사과나 배에서 수분수의 재식 비율은 대개 몇 %가 적당한지 쓰시오.

14 잡초의 경종적(생태적) 방제법에 대해 설명하시오.

15 보기에 제시된 종자의 발아과정을 순서대로 나열하시오.

배의 생장개시   수분의 흡수   과피(종피)의 파열   효소의 활성   유묘의 출아

16 (   )에 알맞은 말을 쓰시오.

난 종자는 (①)가 없기 때문에 보통 상태에서는 발아할 수 없고 배지에서 (②)을 인공적으로 공급하여야 발아할 수 있다.

17 춘파일년초에는 조·중·만생종이 있다. 이러한 개화일의 차이가 일어나는 이유를 쓰시오.

18 (   )에 알맞은 말을 보기에서 골라 쓰시오.

남북동   동서동   서남동   북서동

시설의 설치방향에 따른 광분포는 (①)이 (②)에 비해 입사광량이 많으나, 연동의 경우에는 (③)이 (④)보다 그림자가 심하게 나타나서 광분포의 불균일성이 크다.

19 (   )에 알맞은 말을 보기에서 골라 쓰시오.

야간에는 식물체의 호흡과 토양미생물의 분해활동에 의하여 배출되는 탄산가스로 인해 높은 탄산가스 농도를 유지하여 (①) 직전에 가장 높고, 아침에 해가 뜨고 (②)이 시작되면서부터 서서히 낮아진다.

20 수경재배 시 배양액 EC의 적정범위를 쓰시오.

1 작휴법(이랑만들기) 중 휴립휴파법에 대해 설명하시오.

2 영양번식의 단점 3가지를 쓰시오.

3 관행육묘와 비교하여 플러그(Plug) 육묘의 장점 3가지를 쓰시오.

4 모종 굳히기에 알맞은 조건을 보기에서 고르시오.

저온, 고온   건조, 다습   강광선, 약광선

5 착과제 토마토톤의 대표적인 부작용을 쓰시오.

6 다음 채소의 종자를 단명종자와 장명종자로 구분하시오.

가지   옥수수   당근   비트

7 감자의 휴면타파에 이용하는 식물호르몬을 쓰시오.

8 깎기접에서 접붙인 후 접합용 왁스나 발코트를 가지 끝에 발라주는 가장 큰 이유
를 쓰시오.

9 과수원의 토양을 풀이나 목초로 피복하여 토양침식을 방지하며, 경사지 과수원에
서 가장 많이 사용하고 있는 과수원 토양표면 관리방법을 쓰시오.

10 과수의 결과습성에 따라 2년생 가지에 결실하는 과수를 보기에서 고르시오.

사과　　감　　복숭아　　배　　매실　　포도

11 June drop에 대해 설명하시오.

12 모주로부터 가지를 절단하지 않고 흙속이나 혹은 공중에서 새로운 뿌리를 발생
시킨 후 뿌리가 난 가지를 분리시켜 개체를 얻는 번식법은 무엇인지 쓰시오.

13 영양분은 없고 배양체의 지지재료로 사용되는 배지(培地)의 구성 요소를 쓰시오.

14 식물공장을 태양의 이용방식에 따라 3가지로 분류하시오.

15 가장 실용적인 토양의 염류 농도 측정방법을 쓰시오.

16 보기의 피복자재를 열전도율이 낮은 것부터 높은 순서로 나열하시오.

유리   PE   PVC   FRA

17 시설 재배기간 중 기온이 가장 낮은 시간대에 소비되는 열량으로 난방설비의 용량결정 지표는 무엇인지 쓰시오.

18 수경재배와 같은 의미로 쓰이는 용어 3가지를 쓰시오.

19 선인장 접목 번식에 주로 쓰이는 접목법을 쓰시오.

20 시설토양에 염류가 집적되는 가장 큰 원인 3가지를 쓰시오.

모의고사 1회 정답

1. 점토

2. ① - ㉮, ② - ㉣, ③ - ㉯, ④ - ㉾

3. 잡초 방제

4. 덩굴쪼김병(만할병)을 막기 위해

5. ① 오이 : 떡잎 때 ② 토마토 : 본잎 2~3장 때 ③ 가지 : 본잎 2~3장 때

6. 주경(主莖)이나 주지의 순을 질러서 그 생장을 억제하고 측지의 발생을 많게 하여 개화 · 착과 · 착엽을 조정하는 것으로, 과채류 · 두류 등에서 실시된다.

7. ① 소토법 ② 증기소독 ③ 태양열소독

8. ① 실리카겔 ② 염화칼슘 ③ 생석회 ④ 산성백토

9. 옥신

10. 매실나무 실생묘

    참고) 매실나무는 보통 공대(접수와 같은 종의 대목)에 접붙이기한다.

11. 전원시비

12. ① 생리적 장해 ② 기계적 장해 ③ 병리적 장해

13. ① 배 ② 포도 ③ 복숭아

14. 칸나, 아마릴리스

15. 비늘줄기 밑에 있는 단축경을 모조리 파내는 방법으로 기부에 부정 비늘줄기가 자라 나오게 된다.

16. 잎의 폭이 좁은 것을 솎아 준다.

17. ① 선택성 : 2,4-D, alachlor

    ② 비선택성 : glyphosate, paraquat, bialaphos

18. 장점

    ① 토지의 이용률이 높다.

    ② 난방 효율이 높다.

    ③ 단위 면적당 건축비가 싸다.

    단점

    ① 광분포가 불균일하다.

    ② 환기가 잘 안된다.

    ③ 적설의 피해를 입기 쉽다.

19. ① 위치 : 동서동의 북측벽 ② 재료 : 알루미늄포일

20. ① 바닥면적 ② 표면적

모의고사 2회 정답

1. 식토 ← 식양토 ← 양토 ← 사양토 ← 사토

2. ① 통기성 증대 ② 잡초의 발생 억제 ③ 토양구조 개선

3. ① 대목 ② 접수 ③ 덩굴쪼김병

4. ① 제1회 : 떡잎 때 ② 제2회 : 본입 2~3장일 때 ③ 제3회 : 본입 4~5장일 때

5. 단위결과

6. ① 소토법 ② 증기소독 ③ 태양열소독

7. 일정한 간격을 두고 종자를 몇 개씩 띄엄띄엄 파종하는 방법으로 노력은 많이 들지
만 건실하고 균일한 생육을 한다.

8. 생물적 방제법

9. 3,600 = 조림지 면적 / 25   조림지 면적 = 90,000㎡ = 9ha

10. 숙성과 일치하여 호흡이 현저히 증가하는 현상

11. ① 수분(受粉) ② 수정(受精)

12. ① 호광성 종자 : 피튜니아, 금어초, 프리뮬러,
    ② 혐광성 종자 : 맨드라미, 백일홍, 시클라멘

13. 전체형성능

14. 흑색

15. ① 단일 ② 장일

16. ① 관류열량 ② 60

17. ① 증산량 ② 광합성

18. 해뜬 후 1시간 후부터 환기할 때까지의 2~3시간 정도

19. 2~5%의 sucrose

20. 딸기

모의고사 3회 정답

1. 붕소(B)

2. 이랑을 세워서 고랑이 낮게 하는 방식이다.

3. ① 토양이 굳어지지 않는다.

　② 표토의 유실도 거의 없다.

　③ 흐르는 물이 적어 넓은 면적에 균일하게 관수할 수 있다.

4. ① 생장점　② 줄기 지름　③ 벤 자리

5. 정식 7~10일 전

6. 옥신

7. ① 양열온상 : 유기물이 미생물에 의해 분해되는 과정에서 발생하는 열을 이용

　② 전열온상 : 전류의 저항으로 발생하는 열을 이용

8. ① 호광성 : 상추, 당근, 우엉　② 혐광성 : 양파, 수박, 토마토

9. 진균

10. ① 남쪽　② 북쪽　③ 깊게　④ 움가식

11. 고온기 수확 작물이나 수확 당시 호흡열의 발생이 많고 저장기간이 짧은 과채류나 복숭아, 포도, 화훼류

12. ① 나무의 자연성을 최대한 살린다.

　② 간장(幹長)은 가급적 낮게 하고 분지의 각도는 50~60°로 넓게 한다.

　③ 원가지, 덧원가지, 곁가지의 주종관계가 확실하도록 가지는 굵기의 차이를 두고 키운다.

　④ 원줄기에서 나온 원가지는 서로 간격을 두어야 한다.

13. 20~25%

14. 잡초의 생육조건을 불리하게 하여 작물과 잡초와의 경합에서 작물이 이기도록 하는 재배법으로 작물의 종류 및 품종선택 · 파종과 비배관리 · 토양피복 · 물관리 · 작부체계 등을 합리적으로 하여 잡초의 생육을 견제하는 방법이다.

15. 수분의 흡수 → 효소의 활성 → 배의 생장개시 → 과피(종피)의 파열 → 유모의 출아

16. ① 배유　② 양분

17. 개화 유도 한계일장에 차이가 있기 때문이다.

18. ① 동서동　② 남북동　③ 동서동　④ 남북동

19. ① 해뜨기　② 광합성

20. 1.5~2.5

모의고사 4회 정답

1. 이랑을 세우고 이랑에 파종하는 방식으로 고구마는 이랑을 높게 세우고 조 · 콩 등은 이랑을 비교적 낮게 세운다. 이랑에 재배하면 배수와 토양통기가 좋다.

2. ① 바이러스에 감염되면 제거가 불가능하다.
   ② 종자번식한 식물에 비해 저장과 운반이 어렵다.
   ③ 종자번식에 비하여 증식률이 낮다.

3. ① 집중관리 용이 ② 시설면적(토지) 이용도 제고 ③ 육묘기간 단축
   ④ 기계정식 용이 ⑤ 취급 및 운반 용이 ⑥ 정식 후 활착이 빠름

4. 저온, 건조, 강광선

5. 속이 비어 있는 공동과(空胴果)의 발생 증가

6. ① 단명종자 : 옥수수, 당근 ② 장명종자 : 가지, 비트

7. 지베렐린

8. 접수의 건조를 막기 위해

9. 초생법

10. 복숭아, 매실

11. 배(胚)의 발육 중지로 인한 낙과는 조기낙과의 후반기인 6월에 많이 발생하기 때문에 June drop이라고 한다.

12. 휘묻이(취목)

13. 한천(寒天, agar)

14. ① 완전 제어형 ② 태양광 병용형 ③ 태양광 이용형

15. 토양용액의 전기전도도(EC)로 측정한다.

16. FRA → PVC → PE → 유리

17. 최대난방부하

18. ① 무토양재배 ② 배지경재배 ③ 양액재배 ④ 탱크농업

19. 안장접(안접)

20. ① 다비 재배 ② 무강우 ③ 고온

원예기능사 필답형 실기시험은 문제와 정답이 공개되지 않아 수험생의 기억에 의해
재구성되었으므로 문제와 정답이 정확하지 않을 수도 있음을 알려드립니다.

1 다음 (   )에 알맞은 말을 쓰시오.

오이는 한 그루에서 암꽃과 수꽃이 따로 피는 (①)이며,
일장은 (②) 조건에서 암꽃 수가 증가하는 식물이다.

➡ ① 자웅이화동주 ② 단일

참고) 용어 설명
- 자웅동주 : 암꽃과 수꽃이 동일한 개체에 있는 것. 무, 배추, 양배추, 양파
- 자웅이화동주 : 암꽃과 수꽃이 따로 피며 동일한 개체에 있는 것. 오이, 호박, 참외, 수박
- 자웅이주 : 암꽃과 수꽃이 서로 다른 개체에 있는 것. 시금치, 아스파라거스

2 최소율의 법칙에 대해 설명하시오.

➡ 최소율(law of minimum)의 법칙 : 식물의 생산량은 생육에 필요한 모든 인자 중
에서 요구조건을 가장 충족시키지 못하고 있는 인자에 지배된다는 법칙

참고) 이 경우 요구조건을 가장 충족시키지 못하고 있는 인자를 제한인자라고 한다.

3 다음 (   )에 알맞은 말을 쓰시오.

접목이란 식물의 한 부분을 다른 식물에 삽입하여 그 조직이 유착(癒着)되어 생리적
으로 새로운 개체를 만드는 것으로, 뿌리가 있는 부분을 (①), 장차 자라서 줄기와
가지가 될 지상부를 (②)라 한다.

➡ ① 대목(臺木) ② 접수(接穗)

4 채소의 정의를 쓰시오.

⊙ 밭에서 기르는 농작물. 주로 그 잎이나 줄기, 열매 따위를 식용한다. 보리나 밀 따위의 곡류는 제외한다.

5 살균제와 살충제의 정의를 쓰시오.

⊙ ① 살균제 : 작물에 병원성이 있는 진균(곰팡이), 세균, 바이러스 등의 미생물을 죽이거나 침입을 방지하는 약제. 보호살균제, 직접살균제, 종자소독제, 토양살균제 등

　② 살충제 : 작물을 가해하는 곤충, 응애, 선충류 등을 죽이거나 침입을 방지하는 약제. 소화중독제, 접촉제, 침투성 살충제, 훈증제 등

참고) 농약의 분류
- 살선충제 : 주로 식물의 지하부에 기생하는 선충류를 방제하는 데 사용되는 약제
- 살비제 : 주로 식물에 붙는 응애류를 죽이는 데 사용되는 약제
- 제초제 : 농작물의 생육을 방해하는 잡초를 제거하는 데 사용되는 약제
- 식물생장조정제 : 식물의 생리기능을 증진하거나 억제하는 데 사용하는 약제
- 보조제 : 농약의 효력을 높이기 위해 첨가되는 보조물질

6 내염성과 내습성의 정의를 쓰시오.

⊙ ① 내염성(耐鹽性) : 염분에 견디는 성질
　② 내습성(耐濕性) : 습기에 견디는 성질

참고) 작물의 염류 농도 장해 증상
- 잎이 밑에서부터 말라 죽는다.
- 잎의 색이 농(청)록색을 띤다.
- 잎의 가장자리가 안으로 말린다(당근, 고추, 배추, 오이).
- 잎이 타거나 말라 죽는다.
- 칼슘 또는 마그네슘 결핍 증상이 나타난다.
- 딸기와 상추는 내염성이 대단히 약하고 양배추, 무, 시금치 등은 내염성이 강한 편이다.

참고) 작물 또는 품종의 내습성
- 통기(通氣)조직의 발달 정도, 근부조직의 목화(木化, lignification) 정도, 뿌리의 발달 습성과 발근력, 환원성 유해물질에 대한 저항성 등에 지배된다.

7 다음 ( )에 알맞은 말을 쓰시오.

> 토양은 암석 및 그 풍화물 또는 동식물 및 미생물유체 등의 고형물과 이들 고형물 사이를 채우고 있는 공기나 수분(물)으로 되어 있다. 이와 같은 무기물과 (①)의 고상, 토양공기의 (②) 및 토양수분의 (③)을 토양의 3상이라고 한다.

◐ ① 유기물 ② 기상 ③ 액상

> **참고)** 일반적으로 작물생육에 적합한 토양3상의 구성비는 고상(固相) 50%(무기물 45%+유기물 5%), 액상(液相) 25%, 기상(氣相) 25%로 구성된 토양이 보수 · 보비력과 통기성이 좋아 이상적인 것으로 알려져 있다.

8 과수에서 전정의 정의를 쓰시오.

◐ 과수의 생육과 열매맺기를 조절 및 조장하기 위해 과실의 생산에 관계되는 가지를 손질하는 것

> **참고) 전정의 목적 및 효과**
> ① 목적하는 수형을 만든다.
> ② 해거리를 예방하고, 적과(摘果)의 노력을 적게 한다.
> ③ 튼튼한 새 가지로 갱신하여 결과(結果)를 좋게 한다.
> ④ 가지를 적당히 솎아서 수광(受光) · 통풍을 좋게 한다.
> ⑤ 결과부위(結果部位)의 상승을 막아 보호 · 관리를 편리하게 한다.
> ⑥ 병 · 해충의 피해부나 잠복처를 제거한다.

9 과수에서 환상박피와 휘기의 정의를 쓰시오.

◐ ① 환상박피(環狀剝皮) : 6월 하순~7월 상순에 과수 등에서 줄기나 가지의 껍질을 3~6mm 정도 둥글게 벗겨내는 것
  ② 휘기(언곡) : 가지를 수평 또는 그보다 더 아래로 휘어 가지의 생장을 억제하고, 정부우세성을 이동시켜 기부에서 가지가 발생하도록 하는 것

> **참고) 환상박피의 효과**
> 과수가 가지고 있는 영양물질 및 수분, 무기양분 등의 이동경로를 제한함으로써 잎에서 생산된 동화물질이 뿌리로 이동하는 것을 박피 상층부에 축적시켜 과수의 화아분화 유도와 착과 증진, 과실 크기의 비대 등 생산성을 향상시키며 과실의 질적 향상을 도모한다.

10 과수의 전정에서 원추형과 배상형의 정의를 쓰시오.

➦ ① 원추형(圓錐形) : 수형이 원추상태가 되도록 하는 정지법으로, 주지수가 많고 주간과의 결합이 강한 장점이 있으나 수고(樹高)가 높아서 관리에 불편하고 풍해도 심하게 받는다. 주간형 또는 폐심형(閉心形)이라고도 한다.

② 배상형(盃狀形) : 수형이 술잔 모양이 되게 하는 정지법으로, 관리가 편리하고 수관 내로의 통풍·통광이 좋으나 가지가 늘어지기 쉽고 또 과실의 수가 적어지는 결점이 있다.

11 과실의 수확적기 판정에 대한 내용이다. 다음 (   )에 알맞은 말을 쓰시오.

전분은 요오드와 결합하면 색이 (①)으로 변한다. 과실은 성숙할수록 (①)의 면적이 (②)진다.

➦ ① 청색 ② 작아

참고) 요오드 염색법(전분테스트)
과실은 성숙기에 달하면 전분이 당으로 변화된다. 전분은 요오드와 결합하면 청색으로 변하기 때문에 요오드화칼륨 용액에 침지하여 전분의 함량을 측정한다. 전분을 요오드칼륨 용액에 침지하면 전분의 함량정도에 따라 청색의 면적이 넓어지며 성숙할수록 면적이 작아진다. 시약은 요오드 0.5g, 요오드화칼륨 0.5g를 먼저 소량의 물에 녹인 다음 물을 가하여 1ℓ가 되도록 하여 사용한다.

12 나리의 인편 번식 시 가장 알맞은 온도와 습도 조건을 고르시오.

온도	20~25℃	30~35℃
습도	60~70%	80~90%

➦ ① 온도 20~25℃ ② 습도 80~90%

참고) 나리의 인편 삽목(비늘잎 꺾꽂이)
나리의 모구에서 각 인편을 분리한 다음 온도 20~25℃, 습도 80~90% 정도가 유지되는 살균 소독된 저장고에 넣어 보관한다. 온도와 수분을 지속적으로 유지시키면 4~5주 후 인편의 소자구가 자라고, 소자구로부터 작은 뿌리가 자라기 시작하면 뿌리가 엉키기 전에 시설 내에 심고 재배 관리한다.

13 화훼 재배 시 멀칭의 장점 3가지를 쓰시오.

◐ ① 수분 증발 억제 ② 지온 상승 ③ 잡초 발생 억제 ④ 토양입자 유실 방지

14 시설의 난방 방식 중 증기난방에 대해 설명하시오.

◐ ① 보일러에서 만들어진 증기가 배관을 통해 방열관을 거치는 동안 다시 물로 될 때 발산되는 열을 이용하는 난방이다.
  ② 온수난방보다 배관이 용이하고 발열량이 크며 대규모 집단시설이나 경사지에서도 균등하게 열을 배분하고 경제적이다.
  ③ 방열기와 파이프 부근에서 건조장해와 부분적 고온장해가 발생하고 보온력이 대단히 작으며 시설비가 많이 드는 단점이 있다.

15 하우스 피복에 사용되는 연질필름의 종류 2가지를 쓰시오.

◐ ① 염화비닐필름(PVC) ② 폴리에틸렌필름(PE)
  ③ 에틸렌아세트산비닐필름(EVA)

참고) 플라스틱 피복자재
- 연질필름 : 두께 0.05~0.2mm – 염화비닐필름(PVC), 폴리에틸렌필름(PE), 에틸렌아세트산비닐필름(EVA)
- 경질필름 : 두께 0.10~0.20mm – 경질염화비닐필름, 경질폴리에스테르필름
- 경질판 : 두께 0.2mm 이상 – FRP판, FRA판, MMA판, 복층판
- 반사필름 : 시설보광(補光)이나 반사광 이용에 사용

16 다음 (   )에 알맞은 말을 고르시오.

농약 살포 시 바람을 (등지고/마주 보고) 살포하며, (더운 날/추운 날)은 피한다.

◐ ① 등지고 ② 더운 날

참고) 농약 사용자의 준수 사항
고독성 농약의 살포작업은 바람이 부는 반대 방향으로부터 바람을 등지고 후진식으로 살포하되 반드시 방독마스크, 안경, 우의, 고무장갑 등을 착용하여야 한다. 한낮 뜨거운 때를 피하고 아침, 저녁 서늘할 때 살포한다.

17 다음 ( )에 알맞은 말을 쓰시오.

클린벤치에서 자외선 살균에 최적화된 파장 범위은 (100/260)nm이다. 고압증기멸 균법은 온도를 (80/121)℃까지 상승시켜 멸균기 안의 세균을 즉시 사멸시킨다.

○ ① 260 ② 121

참고) 클린벤치를 사용할 때는 70% 에탄올로 모든 기구를 소독한다.

18 다음 중 1년생 가지에서 열리는 과실 2가지를 고르시오.

복숭아   포도   사과   매실   감귤

○ ① 포도 ② 감귤

참고) 결과습성(結果習性)
과수의 열매가 달리는 성질이 종류 및 품종에 따라 다른 것
1년생 가지에 결실 : 포도, 감, 감귤, 무화과
2년생 가지에 결실 : 복숭아, 자두, 매실
3년생 가지에 결실 : 사과, 배

19 다음 증상에 알맞은 식물병명을 쓰시오..

꽃받침, 열매의 꽃달린 부위, 가지가 갈라진 곳, 잎끝 등에 집중적으로 발생하며 이 곳이 수침상으로 썩으면서 쥐털모양의 곰팡이가 형성된다.

○ 잿빛곰팡이병

20 다음 ( )에 알맞은 말을 고르시오.

절접(깎기접)은 가장 널리 사용되는 방법으로 접수는 충실한 눈 (2~3/5~6)개를 붙 여 (4~5/16~18)cm의 길이로 잘라 한쪽면을 1.5~2cm 가량 약간 목질부가 들어가 도록 평활하게 깎아내고 그 반대면의 하단부를 30° 정도로 경사지게 깎아낸다.

○ ① 2~3 ② 4~5

원예기능사 관련 교재 및 시험에 관한 새로운 사항은
부민문화사 홈페이지(http://www.bumin33.co.kr)를 통하여
계속 업그레이드됩니다.

국가기술자격검정, 손해평가사 원예작물학 대비
제2차 실기시험 필답형 원예재배관리실무 기출·예상문제 수록

원예 기능사 필기 / 실기 필답형

2025년 1월 20일   초판 발행

    지은이 : 부민문화사 자연과학부

    만든이 : 정민영

    펴낸곳 : 부민문화사

    0 4 3 0 4   서울시 용산구 청파로73길 89(서계동 33-33)

           전화: 714-0521~3 FAX: 715-0521

           등록 1955년 1월 12일 제1955-000001호

           http://www.bumin33.co.kr

           E-mail: bumin1@bumin33.co.kr

정가 26,000원

공급 한국출판협동조합

ISBN 978 - 89 - 385 - 0416 - 6   93520